Wörterbuch der Lebensmittel – Dictionary of Foods

Bereits erschienen:

Wörterbuch der Biologie (3. Auflage)
Dictionary of Biology (3rd edition)
Deutsch – Englisch
English – German
ISBN 973-3-8274-1960-6

Wörterbuch der Biotechnologie
Dictionary of Biotechnology
Deutsch – Englisch
English – German
ISBN 973-3-8274-1918-7

Wörterbuch der Chemie
Dictionary of Chemistry
Deutsch – Englisch
English – German
ISBN 973-3-8274-1608-7

Wörterbuch Polymerwissenschaften
Polymer Science Dictionary
Deutsch – Englisch
English – German
ISBN 978-3-540-31096-9

Wörterbuch Labor (2. Auflage)
Laboratory Dictionary (2nd edition)
Deutsch – Englisch
English – German
ISBN 978-3-540-88579-5

Wörterbuch der Lebensmittel
Dictionary of Foods
Deutsch – Englisch
English – German
ISBN 978-38274-1992-7

Theodor C.H. Cole

Wörterbuch der Lebensmittel
Dictionary of Foods

Deutsch – Englisch
English – German

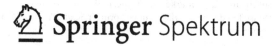

Springer Spektrum

Theodor C.H. Cole
Heidelberg, Deutschland

ISBN 978-3-642-39731-8

Die Deutsche Nationalbibliothek verzeichnet diese Publikation in der Deutschen Nationalbibliografie; detaillierte bibliografische Daten sind im Internet über http://dnb.d-nb.de abrufbar.

Springer Spektrum

© Springer-Verlag Berlin Heidelberg 2010 Hardcover, 2014 Softcover
Das Werk einschließlich aller seiner Teile ist urheberrechtlich geschützt. Jede Verwertung, die nicht ausdrücklich vom Urheberrechtsgesetz zugelassen ist, bedarf der vorherigen Zustimmung des Verlags. Das gilt insbesondere für Vervielfältigungen, Bearbeitungen, Übersetzungen, Mikroverfilmungen und die Einspeicherung und Verarbeitung in elektronischen Systemen.

Die Wiedergabe von Gebrauchsnamen, Handelsnamen, Warenbezeichnungen usw. in diesem Werk berechtigt auch ohne besondere Kennzeichnung nicht zu der Annahme, dass solche Namen im Sinne der Warenzeichen- und Markenschutz-Gesetzgebung als frei zu betrachten wären und daher von jedermann benutzt werden dürften.

Planung und Lektorat: Merlet Behncke-Braunbeck, Sabine Bartels

Gedruckt auf säurefreiem und chlorfrei gebleichtem Papier

Springer Spektrum ist eine Marke von Springer DE.
Springer DE ist Teil der Fachverlagsgruppe Springer Science+Business Media.
www.springer-spektrum.de

Meinem
Lehrer und Mentor
Prof. Dr. Eckart Fuchs
in Respekt
und Dankbarkeit
gewidmet

Vorwort

Dieses **Wörterbuch der Lebensmittel** behandelt alle Aspekte der „Warenkunde". In 12.000 Einträgen werden die Bezeichnungen von Lebensmitteln (mit Synonymen) in Deutsch und Englisch alphabetisch sowie in thematisch übersichtlichen Gruppen aufgeführt. Zusätzlich bietet der Anhang eine Liste der wissenschaftlichen Namen von 2000 Pflanzen und Tieren mit den entsprechenden deutschen und englischen Bezeichnungen. Themenschwerpunkte sind:

Früchte, Gemüse, Getreide	Backwaren
Gewürze, Pilze, Algen	Zucker & Süßwaren
Fleisch, Wild & Geflügel	Fette & Öle
Molkereiprodukte	Getränke
Fisch & Meeresfrüchte	Zutaten & Zusatzstoffe

Alles, was die Umwelt zu bieten hat, wurde schon seit jeher von Menschen auf Essbarkeit hin geprüft – im Risikofall oft von einem „Vorkoster". Unsere Essgewohnheiten sind regional und kulturell sehr verschieden. Viele Nahrungsmittel werden erst durch die Verarbeitung genießbar, andere können nur in sehr geringer Menge aufgenommen werden und einige haben sogar einen zusätzlichen medizinischen Nutzwert ... zudem läßt sich über Geschmack bekanntlich (nicht) streiten!

Handelsnamen sind oft sehr unspezifisch oder bezeichnen ganze Lebensmittelgruppen. So bezeichnet z.B. der Begriff „Weißfisch" zugleich mehrere Fische, die außer dem Merkmal „festes, weißes Fleisch" nicht viel miteinander zu tun haben. Wein muss nicht aus Trauben hergestellt sein, und Analogkäse ist kein Milchprodukt. Für die Identifizierung der Ware bedarf es daher einer genauen Produkt- und Zutatenbeschreibung sowie der Angabe der Herkunft und des entsprechenden wissenschaftlichen Namens.

Als Arbeitsmittel und Übersetzungshilfe eignet sich dieses Wörterbuch für Studenten und Lehrende der Ernährungs- und Lebensmittelwissenschaften, für alle die in den Bereichen Lebensmittelindustrie und -handel, Gastronomie und Küche beschäftigt sind, sowie für Behörden und Übersetzer und für die Bereiche Marketing und Werbung von Lebensmitteln.

Essen macht Spaß und über Essen kann man reden – ob bei der Familienmahlzeit, beim Mittagstisch in der Kantine oder bei der Grillparty: Über Essen findet Völkerverständigung statt. Nicht zuletzt möchte dieses **Wörterbuch der Lebensmittel** auch einen Beitrag dazu leisten, Sie in die Lage zu versetzen, das Tischgespräch zum Thema Essen zu suchen, zu verbessern und inhaltlich zu meistern.

Wortfelder. Es erweist sich als nützlich, Lebensmittel zusammenzufassen, die in der Warenkunde eine Gruppe bilden. Bei der Suche nach Bezeichnungen für Lebensmittel ist das Themenumfeld oft wichtig, um das Gesuchte von anderen Produkten unterscheiden zu können. Deshalb finden Sie zusätzlich zur alphabetischen Auflistung umfangreiche Begriffssammlungen (Clusters), z.B. unter den Hauptstichwörtern Milch, Käse, Ei und Wurst, Tee, Kaffee, Wein und Bier oder Öl, Salz und Zucker. Unter Rindfleisch, Schweinefleisch und Lammfleisch sind die jeweiligen Teilstücke aufgeführt.

Bei den Einträgen ist jeweils der erstgenannte wissenschaftliche Name der derzeit gültige Name - alle folgenden Namen repräsentieren Synonyme.

Die Rechtschreibung folgt der amerikanischen Schreibweise gemäß *Merriam Webster's Collegiate Dictionary*, 11th ed., bzw. Wahrig Deutsches Wörterbuch, 8. Aufl. und *Duden – Die deutsche Rechtschreibung*, 24. Aufl., d.h. die deutsche Rechtschreibreform wurde berücksichtigt.

Danksagungen

Herzlichen Dank für hilfreiche Unterstützung an:

Dr. Samuel Bandara (Stanford University)
Dr. Michael Breckwoldt (LMU München)
Dr. Christoph Dobeš (Universität Wien)
Dr. Ingrid Haußer-Siller (Universitäts-Klinikum Heidelberg)
Prof. Dr. Hartmut Hilger (Freie Universität Berlin)
Prof. Dr. Masahiro Kagami (Gakugei University, Tokio)
GM Sven Nürnberger (Palmengarten, Frankfurt a.M.)
Dr. Pham Bich Ngoc (Akademie für Biotechnologie, Hanoi)
Dr. Dietrich Schulz (UBA, Dessau)
Dr. Willi Siller (Universität Heidelberg)
Prof. Dr. Michael Wink (Universität Heidelberg)

Die Universitätsbibliotheken Heidelberg, Frankfurt, Berlin, Wien und Berkeley, und die Bibliothek des Max Rubner-Instituts, Karlsruhe (Bundesforschungsinstitut für Ernährung und Lebensmittel) waren durch die freundliche Bereitstellung umfangreicher Literaturmengen von entscheidender Bedeutung für das Projekt; hier besonderen Dank an Dr. Sybille Mauthe (UB Heidelberg) und MitarbeiterInner Die ANUGA Food & Beverage-Messe, Köln, lieferte für dieses Projekt eine enorme Bereicherung und Inspiration.

Dem Spektrum Akademischen Verlag danke ich für das langjährige Vertrauen und die effiziente und angenehme Zusammenarbeit – speziell Merlet Behncke-Braunbeck vom Lektorat Biologie.

Erika Siebert-Cole, M.A., gilt meine besondere Wertschätzung für ihre Assistenz un ihr Interesse bei der Entdeckung, Erkundung und Begutachtung vieler ungeahnte Lebensmittel sowie das Korrekturlesen endloser Wortlisten, für Ihren Humor und Zuspruch.

Heidelberg und Berkeley, im Frühjahr 2010   Theodor C. H. Cc

Der Autor

Dipl. rer. nat. **Theodor C.H. Cole**, ist amerikanischer Staatsbürger, studierte Biologie, Chemie und Physik in Heidelberg, Berkeley und Paris, und lehrte 20 Jahre an der University of Maryland, European Division. Während des Studiums der Biologie und Chemie an der Universität Heidelberg studierte er Allgemeine Biologie und Zoologie bei Prof. Dr. Franz Duspiva und arbeitete am Institut für Systematische Botanik und Pflanzengeographie bei Prof. Dr. Werner Rauh zu tropischen Weltwirtschaftspflanzen. Biochemisch-analytische Forschung betrieb er im Rahmen seiner Diplomarbeit am Institut für Pharmazeutische Biologie bei Prof. Dr. Hans Becker über Inhaltsstoffe der Kamille und medizinale „Zahnhölzer".

Derzeit lehrt Cole „Naturwissenschaftliches Englisch und Kommunikation" an der Universität Heidelberg, Abteilung Biologie im Fachbereich Pharmazie und Molekulare Biotechnologie. Er ist leidenschaftlicher Hobbykoch mit Schwerpunkt auf französischer, amerikanischer und asiatischer Küche.

Weitere erfolgreiche Fachwörterbücher von **T.C.H. Cole**:

WÖRTERBUCH der BIOLOGIE / DICTIONARY of BIOLOGY (English-German/Deutsch-Englisch)
Spektrum Akademischer Verlag/Springer, Heidelberg, 3. Aufl., 2008, ISBN 3-8274-1960-6

WÖRTERBUCH BIOTECHNOLOGIE / DICTIONARY of BIOTECHNOLOGY
(Deutsch-Englisch/English-German)
Spektrum Akademischer Verlag/Springer, Heidelberg, 2008, ISBN 3-8274-1918-7

WÖRTERBUCH der CHEMIE / DICTIONARY of CHEMISTRY
(Deutsch-Englisch/English-German)
Spektrum Akademischer Verlag/Elsevier, Heidelberg, 2007, ISBN 3-82741608-7

WÖRTERBUCH POLYMERWISSENSCHAFTEN / POLYMER SCIENCE DICTIONARY
Kunststoffe, Harze, Gummi / Plastics, Resins, Rubber, Gums (Deutsch-Englisch/English-German)
Springer-Verlag, Heidelberg Berlin New York, 2006, ISBN 3-54031094-0

WÖRTERBUCH LABOR / LABORATORY DICTIONARY (Deutsch-Englisch/English-German)
Springer-Verlag, Heidelberg Berlin New York, 2. Aufl., 2009, ISBN 3-54023419-5

WÖRTERBUCH der TIERNAMEN (Latein-Englisch-Deutsch) Buch & CD-ROM
Spektrum Akademischer Verlag/Elsevier, Heidelberg, 2000, ISBN 3-82740589-0

TASCHENWÖRTERBUCH der ZOOLOGIE / A POCKET DICTIONARY of ZOOLOGY
(English-German/Deutsch-Englisch)
Thieme Verlag, Stuttgart-New York, 1995, ISBN 3-13101961-1

TASCHENWÖRTERBUCH der BOTANIK / A POCKET DICTIONARY of BOTANY
(English-German/Deutsch-Englisch)
Thieme Verlag, Stuttgart-New York, 1994, ISBN 3-13139901-5

sowie: Theodor C.H. Cole und Hartmut H. Hilger
POSTER - SYSTEMATIK der BLÜTENPFLANZEN / ANGIOSPERM PHYLOGENY
Online aktuell auf der Homepage der FU-Berlin, Systematische Botanik

Preface

This **Dictionary of Foods** is focussed on native foods, food products, processed foods and ingredients – totaling 12,000 terms in English and German, along with an appendix of 2000 scientific names of food plants and animals, each with its corresponding English and German common names. Major topics include:

Fruits, Vegetables, Grains	**Bakery Products**
Spices, Mushrooms, Algae	**Sugar & Confectionery**
Meats, Venison & Fowl	**Fats & Oils**
Dairy Products	**Beverages**
Seafood (Fish & Shellfish)	**Ingredients & Additives**

Most anything has been tested for edibility and food choices vary, depending on availability, sociocultural preferences, and individual predisposition. Many potential foods require processing in order to become palatable or to improve tastiness, others can only be consumed in minute quantities, and some may exert medicinal benefits.

Market and trade names can be rather vague and may refer to entire groups of foods. For instance, the term "whitefish" is being used for more than a dozen distantly related fishes that only share the characteristic of *firm and white flesh*, "wine" is not necessarily made from grapes, and imitation "cheese" (or cheese analogue) is not a dairy product. For proper identification it is thus necessary to state the exact nature of the product and ingredients along with according scientific names and the origin of the food items.

This dictionary is useful for students and teachers of the food sciences and nutrition as well as for individuals working in the food trade sector, in gastronomy and cooking, as well as for translators, public administrators, and specialists in the field food marketing and advertisement.

The **Dictionary of Foods** lists the names of most food items on the market today – in an attempt to help improve communication in the food sector, as much as at the dinner table!

Word Clusters. It is useful to group foods into natural categories. By comparison we often identify differences among apparently similar foods. Thus, in addition to the usual alphabetic listing, you will find **word clusters**, e.g., under milk, cheese, ham, and eggs – or tea, coffee, wine, and beer – or oil, sugar, grain, and salt. The major meat cuts are listed under beef, veal, pork, and lamb etc.

For entries under which multiple scientific names are listed, usually the first one will represent the currently valid name – the following names being synonyms.

Orthography. The new German orthography rules have been taken into account according to Wahrig Deutsches Wörterbuch, 8th edn. (2006), and Duden – Die deutsche Rechtschreibung, 24th edn. (2006), the English orthography follows the American spelling according to Merriam Webster's Collegiate Dictionary, 11th edn. (2003).

Acknowledgements

Most valuable advice and support has been provided by:

Samuel Bandara (Stanford University)
Michael Breckwoldt (LMU, University of Munich)
Christoph Dobeš (University of Vienna)
Ingrid Haußer-Siller (University Clinic, Heidelberg)
Hartmut Hilger (Free University, Berlin)
Masahiro Kagami (Gakugei University, Tokio)
Sven Nürnberger (Palmengarten, Frankfurt a.M.)
Pham Bich Ngoc (Academy of Biotechnology, Hanoi)
Dietrich Schulz (Federal Environmental Agency, UBA, Dessau)
Willi Siller (University of Heidelberg)
Michael Wink (University of Heidelberg)

The University Libraries, Heidelberg, Berlin, Vienna and UC Berkeley, and library of the Max Rubner Institute, Karlsruhe (Federal Research Institute for Nutrition and Foods) decisively and kindly supported me in obtaining all the vast amounts of relevant literature throughout my research – special thanks to Dr. Sybille Mauthe (UB Heidelberg) and staff. The ANUGA Food & Beverage Fair, Cologne, has been an enormous source of inspiration.

My sincere appreciation and thanks to Merlet Behncke-Braunbeck of Spektrum Akademischer Verlag/Springer who has been most supportive in providing a skilled professional publishing environment – thanks for your efficient, understanding, always pleasant, and respectful collaboration.

Erika Siebert-Cole, M.A. has been most decisive in balancing life during the process of writing my seventh bilingual dictionary with Springer/Spektrum – for your assistance, solidarity, good humor, and faith I am immeasurably grateful.

Heidelberg and Berkeley, in the spring of 2010   Theodor C. H. Cole

Abkürzungen – Abbreviations

pl	Plural – *plural*
vb	Verb – *verb*
f	weiblich – *feminine*
m	männlich – *masculine*
allg	allgemein – *general*
u.a./a.o.	unter anderen – *among others*
e.g.	zum Beispiel – *for example*
spec.	Art (nicht näher benannt) – *species (unspecified)*
spp.	Arten – *species (pl)*
ssp.	Unterart – *subspecies*
var.	Varietät – *variety*
cv. /cvs.	Sorte(n) – *cultivar(s)*
Hbz.	Handelsbezeichnung – *trade name*
St.W.	Stammwürze (%) – *original wort (%)*
*	Terminologievorschlag – *proposed name*

Deutsch – Englisch

Aal *Anguilla* spp. — eel
  ➢ **Amerikanischer Aal** — American eel
    Anguilla rostrata
  ➢ **Europäischer Flussaal, Europäischer Aal** — eel, European eel FAO, river eel
    Anguilla anguilla
  ➢ **Japanischer Aal** — Japanese eel
    Anguilla japonica
  ➢ **Marmoraal** — giant mottled eel, marbled eel
    Anguilla marmorata
Aalmutter — eel pout, viviparous blenny FAO
    Zoarces viviparus
Aalrutte, Aalquappe, Quappe, Rutte, Trüsche — burbot
    Lota lota
Abalones, Seeohren, Meerohren — abalones US, ormers UK
    Haliotis spp.
  ➢ **Glatte Abalone, Glattes Meerohr** — greenlip abalone, smooth ear shell
    Haliotis laevigata
  ➢ **Grüne Abalone, Grünes Meerohr** — green abalone
    Haliotis fulgens
  ➢ **Kamtschatka-Seeohr** — pinto abalone, northern abalone
    Haliotis kamtschatkana
  ➢ **Rosa Abalone, Rosafarbenes Meerohr** — pink abalone
    Haliotis corrugata
  ➢ **Rote Abalone, Rotes Meerohr** — red abalone
    Haliotis rufescens
Abessinische Banane, Ensete — Abyssinian banana
    Ensete ventricosum
Abessinischer Kohl, Abessinischer Senf, Äthiopischer Senf — Abessinian cabbage, Abessinian mustard, Ethiopian mustard, Texsel greens
    Brassica carinata
Acerola, Acerolakirsche, Barbadoskirsche — Barbados cherry, West Indian cherry, acerola
    Malpighia emarginata & (*M. glabra*, also: escobillo ES)
    Malpighia glabra
Achira, Essbare Canna — achira, Queensland arrowroot
    Canna edulis
Achselfleckbrasse, Achselbrasse, Spanische Meerbrasse — Spanish bream, Spanish seabream, axillary seabream FAO, axillary bream
    Pagellus acarne
Acker-Brombeere, Kratzbeere — European dewberry
    Rubus caesius
Ackerknoblauch, Ackerlauch, Sommer-Lauch — elephant garlic, levant garlic, wild leek
    Allium ampeloprasum
Ackerminze — field mint, corn mint
    Mentha arvensis
Ackersalat, Rapunzel, Feldsalat — cornsalad, lamb's lettuce
    Valerianella locusta
Adlerfarn„ sprosse" (junge, eingerollte Farnwedel) — bracken fern (fiddle heads)
    Pteridium aquilinum

Adlerfisch (Adlerlachs)	meagre, maigre F
Argyrosomus regius, Sciaena aquila	
Adria-Lachs	Adriatic salmon
Salmothymus obtusirostris	
Adzukibohne	adzuki, azuki
Vigna angularis	
Affenbrotfrucht, Baobab	baobab, monkey bread
Adansonia digitata	
Afon (*siehe:* **Afrikanische Brotfrucht)**	African breadfruit
Afrikanische Aubergine,	African eggplant, gboma eggplant
Afrikanische Eierfrucht	
Solanum macrocarpon	
Afrikanische Brotfrucht, Afon, Okwa	African breadfruit
(*verarbeitet zu:* **Pembe)**	
Treculia africana	
Afrikanische Locustbohne, Nittanuss, Nitta	African locust bean, nitta nut
Parkia biglobosa	
Afrikanische Napfschnecke	safian limpet
Patella safiana	
Afrikanische Pflaume, Safou	bush butter, eben, safou,
Dacryodes edulis	African pear, African plum
Afrikanische Riesenschnecke,	giant African land snail,
Große Achatschnecke	giant tiger land snail,
Achatina achatina	giant Ghana tiger snail
Afrikanischer Mammiapfel,	African mammey apple,
Afrikanische Aprikose	African mammee apple,
Mammea africana	African apricot, African apple
Afrikanischer Reis	African red rice, African rice
Oryza glaberrima	
Afrikanischer Sauersack	wild soursop, wild custard apple
Annona senegalensis	
Afrikanischer Sternapfel, Weißer Sternapfel	white star apple, African star apple
Chrysophyllum albidum	
Agathi, Katurai (Blüten),	gallito, katuray, agati, dok khae
Papageienschnabel	
Sesbania grandiflora	
Agavendicksaft, Agavensirup	agave nectar, agave syrup
Agave spp.	
Agavenraupe, Mescal-Wurm	maguey worm, meocuiles
Aegiale hesperialis	
➤ **Rote Agavenraupe, Roter Agavenwurm,**	red agave worm, red worm,
Roter Mescal-Wurm,	red maguey worm, gusano rojo
Hypopta agavis	
Agraseln (Österr.), Stachelbeere	gooseberry, European gooseberry
Ribes uva-crispa	
Ägyptische Bohne, Bado,	Egyptian water lily,
Weiße Ägyptische Seerose,	white Egyptian lotus, bado
Ägyptischer Lotos/Lotus, Tigerlotus	
Nymphaea lotus	
Ägyptische Lupine, Weiße Lupine	white lupine,
Lupinus albus	Mediterranean white lupine

Ägyptische Malve
Malva parviflora
Egyptian mallow

Ägyptische Zwiebel, Etagenzwiebel, Luftzwiebel
Allium x proliferum
Egyptian onion, tree onion, walking onion, top onion

Ägyptischer Lauch, Kurrat
Allium ampeloprasum (Kurrat Group)
Egyptian leek, salad leek

Ahornsirup
Acer saccharum
maple syrup

Ährenfisch, Sand-Ährenfisch
Atherina presbyter
sandsmelt, sand smelt FAO

Aitel, Döbel
Leuciscus cephalus
chub

Ajowan, Ajwain, Königskümmel
Trachyspermum ammi
ajowan, ajowan caraway, ajwain, carom seeds, royal cumin, bishop's weed

Akazienblätter, Cha Om
Acacia pennata ssp. *insuavis*
cha om, acacia leaf

Akazienhonig
(*eigentlich*: **Robinienhonig**)
robinia honey, black locust honey ('acacia' honey)

Akipflaume
Blighia sapida
akee

Aland, Orfe
Leuciscus idus
ide FAO, orfe

Alant, Echter Alant
Inula helenium
yellow starwort, elecampane, horseheal

Alaska-Kammmuschel
Chlamys hastata hericia
Pacific pink scallop

Alaska-Pollack, Alaska-Seelachs, Pazifischer Pollack, Mintai
Theragra chalcogramma
pollack, pollock, Alaska pollock, Alaska pollack

Albakore, Langflossen-Thun, Weißer Thun, Germon
Thunnus alalunga
albacore FAO, 'white' tuna, long-fin tunny, long-finned tuna, Pacific albacore

Alfonsino, Nordischer Schleimkopf, Kaiserbarsch
Beryx decadactylus
alfonsino FAO, beryx, red bream

➤ **Lowes Alfonsino**
Beryx splendens
splendid alfonsino FAO, Lowe's beryx, Lowe's alfonsino

Algen (*siehe auch:* **Tang**)
algae (pronounce: ál-gee)

➤ **Arame** *Eisenia bicyclis*
arame

➤ **Braunalgen**
brown algae

➤ **Brauntang**
kelp

➤ **Bullkelp (Seetang)**
Nereocystis luetkeana
seatron, bull kelp, bull-whip kelp

➤ **Darmalge, Darmtang**
Ulva intestinalis, Enteromorpha intestinalis
gutweed

➤ **Dulse**
Palmaria palmata, Rhodymenia palmata
dulse

➤ **Essbarer Riementang, Sarumen**
Alaria esculenta
dabberlocks, badderlocks, honeyware, henware, murlin

➢ **Fingertang** *Laminaria digitata*	tangle, oarweed
➢ **Funori-Rotalge** *Gloiopeltis furcata*	funori, fukuronori
➢ **Grünalgen**	green algae
➢ **Hijiki** *Hizikia fusiformis*	hijiki
➢ **Knorpelalge, Knorpeltang,** **Irisches Moos** (*siehe:* **Karrageen**) *Chondrus crispus*	Irish moss, carrageen, carragheen
➢ **Kombu, Seekohl** *Laminaria japonica u.a.*	kombu
➢ **Meeresspaghetti, Haricot vert de mer,** **'Meerbohnen'** *Himanthalia elongata*	thongweed, sea spaghetti, sea haricots
➢ **Meersalat, Meeressalat** *Ulva lactuca*	sea lettuce
➢ **Nori (Rotalge)** *Porphyra tenera u.a.*	nori (red seaweed)
➢ **Ogonori** *Gracilaria verrucosa*	ogo (a red seaweed)
➢ **Pepper-Dulse** *Laurencia pinnatifida, Osmundea pinnatifida*	pepper dulse
➢ **Porphyrtang, Purpurtang** *Porphyra umbilicalis*	purple laver, sloke, laverbread
➢ **Rotalgen**	red algae
➢ **Seetang**	seaweed
➢ **Tang, Seetang**	seaweed; (Brauntang) kelp
➢ **Tengusa-Rotalge** *Gelidium amansii*	tengusa (a red seaweed)
➢ **Wakame** *Undaria pinnatifida*	wakame
➢ **Zuckertang** *Laminaria saccharina*	sugar kelp, sugar wrack
Algiersalat *Fedia cornucopiae*	horn of plenty
Alkekengi, Blasenkirsche *Physalis alkekengi*	Chinese lantern, Japanese lantern, winter cherry
Alkohol	alcohol
alkoholfrei	alcohol-free, nonalcoholic
alkoholfreies Bier	alcohol-free beer, nonalcoholic beer
alkoholisch	alcoholic
alkoholische Getränke	alcoholic beverages
➢ **nichtalkoholische Getränke**	nonalcoholic beverages
Alkopop, Alcopop, Partydrink, Premix	alcopop, FAB (flavored alcoholic beverage), FMB (flavored malt beverage) RTD (ready to drink), premix
Alligatorapfel, Wasserapfel *Annona glabra*	pond apple, alligator apple, monkey apple

Alpen-Bärentraube
Arctostaphylos alpina

alpine bearberry

Alse, Gewöhnliche Alse, Maifisch
Alosa alosa

allis shad

➤ **Amerikanische Alse,**
Amerikanischer Maifisch
Alosa sapidissima

American shad

➤ **Pontische Alse, Donauhering**
Alosa pontica

Pontic shad FAO, Black Sea shad

Amago-Lachs
Oncorhynchus rhodurus

amago salmon, amago

Amarant
Amaranthus spp.

amaranth, Inca wheat

➤ **Gemüseamarant,**
Dreifarbiger Fuchsschwanz,
Chinesischer Salat, Papageienkraut
Amaranthus tricolor

Chinese spinach,
  Chinese amaranth, Joseph's coat,
  tampala, amaranthus spinach

➤ **Küchenamarant**
(Aufsteigender Amarant), Blutkraut,
Roter Heinrich, Roter Meier
Amaranthus blitum,
Amaranthus lividus ssp. *ascendens*

purple amaranth, livid amaranth,
  blito

Amarelle, Glaskirsche (Baum-Weichsel)
Prunus cerasus var. *capronia*

amarelle, tree sour cherry

Amazonas-Guave, Arazá-Beere
Eugenia stipitata

arazá berry

Ambarella, Goldpflaume,
Goldene Balsampflaume, Tahitiapfel
Spondias dulcis, Spondias cytherea

ambarella, golden apple,
  Otaheite apple, hog plum,
  greater hog plum

Amchoor, Mangopulver
Mangifera indica

amchoor, mango powder

Ameisen Formicidae

ants

Amerikanische Acker-Brombeere
Rubus flagellaris

American dewberry

Amerikanische Alse,
Amerikanischer Maifisch
Alosa sapidissima

American shad

Amerikanische Auster
Crassostrea virginica,
Gryphaea virginica

American oyster, eastern oyster,
  blue point oyster,
  American cupped oyster

Amerikanische Bergminze
Pycnanthemum pilosum

hairy mountain mint

Amerikanische Esskastanie
Castanea dentata

American chestnut

Amerikanische Haselnuss
Corylus americana

American hazel

Amerikanische Heidelbeere
Vaccinium angustifolium

lowbush blueberry

Amerikanische Himbeere,
Nordamerikanische Himbeere
Rubus strigosus

American raspberry,
  wild red raspberry

Amerikanische Kermesbeere	pokeberry
Phytolacca americana	
Amerikanische Languste,	West Indies spiny lobster,
Karibische Languste	Caribbean spiny lobster,
Panulirus argus	Caribbean spiny crawfish
Amerikanische Persimone,	American persimmon
Virginische Dattelpflaume	
Diospyros virginiana	
Amerikanische Sardelle	northern anchovy,
Engraulis mordax	California anchovy
Amerikanische Scholle,	rex sole
Pazifischer Zungenbutt	
Glyptocephalus zachirus	
Amerikanische Schwertmuschel	American jack knife clam
Ensis directus	
Amerikanischer Aal	American eel
Anguilla rostrata	
Amerikanischer Flusskrebs, Kamberkrebs,	spinycheek crayfish,
,Suppenkrebs'	American crayfish,
Orconectes limosus, Cambarus affinis	American river crayfish,
	striped crayfish
Amerikanischer Holunder	American elderberry
Sambucus canadensis	
Amerikanischer Hummer	northern lobster,
Homarus americanus	American clawed lobster
Amerikanischer Streifenbarsch	white perch
Morone americana, Roccus americanus	
Amerikanischer Zwergwels,	horned pout, American catfish,
Brauner Zwergwels,	brown bullhead FAO,
Langschwänziger Katzenwels	'speckled catfish'
Ictalurus nebulosus, Ameiurus nebulosus	
Amerikanisches Basilikum,	hoary basil, lime basil
Limonen-Basilikum, Kampferbasilikum	
Ocimum americanum	
Amla, Ambla, Indische Stachelbeere	emblic, ambal, Indian gooseberry
Phyllanthus emblica	
Amurkarpfen, Graskarpfen	grass carp
Ctenopharyngodon idella	
Analogkäse, Käseersatz, Kunstkäse,	analog cheese, cheese analog(ue)
Käseimitat	
Ananas	pineapple
Ananas comosus	
Ananasguave, Feijoa	feijoa, pineapple guava
Acca sellowiana	
Ananaskirsche, Erdbeertomate, Erdkirsche	strawberry tomato,
Physalis pruinosa, Physalis grisea	dwarf Cape gooseberry,
	ground cherry
Ananasminze	pineapple mint
Mentha suaveolens 'variegata'	
Ananas-Seewalze	prickly redfish
Thelenota ananas	

Anchoveta, Peru-Sardelle
Engraulis ringens
anchoveta

Anchovis, Europäische Sardelle, Sardelle
Engraulis encrasicolus
anchovy, European anchovy

Andenbeere, Lampionfrucht,
Kapstachelbeere
Physalis peruviana
Cape gooseberry, goldenberry,
Peruvian ground cherry,
poha berry

Andorn
Marrubium vulgare
horehound

Angostura (Rinde)
Galipea officinalis, Angostura trifoliata
angostura (bark)

Anguriagurke, Angurie,
Westindische Gurke, Kleine Igelgurke
Cucumis anguria var. *anguria*
bur gherkin, West Indian gherkin

Anis
Pimpinella anisum
anise, aniseed, anise seed,
sweet alice

Anis-Egerling, Weißer Anisegerling,
Weißer Anischampignon,
Schafchampignon, Schafegerling
Agaricus arvensis
horse mushroom

Anis-Ysop
Agastache foeniculum
anise hyssop

Annatto
Bixa orellana
annatto

Annonen
Annona spp.
custard apples

➢ **Afrikanischer Sauersack**
Annona senegalensis
wild soursop, wild custard apple

➢ **Atemoya**
Annona x *atemoya*
atemoya

➢ **Cherimoya**
Annona cherimola
cherimoya, custard apple

➢ **Netzannone, Netzapfel, Ochsenherz**
Annona reticulata
custard apple, bullock's heart,
corazon

➢ **Sancoya**
Annona purpurea
soncoya

➢ **Schuppenannone, Süßsack, Zimtapfel**
Annona squamosa
sugar apple, sweetsop

➢ **Stachelannone, Stachliger Rahmapfel,**
Sauersack, Corossol
Annona muricata
soursop, guanabana

➢ **Wasserapfel, Alligatorapfel**
Annona glabra
pond apple, alligator apple,
monkey apple

Antarktische Königskrabbe
Lithodes antarctica, Lithodes santolla
southern king crab

Antihaftöl (Trennfett zum Backen/Kochen)
non-stick cooking oil;
(Antihaftspray) cooking spray,
vegetable cooking spray
(for 'greasing' pans/trays etc.)

Anti-Matsch-Tomate, FlavrSavr-Tomate
Solanum lycopersicum
FlavrSavr tomato

Antioxidans

Antioxidans (*pl* Antioxidantien), Oxidationsinhibitor	antioxidant
Aperitif	aperitif (as an appetizer)
Aperitifwein	aperitif wine (>15% alc.)
Apfel, Kultur-Apfel	apple, orchard apple
Malus pumila, Malus domestica	
➢ **Holzapfel, Wildapfel**	crab apple
Malus sylvestris	
➢ **Kirschapfel, Beerenapfel**	Siberian crab apple, Asian wild crab apple, cherry apple
Malus baccata	
➢ **Süßer Wildapfel, Kronenapfel**	sweet crab apple
Malus coronaria	
Apfel im Schlafrock	apple dumpling
Apfelbeere ➢ Nero	Nero fruit, 'Nero'
Aronia x prunifolia	
➢ **Schwarze Apfelbeere, Kahle Apfelbeere**	black chokeberry, aronia berry
Aronia melanocarpa	
Apfelbrand, Apfelbranntwein, Apfelschnaps	apple brandy (e.g., calvados); applejack
Apfelkraut (eingedickter Fruchtsaft)	apple butter
Apfelmelone, Ägyptische Melone	apple melon, fragrant melon, dudaim melon
Cucumis melo (Dudaim Group)	
Apfelminze	apple mint, woolly mint
Mentha x villosa (M. spicata x M. suaveolens)	
Apfelmus, Apfelkompott	apple compote
Apfelpelargonie, Apfelduftpelargonie, Zitronenpelargonie, Zitronengeranie	apple geranium, apple-rose-scented geranium
Pelargonium odoratissimum	
Apfelquitte	apple quince
Cydonia oblonga var. *maliformis*	
Apfelsaft	apple juice
➢ **Süßmost (*frisch gepresster Apfel- und/oder Birnensaft*)**	cider US, sweet cider, sweet apple cider (freshly pressed apple juice)
Apfel-Schorle	apple juice soda
Apfelsine, Orange	orange, sweet orange
Citrus sinensis	
Apfelwein ('Ebbelwoi')	hard cider
Aprikose, Marille (Österr.)	apricot
Prunus armeniaca, Armeniaca vulgaris	
➢ **Japanische Aprikose, Schnee-Aprikose, Ume**	mume, Japanese apricot
Prunus mume	
➢ **Schwarze Aprikose**	black apricot, purple apricot
Prunus x dasycarpa	
Aprikose von St. Domingo, Mammeyapfel, Mammey-Apfel, Mammiapfel	mammey, mammey apple, mammee apple, St. Domingo apricot
Mammea americana	
Aprikotur	apricot icing
Arabisches Bergkraut	false hyssop, tea hyssop
Micromeria fruticosa	

Arakacha, Arracacha, **Peruanische Pastinake** *Arracacia xanthorrhiza*	arracha, arracacha, apio, Peruvian parsnip, Peruvian carrot
Arame *Eisenia bicyclis*	arame
Arazá-Beere, Amazonas-Guave *Eugenia stipitata*	arazá berry
Arche Noah, Arche Noah-Muschel, **Archenmuschel** *Arca noae*	Noah's ark
Archenkammmuschel, Samtmuschel, **Gemeine Samtmuschel, Mandelmuschel,** **Meermandel, Englisches Pastetchen** *Glycymeris glycymeris*	dog cockle, orbicular ark (comb-shell), bittersweet
Arktische Himbeere, Arktische Brombeere, **Schwedische Ackerbeere, Allackerbeere** *Rubus arcticus*	Arctic bramble
Aroma (*pl* Aromen)	flavor (gesamtsensorischer Eindruck); (Wohlgeruch) aroma, fragrance, pleasant odor; (Wohlgeschmack) flavor, pleasant taste; (Aromastoff) flavoring agent
Aromastoff(e) **(*siehe auch*: Geschmacksstoffe)**	fragrance(s), aromatic substance(s)
Arrowroot	arrowroot
➢ **Japanisches Arrowroot, Kudzu** *Pueraria montana* var. *thomsonii* (*P. montana* var. *lobata*)	kudzu, Japanese arrowroot
➢ **Ostindisches Arrowroot** *Curcuma angustifolia*	East Indian arrowroot, Bombay arrowroot
➢ **Tahiti-Arrowroot, Fidji-Arrowroot,** **Ostindische Pfeilwurz** *Tacca leontopetaloides*	Tahiti arrowroot, Fiji arrowroot, East Indian arrowroot, tacca, Polynesian arrowroot
Artischocke *Cynara cardunculus* ssp. *scolymus*	artichoke, globe artichoke
➢ **Gemüseartischocke, Kardone** *Cynara cardunculus* ssp. *cardunculus*	cardoon
Arznei-Thymian, Quendel *Thymus pulegioides*	Pennsylvanian Dutch thyme, broad-leaf thyme
Asant, Teufelsdreck *Ferula assa-foetida*	asafoetida, asafetida, hing
Äsche, Europäische Äsche *Thymallus thymallus*	grayling
Asiatische Birne, Japanische Birne, **Apfelbirne, Nashi** *Pyrus pyrifolia*	Asian pear, Japanese pear, apple pear, sand pear, nashi
Asiatische Kermesbeere *Phytolacca acinosa*	Asian pokeberry, Indian pokeberry
Asiatischer Stint, **Arktischer Regenbogenstint** *Osmerus mordax dentex*	Arctic smelt, Asiatic smelt, boreal smelt, Arctic rainbow smelt FAO
Asiatischer Yams, Kartoffelyams *Dioscorea esculenta*	potato-yam

Aspikwaren (in Gelee)	aspic products (in jelly)
Atemoya *Annona* x *atemoya*	atemoya
Äthanol, Ethanol, Äthylalkohol,	ethanol, ethyl alcohol, alcohol
Ethylalkohol, ‚Alkohol'	
Ätherisches Öl	ethereal oil, essential oil
Äthiopischer Kardamom,	Ethiopian cardamom,
Abessinien-Kardamom,	korarima cardamom
Korarima-Kardamom	
Aframomum korarima	
Äthiopischer Pfeffer	African pepper, Guinea pepper
Xylopia aethiopica	
Äthiopischer Senf, Abessinischer Kohl,	Abessinian cabbage,
Abessinischer Senf	Abessinian mustard,
Brassica carinata	Ethiopian mustard, Texsel gree
Atlantik-Stachelauster,	Atlantic thorny oyster,
Atlantische Stachelauster,	American thorny oyster
Amerikanische Stachelauster	
Spondylus americanus	
Atlantische Kammauster*	crested oyster
Ostrea equestris	
Atlantische Lachse, Forellen	Atlantic trouts & Atlantic salmo
Salmo spp.	
Atlantische Sepiole	Atlantic cuttlefish, little cuttlefis
Sepiola atlantica	Atlantic bobtail squid FAO
Atlantische Weiße Garnele,	white shrimp, lake shrimp,
Nördliche Weiße Geißelgarnele	northern white shrimp
Penaeus setiferus, Litopenaeus setiferus	
Atlantischer Barrakuda, Großer Barrakuda	great barracuda
Sphyraena barracuda	
Atlantischer Lachs, Salm	Atlantic salmon (lake pop. in
(Junglachse im Meer: Blanklachs)	US/Canada: ouananiche,
Salmo salar	lake Atlantic salmon,
	landlocked salmon,
	Sebago salmon)
Atlantischer Seeteufel, Atlantischer Angler	Atlantic angler fish,
Lophius piscatorius	angler FAO, monkfish
Atlantischer Stör	Atlantic sturgeon
Acipenser oxyrhynchus	
Atlantischer Taschenkrebs	Atlantic rock crab
Cancer irroratus	
Atlantischer Umberfisch	Atlantic croaker
Micropogonias undulatus	
Attappalme, Nipapalme, Mangrovenpalme	nipa palm, attap palm,
Nypa fruticans	mangrove palm, water coconu
Aubergine, Eierfrucht; Melanzani (Österr.)	eggplant, aubergine, brinjal
Solanum melongena var. *esculentum*	
➤ **Afrikanische Aubergine,**	African eggplant, gboma eggpla
Afrikanische Eierfrucht	
Solanum macrocarpon	
➤ **Thai-Aubergine, ‚Erbsenaubergine'**	pea eggplant, Thai pea eggplant
Solanum torvum	pea aubergine, turkey berry,
	susumber

Auerhahn
  Tetrao urogallus
Auflauf
Aufschnitt (Wurst und Fleisch)
Aufstrich, Brotaufstrich
Augenbohne, Chinabohne, Kuhbohne, Kuherbse
  Vigna unguiculata ssp. *unguiculata*
Augenfleck-Umberfisch
  Sciaenops ocellatus
Ausgebackenes
Austern
  Ostreidae
➤ **Amerikanische Auster**
  Crassostrea virginica, Gryphaea virginica

➤ **Atlantische Kammauster***
  Ostrea equestris
➤ **Chilenische Plattauster**
  Ostrea chilensis
➤ **Europäische Auster, Gemeine Auster**
  Ostrea edulis
➤ **Gezähnte Auster**
  Ostrea denticulata
➤ **Hahnenkammauster**
  Ostrea crestata
➤ **Kleine Pazifik-Auster, Pazifische Plattauster**
  Ostrea lurida
➤ **Kumamoto-Auster**
  Crassostrea gigas kumamoto
➤ **Mangrovenauster**
  Crassostrea rhizophorae
➤ **Neuseeland-Plattauster**
  Ostrea lutaria
➤ **Pazifische Felsenauster, Riesenauster, Pazifische Auster, Japanische Auster**
  Crassostrea gigas
➤ **Portugiesische Auster, Greifmuschel**
  Crassostrea angulata, Gryphaea angulata
➤ **Riesenauster, Pazifische Auster, Pazifische Felsenauster, Japanische Auster**
  Crassostrea gigas
➤ **Schindelauster***
  Ostrea imbricata
➤ **Sydney-Felsenauster**
  Crassostrea commercialis
Austernkrabbe, Austernwächter
  Pinnotheres ostreum (in Crassostrea spp.*)*
Austernnuss, Talerkürbis
  Telfairia pedata

capercaillie, wood grouse

soufflé
cold cuts
spread
cowpea, black-eyed bean, black-eyed pea, black-eye bean

red drum

fritters
oysters

American oyster, eastern oyster, blue point oyster, American cupped oyster
crested oyster

Chilean flat oyster

common oyster, flat oyster, European flat oyster
denticulate rock oyster

cock's comb oyster*

native Pacific oyster, Olympia flat oyster, Olympic oyster
Kumamoto oyster

mangrove cupped oyster

New Zealand dredge oyster

Pacific oyster, giant Pacific oyster, Japanese oyster

Portuguese oyster

Pacific oyster, giant Pacific oyster, Japanese oyster

imbricate oyster

Sydney cupped oyster, Sydney rock oyster, Sydney oyster
oyster crab

oyster nut

Austernpflanze — gromwell, oyster plant, oysterleaf, sea lungwort
Mertensia maritima

Austernpflanze, Haferwurzel, Gemüsehaferwurzel — oyster plant, salsify
Tragopogon porrifolius ssp. *porrifolius*

Austernpilz, Austernseitling, Austern-Seitling, Kalbfleischpilz — oyster mushroom
Pleurotus ostreatus

➤ **Gelber Austernpilz, Limonenpilz, Limonenseitling** — yellow oyster mushroom
Pleurotus cornucopiae var. *citrinopileatus*

Australische Gelbschwanzmakrele, Riesen-Gelbschwanzmakrele — giant yellowtail, yellowtail kingfi. yellowtail amberjack FAO
Seriola lalandi

Australische Languste — Australian spiny lobster
Panulirus cygnus

Australischer Flusskrebs, Australischer Tafelkrebs — Australian crayfish
Euastacus serratus

Australischer Hundshai, Hundshai, Biethai (Suppenflossenhai) — tope shark FAO, tope, soupfin shark, school shark
Galeorhinus galeus, Galeorhinus zygopterus, Eugaleus galeus

Australischer Rotfisch — redfish
Centroberyx affinis

Australkrebs ➤

Großer Australkrebs, Marron — marron
Cherax tenuimanus

➤ **Kleiner Australkrebs, Yabbie** — yabbie
Cherax destructor

Austral-Languste — Australian rock lobster
Jasus novaehollandiae

Avocado *Persea americana* — avocado, avocado pear

➤ **Coyo-Avocado** *Persea schiedeana* — coyo avocado, coyo

Ayote — cushaw, ayote
Cucurbita argyrosperma, Cucurbita mixta

Azerolapfel, Welscher Apfel — azarole
Crataegus azarolus

Babaco	babaco
Carica x *pentagona*, *Vasconcellea* x *heilbornii*	
Babybanane	baby banana, lady finger
Musa x *paradisiaca* cv.	
Babymais, Fingermais (Kölbchen)	baby corn, Asian corn (baby corncobs)
Babynahrung	baby food; (Milch) baby formula
➢ **Folgenahrung (Babys: > 4 Monate)**	follow-on formula
➢ **Säuglingsanfangsnahrung, Formula-Nahrung**	infant formula
Bachforelle, Steinforelle	brown trout
Salmo trutta fario	(river trout, brook trout)
Bachsaibling	brook trout FAO, brook char,
Salvelinus fontinalis	brook charr
Backfett	shortening
Backhefe, Bäckerhefe	baker's yeast
Backhonig	baker's honey
Backpflaume, Dörrpflaume, Trockenpflaume	prune, dried plum
Backpulver	baking powder (leavening agent)
➢ **Backtriebmittel**	raising agent, leavening agent, baking agent
Backwaren	bakery products, baked products, baked goods
➢ **alt, altbacken (***Altbackenwerden: muffig/ausgetrocknet***)**	stale (staling)
➢ **anfrischsauer, antriebsauer**	fresh sour
➢ **Ansäuerung**	acidification
➢ **Anstellgut, Impfgut, Inokulum**	starter material, inoculum
➢ **anstellsauer**	seed sour
➢ **aufgehen lassen**	leaven
➢ **Backfett**	shortening
➢ **Brot**	bread
➢ **Dauerbackwaren**	ready-made bakery products, dry bakery products, extended shelf-life bakery products
➢ **Gärung**	fermentation
➢ **Spontangärung**	spontaneous fermentation
➢ **Gluten**	gluten
➢ **grundsauer**	basic sour
➢ **Hefe**	yeast
➢ **Backhefe, Bäckerhefe**	baker's yeast
➢ **Starterhefe**	starter yeast
➢ **Trockenhefe**	dry yeast
➢ **Hefeteig**	yeast dough
➢ **Impfgut**	inoculum
➢ **kurzsauer**	short sour
➢ **Laib**	loaf
➢ **Mehl**	flour
➢ **Milchsäuregärung**	lactic acid fermentation
➢ **Sauerteig**	sourdough

➢ **Sofort-Backwaren** (Backpulver getriebene)	quick bread (biscuits, corn breads, scones ..)
➢ **spontansauer**	spontaneous sour
➢ **Stärke**	starch
➢ **Starterkultur**	starter culture
➢ **Teig**	dough
➢ **geschlagener dünner Eierteig**	batter
➢ **Teigführung**	dough process
➢ **direkte T.**	straight dough process
➢ **indirekte T. (mit Vorteig)**	sponge and dough process
➢ **Triebmittel, Lockerungsmittel**	leavening agent, raising agent
➢ **Trockenhefe**	dry yeast
➢ **vollsauer**	full sour
➢ **Vorteig**	sponge dough
Bacteriocine	bacteriocins
Bacuri, Bakuri *Platonia esculenta*	bacury, bacuri, bakury
Baelfrucht, Belifrucht *Aegle marmelos*	bael, beli, Bengal quince, golden apple
Bagasse (Zuckerrohrabfälle)	bagasse
Baiser, Spanischer Wind, Meringue	meringue
Bakupari, Madroño *Garcinia brasiliensis, Rheedia brasiliensis*	bakupari, bacupari, bakuripari
Ballaststoffe (diätätisch)	dietary fiber
Balsambirne *Momordica charantia*	balsam pear, bitter gourd, bitter cucumber, bitter melon
Balsamkraut, Frauenminze, Marienkraut, Marienblatt *Tanacetum balsamita, Chrysanthemum balsamita*	alecost, costmary, mint geranium, bible leaf
Bambara-Erdnuss *Vigna subterranea, Voandzeia subterranea*	bambara groundnut, earth pea
Bambussprossen, Bambusschösslinge *Phyllostachys spp., Dendrocalamus asper*	bamboo shoots
Bananen *Musa spp. u.a.*	bananas
➢ **Abessinische Banane, Ensete** *Ensete ventricosum*	Abyssinian banana
➢ **Babybanane** *Musa x paradisiaca* cv.	baby banana, lady finger
➢ **Blut-Banane** *Musa sumatrana*	blood banana
➢ **Kochbanane, Mehlbanane** *Musa x paradisiaca* cv.	plantain, cooking banana
➢ **Obstbanane** *Musa x paradisiaca* cv.	dessert banana
➢ **Rote Obstbanane** *Musa x paradisiaca* cv.	red banana
➢ **Zwergbanane** *Musa x paradisiaca* cv.	dwarf banana
Bananen-Garnele *Penaeus merguiensis, Fenneropenaeus merguiensis*	banana prawn

Bänderrochen,
  Ostatlantischer Marmorrochen,
  Scheckenrochen
  Raja undulata
Bandnudeln
Baobab, Affenbrotfrucht
  Adansonia digitata
Barbadoskirsche, Acerola, Acerolakirsche
  Malpighia emarginata, Malpighia glabra
Barbados-Stachelbeere
  Pereskia aculeata
Barbarakraut, Frühlings-Barbarakraut,
  Winterkresse
  Barbarea verna
Barbarieente, Flugente, Warzenente
  (Haustierform der Moschusente)
  Cairina moschata
Barbe, Flussbarbe, Gewöhnliche Barbe
  Barbus barbus
Bärengarnele, Bärenschiffskielgarnele,
  Schiffskielgarnele
  Penaeus monodon
Bärenkrebse
  Scyllaridae
➤ **Brasilianischer Bärenkrebs**
  Scyllarides brasiliensis
➤ **Breitkopf-Bärenkrebs**
  Thenus orientalis
➤ **Großer Mittelmeer-Bärenkrebs,**
  Großer Bärenkrebs
  Scyllarides latus
➤ **Kalifornischer Bärenkrebs**
  Scyllarides astori
➤ **Karibischer Bärenkrebs,**
  ‚Spanischer' Bärenkrebs
  Scyllarides aequinoctialis
➤ **Kleiner Bärenkrebs, Grillenkrebs**
  Scyllarus arctus

Bärentatze, Krause Glucke
  Sparassis crispa
Bärlauch, Bärenlauch, Rams
  Allium ursinum
Barrakudas, Pfeilhechte
  Sphyraena spp.
➤ **Atlantischer Barrakuda,**
  Großer Barrakuda
  Sphyraena barracuda
Barramundi, Riesenbarsch
  Lates calcarifer
Bartkoralle
  Hericium clathroides

undulate ray FAO, painted ray

ribbon noodles
baobab, monkey bread

Barbados cherry,
  West Indian cherry, acerola
Barbados gooseberry

upland cress, land cress,
  Normandy cress,
  early wintercress, scurvy cress
barbary duck

barbel

giant tiger prawn,
  black tiger prawn

slipper lobsters,
  shovel-nosed lobsters
Brazilian slipper lobster

Moreton Bay flathead lobster,
  Moreton Bay 'bug'
Mediterranean slipper lobster

Californian slipper lobster

'Spanish' lobster,
  'Spanish' slipper lobster

small European locust lobster,
  small European slipper lobster,
  lesser slipper lobster
cauliflower mushroom,
  white fungus
bear's garlic, wild garlic, ramsons

barracudas

great barracuda

barramundi FAO, giant sea perch

icicle fungus

Bartumber, Schattenfisch, Umberfisch, Umber
Umbrina cirrosa, Sciaena cirrosa

shi drum FAO, corb US/UK, sea crow US, gurbell US, croake

Basellkartoffel, Madeira-Wein
Anredera cordifolia

Madeira vine, mignonette vine, lamb's tails, jalap, jollop potato, potato vine

Basilikum
Ocimum basilicum ssp. *basilicum*

basil

➤ **Amerikanisches Basilikum, Limonen-Basilikum, Kampferbasilikum**
Ocimum americanum

hoary basil, lime basil

➤ **Indisches Basilikum, Königsbasilikum, heiliges Basilikum, Tulsi**
Ocimum tenuiflorum, Ocimum sanctum

holy basil, Indian holy basil, Thai holy basil, tulsi

➤ **Thai-Basilikum, Horapa**
Ocimum basilicum ssp. *thyrsiflorum*

Thai basil, sweet Thai basil, Thai sweet basil, horapha

➤ **Zitronenbasilikum**
Ocimum x *citriodorum*

lemon basil, sweet basil

Bastard-Brunnenkresse
Nasturtium x *sterile*

brown watercress

Bastard-Kardamom
Amomum villosum var. *xanthioides*

bastard cardamom, wild Siamese cardamom

Bastardmakrele, Schildmakrele, Stöcker
Trachurus trachurus

Atlantic horse mackerel FAO, scad, maasbanker

Bastardzunge, Dickhaut-Seezunge*
Microchirus variegatus, Solea variegata

thickback sole FAO, thick-backed sole

Batako-Pflaume, Ramontschi, Tropenkirsche
Flacourtia indica

ramontchi, governor's plum, batoka plum

Batate, Süßkartoffel
Ipomoea batatas

sweet potato

Bauchfett, Netzfett

caul fat

**Bauchspeck
(Schweinebauch: gepökelt/geräuchert)**

streaky bacon, pork belly briefly cured, smoke dried (then usually cooked)

Bauchspeicheldrüse

pancreas, gut sweetbread

Baumerdbeere, Chinesische Baumerdbeere, ‚Chinesischer Arbutus', Yumberry, Pappelpflaume
Myrica rubra

red bayberry, red myrica, Chinese bayberry, yumberry

Baumstammkirsche, Jaboticaba
Myrciaria cauliflora

jaboticaba, Brazilian tree grape

Baumtomate, Tamarillo
Solanum betaceum, Cyphomandra betacea

tree tomato, tree-tomato, tamar

Beeren, Beerenobst

berries

Beerenapfel, Kirschapfel
Malus baccata

Siberian crab apple, Asian wild crab apple, cherry apple

Beifuß
Artemisia vulgaris var. *vulgaris*

mugwort

Beikost	beikost, complementary foods, weaning foods
Beilage	accompaniment
➢ **Küchenbeilage**	side dish
➢ **Sättigungsbeilage**	filling (hearty) accompaniment (e.g., rice, potatoes ...)
Beilagensalat	extra salad
Beluga-Stör, Hausen, Europäischer Hausen	great sturgeon, volga sturgeon, beluga FAO
Huso huso	
Bengal-Ingwer	Bengal ginger, cassumar ginger, Thai ginger
Zingiber montanum	
Bengal-Kardamom	Bengal cardamom
Amomum aromaticum	
Bengal-Pfeffer	Indian long pepper
Piper longum	
Berberitze, Sauerdorn, Schwiderholzbeere	barberry
Berberis vulgaris	
Bergamottminze	lemon mint, orange mint, eau-de-cologne mint
Mentha **x** *piperita 'citrata'*	
Bergamotte	bergamot
Citrus bergamia	
Bergkraut (Arabisches)	false hyssop, tea hyssop
Micromeria fruticosa	
Berg-Mehlbeere, Bergmehlbeere, Vogesen-Mehlbeere	Vosges whitebeam, Mougeot's whitebeam
Sorbus mougeotii	
Bergminze ➢ Amerikanische Bergminze	hairy mountain mint
Pycnanthemum pilosum	
➢ **Großblütige Bergminze**	large-flowered calamint
Calamintha grandiflora	
➢ **Kleinblütige Bergminze, Echte Bergminze**	lesser calamint
Calamintha nepeta	
➢ **Wald-Bergminze**	wood calamint
Clinopodium menthifolium, Calamintha menthifolia, Calamintha sylvatica	
Bergpapaya	mountain papaya, chamburo
Carica pubescens, Vasconcellea pubescens	
Bergpfeffer, Tasmanischer Pfeffer	mountain pepper, Tasmanian pepper
Drimys lanceolata	
Berg-Pfirsich, Davids-Pfirsich	David peach, David's peach
Prunus davidiana	
Bernsteinmakrele, Gabelschwanzmakrele	amberjack, greater amberjack FAO, greater yellowtail
Seriola dumerili	
➢ **Japanische Bernsteinmakrele, Japanische Seriola**	Japanese amberjack, yellowtail, buri
Seriola quinqueradiata	
Bier	beer
➢ **alkoholfreies Bier**	alcohol-free beer, nonalcoholic beer
➢ **Diätbier, Diabetikerbier**	diet beer
➢ **Einfachbiere (3–6% St.W.)**	low-gravity beers

➢ **Fassbier**	keg beer
➢ **Grünbier**	green beer
➢ **Hirsebier**	sorghum beer
➢ **Ingwer-Bier**	ginger ale
➢ **Leichtbiere (<1,5% St.W.)**	light beers
➢ **obergärig**	top-fermenting
➢ **Schankbiere (7–11% St.W.)**	draft beers
➢ **Starkbiere (>16% St.W.)**	high-gravity beers
➢ **untergärig**	bottom-fermenting
➢ **Vollbiere (11–14% St.W.)**	medium-gravity beers
➢ **Wurzelbier**	root beer
Bierhefe	beer yeast
Saccharomyces cerevisiae	
Bierschinken	beer ham
Bierteig	beer batter (a deep-fry batter)
Bilimbi	bilimbi
Averrhoa bilimbi	
Bindemittel	binder, binding agent(s)
Bindengrundel	
Benthophiloides brauneri	
Binjai	binjai
Mangifera caesia	
Bio-Lebensmittel	organic foods (whole foods)
Birkenröhrling, Birkenpilz, Kapuziner,	shaggy boletus, birch bolete
Graukappe	
Leccinum scabrum	
Birkhahn *Tetrao tetrix*	black grouse, blackgame
Birne	pear
Pyrus communis	
➢ **Asiatische Birne, Japanische Birne,**	Asian pear, Japanese pear,
Apfelbirne, Nashi	apple pear, sand pear, nashi
Pyrus pyrifolia	
➢ **Holzbirne**	wild pear
Pyrus communis var. *pyraster*	
Birnenförmige Tomate	pear tomato
Solanum lycopersicum (Pyriforme Group)	
Birnenkraut (eingedickter Fruchtsaft)	pear butter
Birnenmelone, Pepino, Kachuma	pepino, mellowfruit
Solanum muricatum	
Birnenquitte	pear quince
Cydonia oblonga var. *pyriformis*	
Bison (Amerikanischer Bison)	buffalo, American bison
Bison bison	
Bitterkraut	brighteyes, eyebright, French sa
Reichardia picroides	French scorzonera
Bittermandel, Bittere Mandel	bitter almond
Prunus dulcis var. *amara,*	
Prunus amygdalus var. *amara*	
Bitterorange, Pomeranze	bitter orange, sour orange,
Citrus aurantium	Seville orange
Bittersalz, Magnesiumsulfat MgSO₄	Epsom salts, epsomite,
	magnesium sulfate

Blasenkirsche, Alkekengi
Physalis alkekengi
Blasser Kräuterseitling
Pleurotus nebrodensis

Blätterteig
Blattgemüse
Blattkohl
Brassica oleracea (Viridis Group)
Blattmangold, Schnittmangold
Beta vulgaris ssp. *cicla*
(Cicla Group)
Blattsenf
Brassica juncea ssp. *integrifolia*
Blattspinat
Blattstielgemüse, Stielgemüse,
Stängelgemüse
Blaubarsch, Blaufisch, Tassergal
Pomatomus saltator
Blaubeere, Heidelbeere
Vaccinium myrtillus
➤ **Jamaika-Blaubeere, Agraz**
Vaccinium meridionale
➤ **Kaukasische Blaubeere**
Vaccinium arctostaphylos
Blaue Buckelbeere
Gaylussacia frondosa
Blaue Königskrabbe
Paralithodes platypus
Blaue Stachelmakrele, Blaumakrele*,
Rauchflossenmakrele
Caranx crysos
Blauer Katzenwels
Ictalurus furcatus
Blauer Seewolf, Blauer Katfisch
Anarhichas denticulatus
Blauer Taro, Schwarzer Malanga
Xanthosoma violaceum
Blauer Wittling, Poutassou
Micromesistius poutassou
Blauer Ziegelbarsch, Blauer Ziegelfisch
Lopholatilus chamaeleonticeps
Blaufelchen, Große Maräne,
Große Schwebrenke, Wandermaräne,
Lavaret, Bodenrenke
Coregonus lavaretus
Blauhai, Großer Blauhai, Menschenhai
Prionace glauca
Blaukrabbe, Blaue Schwimmkrabbe
Callinectes sapidus
➤ **Große Pazifische Schwimmkrabbe**
Portunus pelagicus

Chinese lantern, Japanese lantern,
winter cherry
Bailin oyster mushroom,
awei mushroom,
white king oyster mushroom
puff dough, puff pastry dough
leafy vegetables
collards, kale, borecole

Swiss chard, spinach beet,
leaf beet, chard

leaf mustard

leaf spinach, leafy spinach
stalk vegetables,
leaf stalk vegetables
blue fish, bluefish FAO, tailor, elf,
elft
common blueberry, bilberry,
whortleberry
Jamaica bilberry

Caucasian bilberry,
Caucasian whortleberry
blue huckleberry,
dangleberry, blue tangle
blue king crab

blue runner FAO, blue runner jack

blue catfish

jelly wolffish,
northern wolffish FAO
blue taro, black malanga

blue whiting, poutassou

tilefish

freshwater houting, powan,
common whitefish FAO

blue shark

blue crab,
Chesapeake Bay swimming crab
blue swimming crab, sand crab,
pelagic swimming crab

Blaukraut, Rotkohl *Brassica oleracea* var. *capitata* f. *rubra*	red cabbage
Blaurückenlachs, Blaurücken, **Roter Lachs, Rotlachs** *Oncorhynchus nerka*	sockeye salmon FAO, sockeye (lacustrine pop. in US/Canada: kokanee)
Blauschimmelkäse	blue cheese
Blaustreifengrunzer, **Blaustreifen-Grunzerfisch** *Haemulon sciurus*	bluestriped grunt
Blei, Brachsen, Brassen, Brasse *Abramis brama*	common bream, freshwater bream carp bream FAO
Blöker, Gelbstriemen *Boops boops*	bogue
Blonde, Kurzschwanz-Rochen *Raja brachyura*	blonde ray FAO, blond ray
Blumenkohl (*inkl.* Romanesco: **Türmchenblumenkohl,** **Pyramidenblumenkohl)** *Brassica oleracea* (Botrytis Group)	cauliflower (*incl.* Romanesco: christmas tree cauliflower)
Blut	blood
Blut-Banane *Musa sumatrana*	blood banana
Blütenhonig	flower honey, blossom honey
Bluthirse, Blut-Fingerhirse *Digitaria sanguinalis*	common crabgrass, hairy crabgrass fingergrass
Blutkraut, Roter Heinrich, **Roter Meier, Küchenamarant** **(Aufsteigender Amarant)** *Amaranthus blitum,* *Amaranthus lividus* ssp. *ascendens*	purple amaranth, livid amaranth blito
Blutorange *Citrus sinensis* var.	blood orange
Blut-Schnapper, Blutschnapper *Lutjanus sanguineus*	humphead snapper, bloodred snapper
Bocksdornbeere, **Chinesische Wolfsbeere,** **Chinesischer Bocksdorn, Goji-Beere** *Lycium barbarum & Lycium chinense*	Chinese boxthorn, Chinese wolfberry, goji berry, Tibetan goji, Himalayan goji
Bockshornklee *Trigonella foenum-graecum*	fenugreek
Bodendarm, Buttdarm, Butte **(oberster Dickdarm)**	bung (caecum)
Bohne	bean
➢ **Adzukibohne** *Vigna angularis*	adzuki, azuki
➢ **Augenbohne, Chinabohne,** **Kuhbohne, Kuherbse** *Vigna unguiculata* ssp. *unguiculata*	cowpea, black-eyed bean, black-eyed pea, black-eye bean
➢ **Brechbohne** **(*Pflanze:* Buschbohne/Strauchbohne)** *Phaseolus vulgaris* (Nanus Group)	dwarf bean, French bush bean, bush bean, bunch bean, snap bean, snaps

➢ **Cannellini-Bohne**   cannellini bean, white long bean
  Phaseolus vulgaris (Nanus Group) 'Cannellini'
➢ **Dicke Bohne, Saubohne**   broad bean, fava bean
  Vicia faba
➢ **Feuerbohne, Prunkbohne**   runner bean, scarlet runner bean
  Phaseolus coccineus
➢ **Fisole (Österr.), Gartenbohne,**   common bean, green bean,
  Stangenbohne, Grüne Bohne   French bean, string bean
  Phaseolus vulgaris var. *vulgaris*
➢ **Flageolet-Bohne, Grünkernbohne**   flageolet bean
  Phaseolus vulgaris (Nanus Group)
  'Chevrier Vert'
➢ **Gartenbohne, Stangenbohne,**   common bean, green bean,
  Grüne Bohne (Österr: Fisole)   French bean, string bean
  Phaseolus vulgaris var. *vulgaris*
➢ **Goabohne**   winged bean
  Psophocarpus tetragonolobus
➢ **Guarbohne, Büschelbohne**   cluster bean, guar
  Cyamopsis tetragonoloba
➢ **Helmbohne**   hyacinth bean, lablab
  Lablab purpureus
➢ **Katjangbohne, Catjang-Bohne,**   catjang bean
  Angolabohne
  Vigna unguiculata ssp. *cylindrica*
➢ **Kidneybohne**   kidney bean
  Phaseolus vulgaris
➢ **Kletterbohne, Stangenbohne**   climbing bean, pole bean
  Phaseolus vulgaris (Vulgaris Group)
➢ **Limabohne, Mondbohne; Butterbohne**   lima bean; butter bean
  Phaseolus lunatus (Lunatus Group)
➢ **Mottenbohne, Mattenbohne**   moth bean, mat bean
  Vigna aconitifolia
➢ **Mungbohne, Mungobohne,**   mung bean, green gram,
  Jerusalembohne, Lunjabohne   golden gram
  Vigna radiata
➢ **Pferdebohne**   horse gram
  Macrotyloma uniflorum
➢ **Pintobohne, Wachtelbohne**   pinto bean
  Phaseolus vulgaris (Nanus Group) Type
➢ **Prinzessbohne**   princess bean
  Phaseolus vulgaris (Nanus Group)   (young/fine green/French bean)
➢ **Puffbohne**   popping bean, popbean
  Phaseolus vulgaris (Nuñas Group)
➢ **Reisbohne**   rice bean
  Vigna umbellata, Phaseolus calcaratus
➢ **Sievabohne**   sieva bean, bush baby lima,
  Phaseolus lunatus (Sieva Group)   Carolina bean, climbing baby lima
➢ **Sojabohne**   soybean
  Glycine max
➢ **Spargelbohne, Langbohne**   yard-long bean, Chinese long bean,
  Vigna unguiculata ssp. *sesquipedalis*   asparagus bean, snake bean

➤ **Teparybohne**	tepary bean
Phaseolus acutifolius	
➤ **Urdbohne**	urd, black gram
Vigna mungo	
➤ **Wachsbohne, Butterbohne**	wax bean US, butter bean UK
Phaseolus vulgaris (Vulgaris Group)	
Wax Type	
➤ **Zombi-Bohne, Wilde Mungbohne**	zombi pea, wild mung, wild cow
Vigna vexillata	
Bohnenkraut ➤ Sommer-Bohnenkraut	savory, summer savory
Satureja hortensis	
➤ **Thymianblättriges Bohnenkraut, Thryba**	thyme-leaved savory,
Satureja thymbra	Roman hyssop, Persian zatar
➤ **Winter-Bohnenkraut,**	savory, winter savory
Karstbohnenkraut	
Satureja montana	
Bohnensprossen	bean sprouts
(Soja, Mungbohnen oder Adzukibohnen)	
Bolwarra	bolwarra, (Australia: native guav
Eupomatia laurina	
Bomarie	white Jerusalem artichoke, salsi
Bomarea edulis	
Bonbon	sweet, bonbon; (piece of) candy
	hard candy
Bonito ➤ Echter Bonito,	skipjack tuna FAO, bonito,
Bauchstreifiger Bonito,	stripe-bellied bonito
Gestreifter Thun	
Katsuwonus pelamis, Euthynnus pelamis	
Boretsch, Borretsch, Gurkenkraut	borage
Borago officinalis	
Borneotalg	Borneo tallow, green butter
Shorea spp.	
Borstenhirse, Kolbenhirse	foxtail millet
Setaria italica	
Boysenbeere	boysenberry
Rubus ursinus x *idaeus*	
Brachsenmakrelen	pomfrets
➤ **Atlantische Brachsenmakrele**	Atlantic pomfret
Brama brama	
➤ **Pazifische Brachsenmakrele**	Pacific pomfret
Brama japonica	
➤ **Sichel-Brachsenmakrele**	sickle pomfret
Taractichthys steindachneri	
Brandbrasse, Oblada	saddled bream,
Oblada melanura	saddled seabream FAO
Brandhorn, Herkuleskeule,	purple dye murex, dye murex
Mittelmeerschnecke	
Bolinus brandaris, Murex brandaris	
Brandteig	choux pastry dough
Brandungsbarsch ➤	white surfperch, seaperch
Weißer Brandungsbarsch	
Phanerodon furcatus	

Branntwein	distilled spirit
➢ **Obstbrand**	fruit brandy
➢ **Weinbrand**	brandy (distilled from grape wine)
Brasilianischer Bärenkrebs	Brazilian slipper lobster
Scyllarides brasiliensis	
Brasilkirsche, Grumichama	Brazil cherry, grumichama
Eugenia brasiliensis, Eugenia dombeyi	
Brasse *f* (oder Brassen *m*)	bream
Brasse, Brassen, Blei, Brachsen	carp bream FAO, common bream,
Abramis brama	freshwater bream
➢ **Achselfleckbrasse, Achselbrasse,**	Spanish bream, Spanish seabream,
Spanische Meerbrasse	axillary bream,
Pagellus acarne	axillary seabream FAO
➢ **Brandbrasse, Oblada**	saddled bream,
Oblada melanura	saddled seabream FAO
➢ **Dickkopfzahnbrasse, Rosa Zahnbrasse,**	pink dentex
Buckel-Zahnbrasse	
Dentex gibbosus	
➢ **Doppelbandbrasse, Zweibandbrasse,**	twobar seabream
Bischofsbrasse	
Acanthopagrus bifasciatus	
➢ **Goldbrasse, Dorade Royal**	gilthead, gilthead seabream FAO
Sparus auratus	
➢ **Meerbrasse, Marmorbrasse, Dorade**	marmora, striped seabream FAO
Lithognathus mormyrus, Pagellus mormyrus	
➢ **Nordische Meerbrasse,**	red seabream, common seabream,
Graubarsch, Seekarpfen	blackspot seabream FAO
Pagellus bogaraveo	
➢ **Pekingbrasse**	white Amur bream
Parabramis pekinensis	
➢ **Rote Meerbrasse, Rotbrassen**	pandora, common pandora FAO
(*unter diesem Begriff gehandelt: Pagellus,*	
Pagrus und Dentex spp.)	
Pagellus erythrinus	
➢ **Sackbrasse, Gemeine Seebrasse**	common seabream FAO,
Pagrus pagrus, Sparus pagrus pagrus,	common sea bream, red porgy,
Pagrus vulgaris	Couch's seabream
➢ **Schafskopf-Brasse, Schafskopf,**	sheepshead
Sträflings-Brasse	
Archosargus probatocephalus	
➢ **Seebrasse**	red seabream
Pagrus major	
➢ **Streifenbrasse (Hbz. Meerbrasse)**	black bream, black seabream FAO,
Spondyliosoma cantharus	old wife
➢ **Zahnbrasse**	dentex, common dentex FAO
Dentex dentex	
➢ **Zweibandbrasse, Bischofsbrasse,**	twobar seabream
Doppelbandbrasse	
Acanthopagrus bifasciatus	
➢ **Zweibindenbrasse**	two-banded bream,
Diplodus vulgaris	common two-banded seabream

Brät

Brät (rohe Wurstmasse/Wurstteig)	sausage batter (raw)
Braten	roast
Bratenfett	drippings
Bratenfleisch	roasting meat
Bratensoße, Fleischsoße	gravy
Bratfett	frying fat
Bratöl	frying oil
Braunalgen	brown algae
Braune Hirse	browntop millet
Urochloa ramosa, Panicum ramosum	
Braune Venusmuschel,	brown callista, brown venus
Glatte Venusmuschel	
Callista chione, Meretrix chione	
Brauner Champignon, Brauner Egerling	chestnut mushroom, brown cap
Agaricus bisporus	
Brauner Drachenkopf	brown scorpionfish,
Scorpaena porcus	black scorpionfish FAO
Brauner Kompost-Egerling,	clustered mushroom
Kompost-Champignon	
Agaricus vaporarius	
Brauner Senf, Indischer Senf,	brown mustard, Indian mustard
Indischer Braunsenf, Sareptasenf	Dijon mustard
Brassica juncea var. *juncea*	
Brauner Zackenbarsch	dusky grouper, dusky perch
Epinephelus guaza, Epinephelus marginatus	
Braunkappe, Riesenträuschling,	wine cap, winecap stropharia,
Rotbrauner Riesenträuschling,	king stropharia,
Kulturträuschling	garden giant mushroom
Stropharia rugosoannulata	
Brauntang	kelp
Brauselimonade	fizzy lemon soda pop
Brausen	soda pops
	(artificial flavor and color)
Brechbohne (Pflanze: Buschbohne/	dwarf bean, French bush bean,
Strauchbohne)	bush bean, bunch bean,
Phaseolus vulgaris (Nanus Group)	snap bean, snaps
Breiapfel, Sapote, Sapodilla, Sapotille	sapodilla, sapodilla plum, chiku
Manilkara zapota	(chicle tree)
Breitblättrige Kresse, Pfefferkraut	dittander
Lepidium latifolium	
Breitblättriger Senf	cabbage leaf mustard,
Brassica juncea var. *rugosa*	broad-leaved mustard,
	heading leaf mustard,
	mustard greens
Breitkopf-Bärenkrebs	Moreton Bay flathead lobster,
Thenus orientalis	Moreton Bay 'bug'
Brennnessel	stinging nettle
Urtica dioica	
Brezel (CH Bretzel)	pretzel
Bries (Thymusdrüse: meist Kalb)	sweetbread (throat/heart/neck/ chest sweetbread) (thymus: mostly of calf)

Brokkoli (Spargelkohl)   broccoli
  Brassica oleracea (Italica Group)
➢ **Chinesischer Brokkoli**   Chinese kale, Chinese broccoli,
  Brassica oleracea (Alboglabra Group)   white-flowering broccoli
Brombeere (Krotzbeere)   bramble, European blackberry
  Rubus fruticosus
➢ **Acker-Brombeere,**   European dewberry
  Kratzbeere, Bereifte Brombeere
  Rubus caesius
➢ **Amerikanische Acker-Brombeere**   American dewberry
  Rubus flagellaris
➢ **Arktische Himbeere,**   Arctic bramble
  Arktische Brombeere,
  Schwedische Ackerbeere, Allackerbeere
  Rubus arcticus
➢ **Kalifornische Brombeere**   California dewberry
  Rubus ursinus
➢ **Moltebeere, Multbeere,**   cloudberry
  arktische Brombeere
  Rubus chamaemorus
Brosme, Lumb   cusk, torsk (European cusk),
  Brosme brosme   tusk FAO
Brot   bread
➢ **Baguette**   baguette, French bread
➢ **Dauerbrot**   preserved bread
➢ **Flachbrot**   flat bread
➢ **Fladenbrot**   pita, 'pocket bread'
➢ **Früchtebrot**   fruit bread
➢ **Ganzkornbrot**   whole-grain bread
                                         (with unmilled grains)
➢ **Hefebrot**   yeast bread
➢ **Knäckebrot**   crispbread
➢ **Mischbrot, Mehrkornbrot,**   mixed-grain bread,
  Mehrkornmischbrot   multigrain bread
➢ **Sauerteigbrot**   sourdough bread
➢ **Schrotbrot**   whole-meal bread
                                         (with coarse-ground grain)
➢ **Spezialbrot**   specialty bread
➢ **Steinofenbrot, Holzofenbrot**   wood-oven bread
➢ **Toastbrot, Toast**   toast, toasting bread (white bread)
➢ **Vollkornbrot**   whole bread
➢ **Weißbrot**   white bread, soft white bread
Brotaufstrich   spread
Brötchen (Weck/Semmel)   roll, bread roll (süß: sweet roll); bun
                                         (süß: sweet bun)
➢ **hartes, ringförmiges Brötchen**   bagel
➢ **Milchbrötchen, Milchweck**   milk roll, milk sweet roll,
                                         Vienna roll
➢ **Schrippe**   crusty wheat roll
Brotfrucht   breadfruit
  Artocarpus altilis
Brotkrume, Krume   crumb (the soft part of bread)

Brotkrümel/~brösel	bread crumbs, breadcrumbs
Brotkruste	bread crust
Brotnuss	bread nut
Brosimum alicastrum	
Brottrunk	bread drink
	(fermented grain beverage)
Brotwurzel, Chinesischer Yams	Chinese yam, Chinese 'potato'
Dioscorea polystachya, Dioscorea batatas,	
Dioscorea opposita	
Brühe	broth
Brühwürfel	bouillon cube
Brühwurst	sausage made of meat cooked in
	broth or soup
Brunnenkresse	watercress
Nasturtium officinale	
➢ **Bastard-Brunnenkresse**	brown watercress
Nasturtium x *sterile*	
Brust	breast
Brustbeere, Chinesische Dattel, Jujube	jujube, Chinese date,
Ziziphus jujuba	Chinese jujube, red date,
	Chinese red date
➢ **Indische Brustbeere, Filzblättrige Jujube**	Indian jujube, masawo
Ziziphus mauritiana	(ziziphus fruit leather)
Brustbeersebeste, Schwarze Brustbeere,	sebesten plum, Assyrian plum
Sebesten	
Cordia myxa	
Buchecker	beechnut
Fagus sylvatica	
Buchweizen	buckwheat
Fagopyrum esculentum	
➢ **Tatarischer Buchweizen**	Siberian buckwheat,
Fagopyrum tataricum	Kangra buckwheat,
	tartary buckwheat
Buckelbeeren	huckleberries
Gaylussacia spp.	
➢ **Blaue Buckelbeere**	blue huckleberry, dangleberry,
Gaylussacia frondosa	blue tangle
➢ **Schwarze Buckelbeere**	black huckleberry
Gaylussacia baccata	
➢ **Zwerg-Buckelbeere**	dwarf huckleberry
Gaylussacia dumosa	
Buckelkopf-Buntbarsch	buffalohead cichlid
Steatocranus casuarius	
Buckellachs, Buckelkopflachs, Rosa Lachs,	pink salmon
Pinklachs	
Oncorhynchus gorbuscha	
Bückling (heißgeräucherter,	buckling (hot-smoked/
ganzer unausgeweideter Hering)	whole herring) UK
Büffelbeere, Silber-Büffelbeere	buffaloberry, silverberry
Shepherdia argentea	
Bullkelp (Seetang)	seatron, bull kelp, bull-whip kelp
Nereocystis luetkeana	

Bunashimeji, ‚Shimeji', Buchenrasling — bunashimeji, brown beech mushroom
Hypsizigus marmoreus, Hypsizigus tessulatus
Bündnerfleisch — Swiss beef jerky
Buntbarsch ➢ Buckelkopf-Buntbarsch — buffalohead cichlid
Steatocranus casuarius
Bunte Kammmuschel — variegated scallop
Chlamys varia
Buntlupine, Tarwi — tarwi, pearl lupin
Lupinus mutabilis
Burgundertrüffel — Burgundy truffle, French truffle, grey truffle
Tuber uncinatum
Büschelbohne, Guarbohne — cluster bean, guar
Cyamopsis tetragonoloba
Buschminze — bush tea
Hyptis suaveolens
Buschtomate — bush tomato
Solanum lycopersicum var.
➢ **Akudjura** — bush tomato, desert raisin, Australian desert raisin, akudjura
Solanum centrale
Butter — butter
➢ **Fulwa-Butter, Phulwara-Butter** — phulwara butter
Diploknema butyracea
➢ **Kakaobutter** — cocoa butter
➢ **Kräuterbutter** — herb butter
➢ **Molkenbutter** — whey butter
➢ **Mowrahbutter** — mahwa butter, mohua butter, mowa butter, illipe butter
Madhuca longifolia
➢ **Muskatbutter** — nutmeg butter
➢ **Pflanzenbutter** — vegetable butter
➢ **ranzig** — rancid
➢ **Sauerrahmbutter** — lactic acid butter, lactic butter, ripened cream butter
➢ **Sheabutter** — shea butter
Vitellaria paradoxa, Butyrospermum parkii
➢ **Streichbutter** — butter spread
➢ **Süßrahmbutter** — fresh butter, sweet cream butter
Butterbohne (Limabohne, Mondbohne) — butter bean (lima bean)
Phaseolus lunatus (Lunatus Group)
Buttercreme, Butterkrem — buttercream, butter-cream, butter cream
Butterfisch, Amerikanischer Butterfisch, Atlantik-Butterfisch — American butterfish, dollarfish, Atlantic butterfish
Peprilus triacanthus
Butterkaramellbonbons — butterscotch
Butterkrebse (kürzlich gehäutete Flusskrebse etc.) — softshell crabs
Buttermakrele — escolar
Lepidocybium flavobrunneum
➢ **Ölfisch** — oilfish
Ruvettus pretiosus

Buttermuschel	Washington clam,
Saxidomus gigantea	smooth Washington clam,
	Alaskan butter clam, butterclam
➤ **Kalifornische Buttermuschel**	butterclam, butternut clam
Saxidomus nuttalli	
Butternuss, Graue Walnuss	butternut, white walnut
Juglans cinerea	
Butternuss, Souarinuss	swarri nut, souari nut, butternut
Caryocar amygdaliferum &	
Caryocar nuciferum	
Butternusskürbis ('Birnenkürbis')	butternut squash
Cucurbita moschata 'Butternut'	
Butterpilz, Ringpilz	butter mushroom, brown-
Suillus luteus	yellow boletus, slippery jack
Buttersalat, Kopfsalat	butter lettuce, butterhead,
Lactuca sativa var. *capitata* (Butterhead Type)	head lettuce, cabbage lettuce,
	bibb lettuce, Boston lettuce
Butterschmalz	rendered butter

Caballa, Pferdemakrele, Pferde-Makrele, Pferde-Stachelmakrele
Caranx hippos
     crevalle jack FAO, Samson fish

Caimito-Eifrucht, Caimito-Eierfrucht
Pouteria caimito
     abiu, caimito, yellow star apple, egg fruit

Calamondin-Orange, Kalamansi, Zwerg-Orange
Citrus madurensis, Citrus microcarpa
     calamondin, calamansi, kalamansi, Chinese orange, golden lime

Campedak, Champedak
Artocarpus integer
     chempedak, cempedak

Camu Camu
Myrciaria dubia
     camu-camu, river guava, caçari

Cañihua
Chenopodium pallidicaule
     canihua

Canistel, Canistel-Eierfrucht, Gelbe Sapote, Sapote Amarillo, Eifrucht
Pouteria campechiana
     canistel, yellow sapote, sapote amarillo, eggfruit

Canna ➢ Essbare Canna, Achira
Canna edulis
     achira, Queensland arrowroot

Cannellini-Bohne
Phaseolus vulgaris (Nanus Group) 'Cannellini'
     cannellini bean, white long bean

Cantaloupmelone, Kantalupmelone
Cucumis melo (Cantalupensis Group)
     cantaloupe, cantaloupe melon

Capelin, Lodde
Mallotus villosus
     capelin

Capuaçú
Theobroma grandiflorum
     cupuassu

Capuli-Kirsche, Kapollinkirsche, Mexikanische Traubenkirsche, Kapollin
Prunus serotina ssp. *capuli*
     capuli cherry, capulin, capolin, black cherry

Carrageen, Carrageenan, Karrageen
Chondrus spp. & *Eucheuma* spp. u.a.
     carrageenan, carrageenin

Casein
     casein

Cashewnuss, Kaschu, Kaschukerne; Kaschuapfel
Anacardium occidentale
     cashew, cashew nut; cashew apple

Cassabanana
Sicana odorifera
     casabanana, cassabanana

Cassava, Maniok
Manhiot esculenta
     cassava

Catla, Theila, Tambra
Catla catla
     catla

Cayennekirsche, Surinamkirsche, Pitanga
Eugenia uniflora
     Surinam cherry, Cayenne cherry, pitanga

Cedrat, Zedrat, Citronat, Zitronat (kandierte Zedratzitronenschale)
Citrus medica
     candied citron peel

Cerealien
     cereals

Ceylon-Kardamom
Elettaria cardamomum var. *major*
     Ceylon cardamom, Sri Lanka cardamom, long white cardamom, wild cardamom

Ceylon-Spinat, Surinam-Portulak,
Wasserblatt
Talinum fruticosum (T. triangulare)

waterleaf, Philippine spinach,
Ceylon spinach, cariru,
Suriname purslane

Ceylon-Stachelbeere, Ketembilla
Dovyalis hebecarpa

Ceylon gooseberry, ketembilla

Ceylonmakropode
Belontia signata

Ceylonese combtail

Cha Om, Akazienblätter
Acacia pennata ssp. insuavis

cha om, acacia leaf

Chagrinrochen, Fullers Rochen
Leucoraja fullonica

shagreen ray

Chamäleonblatt,
Herzförmige Houttuynie, Vap Ca
Houttuynia cordata

fish plant, fishwort, heart leaf

Champagner

champagne

Champedak, Campedak
Artocarpus integer

chempedak, cempedak

Champignon, Kulturchampignon,
Weißer Zuchtchampignon
Agaricus bisporus var. hortensis

cultivated mushroom,
white mushroom,
button mushroom

➤ **Brauner Champignon, Brauner Egerling**
Agaricus bisporus

chestnut mushroom,
brown cap

➤ **Großsporiger Anis-Egerling**
Agaricus macrosporus

giant mushroom, macro mushro

➤ **Kompost-Champignon,**
Brauner Kompost-Egerling
Agaricus vaporarius

clustered mushroom

➤ **Kulturchampignon,**
Weißer Zuchtchampignon
Agaricus bisporus var. hortensis

cultivated mushroom,
white mushroom,
button mushroom

➤ **Portabella**
Agaricus bisporus

portobello, portabella

➤ **Riesenchampignon**
Agaricus augustus

Prince mushroom, Prince

➤ **Schafchampignon, Schafegerling,**
Anis-Egerling, Weißer Anisegerling,
Weißer Anischampignon
Agaricus arvensis

horse mushroom

➤ **Wiesenchampignon, Wiesenegerling,**
Feldegerling
Agaricus campestris

field mushroom,
meadow mushroom

Chayote
Sechium edule

chayote, mirliton

Cherimoya
Annona cherimola

cherimoya, custard apple

Chicorée, Salatzichorie, Bleichzichorie,
Brüsseler Endivie
Cichorium intybus (Foliosum Group)
'Witloof'

witloof chicory, Brussels chicor
French endive, Belgian endive,
forcing chicory (US: blue sailo

Chilenische Guave, Murtilla
Ugni molinae

Chilean guava,
cranberry (New Zealand),
strawberry myrtle, murtilla

Chilenische Haselnuss   Chile nut, Chilean hazelnut,
Gevuina avellana   gevuina nut
Chilenische Kantengarnele, Chile-Krabbe,   Chilean nylon shrimp
   Camarone
Heterocarpus reedei
Chilenische Miesmuschel   Chilean mussel
Mytilus chilensis
Chilenische Pelamide   Pacific bonito,
Sarda chilensis   Eastern Pacific bonito FAO
Chilenische Plattauster   Chilean flat oyster
Ostrea chilensis
Chilenische Seespinne   southern spider crab
Libidoclea granaria
Chilenische Weinbeere, Macqui, Macki,   wineberry, Chilean wineberry,
   Macki-Beere   mountain wineberry,
Aristotelia chilensis   macqui berry
Chilgoza-Kiefernkerne   chilgoza pine nuts, neje nuts
Pinus gerardiana
Chili, Cayennepfeffer, Tabasco   hot pepper, red chili, chili pepper,
Capsicum frutescens   cayenne pepper, tabasco pepper
➤ **Habanero-Chili (Quittenpfeffer)**   habanero pepper, scotch bonnet
Capsicum chinensis, Capsicum tetragonum
Chili-Soße   hot sauce
Chinabohne, Augenbohne, Kuhbohne,   cowpea, black-eyed bean,
   Kuherbse   black-eyed pea, black-eye bean
Vigna unguiculata ssp. *unguiculata*
China-Hickorynuss   China hickory, Cathay hickory
Carya cathayensis
China-Kardamom   Chinese cardamom,
Alpinia globosa   round Chinese cardamom
Chinakohl, Chinesischer Senfkohl, Pak-Choi   pak choi, bok choi, bokchoy,
Brassica rapa (Chinensis Group)   Chinese white cabbage
Chinesische Baumerdbeere,   red bayberry, red myrica,
   Pappelpflaume,   Chinese bayberry, yumberry
   ‚**Chinesischer Arbutus', Yumberry**
Myrica rubra
Chinesische Dattel, Jujube, Brustbeere   jujube, Chinese date,
Ziziphus jujuba   Chinese jujube, red date,
    Chinese red date
Chinesische Esskastanie   Chinese chestnut
Castanea mollissima
Chinesische Fächerpalme,   Chinese fan palm fruit
   Chinesische Schirmpalme,
   Brunnenpalme
Livistona chinensis
Chinesische Haselnuss   Chinese hazel
Corylus chinensis
Chinesische Morchel, Silberohr,   silver fungus, silver ear,
   Weißer Holzohrenpilz   white tree fungus, white fungus,
Tremella fuciformis   white jelly fungus,
    silver ear fungus, snow fungus,
    silver ear mushroom

Chinesische Olive

> **Schwarze Chinesische Olive,**
> **Schwarze Kanarinuss**
> *Canarium pimela*

Chinese black olive,
black Chinese olive

> **Weiße Chinesische Olive,**
> **Weiße Kanarinuss**
> *Canarium album*

Chinese olive, Chinese white oli
white Chinese olive

Chinesische Quitte, Chin. Scheinquitte
Chaenomeles speciosa

Chinese quince

Chinesische Stachelbeere,
Kiwifrucht, Kiwi, Aktinidie
Actinidia deliciosa

kiwifruit, Chinese gooseberry

Chinesische Walnuss,
Mandschurische Walnuss
Juglans mandshurica

Manchurian walnut,
Chinese walnut

Chinesische Wassernuss
Eleocharis dulcis

Chinese water chestnut

Chinesische Wollhandkrabbe
Eriocheir sinensis

Chinese mitten crab,
Chinese river crab

Chinesischer Bocksdorn,
Bocksdornbeere, Goji-Beere,
Chinesische Wolfsbeere
Lycium barbarum & Lycium chinense

Chinese boxthorn,
Chinese wolfberry, goji berry,
Tibetan goji, Himalayan goji

Chinesischer Brokkoli
Brassica oleracea (Alboglabra Group)

Chinese kale, Chinese broccoli,
white-flowering broccoli

Chinesischer Gelbsenf
Brassica juncea var. *lutea*

yellow Chinese leaf mustard

Chinesischer Gewürzstrauch,
Chinesische Kamm-Minze
Elsholtzia stauntonii

mint bush, mint shrub

Chinesischer Pfeffer, Szechuan-Pfeffer
Zanthoxylum simulans u.a.

Sichuan pepper, Szechuan pepp
Chinese pepper

Chinesischer Salat, Indischer Salat
Lactuca indica

Indian lettuce

Chinesischer Schnittlauch,
Chinesische Zwiebel,
Chinesische Schalotte, Rakkyo
Allium chinense

Chinese chives, Chinese onion,
Kiangsi scallion, rakkyo

Chinesischer Schnittlauch,
Schnittknoblauch, Chinalauch
Allium tuberosum

Chinese chives, garlic chives
(oriental garlic, Chinese leeks)

Chinesischer Sellerie
Apium graveolens var. *secalinum*

Chinese celery

Chinesischer Stör
Acipenser sinensis

Chinese sturgeon

Chinesischer Talgbaum (Stillingiaöl/
Stillingiatalg)
Sapium sebiferum

Chinese tallow tree (stillingia o

Chinesischer Yams, Brotwurzel
Dioscorea polystachya, Dioscorea batatas,
Dioscorea opposita

Chinese yam, Chinese ëpotatoí

Chinesisches Holzohr, Ohrpilz, Ohrlappenpilz
Auricularia auricula-judae

cloud ear fungus, Chinese fungus, Szechwan fungus, black jelly mushroom, small mouse ear, hei mu er

Chinesisches Stockschwämmchen, Namekopilz, Nameko-Pilz, Namekoschüppling
Pholiota nameko

nameko, viscid mushroom

Chips

chips; crisps UK

Choi-Sum, Choisum
Brassica rapa (Parachinensis Group)

Chinese flowering cabbage

Chrysanthemum, Speise-Chrysantheme, Salatchrysantheme, Salat-Chrysantheme
Chrysanthemum coronarium

chrysanthemum, tangho, Japanese greens

Chulupa
Passiflora maliformis

sweet calabash, chulupa

Chum-Lachs, Keta-Lachs, Ketalachs, Hundslachs
Oncorhynchus keta

chum salmon

Chupachupa, Südamerikanische Sapote, Kolumbianische Sapote
Matisia cordata

chupa-chupa, sapote amarillo, South American sapote

Cipollino, Traubenhyazinthe
Muscari comosus

tassel hyacinth

Citronat, Zitronat, Cedrat, Zedrat (kandierte Zedratzitronenschale: Citrus medica)

candied citron peel

Cocktail-Tomate, Kirschtomate
Solanum lycopersicum (Cerasiforme Group)

cherry tomato

Coho-Lachs, Silberlachs
Oncorhynchus kisutch

coho salmon FAO, silver salmon

Cola, Colanuss, Bittere Kolanuss
Cola nitida & Cola spp.

cola, cola nut, kola, kola nut, bitter cola

Colagetränke

cola beverages, cola drinks, cola pops

Corail (Rogen von Hummer u.a., Jakobsmuscheln)

coral, roe (of lobster, scallop a.o.)

Cornedbeef (gepökeltes Rindfleisch)

corned beef

Cornichon, Pariser Trauben-Gurke
Cucumis sativus (Gherkin Group)

gherkin, pickling cucumber, small-fruited cucumber, cornichon

Costa-Rica-Guave
Psidium friedrichsthalianum

Costa Rican guava

Coula-Nuss, Gabon-Nuss
Coula edulis

coula, Gabon nut, African walnut

Coyo-Avocado
Persea schiedeana

coyo avocado, coyo

Cremelikör, Kremlikör

cream liqueur

Croûton (gerösteter Weißbrotwürfel)

crouton

Cubebenpfeffer
Piper cubeba

tailed pepper, cubeba

Culantro, Langer Koriander, Mexikanischer Koriander, Europagras, Pakchi Farang
Eryngium foetidum
culantro, recao leaf, fitweed, shado beni, long coriander leaf, sawtooth herb, Thai parsley, Mexican coriander

Culilawan-Zimt, Lavangzimt
Cinnamomum culilawan
culilawan

Curbaril, Jatoba, Antillen-Johannisbrot, Brasilianischer Heuschreckenbaum
Hymenaea courbaril
Brazilian cherry, copal, jatoba

Curryblätter
Murraya koenigii
curry leaves

Currystrauch, Currykraut
Helichrysum italicum ssp. *serotinum*
curry plant

Currywurst
sausage in savory sauce (often tomato ketchup/ fenugreek involved!)

Curuba, Bananen-Passionsfrucht
Passiflora mollissima
curuba, banana passion fruit

Cush-Cush Yams
Dioscorea trifida
cushcush, cush-cush yam, yampi, yampee

Daikon-Rettich, China-Rettich, Chinaradies — Japanese white radish, Chinese radish, daikon
Raphanus sativus (Longipinnatus Group)/ var. *longipinnatus*

Damaszenerrose — damask rose, Persian rose
Rosa damascena

Damwild — fallow deer
Dama dama

Darm, Gedärme — intestines; (als Wursthülle) casing(s)

➢ **Buttdarm, Bodendarm, Butte (oberster Dickdarm)** — bung (caecum/blind gut)

➢ **Dickdarm** — large intestines

➢ **Dünndarm** — small intestines

➢ **Enger Darm (Dünndarm: Schwein)** — runners, rounds, hog casings (small intestines)

➢ **Fettende** — fatend

➢ **Goldschläger (Serosa des Caecum)** — caecal serosa

➢ **Kappe (des Buttdarms)** — bung cap

➢ **Kranzdarm, Kranzdärme (Rind)** — beef rounds, runners (small intestines: cattle)

➢ **Krausedarm (Mitteldarm/Colon: Schwein)** — middles; chitterlings, chitlins

➢ **Mitteldarm, Mitteldärme (Colon)** — middles

➢ **Nachende** — afterend

➢ **Naturdarm, Naturdärme** — natural casing(s)

➢ **Saitlinge (Schaf: Dünndarm)** — sheep casings (small intestines)

➢ **Schäldärme** — sausage casings with plastic overlay that must be removed after cooking

Darmfett, Mickerfett (Gekrösefett) — ruffle fat

Darmtang, Darmalge — gutweed
Ulva intestinalis, Enteromorpha intestinalis

Darwinstrauß, Kleiner Nandu — lesser rhea
Pterocnemia pennata

Dattel — date
Phoenix dactylifera

Dattelpflaume, Persimone, Kaki, Kakipflaume, Chinesische Dattelpflaume (inkl. Sharon-Frucht) — persimmon, Japanese persimmon, Chinese date, kaki (incl. sharon fruit)
Diospyros kaki

Dattelwein — date wine

Dauerbackwaren — ready-made bakery products, dry bakery products, extended shelf-life bakery products

Daun Salam, Salamblätter, Indischer Lorbeer, Indonesischer Lorbeer, Indonesisches Lorbeerblatt — daun salam, Indian bay leaf, Indonesian bay leaf
Syzygium polyanthum, Eugenia polyantha

Demerarazucker — demerara sugar

Designer-Lebensmittel, Designer-Nahrungsmittel	designer foods
Deutsches Beefsteak (gewürztes Rinderhack zu ‚Steaks' geformt)	hamburger 'steak' (seasoned and fried beef patty)
Diät	diet
➢ **Krankendiät, Krankenkost**	invalid's diet, food for sick people special diet for sick people
Diät..., diät, die Diät betreffend	dietary
Diätetik	dietetics
Diätmargarine	diet margarine (lite margarine)
Dicke Bohne, Saubohne *Vicia faba*	broad bean, fava bean
Dickkopfzahnbrasse, Rosa Zahnbrasse, Buckel-Zahnbrasse *Dentex gibbosus*	pink dentex
Dicklippige Meeräsche *Chelon labrosus, Mugil chelo, Mugil provensalis*	thick-lipped grey mullet, thick-lip grey mullet, thicklip grey mullet FAO
Dickmus	thickened puree
Dickrahm	clotted cream UK, Devonshire cream (55%)
Dickungsmittel, Verdickungsmittel	thickening agent, thickener(s); firming agent(s)
Digestif	digestif, after-dinner drink
Dill (Samen: Körnerdill; Blätter/Kraut: Blattdill/Dillspitzen) *Anethum graveolens* var. *hortorum*	dill (seeds: dillseed; leaves/weed: dill, dillweed)
Dinkel, Spelz, Spelzweizen, Schwabenkorn; (unreif/milchreif/grün: Grünkern) *Triticum aestivum* ssp. *spelta*	spelt, spelt wheat, dinkel wheat
Diptamdost, Kretischer Oregano, Kretischer Diptam *Origanum dictamnus*	Cretan oregano, Crete oregano, dittany of Crete
Distel ➢ **Kohl-Kratzdistel** *Cirsium oleraceum*	cabbage thistle
Döbel, Aitel *Leuciscus cephalus*	chub
Doggerscharbe, Raue Scholle, Raue Scharbe *Hippoglossoides platessoides*	long rough dab, American plaice plaice US
Donauhering, Pontische Alse *Alosa pontica*	Pontic shad FAO, Black Sea shad
Donau-Stör, Waxdick, Osietra, Osetr *Acipenser gueldenstaedti*	Danube sturgeon, Russian sturgeon FAO, osetr
Doppelbandbrasse, Zweibandbrasse, Bischofsbrasse *Acanthopagrus bifasciatus*	twobar seabream
Doppelfleck-Schnapper *Lutjanus bohar*	two-spot red snapper
Doppelrahm	double cream (>48%) UK; heavy cream (>36%) US

Doppelrauke | wallrocket
Diplotaxis tenuifolia

Dorade, Meerbrasse, Marmorbrassen | marmora, striped seabream FAO
Lithognathus mormyrus, Pagellus mormyrus

Dorade Royal, Goldbrasse | gilthead, gilthead seabream FAO
Sparus auratus

Dornhai, Gemeiner Dornhai, | common spiny dogfish,
Gefleckter Dornhai | spotted spiny dogfish,
Squalus acanthias, Acanthias vulgaris | picked dogfish, spurdog,
| piked dogfish FAO

Dörrfleisch ➢**Bauchspeck** | pork belly briefly cured and smoke
(Schweinebauch: gepökelt/geräuchert) | dried (then usually cooked)
regional unterschiedlich | regional specialty
➢ **Trockenfleisch** | dried meat, jerky

Dörrpflaume, Trockenpflaume | prune

Dörrtomate | dried tomato

Dorsch (Jungform des Kabeljau) | codling (of cod, Atlantic cod)
Gadus morhua

➢ **Grönland-Dorsch, Fjord-Dorsch,** | Greenland cod
Grönland-Kabeljau
Gadus ogac

➢ **Pazifik-Dorsch, Pazifischer Kabeljau** | Pacific cod FAO, gray cod, grayfish
Gadus macrocephalus

Dosenfleisch, Fleischkonserve, | canned meat US, tinned meat UK
Büchsenfleisch

Dost ➢ **Gewöhnlicher Dost,** | oregano, wild marjoram
Wilder Majoran, Oregano
Origanum vulgare

Drachenapfel, Argusfasanenbaum | Pacific walnut, Papuan walnut, dao,
Dracontomelon dao, D. mangiferum | Argus pheasant tree

Drachenfrucht, Pitahaya | dragonfruit, pitahaya, pitaya

➢ **Gelbe Drachenfrucht, Gelbe Pitahaya** | yellow pitahaya, yellow pitaya,
Selenicereus megalanthus | yellow dragonfruit

➢ **Rote Drachenfrucht, Rote Pitahaya** | red pitahaya, red pitaya,
Hylocereus undatus, H. costaricensis | red dragonfruit, strawberry pear

Drachenkopf | scorpionfish
Scorpaena spp.

➢ **Brauner Drachenkopf** | black scorpionfish FAO,
Scorpaena porcus | brown scorpionfish

➢ **Großer Roter Drachenkopf,** | bigscale scorpionfish,
Roter Drachenkopf, Große Meersau, | red scorpionfish, rascasse rouge
Europäische Meersau
Scorpaena scrofa

Drachenpflaume | dragon plum
Dracontomelon vitiense

Dragée | dragée, sugar-coated tablet

Dreibartelige Seequappe | three-bearded rockling
Gaidropsarus vulgaris

Dreifarbiger Fuchsschwanz, | Chinese spinach,
Chinesischer Salat, Papageienkraut, | Chinese amaranth, Joseph's coat,
Gemüseamarant | tampala, amaranthus spinach
Amaranthus tricolor

**Dreiviertelfettmargarine
(fettreduziert < 62% Fett)**
reduced-fat margarine
(three-quarter fat margarine)

Dressing, Salatsauce
dressing, salad dressing

Drückerfisch
triggerfish

➢ **Gestreifter Drückerfisch,
Grüner Drückerfisch**
Balistapus undulatus
undulate triggerfish,
red-lined triggerfish,
orange-lined triggerfish FAO

➢ **Königin-Drückerfisch**
Balistes vetula
queen triggerfish FAO, old-wife

Drumstickgemüse (Meerrettichbaum)
Moringa oleifera
drumsticks (horseradish tree)

Duftlauch, Chinesischer Lauch
Allium ramosum
Siberian chives

Duku
Lansium domesticum (Duku Group)
duku

Dulse
Palmaria palmata, Rhodymenia palmata
dulse

Dünnlippige Meeräsche
Liza ramada, Mugil capito
thinlip grey mullet,
thin-lipped grey mullet,
thinlip mullet FAO

Dünnung (Bauch/Lappen)
flank

Durian *Durio zibethinus*
durian

Durra
Sorghum bicolor (Durra Group)
large-seeded sorghum,
brown durra, grain sorghum

Durum-Weizen, Hartweizen, Glasweizen
Triticum turgidum ssp. *durum*
durum wheat, flint wheat,
hard wheat, macaroni wheat

Eberesche ➤ Ebereschenbeere, Vogelbeere *Sorbus aucuparia*	rowanberry, rowan, mountain ash
➤ **Edeleberesche, Süße Eberesche,** **Mährische Eberesche** *Sorbus aucuparia* var. *edulis*	sweet rowanberry
Eberraute *Artemisia abrotanum*	old man, southernwood
Edelkrebs *Astacus astacus*	noble crayfish
Edelminze, Ingwerminze, Gingerminze *Mentha* x *gracilis, Mentha gentilis*	ginger mint
Edelpilzkäse	German blue cheese
Edelritterling, Grünling, **Echter Ritterling, Grünreizker** *Tricholoma equestre,* *Tricholoma flavovirens*	firwood agaric, yellow knight fungus, yellow trich, man on horseback, Canary trich
Efeu-Gurke, Scharlachgurke, **Scharlachranke** *Coccinea grandis*	ivy gourd, scarlet gourd, tindora, Indian gherkin
Egusi *Cucumeropsis mannii*	egusi, egusi melon, white-seed(ed) melon,
Eiaroma	egg flavor
Eibisch, Echter Eibisch *Althaea officinalis*	marsh mallow
➤ **Gemüse-Eibisch, Essbarer Eibisch, Okra** *Hibiscus esculentus, Abelmoschus esculentus*	ladyfingers, okra, gumbo, bindi
Eichblattsalat, Eichlaubsalat, Pflücksalat *Lactuca sativa* (Secalina Group)	criolla lettuce, Italian lettuce, Latin lettuce
Eichelkaffee	acorn coffee
Eichelkürbis *Cucurbita pepo* var. *turbinata*	acorn squash
Eier	eggs
➤ **Flüssigei**	liquid egg
➤ **Flüssigeiweiß**	liquid albumen, liquid egg white
➤ **Flüssigvollei**	whole liquid egg
➤ **Trinkei**	drinkable liquid egg
➤ **Trockenei**	dried egg
➤ **Trockeneiweiß, Trockeneiklar,** **Eieralbumin**	dried albumen, dried egg white
➤ **Vollei**	whole egg
➤ **Volltrockenei**	dried whole egg, whole dried egg
Eier-Creme, Eierpudding **(Vanillepudding mit Milch + Eiern)**	egg custard
Eierfrucht, Aubergine; Melanzani *Österr.* *Solanum melongena* var. *esculentum*	eggplant, aubergine, brinjal
Eiernudeln	egg noodles
Eierpudding	custard
Eierschwamm, Eierschwammerl *Österr.,* **Pfifferling** *Cantharellus cibarius*	chanterelle, girolle
Eierteigwaren	egg pasta

Eifrucht, Canistel, Canistel-Eierfrucht, Gelbe Sapote, Sapote Amarillo — canistel, yellow sapote, sapote amarillo, eggfruit
Pouteria campechiana

Eigelb, Eidotter, Dotter — egg yolk

Einback — sweet roll

Einfachbiere (3–6% St.W.) — low-gravity beers

Eingeweide — (Innereien: innere Organe) inna entrails, viscera; (Gedärme) intestines; *siehe:* Innereien

Einkorn, Einkornweizen — einkorn wheat, small spelt
Triticum monococcum ssp. *monococcum*

Einmachzucker — canning sugar, preserving sugar

Eintopf — stew

Eisbein (Schweinshaxen) — pickled/cured pork knuckle
➢ **Dickbein, Hachse, Haxe** — US shank (of hindlegs); UK hoc (Hinterhachse) hindshank

Eischnee — whipped egg white

Eiscreme, Eiskrem, Eiskreme, Speiseeis — ice cream, ice-cream
➢ **Eis am Stiel** — popsicle US; ice lolly UK; icy pole, ice block AUS

➢ **Eis in der Waffel** — ice-cream cone
➢ **Sorbet** — sherbet, sorbet
➢ **Wassereis** — water-ice (water-based ice crean

Eisenkraut — vervain, verbena
Verbena officinalis

Eishai, Grundhai, Grönlandhai, Großer Grönlandhai — Greenland shark FAO, ground shark
Somniosus microcephalus

Eiskonfekt — ice cups, ice confection, ice confectionery

Eiskraut — ice-plant
Mesembryanthemum crystallinum

Eissalat, Krachsalat — crisp lettuce, crisphead, crisphead lettuce, iceberg lettu
Lactuca sativa var. *capitata* (Crisphead Type)

Eistee — iced tea

Eiweiß — (Ei/Eiklar) egg white, egg album (Protein) protein

Elch, Elchwild — elk (Europe); moose US
Alces alces

Elchbeere — squashberry, mooseberry
Viburnum edule

Elefanten-Yams — elephant's foot yam, telinga pota
Amorphophallus paeoniifolius

Elsbeere — serviceberry
Sorbus torminalis

Emmer, Emmerkorn, Emmerweizen, Zweikornweizen — emmer wheat, two-grained spelt
Triticum turgidum ssp. *dicoccon (dicoccum)*

Emu — emu
Dromaius novaehollandiae

Emulgator — emulsifier, emulsifying agent

Endivie (*siehe auch*: Escarol, Chicorée)
➤ **Glatte Endivie, Winterendivie** — endive UK, chicory US
  Cichorium endivia (Endivia Group)
➤ **Krause Endivie, Frisée-Salat** — frisée endive, curly endive
  Cichorium endivia (Crispum Group)
  'Frisée Group'
Engelhai, Gemeiner Meerengel — angelshark FAO, angel shark, monkfish
  Squatina squatina, Rhina squatina
Engelwurz, Angelikawurzel — angelica, 'French rhubarb'
  Angelica archangelica
Engerlinge, Käferlarven — grubs
Englischer Weizen, Rauweizen, Rau-Weizen, Wilder Emmer — cone wheat, poulard wheat, rivet wheat, turgid wheat
  Triticum turgidum ssp. *turgicum*
Englisches Pastetchen, Samtmuschel, Gemeine Samtmuschel, Archenkammmuschel, Mandelmuschel, Meermandel — dog cockle, orbicular ark (comb-shell), bittersweet
  Glycymeris glycymeris
Enokitake, Samtfußrübling, Winterpilz — enoki, golden mushroom, winter mushroom, velvet stem
  Flammulina velutipes
Ensete, Abessinische Banane — Abyssinian banana
  Ensete ventricosum
Enten *Anas* spp. — ducks
➤ **Barbarieente, Flugente, Warzenente (Haustierform der Moschusente)** — barbary duck
  Cairina moschata
➤ **Krickente** *Anas crecca* — teal, green-winged teal
➤ **Moschusente** *Cairina moschata* — muscovy duck
➤ **Mulardenente** — moulard duck
➤ **Pekingente** — Peking duck
➤ **Stockente, Märzente** — mallard
  Anas platyrhynchos
Entenfüße — duck paws, duckling paws
Entenmuschel — goose barnacle
➤ **Felsen-Entenmuschel** — rocky shore goose barnacle
  Mitella pollicipes, Pollicipes cornucopia
Enterale Ernährung/Nahrung (Sondenernährung/~nahrung) — enteral foods, enteral nutrition (tube feeding)
Entrecôte (Rind: Mittelrippenstück/ Zwischenrippenstück) — entrecôte (cut from between the ribs)
Eppich, Wurzelsellerie, Knollensellerie — root celery, celery root, celeriac, turnip-rooted celery, knob celery
  Apium graveolens var. *rapaceum*
Erbse — pea
➤ **Gartenerbse, Gemüseerbse, Palerbse, Schalerbse** — pea, garden pea, green pea, shelling pea
  Pisum sativum ssp. *sativum* var. *sativum*
➤ **Kichererbse** — chickpea, garbanzo
  Cicer arietinum
➤ **Markerbse, Runzelerbse** — wrinkled pea
  Pisum sativum ssp. *sativum* var. *sativum* (Medullare Group)

> **Zuckererbse, Snap-Erbse**
> *Pisum sativum* ssp. *sativum* var. *macrocarpon*
> (round-podded)

sugar pea, mange-tout, mangeto
sugar snaps, snap pea, snow pe
(round-podded)

> **Zuckererbse, Zuckerschwerterbse,**
> **Kaiserschote, Kefe**
> *Pisum sativum* ssp. *sativum* var. *macrocarpon*
> (flat-podded)

snow pea (flat-podded),
eat-all pea US

Erbsenbohne, Straucherbse, Taubenerbse
Cajanus cajan

pigeon pea, pigeonpea, red gran
cajan bean

Erbsenkrabbe, Muschelwächter
Pinnotheres pisum (in *Mytilus* spp.)

pea crab (a commensal crab)

Erdapfel, Kartoffel, Speisekartoffel
Solanum tuberosum

potato, white potato, Irish potat

Erdbeerbaum
Arbutus unedo

strawberry tree

Erdbeere, Gartenerdbeere,
Ananaserdbeere
Fragaria x *ananassa*, *Potentilla ananassa*

strawberry, garden strawberry

Erdbeergrouper, Juwelenbarsch,
Juwelen-Zackenbarsch
Cephalopholis miniata

blue-spotted rockcod, coral tro
coral hind FAO

Erdbeer-Guave
Psidium littorale, Psidium cattleianum

strawberry guava, cattley guava
purple guava

Erdbeer-Himbeere, Japanische Himbeere
Rubus illecebrosus

strawberry-raspberry, balloonb

Erdbeerspinat
Chenopodium foliosum &
Chenopodium capitatum

strawberry spinach

Erdbeertomate, Erdkirsche, Ananaskirsche
Physalis pruinosa, Physalis grisea

strawberry tomato,
dwarf Cape gooseberry,
ground cherry

Erdbirne, Jerusalem-Artischocke,
Topinambur
Helianthus tuberosus

Jerusalem artichoke, sunchoke

> **Amerikanische Erdbirne**
> *Apios americana*

American groundnut, potato be
Indian potato

Erdbohne, Kandelbohne
Macrotyloma geocarpum

ground bean, Kersting's ground

Erdkastanie, Erdeichel, Knollenkümmel
Bunium bulbocastanum

earthnut, earth chestnut,
great pignut

Erdmandel, Chufa, Tigernuss
Cyperus esculentus

chufa, tigernut, earth almond,
ground almond

Erdnuss
Arachis hygogaea

peanut, goober (Southern US)

> **Bambara-Erdnuss**
> *Vigna subterranea, Voandzeia subterranea*

bambara groundnut, earth pea

Erdnussbutterfrucht
Bunchosia argentea

peanut butter fruit

Erdnusskrem,
Erdnussbutter (enthält Zucker),
Erdnussmus (ohne Zucker)

peanut butter

Erdnussplatterbse, Knollige Platterbse, Knollen-Platterbse *Lathyrus tuberosus*	groundnut pea, earthnut pea, tuberous sweetpea, earth chestnut
Erdritterling *Tricholoma terreum*	grey agaric, grey knight-cap
Erfrischungsgetränke	cold drinks, refreshments, soft drinks
Erimado *Ricinodendron heudelotii*	African nut, ndjanssang, essang, erimado
Erlenblättriger Schneeball *Viburnum lantanoides*	hobblebush, moosewood, mooseberry
Erlen-Felsenbirne, Erlenblättrige Felsenbirne, Saskatoon-Beere *Amelanchier alnifolia*	saskatoon serviceberry, juneberry, sugarplum
Ernährung	(Nahrung) food, diet, nourishment, nutrition; (Füttern: z.B. eines Tieres) feeding, nourishing
➤ **enterale Ernährung**	enteral nutrition
➤ **Fehlernährung**	malnutrition
➤ **Hungern**	starvation
➤ **Mangel**	deficiency
➤ **parenterale Ernährung**	parenteral nutrition
➤ **totale parenterale Ernährung**	total parenteral nutrition (TPN)
➤ **Unterernährung, Mangelernährung**	undernourishment, malnutrition
Erstmilch, Anfangsmilch (Muttermilchersatz)	first milk, starting milk (pre-infant milk)
Escariol *Cichorium endivia* (Scarole Group)	escarole
Espada, Froschlöffelähnliche Ottelie *Ottelia alismoides*	duck lettuce, espada, tangila
essbar	edible, eatable
➤ **nicht essbar**	inedible, uneatable
Essbare Herzmuschel, Gemeine Herzmuschel *Cardium edule, Cerastoderma edule*	common cockle; common European cockle, edible cockle
Essbare Seegurke, Essbare Seewalze, Rosafarbene Seewalze *Holothuria edulis*	edible sea cucumber, pinkfish
Essbare Wurzelmundqualle, Pazifische Wurzelmundqualle *Rhopilema esculentum* u.a.	edible jellyfish
Essbarer Riementang, Sarumen *Alaria esculenta*	dabberlocks, badderlocks, honeyware, henware, murlin
Essbarkeit	edibility, edibleness
Essen	food; (Mahlzeit) meal
Essen zum Mitnehmen	take-away foods, food to go
Essenz	essence

Essig	vinegar
➤ **Apfelessig**	apple vinegar, cider vinegar
➤ **Balsamico**	balsamic vinegar
➤ **Branntweinessig, Tafelessig, Speiseessig**	table vinegar
➤ **Champagneressig**	champagne vinegar
➤ **Estragon-Essig**	tarragon vinegar
➤ **Kräuteressig**	herb vinegar
➤ **Malzessig**	malt vinegar
➤ **Obstessig**	fruit vinegar
➤ **Reisessig**	rice vinegar
➤ **Rotweinessig**	redwine vinegar
➤ **Sherryessig**	sherry vinegar
➤ **Tafelessig, Speiseessig**	table vinegar
➤ **Walnuss-Essig**	walnut vinegar
➤ **Weinessig**	wine vinegar
➤ **Weißweinessig**	white-wine vinegar
Essig aus Essigessenz	vinegar concentrate
Essiggurken	pickles, pickled cucumbers, pickled gherkins
Esskastanie, Edelkastanie *Castanea sativa*	sweet chestnut, Spanish chestnut
➤ **Amerikanische Esskastanie** *Castanea dentata*	American chestnut
➤ **Chinesische Esskastanie** *Castanea mollissima*	Chinese chestnut
➤ **Japanische Esskastanie** *Castanea crenata*	Japanese chestnut
Estragon *Artemisia dracunculus*	tarragon, German tarragon, estragon
Etagenzwiebel, Luftzwiebel, Ägyptische Zwiebel *Allium x proliferum*	Egyptian onion, tree onion, walking onion, top onion
Europäische Auster, Gemeine Auster *Ostrea edulis*	common oyster, flat oyster, European flat oyster
Europäische Languste, Stachelhummer *Palinurus elephas*	crawfish, common crawfish UK European spiny lobster, spiny lobster, langouste
Europäischer Flussaal, Europäischer Aal *Anguilla anguilla*	eel, European eel FAO, river eel
Europäischer Glattrochen, Spiegelrochen *Raja batis, Dipturus batis*	skate FAO, common skate, common European skate, grey skate, blue skate
Europäischer Hausen, Hausen, Beluga-Stör *Huso huso*	beluga FAO, great sturgeon, volga sturgeon

Fadenmakrelen   pompanos, threadfishes
  Alectis spp.
➢ **Indische Fadenmakrele**   Indian threadfish FAO,
  Alectis indicus   Indian mirrorfish,
                                             diamond trevally

Falsafrucht, Phalsafrucht   phalsa, falsa fruit
  Grewia asiatica
Falscher Bonito, Thonine, Kleine Thonine,   little tunny FAO, little tuna,
  Kleiner Thunfisch, Kleiner Thun   mackerel tuna, bonito
  Euthynnus alletteratus,
  Gymnosarda alletterata
Fangschreckenkrebs,   giant mantis shrimp,
  Großer Heuschreckenkrebs,   spearing mantis shrimp
  Gemeiner Heuschreckenkrebs
  Squilla mantis
Farce (Fleisch~/Fischfüllung)   farce, forcemeat
Farmlachs, Zuchtlachs   farmed salmon
Farn ➢ **Adlerfarnsprosse**   bracken fern (fiddle heads)
  Pteridium aquilinum
Farnwedel (jung)   fiddleheads, croziers
Fasan („Jagdfasan")   pheasant
  Phasianus colchicus
Fassbier   keg beer
fehlernährt   malnourished
Feige *Ficus carica*   fig
➢ **Kletterfeige**   creeping fig, climbing fig
  Ficus pumila
➢ **Traubenfeige**   cluster fig
  Ficus racemosa
Feigenblattkürbis   fig-leaf gourd, Malabar gourd
  Cucurbita ficifolia
Feijoa, Ananasguave   feijoa, pineapple guava
  Acca sellowiana
Feinbackwaren, Feine Backwaren,   fine bakery wares/products
  Feingebäck
Feine Kammmuschel, Edle Kammmuschel,   senate scallop, noble scallop
  Königsmantel
  Chlamys senatoria, Chlamys nobilis
Feinfische   gourmet fish, delicate fish
Feinkost   fine foods (term not standardized);
                                             (Delikatessen) delicacies
Feinnudeln   thread noodles
Felchen, Renken, Maränen   whitefishes, lake whitefishes
  Coregonus spp.
➢ **Nordamerikanisches Felchen**   whitefish, common whitefish,
  Coregonus clupeaformis   lake whitefish FAO, humpback
Feldsalat, Ackersalat, Rapunzel   cornsalad, lamb's lettuce
  Valerianella locusta
Feldthymian, Sand-Thymian   wild thyme, creeping thyme,
  Thymus serpyllum   mother of thyme

Felsenbarsch, **Nordamerikanischer Streifenbarsch** *Morone saxatilis, Roccus saxatilis*	striped bass, striper, striped sea-bass FAO
Felsenbirne *Amelanchier* spp.	serviceberry, juneberry
➤ **Erlen-Felsenbirne,** **Erlenblättrige Felsenbirne,** **Saskatoon-Beere** *Amelanchier alnifolia*	Saskatoon serviceberry, juneberry, sugarplum
➤ **Kanadische Felsenbirne** *Amelanchier canadensis*	Canadian serviceberry
➤ **Kupfer-Felsenbirne, Kupferbirne** *Amelanchier lamarckii*	apple serviceberry, Lamarck serviceberry, juneber
Felsen-Entenmuschel *Mitella pollicipes, Pollicipes cornucopia*	rocky shore goose barnacle
Felsenfische	rockfishes
➤ **Dunkler Felsenfisch** *Sebastes ciliatus*	dusky rockfish
➤ **Gelbband-Felsenfisch** *Sebastes nebulosus*	China rockfish
➤ **Gelbmaul-Felsenfisch** *Sebastes reedi*	yellowmouth rockfish
➤ **Gelbschwanz-Felsenfisch,** **Gelbschwanz-Drachenkopf** *Sebastes flavidus*	yellowtail rockfish
➤ **Gras-Felsenfisch** *Sebastes rastrelliger*	grass rockfish
➤ **Kanariengelber Felsenfisch** *Sebastes pinniger*	Canary rockfish
Felsengarnele, Große Felsgarnele, **Sägegarnele, Seegarnele** *Palaemon serratus, Leander serratus*	common prawn
Felsenkirsche, Stein-Weichsel, **Mahaleb, Mahlep** *Prunus mahaleb*	St. Lucie cherry, mahaleb cherry perfumed cherry
Felsenkliesche, Pazifische Scholle *Lepidopsetta bilineata*	rock sole
Felsenlippe ➤ Kroatische Felsenlippe *Micromeria croatica*	Croatian Micromeria
Felsentaube *Columba livia*	rock dove (young < 4 weeks: squab)
Fenchel *Foeniculum vulgare*	fennel
➤ **Falscher Fenchel, Ridolfie** *Ridolfia segetum*	corn parsley, false fennel, false caraway
➤ **Gemüsefenchel, Knollenfenchel** *Foeniculum vulgare* var. *azoricum*	fennel, Florence fennel
➤ **Gewürzfenchel, Römischer Fenchel,** **Süßer Fenchel, Fenchelsamen** *Foeniculum vulgare* var. *dulce*	Roman fennel, sweet fennel, fennel seed
➤ **Meerfenchel, Seefenchel** *Crithmum maritimum*	samphire, rock samphire, sea fe
➤ **Pfefferfenchel** *Foeniculum vulgare* var. *piperitum*	bitter fennel, pepper fennel

Fenchelholz, Sassafrass, Filépulver *Sassafras albidum*	sassafras, filé
Fenchelsamen (Gewürzfenchel, **Römischer Fenchel, Süßer Fenchel)** *Foeniculum vulgare* var. *dulce*	fennel seed, Roman fennel, sweet fennel
Fensterblatt, Mexikanische ,Ananas' *Monstera deliciosa*	delicious monster, ceriman
Ferse	heel
Fertiggericht, Fertigmahlzeit	ready-made meal, ready-to-eat meal, ready meal
Fertignahrung ➢ **therapeutische Fertignahrung**	ready-to-use food (RUF) ready-to-use therapeutic food (RUTF)
Festigungsmittel	firming agent
Feterita-Hirse *Sorghum bicolor* (Caudatum Group)	feterita
Fett	fat; (Schmierfett) grease; (Schmalz) lard
➢ **ausgelassenes Fett**	rendering fat, rendered fat
➢ **Backfett**	bakery margarine; baking fat; (zum Kochen) cooking fat; (Backen & Braten) shortening US
➢ **Bauchfett, Netzfett**	caul fat
➢ **Bratenfett, abtropfendes**	drippings
➢ **Bratfett**	frying fat; shortening
➢ **Darmfett, Mickerfett (Gekrösefett)**	ruffle fat
➢ **Frittierfett, Frittürefett, Frittieröl,** **Ausbackfett**	deep-frying oil
➢ **Kochfett**	cooking fat
➢ **Mickerfett, Darmfett (Gekrösefett)**	ruffle fat
➢ **Milchfett**	milk fat
➢ **Nierenfett, Rindertalg**	suet
➢ **Pflanzenfett**	vegetable shortening
➢ **Pflanzenfett, gehärtetes (raffiniert)**	hydrogenated vegetable shortening
➢ **Schweinefett, Schweineschmalz,** **Schmalz**	pork lard
➢ **Streichfett**	spread
➢ **Tangkawangfett, Borneotalg** *Shorea* spp.	Borneo tallow, green butter
➢ **tierisches Fett**	animal fat
➢ **Trennfett** **(Antihaftöl zum Backen/Kochen)**	non-stick cooking oil; (Antihaftspray) cooking spray, vegetable cooking spray (for 'greasing' pans/trays etc.)
Fett..., fettartig, fetthaltig	fatty, adipose
fettarm	low-fat; lean
Fettaustauscher	fat-replacer(s)
fettfreie Milch	fatfree milk, nonfat milk, non-fat milk (0%)
Fettglasur	fat-based coating
Fettkraut, Tripmadam, Salatfetthenne *Sedum reflexum*	jenny stonecrop
Fettleber, Stopfleber	foie gras (fattened goose liver)

fettlöslich	fat-soluble
fettreich	high-fat; (kalorienreich) rich (in fat), heavy
Fettsäure	fatty acid
➤ **einfach ungesättigte Fettsäure**	monounsaturated fatty acid
➤ **gesättigte Fettsäure**	saturated fatty acid
➤ **mehrfach ungesättigte Fettsäure**	polyunsaturated fatty acid (PUF
➤ **ungesättigte Fettsäure**	unsaturated fatty acid
Feuchthaltemittel, Befeuchtungsmittel	humectant
Feuerbohne, Prunkbohne	runner bean, scarlet runner bea
Phaseolus coccineus	
Feuerzangenbowle, Glühpunsch	hot punch
Fichtenhonig	spruce honey
Fieberstrauch, wohlriechender	wild allspice, spicebush, benjamin bush
Lindera benzoin	
Filet, Lende	fillet, filet; tenderloin; (chicken: breast meat strips) tenders
➤ **Filetkopf**	large end
➤ **Filetspitze**	small end
Filzkirsche, Japanische Mandel-Kirsche, Korea-Kirsche, Nanking-Kirsche	Nanking cherry, Korean cherry, downy cherry
Prunus tomentosa	
Fingerfood	fingerfood
Fingerhirse, Ragihirse	finger millet, red millet, South Indian millet, coracan
Eleusine coracana	
Fingerlimette	finger lime
Microcitrus australasica	
Fingermais, Babymais (Kölbchen)	baby corn, Asian corn (baby corncobs)
Fingertang	tangle, oarweed
Laminaria digitata	
Finte	twaite shad FAO, finta shad
Alosa fallax, Alosa finta	
Fisch	fish
➤ **Feinfisch(e)**	gourmet fish, delicate fish
➤ **Flossenfisch(e) (Gegensatz zu Meeresfrüchte/Schalentiere)**	finfish (vs. shellfish)
➤ **Grundfische**	demersal fish
➤ **Magerfisch**	lean fish
➤ **Meeresfische, Seefische**	saltwater fish, ocean fish
➤ **Plattfische**	flat fish
➤ **Räucherfisch**	smoked fish
➤ **Stockfisch**	stockfish (unsalted/dried cod)
➤ **Süßwasserfische**	freshwater fish
➤ **Trockenfisch**	dried fish
➤ **Weißfisch (mager/weißfleischig)**	whitefish
Fischeier (*siehe auch:* Rogen und Kaviar)	fish eggs; (Rogen: innerhalb der Eierstöcke) roe
Fischfrikadelle	fish cake, fish ball, fish patty
Fischhoden	milt, soft roe, white roe
Fischmilch (Spermaflüssigkeit)	milt, fish sperm, fish semen (sperm-containing liquid)

Fischpaste	fish paste
Fischstäbchen	fish fingers, fish sticks
Fladenbrot	pita, 'pocket bread'
Flageolet-Bohne, Grünkernbohne	flageolet bean
Phaseolus vulgaris (Nanus Group)	
'Chevrier Vert'	
Flaschenernährung	bottle feeding
Flaschenkürbis, Kalebasse	bottle gourd, calabash
Lagenaria siceraria	
FlavrSavr-Tomate, ‚Anti-Matsch-Tomate'	FlavrSavr tomato
Solanum lycopersicum	
Fleckenlanguste	spotted spiny lobster
Panulirus guttatus	
Fleckhering (Kipper auf nordische Art:	hot-smoked herring
heißgeräucherter, gespaltener Hering)	
Fleckrochen, Fleckenrochen,	spotted ray
Gefleckter Rochen	
Raja montagui	
Fleisch	meat
➢ **Dörrfleisch (Trockenfleisch)**	dried meat, jerky
➢ **durchwachsen (mit Sehnen/Fett)**	marbled, streaky
➢ **Geflügel**	poultry
➢ **Grobteilstücke (Grobzerlegung)**	wholesale cuts, primal cuts, commercial cuts
➢ **Hackfleisch**	ground meat US; minced meat, mincemeat, hash UK
➢ **Hammel, Hammelfleisch**	mutton
➢ **Hühnerfleisch**	chicken
➢ **Kalb**	calf
➢ **Kalbfleisch (3–4 Monate)**	veal
➢ **Kronfleisch**	'crown meat'
(Rind: Pars muscularis des Zwerchfells)	(beef diaphragm muscle: Bavarian)
➢ **Lamm, Lammfleisch**	lamb
➢ **Muskel**	muscle
➢ **pökeln**	cure
➢ **räuchern**	smoke
➢ **Reifung**	conditioning, aging
➢ **Rinderhack**	ground beef; hamburger (US beef with up to 20% fat)
➢ **Rindfleisch**	beef
➢ **Schrumpfung (Synärese)**	shrinkage (syneresis)
➢ **Schweinefleisch**	pork
➢ **Stichfleisch (Schwein/Rind)**	meat from the 'sticking' area in the neck
➢ **Teilstücke für den Einzelhandel (Feinzerlegung)**	retail cuts
➢ **Teilstücke für den Großhandel, Grobteilstücke (Grobzerlegung)**	wholesale cuts, primal cuts, commercial cuts
➢ **Totenstarre**	rigor mortis
➢ **Wurst**	sausage
➢ **Zartmacher**	tenderizer

Fleischbällchen, Fleischklößchen	meat balls
Fleischbrühe	stock
Fleischersatz, Fleischsurrogat	meat analog(ue), meat substitut mock meat, imitation meat
Fleischextrakt *micb*	meat extract
Fleischkraftbrühe, Bouillon, **Kochfleischbouillon**	bouillon, cooked-meat broth
Fleisch-Patty (Rinderhackfleisch-Scheibe)	meat patty (ground beef patty/ hamburger meat patty)
Fleischsurrogat	meat substitute, meat analog(ue)
Fleischtomate *Solanum lycopersicum var.*	beefsteak tomato
Fleischzartmacher	meat tenderizer
Fliegende Untertasse, Kaisermütze, **Bischofsmütze, Patisson, Scallop(ini)** *Cucurbita pepo var. ovifera*	patty pan, pattypan squash, scallop, squash scallop (summer squash)
Fliegender Fisch, Flugfisch, **Gemeiner Flugfisch,** **Meerschwalbe** *Exocoetus volitans*	tropical two-wing flyingfish
Fliegender Kalmar *Ommastrephes bartramii*	flying squid, neon flying squid
Floh-Knöterich *Persicaria maculosa, Polygonum persicaria*	redshank, redleg
Flohsamenschleim, **Psylliumsamenschleim** *Plantago afra, Plantago psyllium*	psyllium husk, husk, psyllium mucilage
Flomen, Liesen **(Bauchwandfettgewebe Schwein)**	pork belly fat
Flomenschmalz, Liesenschmalz	lard from pig belly
Flossenfisch(e) (Gegensatz zu **Meeresfrüchten/Schalentieren)**	finfish (vs. shellfish)
Flügelbutt, Scheefsnut, **Glasbutt** *Lepidorhombus whiffiagonis*	megrim FAO, sail-fluke, whiff
➢ **Gefleckter Flügelbutt, Vierfleckbutt** *Lepidorhombus boscii*	four-spot megrim
Flügelerbse, Spargelerbse, Kaffee-Erbse *Lotus tetragonolobus,* *Tetragonolobus purpureus*	asparagus pea, winged pea
Flügelgurke, Gerippte Schwammgurke *Luffa acutangula*	angled loofah, angled luffa, ridged gourd, angled gourd
Flughafer, Windhafer *Avena fatua*	wild oat, spring wild oat
Flunder, **Gemeine Flunder (Sandbutt), Strufbutt** *Platichthys flesus*	flounder FAO, European floun‹
➢ **Sommerflunder** *Paralichthys dentatus*	summer flounder
Flussbarbe, Barbe, Gewöhnliche Barbe *Barbus barbus*	barbel

Flussbarsch
Perca fluviatilis
➢ **Neuseeland-Flussbarsch,**
Neuseeland-,Blaubarsch', Sandbarsch
Parapercis colias
Flusshecht *Esox lucius*
Flusshering ➢
Nordamerikanischer Flusshering
Alosa pseudoharengus
Flüssigei
Flüssigeigelb
Flüssigeiweiß
Flüssignahrung
Flusskarpfen, Karpfen
Cyprinus carpio
Flusskrabbe ➢ **Gemeine Flusskrabbe,**
Gemeine Süßwasserkrabbe
Potamon fluviatile
Flusskrebse Astacidae
➢ **Amerikanischer Flusskrebs,**
Kamberkrebs, ,Suppenkrebs'
Orconectes limosus, Cambarus affinis

➢ **Australischer Flusskrebs,**
Australischer Tafelkrebs
Euastacus serratus
➢ **Louisiana-Sumpfkrebs,**
Louisiana-Flusskrebs, Louisiana-Sumpf-
Flusskrebs, Roter Sumpfkrebs
Procambarus clarkii
Folgemilch (>4 Monate)
Folgenahrung (Babys: >4 Monate)
Fond (Soßengrundlage)

Fondant
Foniohirse (schwarze), Iburu
Digitaria iburua
Foniohirse (weiße), Acha, Hungerreis
Digitaria exilis
Forelle *Salmo trutta*
➢ **Bachforelle, Steinforelle**
Salmo trutta fario
➢ **Meerforelle, Lachsforelle**
Salmo trutta trutta
➢ **Purpurforelle**
Salmo clarki
➢ **Regenbogenforelle**
Oncorhynchus mykiss, Salmo gairdneri
➢ **Seeforelle**
Salmo trutta lacustris

perch, European perch FAO,
redfin perch
New Zealand blue cod

pike, northern pike FAO
alewife FAO, river herring

liquid egg
liquid egg yolk
liquid egg white
liquid diet
carp, common carp FAO,
European carp
Italian freshwater crab

crayfishes, river crayfishes
spinycheek crayfish,
American crayfish,
American river crayfish,
striped crayfish
Australian crayfish

Louisiana red crayfish,
red swamp crayfish,
Louisiana swamp crayfish,
red crayfish
follow-on milk
follow-on formula
'mother sauce', residues/juices/
scrapings from broiling/roasting/
browning for pan sauces
fondant
fonio, black fonio, iburu

fonio, white fonio, acha,
'hungry rice'
trout
brown trout (river trout,
brook trout)
sea trout

cutthroat trout

rainbow trout (steelhead: sea-
run and large lake populations)
lake trout

Formfleisch	restructured meat
Französischer Majoran	Turkish oregano, pot marjoram
Origanum onites	
Französischer Sauerampfer,	French sorrel, Buckler's sorrel
Schild-Sauerampfer	
Rumex scutatus	
Frauenmilch (Muttermilch)	breast milk (mother's milk)
Frauenminze, Amerikanische Poleiminze	pennyroyal, American pennyroyal
Hedeoma pulegioides	
Frauenminze, Marienkraut, Marienblatt,	alecost, costmary,
Balsamkraut	mint geranium, bible leaf
Tanacetum balsamita,	
Chrysanthemum balsamita	
Frauentäubling	charcoal burner russula
Russula cyanoxantha	
Fregattmakrele, Fregattenmakrele, Melva	frigate tuna
Auxis thazard	
Frikadelle, Bulette	fried meatballs, fried hamburger (patty)
Frikassee, Hühnerfrikassee (Ragout fin)	fricassee (ragout fin); stewed, braised white meat (in creamy sauce)
Frischkost (Frischobst und ~gemüse)	produce
Frischobst	fresh fruit
Frischwurst	fresh sausage
Frisée-Salat, Krause Endivie	frisée endive, curly endive
Cichorium endivia (Crispum Group)	
'Frisée Group'	
Frittüre	deep-fried foods
Froschfrucht, Namnam	namnam, nam-nam
Cynometra cauliflora	
Froschkrabbe	kona crab, spanner crab, spanner frog crab, frog
Ranina ranina	
Froschschenkel	frog legs, frog's legs, frogs legs
Frostfisch*	frostfish
Benthodesmus simonyi	
Fruchtaroma	(Geschmack) fruity flavor; (Aromastoff) fruit flavor, fruit flavoring substance
Fruchtaufstrich	fruit spread
Früchte	(Obst) fruit; (mehrere einzelne) fruits
➤ **Hülsenfrüchte (Leguminosen)**	pulses
➤ **kandierte Früchte**	candied fruit(s)
➤ **Südfrüchte**	tropical and subtropical fruit
➤ **Tafelfrüchte**	table fruit, fresh fruit (directly served)
➤ **Trockenfrüchte**	dried fruit(s)
Fruchtessenz	fruit essence
Früchtetee, Früchte-Tee	fruit tea
Fruchtfleisch	fruit pulp

Fruchtgeschmack	fruity taste
Fruchtgummi	fruit gum (gum drops)
Fruchtgummis	fruit gummy candy
Fruchtleder	fruit leather
Fruchtlimonade	fruit squash
Fruchtmark, Obstpulpe, Fruchtmus	fruit pulp
Fruchtmus	('Brotaufstrich') fruit spread; (Markkonzentrat) fruit puree
Fruchtnektar (25–50% Saftanteil)	fruit nectar (25-50% juice content)
Fruchtsaft	fruit juice
Fruchtsaft aus Fruchtsaftkonzentrat	fruit juice from concentrate
Fruchtsaftgetränke	fruit juice beverages; juice drink (US >10% juice/ UK >1%); UK squash (fruit beverage >25% fruit juice), (mit Fruchtgeschmack) cordial
Fruchtsaftkonzentrat	fruit juice concentrate; UK squash, cordial
Fruchtschale (~rinde/~haut)	fruit peel (rind, skin)
Fruchtschaumwein	sparkling fruit wine
Fruchtzucker, Fruktose (Lävulose)	fruit sugar, fructose (formerly: levulose)
Früher Ackerling, Frühlings-Ackerling *Agrocybe praecox*	spring agaric
Frühlingsrolle	spring roll
Frühlingszwiebeln, Frühlingszwiebelchen, Lauchzwiebeln *Allium cepa* (Cepa Group) (young/early) und *Allium fistulosum*	scallions, spring onions, green onions, salad onions
Frühstückscerealien	breakfast cereal(s)
Frühstücksflocken	breakfast flakes
Fufu-Mehl	fufu flour
Fullers Rochen, Chagrinrochen *Leucoraja fullonica*	shagreen ray
Füllstoffe	bulking agents
Füllsüßstoff	bulk sweetener
Fülltomate	stuffer tomato, stuffing tomato
Füllung (eines Geflügels)	dressing, stuffing
Funktionelle Lebensmittel **(national unterschiedlich definiert)**	functional foods (pharmafoods)
Funori, Funori-Rotalge *Gloiopeltis furcata*	funori, fukuronori
Furchengarnele *Penaeus kerathurus, Melicertus kerathurus*	caramote prawn
Futterrübe, Runkelrübe *Beta vulgaris* ssp. *vulgaris* var. *rapacea*	fodder beet

Gabeldorsch, Großer Gabeldorsch, Meertrüsche
Phycis blennoides, Urophycis blennoides
➢ **Leuchtender Gabeldorsch**
Steindachneria argentea
➢ **Roter Gabeldorsch**
Urophycis chuss
Gabelmakrele ➢ **Große Gabelmakrele**
Lichia amia
Gabelschwanzmakrele, Bernsteinmakrele
Seriola dumerili
Gabelwels ➢ **Getüpfelter Gabelwels**
Ictalurus punctatus
Gabon-Nuss, Coula-Nuss
Coula edulis
Galadium (Stängelgemüse der Kolokasie, Taro, Zehrwurz)
Colocasia esculenta var. *antiquorum*

Galgant, Echter Galgant, Großer Galgant, Siam-Ingwer, Thai-Ingwer
Alpinia galanga
➢ **Kleiner Galgant, Echter Galgant**
Alpinia officinarum
Galipnuss, Javamandel
Canarium indicum
Galizierkrebs, Galizischer Sumpfkrebs, Galizier, Sumpfkrebs, Tafelkrebs
Astacus leptodactylus
Galla-‚Kartoffel'
Plectranthus edulis
Gallensalze
Gallerte, Gelatine
Galo-Nüsse
Anacolosa frutescens, Anacolosa luzoniensis
Galupa
Passiflora pinnatistipula
Gamswild
Rupicapra rupicapra
Gandaria, Pflaumenmango, ‚Mini-Mango'
Bouea macrophylla
Gans *Anser* spp.
➢ **Graugans**
Anser anser
Gänsedistel, Kohl-Gänsedistel
Sonchus oleraceus
Gänseleberpastete
Gänseschmalz
Gänsestopfleber, Stopfleber
Ganzkornbrot

Gärmittel, Gärstoff (Triebmittel)

greater forkbeard

luminous hake

red hake, squirrel hake

leerfish

amberjack, greater amberjack P
greater yellowtail
channel catfish

coula, Gabon nut, African waln

taro, cocoyam, dasheen, eddo

galangal, galanga major,
greater galanga, Siamese ginge
Thai ginger, Thai galangal
lesser galangal, Chinese ginger

canarium nut, canarium almon
galip nut, molucca nut
long-clawed crayfish

Ethiopian potato, galla potato

bile salts
jelly, gelatin, gel
galonut

yellow passionfruit, galupa, gul

chamois

gandaria, marian plum,
plum mango
goose
greylag goose

hare's lettuce, sowthistle

goose liver paté
goose lard, goose fat
foie gras (fattened goose liver)
whole-grain bread
(with unmilled grains)
ferment, fermenting agent
(leavening)

Garnelen — shrimp(s), prawns

➤ **Atlantische Weiße Garnele,** — white shrimp, lake shrimp,
Nördliche Weiße Geißelgarnele — northern white shrimp
Penaeus setiferus, Litopenaeus setiferus

➤ **Bananen-Garnele** — banana prawn
Penaeus merguiensis,
Fenneropenaeus merguiensis

➤ **Bärengarnele, Bärenschiffskielgarnele,** — giant tiger prawn, black tiger prawn
Schiffskielgarnele
Penaeus monodon

➤ **Felsengarnele, Große Felsgarnele,** — common prawn
Sägegarnele, Seegarnele
Palaemon serratus, Leander serratus

➤ **Furchengarnele** — caramote prawn
Penaeus kerathurus, Melicertus kerathurus

➤ **Geißelgarnelen** — white shrimps
Penaeus spp.

➤ **Grüne Tigergarnele** — green tiger prawn, zebra prawn
Penaeus semisulcatus

➤ **Hauptmannsgarnele** — fleshy prawn
Penaeus chinensis, Fenneropenaeus chinensis

➤ **Nördliche Rosa-Garnele,** — pink shrimp, northern pink shrimp
Rosa Golfgarnele,
Nördliche Rosa Geißelgarnele
Penaeus duorarum,
Farfantepenaeus duorarum

➤ **Ostseegarnele** — Baltic prawn
Palaemon adspersus, Palaemon squilla,
Leander adspersus

➤ **Radgarnele** — kuruma shrimp, kuruma prawn
Penaeus japonicus

➤ **Rosenberg-Garnele,** — Indo-Pacific freshwater prawn,
Rosenberg Süßwassergarnele, — giant river shrimp,
Hummerkrabbe (*Hbz.*) — giant river prawn, blue lobster
Macrobrachium rosenbergii — (tradename)

➤ **Rote Garnele, Rote Tiefseegarnele** — giant gamba prawn,
Aristaeomorpha foliacea — giant red shrimp, royal red prawn

➤ **Rote Riesengarnele,** — scarlet gamba prawn,
Atlantische Rote Riesengarnele — scarlet shrimp
Plesiopenaeus edwardsianus

➤ **Südliche Rosa Geißelgarnele,** — southern pink shrimp,
Senegal-Garnele — candied shrimp
Penaeus notialis, Farfantepenaeus notialis

Garnierung — garnish

Gartenampfer, Englischer Spinat, — patience dock, spinach dock
Ewiger Spinat, Gemüseampfer
Rumex patientia

Gartenbohne, Grüne Bohne (*Österr.* **Fisole**) — common bean, green bean,
Phaseolus vulgaris — string bean

Gartenerbse, Gemüseerbse, — pea, garden pea, green pea,
Palerbse, Schalerbse — shelling pea
Pisum sativum ssp. *sativum* var. *sativum*

Gartenfuchsschwanz, Inkaweizen, Kiwicha — foxtail amaranth, Inca wheat,
Amaranthus caudatus — love-lies-bleeding
Gartenkresse — garden cress
Lepidium sativum
Gartenmelde, Melde — orache
Atriplex hortensis ssp. *hortensis*
Gartenrettich, Knollenrettich, Winterrettich — Oriental radish, black radish,
Raphanus sativus (Chinensis Group)/ — winter radish
var. *niger*
Gartensalat — lettuce
Lactuca sativa
Gartensalbei, Salbei, Echter Salbei — sage
Salvia officinalis
Gartenthymian, Echter Thymian — thyme, common thyme,
Thymus vulgaris — garden thyme
Gebäck, Feine Backwaren — pastry
➢ **Feingebäck** — fine bakery wares/products
➢ **Keks, Plätzchen (Hartkeks)** — cookie US, biscuit UK
➢ **Kleingebäck** — small bakery wares/products
➢ **Laugengebäck** — soda pastry (pretzels etc.)
➢ **Mürbegebäck (leicht zerreibbar)** — shortcrust pastry, shortcake,
— shortbread (easily crumbled)
➢ **Mürbheit** — shortness
➢ **Plundergebäck** — Danish pastry
➢ **Spritzgebäck, Dressiergebäck** — piped biscuits (cookies)
Geflügel — fowl
➢ **Hausgeflügel** — poultry
➢ **Landgeflügel** — upland fowl
➢ **Wassergeflügel** — waterfowl
➢ **Wildgeflügel** — wildfowl
Geflügelter Yams, Wasseryams — greater yam, water yam,
Dioscorea alata — 'ten-month yam'
Gefrierkost — frozen food(s)
Geißelgarnelen — white shrimps &
Penaeus spp. *& Metapenaeus* spp. — metapenaeus shrimps
Geißraute, Geißklee — goat's rue
Galega officinalis
Geist — fruity brandy
Gekröse (Mesenterien/ — mesenteries
Schleimhautfalten des Bauchfells/
Bauchfellduplikatur/Netz)
Gelatine — gelatin, gelatine
Gelbband-Felsenfisch — China rockfish
Sebastes nebulosus
Gelbdolde, Pferde-Eppich, — alexanders, black lovage
Schwarzer Liebstöckel
Smyrnium olusatrum
Gelbe Mombinpflaume, Ciruela — yellow mombin
Spondias mombin, Spondias lutea
Gelbe Pitahaya, Gelbe Drachenfrucht — yellow pitahaya, yellow pitaya,
Selenicereus megalanthus — yellow dragonfruit

Gelbe Rübe, Möhre, Speisemöhre, Karotte *Daucus carota*	carrot
Gelber Austernpilz, Limonenpilz, **Limonenseitling** *Pleurotus cornucopiae* var. *citrinopileatus*	yellow oyster mushroom
Gelber Scheinhummer, **Südlicher Scheinhummer** *Cervimunida johni*	yellow squat lobster
Gelber Yams, Gelber Guineayams *Dioscorea cayenensis*	yellow yam, Lagos yam, yellow Guinea yam, twelve-month yam
Gelbflossen-Thunfisch, Gelbflossen-Thun *Thunnus albacares*	yellowfin tuna FAO, yellow- finned tuna, yellow-fin tunny
Gelbildner	gelatinizing agent
Gelbschwanzmakrele ➢ **Australische Gelbschwanzmakrele,** **Riesen-Gelbschwanzmakrele** *Seriola lalandi*	yellowtail amberjack FAO, giant yellowtail, yellowtail kingfish
Gelbschwanzschnapper *Ocyurus chrysurus*	yellowtail snapper
Gelbstriemen, Blöker *Boops boops*	bogue
Gelbwurzel, Kurkuma, Turmerik *Curcuma longa*	turmeric
Gelée	jelly, jelly jam
Gelée Royale	royal jelly
Geleebohnen, Jelly-Beans	jelly beans
Geleepalme *Butia capitata*	jelly palm
Geliermittel	gelling agent
Gelierungsmittel	jellying agent
Gelierzucker	gelling sugar, jam sugar
Geli-Geli *Lasia spinosa*	spiny lasia, spiny elephant's ear
Gemeine Flusskrabbe, **Gemeine Süßwasserkrabbe** *Potamon fluviatile*	Italian freshwater crab
Gemeine Meeräsche, **Flachköpfige Meeräsche,** **Großkopfmeeräsche** *Mugil cephalus*	striped gray mullet, striped mullet, common grey mullet, flat-headed grey mullet, flathead mullet FAO
Gemeine Miesmuschel, Pfahlmuschel *Mytilus edulis*	blue mussel, bay mussel, common mussel, common blue mussel
Gemeine Napfschnecke, **Gewöhnliche Napfschnecke** *Patella vulgata*	common limpet, common European limpet
Gemeine Venusmuschel, **Strahlige Venusmuschel, Vongola** *Chamelea gallina, Venus gallina,* *Chione gallina*	striped venus, chicken venus, vongole

Gemeiner Kalmar,
   Roter Gemeiner Kalmar
   Loligo vulgaris
Gemeiner Krake, Gemeiner Octopus, Polyp
   Octopus vulgaris

Gemeiner Meerengel, Engelhai
   Squatina squatina, Rhina squatina,
   Squatina angelus
Gemeiner Schneeball,
   Gemeine Schneeballfrüchte
   Viburnum opulus
Gemeiner Tintenfisch,
   Gemeine Tintenschnecke,
   Gemeine Sepie
   Sepia officinalis
Gemüse
➤ **Blattgemüse**

➤ **Frischgemüse**
➤ **Knollengemüse**
➤ **Kohlgemüse**
➤ **Stängelgemüse,**
   Blattstielgemüse, Stielgemüse
➤ **Wildgemüse**
➤ **Wurzelgemüse**
➤ **Zwiebelgemüse**
Gemüseamarant,
   Dreifarbiger Fuchsschwanz,
   Chinesischer Salat, Papageienkraut
   Amaranthus tricolor
Gemüseartischocke, Kardone
   Cynara cardunculus ssp. *cardunculus*
Gemüseburger, Gemüsebrätling
Gemüseerbse, Gartenerbse,
   Palerbse, Schalerbse
   Pisum sativum ssp. *sativum* var. *sativum*
Gemüsefenchel, Knollenfenchel
   Foeniculum vulgare var. *azoricum*
Gemüsemark
Gemüsemelone
   Cucumis melo (Conomon Group)
Gemüsepaprika
   Capsicum annuum
Gemüsepuree, Gemüsepüree
Gemüsesaft
Gemüsezwiebel *Allium cepa*
Genussmittel
   (Tee/Kaffee/Schokolade/Alkohol *etc.***)**
Gerade Mittelmeer-Schwertmuschel
   Ensis minor

common squid, European squid

common octopus,
   common Atlantic octopus,
   common European octopus
angelshark FAO, angel shark,
   monkfish

guelderberry, guelder rose,
   European 'cranberrybush'
   (not a cranberry!), water elder
common cuttlefish

vegetable(s) (slang: veggies)
leaf vegetables, leafy vegetables,
   green vegetables
fresh vegetables; produce
tuber vegetables
cruciferous vegetables
stalk vegetables,
   leaf stalk vegetables
wild vegetables
root vegetables
bulb vegetables
Chinese spinach,
   Chinese amaranth, Joseph's co
   tampala

cardoon

vegetable burger, veggie burger
pea, garden pea, green pea,
   shelling pea

fennel, Florence fennel

vegetable pulp
Oriental pickling melon,
   pickling melon
sweet pepper, bell pepper

vegetable puree
vegetable juice
Spanish onion
stimulant foods
   (and beverages, *incl.* alcohol)
Mediterranean jack knife clam

Gerbersumach, Sumak	sumac, Sicilian sumac
Rhus coriaria	
Gerbstoff	tanning agent, tannin
Gerinnungsmittel,	coagulating agent, coagulator
Koagulierungsmittel	
Gerippte Schwammgurke,	angled loofah, angled luffa,
Flügelgurke	ridged gourd, angled gourd
Luffa acutangula	
Germon, Albakore,	albacore FAO, 'white' tuna,
Langflossen-Thun, Weißer Thun	long-fin tunny, long-finned tuna,
Thunnus alalunga	Pacific albacore
Geronnene Milch	curd
Gerste *Hordeum vulgare*	barley
Gerstengraupen, Rollgerste	barley groats, hulled barley
➢ **Perlgraupen, Perlgerste**	pearl barley, pearled barley
Geruch *allg*	smell, scent, odor
➢ **angenehmer Geruch/Duft**	fragrance (pleasant smell, scent, odor)
➢ **bittere Mandeln, Bittermandelgeruch**	bitter almond
➢ **blumig**	flowery
➢ **brenzlig, Brandgeruch**	burnt
➢ **delikat, wohlriechend**	delicate
➢ **durchdringend**	penetrating
➢ **faulig, modrig**	foul, putrid
➢ **fruchtartig**	fruity
➢ **harzig**	resinous
➢ **moschusartig**	musky
➢ **ranzig**	rancid
➢ **säuerlich, sauer**	acidic, acid
➢ **scharf**	sharp
➢ **schweflig**	sulfurous
➢ **schwer**	heavy
➢ **stechend, beißend**	pungent
➢ **süßlich, lieblich**	sweet, mellow
➢ **teerig**	tarry
➢ **übel, übelriechend**	bad
➢ **unangenehmer Geruch**	unpleasant smell
➢ **würzig**	spicy
geruchlos	odorless, odor-free, scentless; (geruchlos machen) deodorize
geruchsfrei	odorfree
Geruchsmaskierung, Desodorierung	deodorizing
geruchsneutral	odorless
Geruchsstoff	(angenehmer G.) fragrance, perfume (stronger scent); (unangenehm/abweisend) unpleasant odor, repugnant substance
Geruchsüberdecker	odor masking agent
Geschmacksstoff(e)	flavor(s), flavoring(s)
➢ **künstliche Geschmacksstoff(e)**	artificial flavor, artificial flavoring
➢ **natürliche Geschmacksstoff(e)**	natural flavor, natural flavoring

Geschmacksumwandler, Geschmackswandler, Geschmacksmodifikator	taste modifier, flavor modifier
Geschmacksverstärker (z.B. Natriumglutamat)	taste enhancer, flavor enhancer, taste potentiator, flavor potentiator (e.g., monosodium glutamate MSG
Geschnetzeltes	strips of meat
Getränke	beverages
➤ **alkoholfreie, gesüßte Sprudelgetränke, ‚Limos'**	soft drinks, pop, soda, soda pop (carbonated nonalcoholic beverage)
➤ **alkoholische Getränke**	alcoholic beverages
➤ **angereichert**	fortified
➤ **Energie-Drink**	energy drink
➤ **Erfrischungsgetränke**	refreshment beverages
➤ **Fitnessgetränk**	fitness drink
➤ **Fruchtgetränk**	fruit drink, juice drink (>10% juice)
➤ **Fruchtlimonade**	fruit squash
➤ **Fruchtnektar (25–50% Saftanteil)**	fruit nectar (25-50% juice cont
➤ **Fruchtsaft (100% Saft)**	fruit juice (100% juice)
➤ **Fruchtsaftgetränke (6–30% Saft)**	fruit juice beverages; juice drink (US >10% juice/UK >1%); squash (fruit beverage with >25% fruit juice); (mit Fruchtgeschmack) cordi
➤ **Functional Drink**	functional drink
➤ **Gesundheitsgetränke**	health beverages
➤ **Heißgetränk**	hot beverage
➤ **Instantdrink, Instantgetränk**	instant drink
➤ **Isodrink, Iso-Getränk, isotonisches Getränk, Elektrolyt-Getränk**	isotonic drink, electrolyte drink
➤ **Joghurtdrink**	yogurt beverage, yoghurt bever
➤ **kohlensäurehaltige Erfrischungsgetränke**	soft drinks, sodas, carbonated drinks
➤ **Konzentrat**	concentrate
➤ **Kräutergetränk**	herbal drink
➤ **mit Kohlensäure versetzt**	carbonated
➤ **Multivitamingetränk**	multivitamin drink
➤ **nicht-alkoholische Getränke**	nonalcoholic beverages
➤ **Sportgetränk**	sports drink
➤ **Zitronen-Limonade**	lemonade; lemon squash UK
Getreide	cereals
➤ **Gerste** *Hordeum vulgare*	barley
➤ **Hafer** *Avena sativa*	oats
➤ **Hirse, Rispenhirse** *Panicum miliaceum*	millet
➤ **Hirse, Sorghumhirse** *Sorghum bicolor*	sorghum
➤ **Kleie**	bran

➢ **Mais** *Zea mays*	corn, maize
➢ **Reis** *Oryza sativa*	rice
➢ **Roggen** *Secale cereale*	rye
➢ **Teff, Zwerghirse** *Eragrostis tef*	tef
➢ **Weizen** *Triticum aestivum*	wheat
Getreideflocken	cereal flakes
Getreidekaffee	grain coffee
Getreideknusperflocken	roasted cereal flakes
Getreidemehl	*grob*: meal, *fein*: flour
Getüpfelter Gabelwels	channel catfish
Ictalurus punctatus	
Gewürzfenchel, Römischer Fenchel,	Roman fennel, sweet fennel,
Süßer Fenchel, Fenchelsamen	fennel seed
Foeniculum vulgare var. *dulce*	
Gewürzlilie, Chinesischer Galgant	galanga, East Indian galangal,
Kaempferia galanga	spice lily
Gewürzmischung	mixed spices, spice mix
Gewürznelke	cloves, clove buds
Syzygium aromaticum	
Gewürzpaprika	red pepper
Capsicum annuum var. *annuum*	
Gewürzsalz	seasoned salt, seasoning salt
Giebel, Silberkarausche	gibel carp, Prussian carp FAO
Carassius auratus gibelio	
Ginkgo-Kerne, Ginkgo-Samen, Ginnan	ginkgo seeds, ginkgo nuts, ginnan
Ginkgo biloba	
Glasaal	
Glaskraut, Salzkraut, Queller,	chicken claws, sea beans, glasswort,
Glasschmalz, Passe Pierre ‚Alge'	marsh samphire, sea asparagus
Salicornia europaea	
Glasur	glaze
Glattblättriger Zürgelbaum	sugarberry
Celtis laevigata	
Glattbutt, Kleist, Tarbutt	brill
Scophthalmus rhombus	
Glattdick, Ship-Stör	ship sturgeon
Acipenser nudiventris	
Glatthai, Grauer Glatthai,	smooth-hound FAO,
Südlicher Glatthai, Mittelmeer-Glatthai	smoothhound
Mustelus mustelus	
➢ **Westatlantischer Glatthai**	dusky smooth-hound FAO,
Mustelus canis	smooth dogfish
Glattpfirsich, Nektarine	nectarine, smooth-skinned peach
Prunus persica var. *nectarina*	
Glattscholle ➢ **Pazifische Glattscholle**	English sole
Parophrys vetulus	
Glauber-Salz, Glaubersalz	Glauber salt (crystalline
(Natriumsulfathydrat)	sodium sulfate decahydrate)
Glucosesirup	glucose syrup
➢ **hydrierter Glucosesirup**	hydrogenated glucose syrup (HGS)
➢ **Isoglucose-Sirup, Isosirup**	high-fructose corn syrup (HFCS)

Glühwein	mulled wine
Gnetum-Nüsse	gnetum seeds, melinjo, paddy o‹
Gnetum gnemon	
Goabohne	winged bean
Psophocarpus tetragonolobus	
Gobo, Klettenwurzel,	burdock, greater burdock, gobo
Japanische Klettenwurzel, Große Klette	
Arctium lappa	
Godulbaegi, Koreanischer Salat	Korean lettuce, godulbaegi
Ixeris sonchifolia	
Goji-Beere, Bocksdornbeere,	Chinese boxthorn,
Chinesische Wolfsbeere,	Chinese wolfberry, goji berry,
Chinesischer Bocksdorn	Tibetan goji, Himalayan goji
Lycium barbarum & Lycium chinense	
Goldbarsch (Großer Rotbarsch)	redfish, red-fish, Norway haddo‹
Sebastes marinus & Sebastes mentella	rosefish, ocean perch FAO
Goldbrasse, Dorade Royal	gilthead, gilthead seabream FA‹
Sparus auratus	
Goldbutt, Scholle	plaice, European plaice FAO
Pleuronectes platessa	
Goldene Königsmakrele	golden trevally
Gnathanodon speciosus,	
Caranx speciosus	
Goldfisch, Goldkarausche	goldfish FAO, common carp
Carassius auratus	
Goldgelbe Koralle	golden coral fungus
Ramaria aurea	
Goldjohannisbeere,	buffalo currant, golden currant,
Wohlriechende Johannisbeere	clove currant
Ribes aureum (Ribes odoratum)	
Goldkarausche, Goldfisch	goldfish FAO, common carp
Carassius auratus	
Gold-Königskrabbe	golden king crab
Lithodes aequispina	
Goldlauch, Molyzwiebel, Spanischer Lauch,	golden garlic, lily leek, moly,
Pyrenäen-Goldlauch	yellow onion
Allium moly	
Goldmakrele	dolphinfish,
➢ **Große Goldmakrele,**	common dolphinfish FAO,
Gemeine Goldmakrele, Mahi Mahi	dorado, mahi-mahi
Coryphaena hippurus	
Goldmeeräsche, Gold-Meeräsche	golden grey mullet
Mugil auratus, Liza aurata	
Goldpflaume, Goldene Balsampflaume,	ambarella, golden apple,
Ambarella, Tahitiapfel	Otaheite apple, hog plum,
Spondias dulcis, Spondias cytherea	greater hog plum
Goldpflaume, Icacopflaume, Ikakopflaume	coco-plum
Chrysobalanus icaco	
Goldschläger (Serosa des Caecum)	caecal serosa
Goldstreifenbrasse	gold-lined bream,
Gnathodentex aureolineatus	large-eyed bream,
	striped large-eye bream FAO

Goldstriemen, Ulvenfresser	saupe, salema FAO, goldline
Sarpa salpa, Boops salpa	
Goldwurzel, Spanische Golddistel	golden thistle, Spanish oyster,
Scolymus hispanicus	cardillo
Gorgon-Nuss, Stachelseerose, Fuchsnuss	foxnut, fox nut, gorgon nut,
Euryale ferox	makhana
Gotteslachs	opah, moonfish
Lampris guttatus	
Gotu Kola	gotu cola
Centella asiatica	
Granat, Porre, Nordseegarnele,	common shrimp,
Nordseekrabbe, Krabbe, Sandgarnele	common European shrimp
Crangon crangon	(brown shrimp)
Granatapfel	pomegranate
Punica granatum	
Granatbarsch, Atlantischer Sägebauch,	orange roughie, orange roughy
Kaiserbarsch	
Hoplostethus atlanticus	
Grapefruit	grapefruit
Citrus x paradisi	
Gras-Felsenfisch	grass rockfish
Sebastes rastrelliger	
Gras-Gelee, Kräuter-Gelee	grass jelly, leaf jelly
Platostoma chinensis, Mesona chinensis	
Grashüpfer	grasshoppers
Graskarpfen, Amurkarpfen	grass carp
Ctenopharyngodon idella	
Grätenfisch, Frauenfisch, Tarpon	bonefish, banana fish, phantom,
Albula vulpes	gray ghost
Graubarsch, Seekarpfen,	red seabream, common seabream,
Nordische Meerbrasse	blackspot seabream FAO
Pagellus bogaraveo	
Grauer Knurrhahn	grey gurnard FAO, gray searobin
Eutrigla gurnardus	
Grauer Ritterling	dingy agaric
Tricholoma portentosum	
Grauer Zackenbarsch	dogtooth grouper FAO,
Epinephelus caninus	dog-toothed grouper
Graugans	greylag goose
Anser anser	
Grauhai, Großer Grauhai,	bluntnosed shark, six-gilled shark,
Sechskiemer-Grauhai	sixgill shark, grey shark,
Hexanchus griseus	bluntnose sixgill shark FAO
Graukappe, Birkenröhrling,	shaggy boletus, birch bolete
Birkenpilz, Kapuziner	
Leccinum scabrum	
Graupen	groats
➢ **Gerstengraupen**	barley groats, hulled barley
➢ **Perlgraupen, Perlgerste**	pearl barley, pearled barley,
	pearls, pearled groats
➢ **Weizengraupen**	wheat groats, hulled wheat

Grenadierfisch,
  Grenadier, Rundkopf-Grenadier,
  Rundkopf-Panzerratte, Langschwanz
  Coryphaenoides rupestris
    roundhead rattail,
    round-nose grenadier,
    roundnose grenadier FAO,
    rock grenadier

Grenadille, Granadilla, Passionsfrucht,
  Purpurgranadilla, Violette Maracuja
  Passiflora edulis
    purple granadilla,
    passionfruit, maracuja

➤ **Riesengrenadille, Riesengranadilla,**
  Königsgrenadille, Königsgranate,
  Barbadine
  Passiflora quadrangularis
    giant granadilla, maracuja,
    barbadine

➤ **Süße Grenadille, Süße Granadilla**
  Passiflora ligularis
    sweet granadilla, sweet passion|

Griechischer Oregano, Wintermajoran
  Origanum vulgare var. *viridulum,*
  Origanum heracleoticum
    Greek oregano, Sicilian oregano
    winter marjoram

Griechischer Salbei
  Salvia fruticosa
    Greek sage

Grieß
    meal; semolina (0.1-0.5 mm)
➤ **Hartweizengrieß**
    semolina (durum wheat)
    (0.1-0.5 mm)

Grillen
    crickets
Grillenkrebs, Kleiner Bärenkrebs
  Scyllarus arctus
    small European locust lobster,
    small European slipper lobster
    lesser slipper lobster

Grönlandhai, Großer Grönlandhai,
  Eishai, Grundhai
  Somniosus microcephalus
    Greenland shark FAO,
    ground shark

Grönland-Heilbutt, Schwarzer Heilbutt
  Reinhardtius hippoglossoides
    Greenland halibut FAO,
    Greenland turbot, black halibut

Grönland-Kabeljau, Grönland-Dorsch,
  Fjord-Dorsch
  Gadus ogac
    Greenland cod

Grönland-Shrimp,
  Nördliche Tiefseegarnele
  Pandalus borealis
    northern shrimp, pink shrimp,
    northern pink shrimp

Grosella
  Phyllanthus acidus
    star gooseberry,
    Otaheite gooseberry

Großaugen-Thunfisch, Großaugen-Thun
  Thunnus obesus
    big-eyed tuna, bigeye tuna FAO
    ahi

Großblütige Bergminze
  Calamintha grandiflora
    large-flowered calamint

Große Felsgarnele, Felsengarnele,
  Sägegarnele, Seegarnele
  Palaemon serratus, Leander serratus
    common prawn

Große Gabelmakrele
  Lichia amia
    leerfish

Große Goldmakrele,
  Gemeine Goldmakrele, Mahi Mahi
  Coryphaena hippurus
    dolphinfish,
    common dolphinfish FAO,
    dorado, mahi-mahi

Große Maräne, Große Schwebrenke, Wandermaräne, Lavaret, Bodenrenke, Blaufelchen *Coregonus lavaretus*	freshwater houting, powan, common whitefish FAO
Große Maräne, Tschirr *Coregonus nasus*	broad whitefish
Große Pilgermuschel, Große Jakobsmuschel *Pecten maximus*	great scallop, common scallop, coquille St. Jacques
Große Seepocke *Balanus balanus*	rough barnacle
Große Seespinne, Teufelskrabbe *Maja squinado, Maia squinado*	common spider crab, thorn-back spider crab
Große Steinkrabbe *Menippe mercenaria*	stone crab, black stone crab
Großer Australkrebs, Marron *Cherax tenuimanus*	marron
Großer Blauhai, Blauhai, Menschenhai *Prionace glauca*	blue shark
Großer Heuschreckenkrebs, Fangschreckenkrebs, Gemeiner Heuschreckenkrebs *Squilla mantis*	giant mantis shrimp, spearing mantis shrimp
Großer Mittelmeer-Bärenkrebs, Großer Bärenkrebs *Scyllarides latus*	Mediterranean slipper lobster
Großer Riesenschirmling, Parasol, Parasolpilz, Riesenschirmpilz *Macrolepiota procera*	field parasol
Großer Roter Drachenkopf, Roter Drachenkopf, Große Meersau, Europäische Meersau *Scorpaena scrofa*	bigscale scorpionfish, red scorpionfish, rascasse rouge
Großer Sandspierling, Großer Sandaal *Hyperoplus lanceolatus, Ammodytes lanceolatus*	greater sandeel, great sandeel FAO, lance, sandlance
Großfrüchtige Moosbeere, Große Moosbeere, Amerikanische Moosbeere, Kranbeere, Kranichbeere *Vaccinium macrocarpon*	large cranberry
Großgefleckter Katzenhai, Großer Katzenhai, Pantherhai; saumonette, rousette F *Scyliorhinus stellaris*	large spotted dogfish, nurse hound, nursehound FAO, bull huss, rock salmon, rock eel
Großkopfsardine *Sardinella longiceps*	Indian oil sardine FAO, oil sardine
Großschuppige Scholle *Citharus linguatula*	spotted flounder
Großsporiger Anis-Egerling *Agaricus macrosporus*	giant mushroom, macro mushroom

Grumichama, Brasilkirsche	Brazil cherry, grumichama
Eugenia brasiliensis, Eugenia dombeyi	
Grünalgen	green algae
Grünbier	green beer
Grundnährstoffe, Hauptnährstoffe	base nutrients, basic nutrients, main nutrients
Grundnahrungsmittel	staple food, basic food
Grüne Abalone, Grünes Meerohr	green abalone
Haliotis fulgens	
Grüne Languste, Königslanguste	royal spiny crawfish
Panulirus regius	
Grüne Miesmuschel	green mussel
Mytilus smaragdinus, Perna viridis	
Grüne Minze, Ährenminze, Ährige Minze	spearmint
Mentha spicata	
Grüne Perilla, Grünes Shiso	green perilla, green shiso, ruffle-leaved green perilla
Perilla frutescens var. *crispa*	
Grüne Sapote	green sapote
Pouteria viridis	
Grüne Tigergarnele	green tiger prawn, zebra prawn
Penaeus semisulcatus	
Grüner Kardamom,	green cardamom,
Indischer Kardamom	India cultivated cardamom
(Malabar-, Mysore- &	(Malabar, Mysore &
Vazhukka-Varietäten)	Vazhukka varieties)
Elettaria cardamomum var. *cardamomum*	
Grüner Stör	green sturgeon
Acipenser medirostris	
Grünkern	unripe grains of spelt
(unreifer/milchreifer/grüner Dinkel)	
Grünkohl, Braunkohl, Krauskohl	curly kale, curly kitchen kale,
Brassica oleracea (Sabellica Group)	Portuguese kale, Scotch kale
Grünreizker, Grünling,	firwood agaric,
Echter Ritterling, Edelritterling	yellow knight fungus,
Tricholoma equestre, Tricholoma flavovirens	yellow trich, man on horseback, Canary trich
Grunzer *Haemulon* spp.	grunts
➤ **Blaustreifengrunzer,**	bluestriped grunt
Blaustreifen-Grunzerfisch	
Haemulon sciurus	
Grütze	grits
➤ **Hafergrütze**	oat grits
Guar, Guargummi, Guar-Gummi	guar gum
Cyamopsis tetragonoloba	
Guaraná	guaraná
Paullinia cupana	
Guarbohne, Büschelbohne	cluster bean, guar
Cyamopsis tetragonoloba	
Guarmehl	guar flour
Guar-Samen-Mehl	guar meal, guar seed meal (cluster bean)
Guave *Psidium guajava*	guava

> **Chilenische Guave, Murtilla**
> *Ugni molinae*

Chilean guava, cranberry (New Zealand), strawberry myrtle, murtilla

> **Costa-Rica-Guave**
> *Psidium friedrichsthalianum*

Costa Rican guava

> **Erdbeer-Guave**
> *Psidium littorale, Psidium cattleianum*

strawberry guava, cattley guava, purple guava

> **Para-Guave**
> *Psidium acutangulum, Britoa acida*

para guava

> **Stachelbeer-Guave**
> *Psidium guineense*

Brazilian guava, Guinea guava

Guaven-Beere, Rumbeere
Myrciaria floribunda

rumberry, guava berry

Guineapflaume
Parinari excelsa

mubura, Guinea plum

Gulasch

goulash (a beef stew usually also with vegetables)

Gummi

(*nt/pl* Gummen) (Lebensmittel/Pflanzensaft/ Polysaccharidgummen *etc.*) gum; (*m/pl* Gummis) *tech* (Kautschuk) rubber

> **Arabisches Gummi, Acacia Gummi, Gummi arabicum, Gummiarabikum**
> *Acacia senegal* u.a.

gum arabic, acacia gum

> **Ghattigummi, Ghatti-Gummi**
> *Anogeissus latifolia*

ghatti gum

> **Guar-Gummi**
> *Cyamopsis tetragonoloba*

guar gum (cluster bean)

> **Guttapercha**
> *Palaquium gutta*

gutta-percha

> **Karayagummi**
> *Sterculia urens*

karaya gum, sterculia gum

> **Karobgummi, Johannisbrotkernmehl, Johannisbrotsamengummi**
> *Ceratonia siliqua*

locust bean gum, carob gum

> **Kaugummi**

chewing gum

> **Mesquitegummi**
> *Prosopis juliflora*

mesquite gum

> **Tamarindensamengummi**
> *Tamarindus indica*

tamarind seed powder

> **Taragummi, Tarakernmehl, Tara**
> *Tara spinosa, Caesalpinia spinosa*

tara gum

> **Traganth, Tragant, Tragacanth**
> *Astragalus* spp.

tragacanth, gum tragacanth, gum dragon, shiraz gum

> **Xanthangummi**

xanthan gum

Gummi Arabicum, Gummiarabikum, Arabisches Gummi, Acacia Gummi
Acacia senegal u.a.

gum arabic, acacia gum

Gummibären, Gummibärchen

gummy bears

Gummizucker, Arabinose

arabinose

Gundermann
Glechoma hederacea
ground ivy, alehoof

Gurke, Salatgurke
Cucumis sativus
cucumber, gherkin

➢ **Anguriagurke, Angurie, Westindische Gurke, Kleine Igelgurke**
Cucumis anguria var. *anguria*
bur gherkin, West Indian gherk

➢ **Cornichon, Pariser Trauben-Gurke**
Cucumis sativus (Gherkin Group)
gherkin, pickling cucumber, small-fruited cucumber, cornichon

➢ **Inka-Gurke, Olivengurke, Hörnchenkürbis, Korila, Korilla, Wilde Gurke, Scheibengurke**
Cyclanthera pedata
korila, korilla, slipper gourd, stuffing gourd, wild cucumber achocha

➢ **Schlangengurke, Schlangenhaargurke**
Trichosanthes cucumerina var. *anguina*
snakegourd

Guter Heinrich, Stolzer Heinrich
Chenopodium bonus-henricus
good-King-Henry, allgood, blit

Guyana-Kastanie, Glückskastanie, Malabar-Kastanie
Pachira aquatica
Malabar chestnut, Guyana che

H-Milch, haltbare Milch (Ultrahocherhitzung)	UHT milk (ultra heat treatment)
Habanero-Chili (Quittenpfeffer) *Capsicum chinensis, Capsicum tetragonum*	habanero pepper, scotch bonnet
Habichtspilz *Sarcodon imbricatum*	tiled hydnum
Hachse, Haxe	hock, shank
Hackepeter, Mett (Schweinehackfleisch)	ground pork, pork mince
Hackfleisch (Österr.: Faschiertes)	ground meat , (in the US usually beef), hamburger; UK minced meat, meat mince
➢ **Rinderhack**	ground beef, chopped beef
➢ **Schweinehack (Hackepeter)**	ground pork
➢ **Tatar, Tartar, Schabefleisch (mageres Rinderhack/Beefsteakhack)**	lean ground beef
Hackfleischbällchen, Fleischklößchen	meatballs
Hafer *Avena sativa*	oats, common oats
➢ **Flughafer, Windhafer** *Avena fatua*	wild oat, spring wild oat
➢ **Rauhafer, Sandhafer, Nackthafer** *Avena nuda*	hulless oat, naked oat
Haferbrei (aus: Grieß oder Grütze)	oatmeal; porridge UK; (Hafergrütze: grob) quaker oats
Haferkleie	oat bran
Haferpflaume, Haferschlehe, Kriechenpflaume, Krieche *Prunus domestica* ssp. *insititia*	bullace plum, damson, damson plum, green plum
Haferschleim	gruel; oatmeal US
Haferwurzel, Gemüsehaferwurzel, Austernpflanze *Tragopogon porrifolius* ssp. *porrifolius*	oyster plant, salsify
Hagebutte *Rosa canina, Rosa rugosa* u.a.	rose hips
Hagelzucker, Perlzucker	pearl sugar
Hahn	cock, rooster
➢ **Halber Hahn, Halver Hahn, ‚ne halve Hahn' (Rheinländisches Käsebrötchen, Roggenbrötchen mit Käse, meist Gouda)**	Rhinish rye roll with slab of cheese
Hähnchen, Broiler (5–6 Wochen/750–1100 kg)	fryer, broiler (US/FSIS 2003: <10 weeks)
Hähnchenhappen, Hähnchennuggets	chicken nuggets
Hahnenkamm *Celosia argentea* var. *cristata*	cockscomb
Hahnenkammauster *Ostrea crestata*	cock's comb oyster*
Haifischflossen	shark fins
Halber Hahn, Halver Hahn, ‚ne halve Hahn' (Rheinländisches Käsebrötchen/ Roggenbrötchen mit Käse, meist Gouda)	Rhinish rye roll with slab of cheese

Halbfettmargarine, Halvarine, Minarine
  (fettarm/leicht/light <41% Fett)
light margarine, low-fat margar.
  (half-fat margarine)
Halbgefrorenes
frappé
Hallimasch, Dunkler Hallimasch
  Armillaria polymyces, A. ostoyae
dark honey mushroom,
  dark honey fungus, naratake
➤ **Honiggelber Hallimasch**
  Armillaria mellea
honey agaric, honey fungus,
  boot-lace fungus
Hammel (♂ kastriert)
wether (castrated)
➤ **Hammelfleisch (kastriert männl. <2 Jahre**
  & weibl. >1 Jahr/ohne Nachkommen)
mutton, mutton meat (castrated
  male <2 yrs & female >1 yr
  but prior to lambing)

Hanföl *Cannabis sativa*
hemp oil
Hartkaramellen, Bonbons (Gutsel)
hard candy US; boiled sweets U
Hartkäse
hard cheese
Hartmais, Hornmais
  Zea mays spp. *mays* (Indurata Group)/
  convar. *vulgaris*
flint corn US; flint maize UK

Hase, Feldhase (*siehe auch:* Kaninchen)
  Lepus europaeus
hare; (Häschen) leveret
➤ **Hasenrücken**
back strap, rabbit back
➤ **Hasenrückenfilet**
fillet of rabbit/hare
➤ **Hinterläufe**
hind legs, rear legs, back legs
➤ **Vorderläufe (Blätter)**
front runners, front legs
Hasel
  Leuciscus leuciscus
dace
Haselhuhn
  Bonasa bonasia
hazel grouse, hazel hen
Haselnuss
  Corylus avellana
hazelnut, filbert, cobnut
➤ **Amerikanische Haselnuss**
  Corylus americana
American hazel
➤ **Chilenische Haselnuss**
  Gevuina avellana
Chile nut, Chilean hazelnut,
  gevuina nut
➤ **Chinesische Haselnuss**
  Corylus chinensis
Chinese hazel
➤ **Lambertsnuss, Langbartshasel**
  Corylus avellana, Corylus maxima
Lambert's filbert
➤ **Türkische Haselnuss**
  Corylus colurna
Turkish hazel
Hauptgericht
entrée
Hauptmannsgarnele
  Penaeus chinensis, Fenneropenaeus chinensis
fleshy prawn
Hauptnahrungsmittel
principal foods, staple foods
Hausa-'Kartoffel'
  Plectranthus rotundifolius
Hausa potato
Hausen, Europäischer Hausen, Beluga-Stör
  Huso huso
great sturgeon, volga sturgeon,
  beluga FAO
Health-Foods
health foods
Hecht, Flusshecht
  Esox lucius
pike, northern pike FAO

Hechtdorsch, Seehecht, **Europäischer Seehecht**	hake, European hake FAO, North Atlantic hake
Merluccius merluccius	
Hechtkärpfling	pike top minnow,
Belonesox belizanus	pike killifish FAO
Heckenkirsche, Essbare Heckenkirsche	honeysuckle, edible honeysuckle,
Lonicera caerulea var. *edulis*	sweetberry honeysuckle, blue honeysuckle
Hefe	yeast
➤ **Backhefe, Bäckerhefe (Presshefe)**	baker's yeast
➤ **Bierhefe, Brauhefe**	brewers' yeast
Saccharomyces cerevisiae	
➤ **Brennereihefe**	distiller's yeast
➤ **Bruchhefe**	top yeast
➤ **Instanthefe (Trockenhefe)**	instant yeast (dry yeast)
➤ **Kahmhefe (Kahmhaut bildend)**	film-forming yeast
➤ **Kaltgärhefe (Wein)**	cold-fermenting yeast
➤ **Molkereihefe**	dairy yeast
Kluyveromyces lactis	
➤ **Nährhefe**	nutritional yeast
➤ **Presshefe**	compressed yeast (CY)
➤ **Trockenhefe**	dried yeast, dry yeast; active dry yeast (ADY)
➤ **Weinhefe** *Kloeckera apiculata*	wine yeast
➤ **Wildhefe**	wild yeast
Hefeextrakt	yeast extract
Hefeteig	yeast dough
Heidelbeere, Blaubeere	common blueberry, bilberry, whortleberry
Vaccinium myrtillus	
➤ **Amerikanische Heidelbeere**	lowbush blueberry
Vaccinium angustifolium	
➤ **Kulturheidelbeere** **(Amerikanische Heidelbeere)**	highbush blueberry
Vaccinium corymbosum	
➤ **Rotfrüchtige Heidelbeere,** **Red Huckleberry**	red huckleberry, red bilberry
Vaccinium parvifolium	
Heilbutt, Weißer Heilbutt	Atlantic halibut
Hippoglossus hippoglossus	
➤ **Japanischer Heilbutt**	Pacific false halibut, flathead flounder FAO
Hippoglossoides dubius	
➤ **Kalifornischer Heilbutt**	California halibut
Paralichthys californicus	
➤ **Pazifischer Heilbutt**	Pacific halibut
Hippoglossus stenolepis	
➤ **Schwarzer Heilbutt, Grönland-Heilbutt**	Greenland halibut FAO, Greenland turbot, black halibut
Reinhardtius hippoglossoides	
Heilbuttscholle	flathead sole
Hippoglossoides elassodon	
Heilpflanze, Arzneipflanze	medicinal plant
Helmbohne *Lablab purpureus*	hyacinth bean, lablab

Herbsttrompete, Totentrompete	trompette des morts, horn of pl
Craterellus cornucopioides	
Hering, Atlantischer Hering	herring, Atlantic herring FAO
Clupea harengus	(digby, mattie, slid, yawling,
	sea herring)
➢ **Bückling (heißgeräucherter,**	buckling (hot-smoked/
ganzer unentweideter Hering)	whole herring) UK
➢ **Fleckhering (Kipper auf nordische Art:**	hot-smoked herring
heißgeräucherter, gespaltener Hering)	(otherwise similar to kipper)
➢ **kaltgeräucherter/ganzer Hering**	bloater (cold-smoked/
	whole herring) UK
➢ **Kipper (auf englische Art:**	kipper (cold-smoked/
kaltgeräucherter,	whole but split herring)
ganzer aber gespaltener Hering)	
➢ **Matjes-Hering, Matjeshering**	matjes herring
➢ **Pazifischer Hering**	Pacific herring
Clupea pallasi	
➢ **Rollmops**	rolled pickled/
	marinated herring fillet
	(around a piece of pickle/
	gherkin and onion)
➢ **Sild (kleine Heringe)**	sild (young herrings + sprats)
Heringshai *Lamna nasus*	porbeagle FAO, mackerel shark
Heringskönig, Petersfisch,	Dory, John Dory
Sankt Petersfisch	
Zeus faber	
Herkuleskeule, Brandhorn,	purple dye murex, dye murex
Mittelmeerschnecke	
Bolinus brandaris, Murex brandaris	
Herlitze, Kornelkirsche	Cornelian cherry
Cornus mas	
Herrenpilz, Steinpilz	porcino, cep, edible bolete,
Boletus edulis	penny bun bolete, king bolete
Herzkirsche	heart cherry
Prunus avium ssp. *juliana*	
Herzmuscheln	cockles
Acanthocardia ssp.	
➢ **Essbare Herzmuschel,**	common cockle,
Gemeine Herzmuschel	common European cockle,
Cardium edule, Cerastoderma edule	edible cockle
Herzogsmantel	royal cloak scallop
Chlamys pallium, Gloripallium pallium	
Heuschrecken	locusts
Heuschreckenkrebs ➢	giant mantis shrimp,
Großer Heuschreckenkrebs,	spearing mantis shrimp
Gemeiner Heuschreckenkrebs,	
Fangschreckenkrebs	
Squilla mantis	
Hickorynuss, Pecan-Nuss	pecan
Carya illinoinensis	
➢ **China-Hickorynuss**	China hickory, Cathay hickory
Carya cathayensis	

➢ **Muskat-Hickorynuss**	nutmeg hickory
Carya myristiciformis	
➢ **Schuppenrinden-Hickorynuss,**	shagbark hickory (mockernut)
Weiße Hickory	
Carya ovata	
Hijiki	hijiki
Hizikia fusiformis	
Himalaya-Kirsche	Himalayan cherry
Prunus cerasioides	
Himalaya-Nessel	Himalayan nettle
Urtica parviflora	
Himbeere	raspberry
Rubus idaeus	
➢ **Amerikanische Himbeere,**	American raspberry,
Nordamerikanische Himbeere	wild red raspberry
Rubus strigosus	
➢ **Arktische Himbeere,**	Arctic bramble
Arktische Brombeere,	
Schwedische Ackerbeere, Allackerbeere	
Rubus arcticus	
➢ **Erdbeer-Himbeere, Japanische Himbeere**	strawberry-raspberry, balloonberry
Rubus illecebrosus	
➢ **Pracht-Himbeere**	salmonberry
Rubus spectabilis	
➢ **Schwarze Himbeere**	black raspberry,
Rubus occidentalis	American raspberry
Himmelsgucker, Sterngucker, Meerpfaff,	star gazer, stargazer FAO
Sternseher	
Uranoscopus scaber	
Hiobsträne	Job's tears
Coix lacryma-jobi	
Hirsche *Odocoileus* spp.	deer
Hirschfleisch	venison (*esp.* deer)
Hirschhornsalz, Ammoniumcarbonat	hartshorn salt,
$(NH_4)_2CO_3$	ammonium carbonate
Hirse, Echte Hirse, Rispenhirse	millet, common millet,
Panicum miliaceum	proso millet, broomcorn millet,
	Russian millet, Indian millet
➢ **Bluthirse, Blut-Fingerhirse**	common crabgrass, hairy crabgrass,
Digitaria sanguinalis	fingergrass
➢ **Borstenhirse, Kolbenhirse**	foxtail millet
Setaria italica	
➢ **Braune Hirse**	browntop millet
Urochloa ramosa, Panicum ramosum	
➢ **Durra**	large-seeded sorghum,
Sorghum bicolor (Durra Group)	brown durra, grain sorghum
➢ **Feterita-Hirse**	feterita
Sorghum bicolor (Caudatum Group)	
➢ **Fingerhirse, Ragihirse**	finger millet, red millet,
Eleusine coracana	South Indian millet, coracan
➢ **Foniohirse (schwarze), Iburu**	fonio, black fonio, iburu
Digitaria iburua	

> **Foniohirse (weiße), Acha, Hungerreis**
> *Digitaria exilis*

fonio, white fonio, acha, 'hungry rice'

> **Japanische Hirse, Weizenhirse,
> Sawahirse, Sawa-Hirse**
> *Echinochloa esculenta, E. frumentacea*

Japanese millet, sanwa millet, sa millet

> **Kodahirse, Kodohirse**
> *Paspalum scrobiculatum*

kodo millet, ricegrass, haraka millet

> **Kutkihirse, Kleine Hirse,
> Indische Hirse**
> *Panicum sumatrense*

little millet, blue panic

> **Mohrenhirse**
> *Sorghum bicolor*

sorghum

> **Perlhirse, Rohrkolbenhirse**
> *Pennisetum glaucum*

pearl millet, bulrush millet, spiked millet

> **Teff, Zwerghirse**
> *Eragrostis tef*

teff

> **Zuckerhirse,
> Zucker-Mohrenhirse**
> *Sorghum bicolor* (Saccharatum Group)

sweet sorghum, sugar sorghum

Hirsebier

sorghum beer

Hirtentäschel
Capsella bursa-pastoris

shepherd's purse

Hochwild

big game; red deer

Hoden

testicle(s), fries; (sp. lamb) animelles; (sp. bull/buffalo) Rocky Mountain oysters, prairie oysters

Hokkaido-Kürbis
Cucurbita maxima ssp. *maxima*
(Hubbard Group)

hokkaido, potimarron squash, hubbard

**Hölker, Strandschnecke,
Gemeine Strandschnecke,
Gemeine Uferschnecke
(Bigorneau F)**
Littorina littorea

common periwinkle, periwinkl winkle, common winkle, edible winkle

**Holunder, Holunderbeere,
Schwarzer Holunder;**
Sambucus nigra

elderberry; (Holunderblüte) elderflower

> **Amerikanischer Holunder**
> *Sambucus canadensis*

American elderberry

> **Traubenholunder**
> *Sambucus racemosa*

red elderberry

Holzapfel, Wildapfel
Malus sylvestris

crab apple

> **Indischer Holzapfel**
> *Limonia acidissima, Feronia limonia*

wood apple, elephant apple

Holzbirne
Pyrus communis var. *pyraster*

wild pear

**Hongkong-Kumquat,
Chinesische Kumquat**
Fortunella hinsii

Hong Kong kumquat, Formosan kumquat, Taiwanese kumquat

Honig	honey
➤ **Akazienhonig**	robinia honey, black locust honey
(*eigentlich:* **Robinienhonig**)	('acacia' honey)
➤ **Backhonig**	baker's honey
➤ **Blütenhonig, Nektarhonig**	flower honey, blossom honey,
	nectar honey
➤ **Fichtenhonig**	spruce honey
➤ **Gelée Royale, Königinnenfuttersaft**	royal jelly
➤ **Heidehonig**	heather honey
➤ **Honigtauhonig**	honeydew honey
(**Blatthonig:** von Laubbäumen)	
➤ **Imkerhonig**	beekeeper's honey
➤ **Kleehonig**	clover honey
➤ **Kunsthonig (Invertzuckercreme)**	invert syrup (honey garde),
	inverted sugar syrup
➤ **Lavendelhonig**	lavender honey
➤ **Lindenhonig**	linden honey, limetree honey
➤ **Luzerne-Honig, Luzernenhonig**	alfalfa honey
➤ **Met**	mead
➤ **mit Wabenteilen**	chunk honey
➤ **Nektar**	nectar
➤ **Orangenblütenhonig**	orange flower honey
➤ **Palmhonig, Palmenhonig**	palm honey
Jubaea chilensis u.a.	
➤ **Presshonig**	pressed honey
➤ **Scheibenhonig, Wabenhonig**	comb honey
➤ **Schleuderhonig**	extracted honey
➤ **Tannenhonig**	fir honey
➤ **Tropfhonig**	drained honey
➤ **unverarbeiteter Honig**	raw honey
➤ **Wabenhonig**	comb honey
➤ **Waldhonig**	forest honey
Honig mit Wabenstücken	cut-comb honey, chunk honey
Honigameisen	honey ants, honeypot ants, repletes
Honigbeere, Kamtschatka-Heckenkirsche,	honeyberry,
Kamtschatka-Beere	Kamchatka honeysuckle
Lonicera kamtschatica	
Honigbeere, Mamoncillo, Quenepa	mamoncillo, honeyberry
Melicoccus bijugatus	
Honigbuschtee, Buschtee	honeybush tea
Cyclopia genistoides	
Honiggelber Hallimasch	honey agaric, honey fungus,
Armillaria mellea	boot-lace fungus
Honigmelone, Zuckermelone	winter melon, fragrant melon
Cucumis melo (Inodorus Group)	('honey dew' & Spanish melon)
Honigmelonensalbei,	honey melon sage, pineapple sage,
Honigmelonen-Salbei,	pineapple-scented sage
Ananassalbei, Ananas-Salbei	
Salvia elegans, Salvia rutilans	
Honigpalme (Palmenhonig), Coquitopalme	honey palm (palm honey),
Jubaea chilensis	coquito, Chilean wine palm

Honigtau	honeydew
Honigtauhonig	honeydew honey
Honigwabe	honeycomb
Honigwein, Met	mead
Honshimeji *Lyophyllum shimeji*	honshimeji
Hopfen	hops
Humulus lupulus	
Hörnchen	croissant
Hörnchenkürbis, Korila, Korilla,	korila, korilla, slipper gourd,
Wilde Gurke, Scheibengurke,	stuffing gourd, wild cucumber
Inka-Gurke, Olivengurke	achocha
Cyclanthera pedata	
Hornhecht, Hornfisch	garfish, garpike FAO
Belone belone	
Hostie (Oblate/Waffel:	host (eucharistic/
ungesäuertes Stück Brot)	consecrated bread/wafer)
Hottentottenfeige	sour fig
Carpobrotus edulis	
Huchen	Danube salmon, huchen
Hucho hucho	
Huflattich	coltsfoot
Tussilago farfara	
Hügelsenf, Türkische Rauke	hill mustard, Turkish rocket
Bunias orientalis	
Huhn (Hühner)	chicken; hen
Gallus gallus, Gallus domesticus	
➢ **freilaufendes Huhn**	free-range chicken
➢ **Hahn**	cock, rooster
➢ **Hähnchen, Broiler**	fryer, broiler
(5–6 Wochen/750–1100 kg)	(US/FSIS 2003: <10 weeks)
➢ **Kapaun, kastrierter Junghahn**	capon (castrated cockerel)
(1,75–2,5 kg)	(US/FSIS 2003 <4 months)
➢ **Legehenne**	layer
➢ **Poularde, Masthuhn**	roaster, roasting chicken
(10–12 Wochen/1,5–2,5 kg)	(US/FSIS 2003: <12 weeks)
➢ **Stallhuhn (Stallhühner)**	cooped chicken
➢ **Stubenküken**	baby chicken, squab chicken,
(3–5 Wochen/350–400 g)	poussin, (US/FSIS 2003:
	game hen <5 weeks)
➢ **Suppenhuhn**	US stewing hen,
(12–15 Monate/1,5–2,4 kg)	'hen', stewing fowl;
	UK boiling fowl, 'chicken'
➢ **weibl. Huhn**	hen
Hühnerfleisch	chicken, chicken meat
➢ **Brust**	breast
➢ **Brust (Streifen)**	chicken tenders (breast strips)
➢ **Flügel**	wing(s)
➢ **Füße**	paws
➢ **Innereien**	giblets (liver/heart/gizzard/nec
➢ **Schenkel**	thigh
➢ **Schlegel (Keule)**	drumstick
Hühnerschlegel (Keule)	drumstick

Hülsenfrüchte (Leguminosen)   pulses
Hummer Nephropidae   clawed lobsters
➤ **Amerikanischer Hummer**   northern lobster,
   Homarus americanus   American clawed lobster
➤ **Europäischer Hummer**   common lobster,
   Homarus gammarus   European clawed lobster,
                                                     Maine lobster
➤ **Kap-Hummer, Südafrikanischer Hummer**   Cape lobster
   Homarinus capensis
➤ **Pazifischer Scheinhummer,**   pelagic red crab
   Kalifornischer Langostino
   Pleuroncodes planipes
➤ **Roter Scheinhummer, ‚Langostino'**   red squat lobster
   Pleuroncodes monodon
Hummerkrabbe (*Hbz.*), Rosenberg-Garnele,   Indo-Pacific freshwater prawn,
   Rosenberg Süßwassergarnele   giant river shrimp,
   Macrobrachium rosenbergii   giant river prawn,
                                                     blue lobster (tradename)

Hundshai, Australischer Hundshai, Biethai   tope shark FAO, tope,
   (Suppenflossenhai)   soupfin shark, school shark
   Galeorhinus galeus, Galeorhinus zygopterus,
   Eugaleus galeus
Hundszunge, Rotzunge, Zungenbutt   witch
   Glyptocephalus cynoglossus
Hüttenkäse   cottage cheese

Icacopflaume, Ikakopflaume, Goldpflaume coco-plum
Chrysobalanus icaco

Igel-Stachelbart, Shan Fu lion's mane,
Hericium erinaceum monkey head mushroom

Impala, Schwarzfersenantilope impala
Aepyceros melampus

Inchi-Nuss, Sacha-Inchi-Nuss, Inka-Nuss Orinoco nut, inchi nut
Caryodendron orinocense

Indianerbanane, Papau, Pawpaw papaw, pawpaw,
Asimina triloba Northern pawpaw

Indianer-Limonade Indian lemonade
Rhus typhina and *Rhus aromatica*

Indianerminze Douglas' savory, Oregon tea,
Micromeria chamissonis, Satureja douglasii yerba buena

Indianische Pflaume, Oregonpflaume Indian plum, Oregon plum,
Oemleria cerasiformis osoberry

Indische Brustbeere, Filzblättrige Jujube Indian jujube, masawo
Ziziphus mauritiana (ziziphus fruit leather)

Indische Fadenmakrele Indian mirrorfish,
Alectis indicus Indian threadfish FAO,
  diamond trevally

Indische Mandel, Seemandel, (Katappaöl) Indian almond, sea almond,
Terminalia catappa wild almond

Indische Maulbeere, Noni noni fruit, Indian mulberry
Morinda citrifolia

Indischer Borretsch, Kubanischer Oregano, Indian borage, Cuban oregano,
Jamaikathymian, Jamaika-Thymian Mexican mint
(Suppenminze) (soup mint, Indian mint)
Plectranthus amboinicus

Indischer Butterbaum, Mowrah mahua, mowa, mowrah butter,
Madhuca longifolia butter tree

Indischer Crabapfel Indian crabapple, false quince
Docynia indica

Indischer Holzapfel wood apple, elephant apple
Limonia acidissima, Feronia limonia

Indischer Kardamom, Grüner Kardamom green cardamom,
(Malabar-, Mysore- & India cultivated cardamom
Vazhukka-Varietäten) (Malabar, Mysore &
Elettaria cardamomum var. *cardamomum* Vazhukka varieties)

Indischer Kugelweizen, Kugelweizen, Indian dwarf wheat, shot wheat
Indischer Zwergweizen
Triticum aestivum ssp. *sphaerococcum*

Indischer Lotus, Lotos, Lotus (Lotusblumen- lotus (lotus seeds/nuts, roots,
Samen, Lotuswurzeln, Lotus Plumula) plumule)
Nelumbo nucifera

Indisches Basilikum, Königsbasilikum, holy basil, Indian holy basil,
heiliges Basilikum Thai holy basil, tulsi
Ocimum tenuiflorum, Ocimum sanctum

Indonesischer Mangoingwer Indonesian mango ginger
Curcuma mangga

Indonesischer Zimt, Padang-Zimt,
Bataviazimt
Cinnamomum burmanii

Indonesian cinnamon,
Indonesian cassia,
Korintji cinnnamon,
padang cassia

Indopazifischer Ebarme,
Indischer Stachelbutt,
Pazifischer Steinbutt
Psettodes erumei

adalah, Indian halibut,
Indian spiny turbot FAO

Ingabohne *Inga edulis*

inga, ice cream bean

Ingwer *Zingiber officinale*

ginger

➢ **Bengal-Ingwer**
Zingiber montanum

Bengal ginger,
cassumar ginger, Thai ginger

➢ **Chinesischer Ingwer, Krachai,**
Fingerwurz, Runde Gewürzlilie
Boesenbergia pandurata,
Boesenbergia rotunda, Kaempferia pandurata

Chinese keys, fingerroot,
tumicuni, temu kunci,
krachai

➢ **Malayischer Fackelingwer,**
Roter Fackelingwer (Knospen)
Etlingera elatior

ginger bud, pink ginger bud,
torch ginger (flower buds)

➢ **Mangoingwer**
Curcuma amada

mango ginger

➢ **Mioga, Mioga-Ingwer, Japan-Ingwer**
Zingiber mioga

myoga, mioga, Japanese ginger

➢ **Muschelingwer**
Alpinia zerumbet

light galangal, pink porcelain lily,
bright ginger, shell ginger

➢ **Wilder Ingwer, Martinique-Ingwer,**
Zerumbet-Ingwer
Zingiber zerumbet

wild ginger, pinecone ginger,
bitter ginger

Ingwer-Bier

ginger ale

Ingwerpflaume, Ingwerbrotpflaume,
Sandapfel
Parinari macrophylla

gingerbread plum, sandapple

Inka-Gurke, Olivengurke, Hörnchenkürbis,
Korila, Korilla, Wilde Gurke,
Scheibengurke
Cyclanthera pedata

korila, korilla, slipper gourd,
stuffing gourd, wild cucumber,
achocha

Inka-Nuss, Inchi-Nuss, Sacha-Inchi-Nuss
Caryodendron orinocense

Orinoco nut, inchi nut

Inkaweizen, Kiwicha, Gartenfuchsschwanz
Amaranthus caudatus

foxtail amaranth, Inca wheat,
love-lies-bleeding

Innereien, Eingeweide
(innere Organe)

innards, entrails, viscera
(abdominal organs); pluck
(heart/liver/lungs); variety meat,
sidemeats, UK offals (red: liver,
heart, kidneys ... & white: lungs,
stomach, intestines ...);
(Geflügel) giblets

➢ **Darm, Därme, Gedärme**

intestines

➢ **Leber**

liver

➢ **Lunge**

lungs

➢ **Magen**

stomach

➢ **Milz**

spleen

➤ **Muskelmagen (Geflügel)**	gizzard
➤ **Netz, Fettnetz**	caul
➤ **Niere**	kidney
➤ **Zunge**	tongue
Insekten	insects
➤ **Agavenraupe, Mescal-Wurm**	maguey worm, meocuiles
Aegiale hesperialis	
➤ **Roter Agavenwurm,**	red agave worm, red worm,
Roter Mescal-Wurm,	red maguey worm,
Rote Agavenraupe	gusano rojo
Hypopta agavis	
➤ **Ameisen**	ants
➤ **Engerlinge, Käferlarven**	grubs
➤ **Grashüpfer**	grasshoppers
➤ **Grillen**	crickets
➤ **Heuschrecken**	locusts
➤ **Honigameisen**	honey ants, honeypot ants, rep…
➤ **Käferlarven, Engerlinge**	grubs
➤ **Mescal-Wurm, Agavenraupe**	maguey worm, meocuiles
Aegiale hesperialis	
➤ **Roter Mescal-Wurm,**	red agave worm, red worm,
Roter Agavenwurm, Rote Agavenraupe	red maguey worm, gusano ro…
Hypopta agavis	
➤ **Mopane-Wurm, Mopane-Raupe**	mopane worm
Imbrasia belina	
➤ **Sagowürmer, Palmenrüsselkäferlarven**	palmworms, sago grubs
Rhynchophorus spp.	
➤ **Seidenraupen**	silkworms
➤ **Wasserwanzen**	water bugs
Instantmehl	instant flour
Iod (I)	iodine
Iodsalz	iodized salt
Irisches Moos, Knorpeltang, Knorpelalge	Irish moss, carrageen, carraghe…
(*siehe:* Karrageen)	
Chondrus crispus	
Iriswurzel, 'Veilchen'wurzel	orris root, white flag root
Iris germanica	
Isländische Kammmuschel,	Iceland scallop
Island-Kammmuschel	
Chlamys islandica	
Isosirup, Isoglucose-Sirup	high-fructose corn syrup (HF…
(Isomeratzucker/Isomerose/Isozucker)	isoglucose
➤ **angereicherter Isosirup**	enriched fructose corn syrup (EFCS)
➤ **hochangereicherter Isosirup**	very enriched fructose corn sy… (VEFCS)
Italienische Petersilie	Italian parsley, Neapolitan pars…
Petroselinum crispum var. *neapolitanum*	

Jaboticaba, Baumstammkirsche   jaboticaba, Brazilian tree grape
  Myrciaria cauliflora
Jackbohne   jack bean, sabre bean
  Canavalia ensiformis
Jackfrucht   jackfruit
  Artocarpus heterophyllus
Jagua, Jenipapo   genipapo, genip, huito, jagua,
  Genipa americana   marmalade box
Jakobsmuschel, Jakobs-Pilgermuschel   great scallop FAO,
  Pecten jacobaeus   St. James scallop
➤ **Japanische Jakobsmuschel**   Japanese scallop, yezo scallop,
  Patinopecten yessoensis   giant ezo scallop
Jaltomate   jaltomato
  Jaltomata procumbens
Jamaika-Blaubeere, Agraz   Jamaica bilberry
  Vaccinium meridionale
Jamaikakirsche, Jamaikanische Muntingia,   Jamaica cherry, Jamaican cherry,
  Panama-Beere   Panama berry
  Muntingia calabura
Jamaikathymian,   Indian borage, Cuban oregano,
  Jamaika-Thymian, Indischer Borretsch,   Mexican mint
  Kubanischer Oregano (Suppenminze)   (soup mint, Indian mint)
  Plectranthus amboinicus
Jambhiri-Orange, Rauschalige Zitrone   jambhiri orange, rough lemon,
  Citrus x *jambhiri*   mandarin lime
Jambolan, Wachs-Jambuse   jambolan, Java plum
  Syzygium cumini
Jambusen *Syzygium* spp.   rose apples
➤ **Malayen-Jambuse, Malayapfel,**   rose apple, Malay apple, pomerac
  Malay-Apfel, Malayenapfel
  Syzygium malaccense
➤ **Rosen-Jambuse, Rosenapfel**   rose apple, jambu
  Syzygium jambos
➤ **Wachs-Jambuse, Jambolan**   jambolan, Java plum
  Syzygium cumini
➤ **Wasser-Jambuse, Wasserapfel**   water rose-apple
  Syzygium aqueum
Japanische ‚Rosinen'   Japanese raisins
  Hovenia dulcis
Japanische ‚Sonne-und-Mond'-Muschel,   Japanese sun and moon scallop
  Japanische Fächermuschel
  Amusium japonicum
Japanische Aprikose, Schnee-Aprikose   mume, Japanese apricot
  Prunus mume
Japanische Bernsteinmakrele,   Japanese amberjack,
  Japanische Seriola   yellowtail, buri
  Seriola quinqueradiata
Japanische Esskastanie   Japanese chestnut
  Castanea crenata
Japanische Hirse, Sawahirse, Weizenhirse   Japanese millet, sanwa millet
  Echinochloa esculenta

Japanische Jakobsmuschel
Patinopecten yessoensis
Japanese scallop, yezo scallop, giant ezo scallop

Japanische Kartoffel, Knollenziest
Stachys affinis
Japanese artichoke, Chinese artichoke, crosnes

Japanische Languste
Panulirus japonicus
Japanese lobster

Japanische Petersilie, Mitsuba
Cryptotaenia canadensis
Japanese parsley (honewort), mitsuba, mitzuba

Japanische Pfefferminze
Mentha arvensis ssp. *haplocalyx*,
Mentha arvensis var. *piperascens*
Japanese mint

Japanische Pflaume, Chinesische Pflaume, Susine
Prunus salicina
Japanese plum, Chinese plum, sumomo plum (*incl.* shiro plu

Japanische Quitte, Jap. Scheinquitte, Scharlachquitte
Chaenomeles japonica
Japanese quince

Japanische Riesenkrabbe
Macrocheira kaempferi
giant spider crab

Japanische Sardelle, Japan-Sardelle
Engraulis japonicus
Japanese anchovy

Japanische Seegurke
Stichopus japonicus
Japanese sea cucumber

Japanische Stachelbeere, Kiwibeere, Mini-Kiwi, Kiwai
Actinidia arguta
baby kiwi, kiwi berry, cocktail kiwi, kiwi-grapes (tara vine)

Japanische Teichmuschel, Japanische Teppichmuschel
Ruditapes philippinarum,
Tapes philippinarum, Tapes japonica,
Venerupis philippinarum
Japanese littleneck, short-necked clam, Japanese clam, Manila clam, Manila hardshell clam

Japanische Venusmuschel, Hamaguri
Meretrix lusoria
Japanese hard clam

Japanische Weinbeere
Rubus phoenicolasius
wine raspberry, wineberry, Japanese wineberry

Japanischer Aal
Anguilla japonica
Japanese eel

Japanischer Heilbutt
Hippoglossoides dubius
Pacific false halibut, flathead flounder FAO

Japanischer Pfeffer, Sancho
Zanthoxylum piperitum
Asian pepper, Japanese pepper, sansho

Japanischer Yams, Japanyams
Dioscorea japonica
Japanese yam

Japanisches Arrowroot, Kudzu
Pueraria montana var. *thomsonii*
(*P. montana* var. *lobata*)
kudzu, Japanese arrowroot

Jatoba, Curbaril, Antillen-Johannisbrot, Brasilianischer Heuschreckenbaum
Hymenaea courbaril
Brazilian cherry, copal, jatoba

Javaapfel, Java-Apfel, Wachsapfel	Java apple, Java rose apple,
Syzygium samarangense	Java wax apple, wax jambu
Java-Kardamom	Java cardamom
Amomum maximum	
Javamandel, Galipnuss	canarium nut, canarium almond,
Canarium indicum	galip nut, ngali nut, molucca nut
Javanische Gelbwurz	Javanese turmeric
Curcuma xanthorrhiza	
Javanischer Wasserfenchel,	water celery, Asian water celery,
Java-Wasserfenchel	water parsley, Chinese celery,
Oenanthe javanica	Java water dropwort
Jenipapo, Jagua	genipapo, genip, huito, jagua,
Genipa americana	marmalade box
Jerusalem-Artischocke,	Jerusalem artichoke, sunchoke
Topinambur, Erdbirne	
Helianthus tuberosus	
Jerusalemdorn	Jerusalem thorn, prickly bean
Parkinsonia aculeata	
Jod (heute: Iod) (I)	iodine
Joghurt	yogurt, yoghurt
➤ **gefrorener Joghurt**	frozen yogurt
➤ **Rahmjoghurt (>10%)**	creamy yogurt
➤ **Trinkjoghurt**	yogurt beverage
Joghurtdrink	yogurt beverage
Johannisbeeren *Ribes* spp.	currants
➤ **Kanadische Johannisbeere**	American black currant
Ribes americanum	
➤ **Rote Johannisbeere**	red currant
Ribes rubrum	
➤ **Schwarze Johannisbeere**	black currant
Ribes nigrum	
➤ **Wohlriechende Johannisbeere,**	buffalo currant, golden currant,
Goldjohannisbeere	clove currant
Ribes aureum, Ribes odoratum	
Johannisbeersalbei,	baby sage
Schwarzer-Johannisbeer-Salbei	
Salvia microphylla	
Johannisbeer-Tomate	currant tomato
Solanum lycopersicum	
(Pimpinellifolium Group)	
Johannisbrot *Ceratonia siliqua*	carob, locust bean, St. John's bread
Johannisbrotkernmehl,	locust bean gum, carob gum
Johannisbrotsamengummi	
Jonahkrabbe	jonah crab
Cancer borealis	
Jordan-Mandel, Krachmandel,	soft-shelled almond
Knackmandel	
Prunus dulcis var. *fragilis,*	
Prunus amygdalus var. *fragilis*	
Jostabeere	josta, josta berry
Ribes x *nidigrolaria*	

Jujube, Chinesische Dattel, Brustbeere
Ziziphus jujuba

jujube, Chinese date,
 Chinese jujube, red date,
 Chinese red date

➢ **Filzblättrige Jujube, Indische Brustbeere**
Ziziphus mauritiana

Indian jujube, masawo
 (ziziphus fruit leather)

Jungschaf (1-jährig, 2 Schneidezähne)

hogget, hogg
 (unshorn yearling, 2 incisors)

**Juwelenbarsch, Juwelen-Zackenbarsch,
 Erdbeergrouper**
Cephalopholis miniata

blue-spotted rockcod, coral tro
 coral hind FAO

➢ **Karibik-Juwelenbarsch**
Cephalopholis fulva

coney

Kabeljau (Ostsee/Jungform: Dorsch)   cod, Atlantic cod (young: codling)
Gadus morhua
➢ **Grönland-Kabeljau, Grönland-Dorsch,**   Greenland cod
Fjord-Dorsch
Gadus ogac
Kaffee, Bohnenkaffee   coffee
➢ **Bergkaffee, Arabica-Kaffee** *Coffea arabica* Arabian coffee, arabica coffee
➢ **Eichelkaffee**   acorn coffee
➢ **Getreidekaffee**   grain coffee
➢ **Liberiakaffee** *Coffea liberica*   Liberian coffee, Abeokuta coffee
➢ **Malzkaffee**   malt coffee
➢ **Robustakaffee** *Coffea canephora*   robusta coffee, Congo coffee
Kaffee-Ersatz   coffee substitute
Kaffeeweißer   coffee whitener,
                                                  creamer (dairy/nondairy)

Kaffeezichorie, Zichorienwurzel,   root chicory
Wurzelzichorie
Cichorium intybus (Sativum Group),
Root Chicory Group
Kaffir-‚Kartoffel‘, Plectranthus   Livingstone potato,
Plectranthus esculentus   African potato, kaffir potato
Kaffirlimette (Kaffirlimettenblätter)   makrut lime, kaffir lime, papeda
Citrus hystrix   (lime leaves)
Kaffir-Pflaume   kaffir plum
Harpephyllum caffrum
Kaiserbarsch, Alfonsino,   alfonsino FAO, beryx, red bream
Nordischer Schleimkopf
Beryx decadactylus
Kaiserbarsch, Granatbarsch,   orange roughie, orange roughy
Atlantischer Sägebauch
Hoplostethus atlanticus
Kaiserbrasse (Großaugenbrasse)   emperor
Lethrinus spp.
Kaisergranat, Kaiserhummer,   Norway lobster,
Kronenhummer, Schlankhummer,   Norway clawed lobster,
Tiefseehummer   Dublin Bay lobster,
Nephrops norvegicus   Dublin Bay prawn
                                                     (scampi, langoustine)
➢ **Neuseeländischer Kaisergranat**   New Zealand scampi,
Metanephrops challengeri   deep water scampi
Kaiserling   ovolo, Caesar's mushroom
Amanita caesarea
Kaisermütze, Bischofsmütze, Patisson,   patty pan, pattypan squash, scallop,
‚Fliegende Untertasse‘, Scallop(ini)   squash scallop (summer squash)
Cucurbita pepo var. *ovifera*
Kaiserschnapper   emperor snapper, red emperor,
Lutjanus sebae   emperor red snapper FAO
Kaiserschote, Kefe, Zuckererbse,   snow pea (flat-podded),
Zuckerschwerterbse   eat-all pea US
Pisum sativum ssp. *sativum* var. *macrocarpon*
(flat-podded)

Kakao *Theobroma cacao*	cacao, cocoa
➤ **Criollo-Kakao**	Criollo cacao
Theobroma cacao ssp. *cacao (Criollo)*	
➤ **Forastero-Kakao**	Forastero cacao
Theobroma cacao ssp. *sphaerocarpum*	
(Forastero Group)	
➤ **Trinitario-Kakao**	Trinitario cacao
Theobroma cacao ssp. *sphaerocarpum*	
(Trinitario Group)	
Kakaobohne	cacao bean, cocoa bean
Theobroma cacao	
Kakaobutter	cocoa butter
Kakaomasse	cocoa mass, cocoa liquor,
	cholocate liquor, pâte
Kakaopulver, Schokoladenpulver	cocoa powder
Kakaoschote (*eigentlich eine Trockenbeere*)	cacao pod, cocoa pod
Theobroma cacao	
Kakaosplitter, Kakaonibs	cacao nibs, cocoa nibs (cotyled…
(Kotyledonen/Keimblätter)	
Kakaotrunk	cocoa drink, chocolate drink
Kaki, Persimone, Dattelpflaume,	persimmon, Japanese persimm…
Kakipflaume, Chinesische Dattelpflaume	Chinese date, kaki
(*inkl.* **Sharon-Frucht**)	(*incl.* sharon fruit)
Diospyros kaki	
Kaktusbirne, Kaktusfeige	cactus pear, prickly pear, tuna,
(Feigenkaktus, Opuntien);	Indian fig, Barberry fig; nopal
Nopal (Kaktus-Stammscheiben)	(cactus pads)
Opuntia ficus-indica u.a.	
Kalaharitrüffel	Kalahari desert truffle,
Terfezia pfeilli	Kalahari tuber
Kalamansi, Calamondin-Orange,	calamondin, calamansi, kalama…
Zwerg-Orange	Chinese orange, golden lime
Citrus madurensis, Citrus microcarpa	
Kalbfleisch (EU 2008 < 8 Monate)	veal; 'bobby' veal ($\male$ <3 months
(*Teilstücke sind national verschieden:*	
deshalb gibt es hier keine exakten	
Entsprechungen)	
➤ **Bauch, Dünnung**	flank
➤ **Brust**	breast
➤ **Bug, Blatt, Schulter**	shoulder, oyster
➤ **Dicker Bug, Dickes Bugstück (Schulter)**	clod, shoulder clod
➤ **Hals, Nacken**	scrag
➤ **Kalbshaxe**	knuckle, fore knuckle
➤ **Kalbsnuss**	top rump
➤ **Kamm, Grat**	neck
➤ **Keule, Bodenschlegel**	silverside, topside, knuckle
➤ **Nierenbraten**	filet, fillet
➤ **Schulterfilet, Falsches Filet**	chuck tenderloin
Kalbshälfte	side of veal
Kalbshoden	calf testicles ('prairie oysters')

Kaldaunen, Kutteln (Vormägen der Wiederkäuer)	tripe (stomach tissue of ruminants); (paunch & reticulum & omasum) double tripe (gras-double)
➤ **Blättermagen**	(omasum/psalterium) leaf tripe, book tripe, Bible tripe; reed tripe (*incl.* black tripe)
➤ **Labmagen, Käsemagen**	(abomasum) black tripe
➤ **Netzmagen**	(reticulum) honeycomb tripe, pocket tripe
➤ **Pansen**	(paunch/rumen) plain tripe, smooth tripe, flat tripe, blanket tripe, mountain chain tripe, pillar tripe, rumen pillars
Kalebasse, Flaschenkürbis *Lagenaria siceraria*	bottle gourd, calabash
Kalebassenmuskat, Monodoranuss *Monodora myristica*	calabash nutmeg, West African nutmeg, Jamaica nutmeg, false nutmeg
Kalifornische Brombeere *Rubus ursinus*	California dewberry
Kalifornische Buttermuschel *Saxidomus nuttalli*	butterclam, butternut clam
Kalifornische Felsenlanguste, Kalifornische Languste *Panulirus interruptus*	California spiny lobster, California rock lobster
Kalifornische Miesmuschel *Mytilus californianus*	California mussel (common mussel)
Kalifornische Schafskrabbe *Loxorhynchus grandis*	Californian sheep crab
Kalifornische Scholle, Pazifische Scharbe *Eopsetta jordani*	petrale sole
Kalifornische Walnuss *Juglans californica*	Californian walnut, California black walnut
Kalifornischer Bärenkrebs *Scyllarides astori*	Californian slipper lobster
Kalifornischer Heilbutt *Paralichthys californicus*	California halibut
Kalifornischer Taschenkrebs, Pazifischer Taschenkrebs *Cancer magister*	Dungeness crab, Californian crab, Pacific crab
Kalikokrebs *Orconectes immunis*	colico crayfish, papershell crayfish
Kalmar	squid
➤ **Fliegender Kalmar** *Ommastrephes bartramii*	flying squid, neon flying squid
➤ **Gemeiner Kalmar, Roter Gemeiner Kalmar** *Loligo vulgaris*	common squid, European squid
➤ **Nordamerikanischer Kalmar** *Loligo pealei*	longfin inshore squid

> **Pfeilkalmar, Norwegischer Kalmar**
> *Todarodes sagittatus*
> **Riesenkalmar, Riesen-Pfeilkalmar**
> *Dosidicus gigas*

arrow squid, Norwegian squid,
  European flying squid
jumbo flying squid

**Kamberkrebs, ‚Suppenkrebs',
Amerikanischer Flusskrebs**
Orconectes limosus, Cambarus affinis

spinycheek crayfish,
  American crayfish,
  American river crayfish,
  striped crayfish

Kamille, Echte Kamille
Matricaria chamomilla (M. recutita)

chamomile, wild chamomile

Kammmuscheln, Kamm-Muscheln
Chlamys spp.

scallops

> **Feine Kammmuschel,
> Edle Kammmuschel, Königsmantel**
> *Chlamys senatoria, Chlamys nobilis*

senate scallop, noble scallop

**Kamtschatka-Heckenkirsche,
Kamtschatka-Beere, Honigbeere**
Lonicera kamtschatica

honeyberry,
  Kamchatka honeysuckle

Kamtschatka-Seeohr
Haliotis kamtschatkana

pinto abalone, northern abalon

Kanada-Pflaume, Bitter-Kirsche
Prunus nigra

Canada plum, black plum

Kanadische Johannisbeere
Ribes americanum

American black currant

Kanadischer Schneeball, Schafbeere
Viburnum lentago

sheepberry, nannyberry,
  sweet viburnum

Kanapee (Schnittchen)

canapé

Kanarinuss, Kanariennuss, Pilinuss
Canarium ovatum

pili nut

> **Schwarze Kanarinuss,
> Schwarze Chinesische Olive**
> *Canarium pimela*

Chinese black olive,
  black Chinese olive

> **Weiße Kanarinuss,
> Weiße Chinesische Olive**
> *Canarium album*

Chinese olive, Chinese white o
  white Chinese olive

Kandelbohne, Erdbohne
Macrotyloma geocarpum

ground bean, Kersting's groun

Kandierte Früchte

candied fruits

Kandis

candy sugar, rock sugar

**Kandisfarin, Farinzucker
(Brauner Zucker)**

fine, brown candy sugar

Känguruapfel, Queensland-Känguruapfel
Solanum aviculare

kangaroo apple

Känguru
Macropus spp.

kangaroo

Kaninchen, Wildkaninchen
Oryctolagus cuniculus

rabbit, wild rabbit

Kaninchenfisch
Siganus spp.

rabbitfish, spinefoot

Kantalupe, Warzenmelone
Cucumis melo (Cantalupensis Group)

cantaloupe

Kantengarnelen, Kanten-Tiefseegarnelen
Heterocarpus spp.
➤ **Chilenische Kantengarnele,**
Chile-Krabbe, Camarone
Heterocarpus reedei
Kapaun,
kastrierter Junghahn (1,75–2,5 kg)
Kapern *Capparis spinosa*
Kaphecht, Kap-Seehecht
Merluccius paradoxus
Kap-Hummer, Südafrikanischer Hummer
Homarinus capensis
Kapitänsfisch
Polydactylus quadrifilis
Kap-Languste, Afrikanische Languste
Jasus lalandei
Kapstachelbeere, Andenbeere,
Lampionfrucht
Physalis peruviana
Kapuziner, Graukappe,
Birkenröhrling, Birkenpilz
Leccinum scabrum
Kapuzinerkresse
Tropaeolum majus
➤ **Knollige Kapuzinerkresse, Mashua**
Tropaeolum tuberosum
Kap-Wasserähre, ‚Waterblommetjies'
Aponogeton distachyos
Karambola, Sternfrucht
Averrhoa carambola
Karamellen
➤ **Hartkaramellen, Bonbons (Gutsel)**
➤ **Weichkaramellen, Toffees**
Karamellzucker
Karanda, Karaunda
Carissa carandas, Carissa congesta
Karausche
Carassius carassius
Karaya, Karayagummi (Indischer Tragant)
Sterculia urens
Kardamom
➤ **Äthiopischer Kardamom,**
Abessinien-Kardamom, Korarima
Aframomum korarima
➤ **Bastard-Kardamom**
Amomum villosum var. *xanthioides*
➤ **Bengal-Kardamom**
Amomum aromaticum
➤ **Ceylon-Kardamom**
Elettaria cardamomum var. *major*

nylon shrimps

Chilean nylon shrimp

capon (castrated cockerel)
 (US/FSIS 2003 < 4 months)
capers
deep-water Cape hake

Cape lobster

threadfin, Giant African threadfin,
 big captain
Cape rock crawfish,
 Cape rock lobster
Cape gooseberry, goldenberry,
 Peruvian ground cherry,
 poha berry
shaggy boletus, birch bolete

Indian cress, 'nasturtium',
 garden nasturtium
anyu, añu, taiacha, mashua

Cape pondweed, Cape asparagus,
 water hawthorn
starfruit

caramel candy
hard candy US; boiled sweets UK
soft caramels, toffees
caramel sugar
karanda, karaunda

Crucian carp

gum karaya

cardamom
Ethiopian cardamom,
 korarima cardamom

bastard cardamom,
 wild Siamese cardamom
Bengal cardamom

Ceylon cardamom,
 Sri Lanka cardamom,
 long white cardamom,
 wild cardamom

➤ **China-Kardamom**	Chinese cardamom,
Alpinia globosa	round Chinese cardamom
➤ **Grüner Kardamom,**	green cardamom,
Indischer Kardamom	India cultivated cardamom
(Malabar-, Mysore- &	(Malabar, Mysore &
Vazhukka-Varietäten)	Vazzhuka varieties)
Elettaria cardamomum var. *cardamomum*	
➤ **Java-Kardamom**	Java cardamom
Amomum maximum	
➤ **Madagaskar-Kardamom,**	Madagascar cardamom,
Kamerun-Kardamom	great cardamom,
Aframomum angustifolium	
➤ **Nepal-Kardamom,**	Nepal cardamom,
Geflügelter Bengal-Kardamom,	winged Bengal cardamom,
Schwarzer Kardamom	black cardamom,
Amomum subulatum	'large' cardamom
➤ **Runder Kardamom,**	round cardamom,
Javanischer Kardamom	Java cardamom
Amomum compactum	
➤ **Schwarzer Kardamom**	black cardamom
(siehe: Nepal-Kardamom)	
Kardone, Gemüseartischocke	cardoon
Cynara cardunculus ssp. *cardunculus*	
Karibik-Juwelenbarsch	coney
Cephalopholis fulva	
Karibische Languste	Caribbean spiny lobster
Palinurus argus	
Karibischer Bärenkrebs,	'Spanish' lobster,
,Spanischer' Bärenkrebs	'Spanish' slipper lobster
Scyllarides aequinoctialis	
Karkade, Rosella, Afrikanische Malve,	hibiscus, roselle, sorrel,
Sabdariffa-Eibisch	Jamaica sorrel, karkadé
Hibiscus sabdariffa	
Karkasse (Gerippe vom Geflügel)	fowl carcass
(siehe auch: Schlachtkörper)	
Karnaubapalme, Wachspalme	wax palm, carnauba wax palm
Copernicia prunifera	
Karnaubawachs	carnauba wax
Copernicia prunifera	
Karobgummi,	locust bean gum, carob gum
Johannisbrotkernmehl,	
Johannisbrotsamengummi	
Ceratonia siliqua	
Karotte, Möhre,	carrot
Speisemöhre, Gelbe Rübe	
Daucus carota	
➤ **Babykarotte, Babymöhre**	baby carrot
(junge Möhre/Karotte)	
➤ **Bundkarotte, Bundmöhre**	bunched carrot, carrot with lea
➤ **Lagerkarotte, Lagermöhre**	ware carrot, carrot for storage
➤ **Waschkarotte, Waschmöhre**	topped carrot

Karpfen, Flusskarpfen	carp, common carp FAO,
Cyprinus carpio	European carp
➢ **Graskarpfen, Amurkarpfen**	grass carp
Ctenopharyngodon idella	
➢ **Marmorkarpfen, Edler Tolstolob**	bighead carp
Hypophthalmichthys nobilis,	
Aristichthys nobilis	
➢ **Seekarpfen, Graubarsch,**	red seabream, common seabream,
Nordische Meerbrasse	blackspot seabream FAO
Pagellus bogaraveo	
➢ **Silberkarpfen, Gewöhnlicher Tolstolob**	silver carp FAO, tolstol
Hypophthalmichthys molitrix	
Karrageen, Carrageen	carrageenan, carrageenin
➢ **Irisches Moos, Knorpeltang, Knorpelalge**	Irish moss, carrageen, carragheen
Chondrus crispus	
Karree	carré (lamb: best end or rack)
Kartoffel, Speisekartoffel, Erdapfel	potato, white potato, Irish potato
Solanum tuberosum	
➢ **Basellkartoffel, Madeira-Wein**	Madeira vine, mignonette vine,
Anredera cordifolia	lamb's tails, jalap, jollop potato,
	potato vine
➢ **Galla-‚Kartoffel'**	Ethiopian potato, galla potato
Plectranthus edulis	
➢ **Hausa-‚Kartoffel'**	Hausa potato
Plectranthus rotundifolius	
➢ **Japanische Kartoffel, Knollenziest**	Japanese artichoke,
Stachys affinis	Chinese artichoke, crosnes
➢ **Kaffir-‚Kartoffel'**	Livingstone potato,
Plectranthus esculentus	African potato, kaffir potato
➢ **Süßkartoffel, Batate**	sweet potato
Ipomoea batatas	
Kartoffelyams, Luftyams, Gathi	air potato, potato yam, acorn yam
Dioscorea bulbifera	
Kartoffelzwiebel	potato onion
Allium cepa (Aggregatum Group) var.	
Kaschu, Kaschukerne, Cashewnuss;	cashew, cashew nut;
(Kaschuapfel)	(cashew apple)
Anacardium occidentale	
Käse	cheese
➢ **Analogkäse, Käseersatz,**	analog cheese,
Kunstkäse, Käseimitat	cheese analog(ue)
➢ **Bierkäse**	beer cheese, brick cheese
➢ **Blauschimmelkäse**	blue cheese
➢ **Bruch (Käsemasse/Milchgerinnsel:**	curd (pieces/particles)
Bruchkörner/Stücke/Brocken)	
➢ **Casein**	casein
➢ **Edelpilzkäse**	German blue cheese
➢ **Frischkäse, Creme-Käse (unfermentiert)**	cream cheese
➢ **Gallerte**	gel
➢ **gereifter Käse**	cured cheese, aged cheese,
	ripened cheese (after ripening)
➢ **gerinnen, koagulieren**	curdle, coagulate

➢ geronnene Milch	curd
➢ halbfester Käse	semi-soft cheese
➢ halbfester Schnittkäse	semi-hard cheese
➢ Handkäse	regional sour milk cheese (made 'by hand')
➢ Handkäse mit Musik	'hand cheese' with onions
➢ Hartkäse	hard cheese (30-40% water)
➢ Hüttenkäse	cottage cheese
➢ Impfung	inoculation; (Beimpfung) seedi
➢ Joghurt	yogurt, yoghurt
➢ Jungkäse (vor der Reifung)	fresh cheese, 'green' cheese (before ripening)
➢ Kefir (aus Kuhmilch)	kefir
➢ Kochkäse	cooked cheese
➢ Kumyss, Kumys (aus Stutenmilch)	koumiss, kumiss
➢ Kwas, Kwass	kvass, quass
➢ Lab (von Kälbermagen)	rennet (abomasum, fourth stomach of calves)
➢ Labferment, Rennin, Chymosin	rennin, chymosin
➢ Laib	loaf
➢ Lake	brine
➢ Molke	whey
➢ Molkenkäse	whey cheese
➢ nichtgereift	nonripened
➢ Propionsäure-Gärung	propionic acid fermentation
➢ Quark, Speisequark (Weißkäse)	quark, quarg, white cheese, fresh curd cheese, fromage fra
➢ Reifung	maturation, ripening
➢ Rinde	rind
➢ Salzlakenkäse	brine cheese, pickled cheese
➢ Sauermilchkäse	acid curd cheese
➢ Säuerungsmittel	acidifier, acidulant
➢ Säurewecker (Milchsäure-Bakterien Starterkulturen in der Molkerei)	lactic acid fermentation starter cultures
➢ Schafskäse (Feta: kann auch Ziege enthalten)	ewe cheese, sheep cheese (feta: may contain goat)
➢ Schichtkäse	layered cheese
➢ Schimmelkäse	mold-ripened cheese
➢ Schmelzkäse	process cheese, processed chee
➢ Schnittkäse (halbfest)	semi-hard cheese, semi-firm cheese (sliceable)
➢ Schrumpfung (Synärese)	contraction (syneresis)
➢ Streichkäse	cheese spread, soft cheese
➢ ungereift	unripened
➢ Vorreifung	initial maturation
➢ Weichkäse	soft cheese (40-75% water)
➢ Weißschimmelkäse (Brie/Camembert)	white mold-ripened cheese
➢ Ziegenkäse	goat cheese, goat's cheese
Käseersatz	cheese analog(ue)
Kassie, Röhren-Kassie, ‚Manna' *Cassia fistula*	cassia pods

Kassler, Kassler Rippenspeer, **Kasseler Rippchen ('Rippchen')**	cured pork loin chop
Kastorzucker	caster sugar, castor sugar
Katemfe ('Mirakelbeere') *Thaumatococcus daniellii*	katemfe, miracle fruit, miracle berry, sweet prayer
Katjangbohne, Catjang-Bohne, **Angolabohne** *Vigna unguiculata* ssp. *cylindrica*	catjang bean
Katzenhaie Scyliorhinidae	catsharks, cat sharks
➤ **Großgefleckter Katzenhai,** **Großer Katzenhai, Pantherhai,** **F Saumonette, Rousette** *Scyliorhinus stellaris*	large spotted dogfish, nurse hound, nursehound FAO, bull huss, rock salmon, rock eel
➤ **Kleingefleckter Katzenhai,** **Kleiner Katzenhai** *Scyliorhinus canicula, Scyllium canicula*	lesser spotted dogfish, smallspotted dogfish, rough hound, smallspotted catshark FAO
Katzenwelse *Ictalurus* spp.	catfishes
➤ **Blauer Katzenwels** *Ictalurus furcatus*	blue catfish
➤ **Langschwänziger Katzenwels,** **Amerikanischer Zwergwels,** **Brauner Zwergwels** *Ictalurus nebulosus, Ameiurus nebulosus*	horned pout, American catfish, brown bullhead FAO, 'speckled catfish'
➤ **Weißer Katzenwels** *Ictalurus catus*	fork-tailed catfish
Kaubonbons	chewing sweets
Kaugummi *m*	chewing gum
Kaukasische Blaubeere *Vaccinium arctostaphylos*	Caucasian bilberry, Caucasian whortleberry
Kaulbarsch *Gymnocephalus cernuus*	ruffe FAO, pope
Kaumasse, Kaumittel	gum base, masticatory
Kaviar (gesalzene Fischeier; *siehe auch:* **Rogen)**	caviar
➤ **Botargo-Kaviar (Meeräsche)** *Mugil* spp.	botargo caviar (mullet roe)
➤ **Deutscher Kaviar, Seehasenrogen,** **Kaviarersatz (Lumpfisch=Seehase)** *Cyclopterus lumpus*	false caviar, mock caviar, German caviar, Danish caviar (roe of lumpfish)
➤ **Forellen-Kaviar**	trout caviar
➤ **Lachskaviar, Ketakaviar**	salmon caviar (chum salmon caviar/keta)
➤ **Löffelstör-Kaviar**	paddlefish caviar (Mississippi caviar)
Kebab	kabob
Kechapifrucht, Santol **(Falsche Mangostane)** *Sandoricum koetjape*	santol, lolly fruit, kechapi
Kee Lek, Khi-lek, Kheelek, Kassodbaum *Senna siamea*	Siamese cassia, Thai cassia, kheelek, cassia leaves
Kefir (aus Kuhmilch)	kefir

Kei-Apfel, Wilde Aprikose	kei-apple, wild apricot
Dovyalis caffra	
Keim, Keimling	germ
➤ **Weizenkeime**	wheat germ
Keks, Plätzchen (Hartkeks)	cookie US, biscuit UK
➤ **Wasserkeks (ungesalzen/ungezuckert)**	water cracker, water biscuit
Kemiri-Nuss, Lichtnuss,	candlenut
Kerzennuss, Kandelnuss	
Aleurites moluccana	
Kerbel, Gartenkerbel	chervil
Anthriscus cerefolium	
➤ **Knollenkerbel, Kerbelrübe**	turnip-rooted chervil
Chaerophyllum bulbosum	
Kermesbeere ➤	
Amerikanische Kermesbeere	pokeberry
Phytolacca americana	
➤ **Asiatische Kermesbeere**	Asian pokeberry,
Phytolacca acinosa	Indian pokeberry
Kernobst	pomaceous fruit, pome
Kerzennuss, Kandelnuss,	candlenut
Lichtnuss, Kemiri-Nuss	
Aleurites moluccana	
Keta-Lachs, Ketalachs,	chum salmon
Hundslachs, Chum-Lachs	
Oncorhynchus keta	
Keule	leg, haunch;
	(chicken) leg, drumstick
Keulenrochen, Nagelrochen	thornback skate,
Raja clavata	thornback ray FAO, roker
Khi-lek, Kheelek, Kee Lek, Kassodbaum	Siamese cassia, Thai cassia,
Senna siamea	kheelek, cassia leaves
Khorassan-Weizen	Khorassan wheat, Oriental whe
Triticum turgidum ssp. *turanicum*	
Kichererbse *Cicer arietinum*	chickpea, garbanzo
Kichererbsenmehl	chickpea flour, gram flour,
	besan flour, garbanzo flour
Kidneybohne	kidney bean
Phaseolus vulgaris	
Kingklip, Südafrikanischer Kingklip	kingklip
Genypterus capensis	
Kipper (*auf englische Art: kaltgeräucherter,***	kipper (cold-smoked/
ganzer aber gespaltener Hering)	whole but split herring)
Kirschapfel, Beerenapfel	Siberian crab apple, cherry app
Malus baccata	Asian wild crab apple
Kirschen *Prunus* ssp.	cherries
➤ **Amarelle, Glaskirsche (Baum-Weichsel)**	amarelle, tree sour cherry
Prunus cerasus var. *capronia*	
➤ **Capuli-Kirsche, Kapollinkirsche,**	capuli cherry, capulin, capolin,
Mexikanische Traubenkirsche, Kapollin	black cherry
Prunus serotina ssp. *capuli*	

➤ **Felsenkirsche, Stein-Weichsel,**
   Mahaleb, Mahlep
   Prunus mahaleb

St. Lucie cherry, mahaleb cherry,
  perfumed cherry

➤ **Filzkirsche, Japanische Mandel-Kirsche,**
   Korea-Kirsche, Nanking-Kirsche
   Prunus tomentosa

Nanking cherry, Korean cherry,
  downy cherry

➤ **Herzkirsche**
   Prunus avium ssp. *juliana*

heart cherry

➤ **Himalaya-Kirsche**
   Prunus cerasioides

Himalayan cherry

➤ **Knorpelkirsche**
   Prunus avium ssp. *duracina*

hard cherry, bigarreau cherry

➤ **Maraschino-Kirsche,**
   Maraskakirsche, Marasche
   Prunus cerasus var. *marasca*

marashino cherry, marasco,
  Dalmatian marasca cherry

➤ **Morelle, Süßweichsel**
   Prunus cerasus var. *austera*

morello cherry

➤ **Sauerkirsche, Weichsel, Weichselkirsche**
   Prunus cerasus ssp. *cerasus (Cerasus vulgaris)*

sour cherry

➤ **Schattenmorelle (Strauch-Weichsel)**
   Prunus cerasus ssp. *acida*

bush sour cherry

➤ **Steppenkirsche, Zwergkirsche,**
   Zwergweichsel
   Prunus fruticosa

dwarf cherry,
  European ground cherry

➤ **Traubenkirsche**
   Prunus padus

bird cherry, cluster cherry

➤ **Vogelkirsche, Süßkirsche**
   Prunus avium, Cerasus avium

sweet cherry, wild cherry

Kirschmyrte
   Syzygium polyanthum

Australian brush cherry,
  brush cherry, magenta lillypilly

➤ **Uvaia**
   Eugenia uvalha, Eugenia pyriformis

uvaia, uvalha

Kirschpflaume
   Prunus cerasifera

cherry plum

Kirschtomate, Cocktail-Tomate
   Solanum lycopersicum (Cerasiforme Group)

cherry tomato

Kirschwasser

cherry brandy

Kiwano, Hornmelone, Höckermelone,
   Stachelgurke, Horngurke,
   Große Igelgurke, Afrikanische Gurke
   Cucumis metuliferus

kiwano, jelly melon, horned melon,
  African horned cucumber

Kiwi, Kiwifrucht, Aktinidie,
   Chinesische Stachelbeere
   Actinidia deliciosa

kiwifruit, Chinese gooseberry

➤ **Mini-Kiwi, Kiwibeere,**
   Japanische Stachelbeere, Kiwai
   Actinidia arguta

baby kiwi, kiwi berry, cocktail kiwi,
  kiwi-grapes (tara vine)

Klaffmuscheln Myidae

gaper clams

Klapperschwamm,
   Laub-Porling, Maitake
   Grifola frondosa

maitake, sheepshead,
  sheep's head mushroom,
  ram's head mushroom,
  hen of the woods

Kleber	gluten
➢ **Weizenkleber**	wheat gluten
Klebreis	glutinous rice, white sticky rice
Oryza glutinosa	
Kleehonig	clover honey
Kleie, Speisekleie	bran
➢ **Haferkleie**	oat bran
➢ **Weizenkleie**	wheat bran; coarse wheatfeed
Kleine Maräne, Zwergmaräne	vendace
Coregonus albula	
Kleine Pazifik-Auster, Pazifische Plattauster	native Pacific oyster,
Ostrea lurida	Olympia flat oyster,
	Olympic oyster
Kleine Pilgermuschel,	queen scallop
Bunte Kammmuschel, Reisemantel	
Chlamys opercularis, Aequipecten opercularis	
Kleiner Australkrebs, Yabbie	yabbie
Cherax destructor	
Kleiner Bärenkrebs, Grillenkrebs	small European locust lobster,
Scyllarus arctus	small European slipper lobster
	lesser slipper lobster
Kleiner Galgant, Echter Galgant	lesser galangal, Chinese ginger
Alpinia officinarum	
Kleiner Nandu, Darwinstrauß	lesser rhea
Pterocnemia pennata	
Kleingebäck	small bakery wares/products
Kleist, Glattbutt, Tarbutt	brill
Scophthalmus rhombus	
Klettenwurzel, Japanische Klettenwurzel,	burdock, greater burdock, gobo
Große Klette, Gobo	
Arctium lappa	
Kletterbohne, Stangenbohne	climbing bean, pole bean
Phaseolus vulgaris (Vulgaris Group)	
Kletterfeige *Ficus pumila*	creeping fig, climbing fig
Kliesche (Scharbe)	dab, common dab
Limanda limanda	
Kloß, Knödel, Klops, Bällchen	dumpling; ball
Knackwurst	knackwurst, knockwurst
Knieper, Taschenkrebs	European edible crab
Cancer pagurus	
Knoblauch	garlic
Allium sativum	
➢ **Ackerknoblauch, Ackerlauch,**	elephant garlic, levant garlic,
Sommer-Lauch	wild leek
Allium ampeloprasum	
➢ **Echter Knoblauch, Gemeiner Knoblauch**	softneck garlic, soft-necked garlic
Allium sativum (Sativum Group)	Italian garlic, silverskin garlic
➢ **Pekingknoblauch**	Peking garlic
Allium sativum var. *pekinense*	
➢ **Rocambole, Rockenbolle,**	rocambole, serpent garlic,
Schlangenknoblauch	hardneck garlic, top-setting garlic
Allium sativum (Ophioscorodon Group)	

➤ **Wasserknoblauch, Nobiru** *Allium macrostemon, Allium grayi*	Chinese garlic, Japanese garlic
Knoblauchschwindling, Mousseron *Marasmius scorodonius*	fairy ring mushroom, mousseron
Knochenmark	bone marrow
Knollenbohne *Pachyrrhizus erosus*	yam bean, jicama
Knollenfenchel, Gemüsefenchel *Foeniculum vulgare* var. *azoricum*	fennel, Florence fennel
Knollengemüse	tuber vegetables
Knollenkerbel, Kerbelrübe *Chaerophyllum bulbosum*	turnip-rooted chervil
Knollenkümmel, Erdkastanie, Erdeichel *Bunium bulbocastanum*	earthnut, earth chestnut, great pignut
Knollenpetersilie, Petersilienwurzel *Petroselinum crispum* var. *tuberosum =* *radicosum*	root parsley, Hamburg parsley, turnip-rooted parsley
Knollen-Platterbse, Knollige Platterbse, Erdnussplatterbse *Lathyrus tuberosus*	groundnut pea, earthnut pea, tuberous sweetpea, earth chestnut
Knollen-Sauerklee, **Knolliger Sauerklee, Oka** *Oxalis tuberosa*	oca, oka oxalis, New Zealand yam
Knollensellerie, Wurzelsellerie, Eppich *Apium graveolens* var. *rapaceum*	root celery, celery root, celeriac, turnip-rooted celery, knob celery
Knollenziest, Japanische Kartoffel *Stachys affinis*	Japanese artichoke, Chinese artichoke, crosnes
Knorpel	cartilage
➤ **knorpeliges Bindegewebe in** **‚durchwachsenem/sehnigem' Fleisch**	gristle
Knorpelkirsche *Prunus avium* ssp. *duracina*	hard cherry, bigarreau cherry
Knorpeltang, Knorpelalge, Irisches Moos **(siehe: Karrageen)** *Chondrus crispus*	Irish moss, carrageen, carragheen
Knöterich ➤ **Floh-Knöterich** *Persicaria maculosa, Polygonum persicaria*	redshank, redleg
➤ **Schlangen-Knöterich** *Polygonum bistorta, Bistorta officinalis*	bistort
➤ **Wasserpfeffer-Knöterich** *Persicaria hydropiper*	water pepper
Knurrhahn	gurnard, searobin
➤ **Grauer Knurrhahn** *Eutrigla gurnardus*	grey gurnard FAO, gray searobin
➤ **Kuckucks-Knurrhahn, Seekuckuck** *Aspitrigla cuculus*	East Atlantic red gurnard, cuckoo gurnard
➤ **Roter Knurrhahn (Seeschwalbenfisch)** *Chelidonichthys lucerna*	tub gurnard FAO, sapphirine gurnard
Kochbanane, Mehlbanane *Musa* x *paradisiaca* cv.	plantain, cooking banana
Kochfleischbouillon, Fleischbrühe	cooked-meat broth
Kochsalz, Tafelsalz NaCl	table salt, common salt

Kochsalzersatz	table salt substitute, salt substitute
Kochwurst	cooked sausage
Kodahirse, Kodohirse	kodo millet, ricegrass,
Paspalum scrobiculatum	haraka millet
Koffein, Thein	caffeine, theine
Kohl	cabbage
➤ **Abessinischer Kohl, Abessinischer Senf,**	Abessinian cabbage,
Äthiopischer Senf	Abessinian mustard,
Brassica carinata	Ethiopian mustard,
	Texsel greens
➤ **Blattkohl**	collards, kale, borecole
Brassica oleracea (Viridis Group)	
➤ **Blumenkohl (inkl. Romanesco:**	cauliflower (*incl.* Romanesco:
Türmchenblumenkohl,	christmas tree cauliflower)
Pyramidenblumenkohl)	
Brassica oleracea (Botrytis Group)	
➤ **Chinakohl, Chinesischer Senfkohl,**	pak choi, bok choi, bokchoy,
Pak-Choi	Chinese white cabbage
Brassica rapa (Chinensis Group)	
➤ **Choi-Sum, Choisum**	Chinese flowering cabbage
Brassica rapa (Parachinensis Group)	
➤ **Grünkohl, Braunkohl, Krauskohl**	curly kale, curly kitchen kale,
Brassica oleracea (Sabellica Group)	Portuguese kale, Scotch kale
➤ **Kopfkohl**	cabbage
Brassica oleracea (Capitata Group)	
➤ **Markstammkohl**	marrow-stem kale, marrow kale
Brassica oleracea (Medullosa Group)	
➤ **Meerkohl**	seakale
Crambe maritima	
➤ **Palmkohl**	palm cabbage
Brassica oleracea (Palmifolia Group)	
➤ **Pekingkohl**	celery cabbage, Chinese cabbage,
Brassica rapa (Pekinensis Group)	pe tsai
➤ **Rainkohl**	nipplewort
Lapsana communis	
➤ **Rippenkohl, Tronchudakohl,**	Portuguese cabbage,
Tronchuda-Kohl, Portugiesischer Kohl	Portuguese kale, Tronchuda kale,
Brassica oleracea (Costata Group)/	Tronchuda cabbage,
(Tronchuda Group)	Madeira cabbage
➤ **Rosenkohl**	Brussels sprouts
Brassica oleracea (Gemmifera Group)	
➤ **Rotkohl, Blaukraut**	red cabbage
Brassica oleracea var. *capitata* f. *rubra*	
➤ **Sibirischer Kohl, Schnittkohl**	Hanover salad, Siberian kale
Brassica napus (Pabularia Group)	
➤ **Weißkohl**	white cabbage
Brassica oleracea var. *capitata* f. *alba*	
➤ **Wirsing, Wirsingkohl**	Savoy cabbage
Brassica oleracea (Sabauda Group)	
Kohl-Gänsedistel, Gänsedistel	hare's lettuce, sowthistle
Sonchus oleraceus	

Kohl-Kratzdistel	cabbage thistle
Cirsium oleraceum	
Kohl-Lauch, Feld-Lauch	field garlic
Allium oleraceum	
Kohlendioxid CO₂	carbon dioxide
Kohlenfisch	sablefish
Anoplopoma fimbria	
Kohlensäure (Karbonat/Carbonat)	carbonic acid (carbonate)
kohlensäurehaltige Erfrischungsgetränke	soft drinks, sodas,
	carbonated drinks
Köhler, Seelachs, Blaufisch	saithe FAO, pollock,
Pollachius virens	Atlantic pollock,
	coley, coalfish
Kohlrabi	kohlrabi, cabbage turnip
Brassica oleracea (Gongylodes Group)	
Kohlrübe, Steckrübe	rutabaga, swede, Swedish turnip
Brassica napus (Napobrassica Group)	
Koji (*Asiatische Getreide- u. Sojahefe auf*	koji
Grundlage von Aspergillus oryzae/sojae:	
Impf- und Ausgangsmaterial für diverse	
fermentierte Lebensmittel)	
Kokosbutter, Kokosfett	coconut butter
Kokosmilch	coconut milk
	(squeezed from endosperm)
Kokosnuss *Cocos nucifera*	coconut
➤ **Königskokosnuss, Trinkkokosnuss**	king coconut
Cocos nucifera var. *aurantiaca*	
Kokosraspeln	grated coconut
Kokoswasser	coconut water
Kokum *Garcinia indica*	kokam, kokum, Goa butter
Kolios, Thunmakrele,	chub mackerel FAO,
Mittelmeermakrele,	Spanish mackerel,
Spanische Makrele	Pacific mackerel
Scomber japonicus, Scomber colias	
Kolokasie, Taro, Zehrwurz;	taro, cocoyam, dasheen, eddo
(Stängelgemüse: Galadium)	
Colocasia esculenta var. *antiquorum*	
Komatsuna, Mosterdspinat,	spinach mustard, mustard spinach,
Senf-Spinat, Senfspinat	komatsuma, komatsuna
Brassica rapa (Perviridis Group)	
Kombo, Afrikanische Muskatnuss	kombo, false nutmeg,
(Kombo-Butter)	African nutmeg (kombo butter)
Pycnanthus angolensis	
Kombu, Seekohl	kombu
Laminaria japonica u.a.	
Kompott	compote; stewed fruit; sauce
Kondensmilch	condensed milk
Konfekt	confection, confectionery
➤ **Eiskonfekt**	ice cups, ice confection,
	ice confectionery
➤ **Karamellkonfekt mit Fondant**	fudge (soft toffee-caramel
(weich, kremig: mit Butter)	with high sugar content)

Konfitüre (Marmelade mit Früchten/ Fruchtstücken >60% Zucker)	preserve(s), jam
Königin-Drückerfisch *Balistes vetula*	queen triggerfish FAO, old-wife
Königinnenfuttersaft, Gelée Royale	royal jelly
Königsbarsch, Cobia, Offiziersbarsch *Rachycentron canadum*	cobia (prodigal son)
Königskokosnuss, Trinkkokosnuss *Cocos nucifera var. aurantiaca*	king coconut
Königskrabbe (Kronenkrebs, Kamschatkakrebs), Alaska-Königskrabbe, Kamschatka-Krabbe *Paralithodes camtschaticus*	king crab, red king crab, Alaskan king crab, Alaskan king stone crab (Japanese crab, Kamchatka crab, Russian crab
➤ **Antarktische Königskrabbe** *Lithodes antarctica, Lithodes santolla*	southern king crab
➤ **Blaue Königskrabbe** *Paralithodes platypus*	blue king crab
➤ **Gold-Königskrabbe** *Lithodes aequispina*	golden king crab
➤ **Stachelige Königskrabbe** *Paralomis multispina*	spiny king crab
➤ **Tiefsee-Königskrabbe** *Lithodes couesi*	scarlet king crab, deep-sea crab deep-sea king crab
Königskümmel, Ajowan, Ajwain *Trachyspermum ammi*	ajowan, ajowan caraway, ajwain carom seeds, royal cumin, bishop's weed
Königslachs, Quinnat *Oncorhynchus tschawytcha*	chinook salmon FAO, chinook king salmon
Königslanguste, Grüne Languste *Panulirus regius*	royal spiny crawfish
Königsmakrelen	
➤ **Gefleckte Königsmakrele, Spanische Makrele** *Scomberomorus maculatus*	Atlantic Spanish mackerel, Spanish mackerel FAO
➤ **Goldene Königsmakrele** *Gnathanodon speciosus, Caranx speciosus*	golden trevally
Königsmandarine *Citrus x nobilis*	king mandarin
Königsmantel, Feine Kammmuschel, Edle Kammmuschel *Chlamys senatoria, Chlamys nobilis*	senate scallop, noble scallop
Königsnuss *Carya laciniosa*	kingnut, kingnut hickory, shellbark hickory
Königsschnapper, Barrakuda-Schnapper, Grüner Schnapper *Aprion virescens*	king snapper, blue-green snapper green jobfish FAO, streaker
Königsseegurke, Königsholothurie *Stichopus regalis*	royal cucumber
Konjak *Amorphophallus konjac*	konjac (flour/starch), konjaku

Konserve(n)	preserved food(s); (Dose) canned food(s)
Konservierungsmittel, Konservierungsstoff	preservative (agent)
Kontrollpunkt (Lebensmittelkontrolle)	control point
➢ **Gefährdungsanalyse und kritische Lenkungspunkte, Gefährdungsanalyse und kritische Kontrollpunkte**	hazard analysis and critical control points (HACCP) [pronounced: hassip]
➢ **Gute Industriepraxis, Gute Herstellungspraxis (GHP) (Produktqualität)**	Good Manufacturing Practice (GMP)
➢ **Hygiene-Kontrollpunkt (HKP)**	hygienic control point (HCP)
➢ **kritischer Grenzwert**	critical threshold (point)
➢ **kritischer Kontrollpunkt**	critical control point (CCP)
Konzentrat	concentrate
Kopf	head
Kopfkohl	cabbage
Brassica oleracea (Capitata Group)	
Kopfsalat, Buttersalat	butter lettuce, butterhead,
Lactuca sativa var. *capitata* (Butterhead Type)	head lettuce, cabbage lettuce, bibb lettuce, Boston lettuce
Kopra	copra
Korallenbarsch, Leopardenbarsch, Leopard-Felsenbarsch	leopard coral trout, leopard grouper,
Plectropomus leopardus	leopard coral grouper, leopard coralgrouper FAO
Korarima-Kardamom, Äthiopischer Kardamom, Abessinien-Kardamom	Ethiopian cardamom, korarima cardamom
Aframomum korarima	
Koreanische Minze	Korean mint, Korean hyssop
Agastache rugosa	
Koreanischer Salat, Godulbaegi	Korean lettuce, godulbaegi
Ixeris sonchifolia	
Koriander (Indische Petersilie)	coriander: coriander leaf, cilantro,
Coriandrum sativum	Mexican parsley; coriander seed
➢ **Culantro, Langer Koriander, Mexikanischer Koriander, Europagras, Pakchi Farang**	culantro, recao leaf, fitweed, shado beni, long coriander leaf, sawtooth herb, Thai parsley,
Eryngium foetidum	Mexican coriander
➢ **Vietnamesischer Koriander, Rau Ram**	Vietnamese coriander,
Persicaria odorata	laksa, rau lam
Korila, Korilla, Wilde Gurke, Scheibengurke, Inka-Gurke, Olivengurke, Hörnchenkürbis	korila, korilla, slipper gourd, stuffing gourd, wild cucumber, achocha
Cyclanthera pedata	
Korinthen	currants, Corinthian grapes,
Vitis vinifera apyrena	Corinthian raisins
Körnchenröhrling, Körnchen-Röhrling, Schmerling	weeping bolete, granulated boletus, dotted-stalk bolete
Suillus granulatus	
Kornelkirsche, Herlitze	Cornelian cherry
Cornus mas	

Kost, Essen, Speise, Nahrung, Diät	diet, food, feed, nutrition
➤ **Beikost**	beikost, complementary foods, weaning foods
➤ **Feinkost**	fine foods; (Delikatessen) delic
➤ **fettfreie Kost/Diät**	fat-free diet
➤ **fettreduzierte Kost/Diät**	low-fat diet
➤ **Frischkost**	fresh fruit and vegetables (prod
➤ **Gefrierkost**	frozen food(s)
➤ **kalorienarme Kost/Diät**	low-cal foods/diet
➤ **kochsalzarme Kost/Diät**	low-salt foods/diet
➤ **Krankenkost, Krankendiät**	invalid's diet, food for sick peop special diet for sick people
➤ **Kühlkost (2–8°C)**	refrigerated foods, chilled food
➤ **Naturkost**	natural food, organic food
➤ **Reduktionskost**	reducing diet
➤ **Rohkost**	raw food (uncooked vegetables
➤ **Schonkost**	bland food, bland diet
➤ **Tiefkühlkost (–18°C)**	frozen foods, deep-frozen food deep freeze foods
➤ **Trennkost**	food combining ???
➤ **Vollkost, Vollwertkost**	whole food
Kotelett	chop, cutlet; (Fisch) steak
➤ **Schweinekotelett**	pork chop
Krabbe, Nordseegarnele, Nordseekrabbe, Porre, Granat, Sandgarnele	common shrimp, common European shrimp
Crangon crangon	(brown shrimp)
➤ **Froschkrabbe**	kona crab, spanner crab, spann
Ranina ranina	frog crab, frog
➤ **Königskrabbe**	king crab, red king crab,
(Kronenkrebs, Kamschatkakrebs),	Alaskan king crab,
Alaska-Königskrabbe,	Alaskan king stone crab
Kamschatka-Krabbe	(Japanese crab, Kamchatka cr
Paralithodes camtschaticus	Russian crab)
Krachai, Chinesischer Ingwer, Fingerwurz, Runde Gewürzlilie	Chinese keys, fingerroot, tumic temu kunci, krachai
Boesenbergia pandurata,	
Boesenbergia rotunda, Kaempferia pandurata	
Krachsalat, Eissalat	crisp lettuce, crisphead lettuce,
Lactuca sativa var. *capitata* (Crisphead Type)	crisphead, iceberg lettuce
Kräcker (salziger Keks/ ungesüßtes keksartiges Kleingebäck)	cracker
Krähenbeere	crowberry, curlewberry
Empetrum nigrum	
Krake	octopus
➤ **Gemeiner Krake, Gemeiner Octopus, Polyp**	common octopus, common Atlantic octopus, common European octopus
Octopus vulgaris	
➤ **Moschuskrake, Moschuspolyp**	white octopus, musky octopus
Eledone moschata, Ozeana moschata	
➤ **Zirrenkrake**	horned octopus, curled octopu
Eledone cirrosa, Ozeana cirrosa	

Kranbeere, Kranichbeere, **Große Moosbeere,** **Amerikanische Moosbeere** *Vaccinium macrocarpon*	large cranberry
Krankenhauskost	hospital food
Krankenkost, Krankendiät	invalid's diet, food for sick people, special diet for sick people
Kratzbeere, Acker-Brombeere *Rubus caesius*	European dewberry
Krause Glucke, Bärentatze *Sparassis crispa*	cauliflower mushroom, white fungus
Kräuselblättriger Senf, Krausblättriger Senf *Brassica juncea* ssp. *integrifolia* (Crispifolia Group)	curly-leaf mustard, curled mustard, curly-leaved mustard
Krauseminze *Mentha spicata* var. 'crispa'	curly spearmint, garden mint
Kräuter	herbs
➢ **Heilkräuter**	medicinal herbs
➢ **Küchenkräuter (frisch verwendet)**	kitchen herbs (used fresh)
➢ **Suppenkräuter (gekocht verwendet)**	potherbs, pot herbs
Kräuterbutter	herb butter
Kräuter-Gelee, Gras-Gelee *Platostoma chinensis, Mesona chinensis*	grass jelly, leaf jelly
Kräuterlikör	herb liqueur
Kräuterseitling *Pleurotus eryngii*	king oyster mushroom, king trumpet mushroom
➢ **Blasser Kräuterseitling** *Pleurotus nebrodensis*	Bailin oyster mushroom, awei mushroom, white king oyster mushroom
Kräutertee	herb tea, herbal tea, tisane
Krautsalat	coleslaw
Kren, Meerrettich *Armoracia rusticana*	horseradish
Kresse	cress
➢ **Bastard-Brunnenkresse** *Nasturtium x sterile*	brown watercress
➢ **Breitblättrige Kresse, Pfefferkraut** *Lepidium latifolium*	dittander
➢ **Brunnenkresse** *Nasturtium officinale*	watercress
➢ **Gartenkresse** *Lepidium sativum*	garden cress
➢ **Kapuzinerkresse** *Tropaeolum majus*	Indian cress, 'nasturtium', garden nasturtium
➢ **Parakresse** *Acmella oleracea, Spilanthes acmella*	Brazilian cress, pará cress
Kreuzkümmel, Mutterkümmel, **Römischer Kümmel** *Cuminum cyminum*	cumin
➢ **Schwarzer Kreuzkümmel** *Bunium persicum*	black cumin, black caraway, Kashmiri cumin, royal cumin, kala jeera, shah jeera

Krickente *Anas crecca*	teal, green-winged teal
Kristallzucker	granulated sugar
Kroatische Felsenlippe	Croatian Micromeria
Micromeria croatica	
Krokant, Nusskrokant	brittle (almond/nut-based)
Kronenapfel, Süßer Wildapfel	sweet crab apple
Malus coronaria	
Kronenhummer, Kaisergranat,	Norway lobster,
Kaiserhummer, Schlankhummer,	Norway clawed lobster,
Tiefseehummer	Dublin Bay lobster,
Nephrops norvegicus	Dublin Bay prawn
	(scampi, langoustine)
Kronfleisch	'crown meat'
(Rind: Pars muscularis des Zwerchfells)	(beef diaphragm muscle:
	Bavarian)
Krotzbeere, Brombeere	bramble, European blackberry
Rubus fruticosus	
Krume	crumb (the soft part of bread)
Krummhalskürbis, Tripoliskürbis,	crookneck squash
Drehhalskürbis	
Cucurbita pepo var. *torticollia*	
Kubilinüsse	kubili nuts
Cubilia cubili	
Kuchen	cake; pie
➤ **Garnitur, Verzierung, Auflage**	toppings
➤ **Obstkuchen**	pie (fruit)
➤ **Streuselkuchen**	crumb cake, streusel-crumb ca
➤ **Topfkuchen**	pound cake
(K. der 1 Pfund Zutaten enthält)	(total ingredients 1 lb.)
Küchenamarant, Roter Heinrich,	purple amaranth,
Roter Meier, Blutkraut,	livid amaranth, blito
(Aufsteigender Amarant)	
Amaranthus blitum,	
Amaranthus lividus ssp. *ascendens*	
Kuchenbrötchen	biscuit US; scone UK
Kuchenfertigmehl	cake mix (batter mix)
Kuchenteig, Eierkuchenteig (flüssig)	batter
Küchenzwiebel, Zwiebel, Gartenzwiebel	onion, brown onion,
Allium cepa (Cepa Group)	common onion, bulb onion
Kuckucks-Knurrhahn, Seekuckuck	East Atlantic red gurnard,
Aspitrigla cuculus	cuckoo gurnard
Kuckuckslippfisch	cuckoo wrasse
Labrus bimaculatus, Labrus mixtus	
Kuckucksrochen	cuckoo ray FAO, butterfly skat
Raja naevus	
Kudzu, Japanisches Arrowroot	kudzu, Japanese arrowroot
Pueraria montana var. *thomsonii*	
(*P. montana* var. *lobata*)	
Kudzustärke	kudzu starch, kuzu starch
Pueraria montana	

Kuhbohne, Kuherbse,
Augenbohne, Chinabohne
Vigna unguiculata ssp. *unguiculata*
Kühlkost (gekühlte Lebensmittel,
spez. Fertiggerichte)
➢ **Tiefkühlkost**

cowpea, black-eyed bean,
black-eyed pea, black-eye bean

chilled foods

frozen food(s); (-18°C) deep-
frozen foods, deep freeze foods

Kuhmilch
Kuhpilz, Kuh-Röhrling
Suillus bovinus
Kulturchampignon,
Weißer Zuchtchampignon
Agaricus bisporus var. *hortensis*
Kulturheidelbeere
(Amerikanische Heidelbeere)
Vaccinium corymbosum
Kulturnachtschatten, Schwarzbeere
Solanum melanocerasum
Kulturpflanze
Kultur-Zwetschge, Zwetschge, Zwetsche
Prunus domestica ssp. *domestica*
Kumamoto-Auster
Crassostrea gigas kumamoto
Kümmel *Carum carvi*
➢ **Königskümmel, Ajowan, Ajwain**
Trachyspermum ammi

cow's milk, bovine milk
shallow-pored bolete

cultivated mushroom,
white mushroom,
button mushroom
highbush blueberry

garden huckleberry

crop plant, cultivated plant
blue plum, damask plum,
German prune
Kumamoto oyster

caraway
ajowan, ajowan caraway, ajwain,
carom seeds, royal cumin,
bishop's weed

Kümmelthymian, Kümmel-Thymian
Thymus herba-barona
Kumquat
Citrus japonica, Fortunella margarita,
Citrus marginata
➢ **Hongkong-Kumquat,**
Chinesische Kumquat
Fortunella hinsii
➢ **Malay-Kumquat**
Fortunella polyandra, Citrus polyandra
➢ **Meiwa-Kumquat**
Fortunella crassifolia
Kumyss, Kumys (aus Stutenmilch)
Kunsthonig (Invertzuckercreme)

caraway thyme, carpet thyme

kumquat

Hong Kong kumquat,
Formosan kumquat,
Taiwanese kumquat
Malayan kumquat

Meiwa kumquat, bullet kumquat,
sweet kumquat
koumiss, kumiss
invert syrup (honey garde),
inverted sugar syrup

Kupfer-Felsenbirne, Kupferbirne
Amelanchier lamarckii
Kürbis, Gartenkürbis, Markkürbis
Cucurbita pepo
➢ **Butternusskürbis ('Birnenkürbis')**
Cucurbita moschata 'Butternut'
➢ **Eichelkürbis**
Cucurbita pepo var. *turbinata*
➢ **Feigenblattkürbis**
Cucurbita ficifolia

apple serviceberry,
Lamarck serviceberry, juneberry
pumpkin, field pumpkin

butternut squash

acorn squash

fig-leaf gourd, Malabar gourd

➤ **Flaschenkürbis, Kalebasse**	bottle gourd, calabash
Lagenaria siceraria	
➤ **Hokkaido-Kürbis**	hokkaido, potimarron squash,
Cucurbita maxima ssp. *maxima*	hubbard
(Hubbard Group)	
➤ **Moschuskürbis**	musky winter squash, marrows
(*inkl.* **Butternusskürbis** *u.a.*)	(*incl.* butternut squash a.o.)
Cucurbita moschata	
➤ **Ölkürbis**	oilseed pumpkin
Cucurbita pepo var. *styriaca*	
➤ **Patisson, Kaisermütze, Bischofsmütze,**	patty pan, pattypan squash, sca
'Fliegende Untertasse', Scallop(ini)	squash scallop (summer squa
Cucurbita pepo var. *ovifera*	
➤ **Riesenkürbis ('Speisekürbis')**	great pumpkins, giant pumpkii
Cucurbita maxima ssp. *maxima*	winter squash
➤ **Sommerkürbisse, Gartenkürbisse**	summer squashes,
(Zucchini u.a.)	vegetable marrow (zucchini,
Cucurbita pepo ssp. *pepo*	
➤ **Spaghetti-Kürbis**	spaghetti squash, spaghetti ma
Cucurbita pepo 'Spaghetti'	vegetable spaghetti
➤ **Tripoliskürbis, Drehhalskürbis,**	crookneck squash
Krummhalskürbis	
Cucurbita pepo var. *torticollia*	
➤ **Turbankürbis, Türkenbund-Kürbis**	turban squash
Cucurbita maxima ssp. *maxima*	
(Turban Group)	
➤ **Wachskürbis, Wintermelone**	wax gourd, white gourd,
Benincasa hispida	winter gourd
➤ **Zucchini**	zucchini
Cucurbita pepo ssp. *pepo* (Zucchini Group)	
Kurkuma, Gelbwurzel, Turmerik	turmeric
Curcuma longa	
Kurrat, Ägyptischer Lauch	Egyptian leek, salad leek
Allium ampeloprasum (Kurrat Group)	
Kurzschnabelmakrelenhecht, Saira	Pacific saury
Cololabis saira	
Kurzstachel-Dornenkopf	idiot, shortspine thornyhead
Sebastes alascanus	
Kutkihirse, Kleine Hirse, Indische Hirse	little millet, blue panic
Panicum sumatrense	
Kutteln, Kaldaunen (*meist:* **Pansen=Rumen;**	tripe
gelegentlich auch mit einschließend:	
Netzmagen + Blättermagen)	
Kuvertüre, Kouvertüre, Cuvertüre,	couverture; chocolate glazing,
Schokoladenüberzugsmasse	glazing chocolate
Kwas, Kwass	kvass, quass

Lachs	salmon
➤ **Adria-Lachs**	Adriatic salmon
Salmothymus obtusirostris	
➤ **Amago-Lachs**	amago salmon, amago
Oncorhynchus rhodurus	
➤ **Atlantische Lachse**	Atlantic salmons
Salmo spp.	
➤ **Atlantischer Lachs, Salm**	Atlantic salmon (lake pop. in
(Junglachse im Meer: Blanklachs)	US/Canada: ouananiche,
Salmo salar	lake Atlantic salmon,
	landlocked salmon,
	Sebago salmon)
➤ **Blaurückenlachs, Blaurücken,**	sockeye salmon FAO, sockeye
Roter Lachs, Rotlachs	(lacustrine pop. in
Oncorhynchus nerka	US/Canada: kokanee)
➤ **Buckellachs, Buckelkopflachs,**	pink salmon
Rosa Lachs, Pinklachs	
Oncorhynchus gorbuscha	
➤ **Coho-Lachs, Silberlachs**	coho salmon FAO, silver salmon
Oncorhynchus kisutch	
➤ **Keta-Lachs, Ketalachs, Hundslachs,**	chum salmon
Chum-Lachs	
Oncorhynchus keta	
➤ **Königslachs, Quinnat**	chinook salmon FAO, chinook,
Oncorhynchus tschawytcha	king salmon
➤ **Masu-Lachs**	masu salmon, cherry salmon FAO
Oncorhynchus masou	
➤ **Pazifische Lachse**	Pacific salmon
Oncorhynchus spp.	
Lachsersatz (*meist* Seelachs-Paste)	pollock fish paste
	(salmon substitute)
Laib	loaf
Lakritze	licorice (UK liquorice)
Laktat (Milchsäure)	lactate (lactic acid)
Laktose, Lactose (Milchzucker)	lactose (milk sugar)
Lama	llama
Lama glama	
Lambertsnuss, Langbartshasel, ‚Haselnuss'	Lambert's filbert
Corylus avellana, Corylus maxima	
Lamm (♂&♀ <1 Jahr)	lamb
➤ **Mastlamm**	feeder lamb
➤ **Milchlamm**	milk lamb, sucking lamb
	(not weaned)
Lammfleisch (< 1 Jahr) (*Teilstücke sind	lamb
national verschieden: deshalb gibt es hier	
keine exakten Entsprechungen)**	
➤ **Brust**	breast
➤ **Dünnung**	flank; flaps
➤ **Filet**	sirloin; tenderloin (filet mignon)
➤ **Hachse, Haxe**	shank, trotter
➤ **Hals**	neck
➤ **Hoden**	animelles (lamb testicles)

Lamm

➢ **Hüfte**	chump
➢ **Karree**	carré (lamb: best end or rack)
➢ **Keule**	leg (of lamb)
➢ **Kotelett**	(gesamtes Teilstück) rib; (einzeln) chop, cutlet; (zusammen: Rack/Krone) rac
➢ **Krone**	rack
➢ **Lachs (Lende)**	backstrap, loin
➢ **Lende**	loin
➢ **Rücken, Sattel**	saddle
➢ **Schulter (Bug)**	shoulder
Lammzunge, Lammbutt	scaldfish
Arnoglossus laterna	
Lampionfrucht, Kapstachelbeere, Andenbeere	Cape gooseberry, goldenberry, Peruvian ground cherry, poha berry
Physalis peruviana	
Landwein (gehobener Tafelwein)	superior table wine
Langarmiger Springkrebs, Tiefwasser-Springkrebs	rugose squat lobster
Mundia rugosa	
Langbohne, Spargelbohne	yard-long bean, Chinese long
Vigna unguiculata ssp. *sesquipedalis*	asparagus bean, snake bean
Langer Grünling, Langer Terpug, Lengdorsch	lingcod
Ophiodon elongatus	
Langer Pfeffer	Javanese long pepper
Piper retrofractum	
Langflossen-Stachelmakrele	armed trevally
Caranx armatus	
Langkapseljute	melokhia
Corchorus olitorus	
Langkornreis	long-grain rice, long-grained r
Oryza sativa (Indica Group)	
Langostino, Roter Scheinhummer	red squat lobster
Pleuroncodes monodon	
➢ **Kalifornischer Langostino, Pazifischer Scheinhummer**	pelagic red crab
Pleuroncodes planipes	
Langsat, Longkong	langsat, longkong
Lansium domesticum	
Langusten Palinuridae	spiny lobsters, rock lobsters
➢ **Amerikanische Languste, Karibische Languste**	West Indies spiny lobster, Caribbean spiny lobster, Caribbean spiny crawfish
Panulirus argus	
➢ **Australische Languste**	Australian spiny lobster
Panulirus cygnus	
➢ **Austral-Languste**	Australian rock lobster
Jasus novaehollandiae	
➢ **Europäische Languste, Stachelhummer**	crawfish, common crawfish U European spiny lobster, spiny lobster, langouste
Palinurus elephas	

➤ **Fleckenlanguste** *Panulirus guttatus*	spotted spiny lobster
➤ **Grüne Languste, Königslanguste** *Panulirus regius*	royal spiny crawfish
➤ **Japanische Languste** *Panulirus japonicus*	Japanese lobster
➤ **Kalifornische Felsenlanguste,** **Kalifornische Languste** *Panulirus interruptus*	California spiny lobster, California rock lobster
➤ **Kap-Languste, Afrikanische Languste** *Jasus lalandei*	Cape rock crawfish, Cape rock lobster
➤ **Karibische Languste** *Palinurus argus*	Caribbean spiny lobster
➤ **Mauretanische Languste** *Palinurus mauritanicus*	pink spiny lobster
➤ **Natal-Languste** *Panulirus delagoae*	Natal spiny lobster, Natal deepsea lobster
➤ **Ornatlanguste** *Panulirus ornatus*	ornate spiny crawfish
Lapacho-Tee *Tabebuia impetiginosa* u.a.	lapacho, taheebo
Lärchenröhrling, **Goldgelber Lärchenröhrling,** **Goldröhrling** *Suillus grevillei*	larch bolete, larch boletus
Lattich, Stachel-Lattich, Stachelsalat, **Wilder Lattich** *Lactuca serriola*	prickly lettuce, wild lettuce
Lauch, Porree *Allium porrum, Allium ameloprasum* (Porrum Group)	leek, English leek, European leek
➤ **Ackerlauch, Sommer-Lauch,** **Ackerknoblauch** *Allium ampeloprasum*	elephant garlic, levant garlic, wild leek
➤ **Ägyptischer Lauch, Kurrat** *Allium ampeloprasum* (Kurrat Group)	Egyptian leek, salad leek
➤ **Bärlauch, Bärenlauch, Rams** *Allium ursinum*	bear's garlic, wild garlic, ramsons
➤ **Chinalauch, Chinesischer Schnittlauch,** **Schnittknoblauch** *Allium tuberosum*	Chinese chives, garlic chives (oriental garlic, Chinese leeks)
➤ **Duftlauch, Chinesischer Lauch** *Allium ramosum*	Siberian chives
➤ **Goldlauch, Molyzwiebel,** **Spanischer Lauch, Pyrenäen-Goldlauch** *Allium moly*	golden garlic, lily leek, moly, yellow onion
➤ **Kohl-Lauch, Feld-Lauch** *Allium oleraceum*	field garlic
➤ **Neapel-Lauch, Neapel-Zwiebel** *Allium neapolitanum*	Naples garlic, Neapolitan garlic, daffodil garlic

> **Nordamerikanischer Ramp-Lauch,**
> **Kanadischer Waldlauch, Wilder Lauch**
> *Allium tricoccum*

ramp, ramps, ramson, wild leek

> **Schlangenlauch, Schlangen-Lauch,**
> **Alpenlauch**
> *Allium scorodoprasum*

sandleek, giant garlic,
  Spanish garlic

> **Schnittlauch**
> *Allium schoenoprasum*

chives

Lauchhederich
  Alliaria petiolata

jack-by-the-hedge, garlic musta
  hedge garlic

Laugengebäck

soda pastry (pretzels etc.)

Lavendel
  Lavandula angustifolia

lavender

Lavendelhonig

lavender honey

Lebensmittel

foodstuff, nutrients

> **Bio-Lebensmittel**

organic foods, whole foods

> **funktionelle Lebensmittel**

functional foods

> **gekühlte Lebensmittel**

refrigerated foods; (Kühlkost:
  Fertiggerichte) chilled foods

> **L. anderer Kulturen (ausländische Kost)**

ethnic foods

> **neuartige Lebensmittel**

novel foods

> **verarbeitete Lebensmittel**

processed foods

Lebensmittelbestrahlung

food irradiation

Lebensmittelchemie

food chemistry

lebensmittelecht

suitable for use in
  contact with food

Lebensmittelhygiene

food hygiene

Lebensmittelkonservierungsstoff

food preservative

Lebensmittelkontrolle,
  Lebensmittelprüfung

food quality control

Lebensmittelsicherheit

food safety

Lebensmitteltechnologie

food technology

Lebensmittelüberwachung,
  Lebensmittelkontrolle

food inspection

Lebensmittelvergiftung

food poisoning

Lebensmittelzusatzstoff

food additive

Leber

liver

> **Stopfleber, Fettleber**

foie gras (fattened goose liver)

Leberpilz, Ochsenzunge
  Fistulina hepatica

beefsteak fungus, oxtongue fun

Lebertran (Fischleberöl/Dorschleberöl)

cod-liver oil

Legehenne

layer

Leichtbiere (<1,5% St.W.)

light beers

Leichtprodukt

low-calorie product

Leindotter, Rapsdotter,
  Saatdotter, Saat-Leindotter
  Camelina sativa

linseed dodder, camelina,
  gold-of-pleasure, false flax

Leinsamen, Leinsaat
  Linum usitatissimum

linseed, flaxseed

Lemongras, Zitronengras, Serehgras
  Cymbopogon citratus

lemongrass

Lende	loin; (Filet) tenderloin
Leng, Lengfisch *Molva molva*	ling FAO, European ling
Lengdorsch, Langer Grünling,	lingcod
Langer Terpug	
Ophiodon elongatus	
Leopardenbarsch, Leopard-Felsenbarsch,	leopard coral trout,
Korallenbarsch	leopard grouper,
Plectropomus leopardus	leopard coral grouper,
	leopard coralgrouper FAO
Leuchtender Gabeldorsch	luminous hake
Steindachneria argentea	
Lichtnuss, Kemiri-Nuss, Kerzennuss,	candlenut
Kandelnuss	
Aleurites moluccana	
Liebesperlen, Zuckerperlen, Nonpareille	nonpareils
Liebstöckel, Maggikraut	Levisticum officinale
➢ **Schwarzer Liebstöckel, Gelbdolde,**	alexanders, black lovage
Pferde-Eppich	
Smyrnium olusatrum	
Likör	liqueur
➢ **Kräuterlikör**	herb liqueur
Likörwein, Dessertwein	fortified wine (brandy added),
(Port, Sherry, Madeira, Marsala, Wermut)	dessert wine US
Limabohne, Mondbohne; Butterbohne	lima bean; butter bean
Phaseolus lunatus (Lunatus Group)	
Limande, Echte Rotzunge	lemon sole
Microstomus kitt	
➢ **Pazifische Limande, Pazifische Rotzunge**	Dover sole, Pacific Dover sole
Microstomus pacificus	
Limette, Saure Limette ('Limone')	lime, sour lime, Key lime,
Citrus aurantiifolia	Mexican lime
➢ **Fingerlimette**	finger lime
Microcitrus australasica	
➢ **Kaffirlimette** *Citrus hystrix*	makrut lime, kaffir lime, papeda
➢ **Süße Limette** *Citrus limetta*	sweet lime, sweetie
➢ **Tahiti-Limette, Persische Limette**	Tahiti lime, Persian lime,
Citrus latifolia	seedless lime
Limonaden (Limos)	soda pops (with natural fruit juice)
➢ **Fruchtlimonade**	fruit squash
➢ **Zitronen-Limonade**	lemonade; lemon squash UK
Limoncito, Zitronenbeere, Limondichina	limeberry, Chinese lime,
Triphasia trifolia	myrtle lime, limoncito
Lindenblüten (Tee)	linden (tea)
Tilia cordata u.a.	
Lindenhonig	linden honey, limetree honey
Linse *Lens culinaris*	lentil
Lippfische *Labrus* spp.	wrasses
➢ **Gefleckter Lippfisch**	ballan wrasse
Labrus bergylta	
➢ **Kuckuckslippfisch**	cuckoo wrasse
Labrus bimaculatus, Labrus mixtus	

Litchi	lychee, litchi
Litchi chinensis	
Litchi-Tomate	litchi tomato, wild tomato,
Solanum sisymbriifolium	sticky nightshade
Lockerungsmittel, Triebmittel	raising agent, leavening agent
Locustbeere	maricao, locust berry
Byrsonima spicata	
Lodde, Capelin	capelin
Mallotus villosus	
Löffelbiskuit	sponge fingers, ladyfinger biscu
	Boudoir biscuits, boudoirs
Löffelkresse, Löffelkraut, Echtes Löffelkraut	spoonwort, spoon cress,
Cochlearia officinalis	scurvy grass
Loganbeere	loganberry
Rubus loganobaccus	
Lokum, ,Türkische Annehmlichkeit'	Turkish delight, lokum rahat
Longan	longan
Dimocarpus longan	
Loquat, Wollmispel, Japanische Mispel	loquat
Eriobotrya japonica	
Lorbeer, Lorbeerblätter	laurel, laurel leaves, bay leaves
Laurus nobilis	(sweet bay, bay laurel)
➤ **Indischer Lorbeer,**	daun salam, Indian bay leaf,
Indonesischer Lorbeer,	Indonesian bay leaf
Indonesisches Lorbeerblatt,	
Salamblätter, Daun Salam	
Syzygium polyanthum, Eugenia polyantha	
Lotos, Lotus (Lotusblumen-Samen,	lotus (lotus seeds/nuts,
Lotuswurzeln, Lotus Plumula),	roots, plumule)
Indischer Lotus	
Nelumbo nucifera	
Lotos-Samen, Lotus-Samen	lotus seeds
Nelumbo nucifera	
Lotuspflaume	lotus persimmon, lotus plum,
Diospyros lotus	date plum
Louisiana-Sumpfkrebs,	Louisiana red crayfish,
Louisiana-Flusskrebs, Louisiana-	red swamp crayfish,
Sumpf-Flusskrebs, Roter Sumpfkrebs	Louisiana swamp crayfish,
Procambarus clarkii	red crayfish
Löwenpranke	lions-paw scallop, lion's paw
Nodipecten nodosus, Lyropecten nodosa	
Löwentrüffel	lion's truffle
Terfezia leonis	
Löwenzahn	dandelion
Taraxacum officinale	
Lucuma	lucuma, lucmo
Pouteria lucuma, Pouteria obovata	
Luftyams, Kartoffelyams, Gathi	air potato, potato yam, acorn y
Dioscorea bulbifera	
Luftzwiebel, Etagenzwiebel,	Egyptian onion, tree onion,
Ägyptische Zwiebel	walking onion, top onion
Allium x proliferum	

Lulo, Quito-Orange
  Solanum quitoense u.a.
Lumb, Brosme
  Brosme brosme
Lump, Lumpfisch, Seehase
  Cyclopterus lumpus
Lunge
Lungenbraten *Österr.*
Lupine
➤ **Ägyptische Lupine, Weiße Lupine**
  Lupinus albus
➤ **Buntlupine, Tarwi**
  Lupinus mutabilis
Lutscher
Luzerne *Medicago sativa*
Luzerne-Honig, Luzernenhonig

lulo, naranjilla

cusk, torsk (European cusk),
  tusk FAO
lumpsucker, lumpfish, henfish

lungs
fillet, tenderloin
lupine
white lupine,
  Mediterranean white lupine
tarwi, pearl lupin

lollipop
lucerne, alfalfa
alfalfa honey

Mabo-Samen, Mobola-Pflaume, Nikon-Nuss, Mupundu *Parinari curatellifolia*	mobola plum, mbola plum, mb
Mabolo *Diospyros blancoi*	mabolo, velvet apple, butter fru
Macadamia *Macadamia tetraphylla,* *Macadamia integrifolia*	macadamia
Macambo *Theobroma bicolor*	macambo, tiger cacao
Macqui, Macki, Macki-Beere, Chilenische Weinbeere *Aristotelia chilensis*	wineberry, Chilean wineberry, mountain wineberry, macqui berry
Madagaskar-Kardamom, Kamerun-Kardamom *Aframomum angustifolium*	Madagascar cardamom, great cardamom,
Madagaskarpflaume, Rukam, Batako-Pflaume *Flacourtia rukam*	Indian plum, Indian prune, rul
Madroño *Garcinia madruno*	madroño
Magen	stomach
Magenbitter	bitter
Magermilch, entrahmte Milch (<0,3%)	skim milk, skimmed milk (0.1-0.3%)
Magermilchpulver	nonfat dry milk (NFDM), dried skim milk (DSM)
Maggikraut, Liebstöckel *Levisticum officinale*	lovage
Mahaleb, Mahlep, Felsenkirsche, Stein-Weichsel *Prunus mahaleb*	St. Lucie cherry, mahaleb cher perfumed cherry
Mahi Mahi, Große Goldmakrele, Gemeine Goldmakrele *Coryphaena hippurus*	dolphinfish, common dolphinfish FAO, dorado, mahi-mahi
Mahlgut (Getreide)	grist
Mahlzeit	meal
Mahobohobo, Mkussa *Uacapa kirkiana*	wild loquat, West African loqu masuku, mahobohobo
Mahonie, Mahonienbeere *Berberis aquifolium, Mahonia aquifolium*	Oregon grape
Maifisch, Alse, Gewöhnliche Alse *Alosa alosa*	allis shad
Maipilz *Calocybe gambosa*	St. George's mushroom
Mairübe, Stielmus, Rübstiel, Stängelkohl *Brassica rapa* (Rapa Group) var. *majalis*	spring turnip greens, turnip to
Mais *Zea mays*	corn, maize
➢ **Babymais, Fingermais (Kölbchen)**	baby corn, Asian corn (baby corncobs)

➤ **Hartmais, Hornmais** — flint corn US; flint maize UK
   Zea mays spp. *mays* (Indurata Group)/
   convar. *vulgaris*

➤ **Körnermais** — corn kernels

➤ **Maiskolben** — corn on the cob (corncob)

➤ **Puffmais, Knallmais, Flockenmais** — popcorn US; popping corn,
   Zea mays spp. *mays* (Everta Group)/   popping maize UK
   convar. *microsperma*

➤ **Wachsmais** — waxy corn US; waxy maize,
   Zea mays var. *ceratina*   glutinous maize UK

➤ **Weichmais, Stärkemais** — soft corn, flour corn US;
   Zea mays spp. *mays* (Amylacea Group)   soft maize, flour maize UK

➤ **Zahnmais** — dent corn US; dent maize UK
   Zea mays spp. *mays* (Indentata Group)/
   convar. *dentiformis*

➤ **Zuckermais, Süßmais,** — sweet corn, yellow corn US;
   Speisemais, Gemüsemais   sweet maize UK
   Zea mays spp. *mays* (Saccharata Group)
   var. *rugosa*

Maisbrei, Polenta — corn meal, polenta

Maische — (Bier) mash;
   (Traubenmost) grape must

Maisflocken — cornflakes

Maisgluten, Maiskleber — corn gluten

Maisgrütze, Maisgrieß — corn grits, hominy grits

Maiskolben — corn cob; corn on the cob

Maissirup — corn syrup

Maisstärke — corn flour; US corn starch

Maitake, — maitake, sheep's head mushroom,
   Klapperschwamm, Laub-Porling   sheepshead, hen of the woods,
   Grifola frondosa   ram's head mushroom

Majoran — marjoram, sweet marjoram
   Origanum majorana

➤ **Französischer Majoran** — Turkish oregano, pot marjoram
   Origanum onites

➤ **Wilder Majoran,** — oregano, wild marjoram
   Gewöhnlicher Dost, Oregano
   Origanum vulgare

Makrele, Europäische Makrele, — Atlantic mackerel FAO,
   Atlantische Makrele   common mackerel
   Scomber scombrus

➤ **Fadenmakrelen** — pompanos, threadfishes
   Alectis spp.

➤ **Mittelmeermakrele, Spanische Makrele,** — chub mackerel FAO,
   Thunmakrele, Kolios   Spanish mackerel,
   Scomber japonicus, Scomber colias   Pacific mackerel

➤ **Schildmakrele, Bastardmakrele, Stöcker** — Atlantic horse mackerel FAO,
   Trachurus trachurus   scad, maasbanker

Makrelenhecht, Seehecht, Echsenhecht — Atlantic saury
   Scomberesox saurus saurus

Makrone — macaroon

Malabar-Kastanie,
Guyana-Kastanie, Glückskastanie
Pachira aquatica
Malabar-Schnapper
Lutjanus malabaricus
Malabar-Tamarinde
Garcinia gummi-gutta, Garcinia cambogia
Malabarspinat
Basella alba
Malabarzimt, Zimtblätter,
Indischer Lorbeer, Tejpat
Cinnamomum tamala
Malanga, Tannia, Tania, Yautia
Xanthosoma sagittifolium
➢ **Schwarzer Malanga, Blauer Taro**
Xanthosoma violaceum
Malayapfel, Malay-Apfel, Malayenapfel,
Malayen-Jambuse
Syzygium malaccense

Malayischer Fackelingwer,
Roter Fackelingwer (Knospen)
Etlingera elatior
Malay-Kumquat
Fortunella polyandra, Citrus polyandra
Maltitsirup, Maltitolsirup
Maltose (Malzzucker)
Maltosesirup (maltosereicher Sirup)
Malve, Wilde Malve
Malva sylvestris
➢ **Ägyptische Malve**
Malva parviflora
➢ **Quirlmalve, Krause Malve,**
Gemüsemalve, Krause Gemüsemalve
Malva verticillata 'Crispa'
Malz
Malzextrakt
Malzkaffee
Malzzucker, Maltose
Mamey-Sapote, Große Sapote,
Marmeladen-Eierfrucht,
Marmeladenpflaume
Pouteria sapota
Mammeyapfel, Mammey-Apfel,
Mammiapfel, Aprikose von St. Domingo
Mammea americana
Mamoncillo, Honigbeere, Quenepa
Melicoccus bijugatus
Mandarine
Citrus deliciosa
➢ **Königsmandarine**
Citrus x nobilis

Malabar chestnut, Guyana ches[…]

Malabar blood snapper

Malabar tamarind, brindal ber[…]
kodappuli, gamboge
Malabar spinach, Ceylon spina[…]
Indian spinach
Indian cassia, cinnamon leaves[…]
Indian bay leaf

tannia, yautia, yantia, malanga,[…]
mafaffa, new cocoyam
blue taro, black malanga

rose apple, Malay apple, pome[…]

ginger bud, pink ginger bud,
torch ginger (flower buds)

Malayan kumquat

maltitol syrup
maltose (malt sugar)
high-maltose syrup (HMS)
mallow, common mallow

Egyptian mallow

curled mallow

malt
malt extract
malt coffee
malt sugar, maltose
sapote, mamey sapote,
marmalade plum

mammey, mammey apple,
mammee apple,
St. Domingo apricot
mamoncillo, honeyberry

Mediterranean mandarin

king mandarin

➤ **Satsuma**	satsuma mandarin
Citrus unshiu	
➤ **Tangerine**	mandarin, mandarin orange,
Citrus reticulata, Citrus unshiu	tangerine
Mandelmilch	almond milk
Mandelmuschel, Meermandel,	dog cockle, orbicular ark
Englisches Pastetchen,	(comb-shell), bittersweet
Archenkammmuschel, Samtmuschel,	
Gemeine Samtmuschel	
Glycymeris glycymeris	
Mandeln	almond
Prunus dulcis, Prunus amygdalus	
Mandeln	almonds
➤ **Bittermandel, Bittere Mandel**	bitter almond
Prunus dulcis var. *amara,*	
Prunus amygdalus var. *amara*	
➤ **gehackt**	chopped (diced/cubed)
➤ **gehobelt (Hobelmandeln)**	shaved, sliced
➤ **gespalten**	split
➤ **gestiftelt**	slivered
➤ **Jordan-Mandel,**	soft-shelled almond
Krachmandel, Knackmandel	
Prunus dulcis var. *fragilis,*	
Prunus amygdalus var. *fragilis*	
➤ **Süßmandel**	almond, sweet almond
Prunus dulcis var. *dulcis,*	
Prunus amygdalus var. *dulcis*	
Mangaba *Hancornia speciosa*	mangaba (mangabeira)
Mango *Mangifera indica*	mango
➤ **‚Mini-Mango‘,**	gandaria, marian plum,
Pflaumenmango, Gandaria,	plum mango
Bouea macrophylla	
➤ **Saipan-Mango, Kuweni, Kurwini**	apple mango, kuweni, kuwini,
Mangifera x *odorata*	kurwini
Mangoingwer	mango ginger
Curcuma amada	
➤ **Indonesischer Mangoingwer**	Indonesian mango ginger
Curcuma mangga	
Mangold	chard, Swiss chard
➤ **Schnittmangold, Blattmangold**	Swiss chard, spinach beet,
Beta vulgaris ssp. *cicla* (Cicla Group)	leaf beet, chard
➤ **Stielmangold, Rippenmangold,**	Silician broad-rib chard,
Stängelmangold, Stielmus	seakale beet, broad-rib chard
Beta vulgaris ssp. *cicla* (Flavescens Group)	
Mangomelone, Orangenmelone,	mango melon, lemon melon,
Ägyptische Melone	chate of Egypt
Cucumis melo (Chito Group)	
Mangopflaume	Malaysian mombin,
Spondias pinnata, Spondias mangifera	Indian mombin,
	wild mango mombin
Mangopulver, Amchoor *Mangifera indica*	amchoor, mango powder

Mangostane	mangosteen
Garcinia mangostana	
➤ **Falsche Mangostane,**	santol, lolly fruit, kechapi
Kechapifrucht, Santol	
Sandoricum koetjape	
Mangrovenauster	mangrove cupped oyster
Crassostrea rhizophorae	
Mangrovenkrabbe	
➤ **Gezähnte Mangroven-Schwimmkrabbe**	serrated mud swimming crab,
Scylla serrata	serrated mangrove swimming
	crab, mud crab
Mangrovenmuscheln	
Glauconomya spp.	
Manila-Tamarinde	Manila tamarind
Pithecellobium dulce	
Maniok, Cassava	cassava
Manhiot esculenta	
Manketti-Nuss, Mongongofrucht,	manketti, mongongo
Mongongo-Nuss	
(Afrikanisches Mahagoni)	
Schinziophyton rautanenii,	
Ricinodendron viticoides	
Maränen, Felchen, Renken	whitefishes, lake whitefishes
Coregonus spp.	
➤ **Große Maräne, Große Schwebrenke,**	freshwater houting, powan,
Wandermaräne, Lavaret,	common whitefish FAO
Bodenrenke, Blaufelchen	
Coregonus lavaretus	
➤ **Große Maräne, Tschirr**	broad whitefish
Coregonus nasus	
Marang	marang, terap
Artocarpus odoratissimum	
Marantastärke, Pfeilwurzelmehl	arrowroot starch
Maranta arundinacea	
Maraschino-Kirsche,	maraschino cherry, marasco,
Maraskakirsche, Marasche	Dalmatian marasca cherry
Prunus cerasus var. *marasca*	
Margarine (ein Streichfett) (>80% Fett)	margarine, margarine spread
➤ **Backmargarine**	baker's margarine
➤ **Diätmargarine**	diet margarine (lite margarine)
➤ **fettarm, leicht, light (<41% Fett)**	light, low-fat (half-fat margarine)
(Halbfettmargarine/Halvarine/Minarine)	
➤ **fettreduziert (<62% Fett)**	reduced-fat
(Dreiviertelfettmargarine)	(three-quarter fat margarine)
➤ **Pflanzenmargarine**	purely vegetable margarine
Mariendistel	milk thistle (kenguel seed)
Silybum marianum	
Mariengras, Duft-Mariengras,	sweet vernal grass,
Ruchgras, Vanillegras	scented vernal grass,
Anthoxanthum odoratum,	spring grass, vanilla grass
Hierochloe odorata	

Marienkraut, Marienblatt, **Frauenminze, Balsamkraut** *Tanacetum balsamita,* *Chrysanthemum balsamita*	alecost, costmary, mint geranium, bible leaf
Marille *Österr.,* **Aprikose** *Prunus armeniaca, Armeniaca vulgaris*	apricot
Marinade	marinade; (Essigsoße zum Einlegen) pickle
Mark (Knochen~)	marrow (bone ~)
Markerbse, Runzelerbse *Pisum sativum* ssp. *sativum* var. *sativum* (Medullare Group)	wrinkled pea
Markstammkohl *Brassica oleracea* (Medullosa Group)	marrow-stem kale, marrow kale
Marmelade *(eingedickter Fruchtbrei mit Zucker)* *[seit 1983 Bez. für Orangenmarmelade]*	jam [marmalade]
➤ **Fruchtaufstrich**	fruit spread
➤ **Gelée**	jelly
➤ **Konfitüre** *(Marmelade mit Früchten/Fruchtstücken)*	preserve(s)
➤ **Orangenmarmelade, Marmelade**	marmalade
Marmoraal *Anguilla marmorata*	giant mottled eel, marbled eel
Marmorbrasse, Meerbrasse, Dorade *Lithognathus mormyrus, Pagellus mormyrus*	marmora, striped seabream FAO
Marmorkarpfen, Edler Tolstolob *Hypophthalmichthys nobilis,* *Aristichthys nobilis*	bighead carp
Marokkanischer Thymian, **Saturei-Thymian** *Thymus satureioides*	Moroccan thyme
Maronenröhrling, Marone, **Braunhäuptchen** *Boletus badius, Xerocomus badius*	bay bolete
Marron, Großer Australkrebs *Cherax tenuimanus*	marron
Marula *Poupartia birrea, Sclerocarya birrea*	marula, maroola plum
Marzipan	marzipan (almond paste)
Masse *(siehe auch:* **Teig**)	batter
➤ **dünnflüssig**	pour batter (liquid to flour 1:1)
➤ **zähflüssig, dickflüssig**	drop batter (liquid to flour 1:2)
Masthuhn, Poularde **(10–12 Wochen/1,5–2,5 kg)**	roaster, roasting chicken (US/FSIS 2003: <12 weeks)
Mastix, Mastix-Harz *Pistacia lentiscus*	mastic, mastic resin
Mastix-Thymian, Spanischer Thymian *Thymus mastichina*	mastic thyme, Spanish thyme, Spanish wood thyme, Spanish wood marjoram
Mastlamm	feeder lamb

Masu-Lachs	masu salmon, cherry salmon F
Oncorhynchus masou	
Mate, Mate-Tee, Paraguaytee	Paraguay tea, yerba mate, maté
Ilex paraguariensis	
Matjes-Filet, Matjesfilet	matjes fillet
Matjes-Hering, Matjeshering	matjes herring
Matsutake	matsutake, pine mushroom
Tricholoma matsutake, Tricholoma nauseosum	
Mauka	mauka
Mirabilis expansa	
Maulbeere *Morus* spp.	mulberry
➤ **Rote Maulbeere**	red mulberry
Morus rubra	
➤ **Schwarze Maulbeere**	black mulberry
Morus nigra	
➤ **Weiße Maulbeere**	white mulberry
Morus alba	
Maultierwild, Maultierhirsch,	mule deer
Schwarzwedelhirsch	
Odocoileus hemionus	
Mauretanische Languste	pink spiny lobster
Palinurus mauritanicus	
Mayonnaise, Majonäse	mayonnaise
Mazis, Macis, Muskatblüte	mace
Myristica fragrans	
Medizinische Ernährung/Nahrung	medical foods, medical nutriti
Meeraal, Gemeiner Meeraal,	conger eel, European conger F
Seeaal, Congeraal	
Conger conger	
Meeräsche, Gemeine Meeräsche,	striped gray mullet, striped m
Flachköpfige Meeräsche,	common grey mullet,
Großkopfmeeräsche	flat-headed grey mullet,
Mugil cephalus	flathead mullet FAO
➤ **Dicklippige Meeräsche**	thick-lipped grey mullet,
Chelon labrosus, Mugil chelo,	thick-lip grey mullet,
Mugil provensalis	thicklip grey mullet FAO
➤ **Dünnlippige Meeräsche**	thinlip grey mullet,
Liza ramada, Mugil capito	thin-lipped grey mullet,
	thinlip mullet FAO
Meerbarbe, Gewöhnliche Meerbarbe,	red mullet FAO, plain red mul
Rote Meerbarbe	
Mullus barbatus	
➤ **Gestreifte Meerbarbe, Streifenbarbe**	striped red mullet
Mullus surmuletus	
Meerbrasse, Marmorbrasse, Dorade	marmora, striped seabream FA
Pagellus mormyrus, Lithognathus mormyrus	
➤ **Achselfleckbrasse, Achselbrasse,**	Spanish bream, Spanish seabr
Spanische Meerbrasse	axillary bream,
Pagellus acarne	axillary seabream FAO
➤ **Nordischer Meerbrassen,**	red seabream, common seabre
Graubarsch, Seekarpfen	blackspot seabream FAO
Pagellus bogaraveo	

➤ **Rote Meerbrasse, Rotbrasse** (*unter diesem Begriff gehandelt: Pagellus, Pagrus und Dentex* spp.) *Pagellus erythrinus*	pandora, common pandora FAO
➤ **Streifenbrasse** *Spondyliosoma cantharus*	black seabream FAO, black bream, old wife
Meerdattel, Meeresdattel, Steindattel, Seedattel *Lithophaga lithophaga*	datemussel, common date mussel, European date mussel
Meeresfrüchte (=Schalentiere und andere Invertebraten)	(Schalentiere) shellfish; [seafood = fish & shellfish]
Meeresspaghetti, Haricot vert de mer, ‚Meerbohnen' *Himanthalia elongata*	thongweed, sea spaghetti, sea haricots
Meerfenchel, Seefenchel *Crithmum maritimum*	samphire, rock samphire, sea fennel
Meerforelle, Lachsforelle *Salmo trutta trutta*	sea trout
Meerkohl *Crambe maritima*	seakale
Meerrettich, Kren *Armoracia rusticana*	horseradish
➤ **Wasabi, Japanischer Meerrettich** *Eutrema wasabi*	wasabi
Meersalat, Meeressalat *Ulva lactuca*	sea lettuce
Meersalz	sea salt
Meerschwalbe, Fliegender Fisch, Flugfisch, Gemeiner Flugfisch *Exocoetus volitans*	tropical two-wing flyingfish
Meerschweinchen *Cavia porcellus*	guinea pig
Meertraube, Seetraube *Coccoloba uvifera*	sea grape
Meertrüsche, Gabeldorsch, Großer Gabeldorsch *Phycis blennoides, Urophycis blennoides*	greater forkbeard
Mehl	flour
➤ **angereichertes Mehl**	enriched flour
➤ **Brotmehl**	bread flour
➤ **durchgemahlenes Mehl**	straight-run flour
➤ **Fufu-Mehl**	fufu flour
➤ **Gari (Maniokmehl)**	gari (cassava flour)
➤ **Getreidemehl**	cereal flour; fein: flour; grob: meal
➤ **Grießmehl, Grütze, Grieß**	groats, grits, meal
➤ **grobes Getreidemehl**	meal
➤ **Guarmehl, Guar-Gummi**	guar gum, guar flour
➤ **Guar-Samen-Mehl**	guar meal, guar seed meal
➤ **Haushaltsmehl, Allzweckmehl (Weizen)**	household flour, all-purpose flour (wheat) US
➤ **Hülsenfruchtmehl**	legume flour
➤ **Instantmehl**	instant flour

➢ **Johannisbrotkernmehl, Karobgummi**	locust bean gum, carob gum
➢ **Keimmehl**	germ flour
➢ **Kichererbsenmehl**	chickpea flour, gram flour, besan flour, garbanzo flour
➢ **Kuchenfertigmehl**	cake mix
➢ **Kuchenmehl**	cake flour
➢ **Mischmehl**	blended flour (maslin flour = whole wheat + rye flour)
➢ **Mutschelmehl**	fine breading (from rindless, dried white bread)
➢ **Nachmehl**	wheat offals: fine wheatfeed, shorts US, pollards AUS; coarse wheatfeed: bran
➢ **Paniermehl**	bread crumbs, breading
➢ **Quellmehl**	pregelatinized flour
➢ **Reisquellmehl**	pregelatinized rice flour
➢ **,selbsttreibendes' Mehl (enthält Triebmittel)**	self-raising flour
➢ **Sojamehl**	soy meal, soy flour, soya flour, soybean flour
➢ **Tapiokamehl, Tapioka, Maniokmehl**	tapioca flour, cassava flour
➢ **ungebleichtes Mehl**	unbleached flour
➢ **Vollkornmehl**	whole-grain flour, wholemeal f
➢ **Weißmehl (gebleicht)**	white flour (bleached)
➢ **Weizen-Vollkornmehl**	wholemeal flour UK; whole wheat flour, Graham flour US
Mehlbeere *Sorbus aria*	whitebeam berry
➢ **Berg-Mehlbeere, Bergmehlbeere, Vogesen-Mehlbeere** *Sorbus mougeotii*	Vosges whitebeam, Mougeot's whitebeam
➢ **Schwedische Mehlbeere, Nordische Mehlbeere, Oxelbeere** *Sorbus intermedia*	Swedish whitebeam berry
Mehlspeisen	flour dishes
Meiwa-Kumquat *Fortunella crassifolia*	Meiwa kumquat, bullet kumqu sweet kumquat
Melanzani Österr., Aubergine, Eierfrucht *Solanum melongena* var. *esculentum*	eggplant, aubergine, brinjal
Melasse	molasses US, treacle UK
➢ **Raffinatmolasse**	refinery molasses
➢ **Rohr-Direkt-Melasse**	cane high-test molasses, high-test molasses
➢ **Rohrmelasse**	cane molasses, blackstrap mol
➢ **Rübenmelasse, Zuckerrübenmelasse**	beet molasses (very dark: lowest quality), dark treacle
➢ **Schlempe (Rückstand aus Rübenzuckermelasse)**	vinasse
Melde, Gartenmelde *Atriplex hortensis* ssp. *hortensis*	orache
Melegueta-Pfeffer, Malagetta-Pfeffer, Guinea-Pfeffer, Paradieskörner *Aframomum melegueta*	melegueta pepper, West African melegueta pep grains of paradise, alligator pepper, Guinea grai

Melisse, Zitronenmelisse,	balm, lemon balm
Melissenkraut, Zitronelle	
Melissa officinalis	
➢ **Türkische Melisse,**	Moldavian dragonhead
Türkischer Drachenkopf	
Dracocephalum moldavica	
➢ **Vietnamesische Melisse,**	Vietnamese balm
Echte Kamm-Minze	
Elsholtzia ciliata	
Melone *Cucumis melo*	melon
➢ **Apfelmelone, Ägyptische Melone**	apple melon, fragrant melon,
Cucumis melo (Dudaim Group)	dudaim melon
➢ **Cantaloupmelone, Kantalupmelone**	cantaloupe, cantaloupe melon
Cucumis melo (Cantalupensis Group)	
➢ **Gemüsemelone**	Oriental pickling melon,
Cucumis melo (Conomon Group)	pickling melon
➢ **Hornmelone, Höckermelone,**	kiwano, jelly melon, horned melon,
Stachelgurke, Horngurke,	African horned cucumber
Große Igelgurke,	
Afrikanische Gurke, Kiwano	
Cucumis metuliferus	
➢ **Mangomelone, Orangenmelone,**	mango melon, lemon melon,
Ägyptische Melone	chate of Egypt
Cucumis melo (Chito Group)	
➢ **Netzmelone**	netted melon, musk melon
Cucumis melo (Reticulatus Group)	
➢ **Warzenmelone, Kantalupe**	cantaloupe
Cucumis melo (Cantalupensis Group)	
➢ **Zuckermelone, Honigmelone**	American melon, fragrant melon,
Cucumis melo (Inodorus Group)	winter melon (*incl.* honeydew,
	crenshaw, casaba etc.)
Melva, Fregattmakrele, Fregattenmakrele	frigate tuna
Auxis thazard	
Menhaden ➢	
Nordwestatlantischer Menhaden	Atlantic menhaden FAO, bunker
Brevoortia tyrannus	
Merlan, Wittling	whiting
Merlangius merlangus	
Merra-Wabenbarsch	honeycomb grouper, rockcod
Epinephelus merra	
Mesquite-Gummi, Prosopis-Gummi	prosopis gum, mesquite seed gum
Prosopis spp.	
Met	mead
Mett, Hackepeter	ground pork
(Schweinehackfleisch)	
Mexikanische ‚Ananas', Fensterblatt	delicious monster, ceriman
Monstera deliciosa	
Mexikanische Minze,	Mexican hyssop,
Mexikanische Duftnessel,	Mexican lemon hyssop
Limonen-Ysop, Lemon-Ysop	
Agastache mexicana	

Mexikanische Napfschnecke — giant Mexican limpet
Patella mexicana

Mexikanische Pinienkerne (Arizonakiefer) — Mexican pine nut
Pinus cembroides

Mexikanische Tomate, — tomatillo, jamberry, husk toma
Mexikanische Blasenkirsche, Tomatillo — Mexican husk tomato
Physalis philadelphica (P. ixocarpa)

Mexikanischer Oregano — Mexican oregano, Sonoran ore
Lippia graveolens — Mexican sage

Mexikanischer Tarragon, Winter-Estragon — Mexican tarragon,
Tagetes lucida — Spanish tarragon;
Mexican mint marigold

Mexikanischer Traubentee, — epazote, wormseed,
Mexikanischer Tee, Jesuitentee, — American wormseed
Wohlriechender Gänsefuß
Dysphania ambrosioides,
Chenopodium ambrosioides

Meyers Zitrone — yuzu
Citrus junos

Mickerfett, Darmfett (Gekrösefett) — ruffle fat

Miesmuscheln Mytilidae, Mytiloidea — mussels

Miesmuschel, Gemeine Miesmuschel, — blue mussel, bay mussel,
Pfahlmuschel — common mussel,
Mytilus edulis — common blue mussel

➢ **Chilenische Miesmuschel** — Chilean mussel
Mytilus chilensis

➢ **Grüne Miesmuschel** — green mussel
Mytilus smaragdinus, Perna viridis

➢ **Kalifornische Miesmuschel** — California mussel
Mytilus californianus — (common mussel)

➢ **Mittelmeer-Miesmuschel,** — Mediterranean mussel
Blaubartmuschel, Seemuschel
Mytilus galloprovincialis

➢ **Neuseeland-Miesmuschel,** — greenshell mussel,
Neuseeländische Miesmuschel, — New Zealand mussel,
Große Streifen-Miesmuschel — channel mussel,
Perna canaliculus — New Zealand greenshell™

Milch — milk

➢ **Acidophilusmilch** — acidophilus milk

➢ **angereichert** — fortified
(mit Vitaminen, meist A & D)

➢ **Bactofugation (Zentrifugalentkeimung)** — bactofugation

➢ **Blitzpasteurisation** — flash pasteurization

➢ **Büffelmilch** — buffalo milk

➢ **Buttermilch** — buttermilk; (fermentierte B.)
cultured buttermilk

➢ **Dickmilch (Sauerprodukt: fermentiert** — set milk, set sour milk,
oder stichfest durch Gelatine) — cultured milk

➢ **Dickrahm** — clotted cream (UK)

➢ **Entrahmung (Absahnen/Abschöpfen)** — skimming (take the cream off

➢ **Erstmilch, Anfangsmilch** — first milk, starting milk
(Muttermilchersatz) — (pre-infant milk)

➢ Fermentation	fermentation
➢ **fettarme Milch, fettreduzierte Milch, teilentrahmte Milch (1,5–1,8% Fett)**	semi skim milk, semi skimmed milk (1.7%); lowfat milk, low-fat milk, light milk (1%)
➢ **fettfreie Milch (0%)**	fatfree milk, nonfat milk, non-fat milk (0%)
➢ **Fettkügelchen**	fat globules
➢ **fettreduzierte Milch**	lowfat milk, low-fat milk
➢ **Filled Milch** (*bislang keine adäquate Übersetzung*)	filled milk (milk substitute without milkfat)
➢ **Folgemilch (>4 Monate)**	follow-on milk
➢ **Frischmilch**	fresh milk
➢ **gerinnen, koagulieren**	curdle, coagulate
➢ **Gerinnung, Koagulieren**	curdling, coagulation
➢ **geronnene Milch**	curd
➢ **Haltbarkeit**	shelf life, storage life
➢ **H-Milch, haltbare Milch** (**Ultrahocherhitzung**)	UHT milk (ultra heat treatment)
➢ **Homogenisierung, Homogenisieren, Homogenisation**	homogenization
➢ **humanisierte Milch**	humanized milk
➢ **Joghurt**	yogurt, yoghurt
➢ **Kamelmilch**	camel's milk
➢ **Käse** (*siehe auch dort*)	cheese
➢ **Kondensmilch (>7,5%)** (**gesüßt/ungesüßt**)	evaporated milk (UK 9%/US 6.5%); condensed milk (sweetened)
➢ **Kuhmilch**	cow's milk, bovine milk
➢ **Magermilch, entrahmte Milch (<0,3%)**	skim milk, skimmed milk (0.1-0.3%)
➢ **Milchprodukte**	dairy products
➢ **Milchpulver, Trockenmilch**	milk powder
➢ **Molke**	whey
➢ **Molkerei**	dairy
➢ **Molkereihefe** *Kluyveromyces lactis*	dairy yeast
➢ **Muttermilch, Frauenmilch**	mother's milk, breast milk
➢ **Pasteurisierung**	pasteurization
➢ **Rahm = Sahne (>18% Fett)**	cream
➢ **rekonstituierte Milch** (**gelöste Trockenmilch**)	reconstituted milk
➢ **Rohmilch**	raw milk
➢ **Sahne**	cream (heavy)
➢ **saure Sahne, Sauerrahm (>10% Fett)**	sour cream
➢ **Schlagsahne (>30% Fett)**	whipping cream
➢ **süße Sahne**	sweet cream
➢ **Sauermilch** (**Trinksauermilch: nicht dickgelegt**)	sour milk, acidified milk
➢ **Sauerrahm, saure Sahne**	sour cream (cultured cream)
➢ **Schafsmilch**	ewe milk, ewe's milk, sheep milk (ovine milk)
➢ **Sojamilch**	soy milk
➢ **Sterilisation**	sterilization

➤ **Sterilmilch**	sterilized milk
➤ **Stutenmilch**	mare's milk, mares' milk
➤ **süße Sahne**	sweet cream
➤ **teilentrahmte Milch (~1,7% Fett)**	semi skim(med) milk
➤ **Trinkmilch (Konsummilch)**	certified fresh milk
➤ **Trockenmilch (Milchpulver)**	dry milk, dried milk, milk powder, powdered milk
➤ **Ultrahochtemperatur-Sterilisation (UHT)**	ultrahigh-temperature steriliza (UHT)
➤ **vegetabile Milch**	vegetable milk
➤ **verarbeitet**	processed
➤ **Vollmilch**	whole milk, full-fat milk
➤ **Vormilch, Kolostralmilch, Colostrum**	foremilk, colostrum
➤ **Ziegenmilch**	goat milk, goat's milk, goats' m (caprine milk)
Milchbrätling *Lactarius volemus*	tawny milk cap, weeping milk
Milchfisch *Chanos chanos*	milkfish
Milchimitat, Imitationsmilch	imitation milk
Milchlamm	milk lamb, sucking lamb (not weaned)
Milchprodukt(e)	dairy product(s)
Milchpulver, Trockenmilchpulver	milk powder, powdered milk, dry milk powder
Milchsäure (Laktat)	lactic acid (lactate)
Milchtrockenmasse	milk solids
➤ **fettfreie Milchtrockenmasse**	milk solids nonfat (MSNF)
Milz	spleen
Mineral (*pl* Minerale/Mineralien), Mineralstoffe	mineral(s)
Mineralwasser	mineral water
Minze *Mentha* spp.	mint
➤ **Ackerminze** *Mentha arvensis*	field mint, corn mint
➤ **Ananasminze** *Mentha suaveolens* 'variegata'	pineapple mint
➤ **Apfelminze** *Mentha* x *villosa* (M. spicata x M. suaveolens)	apple mint, woolly mint
➤ **Bergamottminze** *Mentha* x *piperita* 'citrata'	lemon mint, orange mint, eau-de-cologne mint
➤ **Edelminze, Ingwerminze, Gingerminze** *Mentha* x *gracilis, Mentha gentilis*	ginger mint
➤ **Grüne Minze, Ährenminze, Ährige Minze** *Mentha spicata*	spearmint
➤ **Indianerminze** *Micromeria chamissonis, Satureja douglasii*	Douglas' savory, Oregon tea, yerba buena
➤ **Japanische Pfefferminze** *Mentha arvensis* ssp. *haplocalyx*, *Mentha arvensis* var. *piperascens*	Japanese mint

➢ **Koreanische Minze**   Korean mint, Korean hyssop
   Agastache rugosa
➢ **Krauseminze**   curly spearmint, garden mint
   Mentha spicata var. *'crispa'*
➢ **Mexikanische Minze,**   Mexican hyssop,
   Mexikanische Duftnessel,   Mexican lemon hyssop
   Limonen-Ysop, Lemon-Ysop
   Agastache mexicana
➢ **Pfefferminze**   peppermint
   Mentha x *piperita*
➢ **Polei-Minze**   pennyroyal
   Mentha pulegium
➢ **Ross-Minze**   horse mint, longleaf mint,
   Mentha longifolia   'Biblical mint'
➢ **Rundblättrige Minze**   round-leaved mint
   Mentha suaveolens
➢ **Schwarze Pfefferminze**   black peppermint
   Mentha x *piperita 'piperita'*
➢ **Slowenische Bergminze,**   mountain mint
   Thymianblättrige Felsenlippe
   Micromeria thymifolia
Mioga, Mioga-Ingwer, Japan-Ingwer   myoga, mioga, Japanese ginger
   Zingiber mioga
Mirabelle   mirabelle plum, Syrian plum,
   Prunus domestica ssp. *syriaca*   yellow plum
Mirakelbeere, Katemfe   katemfe, miracle fruit,
   Thaumatococcus daniellii   miracle berry, sweet prayer
Mirakelfrucht, Wunderbeere   miracle fruit, miraculous berry
   Synsepalum dulcificum
Mischbrot, Mehrkornmischbrot   mixed-grain bread,
                                              multigrain bread
Mischfette (mit Milchfettanteil)   fat blends
Mischmehl   blended flour (maslin flour =
                                              whole wheat + rye flour)
Miso (*japan. Sojapaste***   miso
   als Suppengrundlage etc.)**
Mispel   medlar
   Mespilus germanicus
Mitsuba, Japanische Petersilie   Japanese parsley (honewort),
   Cryptotaenia canadensis   mitsuba, mitzuba
Mittelamerikanischer Sternapfel, Abiu cainito, star apple
   Chrysophyllum cainito
Mittelasiatische Sauerdornbeere   Asian barberry
   Berberis integerrima
Mittelmeer-Dreiecksmuschel,   truncate donax,
   Sägezahnmuschel,   truncated wedge clam
   Gestutzte Dreiecksmuschel
   Donax trunculus
Mittelmeer-Miesmuschel,   Mediterranean mussel
   Blaubartmuschel, Seemuschel
   Mytilus galloprovincialis

Mittelmeer-Muräne	Mediterranean moray FAO,
Muraena helena	European moray
Mittelmeer-Sepiole, Zwerg-Sepia,	Mediterranean dwarf cuttlefish
Zwergtintenfisch, Kleine Sprutte	lesser cuttlefish,
Sepiola rondeleti	dwarf bobtail squid FAO
Mittelmeer-Stör, Adria-Stör,	Adriatic sturgeon
Adriatischer Stör	
Acipenser naccarii	
Mittelmeer-Strandkrabbe	Mediterranean green crab
Carcinus aestuarii, Carcinus mediterraneus	
Mixpickles	mixed pickles
(eingelegtes Mischgemüse)	
Mkussa, Mahobohobo	wild loquat,
Uacapa kirkiana	West African loquat,
	masuku, mahobohobo
Mohn, Mohnsamen	poppy seed(s)
Papaver somniferum ssp. *somniferum*	
Möhre, Speisemöhre, Karotte, Gelbe Rübe	carrot
Daucus carota	
➢ **Babymöhre, Babykarotte**	baby carrot
(junge Möhre/Karotte)	
➢ **Bundmöhre, Bundkarotte**	bunched carrot, carrot with leaf
➢ **Lagermöhre, Lagerkarotte**	ware carrot, carrot for storage
➢ **Waschmöhre, Waschkarotte**	topped carrot
Mohrenhirse *Sorghum bicolor*	sorghum
Molekulargastronomie, Molekularküche,	molecular gastronomy
Molekulare Küche	
Molke	whey
➢ **Süßmolke**	sweet whey
Molkenbutter	whey butter
Molkenkäse	whey cheese
Molkereihefe	dairy yeast
Kluyveromyces lactis	
Molkereiprodukte, Milchprodukte	dairy products
Moltebeere, Multbeere,	cloudberry
Arktische Brombeere	
Rubus chamaemorus	
Mombinpflaume	mombin
➢ **Gelbe Mombinpflaume, Ciruela**	yellow mombin
Spondias mombin, Spondias lutea	
➢ **Rote Mombinpflaume,**	red mombin, purple mombin,
Spanische Pflaume	Spanish plum, Jamaica plum
Spondias purpurea	
Monarde, Scharlach-Monarde,	scarlet monarda, scarlet beebalm
Goldmelisse, Scharlach-Indianernessel,	bergamot, bee balm,
Oswego-Tee	Oswego tea
Monarda didyma	
Mönchsbart	buck's-horn plantain
Plantago coronopus	
Mondfisch *Mola mola*	ocean sunfish, mola

Mondia, Wurzelvanille
  Mondia whitei
Mondsichelbarsch
  Variola albimarginata

mondia, white ginger

white-margined lunartail rockcod,
  crescent-tailed grouper,
  white-edged lyretail FAO

Mongongofrucht, Mongongo-Nuss,
  Manketti-Nuss (Afrikanisches Mahagoni)
  Schinziophyton rautanenii,
  Ricinodendron viticoides

manketti, mongongo

Moorbeere
  Vaccinium uliginosum

bog blueberry

Moorhuhn, Moorschneehuhn
  Lagopus lagopus

willow grouse

Moosbeere, Gewöhnliche Moosbeere
  Vaccinium oxycoccus

small cranberry,
  European cranberry,
  mossberry

➢ **Großfrüchtige Moosbeere,**
  Große Moosbeere,
  Amerikanische Moosbeere,
  Kranbeere, Kranichbeere
  Vaccinium macrocarpon

large cranberry

Morcheln
➢ **Chinesische Morchel, Silberohr,**
  Weißer Holzohrenpilz
  Tremella fuciformis

morels a.o.
silver fungus, silver ear,
  white tree fungus, white fungus,
  white jelly fungus,
  silver ear fungus, snow fungus,
  silver ear mushroom

➢ **Speisemorchel, Rundmorchel**
  Morchella esculenta

morel, morille

➢ **Spitzmorchel**
  Morchella elata, Morchella conica

conic morel

Morelle, Süßweichsel
  Prunus cerasus var. *austera*

morello cherry

Moschusente
  Cairina moschata

muscovy duck

Moschuskrake, Moschuspolyp
  Eledone moschata, Ozeana moschata

white octopus, musky octopus

Moschuskürbis (inkl. Butternusskürbis u.a.)
  Cucurbita moschata

musky winter squash, marrows
  (*incl.* butternut squash a.o.)

Most
➢ **Süßmost (frisch gepresster**
  Apfel- und/oder Birnensaft)

must
sweet apple cider

➢ **Traubenmost**

grape must

Mosterdspinat, Senf-Spinat,
  Senfspinat, Komatsuna
  Brassica rapa (Perviridis Group)

spinach mustard, mustard spinach,
  komatsuma, komatsuna

Mottenbohne, Mattenbohne
  Vigna aconitifolia

moth bean, mat bean

Mowrah, Indischer Butterbaum
  Madhuca longifolia

mahua, mowa, mowrah butter,
  butter tree

Mu-Err, Mu-Err-Pilz *Auricularia polytricha*	wood ear fungus, large cultivated Chinese fungus large wood ear, black fungus, mao mu er
Muffelwild, Mufflon *Ovis musimon*	mouflon
Mulardenente	moulard duck
Multbeere, Moltebeere, **Arktische Brombeere** *Rubus chamaemorus*	cloudberry
Mungbohne, Mungobohne, **Jerusalembohne, Lunjabohne** *Vigna radiata*	mung bean, green gram, golden gram
Muräne	moray, moray eel
➤ **Mittelmeer-Muräne** *Muraena helena*	Mediterranean moray FAO, European moray
Mürbegebäck (leicht zerreibbar)	shortcrust pastry, shortcake, shortbread (easily crumbled)
Mürbekeks	shortbread, shortcake biscuit
Mürbeteig	short dough, short-crust dough
Murtilla, Chilenische Guave *Ugni molinae*	Chilean guava, cranberry (New Zealand), strawberry myrtle, murtilla
Muschelingwer *Alpinia zerumbet*	light galangal, pink porcelain lily bright ginger, shell ginger
Muscovado-Zucker (ein Rohrohrzucker)	muscovado, Barbados sugar
Muskatblüte, Mazis, Macis *Myristica fragrans*	mace
Muskatellersalbei, Muskateller-Salbei *Salvia sclarea*	clary sage
Muskat-Hickorynuss *Carya myristiciformis*	nutmeg hickory
Muskatnuss *Myristica fragrans*	nutmeg
➤ **Afrikanische Muskatnuss,** **Kombo (Kombo-Butter)** *Pycnanthus angolensis*	kombo, false nutmeg, African nutmeg (kombo butter)
Muttermilchersatz, **Muttermilchersatznahrung**	breast milk substitute
Mutterwurz, Schottische Mutterwurz *Ligusticum scoticum*	scotch lovage, sea lovage
Mutton-Schnapper *Lutjanus analis*	mutton snapper
Myrrhenkerbel, Süßdolde *Myrrhis odorata*	sweet cicely, sweet chervil, garden myrrh
Myrte, Brautmyrte *Myrtus communis*	myrtle

Nachtkerze, Rapontika, Schinkenwurzel *Oenothera biennis*	evening primrose
Nachtschatten ➤ **Kulturnachtschatten, Schwarzbeere** *Solanum melanocerasum*	garden huckleberry
➤ **Schwarzer Nachtschatten** *Solanum nigrum*	black nightshade, wonderberry
Nacken	back of the neck; nape
Nackt-Sandaal, Nacktsandaal *Gymnammodytes semisquamatus*	smooth sandeel
Nagelrochen, Keulenrochen *Raja clavata*	thornback skate, thornback ray FAO, roker

Nahrung	(Essen/Fressen) food, feed;
	  (Nährstoff) nutrient;
	  (Ernährung) nutrition

➤ **Astronauten-Nahrung,** **Astronautennahrung**	space flight foods
➤ **Babynahrung**	baby food; (Milch) baby formula
➤ **enterale Nahrung**	enteral foods, enteral nutrition
➤ **Fertignahrung**	ready-to-use foods (RUF), prepared foods
➤ **Festnahrung**	solid food(s)
➤ **Flüssignahrung**	liquid diet
Nahrungsaufnahme	ingestion, food intake
Nahrungsbedarf (*pl*** Nahrungsbedürfnisse)**	nutritional requirements

Nahrungsergänzungsmittel/~produkte	nutritional supplements,
	  dietary supplement(s),
	  food additive

Nahrungsmangel	nutrient deficiency, food shortage
Nahrungsmenge	food quantity
Nahrungsmittel	foods
➤ **Bio-Nahrungsmittel**	whole foods
➤ **Designer-Nahrungsmittel**	designer foods
➤ **gekühlte Nahrungsmittel**	refrigerated foods; (Kühlkost: Fertiggerichte) chilled foods
➤ **Grundnahrungsmittel**	staple foods, basic foods
➤ **Hauptnahrungsmittel**	principal foods
➤ **rehydratisierte Nahrungsmittel**	rehydrated foods
Nahrungsmittelkonservierung	food preservation
Nahrungsmittelvergiftung	food poisoning
Nahrungspflanze	food crop, forage plant, food plant
Nahrungsquelle	food source, nutrient source
Nährwert	food value, nutritive value
Nährwert-Tabelle	nutrient table, food composition table
Namekopilz, Nameko-Pilz, **Namekoschüppling,** **Chinesisches Stockschwämmchen** *Pholiota nameko*	nameko, viscid mushroom
Nance *Byrsonima crassifolia*	nance

Nandu	greater rhea
Rhea americana	
➤ **Kleiner Nandu, Darwinstrauß**	lesser rhea
Pterocnemia pennata	
Napfschnecke, Gemeine Napfschnecke,	common limpet,
Gewöhnliche Napfschnecke	common European limpet
Patella vulgata	
➤ **Afrikanische Napfschnecke**	safian limpet
Patella safiana	
➤ **Mexikanische Napfschnecke**	giant Mexican limpet
Patella mexicana	
Natal-Languste	Natal spiny lobster,
Panulirus delagoae	Natal deepsea lobster
Natal-Pflaume, Carissa	Natal plum, amantungula
Carissa macrocarpa	
Naturdarm, Naturdärme (*siehe auch:* **Darm**)	natural casing(s)
naturfern, künstlich, synthetisch	man-made, artificial, synthetic
naturidentisch (synthetisch)	synthetic (having same chemical structure as the natural equivalent)
natürlich	natural
➤ **unnatürlich**	unnatural
naturnah	near-natural
Neapel-Lauch, Neapel-Zwiebel	Naples garlic, Neapolitan garlic
Allium neapolitanum	daffodil garlic
Nektar	nectar
Nektarine, Glattpfirsich	nectarine, smooth-skinned peach
Prunus persica var. *nectarina*	
Nelkenpfeffer, Piment	allspice, pimento
Pimenta dioica	
Nelkenschwindling, Wiesenschwindling	fairy ring mushroom
Marasmius oreades	
Nepal-Kardamom,	Nepal cardamom,
Schwarzer Kardamom,	black cardamom,
Geflügelter Bengal-Kardamom	winged Bengal cardamom,
Amomum subulatum	'large' cardamom
‚**Nero' Apfelbeere**	Nero fruit, 'Nero'
Aronia x *prunifolia*	
Netz, Fettnetz	caul
Netzannone, Netzapfel, Ochsenherz	custard apple, bullock's heart,
Annona reticulata	corazon
Netzfett	caul fat
Netzmelone	netted melon, muskmelon
Cucumis melo (Reticulatus Group)	
Netzmelone	musk melon, netted melon
Cucurbita sp.	
Netzmittel	wetting agent
Neuseeländer Spinat, Neuseelandspinat	New Zealand spinach,
Tetragonia tetragonioides	warrigal spinach,
	warrigal cabbage

Neuseeland-Flussbarsch,
  Neuseeland-‚Blaubarsch‘, Sandbarsch
  Parapercis colias

New Zealand blue cod

Neuseeländischer Kaisergranat
  Metanephrops challengeri

New Zealand scampi,
  deep water scampi

Neuseeland-Miesmuschel,
  Neuseeländische Miesmuschel,
  Große Streifen-Miesmuschel
  Perna canaliculus

greenshell mussel,
  New Zealand mussel,
  channel mussel,
  New Zealand greenshell™

Neuseeland-Plattauster
  Ostrea lutaria

New Zealand dredge oyster

New-Jersey-Tee
  Ceanothus americanus

New Jersey tea

Niederwild

small game

Niere

kidney

Nierenfett, Rindertalg

suet

Nigersaat, Ramtillkraut
  Guizotia abyssinica

Niger seed, ramtil, nug

Nikon-Nuss, Mabo-Samen,
  Mobola-Pflaume, Mupundu
  Parinari curatellifolia

mobola plum, mbola plum, mbura

Nilbarsch, Viktoriasee-Barsch
  (Viktoriabarsch)
  Lates niloticus

Nile perch (Sangara)

Nil-Buntbarsch, Nil-Tilapia, Tilapie
  Oreochromis niloticus, Tilapia nilotica

Nile tilapia FAO,
  Nile mouthbreeder

Nipapalme, Attappalme, Mangrovenpalme
  Nypa fruticans

nipa palm, attap palm,
  mangrove palm, water coconut

Nittanuss, Nitta, Afrikanische Locustbohne
  Parkia biglobosa

African locust bean, nitta nut

Noni, Indische Maulbeere
  Morinda citrifolia

noni fruit, Indian mulberry

Noni-Blätter (Indischer Maulbeerstrauch)
  Morinda citrifolia

Indian mulberry leaf, bai yor

Nopal (Kaktus-Stammscheiben)
  (siehe auch: Kaktusfeige)
  Opuntia ficus-indica u.a.

nopal (cactus pads)

Nordamerikanische Seegurke
  Cucumaria fraudatrix

North-American sea cucumber

Nordamerikanischer Flusshering
  Alosa pseudoharengus

alewife FAO, river herring

Nordamerikanischer Kalmar
  Loligo pealei

longfin inshore squid

Nordamerikanischer Ramp-Lauch,
  Kanadischer Waldlauch, Wilder Lauch
  Allium tricoccum

ramp, ramps, ramson, wild leek

Nordamerikanischer Streifenbarsch,
  Felsenbarsch
  Morone saxatilis, Roccus saxatilis

striped bass, striper,
  striped sea-bass FAO

Nordamerikanisches Felchen
  Coregonus clupeaformis

whitefish, common whitefish,
  lake whitefish FAO, humpback

Nordische Meerbrasse, Graubarsch, Seekarpfen
Pagellus bogaraveo
red seabream, common seabrea‹ blackspot seabream FAO

Nordischer Schleimkopf, Kaiserbarsch, Alfonsino
Beryx decadactylus
beryx, alfonsino FAO, red brea‹

Nördliche Quahog-Muschel
Mercenaria mercenaria
northern quahog, quahog
(hard clam, bearded clam, round clam, chowder clam)

Nördliche Rosa-Garnele, Rosa Golfgarnele, Nördliche Rosa Geißelgarnele
Penaeus duorarum,
Farfantepenaeus duorarum
pink shrimp,
northern pink shrimp

Nördliche Tiefseegarnele, Grönland-Shrimp
Pandalus borealis
northern shrimp, pink shrimp, northern pink shrimp

Nördlicher Ziegenfisch
Mullus auratus
golden goatfish

Nordseegarnele, Nordseekrabbe, Krabbe, Granat, Porre, Sandgarnele
Crangon crangon
common shrimp,
common European shrimp
(brown shrimp)

Nordwestatlantischer Menhaden
Brevoortia tyrannus
Atlantic menhaden FAO, bunker

Nori (eine Rotalge)
Porphyra tenera u.a.
nori (a red seaweed)

Nudeln
noodles;
(Teigwaren/Nudelgericht) pa‹

➤ **Bandnudeln** — ribbon noodles
➤ **Eiernudeln** — egg noodles
➤ **Fadennudeln** — vermicelli
➤ **Feinnudeln** — thread noodles
➤ **Glasnudeln** — glass noodles, cellophane noo‹ (Chinese vermicelli, bean thr‹
➤ **Spätzle** — Swabian noodles
➤ **Vollkornnudeln** — whole grain noodles

Nugat, Nougat — nougat
➤ **Honignougat** — honey nougat
➤ **Weißer Nugat, Nougat Montélimar** — French nougat

Nugatcreme, Nougatcreme — chocolate-hazelnut spread

Nuss, Kugel, Maus (Schweinefleisch)
tip, pork tip, forecushion,
knuckle, pork knuckle roast
(quadriceps femoris: lean, boneless cut from above kne‹

Nuss (*pl* Nüsse) — nut(s)
➤ **Austernnuss, Talerkürbis** — oyster nut
Telfairia pedata
➤ **Brotnuss** — bread nut
Brosimum alicastrum
➤ **Butternuss, Graue Walnuss** — butternut, white walnut
Juglans cinerea
➤ **Cashewnuss, Kaschu, Kaschukerne** — cashew, cashew nut
Anacardium occidentale

➢ **Erdnuss**	peanut, goober (Southern US)
Arachis hygogaea	
➢ **Esskastanie, Edelkastanie**	sweet chestnut, Spanish chestnut
Castanea sativa	
➢ **Amerikanische Esskastanie**	American chestnut
Castanea dentata	
➢ **Chinesische Esskastanie**	Chinese chestnut
Castanea mollissima	
➢ **Japanische Esskastanie**	Japanese chestnut
Castanea crenata	
➢ **Haselnuss** (*siehe auch dort*)	hazelnut, filbert, cobnut
Corylus avellana	
➢ **Inchi-Nuss,**	Orinoco nut, inchi nut
Sacha-Inchi-Nuss, Inka-Nuss	
Caryodendron orinocense	
➢ **Macadamia**	macadamia
Macadamia tetraphylla,	
Macadamia integrifolia	
➢ **Mandel**	almond
Prunus dulcis, Prunus amygdalus	
➢ **Bittermandel, Bittere Mandel**	bitter almond
Prunus dulcis var. *amara,*	
Prunus amygdalus var. *amara*	
➢ **Jordan-Mandel, Krachmandel,**	soft-shelled almond
Knackmandel	
Prunus dulcis var. *fragilis,*	
Prunus amygdalus var. *fragilis*	
➢ **Süßmandel**	almond, sweet almond
Prunus dulcis var. *dulcis,*	
Prunus amygdalus var. *dulcis*	
➢ **Muskatnuss**	nutmeg
Myristica fragrans	
➢ **Paradiesnuss, Sapucajanuss**	paradise nut, monkey-pot nut,
Lecythis zabucajo u.a.	sapucaia nut, zabucajo nut
➢ **Paranuss**	Brazil nut, pará nut
Bertholletia excelsa	
➢ **Pecan-Nuss, Hickorynuss**	pecan
Carya illinoinensis	
➢ **Piniennüsse, Pinienkerne, Pineole**	pine nuts, pignons, pignoli,
Pinus pinea	pignolia nuts (stone pine)
➢ **Pinyon-Nüsse**	pinyon nuts, piñon nuts,
Pinus edulis & Pinus cembroides	piñon seeds
➢ **Pistazie**	pistachio
Pistacia vera	
➢ **Spottnuss**	mockernut, white hickory
Carya tomentosa	
➢ **Tigernuss, Erdmandel, Chufa**	chufa, tigernut, earth almond,
Cyperus esculentus	ground almond
➢ **Walnuss** (*siehe auch dort*)	walnut, regia walnut,
Juglans regia	English walnut
➢ **Zirbelnuss** *Pinus cembra*	cembra pine nut, cembra nut

Nuss-Nougat-Creme	chocolate-hazelnut spread
Nüsschen **(Schließmuskel der Jakobsmuschel)**	scallop adductor muscle
Nussschinken, Mausschinken, **Kugelschinken (*Quadriceps femoris*)**	ham from tip, knuckle, forecus (from above kneecap)
Nutraceuticals	nutraceuticals
Nutria, Sumpfbiber *Myocastor coypus*	nutria, coypu
Nutzpflanze	economic plant, useful plant, crop plant

Oblada, Brandbrasse *Oblada melanura*	saddled bream, saddled seabream FAO
Oblate, Hostie	wafer
Obst	fruit
➢ **Beerenobst**	berries
➢ **Dörrobst**	dried fruit
➢ **Fallobst**	fallen fruit (usually referring to pome fruit)
➢ **Frischobst**	fresh fruit
➢ **Frischobst und -gemüse**	produce, fresh produce
➢ **Gefrierobst**	frozen fruit
➢ **Kernobst**	pomaceous fruit, pome
➢ **Lagerobst**	fruit for storage
➢ **Schalenobst**	nuts
➢ **Steinobst**	stone fruit
➢ **Südfrüchte**	tropical and subtropical fruit
➢ **Tafelobst**	dessert fruit
➢ **Trockenobst, Trockenfrüchte**	dried fruit(s)
➢ **Wildobst**	wild berries
Obstbanane, Banane *Musa x paradisiaca*	dessert banana, banana
Obstbrand, Obstbranntwein, **Obstschnaps, Obstwasser**	fruit brandy

Obstgeist	redistilled fruit spirit (fruit
	  extracted in alcohol and
	  redistilled)

Obstkuchen	pie (fruit)
Obstmark, Obstpulpe	fruit pulp
Ochsenherz (Muschel) *Glossus humanus*	oxheart cockle, heart shell
Ochsenherz, Netzannone, Netzapfel *Annona reticulata*	custard apple, bullock's heart, corazon
Ochsenzunge, Leberpilz *Fistulina hepatica*	beefsteak fungus, oxtongue fungus

Octopus, Gemeiner Octopus,
Gemeiner Krake, Polyp
Octopus vulgaris
	common octopus,
	  common Atlantic octopus,
	  common European octopus

Offiziersbarsch, Königsbarsch, Cobia *Rachycentron canadum*	cobia (prodigal son)
Ogonori (eine Rotalge) *Gracilaria verrucosa*	ogo (a red seaweed)
Ohelo-Beere, Hawaiianische Kranichbeere *Vaccinium reticulatum*	ohelo, Hawaiian cranberry
Ohrensardine, Große Sardine, Sardinelle *Sardinella aurita*	gilt sardine, Spanish sardine, round sardinella FAO

Ohrpilz, Ohrlappenpilz,
Chinesisches Holzohr
Auricularia auricula-judae
	cloud ear fungus, Chinese fungus,
	  Szechwan fungus,
	  black jelly mushroom,
	  small mouse ear, hei mu er

Oka, Knolliger Sauerklee, **Knollen-Sauerklee** *Oxalis tuberosa*	oca, oka oxalis, New Zealand yam

Okra, Gemüse-Eibisch, Essbarer Eibisch — ladyfingers, okra, gumbo, bindi
Hibiscus esculentus, Abelmoschus esculentus
Öl — oil
➢ **Anisöl** — anise oil
➢ **Arganöl** *Argania spinosa* — argan oil
➢ **ätherisches Öl** — essential oil, ethereal oil
➢ **Awarra-Öl, Tucum-Öl** — tecuma oil, tucuma oil, cumari
Astrocaryum vulgare
➢ **Babassuöl** *Attalea speciosa* — babassu oil, cusi oilo
➢ **Baumwollsaatöl** — cotton oil
➢ **Behenöl** — ben oil, benne oil
➢ **Bittermandelöl** — bitter almond oil
➢ **Bratöl** — frying oil
➢ **Bucheckernöl** — beechnut oil
➢ **Citronellöl** — citronella oil
Cymbopogon nardus u.a.
➢ **Dillöl, Dillkrautöl** — dill oil
➢ **Distelöl, Safloröl** — safflower oil
➢ **Erdnussöl** — peanut oil; groundnut oil UK
➢ **Fischöl** — fish oil
➢ **Frittieröl** — deep-frying oil
➢ **Haiöl** — shark oil
➢ **Hanfsamenöl** — hempseed oil
➢ **Jungfernöl** — virgin oil (olive)
➢ **Kameliensamenöl** *Camellia japonica* — tsubaki oil
➢ **Klauenöl** — neat's-foot oil
(from knucklebones of cattle)
➢ **Kokosöl** — coconut oil
➢ **Kolzaöl** — colza oil
➢ **Kürbiskernöl** — pumpkinseed oil
➢ **Lebertran (Fischleberöl/Dorschleberöl)** — cod-liver oil
➢ **Leindotteröl** *Camelina sativa* — cameline oil
➢ **Leinöl** — linseed oil
➢ **Madiaöl** *Madia sativa* — madia oil (Chilean tarweed)
➢ **Maiskeimöl** — corn germ oil, maize germ oil
➢ **Maisöl** — corn oil, maize oil
➢ **Nachtkerzenöl** *Oenothera biennis* — evening primrose oil
➢ **Nussöl** — nut oil
➢ **Olivenkernöl** — olive kernel oil
➢ **Olivenöl** — olive oil
➢ **Palmkernöl** — palm kernel oil
➢ **Palmöl** — palm oil
➢ **Pflanzenöl** — vegetable oil
➢ **Rapsöl, Speise-Rapsöl** — rapeseed oil, canola oil, canbra
(Kolzaöl/Rüböl/Rübsenöl/Kohlsaatöl) — (colza oil)
➢ **Reiskeimöl** — rice germ oil
➢ **Rettichöl** — radish oil
➢ **Rizinusöl** — castor oil, ricinus oil
➢ **Robbenöl** — seal oil
➢ **Safloröl** — safflower oil
➢ **Senföl** — mustard oil, mustard seed oil

➢ **Sesamöl**	sesame oil, flaxseed oil, flax oil
➢ **Sojaöl**	soybean oil, soy oil, soya oil
➢ **Sonnenblumenöl**	sunflower seed oil
➢ **Speiseöl**	cooking oil, edible oil
➢ **Stillingia-Öl** *Sapium sebiferum*	stillingia oil
➢ **Teesamenöl, Camelliaöl**	teaseed oil
Camellia oleifera	
➢ **Traubenkernöl**	grapeseed oil
➢ **Walnussöl**	walnut oil
➢ **Walratöl**	sperm oil (whale)
➢ **Weizenkeimöl**	wheat germ oil
➢ **Wiesenschaumkrautöl**	meadowfoam seed oil
➢ **Ysopöl**	hyssop oil
Oleaster, Ölweide	oleaster, Russian olive,
(Schmalblättrige Ölweide)	Russian silverberry
Elaeagnus angustifolia u.a.	
Ölfisch, ‚Buttermakrele'	oilfish
Ruvettus pretiosus	
Olive *Olea europaea*	olive
Ölkonserven	canned foods in oil
Ölkürbis	oilseed pumpkin
Cucurbita pepo var. *styriaca*	
Ölpalme (Palmkerne)	oil palm, African oil palm
Elaeis guineensis	(palm kernels)
Ölraps	canola, colza, Canadian oilseed
Brassica napus (Napus Group)	
Ölrettich	oil radish, oilseed radish
Raphanus sativus var. *oleiformis*	
Ölsaat *allg*	oilseed; (ölliefernde Pflanzen)
	oil crops, oil seed crops
Ölsaat, Raps	rape, oilseed rape, rutabaga
Brassica napus	
Ölweide, Oleaster	oleaster, Russian olive,
(Schmalblättrige Ölweide)	Russian silverberry
Elaeagnus angustifolia u.a.	
Orange, Apfelsine	orange, sweet orange
Citrus sinensis	
➢ **Blutorange**	blood orange
Citrus sinsensis var.	
➢ **Jambhiri-Orange, Rauschalige Zitrone**	jambhiri orange,
Citrus x *jambhiri*	rough lemon, mandarin lime
Orangeat (kandierte Orangenschale)	candied orange peel:
	Citrus aurantium
Orangenblütenhonig	orange flower honey
Orangenthymian, Orangen-Thymian	orange thyme,
Thymus 'Fragrantissimus'	orange-scented thyme
Oregano, Wilder Majoran,	oregano, wild marjoram
Gewöhnlicher Dost	
Origanum vulgare	
➢ **Diptamdost, Kretischer Oregano,**	Cretan oregano, Crete oregano,
Kretischer Diptam	dittany of Crete
Origanum dictamnus	

➤ **Echter Griechischer Oregano, Pizza-Oregano, Borstiger Gewöhnlicher Dost** *Origanum vulgare* var. *hirtum*	true Greek oregano, wild marjoram
➤ **Griechischer Oregano, Wintermajoran** *Origanum vulgare* var. *viridulum*, *Origanum heracleoticum*	Greek oregano, Sicilian oregan winter marjoram
➤ **Mexikanischer Oregano** *Lippia graveolens*	Mexican oregano, Sonoran ore Mexican sage
➤ **Syrischer Oregano, Arabischer Oregano** *Origanum syriacum*	Bible hyssop, hyssop of the Bib Syrian oregano
Oregonpflaume, Indianische Pflaume *Oemleria cerasiformis*	Indian plum, Oregon plum, osoberry
Oregon-Stachelbeere *Ribes divaricatum*	worcesterberry, worcester berr coastal black gooseberry
Orfe, Aland *Leuciscus idus*	ide FAO, orfe
Orientalische Süßlippe, Orient-Süßlippe *Plectorhinchus orientalis*	oriental sweetlip
Orientalischer Ackerkohl, Weißer Ackerkohl *Conringia orientalis*	hare's ear mustard
Orientalisches Zackenschötchen, Türkische Rauke, Hügelsenf *Bunias orientalis*	Turkish rocket, warty cabbage, hill mustard
Orinoco-Apfel, Pfirsichtomate, Cocona, Topira *Solanum sessiliflorum*	cocona, tomato peach, Orinoco apple, topiro
Ornatlanguste *Panulirus ornatus*	ornate spiny crawfish
Ostatlantischer Marmorrochen, Scheckenrochen, Bänderrochen *Raja undulata*	undulate ray FAO, painted ray
Ostindisches Arrowroot, Tikur *Curcuma angustifolia*	East Indian arrowroot, Indian arrowroot, Bombay arrowroot
Östliche Sandkirsche *Prunus pumila* ssp. *depressa*	eastern sandcherry, flat sandcherry
Ostseegarnele *Palaemon adspersus, Palaemon squilla, Leander adspersus*	Baltic prawn
Oswego-Tee, Monarde, Scharlach-Monarde, Goldmelisse, Scharlach-Indianernessel *Monarda didyma*	Oswego tea, scarlet beebalm, scarlet monarda, bergamot, bee balm

Pajura	pajura
Parinari montana	
Paka, Tieflandpaka	paca, lowland paca, spotted paca
Cuniculus paca	
Palmarosagras	ginger grass, rosha, rusha
Cymbopogon martinii	
Palmherzen, Palmenherzen	palm hearts, heart of palm, palmito,
(Palmkohl/Palmito)	swamp cabbage
Euterpe edulis, Bactris gasipaes u.a.	
Palmhonig, Palmenhonig	palm honey
➤ **Coquitos**	palm honey; coquito nuts
Jubaea chilensis	
Palmkohl	palm cabbage
Brassica oleracea (Palmifolia Group)	
Palmöl	palm oil
Elaeis guineensis u.a.	
Palmwein (Toddy)	palm wine (toddy)
Palmyrapalme (Toddy/Sago)	palmyra palm (toddy)
Borassus flabellifer	
Palmzucker, Palmenzucker, Jaggery	palm sugar, jaggery, gur
Pampel ➤ **Silberner Pampel**	silver pomfret
Pampus argenteus	
Pampelmuse, Pomelo	pomelo, pummelo, shaddock
Citrus maxima	
Panama-Beere, Jamaikakirsche,	Jamaica cherry, Jamaican cherry,
Jamaikanische Muntingia	Panama berry
Muntingia calabura	
Pandanblätter, Schraubenbaumblätter	pandan leaves, screwpine leaves
Pandanus spp.	
Paniermehl	bread crumbs, breading
Pantherfisch	Baramundi cod, panther grouper,
Cromileptes altivelis	pantherfish
Papageienschnabel, Agathi, Katurai	gallito, katuray, agati, dok khae
(Blüten)	
Sesbania grandiflora	
Papageifisch	parrotfish
Sparisoma spp.	
➤ **Rautenpapageifisch, Signal-Papageifisch**	stoplight parrotfish
Sparisoma viride	
➤ **Rotschwanz-Papageifisch**	redtail parrotfish
Sparisoma chrysopterum	
Papau, Pawpaw, Indianerbanane	papaw, pawpaw, northern pawpaw
Asimina triloba	
Papaya *Carica papaya*	papaya, pawpaw
➤ **Bergpapaya**	mountain papaya, chamburo
Carica pubescens, Vasconcellea pubescens	
Papayuela	papayuelo
Carica goudotiana	
Pappelpflaume,	red bayberry, red myrica,
Chinesische Baumerdbeere,	Chinese bayberry, yumberry
‚Chinesischer Arbutus', Yumberry	
Myrica rubra	

Paprika — paprika (*see*: sweet pepper *and* red pepper)

➤ **Gemüsepaprika, Delikatesspaprika** — sweet pepper, bell pepper
  Capsicum annuum
➤ **Gewürzpaprika** — red pepper
  Capsicum annuum var. *annuum*
Paradeiser Österr., **Tomate** — tomato
  Solanum lycopersicum
Paradiesnuss, Sapucajanuss — paradise nut, monkey-pot nut,
  Lecythis zabucajo u.a. — sapucaia nut, zabucajo nut
Para-Guave — para guava
  Psidium acutangulum, Britoa acida
Paraguaytee, Mate, Mate-Tee — Paraguay tea, yerba mate, maté
  Ilex paraguariensis
Parakresse — Brazilian cress, pará cress
  Acmella oleracea, Spilanthes acmella
Paranuss — Brazil nut, pará nut
  Bertholletia excelsa
Parasol, Parasolpilz, Riesenschirmpilz, — field parasol
Großer Riesenschirmling
  Macrolepiota procera
Passe Pierre ,Alge', Glaskraut, Salzkraut, — chicken claws, sea beans, glass
Queller, Glasschmalz — marsh samphire, sea asparag
  Salicornia europaea
Passionsfrucht, Granadilla, Grenadille, — passionfruit, purple granadilla
Purpurgranadilla, violette Maracuja
  Passiflora edulis
➤ **Curuba, Bananen-Passionsfrucht** — curuba, banana passion fruit
  Passiflora mollissima
➤ **Galupa** — yellow passionfruit, galupa, gu
  Passiflora pinnatistipula
➤ **Riesengrenadille, Riesengranadilla,** — giant granadilla,
Königsgrenadille, Königsgranate, — maracuja, barbadine
Barbadine
  Passiflora quadrangularis
➤ **Süße Grenadille, Süße Granadilla** — sweet granadilla,
  Passiflora ligularis — sweet passionfruit
Paste — paste
Pastete — pie, pâté; (Blätterteigpastete)
  vol-au-vent (open round cas
  puff pastry pie with ragout fi

Pastille — pastil, pastille;
  pharm (Lutschpastille) lozen
Pastinak — parsnip
  Pastinaca sativa ssp. *sativa*
➤ **Peruanische Pastinake,** — arracha, arracacha, apio,
Arakacha, Arracacha — Peruvian parsnip, Peruvian c
  Arracacia xanthorrhiza
Patisson, Kaisermütze, Bischofsmütze, — patty pan, pattypan squash, sc
,Fliegende Untertasse', Scallop(ini) — squash scallop (summer squ
  Cucurbita pepo var. *ovifera*

Patol
  Trichosanthes dioica
Pazifik-Dorsch, Pazifischer Kabeljau
  Gadus macrocephalus
Pazifische Brachsenmakrele
  Brama japonica
Pazifische Felsenauster, Riesenauster,
  Pazifische Auster, Japanische Auster
  Crassostrea gigas
Pazifische Glattscholle
  Parophrys vetulus
Pazifische Lachse
  Oncorhynchus spp.
Pazifische Panopea
  Panopea abrupta, Panopea generosa
Pazifische Rotpunkt-Schwimmkrabbe
  Portunus sanguinolentus
Pazifische Rotzunge, Pazifische Limande
  Microstomus pacificus
Pazifische Sardine,
  Südamerikanische Sardine
  Sardinops sagax
Pazifische Scholle, Felsenkliesche
  Lepidopsetta bilineata
Pazifische Seezunge
  Achirus lineatus
Pazifische Thonine
  Euthynnus affinis
Pazifischer Heilbutt
  Hippoglossus stenolepis
Pazifischer Hering
  Clupea pallasi
Pazifischer Rotbarsch,
  Pazifik-Goldbarsch,
  Schnabelfelsenfisch
  Sebastes alutus
Pazifischer Scheinhummer,
  Kalifornischer Langostino
  Pleuroncodes planipes
Pazifischer Seewolf,
  Pazifischer ‚Steinbeißer‘
  Anarrhichthys ocellatus
Pazifischer ‚Steamer‘,
  (*eine Venusmuschel*)
  Protothaca staminea

Pazifischer Taschenkrebs
  Cancer antennarius
Pazifischer Ziegelfisch
  Caulolatilus princeps

pointed gourd

Pacific cod FAO, gray cod, grayfish

Pacific pomfret

Pacific oyster, giant Pacific oyster,
  Japanese oyster

English sole

Pacific salmon

Pacific geoduck, geoduck
  (pronounce: gouy-duck)
blood-spotted swimming crab

Dover sole, Pacific Dover sole

South American pilchard

rock sole

lined sole

kawakawa

Pacific halibut

Pacific herring

Pacific ocean perch

pelagic red crab

wolf-eel FAO, Pacific wolf-eel

littleneck (also used for small-
  sized *Mercenaria mercenaria*),
  common/native littleneck,
  Pacific littleneck clam,
  steamer clam, steamers
Pacific rock crab

ocean whitefish

Peachcot	peachcot
Prunus persica x *Prunus armeniaca*	
Pecan-Nuss, Hickorynuss	pecan
Carya illinoinensis	
Pekingbrasse	white Amur bream
Parabramis pekinensis	
Pekingknoblauch	Peking garlic
Allium sativum var. *pekinense*	
Pekingkohl	celery cabbage, Chinese cabbag...
Brassica rapa (Pekinensis Group)	pe tsai
Pektin	pectin
Pelamide *Sarda sarda*	Atlantic bonito
➢ **Chilenische Pelamide**	Pacific bonito,
Sarda chilensis	Eastern Pacific bonito FAO
Pendula-Nuss	egg nut, pendula nut
Couepia longipendula	
Peperina	muña, tipo, peperina
Minthostachys mollis	
Pepino, Birnenmelone, Kachuma	pepino, mellowfruit
Solanum muricatum	
Pepper-Dulse	pepper dulse
Laurencia pinnatifida, Osmundea pinnatifida	
Pepperoni-Wurst	pepperoni
(Amerikan. Salami: roh, fermentiert)	
Perilla , Shiso	perilla, shiso
Perilla frutescens	
➢ **Grüne Perilla, Grünes Shiso**	green perilla, green shiso,
Perilla frutescens var. *crispa*	ruffle-leaved green perilla
➢ **Purpurrote Perilla, Rotes Shiso**	purple perilla, purple shiso,
Perilla frutescens var. *crispa* f. *atropurpurea*	ruffle-leaved purple perilla
Perlhirse, Rohrkolbenhirse	pearl millet, bulrush millet,
Pennisetum glaucum	spiked millet
Perlhuhn (Helmperlhuhn)	guineafowl (helmeted guineaf...
Numida meleagris	
Perlpilz	blusher, blushing mushroom
Amanita rubescens	
Perlsago	pearl sago, pearly sago
Perlzwiebel, Echte Perlzwiebel	pearl onion, multiplier leek
Allium ampeloprasum (Sectivum Group)	
Persimone, Kaki, Dattelpflaume,	persimmon, Japanese persimm...
Kakipflaume, Chinesische Dattelpflaume	Chinese date, kaki
(*inkl.* **Sharon-Frucht**)	(*incl.* sharon fruit)
Diospyros kaki	
➢ **Amerikanische Persimone,**	American persimmon
Virginische Dattelpflaume	
Diospyros virginiana	
Persischer Weizen	Persian black wheat, Persian w...
Triticum turgidum ssp. *carthlicum*	
Peru-Sardelle, Anchoveta	anchoveta
Engraulis ringens	

**Peruanische Pastinake,
Arakacha, Arracacha**
Arracacia xanthorrhiza

arracha, arracacha, apio,
Peruvian parsnip, Peruvian carrot

**Peruanischer Pfeffer,
Molle-Pfeffer, Molle**
Schinus molle

Californian pepper,
Peruvian pepper,
Peruvian pink peppercorns

Petaibohne, Peteh-Bohne, Satorbohne
Parkia speciosa

petai, peteh, twisted cluster bean
('stink bean')

Petermännchen, Großes Petermännchen
Trachinus draco

great weever FAO, greater weever

➤ **Gestreiftes Petermännchen,
Strahlenpetermännchen**
Trachinus radiatus

streaked weever

**Petersfisch, Sankt Petersfisch,
Heringskönig**
Zeus faber

Dory, John Dory

Petersilie, Blattpetersilie, Krause Petersilie
Petroselinum crispum var. *crispum*

parsley, curly-leaf parsley,
garden parsley

➤ **Italienische Petersilie**
Petroselinum crispum var. *neapolitanum*

Italian parsley, Neapolitan parsley

➤ **Knollenpetersilie, Petersilienwurzel**
Petroselinum crispum var. *tuberosum* =
radicosum

root parsley, Hamburg parsley,
turnip-rooted parsley

Pfahlmuschel, Gemeine Miesmuschel
Mytilus edulis

blue mussel, bay mussel,
common mussel,
common blue mussel

Pfeffer *Piper nigrum*

pepper

➤ **Äthiopischer Pfeffer**
Xylopia aethiopica

African pepper, Guinea pepper

➤ **Bengal-Pfeffer**
Piper longum

Indian long pepper

➤ **Cayennepfeffer, Chili, Tabasco**
Capsicum frutescens

hot pepper, red chili, chili pepper,
cayenne pepper, tabasco pepper

➤ **Chinesischer Pfeffer, Szechuan-Pfeffer**
Zanthoxylum simulans u.a.

Sichuan pepper, Szechuan pepper,
Chinese pepper

➤ **Cubebenpfeffer**
Piper cubeba

tailed pepper, cubeba

➤ **Japanischer Pfeffer, Sancho**
Zanthoxylum piperitum

Asian pepper, Japanese pepper,
sansho

➤ **Langer Pfeffer**
Piper retrofractum

Javanese long pepper

➤ **Melegueta-Pfeffer, Malagetta-Pfeffer,
Guinea-Pfeffer, Paradieskörner**
Aframomum melegueta

melegueta pepper,
West African melegueta pepper,
grains of paradise,
alligator pepper, Guinea grains

➤ **Peruanischer Pfeffer,
Molle-Pfeffer, Molle**
Schinus molle

Californian pepper,
Peruvian pepper,
Peruvian pink peppercorns

➤ **Rosa Pfeffer, Rosa Beere,
Brasilianischer Pfeffer**
Schinus terebinthifolius

pink pepper, pink peppercorns,
red peppercorns,
South American pink pepper,
Brazilian pepper, Christmas berry

Pfefferblätter, La Lot	pepper leaves
Piper sarmentosum	
Pfefferfenchel	bitter fennel, pepper fennel
Foeniculum vulgare var. *piperitum*	
Pfefferkraut, Breitblättrige Kresse	dittander
Lepidium latifolium	
Pfefferminze	peppermint
Mentha x *piperita*	
Pfeilkalmar, Norwegischer Kalmar	arrow squid, Norwegian squid,
Todarodes sagittatus	European flying squid
Pfeilkraut, Gewöhnliches Pfeilkraut	arrowhead, duck potato,
Sagittaria sagittifolia u.a.	swamp potato, wapato
Pfeilwurz, Pfeilwurzel	arrowroot
Maranta arundinacea	
Pferd, Hauspferd	horse
Equus caballus	
Pferdebohne	horse gram
Macrotyloma uniflorum	
Pferdemakrele, Pferde-Makrele,	crevalle jack FAO, Samson fish
Pferde-Stachelmakrele, Caballa	
Caranx hippos	
Pferderettich	Indian horseradish, drumstick
Moringa oleifera	
Pfifferling	chanterelle, girolle
Cantharellus cibarius	
➢ **Trompetenpfifferling**	autumn chanterelle
Cantharellus tubaeformis	
Pfirsich	peach
Prunus persica var. *persica*	
➢ **Australischer Pfirsich, Quandong**	quandong, sweet quandong,
Santalum acuminatum	native peach,
	Australian sandalwood
➢ **Berg-Pfirsich, Davids-Pfirsich**	David peach, David's peach
Prunus davidiana	
Pfirsich-Palmfrucht	peach-palm fruit
Bactris gasipaes	
Pfirsichtomate, Orinoco-Apfel,	cocona, tomato peach,
Cocona, Topira	Orinoco apple, topiro
Solanum sessiliflorum	
Pflanzenextrakt	plant extract
Pflanzenöl (diätetisch)	vegetable oil
Pflanzenstreichfett, pflanzliches Streichfett	vegetable oil spread (<80% oil)
Pflaume	plum
Prunus spp. (spez. *Prunus domestica*)	
➢ **Haferpflaume, Haferschlehe,**	bullace plum, damson,
Kriechenpflaume, Krieche	damson plum, green plum
Prunus domestica ssp. *insititia*	
➢ **Japanische Pflaume,**	Japanese plum, Chinese plum,
Chinesische Pflaume, Susine	sumomo plum (*incl.* shiro p...
Prunus salicina	
➢ **Kanada-Pflaume, Bitter-Kirsche**	Canada plum, black plum
Prunus nigra	

➢ **Kirschpflaume**	cherry plum
Prunus cerasifera	
➢ **Kultur-Pflaume**	plum (dried: prune)
Prunus x domestica	
➢ **Sauerpflaume**	sour plum, monkey plum
Ximenia americana	
➢ **Strand-Pflaume**	beach plum
Prunus maritima	
➢ **Ussuri-Pflaume**	Ussuri plum
Prunus salicina var. *mandshurica*	
➢ **Zwetschge, Zwetsche, Kultur-Zwetschge**	blue plum, damask plum, German prune
Prunus domestica ssp. *domestica*	
Pflaumenmango, Gandaria, ‚Mini-Mango'	gandaria, marian plum, plum mango
Bouea macrophylla	
Pflaumentomate	plum tomato
Solanum lycopersicum 'Roma'	
Pflücksalat, Eichblattsalat, Eichlaubsalat	criolla lettuce, Italian lettuce, Latin lettuce
Lactuca sativa (Secalina Group)	
Phalsafrucht, Falsafrucht	phalsa, falsa fruit
Grewia asiatica	
Piemonttrüffel, Weiße Piemont-Trüffel	Piedmont truffle, Italian white truffle
Tuber magnatum	
Pikarel	picarel, zerro
Spicara smaris	
Pilchard, Sardine	European sardine, sardine (if small), pilchard (if large), European pilchard FAO
Sardina pilchardus	
Pilgermuschel *Pecten* spp.	scallop
➢ **Große Pilgermuschel, Große Jakobsmuschel**	great scallop, common scallop, coquille St. Jacques
Pecten maximus	
➢ **Jakobs-Pilgermuschel, Jakobsmuschel**	St. James scallop, great scallop
Pecten jacobaeus	
Pilinuss, Kanariennuss	pili nut
Canarium ovatum	
Pilze	mushrooms (Speise-/Ständerpilze); *allg/bot* fungi
➢ **Gallertpilze (Tremellales)**	jelly mushrooms, jelly fungi
➢ **Hüte und Ständer**	caps and stems
➢ **Kulturpilze** (*speziell:* **Zuchtchampignons**)	cultivated mushrooms
➢ **Lamellenpilze, Blätterpilze (Agaricales)**	gill mushrooms, gill fungi
➢ **Röhrenpilze**	boletes, bolete mushrooms
(*hier speziell:* **Röhrlinge = Boletaceae**)	
➢ **Speisepilze**	mushrooms and other edible fungi
➢➢ **Anis-Egerling, Weißer Anisegerling, Weißer Anischampignon, Schafchampignon, Schafegerling**	horse mushroom
Agaricus arvensis	
➢➢ **Austernpilz, Austernseitling, Austern-Seitling, Kalbfleischpilz**	oyster mushroom
Pleurotus ostreatus	

➢**Gelber Austernpilz,**   yellow oyster mushroom
Limonenpilz, Limonenseitling
Pleurotus cornucopiae var. *citrinopileatus*

➢➢**Bärentatze, Krause Glucke**   cauliflower mushroom,
Sparassis crispa   white fungus

➢➢**Bartkoralle** *Hericium clathroides*   icicle fungus

➢➢**Birkenröhrling, Birkenpilz,**   shaggy boletus, birch bolete
Kapuziner, Graukappe
Leccinum scabrum

➢➢**Blasser Kräuterseitling**   Bailin oyster mushroom,
Pleurotus nebrodensis   awei mushroom,
      white king oyster mushroom

➢➢**Brauner Champignon,**   chestnut mushroom,
Brauner Egerling   brown cap
Agaricus bisporus

➢➢**Brauner Kompost-Egerling,**   clustered mushroom
Kompost-Champignon
Agaricus vaporarius

➢➢**Braunkappe, Riesenträuschling,**   wine cap, winecap stropharia,
Rotbrauner Riesenträuschling,   king stropharia,
Kulturträuschling   garden giant mushroom
Stropharia rugosoannulata

➢➢**Bunashimeji, ‚Shimeji‘, Buchenrasling**   bunashimeji,
Hypsizigus marmoreus, Hypsizigus tessulatus   brown beech mushroom

➢➢**Burgundertrüffel**   Burgundy truffle, French truff
Tuber uncinatum   grey truffle

➢➢**Butterpilz, Ringpilz**   butter mushroom, brown-
Suillus luteus   yellow boletus, slippery jack

➢➢**Champignon, Kulturchampignon,**   cultivated mushroom,
Weißer Zuchtchampignon   white mushroom,
Agaricus bisporus var. *hortensis*   button mushroom

➢**Anis-Egerling, Weißer Anisegerling,**   horse mushroom
Weißer Anischampignon,
Schafchampignon, Schafegerling
Agaricus arvensis

➢**Brauner Champignon,**   chestnut mushroom, brown ca
Brauner Egerling
Agaricus bisporus

➢**Großsporiger Anis-Egerling**   giant mushroom, macro mush
Agaricus macrosporus

➢**Kompost-Champignon,**   clustered mushroom
Brauner Kompost-Egerling
Agaricus vaporarius

➢**Kulturchampignon,**   cultivated mushroom,
Weißer Zuchtchampignon   white mushroom,
Agaricus bisporus var. *hortensis*   button mushroom

➢**Portabella**   portobello, portabella
Agaricus bisporus

➢**Riesenchampignon**   Prince mushroom, Prince
Agaricus augustus

➤**Wiesenchampignon, Wiesenegerling, Feldegerling** *Agaricus campestris*	field mushroom, meadow mushroom
➤➤**Chinesische Morchel, Silberohr, Weißer Holzohrenpilz** *Tremella fuciformis*	silver fungus, silver ear, white tree fungus, white fungus, white jelly fungus, silver ear fungus, silver ear mushroom, snow fungus
➤➤**Chinesisches Holzohr, Ohrpilz, Ohrlappenpilz** *Auricularia auricula-judae*	cloud ear fungus, Chinese fungus, Szechwan fungus, black jelly mushroom, small mouse ear, hei mu er
➤➤**Chinesisches Stockschwämmchen, Namekopilz, Nameko-Pilz, Namekoschüppling** *Pholiota nameko*	nameko, viscid mushroom
➤➤**Edelritterling, Grünling, Echter Ritterling, Grünreizker** *Tricholoma equestre, Tricholoma flavovirens*	firwood agaric, yellow knight fungus, yellow trich, man on horseback, Canary trich
➤➤**Eierschwamm, Eierschwammerl Österr., Pfifferling** *Cantharellus cibarius*	chanterelle, girolle
➤➤**Enokitake, Samtfußrübling, Winterpilz** *Flammulina velutipes*	enoki, golden mushroom, winter mushroom, velvet stem
➤➤**Erdritterling** *Tricholoma terreum*	grey agaric, grey knight-cap
➤➤**Frauentäubling** *Russula cyanoxantha*	charcoal burner russula
➤➤**Früher Ackerling, Frühlings-Ackerling** *Agrocybe praecox*	spring agaric
➤➤**Gelber Austernpilz, Limonenpilz, Limonenseitling** *Pleurotus cornucopiae* var. *citrinopileatus*	yellow oyster mushroom
➤➤**Goldgelbe Koralle** *Ramaria aurea*	golden coral fungus
➤➤**Grauer Ritterling** *Tricholoma portentosum*	dingy agaric
➤➤**Graukappe, Birkenröhrling, Birkenpilz, Kapuziner** *Leccinum scabrum*	shaggy boletus, birch bolete
➤➤**Großer Riesenschirmling, Parasol, Parasolpilz, Riesenschirmpilz** *Macrolepiota procera*	field parasol
➤➤**Großsporiger Anis-Egerling** *Agaricus macrosporus*	giant mushroom, macro mushroom
➤➤**Grünreizker, Grünling, Echter Ritterling, Edelritterling** *Tricholoma equestre, Tricholoma flavovirens*	firwood agaric, yellow knight fungus, yellow trich, man on horseback, Canary trich

Habichtspilz *Sarcodon imbricatum*	tiled hydnum
Hallimasch, Dunkler Hallimasch *Armillaria polymyces, Armillaria ostoyae*	dark honey mushroom, dark honey fungus, naratake
Honiggelber Hallimasch *Armillaria mellea*	honey agaric, honey fungus, boot-lace fungus
Herbsttrompete, Totentrompete *Craterellus cornucopioides*	trompette des morts, horn of plenty
Herrenpilz, Steinpilz *Boletus edulis*	porcino, cep, edible bolete, penny bun bolete, king bolete
Honiggelber Hallimasch *Armillaria mellea*	honey agaric, honey fungus, boot-lace fungus
Honshimeji *Lyophyllum shimeji*	honshimeji
Igel-Stachelbart, Shan Fu *Hericium erinaceum*	lion's mane, monkey head mushroom
Kaiserling *Amanita caesarea*	ovolo, Caesar's mushroom
Kalaharitrüffel *Terfezia pfeilli*	Kalahari desert truffle, Kalahari tuber
Kapuziner, Graukappe, Birkenröhrling, Birkenpilz *Leccinum scabrum*	shaggy boletus, birch bolete
Klapperschwamm, Laub-Porling, Maitake *Grifola frondosa*	maitake, sheep's head mushroom, sheepshead, ram's head mushroom, hen of the woods
Knoblauchschwindling, Mousseron *Marasmius scorodonius*	fairy ring mushroom, mousseron
Körnchenröhrling, Körnchen-Röhrling, Schmerling *Suillus granulatus*	weeping bolete, granulated bolete, dotted-stalk bolete
Krause Glucke, Bärentatze *Sparassis crispa*	cauliflower mushroom, white fungus
Kräuterseitling *Pleurotus eryngii*	king oyster mushroom, king trumpet mushroom
Blasser Kräuterseitling *Pleurotus nebrodensis*	Bailin oyster mushroom, awei mushroom, white king oyster mushroom
Kuhpilz, Kuh-Röhrling *Suillus bovinus*	shallow-pored bolete
Kulturchampignon, Weißer Zuchtchampignon *Agaricus bisporus* var. *hortensis*	cultivated mushroom, white mushroom, button mushroom
Lärchenröhrling, Goldgelber Lärchenröhrling, Goldröhrling *Suillus grevillei*	larch bolete, larch boletus
Leberpilz, Ochsenzunge *Fistulina hepatica*	beefsteak fungus, oxtongue fungus
Löwentrüffel *Terfezia leonis*	lion's truffle

➤➤**Maipilz**   St. George's mushroom
   Calocybe gambosa
➤➤**Maitake, Klapperschwamm,**   maitake, sheep's head mushroom,
   Laub-Porling   sheepshead,
   Grifola frondosa   ram's head mushroom,
                                                                   hen of the woods
➤➤**Maronenröhrling, Marone,**   bay bolete
   Braunhäuptchen
   Boletus badius, Xerocomus badius
➤➤**Matsutake**   matsutake, pine mushroom
   Tricholoma matsutake,
   Tricholoma nauseosum
➤➤**Milchbrätling**   tawny milk cap, weeping milk cap
   Lactarius volemus
➤➤**Morchel, Speisemorchel, Rundmorchel** morel, morille
   Morchella esculenta
   ➤**Chinesische Morchel,**   silver fungus, silver ear,
    Silberohr, Weißer Holzohrenpilz   white tree fungus, white fungus,
    Tremella fuciformis   white jelly fungus,
                                                                   silver ear fungus,
                                                                   silver ear mushroom,
                                                                   snow fungus
➤➤**Mu-Err, Mu-Err-Pilz**   wood ear fungus,
   Auricularia polytricha   large cultivated Chinese fungus,
                                                                   large wood ear, black fungus,
                                                                   mao mu er
➤➤**Namekopilz, Nameko-Pilz,**   nameko, viscid mushroom
   Namekoschüppling,
   Chinesisches Stockschwämmchen
   Pholiota nameko
➤➤**Nelkenschwindling, Wiesenschwindling** fairy ring mushroom
   Marasmius oreades
➤➤**Ochsenzunge, Leberpilz**   beefsteak fungus, oxtongue fungus
   Fistulina hepatica
➤➤**Ohrpilz, Ohrlappenpilz,**   cloud ear fungus, Chinese fungus,
   Chinesisches Holzohr   Szechwan fungus,
   Auricularia auricula-judae   black jelly mushroom,
                                                                   small mouse ear, hei mu er
➤➤**Parasol, Parasolpilz, Riesenschirmpilz,** field parasol
   Großer Riesenschirmling
   Macrolepiota procera
➤➤**Perlpilz**   blusher, blushing mushroom
   Amanita rubescens
➤➤**Pfifferling**   chanterelle, girolle
   Cantharellus cibarius
   ➤**Trompetenpfifferling**   autumn chanterelle
    Cantharellus tubaeformis
➤➤**Piemonttrüffel, Weiße Piemont-Trüffel** Piedmont truffle,
   Tuber magnatum   Italian white truffle
➤➤**Pioppini, Stockschwämmchen**   brown stew fungus,
   Kuehneromyces mutabilis   sheathed woodtuft

➤➤**Portabella**	portobello, portabella
Agaricus bisporus	
➤➤**Rauchblättriger Schwefelkopf,** **Graublättriger Schwefelkopf**	conifer tuft
Hypholoma capnoides	
➤➤**Reifpilz, Runzelschüppling**	gypsy mushroom,
Cortinarius caperatus, Rozites caperatus	chicken of the woods
➤➤**Reifpilz, Zigeuner, Runzelschüppling**	gypsy mushroom
Rozites caperatus	
➤➤**Reisstrohpilz, Strohpilz,** **Paddystroh-Pilz, Scheidling,** **Reisstroh-Scheidling**	straw mushroom
Volvariella volvacea	
➤➤**Reizker**	saffron milk cap,
Lactarius deliciosus	red pine mushroom
➤➤**Riesenchampignon**	Prince mushroom, Prince
Agaricus augustus	
➤➤**Riesenträuschling,** **Rotbrauner Riesenträuschling,** **Kulturträuschling, Braunkappe**	wine cap, winecap stropharia, king stropharia, garden giant mushroom
Stropharia rugosoannulata	
➤➤**Rosablättriger Schirmpilz**	smooth parasol mushroom
Leucoagaricus leucothites	
➤➤**Rotfußröhrling**	red cracking bolete
Boletus chrysenteron, *Xerocomus chrysenteron*	
➤➤**Rotkappe**	orange birch bolete
Leccinum versipelle	
➤➤**Runzelschüppling, Reifpilz**	gypsy mushroom,
Cortinarius caperatus, Rozites caperatus	chicken of the woods
➤➤**Safranpilz, Rötender Schirmpilz,** **Safran-Schirmpilz**	shaggy parasol
Macrolepiota rhacodes	
➤➤**Sandröhrling, Sand-Röhrling, Sandpilz**	sand boletus, variegated bolete, velvet bolete
Suillus variegatus	
➤➤**Schafchampignon, Schafegerling,** **Anis-Egerling, Weißer Anisegerling,** **Weißer Anischampignon**	horse mushroom
Agaricus arvensis	
➤➤**Schafporling**	sheep polypore
Albatrellus ovinus, Scutiger ovinus	
➤➤**Scheiben-Lorchel (roh giftig!/kochen!)**	disk-shaped edible false morel (raw poisonous/cook!)
Gyromitra ancilis	
➤➤**Scheidling, Reisstroh-Scheidling,** **Strohpilz, Paddystroh-Pilz, Reisstrohpilz**	straw mushroom
Volvariella volvacea	
➤➤**Schirmpilz, rosablättriger**	smooth parasol mushroom
Leucoagaricus leucothites	
➤➤**Schopf-Tintling, Spargelpilz,** **Porzellan-Tintling**	shaggy ink cap, ink cap, shaggy mane
Coprinus comatus	

➤➤**Schwarze Trüffel, China-Trüffel**   Chinese truffle,
   Tuber indicum   Chinese black truffle,
                                                 black winter truffle
➤➤**Schwarze Trüffel, Perigord-Trüffel**   black truffle, Perigord black truffle
   Tuber melanosporum
➤➤**Semmelstoppelpilz**   pied de mouton
   Hydnum repandum
➤➤**Shan Fu, Igel-Stachelbart**   lion's mane,
   Hericium erinaceum   monkey head mushroom
➤➤**Shiitake, Blumenpilz,**   shiitake, Japanese forest mushroom
   Japanischer Champignon
   Lentinus edodes, Lentinula edodes
➤➤**Shimeji, Bunashimeji,**   bunashimeji,
   Buchenrasling   brown beech mushroom
   Hypsizigus marmoreus, H. tessulatus
➤➤**Sommertrüffel**   summer truffle, black truffle
   Tuber aestivum
➤➤**Speisemorchel, Rundmorchel**   morel, morille
   Morchella esculenta
➤➤**Speisetäubling**   flirt, bare-toothed russula
   Russula vesca
➤➤**Spitzmorchel**   conic morel
   Morchella elata, Morchella conica
➤➤**Steinpilz, Herrenpilz**   porcino, cep, edible bolete,
   Boletus edulis   penny bun bolete, king bolete
➤➤**Stockschwämmchen, Pioppini**   brown stew fungus,
   Kuehneromyces mutabilis   sheathed woodtuft
➤➤**Strohpilz, Paddystroh-Pilz,**   straw mushroom
   Reisstrohpilz, Scheidling,
   Reisstroh-Scheidling
   Volvariella volvacea
➤➤**Südlicher Ackerling,**   black poplar mushroom,
   Südlicher Schüppling   poplar fieldcap
   Agrocybe cylindracea,
   Agrocybe aegerita
➤➤**Totentrompete,**   trompette des morts,
   Herbsttrompete   horn of plenty
   Craterellus cornucopioides
➤➤**Trompetenpfifferling**   autumn chanterelle
   Cantharellus tubaeformis
➤➤**Trüffel**   truffles
  ➤**Burgundertrüffel**   Burgundy truffle, French truffle,
    Tuber uncinatum   grey truffle
  ➤**Kalaharitrüffel**   Kalahari desert truffle,
    Terfezia pfeilli   Kalahari tuber
  ➤**Löwentrüffel**   lion's truffle
    Terfezia leonis
  ➤**Piemonttrüffel,**   Piedmont truffle,
    Weiße Piemont-Trüffel   Italian white truffle
    Tuber magnatum

➤ **Schwarze Trüffel, China-Trüffel**	Chinese truffle, Chinese black truffle, black winter truffle
Tuber indicum	
➤ **Schwarze Trüffel, Perigord-Trüffel**	black truffle, Perigord black truffle
Tuber melanosporum	
➤ **Sommertrüffel**	summer truffle, black truffle
Tuber aestivum	
➤ **Weiße Trüffel, Mäandertrüffel**	Transylvanian white truffle, hypogeous truffle
Choiromyces venosus,	
Choiromyces meandriformis	
➤ **Wintertrüffel** *Tuber brumale*	winter truffle
➤ ➤ **Violetter Rötelritterling**	wood blewit, blewit
Lepista nuda	
➤ ➤ **Weiße Trüffel, Mäandertrüffel**	Transylvanian white truffle, hypogeous truffle
Choiromyces venosus,	
Choiromyces meandriformis	
➤ ➤ **Weißer Zuchtchampignon, Kulturchampignon**	cultivated mushroom, white mushroom, button mushroom
Agaricus bisporus var. *hortensis*	
➤ ➤ **Weißfleischiger Grünling**	golden tricholoma
Tricholoma auratum	
➤ ➤ **Wiesenchampignon, Wiesenegerling, Feldegerling**	field mushroom, meadow mushroom
Agaricus campestris	
➤ ➤ **Wintertrüffel**	winter truffle
Tuber brumale	
➤ ➤ **Wurzelmöhrling, Wurzel-Möhrling, Doppelring-Trichterling**	king mushroom, imperial cap mushroom
Catathelasma imperiale	
➤ ➤ **Ziegenlippe**	yellow cracking bolete, suede bolete
Xerocomus subtomentosus	
➤ ➤ **Zigeuner, Reifpilz, Runzelschüppling**	gypsy mushroom
Rozites caperatus	
➤ **Waldpilze**	forest mushrooms
Piment, Nelkenpfeffer	allspice, pimento
Pimenta dioica	
Pimpernell, Kleiner Wiesenknopf	salad burnet
Sanguisorba minor ssp. *minor*	
Pinienkerne, Piniennüsse, Pineole	pine nuts, pignons, pignoli, pignolia nuts (stone pine)
Pinus pinea	
➤ **Mexikanische Pinienkerne (Arizonakiefer)**	Mexican pine nut
Pinus cembroides	
Piniennüsse, Pinyon-Nüsse	pinyon nuts, piñon nuts, piñon seeds
Pinus edulis & Pinus cembroides	
Pintobohne, Wachtelbohne	pinto bean
Phaseolus vulgaris (Nanus Group) Type	
Pinyon-Nüsse, Piniennüsse	pinyon nuts, piñon nuts, piñon seeds
Pinus edulis & Pinus cembroides	

Pioppini, Stockschwämmchen
Kuehneromyces mutabilis
brown stew fungus, sheathed woodtuft

Pistazie *Pistacia vera*
pistachio

Pitahaya, Drachenfrucht
pitahaya, pitaya, dragonfruit

➤ **Gelbe Pitahaya, Gelbe Drachenfrucht**
Selenicereus megalanthus
yellow pitahaya, yellow pitaya, yellow dragonfruit

➤ **Rote Pitahaya, Rote Drachenfrucht**
Hylocereus undatus, Hylocereus costaricensis
red pitahaya, red pitaya, red dragonfruit, strawberry pear

Platterbse ➤ **Knollige Platterbse, Knollen-Platterbse, Erdnussplatterbse**
Lathyrus tuberosus
groundnut pea, earthnut pea, tuberous sweetpea, earth chestnut

➤ **Saatplatterbse, Saat-Platterbse**
Lathyrus sativus
grass pea, chickling pea, dogtooth pea, Riga pea, Indian pea

Plätzchen, Keks
cookie US; biscuit UK; (salzig) crackers; (ohne Salz/Zucker) water cracker, water biscuit

Plectranthus, Kaffir-‚Kartoffel'
Plectranthus esculentus
Livingstone potato, African potato, kaffir potato

Plötze, Rotauge *Rutilus rutilus*
roach FAO, Balkan roach

Plumcot
Prunus salicina x *Prunus armeniaca*
plumcot

Plunder, Plundergebäck
Danish pastry

Pökelfleisch
cured meat

Pökelsalz
curing salt

Polardorsch
Boreogadus saida
polar cod FAO/UK, Arctic cod US/Canada

Polarhase *Lepus arcticus*
Arctic hare

Polei-Minze *Mentha pulegium*
pennyroyal

Pollack, Heller Seelachs, Steinköhler
Pollachius pollachius
pollack (green pollack, pollack lythe)

➤ **Alaska-Pollack, Alaska-Seelachs, Pazifischer Pollack, Mintai**
Theragra chalcogramma
pollack, pollock, Alaska pollack, Alaska pollock

Polnischer Weizen, Abessinischer Weizen
Triticum turgidum ssp. *polonicum*
Polish wheat, Ethiopian wheat

Pomelo, Pampelmuse
Citrus maxima
pomelo, pummelo, shaddock

Pomfret ➤ **Schwarzer Pomfret**
Parastromateus niger
black pomfret

Pomeranze, Bitterorange
Citrus aurantium
bitter orange, sour orange, Seville orange

Pommes Frites
French fried potatoes, French fries, fries; chips UK

Pontische Alse, Donauhering
Alosa pontica
Pontic shad FAO, Black Sea shad

Porphyrtang, Purpurtang
Porphyra umbilicalis
purple laver, sloke, laverbread

Porre, Granat, Nordseegarnele, Nordseekrabbe, Krabbe, Sandgarnele *Crangon crangon*	common shrimp, common European shrimp (brown shrimp)
Porree, Lauch *Allium porrum, Allium ameloprasum* (Porrum Group)	leek, English leek, European le
Portabella *Agaricus bisporus*	portobello, portabella
Portugiesische Auster, Greifmuschel *Crassostrea angulata, Gryphaea angulata*	Portuguese oyster
Portulak, Gemüseportulak *Portulaca oleracea*	purslane, common purslane
Poularde, Masthuhn **(10–12 Wochen, 1,5–2,5 kg)**	roaster, roasting chicken (US/FSIS 2003: <12 weeks)
Poutassou, Blauer Wittling *Micromesistius poutassou*	blue whiting, poutassou
Pracht-Himbeere *Rubus spectabilis*	salmonberry
Praew-Blätter, Rau Ram, Vietnamesischer Koriander *Persicaria odorata*	Vietnamese coriander, laksa, rau lam
Pralinen	pralines, chocolates, fine choc
➢ Trüffel (CH Truffe)	truffles, praline truffles
Prebiotika	prebiotics
Preiselbeere, Kronsbeere *Vaccinium vitis-idaea*	lingonberry, cowberry, foxberr
Presshonig	press honey
Presskopf, Presssack, Sausack	brawn, head cheese
Prinzessbohne *Phaseolus vulgaris* (Nanus Group)	princess bean (young/fine green/French be
Propolis (Bienenharz)	propolis (bee resin)
Prosopis-Gummi, Mesquite-Gummi *Prosopis* spp.	prosopis gum, mesquite seed
Prunkbohne, Feuerbohne *Phaseolus coccineus*	runner bean, scarlet runner be
Pseudogetreide	pseudocereal(s)
Pudding	pudding
➢ Eierpudding (Milch & Eier)	custard, egg custard
➢ Milchpudding	milk pudding
Puderzucker	powdered sugar (fondant/ icing sugar/confectioner's su
Puffbohne *Phaseolus vulgaris* (Nuñas Group)	popping bean, popbean
Puffmais, Knallmais, Flockenmais *Zea mays* spp. *mays* (Everta Group)/ convar. *microsperma*	popcorn US; popping corn, popping maize UK
Pulasan *Nephelium ramboutan-ake (N. mutabile)*	pulasan
Pulpe, Brei	pulp
➢ Obstmark, Fruchtmark, Obstpulpe	fruit pulp
Punsch	punch
Püree	purée

Purpurforelle — cutthroat trout
Salmo clarki

Purpurschnecke — murex, trunk murex,
Hexaplex trunculus, Trunculariopsis trunculus — trunculus murex,
banded dye murex

Puruma-Traube — Amazon tree grape, puruma
Pourouma cecropiaefolia

Qualitätswein	quality wine
Qualle ➤ **Essbare Wurzelmundqualle, Pazifische Wurzelmundqualle** *Rhopilema esculentum* u.a.	edible jellyfish
Quandong, Australischer Pfirsich *Santalum acuminatum*	quandong, sweet quandong, native peach, Australian sandalwood
Quappe, Rutte, Trüsche, Aalrutte, Aalquappe *Lota lota*	burbot
Quark, Speisequark (Weißkäse)	quark, quarg, white cheese, fresh curd cheese, fromage fr
Queller, Salzkraut, Glaskraut, Glasschmalz, Passe Pierre ‚Alge' *Salicornia europaea*	chicken claws, sea beans, glass marsh samphire, sea asparag
Quellstoffe	extenders, bulking agent(s)
Quendel, Arznei-Thymian *Thymus pulegioides*	Pennsylvanian Dutch thyme, broad-leaf thyme
Quinnat, Königslachs *Oncorhynchus tschawytcha*	chinook salmon FAO, chinook king salmon
Quinoa, Inkaweizen, Inkakorn, Reismelde, Reisspinat, Kiwicha *Chenopodium quinoa*	quinoa
Quirlmalve, Krause Malve, Gemüsemalve, Krause Gemüsemalve *Malva verticillata* 'Crispa'	curled mallow
Quitte *Cydonia oblonga*	quince
➤ **Apfelquitte** *Cydonia oblonga* var. *maliformis*	apple quince
➤ **Birnenquitte** *Cydonia oblonga* var. *pyriformis*	pear quince
➤ **Chinesische Quitte, Chinesische Scheinquitte** *Chaenomeles speciosa*	Chinese quince
➤ **Japanische Quitte, Jap. Scheinquitte, Scharlachquitte** *Chaenomeles japonica*	Japanese quince
Quorn *Fusarium graminearum*	quorn

Radgarnele — kuruma shrimp, kuruma prawn
Penaeus japonicus

Radicchio — radicchio, Italian chicory
Cichorium intybus (Foliosum Group)
'Radicchio Group'

Radieschen, Radies, Monatsrettich — small radish, European radish,
Raphanus sativus (Radicula Group)/   French radish, summer radish
var. *sativus*

Radler, Bier-Limonade — shandy, panaché
     (beer & lemonade)

Raffinade, Zuckerraffinade — refined sugar (by recrystallization)
(raffinierter Weißzucker)

Ragout — ragout

Rahm — cream *allg*; (Sahne >18% Fett)

❯ **Dickrahm** — single cream
   clotted cream,
   Devonshire cream (55%) UK

❯ **Doppelrahm** — double cream (>48%) UK;
   heavy cream (>36%) US

❯ **Sauerrahm, saure Sahne** — sour cream (cultured cream)

Rainkohl — nipplewort
Lapsana communis

Rakkyo, Chinesische Zwiebel, — Chinese chives, Chinese onion,
Chinesische Schalotte,   Kiangsi scallion, rakkyo
Chinesischer Schnittlauch
Allium chinense

Rambutan — rambutan
Nephelium lappaceum

Ramontschi, Tropenkirsche, — ramontchi, governor's plum,
Batako-Pflaume   batoka plum
Flacourtia indica

Rams, Bärlauch, Bärenlauch — bear's garlic, wild garlic, ramsons
Allium ursinum

Rapontika, Schinkenwurzel, Nachtkerze — evening primrose
Oenothera biennis

Raps, Ölsaat — rape, oilseed rape, rutabaga
Brassica napus

Rapunzel, Feldsalat, Ackersalat — cornsalad, lamb's lettuce
Valerianella locusta

Rapunzel-Glockenblume — rampion
Campanula rapunculus

Rau Om, Rau Ngo, Reisfeldpflanze — rice paddy herb, finger grass,
Limnophila aromatica   kayang leaf

Rau Ram, Vietnamesischer Koriander, — Vietnamese coriander,
Praew-Blätter   laksa, rau lam
Persicaria odorata

Raucharoma — smoke flavoring

Rauchblättriger Schwefelkopf, — conifer tuft
Graublättriger Schwefelkopf
Hypholoma capnoides

Räucherfisch — smoked fish

Räucherschinken — smoked ham

Rauchfleisch	smoked meat
Raue Scholle, Raue Scharbe, Doggerscharbe	long rough dab, American plaice, plaice US
Hippoglossoides platessoides	
Rauhafer, Sandhafer, Nackthafer	hulless oat, naked oat
Avena nuda	
Rauke, Rucola, Rukola (Senfrauke, Salatrauke, Garten-Senfrauke, Ölrauke, Jambaraps, Persischer Senf)	rocket, roquette, garden rocket, salad rocket, arugala, arrugula, Roman rocket, rocket salad
Eruca sativa	
➢ **Wilde Rauke, Mauer-Doppelsame**	wall rocket
Diplotaxis muralis	
Raute, Weinraute	common rue
Ruta graveolens	
Rautenpapageifisch, Signal-Papageifisch	stoplight parrotfish
Sparisoma viride	
Reaktionsaroma	process flavor
Rebhuhn *Perdix perdix*	partridge, grey partridge
Regenbaum, Saman	raintree, monkey pod, saman, French tamarind
Samanea saman, Albizia saman	
Regenbogenforelle	rainbow trout (steelhead: sea-run and large lake populations)
Oncorhynchus mykiss, Salmo gairdneri	
Regenbogen-Stachelmakrele, Regenbogenmakrele	rainbow runner
Elagatis bipinnulata	
Regenbogenstint, Atlantik-Regenbogenstint	Atlantic rainbow smelt FAO, lake smelt
Osmerus mordax	
Rehwild	roe deer
Capreolus capreolus	
Reifpilz, Zigeuner, Runzelschüppling	gypsy mushroom, chicken of the woods
Cortinarius caperatus, Rozites caperatus	
Reifungsmittel	maturing agent
Reis	rice
Oryza sativa	
➢ **Afrikanischer Reis**	African red rice, African rice
Oryza glaberrima	
➢ **Bruchreis**	broken rice
➢ **Instantreis**	instant rice
➢ **Klebreis**	glutinous rice, white sticky rice
Oryza glutinosa	
➢ **Langkornreis (>6 mm)**	long-grain rice, long-grained
Oryza sativa (Indica Group)	
➢ **Mittelkornreis (5–6 mm)**	medium-grain rice
➢ **Naturreis, Vollkornreis (Braunreis)**	brown rice
➢ **Parboiled Reis**	parboiled rice (partly boiled)
➢ **Puffreis**	puffed rice
➢ **Rohreis**	paddy rice, rough rice
➢ **Rundkornreis (<5 mm) („Milchreis')**	round-grain rice, short-grain
➢ **Japanischer Rundkornreis**	Japanese rice, round-grained short grain rice
Oryza sativa (Japonica Group)	

➢ **Schnellkochreis, Kurzkochreis, Minutenreis**	minute rice
➢ **Weißreis, weißer Reis**	white rice
➢ **Wildreis, Kanadischer Wildreis, Indianerreis, Wasserreis, Tuscorareis** *Zizania aquatica*	American wild rice, Canadian wild rice
Reisbohne *Vigna umbellata, Phaseolus calcaratus*	rice bean
Reisfeldpflanze, Rau Om, Rau Ngo *Limnophila aromatica*	rice paddy herb, finger grass, kayang leaf
Reismelde, Reisspinat, Kiwicha, Quinoa, Inkaweizen, Inkakorn *Chenopodium quinoa*	quinoa
Reispapier	rice paper
Reisstrohpilz, Strohpilz, Paddystroh-Pilz, Scheidling, Reisstroh-Scheidling *Volvariella volvacea*	straw mushroom
Reiswaffeln	rice crackers
Reiswein (Sake)	rice wine (sake)
Reizker *Lactarius deliciosus*	saffron milk cap, red pine mushroom
Rekonstituierte Milch (gelöste Trockenmilch)	reconstituted milk
Relish	relish (a type of 'mixed pickles' as sambal/chutney)
Remoulade	tartar sauce
Reneklode, Reineclaude, Reneklaude, Ringlotte; Rundpflaume *Prunus domestica* ssp. *italica*	gage plum, greengage, Reine Claude
Renken, Maränen, Felchen *Coregonus* spp.	whitefishes, lake whitefishes
Rentier, Ren (Karibu) *Rangifer tarandus*	reindeer(Europe); caribou (N. America)
Rettich	radish
➢ **Daikon-Rettich, China-Rettich, Chinaradies** *Raphanus sativus* (Longipinnatus Group)/ var. *longipinnatus*	Japanese white radish, Chinese radish, daikon
➢ **Ölrettich** *Raphanus sativus* var. *oleiformis*	oil radish, oilseed radish
➢ **Radieschen, Radies, Monatsrettich** *Raphanus sativus* (Radicula Group)/ var. *sativus*	small radish, European radish, French radish, summer radish
➢ **Schlangenrettich, Rattenschwanzrettich** *Raphanus sativus* (Caudatus Group)/ var. *mourgi*	rat's tail radish, rat-tailed radish
➢ **Winterrettich, Gartenrettich, Knollenrettich** *Raphanus sativus* (Chinensis Group)/ var. *niger*	Oriental radish, black radish, winter radish
Rhabarber *Rheum rhabarbarum*	rhubarb

Ribiseln (Österr.), Rote Johannisbeere	red currant
Ribes rubrum	
Ridolfie, Falscher Fenchel	corn parsley, false fennel,
Ridolfia segetum	false caraway
Riechstoffe	fragrances
Riegel (Schokoriegel etc.)	bar; candy bar
Riesenarchenmuschel	mangrove cockle
Anadara grandis	
Riesenauster, Pazifische Auster,	Pacific oyster, giant Pacific oys
Japanische Auster	Japanese oyster
Crassostrea gigas	
Riesenbarsch, Barramundi	barramundi FAO, giant sea pe
Lates calcarifer	
Riesenchampignon	Prince mushroom, Prince
Agaricus augustus	
Riesen-Fechterschnecke,	queen conch (pronounced: co
Riesen-Flügelschnecke	pink conch
Strombus gigas	
Riesengarnele ➢ Rote Riesengarnele,	scarlet gamba prawn,
Atlantische Rote Riesengarnele	scarlet shrimp
Plesiopenaeus edwardsianus	
Riesengrenadille, Riesengranadilla,	giant granadilla, maracuja,
Königsgrenadille, Königsgranate,	barbadine
Barbadine	
Passiflora quadrangularis	
Riesengrundel, Große Meergrundel	giant goby
Gobius cobitis	
Riesenhai, Reusenhai	basking shark
Cetorhinus maximus	
Riesenkalmar, Riesen-Pfeilkalmar	jumbo flying squid
Dosidicus gigas	
Riesenkrabbe ➢ Japanische Riesenkrabbe	giant spider crab
Macrocheira kaempferi	
Riesenkürbis („Speisekürbis')	great pumpkins, giant pumpk
Cucurbita maxima ssp. *maxima*	winter squash
Riesensamtmuschel	giant bittersweet,
Glycymeris americana, Glycymeris gigantea	American bittersweet
Riesen-Seepocken	giant acorn barnacle, giant ba
Balanus nubilis & Megabalanus psittacus	& giant Chilean barnacle
Riesenträuschling,	wine cap, winecap stropharia,
Rotbrauner Riesenträuschling,	king stropharia,
Kulturträuschling, Braunkappe	garden giant mushroom
Stropharia rugosoannulata	
Rind *Bos primigenus*	cattle
➢ **Bulle (♂ unkastriert)**	bull
➢ **Färse (junge Kuh: noch nicht gekalbt)**	heifer
➢ **Jungbulle (♂ unkastriert) (<2 Jahre)**	bullock (young bull)
➢ **Kalb**	calf; 'bobby' calf (♂ <3 month
➢ **Kuh (gekalbt)**	cow
➢ **Ochse (kastriert; erwachsen;**	ox (*pl* oxen)
gewöhnlich nicht zur Fleischerzeugung)	

➤ Stier (kastriert; <4 Jahre)	steer
Rinderbraten	roast beef
Rinderdarm	cattle intestines
➤ Buttdarm, Bodendarm, Butte (oberster Dickdarm)	bung (caecum); (Kappe) bung cap
➤ Dickdarm	large intestines
➤ Dünndarm	small intestines
➤ Fettende	fatend
➤ Kappe (des Buttdarms)	bung cap
➤ Kranzdarm, Kranzdärme (Rind)	rounds, runners (small intestines: cattle)
➤ Mitteldarm, Mitteldärme	middles
➤ Nachende	afterend
Rinderfilet	tenderloin
➤ Filetkopf (*Lage in Richtung Hinterteil des Tieres*)	large end, blade end, butt end of tenderloin
➤ Filetspitze (Nackenende) (*Lage Richtung Rippen, Kopfende des Tieres*)	small end, short end, tail end of tenderloin
Rinderhack	ground beef
Rinderhälfte	beef side, side of beef (halbe carcass)
Rinderkraftbrühe	beef bouillon, consommé
Rinderschlund (Speiseröhre/Ösophagus)	weasand (esophagus of cattle for sausage casings)
Rindertalg	tallow, beef fat
Rindfleisch (*Teilstücke sind national verschieden: deshalb gibt es hier keine exakten Entsprechungen*)	beef
➤ Blatt	blade
➤ Blume (Hinterbereich/Region Kreuzbein und obere Schwanzwirbel)	rump
➤ Blume (Vorderbereich)	sirloin
➤ Blume, Hüfte, Rose	parts of rump, sirloin & round
➤ Brust	brisket
➤ Bug (mit Schulter und Blatt)	chuck (with shoulder and arm)
➤ Schaufelstück	top blade, flat iron (infraspinatus)
➤ Dicker Bug, Dickes Bugstück	clod, shoulder clod, blade
➤ Falsches Filet (Bugfilet/Schulterlende)	chuck tender (supraspinatus)
➤ Dicke Rippe, Vorschlag	top rib
➤ Dicker Bug, Dickes Bugstück (Schulter)	clod, shoulder clod, blade
➤ Dünnung, Bauchlappen	flank; hindquarter flank
➤ Entrecôte (Mittelrippenstück/ Zwischenrippenstück)	entrecôte (cuts from between the ribs: rib, ribeye, club steaks, contre-filet)
➤ Fehlrippe (hinterer Teil des Halses)	portion of chuck and primal ribs
➤ Filet, Lende (Österr. Lungenbraten)	fillet, filet, tenderloin
➤ Hachse	shin-shank
➤ Hals, Nacken	neck, neck end
➤ Hinterhesse, Wadschenkel (hinten)	hindshank US; leg UK, hind shin-shank

➢ **Hochrippe, Hohe Rippe**	forerib UK; prime rib, prime forerib US (*incl.* ribeye; Scotch filet; entrecote)
➢ **Kamm**	chuck (lower neck, shoulder, blade with upper three ribs)
➢ **Keule, Schlegel** (*inkl.* des gesamten Beckenknochens, d.h. *inkl.* Blume)	butt & rump & part of sirloin
➢ ➢ **stumpfe Keule** (ab Schwanzansatz/Hüftgelenk)	butt (& part of rump)
➢ **Knochendünnung**	short plate US; forequarter flank
➢ **Knochenmark**	bone marrow
➢ **Kugel, Nuss, Maus** (oberhalb des Kniegelenks)	top rump, thick flank (cap removed: knuckle)
➢ **Lappen, Dicker Nabel, Platte**	forequarter; plate US
➢ **Oberschale**	inside UNECE, topside UK; top round US (inner/upper)
➢ **Ochsenschwanz** (*eigentlich:* **Rinderschwanz**) (*Österr.* **Schlepp**)	oxtail (from all categories of cattle)
➢ **Pistole**	pistola, pistola hindquarter
➢ **Rinderhack**	ground beef, hamburger; minced beef UK
➢ **Roastbeef (mit Lende), Nierenstück** (*Österr.* **ohne Lende: Beiried**)	shortloin (upper hip to 0-3rd) US/UNECE; rump UK
➢ **Rücken (mit Roastbeef+Lende)** (*Österr.* **Englischer: Beiried+Rostbraten+Lungenbraten**)	rump & loin
➢ **Schwanzrolle, Seemerrolle, Rolle**	eye of round, eye round
➢ **Schwanzstück**	silverside; bottom round US
➢ **Spannrippe, Querrippe, Flachrippe, Blattrippe**	short ribs; thin ribs UK
➢ **Speiseröhre, Ösophagus (Rinderschlund)**	esophagus, weasand (esophagus of cattle for sausage casings)
➢ **Tafelspitz, Hüftdeckel**	rump cap, cap of rump, culotte (biceps femoris), top sirloin
➢ **Tatar, Tartar, Schabefleisch**	lean ground beef
➢ **Unterschale, Unterkeule**	silverside UK; bottom round US (outside bottom)
➢ **Unterschale ohne Schwanzrolle = Tafelstück**	outside flat (silverside without eye round) UNECE
➢ **Vorderhesse, Wadschenkel (vorn)**	foreshank US; shin UK, shin-shank
➢ **Vorderlende**	shortloin, short loin US
Rindfleischbrühe	beef stock
Ringlotte, Reneklode, Reineclaude, Reneklaude; Rundpflaume *Prunus domestica* ssp. *italica*	gage plum, greengage, Reine Claude
Rippchen (gekochtes Schweinekotelett)	cooked pork chop

Rippenkohl, Tronchudakohl,
Tronchuda-Kohl, Portugiesischer Kohl
Brassica oleracea (Costata Group)/
(Tronchuda Group)

Portuguese cabbage,
Portuguese kale, Tronchuda kale,
Tronchuda cabbage,
Madeira cabbage

Rippenmangold, Stielmangold,
Stängelmangold, Stielmus
Beta vulgaris ssp. *cicla* (Flavescens Group)

Silician broad-rib chard,
seakale beet, broad-rib chard

Rispenfuchsschwanz
Amaranthus cruentus

grain amaranth, blood amaranth,
Mexican grain amaranth,
African spinach

Rocambole, Rockenbolle,
Schlangenknoblauch
Allium sativum (Ophioscorodon Group)

rocambole, serpent garlic,
hardneck garlic,
top-setting garlic

Rochen

rays & skates

➢ **Bänderrochen,**
Ostatlantische Marmorrochen,
Scheckenrochen
Raja undulata

undulate ray FAO, painted ray

➢ **Fleckrochen, Fleckenrochen,**
Gefleckter Rochen
Raja montagui

spotted ray

➢ **Fullers Rochen, Chagrinrochen**
Leucoraja fullonica

shagreen ray

➢ **Gefleckter Rochen**
Raja polystigma

speckled ray

➢ **Keulenrochen, Nagelrochen**
Raja clavata

thornback skate,
thornback ray FAO, roker

➢ **Kuckucksrochen**
Raja naevus

cuckoo ray FAO, butterfly skate

➢ **Kurzschwanz-Rochen, Blonde**
Raja brachyura

blonde ray FAO, blond ray

➢ **Spiegelrochen, Europäischer Glattrochen**
Raja batis, Dipturus batis

common skate,
common European skate,
grey skate, blue skate, skate FAO

➢ **Sternrochen, Mittelmeer-Sternrochen**
Raja asterias

starry ray

Rogen (Fischeier innerhalb der Eierstöcke)

roe (*esp.* fish-eggs
within ovarian membrane)

➢ **Corail (Rogen von Hummer/**
Jakobsmuscheln *u.a.***)**

coral, roe (of lobster/scallop a.o.)

➢ **Seehasenrogen, Kaviarersatz,**
Deutscher Kaviar (Lumpfisch=Seehase)
Cyclopterus lumpus

false caviar, mock caviar,
German caviar, Danish caviar
(roe of lumpfish)

Röggelchen, ‚Röggelsche' (*Rheinisch für*
Roggenbrötchen)

rye roll

Roggen *Secale cereale*

rye

Rohfaser

crude fiber

Rohmilch

raw milk

Rohprodukt (unaufgereinigt)

crude product

Röhren-Kassie, Kassie, ‚Manna'
Cassia fistula

cassia pods

Rohrratte, Große Rohrratte	cane rat, greater cane rat,
Thryonomys swinderianus	giant cane rat, grasscutter
Rohrzucker, Rübenzucker, Saccharose,	cane sugar, beet sugar, table su[...]
Sukrose, Sucrose	sucrose
Rohstoff	raw material, resource
Rohu, Rohu-Karpfen	rohu
Labeo rohita	
Rohwürste	raw sausages
Rollgerste, Gerstengraupen	barley groats, hulled barley
Rollmops	rolled pickled/marinated
	herring fillet (around a piece[...]
	pickle/gherkin and onion)
Römischer Salat, Romana-Salat, Bindesalat	cos lettuce, romaine lettuce
Lactuca sativa (Longifolia Group)	
Rooibostee, Rotbuschtee, Massaitee	rooibos tea
Aspalathus linearis	
Rosa Abalone, Rosafarbenes Meerohr	pink abalone
Haliotis corrugata	
Rosa Pfeffer, Rosa Beere,	pink pepper, pink peppercorn[...]
Brasilianischer Pfeffer	red peppercorns,
Schinus terebinthifolius	South American pink peppe[...]
	Brazilian pepper, Christmas[...]
Rosa Tiefseegarnele	Aesop shrimp, Aesop prawn,
Pandalus montagui	pink shrimp
Rosablättriger Schirmpilz	smooth parasol mushroom
Leucoagaricus leucothites	
Rosaohr-Straßenkehrer,	pink ear emperor, redspot em[...]
Rosaohr-Kaiser	
Lethrinus lentjan	
Rosella, Karkade, Afrikanische Malve,	hibiscus, roselle, sorrel,
Sabdariffa-Eibisch	Jamaica sorrel, karkadé
Hibiscus sabdariffa	
Rosenapfel, Rosen-Jambuse	rose apple, jambu
Syzygium jambos	
Rosenberg-Garnele,	Indo-Pacific freshwater praw[...]
Rosenberg Süßwassergarnele,	giant river shrimp,
Hummerkrabbe (*Hbz.*)	giant river prawn,
Macrobrachium rosenbergii	blue lobster (*tradename*)
Rosenkohl	Brussels sprouts
Brassica oleracea (Gemmifera Group)	
Rosenwurz	roseroot
Sedum rosea, Rhodiola rosea	
Rosmarin	rosemary
Rosmarinus officinalis	
Rosskümmel, Dreilappiger Rosskümmel	gladich, baltracan
Laser trilobum	
Ross-Minze	horse mint, longleaf mint,
Mentha longifolia	'Biblical mint'
Rostbratwurst	grilling sausage
Rotalgen	red algae
Rotauge, Plötze	roach FAO, Balkan roach
Rutilus rutilus	

Rotbarsch, Goldbarsch (Großer Rotbarsch)	redfish, red-fish, Norway haddock,
Sebastes marinus & Sebastes mentella	rosefish, ocean perch FAO
➢ **Pazifischer Rotbarsch,**	Pacific ocean perch
Pazifik-Goldbarsch, Schnabelfelsenfisch	
Sebastes alutus	
Rotbrassen (*unter diesem Begriff gehandelt:*	pandora, common pandora FAO
Pagellus, Pagrus und *Dentex* spp.**)**	
speziell: **Rote Meerbrasse**	
Pagellus erythrinus	
Rotbrust-Sonnenbarsch,	redbreast sunfish FAO,
Großohriger Sonnenfisch	red-breasted sunfish, sun perch
Lepomis auritus	
Rote Abalone, Rotes Meerohr	red abalone
Haliotis rufescens	
Rote Garnele, Rote Tiefseegarnele	giant gamba prawn,
Aristaeomorpha foliacea	giant red shrimp, royal red prawn
Rote Johannisbeere	red currant
Ribes rubrum	
Rote Maulbeere	red mulberry
Morus rubra	
Rote Meerbrasse (*siehe auch:* **Rotbrassen)**	pandora, common pandora FAO
Pagellus erythrinus	
Rote Mombinpflaume, Spanische Pflaume	red mombin, purple mombin,
Spondias purpurea	Spanish plum, Jamaica plum
Rote Obstbanane	red banana
Musa **x** *paradisiaca* cv.	
Rote Pitahaya, Rote Drachenfrucht	red pitahaya, red pitaya,
Hylocereus undatus & Hylocereus costaricensis	red dragonfruit, strawberry pear
Rote Riesengarnele,	scarlet gamba prawn,
Atlantische Rote Riesengarnele	scarlet shrimp
Plesiopenaeus edwardsianus	
Rote Rübe, Rote Bete	beetroot
Beta vulgaris ssp. *vulgaris* var. *esculenta*	
Rote Spargelerbse	asparagus pea
Lotus tetragonolobus	
Rote Tiefseekrabbe	red deepsea crab, red crab
Chaceon maritae	
Roter Bandfisch	red bandfish
Cepola macrophthalma, Cepola rubescens	
Roter Gabeldorsch	red hake, squirrel hake
Urophycis chuss	
Roter Heinrich, Roter Meier,	purple amaranth,
Blutkraut, Küchenamarant	livid amaranth, blito
(Aufsteigender Amarant)	
Amaranthus blitum,	
Amaranthus lividus ssp. *ascendens*	
Roter Knurrhahn (Seeschwalbenfisch)	tub gurnard FAO,
Chelidonichthys lucerna	sapphirine gurnard
Roter Scheinhummer, ‚Langostino'	red squat lobster
Pleuroncodes monodon	
Roter Schnapper, Nördlicher Schnapper	red snapper,
Lutjanus campechanus	northern red snapper FAO

Roter Zackenbarsch	red grouper
Epinephelus morio	
Rotes Sandelholz	red sandalwood, red sanders
Pterocarpus santalinus	
Rotfeder	rudd
Scardinius erythrophthalmus	
Rotfisch ➤ Australischer Rotfisch	redfish (AUS)
Centroberyx affinis	
Rotfußröhrling	red cracking bolete
Boletus chrysenteron, Xerocomus chrysenteron	
Rothuhn	red-legged partridge
Alectoris rufa	
Rotkappe	orange birch bolete
Leccinum versipelle	
Rotkohl, Blaukraut	red cabbage
Brassica oleracea var. *capitata* f. *rubra*	
Rotlachs, Roter Lachs,	sockeye salmon FAO, sockeye
Blaurückenlachs, Blaurücken	(*lacustrine pop. in US/Canada*
Oncorhynchus nerka	kokanee)
Rotschwanz-Papageifisch	redtail parrotfish
Sparisoma chrysopterum	
Rotschwanzschnapper	lane snapper
Lutjanus synagris	
Rotwild	red deer, stag
Cervus elaphus	
Rotzunge, Echte Rotzunge, Limande	lemon sole
Microstomus kitt	
➤ **Hundszunge, Zungenbutt**	witch
Glyptocephalus cynoglossus	
➤ **Pazifische Rotzunge, Pazifische Limande**	Dover sole, Pacific Dover sole
Microstomus pacificus	
Rüben	beets and turnips
Beta spp. & *Brassica* spp.	
➤ **Gelbe Rübe, Möhre, Speisemöhre,**	carrot
Karotte	
Daucus carota	
➤ **Kohlrübe, Steckrübe**	rutabaga, swede, Swedish turnip
Brassica napus (Napobrassica Group)	
➤ **Mairübe, Stielmus, Rübstiel, Stängelkohl**	spring turnip greens, turnip tops
Brassica rapa (Rapa Group) var. *majalis*	
➤ **Rote Rübe, Rote Bete**	beetroot
Beta vulgaris ssp. *vulgaris* var. *esculenta*	
➤ **Runkelrübe, Futterrübe**	fodder beet
Beta vulgaris ssp. *vulgaris* var. *rapacea*	
➤ **Weiße Rübe, Stoppelrübe, Speiserübe,**	turnip, neeps
Wasserrübe, Mairübe, Navette	
Brassica rapa (Rapa Group)	
➤ **Zuckerrübe**	sugar beet
Beta vulgaris ssp. *vulgaris* var. *altissima*	
Rübenkraut, Rübensirup, Zuckerkraut	refinery syrup (dark: medium quality), golden syrup (light: best quality)

Rübenmelasse	beet molasses (very dark: lowest quality), dark treacle
Rübenzucker, Rohrzucker, Sukrose, Sucrose	beet sugar, cane sugar, table sugar, sucrose
Rübsen	annual turnip rape, bird rape
Brassica rapa (Campestris Group)	
➤ **Winterrübsen**	biennial turnip rape, turnip rape
Brassica rapa (Oleifera Group)	
Rückenstück, Grat	saddle
Rucola, Rukola, Rauke (Senfrauke, Salatrauke, Garten-Senfrauke, Ölrauke, Jambaraps, Persischer Senf)	rocket, roquette, garden rocket, salad rocket, arugula, arrugula, Roman rocket, rocket salad
Eruca sativa	
Rührteig	batter
Rukam, Madagaskarpflaume, Batako-Pflaume	Indian plum, Indian prune, rukam
Flacourtia rukam	
Rumbeere, Guaven-Beere	rumberry, guava berry
Myrciaria floribunda	
Rumpf (gesamte Tierhälfte)	carcass
Rundblättrige Minze	round-leaved mint
Mentha suaveolens	
Runder Kardamom, Javanischer Kardamom	round cardamom, Java cardamom
Amomum compactum	
Rundkopf-Grenadier, Rundkopf-Panzerratte, Langschwanz, Grenadierfisch, Grenadier	roundhead rattail, round-nose grenadier, roundnose grenadier FAO, rock grenadier
Coryphaenoides rupestris	
Rundkornreis, Japanischer Rundkornreis	Japanese rice, round-grained rice, short grain rice
Oryza sativa (Japonica Group)	
Runkelrübe, Futterrübe	fodder beet
Beta vulgaris ssp. *vulgaris* var. *rapacea*	
Runzelschüppling, Reifpilz	gypsy mushroom, chicken of the woods
Cortinarius caperatus, Rozites caperatus	
Rutte, Trüsche, Aalrutte, Aalquappe, Quappe	burbot
Lota lota	

Saatplatterbse, Saat-Platterbse
Lathyrus sativus
grass pea, chickling pea, dogtooth pea, Riga pea, Indian pea

Sabdariffa-Eibisch, Rosella, Karkade, Afrikanische Malve
Hibiscus sabdariffa
hibiscus, roselle, sorrel, Jamaica sorrel, karkadé

Sackbrasse, Gemeine Seebrasse
Pagrus pagrus, Sparus pagrus pagrus, Pagrus vulgaris
common seabream FAO, common sea bream, red porgy Couch's seabream

Saflor, Färberdistel, Bastard-Safran, Falscher Safran
Carthamus tinctorius
safflower, saffron thistle

Safou, Afrikanische Pflaume
Dacryodes edulis
bush butter, eben, safou, African pear, African plum

Safran
Crocus sativus
saffron

Safranpilz, Rötender Schirmpilz, Safran-Schirmpilz
Macrolepiota rhacodes
shaggy parasol

Saft — juice
> **Apfelsaft** — apple juice
> **Fruchtsaft (100% Saft)** — fruit juice (100% juice)
> **Fruchtsaftgetränke** — fruit juice beverages; juice drink (US >10% juice/UK >1%); UK squash (fruit beverage with >25% fruit juice), (mit Fruchtgeschmack) cordial
> **Fruchtsaftkonzentrat** — fruit juice concentrate; squash cordial UK
> **Gemüsesaft** — vegetable juice
> **Möhrensaft, Karottensaft** — carrot juice
> **Multivitaminsaft** — multivitamin juice
> **Nektar, Fruchtnektar (25–50% Saftanteil)** — fruit nectar (25-50% juice content)
> **Obstsaft** — fruit juice
> **Süßmost (frisch gepresster Apfel~ und/oder Birnensaft)** — cider US, sweet cider, sweet apple cider (freshly pressed apple juice)

Sägebarsch, Längsgestreifter Schriftbarsch, Ziegenbarsch
Serranus cabrilla
comber

Sägezahnmuschel, Gestutzte Dreiecksmuschel, Mittelmeer-Dreiecksmuschel
Donax trunculus
truncate donax, truncated wedge clam

Sago (granulierte Sagostärke aus Palmen)
Metroxylon sagu u.a.
sago (granulated palm starch)
> **Cycas-Sago** — palmfern starch, cycas starch, cycad starch (from so-called 'sago palm')
> **Kartoffelstärke-Sago, Deutscher Sago** — potato starch

Sagopalme *Metroxylon sagu* — sago palm
➤ **Toddypalme, Brennpalme** — toddy palm, jaggery palm,
  Caryota urens — wine palm, fishtail palm
Sahne — cream (single cream >18% UK;
  light cream 18-30%;
  heavy >36% US)
➤ **Creme fraîche (leicht gesäuert >30%)** — creme fraîche
➤ **Doppelrahm** — double cream (>48%) UK;
  heavy cream (>36%) US
➤ **geschlagene Sahne** — whipped cream
➤ **Kaffeesahne (10–20%)** — coffee cream (18–30%);
  US half-and-half
  (cream + whole milk, 10.5–18%)
➤ **leichte Sahne** — half cream (>12%) UK;
  US half-and-half
  (cream + whole milk, 10.5–18%)
➤ **saure Sahne, Sauerrahm (>10% Fett),** — sour cream (>18%)
  Schmand (24–30%) — (cultured cream)
➤ **Schlagsahne (>30% Fett)** — whipping cream (>35%) UK;
  light whipping cream (30–36%),
  heavy cream (>36%) US
➤ **süße Sahne** — sweet cream
Sahnetorte — cream cake
Saiblinge *Salvelinus* spp. — chars, charrs
➤ **Bachsaibling** — brook trout FAO, brook char,
  Salvelinus fontinalis — brook charr
➤ **Seesaibling, Stutzersaibling,** — American lake trout,
  Amerikanischer Seesaibling — Great Lake trout, lake trout FAO
  Salvelinus namaycush
Saigon-Zimt — Vietnamese cinnamon,
  Cinnamomum loureirii — Saigon cinnamon
Saipan-Mango, Kuweni, Kurwini — apple mango, kuweni, kuwini,
  Mangifera x *odorata* — kurwini
Saira, Kurzschnabelmakrelenhecht — Pacific saury
  Cololabis saira
Salak, Schlangenfrucht — salak, snake fruit
  Salacca zalacca
Salamblätter, Daun Salam, — daun salam, Indian bay leaf,
  Indischer Lorbeer, — Indonesian bay leaf
  Indonesischer Lorbeer,
  Indonesisches Lorbeerblatt
  Syzygium polyanthum, Eugenia polyantha
Salami — salami
➤ **Amerikan. Salami (roh/fermentiert)** — pepperoni
Salat — salad
➤ **Beilagensalat** — extra salad
➤ **Chinesischer Salat, Indischer Salat** — Indian lettuce
  Lactuca indica
➤ **Eichblattsalat, Eichlaubsalat, Pflücksalat** — criolla lettuce, Italian lettuce,
  Lactuca sativa (Secalina Group) — Latin lettuce
➤ **Eissalat, Krachsalat** — crisp lettuce, crisphead lettuce,
  Lactuca sativa var. *capitata* (Crisphead Type) — crisphead, iceberg lettuce

- **Endivie, Glatte Endivie, Winterendivie** — endive UK, chicory US
  Cichorium endivia (Endivia Group)
- **Feldsalat, Rapunzel, Ackersalat** — cornsalad, lamb's lettuce
  Valerianella locusta
- **Frisée-Salat, Krause Endivie** — frisée endive, curly endive
  Cichorium endivia (Crispum Group)
  'Frisée Group'
- **Gartensalat** *Lactuca sativa* — lettuce
- **Kopfsalat, Buttersalat** — butter lettuce, butterhead, head lettuce, cabbage lettuce, bibb lettuce, Boston lettuce
  Lactuca sativa var. *capitata* (Butterhead Type)
- **Koreanischer Salat, Godulbaegi** — Korean lettuce, godulbaegi
  Ixeris sonchifolia
- **Radicchio** — radicchio, Italian chicory
  Cichorium intybus (Foliosum Group)
  'Radicchio Group'
- **Römischer Salat, Romana-Salat, Bindesalat** — cos lettuce, romaine lettuce
  Lactuca sativa (Longifolia Group)
- **Schnittsalat, Pflücksalat (inkl. Eichenblattsalat, Lollo Rosso *etc.*)** — curled lettuce, cut lettuce, leaf lettuce, loose-leafed lettu, looseleaf (*incl.* oak leaf lettuc, lollo rosso *etc.*)
  Lactuca sativa (Crispa Group)
- **Spargelsalat, Spargel-Salat** — asparagus lettuce, celtuce
  Lactuca sativa (Angustana Group)
- **Stachelsalat, Lattich, Stachel-Lattich, Wilder Lattich** — prickly lettuce, wild lettuce
  Lactuca serriola

Salatchrysantheme, Salat-Chrysantheme, Chrysanthemum, Speise-Chrysantheme — chrysanthemum, tangho, Japanese greens
  Chrysanthemum coronarium
Salatgurke, Gurke *Cucumis sativus* — cucumber, gherkin
Salatsauce, Dressing — dressing, salad dressing
- **Französische Salatsauce** — French dressing
- **Vinaigrette** — vinaigrette salad dressing
Salattomate — salad tomato (slicing tomato)
Salatzichorie, Bleichzichorie, Chicorée — witloof chicory, Brussels chico, French endive, Belgian endiv, forcing chicory (US blue sai)
  Cichorium intybus (Foliosum Group)
  'Witloof'
Salbei, Echter Salbei, Gartensalbei — sage
  Salvia officinalis
- **Griechischer Salbei** *Salvia fruticosa* — Greek sage
- **Honigmelonensalbei, Honigmelonen-Salbei, Ananassalbei, Ananas-Salbei** — honey melon sage, pineapple s, pineapple-scented sage
  Salvia elegans, Salvia rutilans
- **Johannisbeersalbei, Schwarzer-Johannisbeer-Salbei** — baby sage
  Salvia microphylla
- **Muskatellersalbei, Muskateller-Salbei** — clary sage
  Salvia sclarea
- **Spanischer Salbei** *Salvia lavandulifolia* — Spanish sage

Salm (Junglachse im Meer: Blanklachs), Atlantischer Lachs *Salmo salar*	Atlantic salmon (*lake populations in US/Canada*: ouananiche, lake Atlantic salmon, landlocked salmon, Sebago salmon)
Salz	salt
➢ **Bittersalz, Magnesiumsulfat MgSO$_4$**	Epsom salts, epsomite, magnesium sulfate
➢ **Blutlaugensalz, Kaliumhexacyanoferrat**	prussiate
➢ **Doppelsalz**	double salt
➢ **fluoridiertes Salz, Fluorspeisesalz**	fluorinated salt
➢ **Gallensalze**	bile salts
➢ **gemischtes Salz**	mixed salt(s)
➢ **Gewürzsalz**	seasoned salt, seasoning salt
➢ **Glauber-Salz, Glaubersalz (Natriumsulfathydrat)**	Glauber salt (crystalline sodium sulfate decahydrate)
➢ **Hirschhornsalz, Ammoniumcarbonat (NH$_4$)$_2$CO$_3$**	hartshorn salt, ammonium carbonate
➢ **Iodsalz**	iodized salt
➢ **Kochsalz, Tafelsalz NaCl**	table salt, common salt
➢ **Komplexsalz**	complex salt
➢ **Leitsalz**	conducting salt
➢ **Meersalz**	sea salt
➢ **Mohrsches Salz**	Mohr's salt, ammonium iron(II) sulfate hexahydrate (ferrous ammonium sulfate)
➢ **Nährsalz**	nutrient salt
➢ **natriumarmes Kochsalz**	lite salt (NaCl/KCl + others)
➢ **Pökelsalz**	curing salt
➢ **Schmelzsalz**	melting salt, emulsifying salt
➢ **Siedesalz**	evaporated salt
➢ **Speisesalz, Kochsalz, Tafelsalz NaCl**	table salt, common salt
➢ **Steinsalz**	rock salt
Salzhering	pickled herring
Salzkraut, Glaskraut, Queller, Glasschmalz, Passe Pierre ‚Alge' *Salicornia europaea*	chicken claws, sea beans, glasswort, marsh samphire, sea asparagus
Salzlake, Salzlauge	brine; pickle (nutritional)
Salzlakenkäse	brine cheese, pickled cheese
Salzstäbchen, Salzletten	pretzel sticks, saltletts
Saman, Regenbaum *Samanea saman, Albizia saman*	raintree, monkey pod, saman, French tamarind
Samtbohne, Juckbohne, Velvetbohne *Mucuna pruriens*	velvet bean
Samtmuscheln Glycymeridae, Glycymerididae	dog cockles, bittersweets, bittersweet clams US
➢ **Gemeine Samtmuschel, Archenkammmuschel, Mandelmuschel, Meermandel, Englisches Pastetchen** *Glycymeris glycymeris*	dog cockle, orbicular ark (comb-shell), bittersweet
➢ **Riesensamtmuschel** *Glycymeris americana, Glycymeris gigantea*	giant bittersweet, American bittersweet

Samt-Tamarinde, Tamarindenpflaume	velvet tamarind, tamarind plum
Dialium indum & Dialium guineense	
Sancoya	soncoya
Annona purpurea	
Sandaale	sandeels
➤ **Großer Sandaal,**	greater sandeel,
Großer Sandspierling	great sandeel FAO,
Hyperoplus lanceolatus,	lance, sandlance
Ammodytes lanceolatus	
➤ **Nackt-Sandaal, Nacktsandaal**	smooth sandeel
Gymnammodytes semisquamatus	
Sand-Ährenfisch	sandsmelt, sand smelt FAO
Atherina presbyter	
Sandapfel, Ingwerpflaume,	gingerbread plum, sandapple
Ingwerbrotpflaume	
Parinari macrophylla	
Sandarakharz	sandarac resin, sandarach resin
Tetraclinis articulata	
Sanddorn	sea buckthorn
Hippophae rhamnoides	
Sandelholz, Weißes Sandelholz	white sandalwood,
Santalum album	East Indian sandalwood
➤ **Rotes Sandelholz**	red sandalwood, red sanders
Pterocarpus santalinus	
Sandgarnele, Porre, Granat,	common shrimp,
Nordseegarnele, Nordseekrabbe,	common European shrimp
Krabbe	(brown shrimp)
Crangon crangon	
Sandhafer, Rauhafer, Nackthafer	hulless oat, naked oat
Avena nuda	
Sandkirsche	sandcherry
Prunus pumila	
➤ **Östliche Sandkirsche**	Eastern sandcherry, flat sandcherry
Prunus pumila ssp. *depressa*	
➤ **Westliche Sandkirsche**	Western sandcherry
Prunus pumila ssp. *besseyi*	
Sandmuschel,	sand gaper, soft-shelled clam,
Sandklaffmuschel, Strandauster,	softshell clam, large-neck clam,
Große Sandklaffmuschel	steamer
Mya arenaria, Arenomya arenaria	
Sandröhrling, Sand-Röhrling, Sandpilz	sand boletus, variegated bolete,
Suillus variegatus	velvet bolete
Sand-Thymian, Feldthymian	wild thyme, creeping thyme,
Thymus serpyllum	mother of thyme
Sandzunge,	sand sole, French sole
Warzen-Seezunge	
Pegusa lascaris, Solea lascaris	
Santol, Kechapifrucht	santol, lolly fruit, kechapi
(Falsche Mangostane)	
Sandoricum koetjape	

Sapote, Sapodilla, Sapotille, Breiapfel   sapodilla, sapodilla plum, chiku
   Manilkara zapota   (chicle tree)
➢ **Canistel, Canistel-Eierfrucht,**   canistel, yellow sapote,
  Gelbe Sapote, Sapote Amarillo, Eifrucht   sapote amarillo, eggfruit
   Pouteria campechiana
➢ **Chupachupa, Südamerikanische Sapote,**   chupa-chupa, sapote amarillo,
  Kolumbianische Sapote   South American sapote
   Matisia cordata
➢ **Große Sapote, Mamey-Sapote,**   sapote, mamey sapote,
  Marmeladen-Eierfrucht,   marmalade plum
  Marmeladenpflaume
   Pouteria sapota
➢ **Grüne Sapote**   green sapote
   Pouteria viridis
➢ **Lucuma**   lucuma, lucmo
   Pouteria lucuma, Pouteria obovata
➢ **Schwarze Sapote**   black sapote, black persimmon
   Diospyros digyna
➢ **Weiße Sapote**   white sapote
   Casimiroa edulis
Sapucajanuss, Paradiesnuss   paradise nut, monkey-pot nut,
   Lecythis zabucajo u.a.   sapucaia nut, zabucajo nut
Sardelle, Europäische Sardelle, Anchovis   anchovy, European anchovy
   Engraulis encrasicolus
➢ **Amerikanische Sardelle**   northern anchovy,
   Engraulis mordax   California anchovy
➢ **Japanische Sardelle, Japan-Sardelle**   Japanese anchovy
   Engraulis japonicus
➢ **Peru-Sardelle, Anchoveta**   anchoveta
   Engraulis ringens
Sardine, Pilchard   European sardine, sardine
   Sardina pilchardus   (if small), pilchard (if large),
    European pilchard FAO
➢ **Großkopfsardine**   Indian oil sardine FAO, oil sardine
   Sardinella longiceps
➢ **Ohrensardine, Große Sardine, Sardinelle**   gilt sardine, Spanish sardine,
   Sardinella aurita   round sardinella FAO
➢ **Pazifische Sardine,**   South American pilchard
  Südamerikanische Sardine
   Sardinops sagax
Sardinelle, Ohrensardine, Große Sardine   gilt sardine, Spanish sardine,
   Sardinella aurita   round sardinella FAO
Sardinen   sardines
   Sardina spp.
Sareptasenf, Sarepta-Senf   sarepta mustard,
   Brassica juncea var. sareptana   lyrate-leaved mustard
Sarsaparilla   sarsaparilla
   Smilax regelii (and other species)
Sarson, Gelbsarson, Indischer Kolza   yellow sarson, Indian colza
   Brassica rapa (Trilocularis Group)

Saskatoon-Beere, Erlen-Felsenbirne, **Erlenblättrige Felsenbirne** *Amelanchier alnifolia*	saskatoon serviceberry, juneber sugarplum
Sassafrass, Fenchelholz, Filépulver *Sassafras albidum*	sassafras, filé
Satorbohne, Petaibohne, Peteh-Bohne *Parkia speciosa*	petai, peteh, twisted cluster bea ('stink bean')
Satsuma *Citrus unshiu*	satsuma mandarin
Sättigungsbeilage *(sättigende Kohlenhydratträger: Kartoffeln/Klöße/Teigwaren/Erbsbrei ...)*	filling (hearty) accompanimen (carbohydrates/starchy foods rice/potatoes/dumplings/pas' pea porridge ...)
Saubohne, Dicke Bohne *Vicia faba*	broad bean, fava bean
Sauerampfer, Garten-Sauerampfer *Rumex acetosa, Rumex rugosus*	garden sorrel, common sorrel, dock, sour dock
➤ **Französischer Sauerampfer,** **Schild-Sauerampfer** *Rumex scutatus*	French sorrel, Buckler's sorrel
➤ **Gartenampfer, Englischer Spinat,** **Ewiger Spinat, Gemüseampfer** *Rumex patientia*	patience dock, spinach dock
Sauerdorn, Berberitze, Schwiderholzbeere *Berberis vulgaris*	barberry
➤ **Mittelasiatische Sauerdornbeere** *Berberis integerrima*	Asian barberry
Sauergemüse	fermented vegetables
Sauerkirsche, Weichsel, Weichselkirsche *Prunus cerasus ssp. cerasus (Cerasus vulgaris)*	sour cherry
Sauerklee *Oxalis acetosella*	wood sorrel
➤ **Knolliger Sauerklee, Knollen-Sauerklee,** **Oka** *Oxalis tuberosa*	oca, oka oxalis, New Zealand y
Sauerkraut (aus Weißkohl) *Brassica oleracea f. alba*	sauerkraut, fermented white cabbage
Sauermilch *(Trinksauermilch: nicht dickgelegt)*	sour milk, acidified milk
Sauermilchkäse	acid curd cheese
Sauerpflaume *Ximenia americana*	sour plum, monkey plum
Sauerrahm, saure Sahne (>10% Fett)	sour cream (cultured cream)
Sauersack, Stachelannone, **Stachliger Rahmapfel, Corossol** *Annona muricata*	soursop, guanabana
➤ **Afrikanischer Sauersack** *Annona senegalensis*	wild soursop, wild custard ap
Sauerteig	sourdough
➤ **anfrischsauer, antriebsauer**	fresh sour
➤ **anstellsauer**	seed sour
➤ **grundsauer**	basic sour

➢ kurzsauer	short sour
➢ spontansauer	spontaneous sour
➢ vollsauer	full sour
Sauerteigbrot	sourdough bread
Säuerungsmittel	acidifier, acidulant
Säuglingsnahrung, Babynahrung	baby food
➢ Erstmilch, Anfangsmilch (Muttermilchersatz)	first milk, starting milk (pre-infant milk)
➢ Folgemilch (>4 Monate)	follow-on milk
➢ Muttermilch, Frauenmilch	mother's milk, breast milk
➢ Säuglingsanfangsnahrung, Formula-Nahrung	infant formula
Säure	acid
➢ Aminosäure	amino acid
➢ Ascorbinsäure	ascorbic acid
➢ Benzoesäure	benzoic acid
➢ Carbonsäure, Karbonsäure	carbonic acid
➢ Essigsäure	acetic acid
➢ Fettsäure	fatty acid
➢ Folsäure	folic acid
➢ Fruchtsäure	fruit acid
➢ Gerbsäure	tannic acid
➢ Kieselsäure	silicic acid
➢ Kohlensäure	carbonic acid
➢ Milchsäure	lactic acid
➢ Oxalsäure (Oxalat)	oxalic acid (oxalate)
➢ Propionsäure	propionic acid
➢ Sorbinsäure	sorbic acid
➢ Weinsäure	tartaric acid
➢ Zitronensäure, Citronensäure	citric acid
Schabzigerklee	sweet trefoil
Trigonella caerulea ssp. *caerulea*	
Schaf, Hausschaf	sheep, domestic sheep
Ovis aries	
➢ Hammel, Schöps (kastrierter Schafbock)	wether (castrated ram/buck/male sheep)
➢ Jungschaf (1-jährig, 2 Schneidezähne)	hogget, hogg (unshorn yearling, 2 incisors)
➢ Lamm (♂&♀ Schaf < 1 Jahr; ohne Zähne)	lamb
➢ Mastlamm	feeder lamb
➢ Milchlamm	milk lamb, sucking lamb (not weaned)
➢ weibl. Schaf (Mutterschaf: Aue)	ewe
Schaf~/Hammelfleisch	(jung) lamb, (älter) mutton
➢ Bauch	selle
➢ Brust	breast
➢ Bug, Blatt, Schulter	shoulder
➢ Kamm mit Hals/Grat	scrag
➢ Keule, Schlegel	leg
➢ Nierenstück, Rücken, Lende	bestneck, middleneck

Schafchampignon, Schafegerling, Anis-Egerling, Weißer Anisegerling, Weißer Anischampignon *Agaricus arvensis*	horse mushroom
Schafporling *Albatrellus ovinus, Scutiger ovinus*	sheep polypore
Schafsdarm ➤ Saitlinge (Dünndarm)	sheep casings (small intestines)
Schafskäse **(Feta: kann auch Ziege enthalten)**	ewe cheese, sheep cheese (feta: may contain goat)
Schafskopf-Brasse, **Schafskopf, Sträflings-Brasse** *Archosargus probatocephalus*	sheepshead
Schafskrabbe ➤ Kalifornische Schafskrabbe *Loxorhynchus grandis*	Californian sheep crab
Schalenobst	nuts
Schalentier	shellfish (crustaceans & mollu
Schalotten *Allium cepa* (Aggregatum Group)	shallots
Schankbiere (7–9% St.W.)	draft beers
Scharbe, Kliesche *Limanda limanda*	dab, common dab
Scharlachgurke, Scharlachranke, Efeu-Gurke *Coccinea grandis*	ivy gourd, scarlet gourd, tindo Indian gherkin
Schattenmorelle (Strauch-Weichsel) *Prunus cerasus* ssp. *acida*	bush sour cherry
Schaumwein, Sekt	sparkling wine (effervescent w 'champagne'
➤ Perlwein	semi-sparkling wine, pearlwir (low amount of carbonation
Schaumzuckerware	marshmallow
Scheefsnut, Glasbutt, Flügelbutt *Lepidorhombus whiffiagonis*	megrim FAO, sail-fluke, whiff
Scheibenhonig, Wabenhonig	comb honey
Scheiben-Lorchel (*roh giftig!/kochen!*) *Gyromitra ancilis*	disk-shaped edible false more (raw poisonous/cook!)
Scheidling, Reisstroh-Scheidling, Strohpilz, Paddystroh-Pilz, Reisstrohpilz *Volvariella volvacea*	straw mushroom
Schellfisch *Melanogrammus aeglefinus*	haddock (chat, jumbo)
Schenkel, Oberschenkel	thigh
Schichtkäse	layered cheese
Schichttorte	sandwich cake
Schiffskielgarnele, Bärengarnele, Bärenschiffskielgarnele *Penaeus monodon*	giant tiger prawn, black tiger prawn
Schildmakrelen *Trachurus* spp., *Decapterus* spp. u.a.	scads
Schildmakrele, Stöcker, Bastardmakrele *Trachurus trachurus*	Atlantic horse mackerel FAO, scad, maasbanker
Schillerlocken *Squalus acanthias*	smoked belly of spiny dogfish

Schimmelkäse — mold-ripened cheese
➢ **Blauschimmelkäse** — blue cheese
➢ **Weißschimmelkäse (Brie/Camembert)** — white mold-ripened cheese
Schindelauster* — imbricate oyster
Ostrea imbricata
Schinken (aus der Keule) — ham (from thigh)
➢ **Kochschinken, gekochter Schinken** — boiled ham, cooked ham
➢ **Lachsschinken (vom Kotelettstrang)** — dry-cured/smoked lean pork loin
➢ **Nussschinken, Mausschinken,** — ham from tip/knuckle/forecushion
   Kugelschinken — (above kneecap)
   Quadriceps femoris
➢ **Oberschinken** — rump portion, rump half,
    butt portion, butt half
    (upper thigh)
➢ **Räucherschinken** — smoked ham
➢ **Rohschinken, roher Schinken** — dry-cured/smoked uncooked ham
➢ **Schulterschinken (Vorderschinken)** — picnic ham (of foreleg & shoulder)
➢ **Unterschinken** — shank portion, shank half
➢ **Vorderschinken** — picnic ham (of foreleg & shoulder)
➢ **Westfälischer Schinken** — Westphalian ham
    (pigs fed with acorns/
    smoked over beech and juniper)

Schinkenspeck — smoked bacon
Schinkenwurzel, Nachtkerze, Rapontika — evening primrose
Oenothera biennis
Schirmpilz, rosablättriger — smooth parasol mushroom
Leucoagaricus leucothites
Schlachtfleisch (frisches Fleisch) — carcass meat, butcher's meat
Schlachtkörper — carcass
➢ **Hälfte** — side
➢ **Hinterhälfte** — hindsaddle
➢ **Hinterviertel** — hindquarter
➢ **Vorderhälfte** — foresaddle
➢ **Vorderviertel** — forequarter
Schlachtkörperteilstücke, — meat cuts
   Tierkörperteilstücke
   (*siehe auch: Teilstücke und unter den*
   jeweiligen Namen der Schlachttiere)
Schlagsahne (>30% Fett) — whipping cream (>35%) UK;
   (Österr.: **Schlagobers**) — heavy cream (>36%) US
Schlangenfrucht, Salak — salak, snake fruit
Salacca zalacca
Schlangengurke, Schlangenhaargurke — snakegourd
Trichosanthes cucumerina var. *anguina*
Schlangenknoblauch, Rocambole, — rocambole, serpent garlic,
   Rockenbolle — hardneck garlic, top-setting garlic
Allium sativum (Ophioscorodon Group)
Schlangen-Knöterich — bistort
Polygonum bistorta, Bistorta officinalis
Schlangenlauch, Schlangen-Lauch, — sandleek, giant garlic,
   Alpenlauch — Spanish garlic
Allium scorodoprasum

Schlangenrettich, Rattenschwanzrettich	rat's tail radish, rat-tailed radis
Raphanus sativus (Caudatus Group)/	
var. *mourgi*	
Schlehe *Prunus spinosa*	sloe
Schlei, Schleie, Schleihe *Tinca tinca*	tench
Schleuderhonig	extracted honey
Schmalz	grease, melted fat;
	(Schweineschmalz/Schweine
	lard (white solid/semisolid fa
	rendering fatty pork)
➤ **Flomenschmalz, Liesenschmalz**	lard from pig belly
➤ **Gänseschmalz**	goose lard, goose fat
➤ **Schweineschmalz**	pig lard, pork lard
Schmalzgebäck (mit Füllung),	fritters
Krapfen, Beignet	
Schmand (24–30% Fett)	a cultured cream at 24–30% fa
Schmelzkäse	process cheese, processed che
Schmelzsalz	melting salt, emulsifying salt
Schmorbraten (Rind)	braised beef
Schmorgericht	stew (with braised meat &
	usually also vegetables),
	hot pot (meat and vegetables
Schnapper *Lutjanus* spp. u.a.	snapper
➤ **Blut-Schnapper, Blutschnapper**	humphead snapper,
Lutjanus sanguineus	bloodred snapper
➤ **Doppelfleck-Schnapper**	two-spot red snapper
Lutjanus bohar	
➤ **Gelbschwanzschnapper**	yellowtail snapper
Ocyurus chrysurus	
➤ **Kaiserschnapper**	emperor snapper, red emperor
Lutjanus sebae	emperor red snapper FAO
➤ **Königsschnapper, Barrakuda-Schnapper,**	king snapper, blue-green snap
Grüner Schnapper	green jobfish FAO, streaker
Aprion virescens	
➤ **Malabar-Schnapper**	Malabar blood snapper
Lutjanus malabaricus	
➤ **Mutton-Schnapper**	mutton snapper
Lutjanus analis	
➤ **Rosa Gabelschwanz-Schnapper**	rusty jobfish
Aphareus rutilans	
➤ **Roter Schnapper, Nördlicher Schnapper**	red snapper,
Lutjanus campechanus	northern red snapper FAO
➤ **Rotschwanzschnapper**	lane snapper
Lutjanus synagris	
➤ **Vitta-Schnapper**	brownstripe red snapper
Lutjanus vitta	
Schnaps	snaps, schnaps, aquavit,
	eau-de-vie (white spirits),
	hard liquors, hard drinks, bo
➤ **Obstschnaps, Obstwasser,**	fruit brandy
Obstbrand, Obstbranntwein	
➤ **Selbstgebranntes (*illegaler Schnaps*)**	moonshine (illegally distilled b

➢ **Verdauungsschnaps, Digestif**	digestif
➢ **Weinbrand**	brandy
(Cognac, Armagnac, Grappa *etc.*)	(distilled from grape wine)
Schnecke (Backwaren)	twisted, sweet roll
➢ **Zimtschnecke**	cinnamon roll
Schnecken	snails
➢ **Afrikanische Riesenschnecke,**	giant African land snail,
Große Achatschnecke,	giant tiger land snail,
Tigerachatschnecke	giant Ghana tiger snail
Achatina achatina	
➢ **Brandhorn, Herkuleskeule,**	purple dye murex, dye murex
Mittelmeerschnecke	
Bolinus brandaris, Murex brandaris	
➢ **Gefleckte Weinbergschnecke,**	brown garden snail,
Gesprenkelte Weinbergschnecke	brown gardensnail,
Helix aspersa, Cornu aspersum,	common garden snail,
Cryptomphalus aspersus	European brown snail
➢ **Glatte Netzreusenschnecke,**	mutable nassa
Wandelbare Reusenschnecke	
Nassarius mutabilis	
➢ **Purpurschnecke**	murex, trunk murex,
Hexaplex trunculus,	trunculus murex,
Trunculariopsis trunculus	banded dye murex
➢ **Riesen-Fechterschnecke,**	queen conch (*pronounced*: conk),
Riesen-Flügelschnecke	pink conch
Strombus gigas	
➢ **Spirale von Babylon**	babylon snails
Babylonia spp.	
➢ **Strandschnecke,**	common periwinkle, periwinkle,
Gemeine Strandschnecke,	winkle, common winkle,
Gemeine Uferschnecke,	edible winkle
‚Hölker' (Bigorneau F)	
Littorina littorea	
➢ **Weinbergschnecke**	Roman snail, Burgundy snail,
Helix pomatia	escargot snail, edible snail,
	apple snail, grapevine snail,
	vineyard snail, vine snail
➢ **Wellhornschnecke,**	common whelk,
Gemeine Wellhornschnecke	edible European whelk,
Buccinum undatum	waved whelk, buckie,
	common northern whelk
Schneeball, Gemeiner Schneeball,	guelderberry, guelder rose,
Gemeine Schneeballfrüchte	European 'cranberrybush'
Viburnum opulus	(not a cranberry!), water elder
➢ **Erlenblättriger Schneeball**	hobblebush, moosewood,
Viburnum lantanoides	mooseberry
➢ **Kanadischer Schneeball, Schafbeere**	sheepberry, nannyberry,
Viburnum lentago	sweet viburnum
Schneehase	mountain hare
Lepus variabilis	
Schneehuhn, Alpenschneehuhn	ptarmigan
Lagopus mutus	

Schneekrabbe, Nordische Eismeerkrabbe, Arktische Seespinne *Chionoecetes opilio*	Atlantic snow spider crab, Atlantic snow crab, queen cr
Schnellimbiss	fast food
Schnepfe, Waldschnepfe *Scolopax rusticola*	woodcock
Schnittchen (Kanapee)	canapé
➢ **Weißbrotdoppelschnittchen**	sandwich
Schnittkäse (halbfest)	semi-hard cheese, semi-firm cheese (sliceable)
Schnittlauch *Allium schoenoprasum*	chives
➢ **Chinesischer Schnittlauch, Rakkyo, Chinesische Zwiebel/Schalotte** *Allium chinense*	Chinese chives, Chinese onio▮ Kiangsi scallion, rakkyo
Schnittmangold, Blattmangold *Beta vulgaris* ssp. *cicla* (Cicla Group)	Swiss chard, spinach beet, leaf beet, chard
Schnittsalat, Pflücksalat (inkl. Eichenblattsalat, Lollo Rosso etc.) *Lactuca sativa* (Crispa Group)	curled lettuce, cut lettuce, leaf lettuce, loose-leafed lettu looseleaf (*incl.* oak leaf lettuc lollo rosso *etc.*)
Schnittsellerie *Apium graveolens* var. *secalinum*	soup celery, leaf celery
Schnittzwiebel *Allium fistulosum*	bunching onion, scallion
Schnitzel	cutlet, escalope, snitzl (veal/po
Schokolade (*siehe auch:* Kakao)	chocolate
➢ **Bäckerschokolade**	baker's chocolate
➢ **Bitterschokolade**	dark chocolate, plain chocola▮ (up to 95% cocoa solids)
➢ **Blockschokolade (höherer Zuckeranteil als Kuvertüre)**	cooking chocolate
➢ **Compound-Schokolade (mit Fremdfett)**	compound chocolate
➢ **Edelbitterschokolade**	extra fine dark chocolate
➢ **Kuvertüre, Kouvertüre, Cuvertüre, Schokoladenüberzugsmasse**	couverture; chocolate glazing glazing chocolate
➢ **Milchschokolade**	milk chocolate (10-30% cocoa solids)
➢ **Tafelschokolade**	block chocolate; (eine Tafel Schokolade) a ba▮ block of chocolate, a chocola
➢ **Trinkschokolade (Kakaopulver mit Zucker)**	drinking chocolate, chocolate powder (cocoa powder with sugar); ▮ Kakao) hot chocolate, hot co
➢ **Zartbitterschokolade**	bittersweet chocolate (50-70% cocoa solids)
Schokoladenguss, Schokoladenglasur	chocolate frosting/icing
Schokoladenhai, Stachelloser Dornhai *Dalatias licha, Squalus licha*	kitefin shark FAO, seal shark, darkie charlie
Schokoladenpulver, Kakaopulver	cocoa powder
Schokoladenstreusel	chocolate sprinkles, chocolate vermicelli
Schokoladenüberzugsmasse, Kuvertüre, Kouvertüre, Cuvertüre	chocolate glazing, glazing chocolate, couvertur

Scholle, Goldbutt   plaice, European plaice FAO
  Pleuronectes platessa
➢ **Amerikanische Scholle,**   rex sole
  Pazifischer Zungenbutt
  Glyptocephalus zachirus
➢ **Großschuppige Scholle**   spotted flounder
  Citharus linguatula
➢ **Kalifornische Scholle, Pazifische Scharbe**   petrale sole
  Eopsetta jordani
➢ **Pazifische Scholle, Felsenkliesche**   rock sole
  Lepidopsetta bilineata
➢ **Raue Scholle, Raue Scharbe,**   long rough dab, American plaice,
  Doggerscharbe   plaice US
  Hippoglossoides platessoides
Schopf-Tintling,   shaggy ink cap, ink cap,
  Spargelpilz, Porzellan-Tintling   shaggy mane
  Coprinus comatus
Schorle   beverage (juice or wine)
                                                       mixed with soda water
➢ **Apfel-Schorle**   apple juice soda
➢ **Weinschorle**   wine cooler (in this case:
                                                       wine + soda water/seltzer)
Schrätzer   striped ruffe, schraetzer FAO,
  Gymnocephalus schraetzer   Danube ruffe
Schrot   crushed grain: (grob geschrotet)
                                                       groats (hulled, fragmented grain);
                                                       middlings (granular product
                                                       of grain milling - size between
                                                       semolina and flour);
                                                       (grob gemahlen) coarse meal,
                                                       grits (hulled, coarsely ground
                                                       grain); (*allg* Mahlschrot) grist
➢ **Graupen (entspelztes/geschältes Korn)**   groats
➢ **Grieß (0,25–1 mm)**   meal
➢ **Grütze**   grits
➢ **Weizenschrot**   cracked wheat
Schrotbrot   whole-meal bread
                                                       (with coarse-ground grain),
                                                       cracked-grain bread
Schuppenannone, Süßsack, Zimtapfel   sugar apple, sweetsop
  Annona squamosa
Schuppenrinden-Hickorynuss,   shagbark hickory (mockernut)
  Weiße Hickory
  Carya ovata
Schwalbennestersuppe   swallow's nest soup
Schwammgurke   loofah, vegetable sponge,
  Luffa aegyptiaca, Luffa cylindrica   smooth loofah, smooth luffa,
                                                       sponge gourd
➢ **Gerippte Schwammgurke,**   angled loofah, angled luffa,
  Flügelgurke   ridged gourd, angled gourd
  Luffa acutangula

Schwanz (Schweif; *Österr.* Schlepp)	tail
Schwarte (Schwein)	pork rind; (knusprig)
	pork cracklings, cracklin
➢ **Speck**	bacon
Schwartenmagen, Fleischmagen	collard brawn
Schwarzbeere, Kulturnachtschatten	garden huckleberry
Solanum melanocerasum	
Schwarze Apfelbeere, Kahle Apfelbeere	black chokeberry, aronia berry
Aronia melanocarpa	
Schwarze Aprikose	black apricot, purple apricot
Prunus x *dasycarpa*	
Schwarze Brustbeere, Brustbeersebeste,	sebesten plum, Assyrian plum
Sebesten	
Cordia myxa	
Schwarze Buckelbeere	black huckleberry
Gaylussacia baccata	
Schwarze Himbeere	black raspberry,
Rubus occidentalis	American raspberry
Schwarze Johannisbeere	black currant
Ribes nigrum	
Schwarze Kanarinuss,	Chinese black olive,
Schwarze Chinesische Olive	black Chinese olive
Canarium pimela	
Schwarze Makrele, Dunkle Stachelmakrele	black jack FAO, black kingfish
Caranx lugubris	
Schwarze Maulbeere	black mulberry
Morus nigra	
Schwarze Pfefferminze	black peppermint
Mentha x *piperita* 'piperita'	
Schwarze Sapote	black sapote, black persimmon
Diospyros digyna	
Schwarze Trüffel, Perigord-Trüffel	black truffle, Perigord black tr
Tuber melanosporum	
➢ **China-Trüffel**	Chinese truffle,
Tuber indicum	Chinese black truffle,
	black winter truffle
Schwarze Walnuss	black walnut,
Juglans nigra	American black walnut
Schwarzer Crappie, Silberbarsch	black crappie
Pomoxis nigromaculatus,	
Centrarchus hexacanthus	
Schwarzer Heilbutt, Grönland-Heilbutt	Greenland halibut FAO,
Reinhardtius hippoglossoides	Greenland turbot, black halib
Schwarzer Kardamom	black cardamom
Amomum subulatum	
Schwarzer Kreuzkümmel	black cumin, black caraway,
Bunium persicum	Kashmiri cumin, royal cumi
	kala jeera, shah jeera
Schwarzer Liebstöckel,	alexanders, black lovage
Gelbdolde, Pferde-Eppich	
Smyrnium olusatrum	

Schwarzer Nachtschatten *Solanum nigrum*	black nightshade, wonderberry
Schwarzer Pomfret *Parastromateus niger*	black pomfret
Schwarzer Sägebarsch, ‚Zackenbarsch' *Centropristis striata*	black seabass FAO, black sea bass
Schwarzer Seehecht, Schwarzer Zahnfisch *Dissostichus eleginoides*	Patagonian toothfish, Chilean sea bass
Schwarzer Senf *Brassica nigra*	black mustard
Schwarzer Thymian, Za'atar *Thymbra spicata*	black thyme, spiked thyme, desert hyssop, donkey hyssop
Schwarzer Zackenbarsch *Mycteroperca bonaci*	black grouper
Schwarzgrundel, Schwarzküling *Gobius niger*	black goby
Schwarzkümmel *Nigella sativa*	black cumin, 'fennel flower'
Schwarzspitzenhai, Kleiner Schwarzspitzenhai *Carcharhinus limbatus*	blacktip shark
Schwarzspitzen-Riffhai *Carcharhinus melanopterus*	blacktip reef shark, blackfin reef shark
Schwarzwurzel, Winterspargel *Scorzonera hispanica*	black salsify
Schwedische Mehlbeere, Nordische Mehlbeere, Oxelbeere *Sorbus intermedia*	Swedish whitebeam berry
Schwein	swine, pig, hog
➢ **Absetzferkel**	weaner
➢ **Bache, Wildschweinsau**	wild sow
➢ **Ferkel**	piglet, little pig
➢ **Frischling**	wild pig in its 1st year
➢ **Jungsau**	gilt
➢ **Läuferschwein, Läufer**	young pig, store pig, store
➢ **Mastferkel**	porker
➢ **Mutterschwein, Sau**	sow (female pig)
➢ **Saugferkel**	piglet
➢ **Spanferkel** (junges/noch gesäugtes Schwein: <6 Wo./12–20 kg)	suckling pig, suckling piglet, porkling
➢ **Wildschwein**	wild pig, wild hog, boar
Schweinebacke(n)	pork jowl(s), pork cheek(s)
Schweinebauch	pork belly
Schweinedarm	pig intestines
➢ **Buttdarm, Bodendarm, Butte** (oberster Dickdarm)	bung cap (caecum)
➢ **Dickdarm**	large intestines
➢ **Dünndarm**	small intestines

➤ **Enger Darm (Dünndarm: Schwein)**	runners, rounds, hog casings (small intestines)
➤ **Fettende**	fatend
➤ **Krausedarm (Mitteldarm: Schwein)**	middles; chitterlings, chitlins
➤ **Mitteldarm, Mitteldärme**	middles
➤ **Nachende**	afterend
Schweinefleisch (*Teilstücke sind national verschieden: deshalb gibt es hier keine exakten Entsprechungen*)	pork
➤ **ausgelassenes knusprig-gebackenes Fettgewebe**	cracklings (crispy fatty tissue)
➤ **Backe(n), Bäckchen**	jowl(s), cheek(s)
➤ **Bauch, Wamme**	belly, belly meat
➤ **Brust, Brustspitze, Dicke Rippe (Stich)**	breast, brisket
➤ **Bug, Blatt, Schulter** (*siehe:* **Vorderschinken**)	shoulder (upper part: shoulde Boston blade, Boston butt; lower part: arm picnic)
➤ **Eisbein, Dickbein, Hachse (Haxe)**	US shank (of hindlegs); UK h (Hinterhachse) hindshank
➤ **Filet, Lende**	tenderloin (filet, fillet)
➤ **Filetkopf**	large end of tenderloin
➤ **Filetspitze**	small end of tenderloin
➤ **Hackepeter, Mett** (**Schweinehackfleisch/Schweinehack**)	ground pork, pork mince
➤ **Kamm, Nacken**	neck, nape
➤ **Kassler, Kassler Rippenspeer, Kasseler Rippchen ('Rippchen')**	cured pork loin chop
➤ **Keule, Schlegel, Schinken**	leg (rear leg/hind leg), hindlin ham
➤ **Kochschinken, gekochter Schinken**	boiled ham, cooked ham
➤ **Kotelett**	loin; (einzeln) chop
➤ **Lachsschinken** (**vom Kotelettstrang**)	dry-cured/smoked lean pork
➤ **Nuss, Kugel, Maus**	tip, pork tip, forecushion, knuckle, pork knuckle roast (quadriceps femoris: lean/ boneless cut from above kne
➤ **Nussschinken, Mausschinken, Kugelschinken** (*Quadriceps femoris*)	ham from tip/knuckle/forecu (above kneecap)
➤ **Oberschinken**	rump portion, rump half, butt portion, butt half (upper thigh)
➤ **Räucherschinken**	smoked ham
➤ **Rohschinken, roher Schinken**	dry-cured/smoked uncooked
➤ **Schälrippchen, Schälrippen** (**inkl. Leiterchen**)	spareribs, spare ribs
➤ **Schaufelstück**	blade (boneless)
➤ **Schinken**	ham
➤ **Schnauze, Rüssel**	snout, muzzle
➤ **Schnitzel**	cutlet, escalope, snitzl

➤ **Schulter/Bug/Blatt** **(***siehe:* **Vorderschinken)**	shoulder (upper part: shoulder butt, Boston blade, Boston butt; lower part: arm picnic)
➤ **obere Schulter**	butt, shoulder butt, Boston blade, Boston butt
➤ **untere Schulter**	picnic, arm picnic, picnic shoulder
➤ **Schulterschinken (Vorderschinken)**	picnic ham (of foreleg & shoulder)
➤ **Schweinehack**	ground pork
➤ **Schweinesülze**	jellied pork
➤ **Speck**	bacon; (vom oberen Hinterschinken) gammon UK
➤ **Spitzbein, Pfötchen, Sülzfüße**	trotter, foot (front foot & hind foot)
➤ **Unterschinken**	shank portion, shank half
➤ **Vorderhachse**	hock (foreshank)
➤ **Vorderschinken**	picnic ham (of foreleg & shoulder)
Schweinehack	ground pork, pork mince
Schweinehaut	swine skin, pork skin
Schweinenetz, Schweinsnetz, Fettnetz	pork caul
Schweinerüssel	pork muzzle, pork snout
Schweineschmalz	pig lard, pork lard
Schweinshaxen, Eisbein, Dickbein, Hachse, Haxe	US shank (of hindlegs); UK hock; (Hinterhachse) hindshank
Schweinskotelett	pork chop
Schwertbohne *Canavalia gladiata*	sword bean
Schwertfisch *Xiphias gladius*	swordfish
Schwertmuschel ➤ **Amerikanische Schwertmuschel** *Ensis directus*	American jack knife clam
➤ **Gerade Mittelmeer-Schwertmuschel** *Ensis minor*	Mediterranean jack knife clam
Schwimmkrabben u.a. Portunidae	swimming crabs a.o.
➤ **Blaue Schwimmkrabbe, Blaukrabbe, Große Pazifische Schwimmkrabbe** *Portunus pelagicus*	blue swimming crab, sand crab, pelagic swimming crab
➤ **Pazifische Rotpunkt-Schwimmkrabbe** *Portunus sanguinolentus*	blood-spotted swimming crab
Seeaal *Squalus acanthias*	smoked 'fillet' of spiny dogfish; rock eel, rock salmon, huss
➤ **Meeraal, Gemeiner Meeraal, Congeraal** *Conger conger*	conger eel, European conger FAO
Seebarsch, Wolfsbarsch *Dicentrarchus labrax, Roccus labrax, Morone labrax*	bass, sea bass, European sea bass FAO
➤ **Gefleckter Seebarsch, Gefleckter Wolfsbarsch** *Dicentrarchus punctatus*	spotted bass

Seebrasse	red seabream
Pagrus major	
➢ **Sackbrasse, Gemeine Seebrasse**	common seabream FAO,
Pagrus pagrus, Sparus pagrus pagrus,	common sea bream, red porg
Pagrus vulgaris	Couch's seabream
Seedattel, Steindattel,	datemussel, common date mus
Meerdattel, Meeresdattel	European date mussel
Lithophaga lithophaga	
Seeforelle	lake trout
Salmo trutta lacustris	
Seeforelle	skate (smoked/
(geräuchert/marinierter Glattrochen)	marinated European skate)
Raja batis	
Seegras	eelgrass, marine eelgrass
Zostera marina & Zostera spp.	
Seegurke (*auch:* Seewalze)	sea cucumber, trepang
➢ **Essbare Seegurke, Essbare Seewalze,**	edible sea cucumber, pinkfish
Rosafarbene Seewalze	
Holothuria edulis	
➢ **Japanische Seegurke**	Japanese sea cucumber
Stichopus japonicus	
➢ **Königsseegurke, Königsholothurie**	royal cucumber
Stichopus regalis	
➢ **Nordamerikanische Seegurke**	North-American sea cucumbe
Cucumaria fraudatrix	
Seehase (Lump/Lumpfisch)	lumpsucker, lumpfish, henfish
Cyclopterus lumpus	
Seehecht, Europäischer Seehecht,	hake, European hake FAO,
Hechtdorsch	North Atlantic hake
Merluccius merluccius	
➢ **Makrelenhecht, Echsenhecht**	Atlantic saury
Scomberesox saurus saurus	
Seeigel	sea urchin(s)
➢ **Stein-Seeigel, Steinseeigel**	purple sea urchin,
Paracentrotus lividus	stony sea urchin, black urchi
Seekarpfen	seabreams
Pagellus spp.	
➢ **Graubarsch,**	red seabream, common seabre
Nordische Meerbrasse	blackspot seabream FAO
Pagellus bogaraveo	
Seekuckuck, Kuckucks-Knurrhahn	East Atlantic red gurnard,
Aspitrigla cuculus	cuckoo gurnard
Seelachs, Köhler, Blaufisch	saithe FAO, pollock,
Pollachius virens	Atlantic pollock, coley, coalfi
➢ **Alaska-Seelachs, Alaska-Pollack,**	pollock, pollack, Alaska polloc
Pazifischer Pollack, Mintai	Alaska pollack
Theragra chalcogramma	
➢ **Heller Seelachs, Steinköhler, Pollack**	pollack (green pollack,
Pollachius pollachius	pollack lythe)
Seemandel, Indische Mandel	Indian almond, sea almond,
(Katappa-Öl)	wild almond
Terminalia catappa	

Seepocken	barnacles
➤ **Große Seepocke**	rough barnacle
Balanus balanus	
➤ **Riesen-Seepocke**	giant Chilean barnacle
Megabalanus psittacus	
➤ **Riesen-Seepocke**	giant acorn barnacle, giant barnacle
Balanus nubilis	
Seequappe ➤ Dreibartelige Seequappe	three-bearded rockling
Gaidropsarus vulgaris	
Seesaibling, Wandersaibling,	char, charr FAO, Arctic char,
Schwarzreuther	Arctic charr
Salvelinus alpinus	
➤ **Amerikanischer Seesaibling,**	American lake trout,
Stutzersaibling	Great Lake trout, lake trout FAO
Salvelinus namaycush	
Seespinnen Majidae	spider crabs
➤ **Chilenische Seespinne**	southern spider crab
Libidoclea granaria	
Seestint ➤	surf smelt
Kleinmäuliger Kalifornischer Seestint	
Hypomesus pretiosus	
Seestör, Kalbfisch (scheibenförmig und	porbeagle (hot-smoked slices)
geräucherter Heringshai)	
Lamna nasus	
Seetang, Tang	seaweed
Seeteufel ➤ Atlantischer Seeteufel,	Atlantic angler fish, angler FAO,
Atlantischer Angler	monkfish
Lophius piscatorius	
Seetraube, Meertraube	sea grape
Coccoloba uvifera	
Seewalze	sea cucumber, trepang
➤ **Ananas-Seewalze**	prickly redfish
Thelenota ananas	
Seewolf, Gestreifter Seewolf, Kattfisch,	Atlantic wolffish, wolffish FAO,
Katfisch, Karbonadenfisch, ,Steinbeißer'	cat fish, catfish
Anarhichas lupus	
➤ **Blauer Seewolf, Blauer Katfisch**	jelly wolffish,
Anarhichas denticulatus	northern wolffish FAO
➤ **Gefleckter Seewolf, Gefleckter Katfisch**	spotted wolffish FAO,
Anarhichas minor	spotted sea-cat,
	spotted catfish, spotted cat
➤ **Pazifischer Seewolf,**	wolf-eel FAO, Pacific wolf-eel
Pazifischer ,Steinbeißer'	
Anarrhichthys ocellatus	
Seezunge, Gemeine Seezunge	common sole (Dover sole),
Solea solea	English sole
➤ **Bastardzunge, Dickhaut-Seezunge***	thickback sole FAO,
Microchirus variegatus, Solea variegata	thick-backed sole
➤ **Pazifische Seezunge**	lined sole
Achirus lineatus	
➤ **Warzen-Seezunge, Sandzunge**	sand sole, French sole
Pegusa lascaris, Solea lascaris	

Seidentofu	silken tofu
Sekt, Schaumwein	sparkling wine (tank fermente‹
Selbstgebranntes	moonshine (illegally distilled
(*illegal gebrannter Schnaps*)	liquor, US: esp. corn whiskey‹
Sellerie *Apium graveolens*	celery
➤ **Chinesischer Sellerie**	Chinese celery
Apium graveolens var. *secalinum*	
➤ **Knollensellerie, Wurzelsellerie, Eppich**	root celery, celery root, celeriac
Apium graveolens var. *rapaceum*	turnip-rooted celery, knob ce
➤ **Schnittsellerie**	soup celery, leaf celery
Apium graveolens var. *secalinum*	
➤ **Stangensellerie, Stielsellerie,**	stalk celery (celery stalks)
Bleichsellerie, Staudensellerie	
Apium graveolens var. *dulce*	
Semmelstoppelpilz	pied de mouton
Hydnum repandum	
Senf, Mostrich	mustard
➤ **Abessinischer Senf, Äthiopischer Senf,**	Abyssinian mustard,
Abessinischer Kohl	Abyssinian cabbage,
Brassica carinata	Ethiopian mustard, Texsel gr‹
➤ **Blattsenf**	leaf mustard
Brassica juncea ssp. *integrifolia*	
➤ **Brauner Senf, Indischer Senf, Braunsenf,**	brown mustard, Indian musta‹
Indischer Braunsenf, Sareptasenf	Dijon mustard
Brassica juncea var. *juncea*	
➤ **Breitblättriger Senf**	cabbage leaf mustard,
Brassica juncea var. *rugosa*	broad-leaved mustard,
	heading leaf mustard,
	mustard greens
➤ **Chinesischer Gelbsenf**	yellow Chinese leaf mustard
Brassica juncea var. *lutea*	
➤ **Hügelsenf,**	Turkish rocket, warty cabbage,
Orientalisches Zackenschötchen,	hill mustard
Türkische Rauke	
Bunias orientalis	
➤ **Hügelsenf, Türkische Rauke**	hill mustard, Turkish rocket
Bunias orientalis	
➤ **Kräuselblättriger Senf,**	curly-leaf mustard,
Krausblättriger Senf	curled mustard,
Brassica juncea ssp. *integrifolia*	curly-leaved mustard
(Crispifolia Group)	
➤ **Kräutersenf**	mustard with herbs
➤ **Sareptasenf, Sarepta-Senf**	sarepta mustard,
Brassica juncea var. *sareptana*	lyrate-leaved mustard
➤ **Schwarzer Senf**	black mustard
Brassica nigra	
➤ **Weißer Senf**	white mustard
Sinapis alba	
Senfkörner	mustard seed
Senf-Spinat, Senfspinat,	spinach mustard, mustard spi‹
Mosterdspinat, Komatsuna	komatsuma, komatsuna
Brassica rapa (Perviridis Group)	

Sepiole *Sepiola* spp.
➢ **Atlantische Sepiole**
   Sepiola atlantica
➢ **Mittelmeer-Sepiole, Zwerg-Sepia,**
   Zwergtintenfisch, Kleine Sprutte
   Sepiola rondeleti
Serendipity-Beere
   Dioscoreophyllum cumminsii
Sesam
   Sesamum indicum
Sevruga, Sternhausen, Scherg
   Acipenser stellatus
Sezuangemüse, Tsa Tsai
   Brassica juncea var. *tsatsai*

Shan Fu, Igel-Stachelbart
   Hericium erinaceum
Sharon-Frucht, Kaki, Kakipflaume,
   Dattelpflaume, Persimone,
   Chinesische Dattelpflaume
   Diospyros kaki
Sheabutter (Butterbaum)
   Vitellaria paradoxa
Shiitake, Blumenpilz,
   Japanischer Champignon
   Lentinus edodes, Lentinula edodes
Shimeji, Bunashimeji, Buchenrasling
   Hypsizigus marmoreus, Hypsizigus tessulatus
Shiso
   Perilla frutescens
➢ **Grünes Shiso, Grüne Perilla**
   Perilla frutescens var. *crispa*
➢ **Rotes Shiso, Purpurrote Perilla**
   Perilla frutescens var. *crispa* f. *atropurpurea*
Shoyu (japan. Sojasauce)
Sibirischer Kohl, Schnittkohl
   Brassica napus (Pabularia Group)
Sibirischer Stör
   Acipenser baerii
Sievabohne
   Phaseolus lunatus (Sieva Group)
Signalkrebs
   Pacifastacus leniusculus
Sikawild, Sikahirsch
   Cervus nippon
Silberbarsch, Schwarzer Crappie
   Pomoxis nigromaculatus,
   Centrarchus hexacanthus
Silberkarausche, Giebel
   Carassius auratus gibelio
Silberkarpfen, Gewöhnlicher Tolstolob
   Hypophthalmichthys molitrix

cuttlefish, bobtail squid
Atlantic cuttlefish, little cuttlefish,
   Atlantic bobtail squid FAO
Mediterranean dwarf cuttlefish,
   lesser cuttlefish,
   dwarf bobtail squid FAO
serendipity berry,
   Nigerian berry (monellin)
sesame, sesame seed, benne seed

starry sturgeon,
   stellate sturgeon IUCN, sevruga
Sichuan pickling mustard,
   big stem mustard,
   Sichuan swollen stem mustard
lion's mane,
   monkey head mushroom
sharon fruit, kaki, persimmon,
   Japanese persimmon,
   Chinese date

shea butter, shea nut

shiitake,
   Japanese forest mushroom

bunashimeji,
   brown beech mushroom
perilla, shiso, Japanese basil,
   wild perilla, common perilla
green shiso, green perilla,
   ruffle-leaved green perilla
purple shiso, purple perilla,
   ruffle-leaved purple perilla
shoyu
Hanover salad, Siberian kale

Siberian sturgeon

sieva bean, bush baby lima,
   Carolina bean, climbing baby lima
signal crayfish

sika deer

black crappie

gibel carp, Prussian carp FAO

silver carp FAO, tolstol

Silberner Pampel	silver pomfret
Pampus argenteus	
Sild (kleine Heringe)	sild (young herrings + sprats)
Sirup	syrup
➢ **Ahornsirup**	maple syrup
➢ **angereicherter Isosirup**	enriched fructose corn syrup (EFCS)
➢ **Glukosesirup**	glucose syrup
➢ **hochangereicherter Isosirup**	very enriched fructose corn sy⟩ (VEFCS)
➢ **Isosirup, Isoglucose-Sirup**	high-fructose corn syrup (HF⟨ isosyrup, isoglucose
➢ **Maissirup**	corn syrup
➢ **Maltosesirup (maltosereicher Sirup)**	high-maltose syrup (HMS)
➢ **Rübenkraut, Rübensirup, Zuckerkraut**	refinery syrup (dark: medium quality), golden syrup (light: best qual⟩
➢ **Stärkesirup**	glucose syrup, confectioners' glucose
➢ **Zuckerrübensirup, Rübenkraut**	golden syrup (sugar beet mola⟩
Slowenische Bergminze, Thymianblättrige Felsenlippe	mountain mint
Micromeria thymifolia	
Slowfood	slow food
Sojabohne	soybean
Glycine max	
Sojafleisch, texturiertes Gemüseprotein, texturiertes Sojaprotein, strukturiertes Sojaprotein	soy meat, textured vegetable protein (T textured soy protein (TSP)
Soja-Joghurt	soy yogurt
Sojakäse	soy cheese
Sojamehl	soy flour
Sojamilch	soy milk
Sojaquark, Sojakäse, Tofu	tofu, soybean curd, bean curd⟩ soy curd
Sojasoße	soysauce, soy sauce
Sojasprossen (meist Mungbohnen-Keimlinge)	soybean sprouts
Sokoyokoto	sokoyokoto, soko, celosia, quail grass, Lagos spinach
Celosia argentea	
Sommerflunder	summer flounder
Paralichthys dentatus	
Sommerkürbisse, Gartenkürbisse (Zucchini u.a.)	summer squashes, vegetable marrow (zucchini,
Cucurbita pepo ssp. *pepo*	
Sommertrüffel	summer truffle, black truffle
Tuber aestivum	
Sonnenbarsch	redbreast sunfish FAO,
➢ **Rotbrust-Sonnenbarsch, Großohriger Sonnenfisch**	red-breasted sunfish, sun pe⟩
Lepomis auritus	

Sonnenblume	sunflower
Helianthus annuus	
Sonnenblumenkerne	sunflower seeds
Sorbet	sherbet, sorbet
Soße (*auch:* **Sauce**)	sauce
➢ **Chili-Soße**	hot sauce
➢ **Fleischsoße**	gravy
➢ **Remoulade, Remouladensoße**	tartar sauce
➢ **Salatsoße, Dressing**	dressing, salad dressing
➢ **Sojasoße**	soy sauce, soysauce
➢ **Würzsoße**	condiment, condiment sauce
Soßenbinder	sauce thickener, gravy thickener
Souarinuss, Butternuss	swarri nut, souari nut, butternut
Caryocar amygdaliferum &	
Caryocar nuciferum	
Spaghetti-Kürbis	spaghetti squash, spaghetti marrow,
Cucurbita pepo 'Spaghetti'	vegetable spaghetti
Spanische Golddistel, Goldwurzel	golden thistle, Spanish oyster,
Scolymus hispanicus	cardillo
Spanischer Salbei	Spanish sage
Salvia lavandulifolia	
Spanischer Schweinsfisch	Spanish hogfish
Bodianus rufus	
Spanischer Thymian	Spanish thyme
Thymus zygis	
➢ **Mastix-Thymian**	mastic thyme, Spanish wood thyme,
Thymus mastichina	Spanish wood marjoram
Spargel *Asparagus officinalis*	asparagus
➢ **Winterspargel, Schwarzwurzel**	black salsify
Scorzonera hispanica	
Spargelbohne, Langbohne	yard-long bean,
Vigna unguiculata ssp. *sesquipedalis*	Chinese long bean,
	asparagus bean, snake bean
Spargelerbse, Kaffee-Erbse, Flügelerbse	asparagus pea, winged pea
Lotus tetragonolobus,	
Tetragonolobus purpureus	
Spargelsalat, Spargel-Salat	asparagus lettuce, celtuce
Lactuca sativa (Angustana Group)	
Speck	bacon; lard;
	(vom oberen Hinterschinken)
	gammon UK
➢ **Bauchspeck, Durchwachsener Speck**	belly bacon, belly speck (pork
(Schweinebauch: gepökelt/geräuchert)	belly briefly cured, smoke dried,
	then usually cooked)
➢ **Frühstücksspeck**	bacon, breakfast speck
(feinstreifig geschnitten)	
➢ **Grüner Speck**	green bacon (cured/not smoked)
(ungeräucherter/frischer Speck)	(fat from the back: unsalted)
➢ **Hüftspeck, Schinkenspeck**	hip speck
➢ **Rückenspeck**	back speck

Speckfisch (**heißgeräucherter Grauhai**) *Hexanchus griseus*	smoked grey shark (bluntnosed shark, six-gilled shark, sixgill shark, bluntnose sixgill shark)
Speierling *Sorbus domestica*	sorb apple, sorb
Speise	food, nourishment; dish
Speiseeis, Eiscreme, Eiskrem	ice cream
Speisefett	shortening
Speisemorchel, Rundmorchel *Morchella esculenta*	morel, morille
Speiseöl	cooking oil, edible oil
Speiseröhre, Ösophagus (Rinderschlund)	esophagus, weasand (esophagu of cattle for sausage casings)
Speisetäubling *Russula vesca*	flirt, bare-toothed russula
Speisewürze (**Proteinhydrolysat + Kräuterextrakten**)	hydrolyzed proteins + herbal extracts for bouillons
Spiegelrochen, Europäischer Glattrochen *Raja batis, Dipturus batis*	common skate, common European skate, grey skate, blue skate, skate F.
Spierling, Wanderstint *Osmerus eperlanus*	smelt, European smelt FAO
Spinat (handgepflückt: **Blattspinat/mit Wurzeln: Wurzelspinat)** *Spinacia oleracea*	spinach
➤ **Erdbeerspinat** *Chenopodium foliosum &* *Chenopodium capitatum*	strawberry spinach
➤ **Malabarspinat** *Basella alba*	Malabar spinach, Ceylon spin Indian spinach
➤ **Neuseeländer Spinat, Neuseelandspinat** *Tetragonia tetragonioides*	New Zealand spinach, warrigal spinach, warrigal cabbage
➤ **Senf-Spinat, Senfspinat,** **Mosterdspinat, Komatsuna** *Brassica rapa* (Perviridis Group)	spinach mustard, mustard spir komatsuma, komatsuna
Spirale von Babylon *Babylonia spp.*	babylon snails
Spirituosen	spirits, liquors
Spitzmorchel *Morchella elata, Morchella conica*	conic morel
Sportgetränke	sports drinks
Spottnuss *Carya tomentosa*	mockernut, white hickory
Springkrebs ➤ **Langarmiger Springkrebs,** **Tiefwasser-Springkrebs** *Mundia rugosa*	rugose squat lobster
Sprossen (Keimlinge)	sprouts
Sprotte (Sprott, Brisling, Breitling) *Sprattus sprattus*	sprat, European sprat FAO (brisling)

Sprudel	sparkling water, soda water, club soda, seltzer
Stabilisator, Stabilisierungsmittel	stabilizer, stabilizing agent
Stachelannone, Stachliger Rahmapfel, Sauersack, Corossol *Annona muricata*	soursop, guanabana
Stachelauster, Atlantik-Stachelauster, Atlantische Stachelauster, Amerikanische Stachelauster *Spondylus americanus*	Atlantic thorny oyster, American thorny oyster
Stachelbeere *Ribes uva-crispa*	gooseberry, European gooseberry
➢ **Oregon-Stachelbeere** *Ribes divaricatum*	worcesterberry, worcester berry, coastal black gooseberry
Stachelbeer-Guave *Psidium guineense*	Brazilian guava, Guinea guava
Stachelgurke, Hornmelone, Höckermelone, Horngurke, Große Igelgurke, Afrikanische Gurke, Kiwano *Cucumis metuliferus*	kiwano, jelly melon, horned melon, African horned cucumber
Stachelmakrele *Caranx elacate, Caranx sexfasciatus*	bigeye trevally FAO, large-mouth trevally
➢ **Dunkle Stachelmakrele, Schwarze Makrele** *Caranx lugubris*	black jack FAO, black kingfish
➢ **Blaue Stachelmakrele, Blaumakrele*, Rauchflossenmakrele** *Caranx crysos*	blue runner FAO, blue runner jack
➢ **Langflossen-Stachelmakrele** *Caranx armatus*	armed trevally
Stachelseerose, Fuchsnuss, Gorgon-Nuss *Euryale ferox*	foxnut, fox nut, gorgon nut, makhana
Stallhuhn (Stallhühner)	cooped chicken
Stammwürze (Stammwürzegehalt)	original wort, original wort extract, original extract
Stängelgemüse, Blattstielgemüse, Stielgemüse	stalk vegetables, leaf stalk vegetables
Stangenbohne, Kletterbohne *Phaseolus vulgaris* (Vulgaris Group)	climbing bean, pole bean
Stangensellerie, Stielsellerie, Bleichsellerie, Staudensellerie *Apium graveolens* var. *dulce*	stalk celery (celery stalks)
Starkbiere (>16% St.W.)	high-gravity beers
Stärke	starch
➢ **modifizierte Stärke**	modified starch (acid-treated)
➢ **Quellstärke**	pregelatinized starch
Stärkesirup	glucose syrup, confectioners' glucose
Staudensellerie, Stangensellerie, Stielsellerie, Bleichsellerie *Apium graveolens* var. *dulce*	stalk celery (celery stalks)

Steak (*in Deutschland meist Schwein*)	steak (US: nur Rind)
➤ **Hacksteak**	virtually a hamburger patty
➤ **Hüftsteak (Rind)**	rumpsteak
➤ **Nackensteak (Schwein)**	shoulder cutlet
Steinbutt	turbot
Psetta maxima, Scophthalmus maximus	
➤ **Pazifischer Steinbutt,**	adalah, Indian halibut,
Indopazifischer Ebarme,	Indian spiny turbot FAO
Indischer Stachelbutt	
Psettodes erumei	
Steindattel, Seedattel,	datemussel, common date mus
Meerdattel, Meeresdattel	European date mussel
Lithophaga lithophaga	
Steinhuhn, Berghuhn	rock partridge
Alectoris graeca	
Steinköhler, Pollack, Heller Seelachs	pollack
Pollachius pollachius	(green pollack, pollack lythe)
Steinkrabben	stone crabs
Lithodidae u.a.	
➤ **Große Steinkrabbe**	stone crab, black stone crab
Menippe mercenaria	
Steinkrebs	stone crayfish, torrent crayfish
Astacus torrentium,	
Austropotamobius torrentium,	
Potamobius torrentium	
Steinobst	stone fruit
Steinpilz, Herrenpilz	porcino, cep, edible bolete,
Boletus edulis	penny bun bolete, king bolete
Steinquendel, Feld-Steinquendel	basil thyme, mountain thyme,
Calamintha acinos, Acinos arvensis	mother of thyme
Steinsalz	rock salt
Stein-Seeigel, Steinseeigel	purple sea urchin,
Paracentrotus lividus	stony sea urchin, black urchin
Steinwild *Capra ibex*	ibex
Steppenkirsche, Zwergkirsche,	dwarf cherry,
Zwergweichsel	European ground cherry
Prunus fruticosa	
Sterilmilch	sterilized milk
Sterlett, Sterlet	sterlet FAO, Siberian sterlet
Acipenser ruthenus	
Sternanis, Chinesischer Sternanis	star anise
Illicium verum	
Sternapfel ➤ **Afrikanischer Sternapfel,**	white star apple, African star a
Weißer Sternapfel	
Chrysophyllum albidum	
➤ **Mittelamerikanischer Sternapfel, Abiu**	cainito, star apple
Chrysophyllum cainito	
Sternfrucht, Karambola	starfruit
Averrhoa carambola	
Sterngucker, Himmelsgucker,	star gazer, stargazer FAO
Meerpfaff, Sternseher	
Uranoscopus scaber	

Sternhausen, Scherg, Sevruga *Acipenser stellatus*	starry sturgeon, stellate sturgeon IUCN, sevruga
Sternnuss, Tucuma *Astrocaryum aculeatum*	tucuma, star nut
Sternrochen, Mittelmeer-Sternrochen *Raja asterias*	starry ray
Stevia, Süßkraut, Süßblatt, Honigkraut *Stevia rebaudiana*	sugar leaf, stevia
Stichfleisch (Schwein/Rind)	meat from the 'sticking' area in the neck
Stielgemüse, Blattstielgemüse, Stängelgemüse	stalk vegetables, leaf stalk vegetables
Stielmangold, Rippenmangold, Stängelmangold, Stielmus *Beta vulgaris* ssp. *cicla* (Flavescens Group)	Silician broad-rib chard, seakale beet, broad-rib chard
Stillen	breast feeding
➢ **Teilstillen**	partial breast feeding
Stint (Spierling, Wanderstint) *Osmerus eperlanus*	smelt, European smelt FAO
➢ **Asiatischer Stint, Arktischer Regenbogenstint** *Osmerus mordax dentex*	Arctic smelt, Asiatic smelt, boreal smelt, Arctic rainbow smelt FAO
➢ **Regenbogenstint, Atlantik-Regenbogenstint** *Osmerus mordax*	Atlantic rainbow smelt FAO, lake smelt
Stockente, Märzente *Anas platyrhynchos*	mallard
Stöcker, Schildmakrele, Bastardmakrele *Trachurus trachurus*	Atlantic horse mackerel FAO, scad, maasbanker
Stockfisch	stockfish (unsalted/dried cod)
Stockschwämmchen, Pioppini *Kuehneromyces mutabilis*	brown stew fungus, sheathed woodtuft
Stolzer Heinrich, Guter Heinrich *Chenopodium bonus-henricus*	good-King-Henry, allgood, blite
Stopfleber, Fettleber	foie gras (fattened goose liver)
Stör, Baltischer Stör, Ostsee-Stör *Acipenser sturio*	common sturgeon IUCN, sturgeon FAO, Atlantic sturgeon, European sturgeon
➢ **Atlantischer Stör** *Acipenser oxyrhynchus*	Atlantic sturgeon
➢ **Beluga-Stör, Hausen, Europäischer Hausen** *Huso huso*	great sturgeon, volga sturgeon, beluga FAO
➢ **Chinesischer Stör** *Acipenser sinensis*	Chinese sturgeon
➢ **Donau-Stör, Waxdick, Osietra, Osetr** *Acipenser gueldenstaedti*	Danube sturgeon, Russian sturgeon FAO, osetr
➢ **Glattdick, Ship-Stör** *Acipenser nudiventris*	ship sturgeon
➢ **Grüner Stör** *Acipenser medirostris*	green sturgeon

➢ **Mittelmeer-Stör, Adria-Stör, Adriatischer Stör** *Acipenser naccarii*	Adriatic sturgeon
➢ **Sibirischer Stör** *Acipenser baerii*	Siberian sturgeon
➢ **Weißer Stör, Sacramento-Stör, Amerikanischer Stör** *Acipenser transmontanus*	white sturgeon
Strandkrabbe, Nordatlantik-Strandkrabbe *Carcinus maenas*	green shore crab, green crab, North Atlantic shore crab
➢ **Mittelmeer-Strandkrabbe** *Carcinus aestuarii, Carcinus mediterraneus*	Mediterranean green crab
Strand-Pflaume *Prunus maritima*	beach plum
Strandschnecke, Gemeine Strandschnecke, Gemeine Uferschnecke, ‚Hölker' (Bigorneau F) *Littorina littorea*	common periwinkle, periwink winkle, common winkle, edible winkle
Straßenkehrer ➢ Rosaohr-Straßenkehrer, Rosaohr-Kaiser *Lethrinus lentjan*	pink ear emperor, redspot emp
Straucherbse, Taubenerbse, Erbsenbohne *Cajanus cajan*	pigeon pea, pigeonpea, red gra cajan bean
Strauchtomate, Traubentomate *Solanum lycopersicum var.*	grape tomato
Strauß *Strutio camelus*	ostrich
Streichfett	spread, oil spread
➢ **Pflanzenstreichfett, pflanzliches Streichfett**	vegetable oil spread (<80% oil
Streichkäse	cheese spread, soft cheese
Streifenbarbe, Gestreifte Meerbarbe *Mullus surmuletus*	striped red mullet
Streifenbarsch ➢ Amerikanischer Streifenbarsch *Morone americana, Roccus americanus*	white perch
➢ **Nordamerikanischer Streifenbarsch, Felsenbarsch** *Morone saxatilis, Roccus saxatilis*	striped bass, striper, striped sea-bass FAO
Streifenbrasse *Spondyliosoma cantharus*	black bream, black seabream ▌ old wife
Streusel	streusel crumbs
Streuselkuchen	crumb cake, streusel-crumb ca
Strohpilz, Paddystroh-Pilz, Reisstrohpilz, Scheidling, Reisstroh-Scheidling *Volvariella volvacea*	straw mushroom
Strömer *Leuciscus souffia*	vairone FAO, telestes US, souf▌
Strudelteig	filo, phyllo
Strufbutt, Flunder, Gemeine Flunder (Sandbutt) *Platichthys flesus*	flounder FAO, European flour▌
Strukturierungsmittel	texturizer

Strumpfbandfisch	silver scabbardfish FAO,
Lepidopus caudatus	ribbonfish, frostfish
Stubenküken	baby chicken, squab chicken,
(3–5 Wochen/350–400 g)	poussin, (US/FSIS 2003:
	game hen <5 weeks)
Studentenfutter	nuts and raisins mix; trail mix, gorp
	(dried fruit and nuts)
Stulle, Butterbrot	piece of bread and butter; (belegt/
	zsm.geklappt) sandwich
Stutenmilch	mare's milk, mares' milk
Succade, Citronat, Zitronat, Zedrat	succade (candied citron peel:
	Citrus medica)
Südfrüchte	tropical and subtropical fruit
Sukkade, Succade (kandierte Citrusschalen)	succade (candied citrus peel)
➢ **Orangeat**	candied orange peel
➢ **Zitronat, Citronat, Zedrat, Cedrat**	candied citron peel
(kandierte Zedratzitronenschale)	
Citrus medica	
Sultanine (helle, kernlose Traube/Rosine)	sultana, Thompson seedless,
Vitis vinifera 'Sultana'	kishmish (raisin)
Sülze	jellied meat, jellied loaf
Sülzwurst	jellied brawn
Sumak, Gerbersumach	sumac, Sicilian sumac
Rhus coriaria	
Sumpfkrebs, Galizierkrebs,	long-clawed crayfish
Galizischer Sumpfkrebs, Galizier,	
Tafelkrebs	
Astacus leptodactylus	
➢ **Louisiana-Sumpfkrebs,**	Louisiana red crayfish,
Louisiana-Flusskrebs,	red swamp crayfish,
Louisiana-Sumpf-Flusskrebs,	Louisiana swamp crayfish,
Roter Sumpfkrebs	red crayfish
Procambarus clarkii	
Sumpf-Wapato	swamp potato, wapato
Sagittaria cuneata	
Suppe	soup
Suppenbrühe, Suppengrundlage,	stock
Suppenbasis	
Suppenhuhn	stewing hen US, 'hen', stewing fowl;
(12–15 Monate/1,5–2,4 kg)	boiling fowl UK , 'chicken'
Suppenwürfel, Bouillonwürfel	soup cube, bouillon cube;
	stock cube UK
Suppenwürze (flüssiges	liquid condiment from hydrolyzed
Proteinhydrolysat + Kräuterextrakten)	proteins + herbal extracts for
	bouillons
Surimi (Krebsfleisch-Ersatz: meist Pollack)	surimi (imitation crabmeat)
Surinamkirsche, Cayennekirsche, Pitanga	Surinam cherry, Cayenne cherry,
Eugenia uniflora	pitanga
Suspendiermittel	suspending agent(s)
Süßdolde, Myrrhenkerbel	sweet cicely, sweet chervil,
Myrrhis odorata	garden myrrh

Süße Eberesche, Mährische Eberesche, Edeleberesche — sweet rowanberry
Sorbus aucuparia var. *edulis*

Süße Grenadille, Süße Granadilla — sweet granadilla, sweet passion
Passiflora ligularis

Süße Limette — sweet lime, sweetie
Citrus limetta

Süße Sahne — sweet cream

Süßer Wildapfel, Kronenapfel — sweet crab apple
Malus coronaria

Süßholz (~wurzel) — licorice, liquorice (~ root)
Glycyrrhiza glabra

Süßigkeiten — sweets, confections, confection, sugar confectionery, US cand

Süßkartoffel, Batate — sweet potato
Ipomoea batatas

Süßkirsche, Vogelkirsche — sweet cherry, wild cherry
Prunus avium, Cerasus avium

Süßkraut, Süßblatt, Honigkraut, Stevia — sugar leaf, stevia
Stevia rebaudiana

Süßlippen — sweetlips
Plectorhinchus spp. u.a.

➤ **Orientalische Süßlippe, Orient-Süßlippe** — oriental sweetlip
Plectorhinchus orientalis

Süßmandel — almond, sweet almond
Prunus dulcis var. *dulcis, Prunus amygdalus*

Süßmolke — sweet whey

Süßmost (frisch gepresster Apfel~ und/oder Birnensaft) — sweet apple cider (or pear)

Süßrahmbutter — fresh butter, sweet cream butter

Süßstoff — nonnutritive sweetener

➤ **Füllsüßstoff** — bulk sweetener

Süßungsmittel (süßende Verbindung) — sweetener

➤ **Kohlenhydrate** — carbohydrates

➤ **Zucker** — sugar(s)

➤ **Zuckeraustauschstoff ('Saccharose-ähnliche' Kohlenhydrate)** — nonnutritive sweetener

Süßwaren — sweets, confections, confection

Sydney-Felsenauster — Sydney cupped oyster, Sydney rock oyster, Sydney c
Crassostrea commercialis

Synbiotika (Mischung aus Prebiotika u. Probiotika) — synbiotics

Syrischer Oregano, Arabischer Oregano — Bible hyssop, hyssop of the Bibl, Syrian oregano
Origanum syriacum

Taccastärke	Tahiti arrowroot
Tafelkrebs, Galizierkrebs,	long-clawed crayfish
Galizischer Sumpfkrebs, Galizier,	
Sumpfkrebs	
Astacus leptodactylus	
Tafelwein	table wine
Tahiti-Arrowroot, Fidji-Arrowroot,	Tahiti arrowroot, Fiji arrowroot,
Ostindische Pfeilwurz	East Indian arrowroot, tacca,
Tacca leontopetaloides	Polynesian arrowroot
Tahiti-Kastanie	Tahiti chestnut, Tahitian chestnut
Inocarpus fagifer	
Tahiti-Limette, Persische Limette	Tahiti lime, Persian lime,
Citrus latifolia	seedless lime
Tahitivanille	Tahiti vanilla, Tahitian vanilla
Vanilla tahitensis	
Talang	queenfish, talang queenfish,
Scomberoides commersonianus	leatherskin
Talerkürbis, Austernnuss	oyster nut
Telfairia pedata	
Talg	tallow
Tamarillo, Baumtomate	tree tomato, tree-tomato, tamarillo
Solanum betaceum, Cyphomandra betacea	
Tamarinde	tamarind
Tamarindus indica	
➢ **Malabar-Tamarinde**	Malabar tamarind, brindal berry,
Garcinia gummi-gutta, Garcinia camboga	kodappuli, gamboge
➢ **Manila-Tamarinde**	Manila tamarind
Pithecellobium dulce	
Tamarindenpflaume,	velvet tamarind, tamarind plum
Samt-Tamarinde	
Dialium indum & Dialium guineense	
Tang, Seetang	seaweed; (Brauntang) kelp
➢ **Arame**	arame
Eisenia bicyclis	
➢ **Bullkelp (Seetang)**	seatron, bull kelp, bull-whip kelp
Nereocystis luetkeana	
➢ **Darmtang**	gutweed
Ulva intestinalis, Enteromorpha intestinalis	
➢ **Dulse**	dulse
Palmaria palmata, Rhodymenia palmata	
➢ **Essbarer Riementang, Sarumen**	dabberlocks, badderlocks,
Alaria esculenta	honeyware, henware, murlin
➢ **Fingertang**	tangle, oarweed
Laminaria digitata	
➢ **Funori, Funori-Rotalge**	funori, fukuronori
Gloiopeltis furcata	
➢ **Hijiki**	hijiki
Hizikia fusiformis	
➢ **Knorpeltang, Knorpelalge, Irisches Moos**	Irish moss, carrageen, carragheen
(*siehe:* **Karrageen**)	
Chondrus crispus	

Tang

- **Kombu, Seekohl** — kombu
  Laminaria japonica u.a.
- **Nori (eine Rotalge)** — nori (a red seaweed)
  Porphyra tenera u.a.
- **Ogonori (eine Rotalge)** — ogo (a red seaweed)
  Gracilaria verrucosa
- **Porphyrtang, Purpurtang** — purple laver, sloke, laverbread
  Porphyra umbilicalis
- **Seetang** — seaweed
- **Wakame** — wakame
  Undaria pinnatifida
- **Zuckertang** — sugar kelp, sugar wrack
  Laminaria saccharina

Tangerine, Mandarine — mandarin, mandarin orange, tangerine
Citrus reticulata, Citrus unshiu

Tannenhonig — fir honey

Tannia, Tania, Yautia, Malanga — tannia, yautia, yantia, malanga, mafaffa, new cocoyam
Xanthosoma sagittifolium

Tapioka (granulierte Maniokstärke) — tapioca (granulated cassava starch)
Manhiot esculenta
- **Perltapioka** — pearl tapioca

Taragummi, Tarakernmehl, Tara — tara gum
Tara spinosa, Caesalpinia spinosa

Tarbutt, Kleist, Glattbutt — brill
Scophthalmus rhombus

Taro, Kolokasie, Zehrwurz; — taro, cocoyam, dasheen, eddo
(Stängelgemüse: Galadium)
Colocasia esculenta var. *antiquorum*
- **Blauer Taro, Schwarzer Malanga** — blue taro, black malanga
  Xanthosoma violaceum
- **Riesen-Taro, Riesenblättriges Pfeilblatt** — giant taro, cunjevoi
  Alocasia macrorrhizos

Tarwi, Buntlupine — tarwi, pearl lupin
Lupinus mutabilis

Tasche (Gemüse-/Käse-/Apfel- etc.) — dumpling, (folded pastry) turn
- **Apfel im Schlafrock** — apple dumpling
- **Apfeltasche** — apple turnover
- **Käsetasche (Blätterteig~)** — filo cheese pastry

Taschenkrebs, Knieper — European edible crab
Cancer pagurus

Taschenkrebse Cancridae — rock crabs, edible crabs
- **Atlantischer Taschenkrebs** — Atlantic rock crab
  Cancer irroratus
- **Kalifornischer Taschenkrebs,** — Dungeness crab, Californian c
  Pazifischer Taschenkrebs — Pacific crab
  Cancer magister
- **Pazifischer Taschenkrebs** — Pacific rock crab
  Cancer antennarius

Tasmanischer Pfeffer, Bergpfeffer — mountain pepper, Tasmanian pepper
Drimys lanceolata

Tassergal, Blaubarsch, Blaufisch — blue fish, bluefish FAO, tailor, elf, elft
Pomatomus saltator

Tatar, Tartar, Schabefleisch (mageres Rinderhack/Beefsteakhack)	lean ground beef
Tatarischer Buchweizen *Fagopyrum tataricum*	Siberian buckwheat, Kangra buckwheat, tartary buckwheat
Taube, Felsentaube *Columba livia*	rock dove (young < 4 weeks: squab)
Taubenerbse, Straucherbse, Erbsenbohne *Cajanus cajan*	pigeon pea, pigeonpea, red gram, cajan bean
Tee *Camellia sinensis*	tea
➢ **Eistee**	iced tea
➢ **Früchtetee, Früchte-Tee**	fruit tea
➢ **grüner Tee, Grüntee**	green tea
➢ **halbfermentierter Tee, Oolong**	oolong tea (partially fermented)
➢ **Heilkräutertee**	medicinal herbal tea, medicinal tea
➢ **Kamillentee**	camomille tea
➢ **Kräutertee**	herb tea, herbal tea, herbal infusion, tisane
➢ **Lapsang Souchong, Rauchtee**	lapsang souchong, smokey black tea (pine smoked black tea)
➢ **schwarzer Tee**	black tea
Teegebäck	teacakes, tea biscuits (cookies)
Teegrus	fannings
Teestaub	dust
Teff, Zwerghirse *Eragrostis tef*	teff
Teig (*leicht: soft 1:3; schwer: stiff 1:6–8*) (*siehe auch:* **Masse**)	dough (knetbar/fest); (Masse) batter (flüssig bis zähflüssig)
➢ **Bierteig**	beer batter (a deep-fry batter)
➢ **Blätterteig**	puff dough, puff pastry dough
➢ **Brandteig**	choux pastry dough
➢ **Hefeteig**	yeast dough
➢ **Kuchenteig, Eierkuchenteig (flüssig)**	batter
➢ **Mürbeteig**	short dough, short-crust dough, shortcrust dough
➢ **Rührteig**	batter
➢ **Sauerteig**	sourdough
➢ **Strudelteig**	filo, phyllo
➢ **unreifer Teig**	immature dough, unripe dough, green dough (insufficient fermentation)
➢ **Vorteig**	base dough, pre-dough, sponge dough, sponge
Teigkonditioniermittel	dough conditioner
Teiglockerungsmittel, Triebmittel, Backtriebmittel	leavener, leavening agent, raising agent
Teigwaren	farinaceous products; pasta
➢ **Eierteigwaren**	egg pasta
Teilchen	sweet rolls
Teilentrahmte Milch, fettarme Milch (1,5–1,8% Fett)	semi skim milk, semi skimmed milk

Teilstücke (Fleischzerlegung)	meat cuts
➤ **für den Einzelhandel (Feinzerlegung)**	retail cuts
➤ **Grobteilstücke (Grobzerlegung)**	wholesale cuts, commercial cu
➤ **Schlachtkörper** (*siehe auch dort*)	carcass (whole)
➤ **Hälfte**	side
➤ **Hinterhälfte**	hindsaddle
➤ **Hinterviertel**	hindquarter
➤ **Vorderhälfte**	foresaddle
➤ **Vorderviertel**	forequarter
Tejocote, Mexikanischer Weißdorn, Manzanilla	tejocote, Mexican hawthorn, manzanilla
Crataegus mexicana, Crataegus pubescens	
Tellerkraut, Winter-Portulak, Winterpostelein	winter purslane, Cuban spinac miner's lettuce
Claytonia perfoliata, Montia perfoliata	
Tengusa-Rotalge	tengusa (a red seaweed)
Gelidium amansii	
Teparybohne	tepary bean
Phaseolus acutifolius	
Teppichmuscheln	carpet shells
➤ **Japanische Teppichmuschel, Japanische Teichmuschel**	Japanese littleneck, short-necked clam, Japanese clam, Manila clam, Manila hardshell clam
Ruditapes philippinarum, Tapes philippinarum, Venerupis philippinarum, Tapes japonica	
➤ **Kreuzmuster-Teppichmuschel**	grooved carpet shell
Ruditapes decussatus	
Tequila-Agave	tequila plant
Agave tequilana	
Teufelskrabbe, Große Seespinne	common spider crab, thorn-back spider crab
Maja squinado, Maia squinado	
texturiertes Sojaeiweiß, ‚Kunstfleisch'	textured vegetable protein (T▮
Thai-Aubergine, ‚Erbsenaubergine'	pea eggplant, Thai pea eggpla▮ pea aubergine, turkey berry, susumber
Solanum torvum	
Thai-Basilikum, Horapa	Thai basil, sweet Thai basil, Thai sweet basil, horapha
Ocimum basilicum ssp. *thyrsiflorum*	
Thonine, Falscher Bonito, Kleine Thonine, Kleiner Thunfisch, Kleiner Thun	little tunny FAO, little tuna, mackerel tuna, bonito
Euthynnus alletteratus, Gymnosarda alletterata	
➤ **Pazifische Thonine**	kawakawa
Euthynnus affinis	
Thun, Thunfisch	tuna
➤ **Gelbflossen-Thunfisch, Gelbflossen-Thun**	yellowfin tuna FAO, yellow-finned tuna, yellow-fin tunn
Thunnus albacares	
➤ **Gestreifter Thun, Echter Bonito**	skipjack tuna FAO, bonito, stripe-bellied bonito
Euthynnus pelamis, Katsuwonus pelamis, Gymnosarda pelamis	
➤ **Großaugen-Thunfisch, Großaugen-Thun**	bigeye tuna FAO, big-eyed tu▮
Thunnus obesus	

➤ **Kleiner Thun, Thonine, Falscher Bonito,**
  Kleine Thonine, Kleiner Thunfisch
  Euthynnus alletteratus,
  Gymnosarda alletterata

little tunny FAO, little tuna,
  mackerel tuna, bonito

➤ **Langflossen-Thun, Weißer Thun,**
  Albakore, Germon
  Thunnus alalunga

albacore FAO, 'white' tuna,
  long-fin tunny, long-finned tuna,
  Pacific albacore

➤ **Roter Thun, Thunfisch,**
  Großer Thunfisch, Roter Thunfisch
  Thunnus thynnus

northern bluefin tuna FAO,
  tunny, blue-fin tuna,
  blue-finned tuna,

➤ **Schwarzflossen-Thunfisch,**
  Schwarzflossenthun,
  Schwarzflossen-Thun
  Thunnus atlanticus

blackfin tuna

➤ **Südlicher Blauflossenthun,**
  Blauflossen-Thun
  Thunnus maccoyii

southern bluefin tuna

Thunmakrele, Kolios, Mittelmeermakrele,
Spanische Makrele
  Scomber japonicus, Scomber colias

chub mackerel FAO,
  Spanish mackerel,
  Pacific mackerel

Thymian *Thymus* spp.

thyme

➤ **Arznei-Thymian, Quendel**
  Thymus pulegioides

Pennsylvanian Dutch thyme,
  broad-leaf thyme

➤ **Echter Thymian, Gartenthymian**
  Thymus vulgaris

thyme, common thyme,
  garden thyme

➤ **Kopfiger Thymian**
  Thymbra capitata, Coridothymus capitatus,
  Thymus capitatus

conehead thyme,
  hop-headed thyme,
  Persian hyssop, Spanish oregano

➤ **Kümmelthymian, Kümmel-Thymian**
  Thymus herba-barona

caraway thyme, carpet thyme

➤ **Marokkanischer Thymian,**
  Saturei-Thymian
  Thymus satureioides

Moroccan thyme

➤ **Mastix-Thymian**
  Thymus mastichina

mastic thyme, Spanish thyme,
  Spanish wood thyme,
  Spanish wood marjoram

➤ **Orangenthymian, Orangen-Thymian**
  Thymus 'Fragrantissimus'

orange thyme,
  orange-scented thyme

➤ **Sand-Thymian, Feldthymian**
  Thymus serpyllum

wild thyme, creeping thyme,
  mother of thyme

➤ **Spanischer Thymian**
  Thymus zygis

Spanish thyme

➤ **Wollthymian**
  Thymus pseudolanuginosus

woolly thyme

➤ **Za'atar, Schwarzer Thymian**
  Thymbra spicata

black thyme, spiked thyme,
  desert hyssop, donkey hyssop

➤ **Zitronenthymian**
  Thymus x *citriodorus*

lemon thyme

Thymianblättriges Bohnenkraut, Thryba
  Satureja thymbra

thyme-leaved savory,
  Roman hyssop, Persian zatar

Tiefkühlkost

frozen food(s); (-18°C) deep-
  frozen foods, deep freeze foods

Tiefseegarnelen	gamba prawns,
Aristeidae & Pandalidae	aristeid & pandalid shrimp
➤ **Blassrote Tiefseegarnele,**	blue-and-red shrimp
Blaurote Garnele	
Aristeus antennatus	
➤ **Kantengarnelen, Kanten-Tiefseegarnelen**	nylon shrimps
Heterocarpus spp.	
➤ **Nördliche Tiefseegarnele,**	northern shrimp, pink shrimp,
Grönland-Shrimp	northern pink shrimp
Pandalus borealis	
➤ **Rosa Tiefseegarnele**	Aesop shrimp, Aesop prawn,
Pandalus montagui	pink shrimp
Tiefseehummer, Kaisergranat,	Norway lobster,
Kaiserhummer, Kronenhummer,	Norway clawed lobster,
Schlankhummer	Dublin Bay lobster,
Nephrops norvegicus	Dublin Bay prawn
	(scampi, langoustine)
Tiefsee-Königskrabbe	scarlet king crab, deep-sea crab
Lithodes couesi	deep-sea king crab
Tiefseekrabben	deepsea crabs
➤ **Rote Tiefseekrabbe**	red deepsea crab, red crab
Chaceon maritae	
➤ **Westliche Rote Tiefseekrabbe**	West African geryonid crab,
Chaceon quinquedens	red crab
Tigerhai	tiger shark
Galeocerdo cuvieri	
Tigerlotus, Ägyptische Bohne,	Egyptian water lily,
Bado, Weiße Ägyptische Seerose,	white Egyptian lotus, bado
Ägyptischer Lotos/Lotus	
Nymphaea lotus	
Tigernuss, Erdmandel, Chufa	chufa, tigernut, earth almond,
Cyperus esculentus	ground almond
Tikur, Ostindisches Arrowroot	Indian arrowroot
Curcuma angustifolia	
Tilapie, Nil-Buntbarsch, Nil-Tilapia	Nile tilapia FAO,
Oreochromis niloticus, Tilapia nilotica	Nile mouthbreeder
Tinda	tinda, round melon, squash m
Praecitrullus fistulosus	
Tintenfisch, Gemeiner Tintenfisch,	common cuttlefish
Gemeine Tintenschnecke,	
Gemeine Sepie	
Sepia officinalis	
➤ **Zwergtintenfisch, Mittelmeer-Sepiole,**	Mediterranean dwarf cuttlefis
Zwerg-Sepia, Kleine Sprutte	lesser cuttlefish,
Sepiola rondeleti	dwarf bobtail squid FAO
Toastbrot	toast, white bread
Toddypalme, Sagopalme, Brennpalme	toddy palm, jaggery palm,
Caryota urens	wine palm, fishtail palm
Tofu	tofu, soybean curd
➤ **Seidentofu**	silken tofu

Tolstolob ➢	bighead carp
Edler Tolstolob, Marmorkarpfen	
Hypophthalmichthys nobilis,	
Aristichthys nobilis	
➢ **Gewöhnlicher Tolstolob, Silberkarpfen**	silver carp FAO, tolstol
Hypophthalmichthys molitrix	
Tomate (Österr.: Paradeiser)	tomato
Solanum lycopersicum	
➢ **Baumtomate**	tamarillo, tree tomato
Solanum betaceum	
➢ **Birnenförmige Tomate**	pear tomato
Solanum lycopersicum (Pyriforme Group)	
➢ **Buschtomate**	bush tomato
Solanum lycopersicum var.	
➢ **Dörrtomate**	dried tomato
➢ **FlavrSavr-Tomate,**	FlavrSavr tomato
‚Anti-Matsch-Tomate'	
Solanum lycopersicum	
➢ **Fleischtomate**	beefsteak tomato
Solanum lycopersicum var.	
➢ **Fülltomate**	stuffer tomato, stuffing tomato
➢ **Johannisbeer-Tomate**	currant tomato
Solanum lycopersicum	
(Pimpinellifolium Group)	
➢ **Kirschtomate, Cocktail-Tomate**	cherry tomato
Solanum lycopersicum (Cerasiforme Group)	
➢ **Litchi-Tomate**	litchi tomato, wild tomato,
Solanum sisymbriifolium	sticky nightshade
➢ **Pflaumentomate**	plum tomato
Solanum lycopersicum 'Roma'	
➢ **Salattomate**	salad tomato (slicing tomato)
➢ **Traubentomate, Strauchtomate**	grape tomato
Solanum lycopersicum var.	
Tomaten-Zackenbarsch	vielle Anana, tomato hind,
Cephalopholis sonnerati	coral cod
Tomatillo, Mexikanische Tomate,	tomatillo, jamberry, husk tomato,
Mexikanische Blasenkirsche	Mexican husk tomato
Physalis philadelphica (P. ixocarpa)	
Tonkabohne	tonka bean
Dipteryx odorata	
Topinambur, Erdbirne,	Jerusalem artichoke, sunchoke
Jerusalem-Artischocke	
Helianthus tuberosus	
Torte	cake (fancy), gateau;
	(Frucht-/Obst-/Creme-) tart
➢ **Sahnetorte**	cream cake
➢ **Schichttorte**	sandwich cake
Totentrompete, Herbsttrompete	trompette des morts,
Craterellus cornucopioides	horn of plenty
Tragacanth, Tragant	gum tragacanth
Astragalus spp.	

Trauben	grapes
➤ **Korinthen**	currants, Corinthian grapes, Corinthian raisins
Vitis vinifera apyrena	
➤ **Sultanine**	sultana, Thompson seedless, kishmish (raisin)
(helle, kernlose Traube/Rosine)	
Vitis vinifera 'Sultana'	
➤ **Tafeltrauben**	table grapes
➤ **Weintrauben**	grapes
➤ **Weintrauben**	grape (raisins)
(Rosinen: getrocknete Weinbeeren)	
Vitis vinifera	
➤ **Winzertrauben**	winemaking grapes
Traubenfeige	cluster fig
Ficus racemosa	
Traubenholunder	red elderberry
Sambucus racemosa	
Traubenhyazinthe, Cipollino	tassel hyacinth
Muscari comosum	
Traubenkirsche	bird cherry, cluster cherry
Prunus padus	
Traubenmost	grape must
Traubentomate, Strauchtomate	grape tomato
Solanum lycopersicum var.	
Traubenzucker, Glukose, Glucose, Dextrose	grape sugar, glucose, dextrose
Treber, Biertreber	brewers' grains
Trennfett	non-stick cooking oil;
(Antihaftöl zum Backen/Kochen)	(Antihaftspray) cooking spray, vegetable cooking spray (for 'greasing' pans/trays etc.)
Trennmittel	anticaking agent (for fluffiness of flour etc.); release agent (oil in pans etc.)
Trester (*Weinbeeren-/Trauben-Pressrückstand vom Most: Treber/Lauer*)	pomace, marc (residue from pressed grapes: seeds/skins/pulp)
Triebmittel	raising agent, leavening agent, leavening, leavener
Trinkjoghurt	yogurt beverage
Trinkmilch (Konsummilch)	certified fresh milk
Tripmadam, Salatfetthenne, Fettkraut	jenny stonecrop
Sedum reflexum	
Tripoliskürbis, Drehhalskürbis, Krummhalskürbis	crookneck squash
Cucurbita pepo var. *torticollia*	
Trockenei	dried egg
Trockenfrüchte	dried fruit(s)
Trockenmilch (Milchpulver)	dry milk, milk powder, powdered milk
Trockenobst, Dörrobst	dried fruit
Trockenwurst, Dauerwurst	dry sausage

Trogmuscheln	surfclams a.o. (trough shells)
Spisula spp.	
➢ **Ovale Trogmuschel,**	thick surfclam
Dickschalige Trogmuschel,	(thick trough shell)
Dickwandige Trogmuschel	
Spisula solida	
Trommelfisch, Schwarzer Umberfisch	black drum
Pogonias cromis	
Trompetenpfifferling	autumn chanterelle
Cantharellus tubaeformis	
Tropfhonig	drained honey
Trüffel	truffles; (CH Truffe) praline truffles
➢ **Burgundertrüffel**	Burgundy truffle, French truffle,
Tuber uncinatum	grey truffle
➢ **Kalaharitrüffel**	Kalahari desert truffle,
Terfezia pfeilli	Kalahari tuber
➢ **Löwentrüffel**	lion's truffle
Terfezia leonis	
➢ **Piemonttrüffel, Weiße Piemont-Trüffel**	Piedmont truffle,
Tuber magnatum	Italian white truffle
➢ **Schwarze Trüffel, China-Trüffel**	Chinese truffle,
Tuber indicum	Chinese black truffle,
	black winter truffle
➢ **Schwarze Trüffel, Perigord-Trüffel**	black truffle, Perigord black truffle
Tuber melanosporum	
➢ **Sommertrüffel**	summer truffle, black truffle
Tuber aestivum	
➢ **Weiße Trüffel, Mäandertrüffel**	Transylvanian white truffle,
Choiromyces venosus,	hypogeous truffle
Choiromyces meandriformis	
➢ **Wintertrüffel**	winter truffle
Tuber brumale	
Truthahn, Wildtruthuhn	turkey
Meleagris gallopavo	
➢ **junge Pute, junger Truthahn,**	fryer-roaster turkey
leichte Pute (3,5–5 kg)	(US/FSIS 2003 <12 weeks)
➢ **mittlere Pute (7–10 kg)**	young turkey
	(US/FSIS 2003 <6 months)
➢ **Pute, Truthuhn (weibl. Vogel)**	turkey
➢ **Puter, Truthahn (männl. Vogel)**	gobbler
Tsa Tsai, ‚Sezuangemüse'	Sichuan pickling mustard,
Brassica juncea var. *tsatsai*	big stem mustard,
	Sichuan swollen stem mustard
Tschirr, Große Maräne	broad whitefish
Coregonus nasus	
Tucuma, Sternnuss	tucuma, star nut
Astrocaryum aculeatum	
Tulsi, Indisches Basilikum,	tulsi, holy basil, Indian holy basil,
Königsbasilikum, Heiliges Basilikum	Thai holy basil
Ocimum tenuiflorum, Ocimum sanctum	
Tunikat *Halocynthia roretzi*	ascidian, sea squirt

Tunke	dip
Turbankürbis, Türkenbund-Kürbis	turban squash
Cucurbita maxima ssp. *maxima*	
(Turban Group)	
Turbinado-Zucker	turbinado sugar
Türkenbund-Kürbis, Turbankürbis	turban squash
Cucurbita maxima ssp. *maxima*	
(Turban Group)	
Türkische Haselnuss	Turkish hazel
Corylus colurna	
Türkische Melisse, Türkischer Drachenkopf	Moldavian dragonhead
Dracocephalum moldavica	
Türkische Rauke, Hügelsenf	hill mustard, Turkish rocket
Bunias orientalis	
TV-Dinner	TV dinner

Ulluco *Ullucus tuberosus*   ulluco, tuberous basella
Ulvenfresser, Goldstriemen   saupe, salema FAO, goldline
   Sarpa salpa, Boops salpa
Umberfisch, Umber,   shi drum FAO, corb US/UK,
   Bartumber, Schattenfisch   sea crow US, gurbell US,
   Umbrina cirrosa, Sciaena cirrosa   croaker
➤ **Atlantischer Umberfisch**   Atlantic croaker
   Micropogonias undulatus
➤ **Augenfleck-Umberfisch**   red drum
   Sciaenops ocellatus
➤ **Gefleckter Umberfisch**   spotted sea trout,
   Cynoscion nebulosus   spotted weakfish FAO
➤ **Punkt-Umberfisch, Zebra-Umberfisch**   spot, spot croaker
   Leiostomus xanthurus
➤ **Schwarzer Umberfisch, Trommelfisch**   black drum
   Pogonias cromis
Urdbohne   urd, black gram
   Vigna mungo
Ursüße, Succanat   succanat
Ussuri-Pflaume   Ussuri plum
   Prunus salicina var. *mandshurica*
Uvaia, ‚Kirschmyrte'   uvaia, uvalha
   Eugenia uvalha, Eugenia pyriformis

Vanille *Vanilla planifolia*	vanilla
Vanillegras, Mariengras, Duft-Mariengras, Ruchgras *Anthoxanthum odoratum, Hierochloe odorata*	sweet vernal grass, scented vernal grass, spring g vanilla grass
Vegetabile Milch	vegetable milk
Velvetbohne, Samtbohne, Juckbohne *Mucuna pruriens*	velvet bean
Venusmuscheln	venus clams
➤ **Gemeine Venusmuschel, Strahlige Venusmuschel, Vongola** *Chamelea gallina, Venus gallina, Chione gallina*	striped venus, chicken venus, vongole
➤ **Glatte Venusmuschel, Braune Venusmuschel** *Callista chione, Meretrix chione*	brown callista, brown venus
➤ **Japanische Venusmuschel, Hamaguri** *Meretrix lusoria*	Japanese hard clam
➤ **Pazifischer ‚Steamer'** *Protothaca staminea*	littleneck (also used for small-sized *Mercenaria mercenaria*) common/native littleneck, Pacific littleneck clam, steamer clam, steamers
➤ **Warzige Venusmuschel, Raue Venusmuschel** *Venus verrucosa*	warty venus, sea truffle
Verdauungsschnaps, Digestif	digestif
Verdickungsmittel, Verdickungszusätze	thickening agent, thickener(s) firming agent(s)
Vermilion *Sebastes miniatus*	vermilion rockfish
Vierfleckbutt, Gefleckter Flügelbutt *Lepidorhombus boscii*	four-spot megrim
Vietnamesische Melisse, Echte Kamm-Minze *Elsholtzia ciliata*	Vietnamese balm
Vietnamesischer Koriander, Rau Ram *Persicaria odorata*	Vietnamese coriander, laksa, rau lam
Viktoriasee-Barsch (Viktoriabarsch), Nilbarsch *Lates niloticus*	Nile perch (Sangara)
Violette Pilgermuschel, Purpur-Kammmuschel *Argopecten purpuratus*	purple scallop
Violetter Rötelritterling *Lepista nuda*	wood blewit, blewit
Virginiawachtel *Colinus virginianus*	quail, American quail, northern bobwhite quail
Vitamin(e)	vitamin(s)
➤ **Ascorbinsäure (Vitamin C)**	ascorbic acid
➤ **Biotin (Vitamin H)**	biotin
➤ **Carnitin (Vitamin T)**	carnitine (vitamin B_T)

➤ **Carotin, Caroten, Karotin**   carotin, carotene
  (Vitamin-A-Vorläufer)   (vitamin A precursor)
➤ **Cholecalciferol, Calciol (Vitamin D$_3$)**   cholecalciferol
➤ **Citrin (Hesperidin) (Vitamin P)**   citrin (hesperidin)
➤ **Cobalamin, Kobalamin (Vitamin B$_{12}$)**   cobalamin
➤ **Ergocalciferol, Ergocalciol (Vitamin D$_2$)**   ergocalciferol
➤ **Folsäure, Pteroylglutaminsäure**   folic acid, folacin,
  (Vitamin-B$_2$-Familie)   pteroyl glutamic acid
➤ **Gadol, 3-Dehydroretinol (Vitamin A$_2$)**   gadol, 3-dehydroretinol
➤ **Menachinon (Vitamin K$_2$)**   menaquinone
➤ **Menadion (Vitamin K$_3$)**   menadione
➤ **Pantothensäure (Vitamin B$_3$)**   pantothenic acid
➤ **Phyllochinon, Phytomenadion**   phylloquinone, phytonadione
  (Vitamin K$_1$)
➤ **Pyridoxin, Pyridoxol, Adermin**   pyridoxine, adermine
  (Vitamin B$_6$)
➤ **Retinol (Vitamin A)**   retinol
➤ **Riboflavin, Lactoflavin (Vitamin B$_2$)**   riboflavin, lactoflavin
➤ **Thiamin, Aneurin (Vitamin B$_1$)**   thiamine, aneurin
➤ **Tocopherol, Tokopherol (Vitamin E)**   tocopherol
Vitaminmangel   vitamin deficiency
Vitta-Schnapper   brownstripe red snapper
  Lutjanus vitta
Vogelbeere, Ebereschenbeere   rowanberry, rowan, mountain ash
  Sorbus aucuparia
Vogelkirsche, Süßkirsche   sweet cherry, wild cherry
  Prunus avium, Cerasus avium
Vogelnestsuppe   bird's nest soup
Vollbiere (11–14% St.W.)   medium-gravity beers
Vollei   whole egg
Vollkornbrot   whole bread, wholemeal bread
                        (milled)
Vollmilch   whole milk, full-fat milk
Vollrohrzucker   whole cane sugar
                        (not centrifuged)
Vongola, Gemeine Venusmuschel,   striped venus, chicken venus,
  Strahlige Venusmuschel   vongola
  Chamelea gallina, Venus gallina,
  Chione gallina
Vorspeise   appetizer
Vorteig   base dough, pre-dough,
                        sponge dough, sponge

Wabe, Honigwabe	honeycomb
Wabenbarsch ➢ Merra-Wabenbarsch	honeycomb grouper, rockcod
Epinephelus merra	
Wacholderbeeren	juniper 'berries'
Juniperus communis	
Wachsapfel, Javaapfel, Java-Apfel	Java apple, Java rose apple,
Syzygium samarangense	Java wax apple, wax jambu
Wachsbohne, Butterbohne	wax bean US, butter bean UK
Phaseolus vulgaris (Vulgaris Group) Wax Type	
Wachskürbis, Wintermelone	wax gourd, white gourd,
Benincasa hispida	winter gourd
Wachsmais	waxy corn US; waxy maize,
Zea mays var. *ceratina*	glutinous maize UK
Wachspalme, Karnaubapalme	wax palm, carnauba wax palm
Copernicia prunifera	
Wachtel	quail, Japanese quail
Coturnix coturnix	
➢ **Virginiawachtel**	American quail,
Colinus virginianus	northern bobwhite quail
Wachtelbohne, Pintobohne	pinto bean
Phaseolus vulgaris (Nanus Group) Type	
Wade	calf
Waffel	waffle (also: cone); wafer (thin, flat, crisp: for ice cream)
Wahoo, Wahoo-Makrele	wahoo, kingfish
Acanthocybium solandri	
Wakame	wakame
Undaria pinnatifida	
Wald-Bergminze	wood calamint
Clinopodium menthifolium, Calamintha menthifolia, Calamintha sylvatica	
Walderdbeere	European forest strawberry
Fragaria vesca, Potentilla vesca	
Waldhonig	forest honey
Waldmeister *Galium odoratum*	sweet woodruff
Waldschnepfe	woodcock, European woodcock
Scolopax rusticola	
Waller, Wels, Schaiden	European catfish, wels, sheatfish
Silurus glanis	wels catfish FAO
Walnuss	walnut, regia walnut,
Juglans regia	English walnut
➢ **Butternuss, Graue Walnuss**	butternut, white walnut
Juglans cinerea	
➢ **Chinesische Walnuss, Mandschurische Walnuss**	Manchurian walnut, Chinese walnut
Juglans mandshurica	
➢ **Kalifornische Walnuss**	Californian walnut,
Juglans californica	California black walnut
➢ **Schwarze Walnuss**	black walnut,
Juglans nigra	American black walnut

Wapato *Sagittaria latifolia*	duck potato, wapato
➢ **Sumpf-Wapato** *Sagittaria cuneata*	swamp potato, wapato
Warzen-Seezunge, Sandzunge *Pegusa lascaris, Solea lascaris*	sand sole, French sole
Warzige Venusmuschel, Raue Venusmuschel *Venus verrucosa*	warty venus, sea truffle
Wasabi, Japanischer Meerrettich *Eutrema wasabi*	wasabi
Wasser	water
➢ **Abwasser**	wastewater
➢ **Bidest**	double distilled water
➢ **Brauchwasser, Betriebswasser (nicht trinkbares Wasser)**	process water, service water; (Industrie-B.) industrial water (nondrinkable water)
➢ **Brunnenwasser**	well water
➢ **destilliertes Wasser**	distilled water
➢ **entionisiertes Wasser**	deionized water
➢ **entmineralisiertes Wasser**	demineralized water
➢ **Flaschenwasser**	bottled water
➢ **gereinigtes Wasser, aufgereinigtes Wasser, aufbereitetes Wasser**	purified water
➢ **Hahnenwasser, Leitungswasser**	tap water
➢ **hartes Wasser**	hard water
➢ **Kristallwasser**	crystal water, water of crystallization
➢ **Leitungswasser**	tap water
➢ **Meerwasser**	seawater, saltwater
➢ **Mineralwasser**	mineral water (plain or carbonated)
➢ **Quellwasser**	source water, spring water
➢ **Rosenwasser**	rose water
➢ **salziges Wasser**	saline water
➢ **Salzwasser**	saltwater
➢ **Selterswasser, Sodawasser, Sprudel (mit CO_2 versetzt)**	soda water, club soda, carbonated mineral water
➢ **Süßwasser**	freshwater
➢ **Tonikwasser**	tonic water
➢ **trinkbares Wasser**	potable water
➢ **Trinkwasser**	drinking water, potable water
➢ **Warmwasser**	hot water
➢ **weiches Wasser**	soft water
Wasserapfel, Alligatorapfel *Annona glabra*	pond apple, alligator apple, monkey apple
Wasserapfel, Wasser-Jambuse *Syzygium aqueum*	water rose-apple
Wasserblatt *Hydrophyllum* spp.	waterleaf
➢ **Ceylon-Spinat, Surinam-Portulak** *Talinum fruticosum, Talinum triangulare*	waterleaf, Philippine spinach, Ceylon spinach, cariru, Suriname purslane

Wasserbüffel, Asiatischer Büffel	Asian water buffalo
Bubalus bubalis	(swamp & river types)
Wasserfenchel, Javanischer Wasserfenchel,	water celery, Asian water celery,
Java-Wasserfenchel	water parsley, Chinese celery,
Oenanthe javanica	Java water dropwort
Wasserkastanie	water chestnut, caltrop
Trapa bicornis var. *bispinosa*	
Wasserknoblauch, Nobiru	Chinese garlic, Japanese garlic
Allium macrostemon, Allium grayi	
Wasserlimone	yellow granadilla,
Passiflora laurifolia	Jamaica honeysuckle,
	water lemon, bell-apple
Wassermelone	watermelon
Citrullus lanatus	
Wassermimose	water mimosa
Neptunia oleracea	
Wassernuss, Chinesische Wassernuss	Chinese water chestnut
Eleocharis dulcis	
Wasserpfeffer-Knöterich	water pepper
Persicaria hydropiper	
Wasserspinat, Chinesischer Wasserspinat	water spinach, water convolvulus,
Ipomoea aquatica	Chinese water spinach, kangkong
	'morning glory'
Wasseryams, Geflügelter Yams	greater yam, water yam,
Dioscorea alata	'ten-month yam'
Waterblommetjies, Kap-Wasserähre	Cape pondweed, Cape asparagus,
Aponogeton distachyos	water hawthorn
Weichkaramellen, Toffees	soft caramels, toffees
(Milch~/Butterbonbons)	
Weichkäse	soft cheese
Weichmais, Stärkemais	soft corn, flour corn US;
Zea mays spp. *mays* (Amylacea Group)	soft maize, flour maize UK
Wein	wine
➢ **Abstich**	racking off
➢ **Adstringenz**	astringency
➢ **Aperitifwein**	aperitif wine (>15% alc.)
➢ **Äpfelsäure**	malic acid
➢ **Apfelwein**	hard cider
➢ **Birnenwein**	pear cider, pear wine
➢ **Blauschönung**	blue fining
➢ **Blume**	nose
➢ **Branntwein**	distilled spirit
➢ **Bukett, Aroma**	bouquet, aroma
➢ **Dattelwein**	date wine
➢ **Diabetikerwein**	diabetic wine, wine for diabetics
➢ **Edelfäule** *Botrytis cinerea*	noble rot
➢ **Eiswein**	ice wine, icewine
➢ **Entsäuerung**	deacidification
➢ **Fass**	barrel; (Fässer) cooperage
➢ **Fassbinder, Küfer, Böttcher**	cooper
➢ **Federweißer**	still fermenting young wine
➢ **Fehler**	defect

➤ **fruchtig**	fruity
➤ **Fruchtwein**	fruit wine
➤ **Gärung**	fermentation
➤ **Geläger**	lees, dregs (sediment)
(Hefesatz/Fermentations-Niederschlag)	
➤ **Geschmack**	taste
➤ **halbtrocken**	medium dry, demi-sec
➤ **lieblich**	medium sweet
➤ **süß**	sweet
➤ **trocken**	dry, sec
➤ **Glühwein**	mulled wine
➤ **Hefetrub, Hefegeläger**	yeast lees
➤ **Honigwein, Met**	mead
➤ **Jahrgang(swein)**	vintage
➤ **Kaltgärhefe**	cold-fermenting yeast
➤ **Kelterung, Keltern**	pressing (crushing)
(Pressen: Mostgewinnung)	
➤ **Klärung, Klären**	clarification (fining, filtration, centrifugation, or ion exchange)
➤ **Korkgeschmack**	cork taint
➤ **Landwein (gehobener Tafelwein)**	superior table wine
➤ **Likörwein, Dessertwein**	fortified wine (brandy added),
(Port, Sherry, Madeira, Marsala, Wermut)	dessert wine US
➤ **Maische**	mash
➤ **Met, Honigwein**	mead
➤ **Most**	must
➤ **Nachgärung**	postfermentation
➤ **Neuer Wein, Junger Wein**	new wine, young wine
(Federweißer/Sauser/Heuriger)	
➤ **Obstbranntwein**	fruit brandy, eau de vie
➤ **Palmwein**	palm wine, toddy
➤ **Perlwein**	semi-sparkling wine (low amount of carbonation), pearlwine
➤ **Portwein**	port
➤ **Presskuchen (Traubenrückstände)**	press cake
➤ **Prozess der**	vinification
Saft~/Mostfermentierung zu Wein	
➤ **Qualitätswein**	quality wine
➤ **Reifung**	maturation
➤ **Reiswein (Sake)**	rice wine (sake)
➤ **Restzucker**	residual sugar
➤ **Säuregärung**	malolactic fermentation
➤ **Schaumwein, Sekt**	sparkling wine, 'champagne'
➤ **extra dry**	extra dry
➤ **extra herb**	extra brut
➤ **herb**	brut
➤ **mild**	sweet
➤ **naturherb**	brut nature
➤ **trocken**	dry
➤ **Schönung**	fining
➤ **Schorle, Weinschorle**	wine mixed with soda water

➤ **Schwefeldioxid SO$_2$**	sulfur dioxide
➤ **schwefelige Säure**	sulfurous acid
➤ **Schwefelung (mit schwefliger Säure bzw. Kaliumdisulfit K$_2$S$_2$O$_5$)**	sulfiting (using potassium bisulfite)
➤ **Spontangärung**	spontaneous fermentation
➤ **Stabilisierung**	stabilization
➤ **steckengebliebene Fermentation**	stuck fermentation
➤ **Sur-Lie**	sur lies
➤ **Süßreserve**	residual sweetness (sugar), unfermented grape juice
➤ **Tafelwein**	table wine
➤ **Traubenmost**	grape must
➤ **Trester (*Weinbeeren-/Traubenpressrückstand vom Most: Treber/Lauer*)**	pomace, marc (residue from pressed grapes: seeds/skins/p
➤ **Weinbrand (Cognac, Armagnac, Grappa *etc.*)**	brandy (distilled from grape w
Weinausbau (Weinausbau auf der Hefe)	sur lies
Weinbeere, Traube	grape
➤ **Japanische Weinbeere** *Rubus phoenicolasius*	wine raspberry, wineberry, Japanese wineberry
Weinbergschnecke *Helix pomatia*	Roman snail, Burgundy snail, escargot snail, apple snail, grapevine snail, vineyard snail, vine snail
➤ **Gefleckte Weinbergschnecke, Gesprenkelte Weinbergschnecke** *Helix aspersa, Cornu aspersum, Cryptomphalus aspersus*	brown garden snail, brown gardensnail, common garden snail, European brown snai
➤ **Gestreifte Weinbergschnecke** *Helix lucorum*	Turkish snail, escargot turc
Weinblätter	vine leaves
Weinbrand (Cognac, Armagnac, Grappa etc.)	brandy (distilled from grape w
Wein-Cooler	wine cooler (wine + sprite or carbonated beverage)
Weingeist	spirit of wine (rectified spirit: alcohol)
Weinhefe *Kloeckera apiculata*	wine yeast
Weinraute, Raute *Ruta graveolens*	common rue
Weinschorle	wine cooler (in this case: wine + soda water/seltzer)
Weintrauben (Rosinen: getrocknete Weinbeeren) *Vitis vinifera*	grape (raisins)
Weißdorn *Crataegus laevigata*	hawthorn
➤ **Mexikanischer Weißdorn, Tejocote, Manzanilla** *Crataegus mexicana, Crataegus pubescens*	Mexican hawthorn, tejocote, manzanilla

Weiße Lupine, Ägyptische Lupine	white lupine,
Lupinus albus	Mediterranean white lupine
Weiße Maulbeere	white mulberry
Morus alba	
Weiße Rübe,	turnip, neeps
Stoppelrübe, Speiserübe,	
Wasserrübe, Mairübe, Navette	
Brassica rapa (Rapa Group)	
Weiße Sapote	white sapote
Casimiroa edulis	
Weiße Trüffel, Mäandertrüffel	Transylvanian white truffle,
Choiromyces venosus,	hypogeous truffle
Choiromyces meandriformis	
Weißer Brandungsbarsch	white surfperch, seaperch
Phanerodon furcatus	
Weißer Katzenwels	fork-tailed catfish
Ictalurus catus	
Weißer Senf	white mustard
Sinapis alba	
Weißer Stör, Sacramento-Stör,	white sturgeon
Amerikanischer Stör	
Acipenser transmontanus	
Weißer Thun, Germon, Albakore,	albacore FAO, 'white' tuna,
Langflossen-Thun	long-fin tunny, long-finned tuna,
Thunnus alalunga	Pacific albacore
Weißer Yams, Weißer Guineayams	white yam, white Guinea yam,
Dioscorea rotundata	eight-month yam
Weißer Zuchtchampignon,	cultivated mushroom,
Kulturchampignon	white mushroom,
Agaricus bisporus var. *hortensis*	button mushroom
Weißfisch (mager/weißfleischig)	whitefish
➢ **Zobel**	Danube bream, Danubian bream,
Abramis sapa	white-eye bream FAO
➢ **Zope, Pleinzen**	zope FAO, blue bream
Abramis ballerus	
Weißflecken-Zackenbarsch	white-blotched rockcod
Epinephelus multinotatus	
Weißfleischiger Grünling	golden tricholoma
Tricholoma auratum	
Weißkohl	white cabbage
Brassica oleracea var. *capitata* f. *alba*	
Weißkopfmimose, Wilde Tamarinde	lead tree pods, white leadtree,
Leucaena leucocephala	white popinac, wild tamarind,
	petai belalang
Weißschimmelkäse (Brie/Camembert)	white mold-ripened cheese
Weißspitzen-Riffhai	whitetip shark, oceanic whitetip
Carcharhinus longimanus	
Weißwedelwild, Weißwedelhirsch	white-tailed deer
Odocoileus virginianus	
Weißzucker, weißer Zucker	white sugar (simply refined/
(Haushaltszucker)	bleached)

Weizen, Brotweizen
   (Saatweizen, Weichweizen)
   Triticum aestivum ssp. *aestivum*
	wheat, bread wheat,
	   common wheat, soft wheat

➤ **Dinkel, Spelz,**
   Spelzweizen, Schwabenkorn;
   (unreif/milchreif/grün: Grünkern)
   Triticum aestivum ssp. *spelta*
	spelt, spelt wheat, dinkel whea

➤ **Durum Weizen, Hartweizen, Glasweizen**
   Triticum turgidum ssp. *durum*
	durum wheat, flint wheat,
	   hard wheat, macaroni wheat

➤ **Einkorn, Einkornweizen** *Triticum monococcum* ssp. *monococcum*	einkorn wheat, small spelt

➤ **Emmer, Emmerkorn, Emmerweizen,**
   Zweikornweizen
   Triticum turgidum ssp. *dicoccon (dicoccum)*
	emmer wheat, two-grained sp

➤ **Englischer Weizen, Rauweizen,**
   Rau-Weizen, Wilder Emmer
   Triticum turgidum ssp. *turgicum*
	cone wheat, poulard wheat,
	   rivet wheat, turgid wheat

➤ **Indischer Kugelweizen, Kugelweizen,**
   Indischer Zwergweizen
   Triticum aestivum ssp. *sphaerococcum*
	Indian dwarf wheat, shot whea

➤ **Khorassan-Weizen** *Triticum turgidum* ssp. *turanicum*	Khorassan wheat, Oriental wh
➤ **Persischer Weizen** *Triticum turgidum* ssp. *carthlicum*	Persian black wheat, Persian w
➤ **Polnischer Weizen, Abessinischer Weizen** *Triticum turgidum* ssp. *polonicum*	Polish wheat, Ethiopian wheat
➤ **Zwergweizen, Buckelweizen, Igelweizen** *Triticum aestivum* ssp. *compactum*	club, cluster wheat, dwarf whe
Weizengraupen	wheat groats, hulled wheat
Weizenkeime	wheat germ
Weizenkleber	wheat gluten

Wellfleisch, Kesselfleisch
   (Bauch/Kopf/Innereien)
	boiled pork belly
	   (gekochter Schweinebauch)
	   (also: boiled head and innare

Wellhornschnecke,
   Gemeine Wellhornschnecke
   Buccinum undatum
	common whelk,
	   edible European whelk,
	   waved whelk, buckie,
	   common northern whelk

Wels, Waller, Schaiden
   Silurus glanis
	European catfish, wels, sheatf|
	   wels catfish FAO

Welscher Apfel, Azerolapfel *Crataegus azarolus*	azarole
Wermut *Artemisia absinthum*	common wormwood
Wermut (*Alkohol. Getränk,*** früher mit *Artemisia absinthium***)**	vermouth

Westindische Gurke,
   Anguriagurke, Angurie,
   Kleine Igelgurke
   Cucumis anguria var. *anguria*
	bur gherkin, West Indian gher

Westliche Sandkirsche *Prunus pumila* ssp. *besseyi*	Western sandcherry

Whisky, Whiskey (Kornbranntwein)	whisky UK, whiskey US & IR
➤ **Bourbon, Amerikanischer Whisky**	bourbon (corn & other grain)
➤ **Scotch, Schottischer Whisky**	Scotch (barley)
Wiesenchampignon, Wiesenegerling, Feldegerling	field mushroom, meadow mushroom
Agaricus campestris	
Wiesenknopf (Kleiner), Pimpernell	salad burnet
Sanguisorba minor ssp. *minor*	
Wiesenschaumkraut (Öl)	meadowfoam (seed oil)
Limnanthes alba	
Wild	game
➤ **Ballenwild (Hase + Kaninchen)**	wild rabbits, game rabbits (*incl.* hares)
➤ **Damwild** *Dama dama*	fallow deer
➤ **Elchwild** *Alces alces*	elk, moose US
➤ **Federwild, Wildgeflügel**	wildfowl, game birds
➤ **Gamswild**	chamois
Rupicapra rupicapra	
➤ **Großwild, Hochwild**	big game
➤ **Haarwild**	game mammals
➤ **Hirsche** *Odocoileus* spp.	deer
➤ **Hochwild**	big game; red deer
➤ **Maultierwild, Maultierhirsch, Schwarzwedelhirsch**	mule deer
Odocoileus hemionus	
➤ **Muffelwild, Mufflon**	mouflon
Ovis musimon	
➤ **Niederwild**	small game
➤ **Rehwild** *Capreolus capreolus*	roe deer
➤ **Renwild, Rentier**	reindeer
Rangifer tarandus	
➤ **Rotwild, Rothirsch, Edelhirsch**	red deer, stag; elk US
Cervus elaphus	
➤ **Schalenwild (Rotwild + Schwarzwild)**	hoofed game
➤ **Schwarzwild, Wildschwein**	boar, wild boar
Sus scrofa	
➤ **Sikawild** *Cervus nippon*	sika deer
➤ **Steinwild** *Capra ibex*	ibex
➤ **Weißwedelwild, Weißwedelhirsch**	white-tailed deer
Odocoileus virginianus	
➤ **Wildbret, Wildfleisch**	venison (especially: deer)
➤ **Wisent** *Bison bonasus*	European bison, wisent
Wildapfel, Holzapfel	crab apple
Malus sylvestris	
Wilde Rauke, Mauer-Doppelsame	wall rocket
Diplotaxis muralis	
Wilder Ingwer, Martinique-Ingwer, Zerumbet-Ingwer	wild ginger, pinecone ginger, bitter ginger
Zingiber zerumbet	

Wildmango, Dikanuss, Cay-Cay-Butter *Irvingia gabonensis*	bush mango, dika nut, dika bu (Gaboon chocolate)
Wildobst	wild berries
Wildreis, Kanadischer Wildreis, Indianerreis, Wasserreis, Tuscorareis *Zizania aquatica*	American wild rice, Canadian wild rice
Wildschwein, Schwarzwild *Sus scrofa*	boar, wild boar
Wildtaube ≻ Ringeltaube *Columba palumbus*	wood pigeon
Winterendivie, Endivie, Glatte Endivie *Cichorium endivia* (Endivia Group)	endive UK, chicory US
Winter-Estragon, Mexikanischer Tarragon *Tagetes lucida*	Mexican/Spanish tarragon; Mexican mint marigold
Winterflunder, Amerikanische Winterflunder *Pseudopleuronectes americanus*	winter flounder
Wintergrün *Gaultheria procumbens*	wintergreen, gaultheria
Winterkresse, Barbarakraut, Frühlings-Barbarakraut *Barbarea verna*	upland cress, land cress, Normandy cress, early wintercress, scurvy cre
Wintermelone, Wachskürbis *Benincasa hispida*	wax gourd, white gourd, winter gourd
Winterrettich, Gartenrettich, Knollenrettich *Raphanus sativus* (Chinensis Group)/ var. *niger*	Oriental radish, black radish, winter radish
Winterrübsen *Brassica rapa* (Oleifera Group)	biennial turnip rape, turnip ra
Winterspargel, Schwarzwurzel *Scorzonera hispanica*	black salsify
Wintertrüffel *Tuber brumale*	winter truffle
Winterzwiebel, Winterheckenzwiebel, Winterheckzwiebel, Welsche Zwiebel *Allium fistulosum*	bunching onion, Japanese bunching onion, Welsh onion
Wirbeldost, Wilder Basilikum *Clinopodium vulgare*	wild basil
Wirsing, Wirsingkohl *Brassica oleracea* (Sabauda Group)	Savoy cabbage
Wisent *Bison bonasus*	European bison, wisent
Wittling, Merlan *Merlangius merlangus*	whiting
Witwenfisch, Witwen-Drachenkopf *Sebastes entomelas*	widow rockfish
Wohlriechende Johannisbeere, Goldjohannisbeere *Ribes aureum, Ribes odoratum*	buffalo currant, golden curran clove currant
Wohlriechender Fieberstrauch *Lindera benzoin*	wild allspice, spicebush, benjamin bush

Wolfsbarsch, Seebarsch	bass, sea bass,
Dicentrarchus labrax, Roccus labrax,	European sea bass FAO
Morone labrax	
➢ **Gefleckter Wolfsbarsch,**	spotted bass
Gefleckter Seebarsch	
Dicentrarchus punctatus	
Wollhandkrabbe ➢	Chinese mitten crab,
Chinesische Wollhandkrabbe	Chinese river crab
Eriocheir sinensis	
Wollmispel, Japanische Mispel,	loquat
Loquat	
Eriobotrya japonica	
Wollthymian	woolly thyme
Thymus pseudolanuginosus	
Wunderbeere	sunberry, wonderberry
Solanum x burbankii,	
Solanum scabrum	
➢ **Mirakelfrucht**	miracle fruit, miraculous berry
Synsepalum dulcificum	
Würfelzucker	sugar cube
Wurst	sausage
➢ **Blutwurst**	blood sausage
➢ **Brät**	sausage batter (raw)
(rohe Wurstmasse/Wurstteig)	
➢ **Brühwurst**	sausage made of meat cooked in broth or soup
➢ **Frischwurst**	fresh sausage
➢ **Impfung**	inoculation
➢ **Knackwurst**	knackwurst, knockwurst
➢ **Kochwurst**	cooked sausage
➢ **Nasspökeln**	wet curing
➢ **Pepperoni-Wurst**	pepperoni
(Amerikan. Salami: roh/fermentiert)	
➢ **Pökellake**	curing brine
➢ **pökeln**	cure
➢ **Pökelsalz**	curing salt
➢ **räuchern**	smoke
➢ **Reifung**	maturation
➢ **Rohwürste**	raw sausages
➢ **Schinken**	ham
➢ **Schinkenwurst**	ham sausage
➢ **Sülze**	jellied meat
➢ **Trockenpökeln**	dry curing
➢ **Trockenwurst, Dauerwurst**	dry sausage
➢ **verderben**	spoil
➢ **Wiener Würstchen,**	Vienna sausage,
Frankfurter Würstchen	wiener, weiner, frankfurter
➢ **Wursthülle**	casing
➢ **würzen**	seasoning
Wurstbrät	sausage meat
Würstchen	small sausage

Wursthülle(n)	sausage casing(s)
➢ **Buttdarm, Bodendarm, Butte (oberster Dickdarm)**	bung (caecum)
➢ **Dickdarm**	large intestines
➢ **Dünndarm**	small intestines
➢ **Enger Darm (Dünndarm: Schwein)**	runners, rounds, hog casings (small intestines)
➢ **Fettende**	fatend
➢ **Kappe (des Buttdarms)**	bung cap
➢ **Kranzdarm, Kranzdärme (Rind)**	rounds, runners (small intestines: cattle)
➢ **Krausedarm (Mitteldarm: Schwein)**	middles; chitterlings, chitlins
➢ **Magen**	stomach
➢ **Mitteldarm, Mitteldärme**	middles
➢ **Nachende**	afterend
➢ **Rinderschlund (Speiseröhre/Ösophagus)**	weasand (esophagus of cattle)
➢ **Saitlinge (Schaf: Dünndarm)**	sheep casings (small intestine
➢ **Speiseröhre, Ösophagus (Rinderschlund)**	esophagus, weasand (esophag of cattle for sausage casings)
Wurstteig	sausage batter
Wurstwaren	sausage products
Würze	spice, condiment, seasoning, flavor(ing); (Bier) wort
Wurzelgemüse	root vegetables
Wurzelmöhrling, Wurzel-Möhrling, Doppelring-Trichterling	king mushroom, imperial cap mushroom
Catathelasma imperiale	
Wurzelsellerie, Knollensellerie, Eppich	root celery, celery root, celeria
Apium graveolens var. *rapaceum*	turnip-rooted celery, knob c
Wurzelvanille, Mondia	mondia, white ginger
Mondia whitei	
Wurzelzichorie, Zichorienwurzel, Kaffeezichorie	root chicory
Cichorium intybus (Sativum Group) 'Root Chicory Group'	
Würzpaste	paste condiment, condiment
Würzsauce, Würzsoße	condiment, condiment sauce

Yabbie, Kleiner Australkrebs *Cherax destructor*	yabbie
Yak *Bos grunniens, Bos mutans*	yak
Yams *Dioscorea* spp.	yam
➤ **Asiatischer Yams, Kartoffelyams** *Dioscorea esculenta*	potato-yam
➤ **Chinesischer Yams, Brotwurzel** *Dioscorea polystachya, Dioscorea batatas,* *Dioscorea opposita*	Chinese yam, Chinese 'potato'
➤ **Cush-Cush Yams** *Dioscorea trifida*	cushcush, cush-cush yam, yampi, yampee
➤ **Elefanten-Yams** *Amorphophallus paeoniifolius*	elephant's foot yam, telinga potato
➤ **Gelber Yams, Gelber Guineayams** *Dioscorea cayenensis*	yellow yam, Lagos yam, yellow Guinea yam, 'twelve-month yam'
➤ **Japanischer Yams, Japanyams** *Dioscorea japonica*	Japanese yam
➤ **Luftyams, Kartoffelyams, Gathi** *Dioscorea bulbifera*	air potato, potato yam, acorn yam
➤ **Wasseryams, Geflügelter Yams** *Dioscorea alata*	greater yam, water yam, 'ten-month yam'
➤ **Weißer Yams, Weißer Guineayams** *Dioscorea rotundata*	white yam, white Guinea yam, eight-month yam
Yautia, Malanga, Tannia, Tania *Xanthosoma sagittifolium*	tannia, yautia, yantia, malanga, mafaffa, new cocoyam
Youngbeere *Rubus ursinus* var. *Young*	Youngberry
Ysop *Hyssopus officinalis*	hyssop
Yumberry, Pappelpflaume, **Chinesische Baumerdbeere,** **‚Chinesischer Arbutus'** *Myrica rubra*	red bayberry, red myrica, Chinese bayberry, yumberry

Za'atar, Schwarzer Thymian	black thyme, spiked thyme,
Thymbra spicata	desert hyssop, donkey hyssop
Zackenbarsch, Schwarzer Sägebarsch	black seabass FAO, black sea b
Centropristis striata	
Zackenbarsche	groupers
Epinephelus spp.	
➢ **Brauner Zackenbarsch**	dusky grouper, dusky perch
Epinephelus guaza, Epinephelus marginatus	
➢ **Grauer Zackenbarsch**	dogtooth grouper FAO,
Epinephelus caninus	dog-toothed grouper
➢ **Juwelen-Zackenbarsch, Juwelenbarsch,**	blue-spotted rockcod, coral tr
Erdbeergrouper	coral hind FAO
Cephalopholis miniata	
➢ **Roter Zackenbarsch**	red grouper
Epinephelus morio	
➢ **Schwarzer Zackenbarsch**	black grouper
Mycteroperca bonaci	
➢ **Tomaten-Zackenbarsch**	vielle Anana, tomato hind,
Cephalopholis sonnerati	coral cod
➢ **Weinroter Zackenbarsch,**	lunartail rockcod,
Gelbsaum Juwelenbarsch,	moontail rockcod,
Mondsichel-Juwelenbarsch	lyretail grouper,
Variola louti	yellow-edged lyretail FAO
➢ **Weißflecken-Zackenbarsch**	white-blotched rockcod
Epinephelus multinotatus	
Zahnbrasse	dentex, common dentex FAO
Dentex dentex	
➢ **Rosa Zahnbrasse, Buckel-Zahnbrasse,**	pink dentex
Dickkopfzahnbrasse	
Dentex gibbosus	
Zahnmais	dent corn US; dent maize UK
Zea mays spp. *mays* (Indentata Group)/	
convar. *dentiformis*	
Zander, Sandbarsch	pike-perch, zander
Sander lucioperca	
Zebramuschel	turkey wing
Arca zebra	
Zebra-Umberfisch, Punkt-Umberfisch	spot, spot croaker
Leiostomus xanthurus	
Zedrat, Cedrat, Zitronat, Citronat	candied citron peel
(kandierte Zedratzitronenschale)	
Citrus medica	
Zehen (Knoblauch)	cloves
Zehrwurz, Kolokasie, Taro	taro, cocoyam, dasheen, eddo
(Stängelgemüse: Galadium)	
Colocasia esculenta var. *antiquorum*	
Zerumbet	shell ginger
Alpinia zerumbet	
Zerumbet-Ingwer, Wilder Ingwer,	wild ginger, pinecone ginger,
Martinique-Ingwer	bitter ginger
Zingiber zerumbet	

Zichorie ➤ Salatzichorie, Bleichzichorie, witloof chicory, Brussels chicory,
Brüsseler Endivie, Chicorée French endive, Belgian endive,
Cichorium intybus (Foliosum Group) forcing chicory (US: blue sailor)
'Witloof'

Zichorienwurzel, Wurzelzichorie, root chicory
Kaffeezichorie
Cichorium intybus (Sativum Group)
'Root Chicory Group'

Ziegelbarsch, Blauer Ziegelbarsch, tilefish
Blauer Ziegelfisch
Lopholatilus chamaeleonticeps

Ziegelfisch, Pazifischer Ziegelfisch ocean whitefish
Caulolatilus princeps

Ziegenbarsch, Sägebarsch, comber
Längsgestreifter Schriftbarsch
Serranus cabrilla

Ziegenfisch, Gefleckter Ziegenfisch spotted goatfish
Pseudupeneus maculatus

➤ Nördlicher Ziegenfisch golden goatfish
Mullus auratus

Ziegenkäse goat cheese, goat's cheese
Ziegenlippe yellow cracking bolete,
Xerocomus subtomentosus suede bolete

Zigeuner, Reifpilz, Runzelschüppling gypsy mushroom
Rozites caperatus

Zimt, Echter Zimt, Ceylonzimt cinnamon, Ceylon cinnamon
Cinnamomum verum

➤ Culilawan-Zimt, Lavangzimt culilawan
Cinnamomum culilawan

➤ Indonesischer Zimt, Indonesian cinnamon,
Padang-Zimt, Bataviazimt Indonesian cassia,
Cinnamomum burmanii Korintji cinnnamon,
padang cassia

➤ Kassiazimt, Chinesischer Zimt, cassia bark, Chinese cinnamon,
China-Zimt (Zimtkassie, Kassie, Cassia) Chinese cassia
Cinnamomum aromaticum,
Cinnamomum cassia

➤ Malabarzimt, Zimtblätter, Indian cassia, cinnamon leaves,
Indischer Lorbeer, Tejpat Indian bay leaf
Cinnamomum tamala

➤ Saigon-Zimt Vietnamese cinnamon,
Cinnamomum loureirii Saigon cinnamon

Zimtapfel, Schuppenannone, Süßsack sugar apple, sweetsop
Annona squamosa

Zimtröhre cinnamon quill
Zirbelnuss *Pinus cembra* cembra pine nut, cembra nut
Zirrenkrake horned octopus, curled octopus
Eledone cirrosa, Ozeana cirrosa

Zitronat, Citronat, Zedrat, Cedrat candied citron peel
(kandierte Zedratzitronenschale)
Citrus medica

Zitronatzitrone *Citrus medica* citron

Zitrone *Citrus limon*	lemon
➤ **Meyers Zitrone** *Citrus junos*	yuzu
➤ **Zitronatzitrone** *Citrus medica*	citron
Zitronenbasilikum *Ocimum x citriodorum*	lemon basil, sweet basil
Zitronenbeere, Limoncito, Limondichina *Triphasia trifolia*	limeberry, Chinese lime, myrtle lime, limoncito
Zitronengras, Lemongras, Serehgras *Cymbopogon citratus*	lemongrass
Zitronen-Limonade	lemonade
Zitronenmelisse, Melissenkraut, Melisse, Zitronelle *Melissa officinalis*	balm, lemon balm
Zitronenmyrte, Australische Zitronenmyrte *Backhousia citriodora*	lemon myrtle, Australian lemon myrtle
Zitronenstrauch, Zitronenverbene, Zitronenverbena, ‚Verbena' *Aloysia triphylla, Lippia citriodora*	lemon verbena, verbena, verva
Zitronenthymian *Thymus x citriodorus*	lemon thyme
Zitrusschale	zest, flavedo
Zitwer *Curcuma zedoaria*	zedoary
Zobel, Weißfisch *Abramis sapa*	Danube bream, Danubian bre white-eye bream FAO
Zombi-Bohne, Wilde Mungbohne *Vigna vexillata*	zombi pea, wild mung, wild co
Zope, Pleinzen, Weißfisch *Abramis ballerus*	zope FAO, blue bream
Zucchini *Cucurbita pepo* ssp. *pepo* (Zucchini Group)	zucchini
Zucker	sugar
➤ **Aminozucker**	amino sugar
➤ **Blutzucker**	blood sugar
➤ **brauner Zucker**	brown sugar
➤ **Demerarazucker**	demerara sugar
➤ **Doppelzucker, Disaccharid**	double sugar, disaccharide
➤ **Einfachzucker, einfacher Zucker, Monosaccharid**	single sugar, monosaccharide
➤ **Einmachzucker**	canning sugar, preserving sug
➤ **Flüssigzucker**	sugar solution (concentrate)
➤ **Fondant**	fondant
➤ **Fruchtzucker, Fruktose**	fruit sugar, fructose
➤ **gebleichter Zucker**	bleached sugar
➤ **Gelierzucker**	gelling sugar, jam sugar
➤ **gesponnener Zucker**	spun sugar
➤ **Grießzucker**	semolina sugar
➤ **Hagelzucker, Perlzucker**	pearl sugar
➤ **Holzzucker, Xylose**	wood sugar, xylose
➤ **Invertzucker**	invert sugar
➤ **Isomeratzucker, Isomerose**	high-fructose corn syrup

➢ **Kandis**	candy sugar, rock sugar
➢ **Kandisfarin, Farinzucker** (Brauner Zucker)	fine, brown candy sugar
➢ **Kandiszucker**	rock candy
➢ **Kristallzucker**	granulated sugar
➢ **Malzzucker, Maltose**	malt sugar, maltose
➢ **Mascobado-Zucker, Muscovado-Zucker** (ein Vollrohrzucker)	muscovado, Barbados sugar
➢ **Melasse**	molasses, treacle
➢ **Milchzucker, Laktose**	milk sugar, lactose
➢ **Palmzucker, Palmenzucker, Jaggery**	palm sugar, jaggery, gur
➢ **Puderzucker**	powdered sugar (fondant/ icing sugar/confectioner's sugar)
➢ **raffinierter Zucker**	refined sugar
➢ **reduzierender Zucker**	reducing sugar
➢ **Rohrohrzucker, Rohr-Rohzucker**	crude cane sugar (unrefined/ centrifuged)
➢ **Rohrzucker**	cane sugar
➢ **Rohzucker**	raw sugar, crude sugar (unrefined sugar)
➢ **Rübenzucker**	beet sugar
➢ **Sandzucker** (Kastorzucker: besonders feinkörnig)	caster sugar, castor sugar
➢ **Seidenzucker, gezogener Zucker**	pulled sugar
➢ **Traubenzucker** (Glukose/Glucose/Dextrose)	grape sugar (glucose/dextrose)
Zuckerahorn *Acer saccharum*	sugar maple
Zuckeraustauschstoff (,Saccharose-ähnliche' Kohlenhydrate)	sugar substitute
Zuckererbse	
➢ **Snap-Erbse** *Pisum sativum* ssp. *sativum* var. *macrocarpon* (round-podded)	sugar pea, mange-tout, mangetout, sugar snaps, snap pea, snow pea (round-podded)
➢ **Zuckerschwerterbse, Kaiserschote, Kefe** *Pisum sativum* ssp. *sativum* var. *macrocarpon* (flat-podded)	snow pea (flat-podded), eat-all pea US
Zuckerhirse, Zucker-Mohrenhirse *Sorghum bicolor* (Saccharatum Group)	sweet sorghum, sugar sorghum
Zuckermais, Süßmais, Speisemais, Gemüsemais *Zea mays* spp. *mays* (Saccharata Group) var. *rugosa*	sweet corn, yellow corn US; sweet maize UK
Zuckermelone, Honigmelone *Cucumis melo* (Inodorus Group)	melon, American melon, fragrant melon, winter melon (*incl.* honeydew, crenshaw, casaba etc.)
Zuckerrohr *Saccharum officinarum*	sugarcane
Zuckerrübe *Beta vulgaris* ssp. *vulgaris* var. *altissima*	sugar beet
Zuckerrübensirup	golden syrup (sugar beet molasses)

Zuckertang	sugar kelp, sugar wrack
Laminaria saccharina	
Zuckerwurzel, Zuckerwurz	skirret, crummock
Sium sisarum	
Zunge	tongue
Zürgel(n)	hackberry, European hackberr
(Zürgelbaum, Südlicher Zürgelbaum)	lotus berry
Celtis australis	
➤ **Glattblättriger Zürgelbaum**	sugarberry
Celtis laevigata	
Zusatzstoffe, Lebensmittelzusatzstoffe	food additives
Zutaten	ingredients
Zweibandbrasse, Bischofsbrasse,	twobar seabream
Doppelbandbrasse	
Acanthopagrus bifasciatus	
Zweibindenbrasse	two-banded bream, common
Diplodus vulgaris	two-banded seabream FAO
Zwergbanane	dwarf banana
Musa x *paradisiaca* cv.	
Zwerg-Buckelbeere	dwarf huckleberry
Gaylussacia dumosa	
Zwergkirsche, Zwergweichsel,	dwarf cherry,
Steppenkirsche	European ground cherry
Prunus fruticosa	
Zwergmaräne, Kleine Maräne	vendace
Coregonus albula	
Zwergweizen, Buckelweizen, Igelweizen	club, cluster wheat, dwarf whe
Triticum aestivum ssp. *compactum*	
Zwetschge, Zwetsche	blue plum, damask plum,
Prunus domestica ssp. *domestica*	German prune
Zwieback	rusk, double-baked sweet roll
Zwiebel, Gartenzwiebel, Küchenzwiebel	onion, brown onion,
Allium cepa (Cepa Group)	common onion, bulb onion
➤ **Ägyptische Zwiebel, Etagenzwiebel,**	Egyptian onion, tree onion,
Luftzwiebel	walking onion, top onion
Allium x *proliferum*	
➤ **Chinesische Zwiebel,**	Chinese chives, Chinese onion
Chinesische Schalotte,	Kiangsi scallion, rakkyo
Chinesischer Schnittlauch, Rakkyo	
Allium chinense	
➤ **Frühlingszwiebeln,**	scallions, spring onions,
Frühlingszwiebelchen, Lauchzwiebeln	green onions, salad onions
Allium cepa (Cepa Group) (young/early) oder	
Allium fistulosum	
➤ **Gemüsezwiebel** *Allium* sp.	Spanish onion
➤ **Perlzwiebel, Echte Perlzwiebel**	pearl onion, multiplier leek
Allium ampeloprasum (Sectivum Group)	
➤ **Winterzwiebel, Winterheckenzwiebel,**	bunching onion,
Winterheckzwiebel, Welsche Zwiebel	Japanese bunching onion,
Allium fistulosum	Welsh onion
Zwiemilch	mixed feeding
(Muttermilch + Muttermilchersatz)	

English – German

English - German

abalones US, ormers UK	Abalones, Seeohren, Meerohren
Haliotis spp.	
➤ **green abalone**	Grüne Abalone, Grünes Meerohr
Haliotis fulgens	
➤ **greenlip abalone, smooth ear shell**	Glatte Abalone, Glattes Meerohr
Haliotis laevigata	
➤ **pink abalone**	Rosa Abalone, Rosafarbenes Meerohr
Haliotis corrugata	
➤ **pinto abalone, northern abalone**	Kamtschatka-Seeohr
Haliotis kamtschatkana	
➤ **red abalone**	Rote Abalone, Rotes Meerohr
Haliotis rufescens	
abiu, caimito, yellow star apple, egg fruit	Caimito-Eierfrucht
Pouteria caimito	
Abyssinian banana	Ensete, Abessinische Banane
Ensete ventricosum	
Abyssinian mustard, Abyssinian cabbage, Ethiopian mustard, Texsel greens	Abessinischer Senf, Abessinischer Kohl, Äthiopischer Senf
Brassica carinata	
acacia ➤ gum acacia	Gummi Arabicum
Acacia senegal	
acacia leaf, cha om	Cha Om, Akazienblätter
Acacia pennata ssp. *insuavis*	
accompaniment	Beilage
acerola, Barbados cherry, West Indian cherry	Barbadoskirsche, Acerola, Acerolakirsche
Malpighia emarginata and *Malpighia glabra*	
acha, fonio, white fonio, 'hungry rice'	Foniohirse (weiße), Acha, Hungerreis
Digitaria exilis	
achira, Queensland arrowroot	Achira, essbare Canna
Canna edulis	
acid	Säure
➤ **acetic acid**	Essigsäure
➤ **amino acid**	Aminosäure
➤ **ascorbic acid**	Ascorbinsäure
➤ **benzoic acid**	Benzoesäure
➤ **carbonic acid**	Kohlensäure, Carbonsäure, Karbonsäure
➤ **citric acid**	Zitronensäure, Citronensäure
➤ **fatty acid**	Fettsäure
➤ **folic acid**	Folsäure
➤ **fruit acid**	Fruchtsäure
➤ **lactic acid**	Milchsäure
➤ **oxalic acid (oxalate)**	Oxalsäure (Oxalat)
➤ **propionic acid**	Propionsäure
➤ **silicic acid**	Kieselsäure
➤ **sorbic acid**	Sorbinsäure
➤ **tannic acid**	Gerbsäure
➤ **tartaric acid**	Weinsäure
acid curd cheese	Sauermilchkäse

acidifier, acidulant	Säuerungsmittel
acorn coffee	Eichelkaffee
acorn squash	Eichelkürbis
Cucurbita pepo var. *turbinata*	
adalah, Indian halibut,	Indopazifischer Ebarme,
Indian spiny turbot FAO	Indischer Stachelbutt,
Psettodes erumei	Pazifischer Steinbutt
Adriatic salmon	Adria-Lachs
Salmothymus obtusirostris	
Adriatic sturgeon	Mittelmeer-Stör, Adria-Stör,
Acipenser naccarii	Adriatischer Stör
adzuki, azuki	Adzukibohne
Vigna angularis	
Aesop shrimp, Aesop prawn,	Rosa Tiefseegarnele
pink shrimp	
Pandalus montagui	
African breadfruit	Afrikanische Brotfrucht,
Treculia africana	Afon, Okwa
	(verarbeitet zu: Pembe)
African eggplant, gboma eggplant	Afrikanische Aubergine,
Solanum macrocarpon	Afrikanische Eierfrucht
African locust bean, nitta nut	Afrikanische Locustbohne,
Parkia biglobosa	Nittanuss, Nitta
African mammey apple,	Afrikanischer Mammiapfel,
African mammee apple,	Afrikanische Aprikose
African apricot, African apple	
Mammea africana	
African nut,	Erimado
ndjanssang, essang, erimado	
Ricinodendron heudelotii	
African oil palm, oil palm	Ölpalme (Palmkerne)
(palm kernels)	
Elaeis guineensis	
African pepper, Guinea pepper	Äthiopischer Pfeffer
Xylopia aethiopica	
African plum, African pear,	Afrikanische Pflaume, Safou
bush butter, eben, safou	
Dacryodes edulis	
African potato, kaffir potato,	Plectranthus, Kaffir-,Kartoffel'
Livingstone potato	
Plectranthus esculentus	
African red rice, African rice	Afrikanischer Reis
Oryza glaberrima	
after-dinner drink, digestif	Digestif
agati, katuray, gallito, dok khae	Papageienschnabel,
Sesbania grandiflora	Agathi, Katurai (Blüten)
agave nectar, agave syrup	Agavendicksaft, Agavensirup
Agave spp.	
agave worm ➢ red agave worm,	Roter Agavenwurm,
red maguey worm,	Roter Mescal-Wurm,
gusano rojo, red worm	Rote Agavenraupe
Hypopta agavis	

ahi, big-eyed tuna, bigeye tuna FAO *Thunnus obesus*	Großaugen-Thunfisch, Großaugen-Thun
air potato, potato yam, acorn yam *Dioscorea bulbifera*	Luftyams, Kartoffelyams, Gathi
ajowan, ajowan caraway, ajwain, carom seeds, royal cumin, bishop's weed *Trachyspermum ammi,* *Trachyspermum copticum*	Ajowan, Ajwain, Königskümmel, Indischer Kümmel
akee *Blighia sapida*	Akipflaume
albacore FAO, 'white' tuna, long-fin tunny, long-finned tuna, Pacific albacore *Thunnus alalunga*	Albakore, Weißer Thun, Germon, Langflossen-Thun
alcohol	Alkohol
alcohol-free, nonalcoholic	alkoholfrei
alcohol-free beer, nonalcoholic beer	alkoholfreies Bier
alcoholic	alkoholisch
➤ **nonalcoholic**	nichtalkoholisch, alkoholfrei
alcoholic beverages	alkoholische Getränke
➤ **nonalcoholic beverages**	nichtalkoholische Getränke
alcopop, FAB (flavored alcoholic beverage), FMB (flavored malt beverage), RTD (ready to drink), premix	Alkopop, Alcopop, Partydrink, Premix
alecost, costmary, mint geranium, bible leaf *Tanacetum balsamita,* *Chrysanthemum balsamita*	Balsamkraut, Frauenminze, Marienkraut, Marienblatt
alehoof, ground ivy *Glechoma hederacea*	Gundermann
alewife FAO, river herring *Alosa pseudoharengus*	Nordamerikanischer Flusshering
alexanders, black lovage *Smyrnium olusatrum*	Schwarzer Liebstöckel, Gelbdolde, Pferde-Eppich
alfalfa, lucerne *Medicago sativa*	Luzerne
alfalfa honey	Luzerne-Honig, Luzernenhonig
alfonsino FAO, beryx, red bream *Beryx decadactylus*	Alfonsino, Kaiserbarsch, Nordischer Schleimkopf
➤ **Lowe's alfonsino, splendid alfonsino FAO, Lowe's beryx** *Beryx splendens*	Lowes Alfonsino
algae (*pronounce:* **ál-gee**)	Algen
➤ **arame** *Eisenia bicyclis*	Arame
➤ **badderlocks, dabberlocks, honeyware, henware, murlin** *Alaria esculenta*	Essbarer Riementang, Sarumen
➤ **brown algae**	Braunalgen

- **bull kelp, bull-whip kelp, seatron** — Bullkelp (Seetang)
  Nereocystis luetkeana
- **carrageen, carragheen, Irish moss** — Knorpeltang, Knorpelalge,
  Chondrus crispus — Irisches Moos, Karrageen
- **dabberlocks, badderlocks,** — Essbarer Riementang, Sarumen
  honeyware, henware, murlin
  Alaria esculenta
- **dulse** — Dulse
  Palmaria palmata,
  Rhodymenia palmata
  - **pepper dulse** — Pepper-Dulse
    Laurencia pinnatifida,
    Osmundea pinnatifida
- **eelgrass, marine eelgrass** — Seegras
  Zostera marina
- **fukuronori, funori** — Funori-Rotalge
  Gloiopeltis furcata
- **green algae** — Grünalgen
- **gutweed** — Darmtang
  Ulva intestinalis,
  Enteromorpha intestinalis
- **hijiki** *Hizikia fusiformis* — Hijiki
- **Irish moss, carrageen, carragheen** — Knorpeltang, Knorpelalge,
  Chondrus crispus — Irisches Moos, Karrageen
- **kelp** — Brauntang
  - **sugar kelp, sugar wrack** — Zuckertang
    Laminaria saccharina
- **kombu** — Kombu, Seekohl
  Laminaria japonica u.a.
- **laverbread, sloke, purple laver** — Porphyrtang, Purpurtang
  Porphyra umbilicalis
- **nori (a red seaweed)** — Nori (Rotalge)
  Porphyra tenera u.a.
- **oarweed, tangle** — Fingertang
  Laminaria digitata
- **ogo (a red seaweed)** — Ogonori (Rotalge)
  Gracilaria verrucosa
- **pepper dulse** — Pepper-Dulse
  Laurencia pinnatifida,
  Osmundea pinnatifida
- **purple laver, sloke, laverbread** — Porphyrtang, Purpurtang
  Porphyra umbilicalis
- **red algae** — Rotalgen
- **sea lettuce** *Ulva lactuca* — Meersalat, Meeressalat
- **sea spaghetti,** — Meeresspaghetti, Haricot vert de mer,
  sea haricots, thongweed — ‚Meerbohnen'
  Himanthalia elongata
- **seatron, bull kelp, bull-whip kelp** — Bullkelp (Seetang)
  Nereocystis luetkeana
- **sloke, laverbread, purple laver** — Porphyrtang, Purpurtang
  Porphyra umbilicalis

➤ **sugar kelp, sugar wrack** *Laminaria saccharina*	Zuckertang
➤ **tangle, oarweed** *Laminaria digitata*	Fingertang
➤ **tengusa (a red seaweed)** *Gelidium amansii*	Tengusa (Rotalge)
➤ **thongweed, sea spaghetti,** **sea haricots** *Himanthalia elongata*	Meeresspaghetti, Haricot vert de mer, ‚Meerbohnen'
➤ **wakame** *Undaria pinnatifida*	Wakame
allgood, **blite, good-King-Henry** *Chenopodium bonus-henricus*	Guter Heinrich, Stolzer Heinrich
allis shad *Alosa alosa*	Maifisch, Alse, Gewöhnliche Alse
allspice, pimento *Pimenta dioica*	Nelkenpfeffer, Piment
➤ **wild allspice,** **spicebush, benjamin bush** *Lindera benzoin*	Wohlriechender Fieberstrauch
almond milk	Mandelmilch
almonds	Mandeln
➤ **bitter almond** *Prunus amygdalus var. amara*	Bittermandel, Bittere Mandel
➤ **Indian almond,** **sea almond, wild almond** *Terminalia catappa*	Indische Mandel, Seemandel (Katappaöl)
➤ **soft-shelled almond** *Prunus dulcis var. fragilis,* *Prunus amygdalus var. fragilis*	Jordan-Mandel, Krachmandel, Knackmandel
➤ **sweet almond** *Prunus amygdalus var. dulcis*	Mandel, Süßmandel
➤**chopped (diced/cubed)**	gehackt
➤**shaved, sliced**	gehobelt (Hobelmandeln)
➤**slivered**	gestiftelt
➤**split**	gespalten
alpine bearberry *Arctostaphylos alpina*	Alpen-Bärentraube
amago salmon, amago *Oncorhynchus rhodurus*	Amago-Lachs
amantungula, Natal plum *Carissa macrocarpa*	Natal-Pflaume, Carissa
amaranth *Amaranthus* spp.	Amarant
➤ **Chinese amaranth,** **Chinese spinach,** **Joseph's coat, tampala** *Amaranthus tricolor*	Dreifarbiger Fuchsschwanz, Chinesischer Salat, Papageienkraut, Gemüseamarant
➤ **foxtail amaranth, Inca wheat,** **love-lies-bleeding** *Amaranthus caudatus*	Gartenfuchsschwanz, Inkaweizen, Kiwicha

> **grain amaranth, blood amaranth,**
>   **Mexican grain amaranth,**
>   **African spinach**
>   *Amaranthus cruentus*

Rispenfuchsschwanz

> **purple amaranth,**
>   **livid amaranth, blito**
>   *Amaranthus blitum,*
>   *Amaranthus lividus* ssp. *ascendens*

Roter Heinrich, Roter Meier,
Blutkraut, Küchenamarant
(Aufsteigender Amarant)

amaranthus spinach,
  Chinese spinach
  Amaranthus tricolor

Dreifarbiger Fuchsschwanz

amarelle, tree sour cherry
  Prunus cerasus var. *capronia*

Amarelle, Glaskirsche (Baum-Weichsel)

Amazon tree grape, puruma
  Pourouma cecropiaefolia

Puruma-Traube

ambarella, golden apple,
  Otaheite apple, hog plum,
  greater hog plum
  Spondias dulcis, Spondias cytherea

Ambarella, Goldpflaume,
Goldene Balsampflaume,
Tahitiapfel

amberjack, yellowtails
  Seriola spp.

Bernsteinmakrelen,
Gabelschwanzmakrelen

> **greater amberjack FAO,**
>   **greater yellowtail**
>   *Seriola dumerili*

Bernsteinmakrele,
Gabelschwanzmakrele

> **Japanese amberjack,**
>   **yellowtail, buri**
>   *Seriola quinqueradiata*

Japanische Bernsteinmakrele,
Japanische Seriola

> **yellowtail amberjack,**
>   **yellowtail kingfish,**
>   **California amberjack**
>   *Seriola lalandi*

Gabelschwanzmakrele

amchoor, mango powder
  Mangifera indica

Amchoor, Mangopulver

American black currant
  Ribes americanum

Kanadische Johannisbeere

American butterfish, dollarfish,
  Atlantic butterfish
  Peprilus triacanthus

Butterfisch, Amerikanischer Butterfisch,
Atlantik-Butterfisch

American chestnut
  Castanea dentata

Amerikanische Esskastanie

American clawed lobster,
  northern lobster
  Homarus americanus

Amerikanischer Hummer

American crayfish,
  American river crayfish,
  spinycheek crayfish,
  striped crayfish
  Orconectes limosus, Cambarus affinis

Amerikanischer Flusskrebs,
Kamberkrebs,
‚Suppenkrebs'

American dewberry
  Rubus flagellaris

Amerikanische Acker-Brombeere

American eel
  Anguilla rostrata

Amerikanischer Aal

American elderberry *Sambucus canadensis*	Amerikanischer Holunder
American groundnut, potato bean, **Indian potato** *Apios americana*	Erdbirne, Amerikanische Erdbirne
American hazel *Corylus americana*	Amerikanische Haselnuss
American jack knife clam *Ensis directus*	Amerikanische Schwertmuschel
American lake trout, **Great Lake trout, lake trout FAO** *Salvelinus namaycush*	Seesaibling, Stutzersaibling, Amerikanischer Seesaibling
American melon, fragrant melon, **winter melon (***incl.* **honeydew,** **crenshaw, casaba** *etc.***)** *Cucumis melo* (Inodorus Group)	Zuckermelone
American oyster, eastern oyster, **blue point oyster,** **American cupped oyster** *Crassostrea virginica,* *Gryphaea virginica*	Amerikanische Auster
American persimmon *Diospyros virginiana*	Amerikanische Persimone, Virginische Dattelpflaume
American plaice, plaice US, **long rough dab** *Hippoglossoides platessoides*	Raue Scholle, Raue Scharbe, Doggerscharbe
American quail, **northern bobwhite quail** *Colinus virginianus*	Virginiawachtel
American raspberry, **wild red raspberry** *Rubus strigosus*	Amerikanische Himbeere, Nordamerikanische Himbeere
American shad *Alosa sapidissima*	Amerikanische Alse, Amerikanischer Maifisch
American wild rice, **Canadian wild rice** *Zizania aquatica*	,Wildreis', Kanadischer Wildreis, Indianerreis, Wasserreis, Tuscararareis
anchoveta *Engraulis ringens*	Peru-Sardelle, Anchoveta
anchovy, European anchovy *Engraulis encrasicolus*	Anchovis, Europäische Sardelle, Sardelle
➢ **Japanese anchovy** *Engraulis japonicus*	Japanische Sardelle, Japan-Sardelle
➢ **northern anchovy,** **California anchovy** *Engraulis mordax*	Amerikanische Sardelle
angelica, 'French rhubarb' *Angelica archangelica*	Engelwurz, Angelikawurzel
angelshark FAO, angel shark, **monkfish** *Squatina squatina, Rhina squatina,* *Squatina angelus*	Gemeiner Meerengel, Engelhai

angled loofah, angled luffa, ridged gourd, angled gourd — Gerippte Schwammgurke, Flügelgurke
Luffa acutangula

angler FAO, monkfish, Atlantic angler fish — Atlantischer Seeteufel, Atlantischer Angler
Lophius piscatorius

angostura (bark) — Angostura (Rinde)
Galipea officinalis, Angostura trifoliata

animelles (lamb testicles) — Lamm-Hoden

anise, aniseed, anise seed, sweet alice — Anis
Pimpinella anisum

➢ **star anise** — Sternanis, Chinesischer Sternanis
Illicium verum

anise hyssop — Anis-Ysop
Agastache foeniculum

annatto — Annatto
Bixa orellana

annual turnip rape, bird rape — Rübsen
Brassica rapa (Campestris Group)

anticaking agent (for fluffiness of flour *etc.*); release agent (oil in pans *etc.*) — Trennmittel

antioxidant — Antioxidans (*pl* Antioxidantien), Oxidationsinhibitor

ants Formicidae — Ameisen

➢ **honey ants, honeypot ants, repletes** — Honigameisen

anyu, añu, taiacha, mashua — Knollige Kapuzinerkresse, Mashua
Tropaeolum tuberosum

aperitif (*an appetizer*) — Aperitif

aperitif wine (< 15% alc.) — Aperitifwein

appetite depressant — Appetitzügler

appetizer — Vorspeise

apple, orchard apple — Apfel, Kultur-Apfel
Malus pumila, Malus domestica

➢ **crab apple** — Holzapfel, Wildapfel
Malus sylvestris

apple brandy (*e.g.*, calvados), applejack — Apfelbrand, Apfelbranntwein, Apfelschnaps

apple butter — Apfelkraut (eingedickter Fruchtsaft)

apple compote — Apfelmus, Apfelkompott

apple geranium, apple-rose-scented geranium — Apfelpelargonie, Apfelduftpelargonie, Zitronenpelargonie, Zitronengeranie
Pelargonium odoratissimum

apple juice soda — Apfel-Schorle

apple mango, kuweni, kuwini, kurwini — Saipan-Mango, Kuweni, Kurwini
Mangifera x *odorata*

apple melon, fragrant melon, dudaim melon — Apfelmelone, Ägyptische Melone
Cucumis melo (Dudaim Group)

apple mint, woolly mint	Apfelminze
Mentha x *villosa*	
(*M. spicata* x *M. suaveolens*)	
apple pear, Asian pear,	Asiatische Birne, Japanische Birne,
Japanese pear, sand pear, nashi	Apfelbirne, Nashi
Pyrus pyrifolia	
apple quince	Apfelquitte
Cydonia oblonga var. *maliformis*	
apple vinegar, cider vinegar	Apfelessig
applejack	Apfelbrand, Apfelbranntwein,
	Apfelschnaps
apricot	Aprikose, Marille (Österr.)
Prunus armeniaca, Armeniaca vulgaris	
➢ **black apricot, purple apricot**	Schwarze Aprikose
Prunus x *dasycarpa*	
➢ **Japanese apricot, mume**	Japanische Aprikose, Schnee-Aprikose
Prunus mume	
➢ **peachcot**	Peachcot
Prunus persica x *Prunus armeniaca*	
➢ **plumcot**	Plumcot
Prunus salicina x *Prunus armeniaca*	
➢ **wild apricot, kei-apple**	Kei-Apfel, wilde Aprikose
Dovyalis caffra	
apricot icing	Aprikotur
Arabian coffee, arabica coffee	Bergkaffee
Coffea arabica	
arabinose	Gummizucker, Arabinose
arame *Eisenia bicyclis*	Arame
arazá berry	Arazá-Beere, Amazonas-Guave
Eugenia stipitata	
Arctic bramble	Arktische Himbeere,
Rubus arcticus	Arktische Brombeere,
	Schwedische Ackerbeere,
	Allackerbeere
Arctic cod US/Canada,	Polardorsch
polar cod FAO/UK	
Boreogadus saida	
Arctic hare	Polarhase
Lepus arcticus	
Arctic smelt, Asiatic smelt,	Asiatischer Stint,
boreal smelt,	Arktischer Regenbogenstint
Arctic rainbow smelt FAO	
Osmerus mordax dentex	
ark ➢ **Noah's ark**	Arche Noah, Arche Noah-Muschel,
Arca noae	Archenmuschel
armed trevally	Langflossen-Stachelmakrele
Caranx armatus	
aroma, fragrance	Aroma, Wohlgeruch
(pleasant odor)	
aronia berry, black chokeberry	Schwarze Apfelbeere, Kahle Apfelbeere
Aronia melanocarpa	

arracha, arracacha, apio, Peruvian parsnip, Peruvian carrot *Arracacia xanthorrhiza*	Arakacha, Arracacha, Peruanische Pastinake
arrow squid, Norwegian squid, European flying squid *Todarodes sagittatus*	Pfeilkalmar, Norwegischer Kalmar
arrowhead, duck potato, swamp potato, wapato *Sagittaria sagittifolia* a.o.	Pfeilkraut, Gewöhnliches Pfeilkraut
arrowroot *Maranta arundinacea*	Pfeilwurz, Pfeilwurzel
➢ **East Indian arrowroot, Bombay arrowroot, Indian arrowroot** *Curcuma angustifolia*	Ostindisches Arrowroot, Tikur
➢ **Queensland arrowroot, achira** *Canna edulis*	Achira, essbare Canna
➢ **Tahiti arrowroot, Fiji arrowroot, East Indian arrowroot, tacca, Polynesian arrowroot** *Tacca leontopetaloides*	Tahiti-Arrowroot, Fidji-Arrowroot, Ostindische Pfeilwurz
arrowroot starch *Maranta arundinacea*	Marantastärke, Pfeilwurzelmehl
artichoke, globe artichoke *Cynara cardunculus* ssp. *scolymus*	Artischocke
➢ **Japanese artichoke, Chinese artichoke, crosnes** *Stachys affinis*	Knollenziest, Japanische Kartoffel
➢ **Jerusalem artichoke, sunchoke** *Helianthus tuberosus*	Jerusalem-Artischocke, Topinambur, Erdbirne
artificial flavor, artificial flavoring	künstliche Geschmacksstoff(e)
arugala, arrugula, garden rocket, salad rocket, rocket, roquette, Roman rocket, rocket salad *Eruca sativa*	Rauke, Rucola, Rukola (Senfrauke, Salatrauke, Garten-Senfrauke, Ölrauke, Jambaraps, Persischer Senf)
asafoetida, asafetida, hing *Ferula assa-foetida*	Asant, Teufelsdreck
ascidian, sea squirt *Halocynthia roretzi*	Tunikat
Asian barberry *Berberis integerrima*	Mittelasiatische Sauerdornbeere
Asian corn, baby corn (baby corncobs)	Babymais, Fingermais (Kölbchen)
Asian pear, Japanese pear, apple pear, sand pear, nashi *Pyrus pyrifolia*	Asiatische Birne, Japanische Birne, Apfelbirne, Nashi
Asian pepper, Japanese pepper, sansho *Zanthoxylum piperitum*	Japanischer Pfeffer, Sancho
Asian pokeberry, Indian pokeberry *Phytolacca acinosa*	Asiatische Kermesbeere
Asian water buffalo (swamp and river types) *Bubalus bubalis*	Wasserbüffel, Asiatischer Büffel

Asian water celery, water celery, water parsley, Chinese celery, Java water dropwort *Oenanthe javanica*	Javanischer Wasserfenchel, Java-Wasserfenchel
asparagus *Asparagus officinalis*	Spargel
asparagus bean, snake bean, yard-long bean, Chinese long bean *Vigna unguiculata* ssp. *sesquipedalis*	Spargelbohne, Langbohne
asparagus lettuce, celtuce *Lactuca sativa* (Angustana Group)	Spargelsalat, Spargel-Salat
asparagus pea, winged pea *Lotus tetragonolobus, Tetragonolobus purpureus*	Spargelerbse, Rote Spargelerbse, Flügelerbse
aspic products (in jelly)	Aspikwaren (in Gelee)
Assyrian plum, sebesten plum *Cordia myxa*	Schwarze Brustbeere, Brustbeersebeste, Sebesten
atemoya *Annona* x *atemoya*	Atemoya
Atlantic angler fish, angler FAO, monkfish *Lophius piscatorius*	Atlantischer Seeteufel, Atlantischer Angler
Atlantic bonito *Sarda sarda*	Pelamide
Atlantic cod (young: codling) *Gadus morhua*	Kabeljau (Ostsee/Jungform: Dorsch)
Atlantic croaker *Micropogonias undulatus*	Atlantischer Umberfisch
Atlantic cuttlefish, little cuttlefish, Atlantic bobtail squid FAO *Sepiola atlantica*	Atlantische Sepiole
Atlantic geoduck *Panopea bitruncata*	Westatlantische Panopea
Atlantic halibut *Hippoglossus hippoglossus*	Heilbutt, Weißer Heilbutt
Atlantic horse mackerel FAO, scad, maasbanker *Trachurus trachurus*	Stöcker, Schildmakrele, Bastardmakrele
Atlantic mackerel FAO, common mackerel *Scomber scombrus*	Makrele, Europäische Makrele, Atlantische Makrele
Atlantic menhaden FAO, bunker *Brevoortia tyrannus*	Nordwestatlantischer Menhaden
Atlantic pomfret *Brama brama*	Brachsenmakrele, Atlantische Brachsenmakrele
Atlantic rainbow smelt FAO, lake smelt *Osmerus mordax*	Regenbogenstint, Atlantik-Regenbogenstint
Atlantic rock crab *Cancer irroratus*	Atlantischer Taschenkrebs

Atlantic salmon (*lake pop. in US/Canada:* **ouananiche, lake Atlantic salmon, landlocked salmon, Sebago salmon**) *Salmo salar*	Atlantischer Lachs, Salm (Junglachse im Meer: Blanklachs)
Atlantic saury *Scomberesox saurus saurus*	Seehecht, Makrelenhecht, Echsenhecht
Atlantic snow spider crab, Atlantic snow crab, queen crab *Chionoecetes opilio*	Schneekrabbe, Nordische Eismeerkrabbe, Arktische Seespinne
Atlantic Spanish mackerel, Spanish mackerel FAO *Scomberomorus maculatus*	Gefleckte Königsmakrele, Spanische Makrele
Atlantic sturgeon *Acipenser oxyrhynchus*	Atlantischer Stör
Atlantic thorny oyster, American thorny oyster *Spondylus americanus*	Atlantik-Stachelauster, Atlantische Stachelauster, Amerikanische Stachelauster
Atlantic trouts and Atlantic salmons *Salmo* spp.	Atlantische Lachse, Forellen
Atlantic wolffish, wolffish FAO, cat fish, catfish *Anarhichas lupus*	Seewolf, Gestreifter Seewolf, Karbonadenfisch, Steinbeißer, Kattfisch, Katfisch
Australian brush cherry, brush cherry, magenta lillypilly *Syzygium polyanthum*	Kirschmyrte
Australian crayfish *Euastacus serratus*	Australischer Flusskrebs, Australischer Tafelkrebs
Australian lemon myrtle, lemon myrtle *Backhousia citriodora*	Zitronenmyrte, Australische Zitronenmyrte
Australian rock lobster *Jasus novaehollandiae*	Austral-Languste
Australian spiny lobster *Panulirus cygnus*	Australische Languste
autumn chanterelle *Cantharellus tubaeformis*	Trompetenpfifferling
avocado, avocado pear *Persea americana*	Avocado
➢ **coyo avocado, coyo** *Persea schiedeana*	Coyo-Avocado
axillary seabream FAO, Spanish bream, Spanish seabream, axillary bream *Pagellus acarne*	Achselfleck-Brassen, Achselbrasse, Spanische Meerbrasse
ayote, cushaw *Cucurbita argyrosperma,* *Cucurbita mixta*	Ayote
azarole *Crataegus azarolus*	Azerolapfel, Welscher Apfel
azuki, adzuki *Vigna angularis*	Adzukibohne

babaco *Carica* x *pentagona,* *Vasconcellea* x *heilbornii*	Babaco
baby banana, lady finger *Musa* x *paradisiaca* cv.	Babybanane
baby carrot	Babykarotte, Babymöhre (junge Möhre/Karotte)
baby chicken, squab chicken, **poussin, (US/FSIS 2003:** **game hen < 5 weeks)**	Stubenküken (3–5 Wochen/350–400 g)
baby corn, Asian corn **(baby corncobs)**	Babymais, Fingermais (Kölbchen)
baby food	Säuglingsnahrung, Babynahrung
baby formula	Babynahrung (Milch)
baby kiwi, kiwi berry, cocktail kiwi, **kiwi-grapes (tara vine)** *Actinidia arguta*	Mini-Kiwi , Kiwibeere, Japanische Stachelbeere, Kiwai
baby sage *Salvia microphylla*	Johannisbeersalbei, Schwarzer-Johannisbeer-Salbei
babylon snails *Babylonia* spp.	Spirale von Babylon
bacon	Speck; Frühstücksspeck (feinstreifig geschnitten)
➢ **green bacon (cured/not smoked)**	grüner Speck (ungeräuchert)
bacteriocins	Bacteriocine
bacury, bacuri, bakury *Platonia esculenta*	Bacuri, Bakuri
badderlocks, dabberlocks, **honeyware, henware, murlin** *Alaria esculenta*	Essbarer Riementang, Sarumen
bael, beli, Bengal quince, **golden apple** *Aegle marmelos*	Baelfrucht, Belifrucht
bagasse	Bagasse (Zuckerrohrabfälle)
bagel	hartes, ringförmiges Brötchen
Bailin oyster mushroom, **awei mushroom,** **white king oyster mushroom** *Pleurotus nebrodensis*	Blasser Kräuterseitling
baked goods, bakery goods, **bakery products**	Backwaren
➢ **acidification**	Ansäuerung
➢ **baker's yeast**	Backhefe, Bäckerhefe
➢ **basic sour**	grundsauer
➢ **batter**	geschlagener dünner Eierteig
➢ **bread**	Brot
➢ **dough**	Teig
➢ **dough process**	Teigführung
➢ **dry yeast**	Trockenhefe
➢ **fermentation**	Gärung
➢ **flour**	Mehl

➤ fresh sour	anfrischsauer, antriebsauer
➤ full sour	vollsauer
➤ gluten	Gluten
➤ inoculum	Impfgut
➤ lactic acid fermentation	Milchsäuregärung
➤ leaven	aufgehen lassen
➤ leavening agent, raising agent	Triebmittel
➤ loaf	Laib
➤ seed sour	anstellsauer
➤ short sour	kurzsauer
➤ shortening	Backfett
➤ sourdough	Sauerteig
➤ sponge and dough process	indirekte Teigführung (mit Vorteig)
➤ sponge dough	Vorteig
➤ spontaneous fermentation	Spontangärung
➤ spontaneous sour	spontansauer
➤ starch	Stärke
➤ starter culture	Starterkultur
➤ starter material, inoculum	Anstellgut, Impfgut, Inokulum
➤ starter yeast	Starterhefe
➤ straight dough process	direkte Teigführung
➤ yeast	Hefe
➤ yeast dough	Hefeteig
baker's honey	Backhonig
baker's yeast	Backhefe, Bäckerhefe
bakery products, bakery wares, baked products, baked goods	Backwaren
➤ ready-made bakery products, dry bakery products, extended shelf-life bakery products	Dauerbackwaren
➤ small bakery products/wares	Kleingebäck
baking agent, leavening agent, raising agent	Backtriebmittel, Triebmittel
baking powder (leavening agent)	Backpulver
bakupari, bacupari, bakuripari *Garcinia brasiliensis, Rheedia brasiliensis*	Bakupari, Madroño
bakury, bacury, bacuri *Platonia esculenta*	Bacuri, Bakuri
ballan wrasse *Labrus bergylta*	Gefleckter Lippfisch
balloonberry, strawberry-raspberry *Rubus illecebrosus*	Erdbeer-Himbeere, Japanische Himbeere
balm, lemon balm *Melissa officinalis*	Melisse, Zitronenmelisse, Melissenkraut, Zitronelle
➤ Vietnamese balm *Elsholtzia ciliata*	Vietnamesische Melisse, Echte Kamm-Minze

balsam pear, bitter gourd, **bitter cucumber, bitter melon** *Momordica charantia*	Balsambirne
balsamic vinegar	Balsamico
Baltic prawn *Palaemon adspersus, Palaemon squilla,* *Leander adspersus*	Ostseegarnele
baltracan, gladich *Laser trilobum*	Rosskümmel, Dreilappiger Rosskümmel
bambara groundnut, earth pea *Vigna subterranea,* *Voandzeia subterranea*	Bambara-Erdnuss
bamboo shoots *Phyllostachys* spp., *Dendrocalamus asper*	Bambussprossen, Bambusschösslinge
bananas *Musa* spp. a.o.	Bananen
➢ **Abyssinian banana** *Ensete ventricosum*	Ensete, Abessinische Banane
➢ **baby banana, lady finger** *Musa* x *paradisiaca* cv.	Babybanane
➢ **blood banana** *Musa sumatrana*	Blut-Banane
➢ **dessert banana** *Musa* x *paradisiaca* cv.	Obstbanane
➢ **dwarf banana** *Musa* x *paradisiaca* cv.	Zwergbanane
➢ **plantain, cooking banana** *Musa* x *paradisiaca* cv.	Kochbanane, Mehlbanane
➢ **red banana** *Musa* x *paradisiaca* cv.	Rote Obstbanane
banana fish, bonefish, **phantom, gray ghost** *Albula vulpes*	Grätenfisch, Frauenfisch, Tarpon
banana passionfruit, **curuba** *Passiflora mollissima*	Curuba, Bananen-Passionsfrucht
banana prawn *Penaeus merguiensis,* *Fenneropenaeus merguiensis*	Bananen-Garnele
bandfish ➢ **red bandfish** *Cepola macrophthalma,* *Cepola rubescens*	Roter Bandfisch
baobab, monkey bread *Adansonia digitata*	Baobab, Affenbrotfrucht
bar	Riegel
baramundi, barramundi FAO, **giant sea perch** *Lates calcarifer*	Barramundi, Barramundi, Riesenbarsch
baramundi cod, panther grouper, **pantherfish** *Cromileptes altivelis*	Pantherfisch

barbadine, maracuja, giant granadilla	Riesengrenadille, Riesengranadilla, Königsgrenadille, Königsgranate,
Passiflora quadrangularis	Barbadine
Barbados cherry, West Indian cherry, acerola	Barbadoskirsche, Acerola, Acerolakirsche
Malpighia emarginata, Malpighia glabra	
Barbados gooseberry	Barbados-Stachelbeere
Pereskia aculeata	
barbel	Barbe, Flussbarbe, Gewöhnliche Barbe
Barbus barbus	
barberry	Berberitze, Sauerdorn,
Berberis vulgaris	Schwiderholzbeere
➤ **Asian barberry**	mittelasiatische Sauerdornbeere
Berberis integerrima	
barley	Gerste
Hordeum vulgare	
➤ **pearl barley, pearled barley**	Perlgraupen, Perlgerste
barley groats, hulled barley	Gerstengraupen, Rollgerste
barnacles	Seepocken
➤ **giant acorn barnacle, giant barnacle**	Riesen-Seepocke
Balanus nubilis	
➤ **giant Chilean barnacle**	Riesen-Seepocke
Megabalanus psittacus	
➤ **rocky shore goose barnacle**	Felsen-Entenmuschel
Mitella pollicipes, Pollicipes cornucopia	
➤ **rough barnacle**	Große Seepocke
Balanus balanus	
barracudas	Barrakudas, Pfeilhechte
Sphyraena spp.	
➤ **great barracuda**	Atlantischer Barrakuda,
Sphyraena barracuda	Großer Barrakuda
➤ **Pacific barracuda**	Pazifischer Barrakuda
Sphyraena argentea	
barrel	Fass; cooperage (Fässer)
base dough, pre-dough, sponge dough, sponge	Vorteig
base nutrients, basic nutrients, main nutrients	Grundnährstoffe, Hauptnährstoffe
basic sour	grundsauer
basil	Basilikum
Ocimum basilicum ssp. *basilicum*	
➤ **hoary basil, lime basil**	Amerikanisches Basilikum,
Ocimum americanum	Limonen-Basilikum, Kampferbasilikum
➤ **holy basil, Indian holy basil, Thai holy basil, tulsi**	Indisches Basilikum, Königsbasilikum Heiliges Basilikum, Tulsi
Ocimum tenuiflorum, Ocimum sanctum	

> Japanese basil, shiso, perilla,   Shiso
>   wild perilla, common perilla
>   *Perilla frutescens*
> lemon basil, sweet basil   Zitronenbasilikum
>   *Ocimum x citriodorum*
> Thai basil, sweet Thai basil,   Thai-Basilikum, Horapa
>   Thai sweet basil, horapha
>   *Ocimum basilicum* ssp. *thyrsiflorum*
> wild basil   Wirbeldost, Wilder Basilikum
>   *Clinopodium vulgare*

basil thyme, mountain thyme,   Steinquendel, Feld-Steinquendel
  mother of thyme
  Calamintha acinos, Acinos arvensis
basking shark   Riesenhai, Reusenhai
  Cetorhinus maximus
bass, sea bass,   Wolfsbarsch, Seebarsch
  European seabass FAO
  Dicentrarchus labrax, Roccus labrax,
  Morone labrax

> spotted bass   Gefleckter Wolfsbarsch,
>   *Dicentrarchus punctatus*   Gefleckter Seebarsch
> striped bass,   Nordamerikanischer Streifenbarsch,
>   striped sea-bass FAO, striper   Felsenbarsch
>   *Morone saxatilis, Roccus saxatilis*
> white bass   Seebarsch
>   *Morone chrysops*

bastard cardamom,   Bastard-Kardamom
  wild Siamese cardamom
  Amomum villosum var. *xanthioides*
batter   Masse (siehe auch: Teig), Kuchenteig,
        Eierkuchenteig (flüssig), Rührteig,
        geschlagener dünner Eierteig
> beer batter (a deep-fry batter)   Bierteig
> drop batter (liquid to flour 1:2)   zähflüssige, dickflüssige Masse
> pour batter (liquid to flour 1:1)   dünnflüssige Masse
bay bolete   Maronenröhrling, Marone,
  Boletus badius, Xerocomus badius   Braunhäuptchen
bay leaves (sweet bay, bay laurel),   Lorbeerblätter
  laurel, laurel leaves
  Laurus nobilis
bayberry > Chinese bayberry,   Chinesische Baumerdbeere,
  red bayberry, red myrica,   Pappelpflaume, Chinesischer ‚Arbutus‘,
  yumberry   Yumberry
  Myrica rubra
beach plum   Strand-Pflaume
  Prunus maritima
beans   Bohnen
> adzuki, azuki   Adzukibohne
>   *Vigna angularis*
> African locust bean, nitta nut   Afrikanische Locustbohne,
>   *Parkia biglobosa*   Nittanuss, Nitta

➢ **asparagus bean, snake bean, yard-long bean, Chinese long bean**
Vigna unguiculata ssp. *sesquipedalis*
Spargelbohne, Langbohne

➢ **black-eyed bean, black-eyed pea, black-eye bean, cowpea**
Vigna unguiculata ssp. *unguiculata*
Augenbohne, Chinabohne, Kuhbohne, Kuherbse

➢ **butter bean**
Phaseolus lunatus (Lunatus Group)
Butterbohne

➢ **cannellini bean, white long bean**
Phaseolus vulgaris (Nanus Group) 'Cannellini'
Cannellini-Bohne

➢ **catjang bean**
Vigna unguiculata ssp. *cylindrica*
Katjangbohne, Catjang-Bohne, Angolabohne

➢ **climbing bean, pole bean**
Phaseolus vulgaris (Vulgaris Group)
Kletterbohne, Stangenbohne

➢ **fava bean, broad bean**
Vicia faba
Dicke Bohne, Saubohne

➢ **flageolet bean**
Phaseolus vulgaris (Nanus Group) 'Chevrier Vert'
Flageolet-Bohne, Grünkernbohne

➢ **French bean, French bush bean, bush bean, dwarf bean, bunch bean, snap bean, snaps (US string beans)**
Phaseolus vulgaris (Nanus Group)
Brechbohne (Pflanze: Buschbohne/Strauchbohne)

➢ **green bean, string bean, common bean**
Phaseolus vulgaris
Gartenbohne, Grüne Bohne (Österr: Fisole)

➢ **hyacinth bean, lablab**
Lablab purpureus
Helmbohne

➢ **ice cream bean, inga**
Inga edulis
Ingabohne

➢ **jack bean, sabre bean**
Canavalia ensiformis
Jackbohne

➢ **kidney bean**
Phaseolus vulgaris
Kidneybohne

➢ **lima bean**
Phaseolus lunatus (Lunatus Group)
Limabohne, Mondbohne

➢ **moth bean, mat bean**
Vigna aconitifolia
Mottenbohne, Mattenbohne

➢ **mung bean, green gram, golden gram**
Vigna radiata
Mungbohne, Mungobohne, Jerusalembohne, Lunjabohne

➢ **navy bean**
Phaseolus vulgaris (Nanus Group) cv.
Navy-Bohne (weiße Bohne)

➢ **pinto bean**
Phaseolus vulgaris (Nanus Group) cv.
Pintobohne, Wachtelbohne

➢ **popping bean, popbean**
Phaseolus vulgaris (Nuñas Group)
Puffbohne

➢ **prickly bean, Jerusalem thorn** *Parkinsonia aculeata*	Jerusalemdorn
➢ **princess bean** **(young French bean)** *Phaseolus vulgaris* (Nanus Group)	Prinzessbohne
➢ **rice bean** *Vigna umbellata, Phaseolus calcaratus*	Reisbohne
➢ **runner bean,** **scarlet runner bean** *Phaseolus coccineus*	Feuerbohne, Prunkbohne
➢ **sieva bean, bush baby lima,** **Carolina bean,** **climbing baby lima** *Phaseolus lunatus* (Sieva Group)	Sievabohne
➢ **soybean** *Glycine max*	Sojabohne
➢ **string bean, green bean,** **common bean** *Phaseolus vulgaris*	Gartenbohne, Grüne Bohne (Österr: Fisole)
➢ **sword bean** *Canavalia gladiata*	Schwertbohne
➢ **tepary bean** *Phaseolus acutifolius*	Teparybohne
➢ **tonka bean** *Dipteryx odorata*	Tonkabohne
➢ **twisted cluster bean,** **'stink bean', petai, peteh** *Parkia speciosa*	Petaibohne, Peteh-Bohne, Satorbohne
➢ **velvet bean** *Mucuna pruriens*	Samtbohne, Juckbohne, Velvetbohne
➢ **wax bean US, butter bean UK** *Phaseolus vulgaris* (Vulgaris Group) 'Wax Type'	Wachsbohne, Butterbohne
➢ **winged bean** *Psophocarpus tetragonolobus*	Goabohne
➢ **yam bean, jicama** *Pachyrrhizus erosus*	Knollenbohne
➢ **yard-long bean,** **Chinese long bean,** **asparagus bean, snake bean** *Vigna unguiculata* ssp. *sesquipedalis*	Spargelbohne, Langbohne
bean curd, soybean curd, **soy curd, tofu**	Sojaquark, Tofu
bean sprouts	Bohnensprossen (Soja, Mungbohnen oder Adzukibohnen)
bear's garlic, wild garlic, ramsons *Allium ursinum*	Bärlauch, Bärenlauch, Rams
bearberry ➢ alpine bearberry *Arctostaphylos alpina*	Alpen-Bärentraube
beechnut *Fagus sylvatica*	Buchecker

beef (*meat cuts differ nationally, thus no exact equivalences possible*)	Rindfleisch (Teilstücke sind national verschieden deshalb gibt es hier keine exakten Entsprechungen)
➢ **crown meat** (*beef diaphragm muscle: Bavarian*)	Kronfleisch (Pars muscularis des Zwerchfells)
➢ **blade**	Blatt
➢ **top blade, flat iron** (**infraspinatus**)	Schaufelstück
➢ **bone marrow**	Knochenmark
➢ **brisket**	Brust
➢ **butt + rump + part of sirloin**	Keule, Schlegel (inkl. des gesamten Beckenknochens, d.h. inkl. Blume)
➢ **butt (+ part of rump)**	stumpfe Keule (ab Schwanzansatz/Hüftgelenk)
➢ **chuck**	Kamm (lower neck and shoulder blade with upper three ribs); (with shoulder and arm) Bug (mit Schulter und Blatt)
➢ **chuck tender** (**supraspinatus**)	Falsches Filet (Bugfilet/Schulterlende)
➢ **clod, shoulder clod, blade**	Dicker Bug, Dickes Bugstück (Schulter)
➢ **entrecôte** (*cuts from between the ribs: rib, ribeye, club steaks, contre-filet*)	Entrecôte (Mittelrippenstück/ Zwischenrippenstück)
➢ **esophagus, weasand** (*esophagus of cattle for sausage casings*)	Speiseröhre, Ösophagus (Rinderschlund)
➢ **eye of round, eye round**	Schwanzrolle, Seemerrolle, Rolle
➢ **fillet, filet, tenderloin**	Filet, Lende (Österr. Lungenbraten)
➢ **flank** ➢ **forequarter flank, short plate US**	Knochendünnung
➢ **hindquarter flank**	Dünnung, Bauchlappen
➢ **forequarter; US plate**	Lappen, Dicker Nabel, Platte
➢ **forerib UK; prime rib, prime forerib US** (*incl. ribeye, Scotch filet; entrecote*)	Hochrippe, Hohe Rippe
➢ **foreshank US; shin UK, shin-shank**	Vorderhesse, Wadschenkel (vorn)
➢ **ground beef, hamburger; minced beef UK**	Rinderhack
➢ **lean ground beef**	Tatar, Tartar, Schabefleisch
➢ **hindquarter flank**	Dünnung, Bauchlappen
➢ **hindshank US; leg UK, hind shin-shank**	Hinterhesse, Wadschenkel (hinten)
➢ **inside UNECE, topside UK; top round US** (*inner/upper thigh*)	Oberschale
➢ **neck, neck end**	Hals, Nacken
➢ **outside flat (silverside without eye round) UNECE**	Unterschale ohne Schwanzrolle = Tafelstück

➢ oxtail (from all categories of cattle)	Ochsenschwanz (eigentlich: Rinderschwanz) (Österr. Schlepp)
➢ pistola, pistola hindquarter	Pistole
➢ prime rib, prime forerib US (incl. ribeye, Scotch filet; entrecote); forerib UK	Hochrippe, Hohe Rippe
➢ ribs ➢ prime rib, prime forerib US (incl. ribeye, Scotch filet; entrecote); forerib UK	Hochrippe, Hohe Rippe
➢ short ribs; thin ribs UK	Spannrippe, Querrippe, Flachrippe, Blattrippe
➢ top rib	dicke Rippe, Vorschlag
➢ roast beef	Rinderbraten
➢ round ➢ bottom round US (outside butt); silverside UK	Unterschale, Unterkeule
➢ eye of round, eye round	Schwanzrolle, Seemerrolle, Rolle
➢ top round US (inner/upper thigh); topside UK, inside UNECE	Oberschale
➢ rump	Blume (Hinterbereich/Region Kreuzbein und obere Schwanzwirbel)
➢ top rump, thick flank (cap removed: knuckle)	Kugel, Nuss, Maus (oberhalb des Kniegelenks)
➢ rump and loin	Rücken (mit Roastbeef und Lende) (Österr. Englischer: Beiried + Rostbraten + Lungenbraten)
➢ rump cap, cap of rump, culotte (biceps femoris), top sirloin cap	Tafelspitz, Hüftdeckel
➢ shin-shank	Hachse
➢ short plate US; forequarter flank	Knochendünnung
➢ short ribs; thin ribs UK	Spannrippe, Querrippe, Flachrippe, Blattrippe
➢ shortloin (upper hip to 0–3rd rib) US/UNECE; rump UK	Vorderlende, Roastbeef (mit Lende), Nierenstück (Österr. ohne Lende: Beiried)
➢ silverside UK; bottom round US (outside butt)	Unterschale, Unterkeule
➢ sirloin	Blume (Vorderbereich)
➢ top blade, flat iron (infraspinatus)	Schaufelstück
➢ top rib	dicke Rippe, Vorschlag
➢ top rump, thick flank (cap removed: knuckle)	Kugel, Nuss, Maus (oberhalb des Kniegelenks)
➢ topside UK, inside UNECE; top round US (inner/upper thigh)	Oberschale
beef bouillon, consommé	Rinderkraftbrühe
beef side, side of beef (halve carcass)	Rinderhälfte
beef stock	Rindfleischbrühe
beefsteak fungus, oxtongue fungus Fistulina hepatica	Leberpilz, Ochsenzunge
beefsteak tomato Solanum lycopersicum var.	Fleischtomate

beer	Bier
➤ **bottom-fermenting**	untergärig
➤ **diet beer**	Diätbier, Diabetikerbier
➤ **draft beers**	Schankbiere (7–11% St.W.)
➤ **ginger ale**	Ingwer-Bier
➤ **green beer**	Grünbier
➤ **high-gravity beers**	Starkbiere (>16% St.W.)
➤ **keg beer**	Fassbier
➤ **light beers**	Leichtbiere (<1,5% St.W.)
➤ **low-gravity beers**	Einfachbiere (3–6% St.W.)
➤ **medium-gravity beers**	Vollbiere (11–14% St.W.)
➤ **root beer**	Wurzelbier
➤ **sorghum beer**	Hirsebier
➤ **top-fermenting**	obergärig
beer batter	Bierteig
(a deep-fry batter)	
beer ham	Bierschinken
beer yeast	Bierhefe
Saccharomyces cerevisiae	
beet	Rübe
➤ **fodder beet**	Runkelrübe, Futterrübe
Beta vulgaris ssp. *vulgaris* var. *rapacea*	
➤ **sugar beet**	Zuckerrübe
Beta vulgaris ssp. *vulgaris* var. *altissima*	
beet molasses	Rübenmelasse, Zuckerrübenmelasse
(very dark: lowest quality), dark treacle	
beet sugar,	Rübenzucker, Rohrzucker,
cane sugar, table sugar, sucrose	Sukrose, Sucrose
beetroot	Rote Rübe, Rote Bete
Beta vulgaris ssp. *vulgaris* var. *esculenta*	
beikost, complementary foods, weaning foods	Beikost
bell morel, thimble fungus	Fingerhut-Verpel, Glocken-Verpel
Verpa conica	
bell pepper, sweet pepper	Gemüsepaprika
Capsicum annuum	
bell peppers	Delikatesspaprika
beluga FAO, great sturgeon, volga sturgeon	Europäischer Hausen, Hausen, Beluga-Stör
Huso huso	
Bengal cardamom	Bengal-Kardamom
Amomum aromaticum	
➤ **winged Bengal cardamom, Nepal cardamom, 'large' cardamom, black cardamom**	Geflügelter Bengal-Kardamom, Nepal-Kardamom, Schwarzer Kardamom
Amomum subulatum	

Bengal ginger,	Bengal-Ingwer
cassumar ginger, Thai ginger	
Zingiber montanum	
Bengal quince, bael, beli,	Baelfrucht, Belifrucht
golden apple	
Aegle marmelos	
bergamot *Citrus bergamia*	Bergamotte
berries	Beeren, Beerenobst
beryx, alfonsino FAO, red bream	Nordischer Schleimkopf,
Beryx decadactylus	Kaiserbarsch, Alfonsino
➢ **Lowe's beryx, Lowe's alfonsino,**	Alfonsino, Lowes Alfonsino
splendid alfonsino FAO	
Beryx splendens	
besan flour, gram flour	Kichererbsenmehl
beverages	Getränke
➢ **alcoholic beverages**	alkoholische Getränke
➢ **carbonated**	kohlensäurehaltig,
	mit Kohlensäure versetzt
➢ **concentrate**	Konzentrat
➢ **energy drink**	Energie-Drink
➢ **fitness drink**	Fitnessgetränk
➢ **fortified**	angereichert
➢ **fruit drink, juice drink**	Fruchtgetränk
(>10% juice)	
➢ **fruit juice (100% juice)**	Fruchtsaft (100% Saft)
➢ **fruit juice beverages; juice drink**	Fruchtsaftgetränke (6–30% Saft)
(US >10% juice/UK >1%);	
squash (fruit beverage	
with >25% fruit juice);	
(mit Fruchtgeschmack) cordials	
➢ **fruit nectar (25–50% juice content)**	Fruchtnektar (25–50% Saftanteil)
➢ **fruit squash**	Fruchtlimonade
➢ **functional drink**	Functional Drink
➢ **health beverages**	Gesundheitsgetränke
➢ **herbal drink**	Kräutergetränk
➢ **hot beverage**	Heißgetränk
➢ **instant drink**	Instantdrink, Instantgetränk
➢ **isotonic drink, electrolyte drink**	Isodrink, Iso-Getränk,
	isotonisches Getränk,
	Elektrolyt-Getränk
➢ **lemonade (lemon squash UK)**	Zitronen-Limonade
➢ **multivitamin drink**	Multivitamingetränk
➢ **nonalcoholic beverages**	nicht-alkoholische Getränke
➢ **refreshment beverages**	Erfrischungsgetränke
➢ **soft drinks, pop, soda,**	alkoholfreie, gesüßte Sprudelgetränke,
soda pop (carbonated	‚Limos'
nonalcoholic beverage)	
➢ **sports drink**	Sportgetränk
➢ **yogurt beverage,**	Joghurtdrink
yoghurt beverage	

Bible hyssop, hyssop of the Bible, Syrian oregano	Syrischer Oregano, Arabischer Oregano
Origanum syriacum	
biennial turnip rape, turnip rape	Rübsen, Winterrübsen
Brassica rapa (Oleifera Group)	
big captain, threadfin, Giant African threadfin	Kapitänsfisch
Polydactylus quadrifilis	
big game ➤ red deer	Hochwild
bigeye trevally FAO, large-mouth trevally	Stachelmakrele
Caranx elacate, Caranx sexfasciatus	
bigeye tuna FAO, bigeyed tuna, ahi	Großaugen-Thunfisch, Großaugen-Thu
Thunnus obesus	
bighead carp	Marmorkarpfen, Edler Tolstolob
Hypophthalmichthys nobilis, Aristichthys nobilis	
bigscale scorpionfish, red scorpionfish, rascasse rouge	Großer Roter Drachenkopf, Roter Drachenkopf, Große Meersau, Europäische Meersau
Scorpaena scrofa	
bilberry, whortleberry, common blueberry	Heidelbeere, Blaubeere
Vaccinium myrtillus	
➤ **Caucasian bilberry, Caucasian whortleberry**	Kaukasische Blaubeere
Vaccinium arctostaphylos	
➤ **Jamaica bilberry**	Jamaika-Blaubeere, Agraz
Vaccinium meridionale	
bile salts	Gallensalze
bilimbi	Bilimbi
Averrhoa bilimbi	
binder, binding agent(s)	Bindemittel
binjai	Binjai
Mangifera caesia	
bird cherry, cluster cherry	Traubenkirsche
Prunus padus	
bird's nest soup, swallow's nest soup	Vogelnestsuppe, Vogelnestersuppe, Schwalbennestersuppe
biscuits UK (US cookie)	Keks, Plätzchen (Hartkeks)
biscuits US (UK scone)	Kuchenbrötchen
➤ **Boudoir biscuits, boudoirs, sponge fingers, ladyfinger biscuits**	Löffelbiskuit
➤ **piped biscuits (cookies)**	Spritzgebäck, Dressiergebäck
➤ **shortcake biscuit, shortbread**	Mürbekeks
➤ **tea biscuits (cookies), teacakes**	Teegebäck
➤ **water biscuits, water crackers**	Wasserkeks (ungesalzen/ungezuckert)
bistort	Schlangen-Knöterich
Polygonum bistorta, Bistorta officinalis	
bitter (a digestif)	Magenbitter
bitter almond	Bittermandel, Bittere Mandel
Prunus dulcis var. *amara, Prunus amygdalus* var. *amara*	

bitter fennel, pepper fennel	Pfefferfenchel
Foeniculum vulgare var. *piperitum*	
bitter gourd, bitter cucumber,	Balsambirne
bitter melon, balsam pear	
Momordica charantia	
bitter orange, sour orange,	Bitterorange, Pomeranze
Seville orange	
Citrus aurantium	
bittersweets, bittersweet clams US,	Samtmuscheln
dog cockles	
Glycymeridae, Glycymerididae	
bittersweet, dog cockle,	Samtmuschel, Gemeine Samtmuschel,
orbicular ark (comb-shell)	Archenkammmuschel, Mandelmuschel,
Glycymeris glycymeris	Meermandel, Englisches Pastetchen
➢ **giant bittersweet,**	Riesensamtmuschel
American bittersweet	
Glycymeris americana,	
Glycymeris gigantea	
black apricot, purple apricot	Schwarze Aprikose
Prunus x *dasycarpa*	
black bream,	Streifenbrassen, Brandbrassen
black seabream FAO, old wife	
Spondyliosoma cantharus	
black cardamom	Schwarzer Kardamom
Amomum subulatum	
black chokeberry, aronia berry	Schwarze Apfelbeere, Kahle Apfelbeere
Aronia melanocarpa	
black crappie	Schwarzer Crappie, Silberbarsch
Pomoxis nigromaculatus,	
Centrarchus hexacanthus	
black cumin ➢ **'fennel flower'**	Schwarzkümmel
Nigella sativa	
➢ **black caraway, Kashmiri cumin,**	Schwarzer Kreuzkümmel
royal cumin, black zira,	
kala jeera, shah jeera	
Bunium persicum	
black currant	Schwarze Johannisbeere
Ribes nigrum	
black drum	Trommelfisch, Schwarzer Umberfisch
Pogonias cromis	
black fungus, wood ear fungus,	Mu-Err, Mu-Err-Pilz
large cultivated Chinese fungus,	
large wood ear, mao mu er	
Auricularia polytricha	
black goby	Schwarzgrundel, Schwarzküling
Gobius niger	
black gram, urd	Urdbohne
Vigna mungo	
black grouper	Schwarzer Zackenbarsch
Mycteroperca bonaci	
black grouse, blackgame	Birkhahn
Tetrao tetrix	

black huckleberry *Gaylussacia baccata*	Schwarze Buckelbeere
black jack FAO, black kingfish *Caranx lugubris*	Schwarze Makrele, Dunkle Stachelmakrele
black jelly mushroom, **cloud ear fungus, Chinese fungus,** **Szechwan fungus,** **small mouse ear, hei mu er** *Auricularia auricula-judae*	Chinesisches Holzohr, Ohrpilz, Ohrlappenpilz
black lovage, alexanders *Smyrnium olusatrum*	Schwarzer Liebstöckel, Gelbdolde, Pferde-Eppich
black mulberry *Morus nigra*	Schwarze Maulbeere
black mustard *Brassica nigra*	Schwarzer Senf
black nightshade, wonderberry *Solanum nigrum*	Schwarzer Nachtschatten
black peppermint *Mentha x piperita 'piperita'*	Schwarze Pfefferminze
black plum, Canada plum *Prunus nigra*	Kanada-Pflaume, Bitter-Kirsche
black pomfret *Parastromateus niger*	Schwarzer Pampel
black poplar mushroom, **poplar fieldcap** *Agrocybe cylindracea (A. aegerita)*	Südlicher Ackerling, Südlicher Schüppling
black raspberry, American raspberry *Rubus occidentalis*	Schwarze Himbeere
black salsify *Scorzonera hispanica*	Schwarzwurzel, Winterspargel
black sapote, black persimmon *Diospyros digyna*	Schwarze Sapote
black seabass FAO, black sea bass *Centropristis striata*	Schwarzer Sägebarsch, Zackenbarsch
black tea	schwarzer Tee
black thyme, spiked thyme, **desert hyssop, donkey hyssop** *Thymbra spicata*	Za'atar, Schwarzer Thymian
black truffle, Perigord black truffle *Tuber melanosporum*	Schwarze Trüffel, Perigord-Trüffel
black walnut, American black walnut *Juglans nigra*	Schwarze Walnuss
blackberry ➢ European blackberry, **bramble** *Rubus fruticosus*	Brombeere (Krotzbeere)
black-eyed bean, black-eyed pea, **black-eye bean, cowpea** *Vigna unguiculata* ssp. *unguiculata*	Augenbohne, Chinabohne, Kuhbohne, Kuherbse
blackfin tuna *Thunnus atlanticus*	Schwarzflossen-Thunfisch, Schwarzflossenthun, Schwarzflossen-Thun

blackstrap molasses, cane molasses	Rohrmelasse
blacktip reef shark,	Schwarzspitzen-Riffhai
blackfin reef shark	
Carcharhinus melanopterus	
blacktip shark	Schwarzspitzenhai,
Carcharhinus limbatus	Kleiner Schwarzspitzenhai
bland food, bland diet	Schonkost
blended flour (maslin flour =	Mischmehl
whole wheat + rye flour)	
blewit, wood blewit	Violetter Rötelritterling
Lepista nuda	
bloater	kaltgeräucherter/ganzer Hering
(cold-smoked/whole herring) UK	
blonde ray FAO, blond ray	Blonde, Kurzschwanz-Rochen
Raja brachyura	
blood	Blut
blood amaranth, grain amaranth,	Rispenfuchsschwanz
Mexican grain amaranth,	
African spinach	
Amaranthus cruentus	
blood banana	Blut-Banane
Musa sumatrana	
blood cockle, Malaysian cockle,	Rotfleischige Archenmuschel
granular ark	
Anadara granosa	
blood oranges	Blutorangen
Citrus sinensis cvs.	
blood sausage	Blutwurst
blood-spotted swimming crab	Pazifische Rotpunkt-Schwimmkrabbe
Portunus sanguinolentus	
blue bream, zope FAO	Zope, Pleinzen, Weißfisch
Abramis ballerus	
blue catfish	Blauer Katzenwels
Ictalurus furcatus	
blue cheese	Blauschimmelkäse
blue crab,	Blaukrabbe,
Chesapeake Bay swimming crab	Blaue Schwimmkrabbe
Callinectes sapidus	
blue fining	Blauschönung
blue fish, bluefish FAO, tailor, elf, elft	Blaubarsch, Blaufisch, Tassergal
Pomatomus saltator	
blue huckleberry, dangleberry,	Blaue Buckelbeere
blue tangle	
Gaylussacia frondosa	
blue king crab	Blaue Königskrabbe
Paralithodes platypus	
blue lobster (tradename),	Rosenberg-Garnele,
Indo-Pacific freshwater prawn,	Rosenberg Süßwassergarnele,
giant river shrimp,	Hummerkrabbe (Hbz.)
giant river prawn	
Macrobrachium rosenbergii	

blue mussel, bay mussel, common mussel, common blue mussel *Mytilus edulis*	Gemeine Miesmuschel, Pfahlmuschel
blue plum, damask plum, German prune *Prunus domestica* ssp. *domestica*	Zwetschge, Zwetsche, Kultur-Zwetschg
blue runner FAO, blue runner jack *Caranx crysos*	Blaue Stachelmakrele, Blaumakrele*, Rauchflossenmakrele
blue sailor, Brussels chicory, French endive, Belgian endive, witloof chicory, forcing chicory *Cichorium intybus* (Foliosum Group) 'Witloof'	Chicorée, Salatzichorie, Bleichzichorie, Brüsseler Endivie
blue shark *Prionace glauca*	Großer Blauhai, Blauhai, Menschenhai
blue swimming crab, sand crab, pelagic swimming crab *Portunus pelagicus*	Blaukrabbe, Blaue Schwimmkrabbe, Große Pazifische Schwimmkrabbe
blue taro, black malanga *Xanthosoma violaceum*	Blauer Taro, Schwarzer Malanga
blue whiting, poutassou *Micromesistius poutassou*	Blauer Wittling, Poutassou
blueberry ➤ **common blueberry, bilberry, whortleberry** *Vaccinium myrtillus*	Heidelbeere, Blaubeere
➤ bog blueberry *Vaccinium uliginosum*	Moorbeere
➤ highbush blueberry *Vaccinium corymbosum*	Kulturheidelbeere (Amerikanische Heidelbeere)
➤ lowbush blueberry *Vaccinium angustifolium*	Amerikanische Heidelbeere
blue-spotted rockcod, coral trout, coral hind FAO *Cephalopholis miniata*	Juwelenbarsch, Juwelen-Zackenbarsch Erdbeergrouper
bluestriped grunt *Haemulon sciurus*	Blaustreifengrunzer, Blaustreifen-Grunzerfisch
bluntnosed shark, six-gilled shark, sixgill shark, grey shark, bluntnose sixgill shark FAO *Hexanchus griseus*	Grauhai, Großer Grauhai, Sechskiemer-Grauhai
blusher, blushing mushroom *Amanita rubescens*	Perlpilz
boar, wild boar *Sus scrofa*	Wildschwein, Schwarzwild
bog blueberry *Vaccinium uliginosum*	Moorbeere
bogue *Boops boops*	Gelbstriemen, Blöker
boiled sweets UK	Hartkaramellen, Bonbons (Gutsel)

boletes	Röhrlinge, Röhrenpilze
➤ **bay bolete**	Maronenröhrling, Marone,
Boletus badius, Xerocomus badius	Braunhäuptchen
➤ **butter mushroom,**	Butterpilz, Ringpilz
brown-yellow boletus,	
slippery jack	
Suillus luteus	
➤ **cep, porcino, edible bolete,**	Steinpilz, Herrenpilz
penny bun bolete, king bolete	
Boletus edulis	
➤ **larch bolete, larch boletus**	Lärchenröhrling, Goldröhrling,
Suillus grevillei	Goldgelber Lärchenröhrling
➤ **orange birch bolete**	Rotkappe
Leccinum versipelle	
➤ **red cracking bolete**	Rotfußröhrling
Boletus chrysenteron,	
Xerocomus chrysenteron	
➤ **sand boletus, variegated boletus,**	Sandröhrling, Sand-Röhrling, Sandpilz
velvet bolete	
Suillus variegatus	
➤ **shaggy boletus, birch bolete**	Graukappe, Birkenröhrling, Birkenpilz,
Leccinum scabrum	Kapuziner
➤ **shallow-pored bolete**	Kuh-Röhrling, Kuhpilz
Suillus bovinus	
➤ **weeping bolete,**	Körnchenröhrling, Körnchen-Röhrling,
granulated boletus,	Schmerling
dotted-stalk bolete	
Suillus granulatus	
➤ **yellow cracking bolete,**	Ziegenlippe
suede bolete	
Xerocomus subtomentosus	
bolwarra (*Australia*: **native guava)**	Bolwarra
Eupomatia laurina	
bone marrow	Knochenmark
bonefish, banana fish, phantom,	Grätenfisch, Frauenfisch, Tarpon
gray ghost	
Albula vulpes	
bonito ➤ **Atlantic bonito**	Pelamide
Sarda sarda	
➤ **Pacific bonito,**	Chilenische Pelamide
Eastern Pacific bonito FAO	
Sarda chilensis	
boot-lace fungus, honey agaric,	Honiggelber Hallimasch
honey fungus	
Armillaria mellea	
borage	Boretsch, Borretsch, Gurkenkraut
Borago officinalis	
Borneo tallow, green butter	Tangkawangfett, Borneotalg
Shorea spp.	
botargo caviar (mullet roe)	Botargo-Kaviar (Meeräsche)
Mugil spp.	

bottle gourd, calabash	Flaschenkürbis, Kalebasse
Lagenaria siceraria	
bottled water	Flaschenwasser
Boudoir biscuits, boudoirs,	Löffelbiskuit
sponge fingers, ladyfinger biscuits	
bouillon, cooked-meat broth	Fleischkraftbrühe, Bouillon,
	Kochfleischbouillon
bouillon cube, soup cube;	Brühwürfel, Suppenwürfel,
stock cube UK	Bouillonwürfel
bouquet, aroma	Bukett, Aroma
bourbon (corn and other grain)	Bourbon, Amerikanischer Whisky
boysenberry	Boysenbeere
Rubus ursinus x *idaeus*	
bracken fern (fiddle heads)	Adlerfarn(„sprosse")
Pteridium aquilinum	(junge, noch eingerollte Farnwedel)
braised beef	Schmorbraten (Rind)
bramble, European blackberry	Brombeere (Krotzbeere)
Rubus fruticosus	
➢ **Arctic bramble**	Arktische Himbeere,
Rubus arcticus	Arktische Brombeere,
	Schwedische Ackerbeere, Allackerbeere
bran	Kleie, Speisekleie
➢ **oat bran**	Haferkleie
➢ **wheat bran**	Weizenkleie
brandy (distilled from grape wine)	Weinbrand
	(Cognac, Armagnac, Grappa etc.)
➢ **cherry brandy**	Kirschwasser
➢ **fruit brandy**	Obstbrand
brawn, head cheese	Presskopf, Presssack, Sausack
Brazil cherry, grumichama	Brasilkirsche, Grumichama
Eugenia brasiliensis, Eugenia dombeyi	
Brazil nut, pará nut	Paranuss
Bertholletia excelsa	
Brazilian cherry, copal, jatoba	Curbaril, Jatoba, Antillen-Johannisbrot
Hymenaea courbaril	Brasilianischer Heuschreckenbaum
Brazilian cress, pará cress	Parakresse
Acmella oleracea, Spilanthes acmella	
Brazilian guava, Guinea guava	Stachelbeer-Guave
Psidium guineense	
Brazilian pepper, pink pepper,	Rosa Pfeffer, Rosa Beere,
pink peppercorns,	Brasilianischer Pfeffer
red peppercorns,	
South American pink pepper,	
Christmas berry	
Schinus terebinthifolius	
Brazilian slipper lobster	Brasilianischer Bärenkrebs
Scyllarides brasiliensis	
Brazilian tree grape, jaboticaba	Jaboticaba, Baumstammkirsche
Myrciaria cauliflora	
bread	Brot
➢ **baguette, French bread**	Baguette
➢ **crispbread**	Knäckebrot

➢ **flat bread**	Flachbrot
➢ **fruit bread**	Früchtebrot
➢ **mixed-grain bread,**	Mischbrot, Mehrkornbrot,
multigrain bread	Mehrkornmischbrot
➢ **pita, pocket bread**	Fladenbrot
➢ **preserved bread**	Dauerbrot
➢ **sourdough bread**	Sauerteigbrot
➢ **specialty bread**	Spezialbrot
➢ **toast, toasting bread**	Toastbrot, Toast
(white bread)	
➢ **white bread, soft white bread**	Weißbrot
➢ **whole bread**	Vollkornbrot
➢ **whole-grain bread**	Ganzkornbrot
(with unmilled grains)	
➢ **whole-meal bread**	Schrotbrot
(with coarse-ground grain)	
➢ **wood-oven bread**	Steinofenbrot, Holzofenbrot
➢ **yeast bread**	Hefebrot
bread crumbs, breadcrumbs,	Brotkrümel, Brotbrösel,
breading	Paniermehl
bread crust	Brotkruste
bread drink	Brottrunk
(fermented grain beverage)	
bread nut	Brotnuss
Brosimum alicastrum	
bread roll (süß: sweet roll)	Brötchen, Weck, Semmel (süß: Einback)
breadfruit	Brotfrucht
Artocarpus altilis	
➢ **African breadfruit**	Afrikanische Brotfrucht, Afon, Okwa
Treculia africana	(zur Zubereitung von Pembe)
breakfast cereal(s)	Frühstückscerealien
breams	Brassen
➢ **black bream, black seabream FAO,**	Streifenbrassen, Brandbrassen
old wife	
Spondyliosoma cantharus	
➢ **gold-lined bream,**	Goldstreifenbrasse
large-eyed bream,	
striped large-eye bream FAO	
Gnathodentex aureolineatus	
➢ **saddled bream,**	Brandbrasse, Oblada
saddled seabream FAO	
Oblada melanura	
➢ **Spanish bream,**	Achselfleck-Brassen, Achselbrasse,
Spanish seabream, axillary bream,	Spanische Meerbrasse
axillary seabream FAO	
Pagellus acarne	
➢ **two-banded bream, common**	Zweibinden-Brassen
two-banded seabream FAO	
Diplodus vulgaris	
➢ **white Amur bream**	Pekingbrasse(n)
Parabramis pekinensis	

breast feeding	Stillen
➢ **partial breast feeding**	Teilstillen
breast milk (mother's milk)	Frauenmilch (Muttermilch)
breast milk substitute	Muttermilchersatz, Muttermilchersatznahrung
brewers' grains	Treber, Biertreber
brighteyes, eyebright, French salsify, French scorzonera	Bitterkraut
Reichardia picroides	
brill	Glattbutt, Kleist, Tarbutt
Scophthalmus rhombus	
brine	Lake, Salzlake, Salzlauge
brine cheese, pickled cheese	Salzlakenkäse
brisling, sprat, European sprat FAO	Sprotte (Sprott, Brisling, Breitling)
Sprattus sprattus	
brittle (almond/nut-based)	Krokant, Nusskrokant
broad bean, fava bean	Dicke Bohne, Saubohne
Vicia faba	
broad whitefish	Tschirr, Große Maräne
Coregonus nasus	
broccoli	Brokkoli (Spargelkohl)
Brassica oleracea (Italica Group)	
brook trout FAO, brook char, brook charr	Bachsaibling
Salvelinus fontinalis	
broth	Brühe
➢ **cooked-meat broth, bouillon**	Fleischkraftbrühe, Bouillon, Kochfleischbouillon
brown algae	Braunalgen
brown beech mushroom, bunashimeji	Bunashimeji, ‚Shimeji', Buchenrasling
Hypsizigus marmoreus, Hypsizigus tessulatus	
brown callista, brown venus	Braune Venusmuschel, Glatte Venusmuschel
Callista chione, Meretrix chione	
brown cap, chestnut mushroom	Brauner Champignon, Brauner Egerling
Agaricus bisporus	
brown garden snail, brown gardensnail, common garden snail, European brown snail	Gefleckte Weinbergschnecke, Gesprenkelte Weinbergschnecke
Helix aspersa, Cornu aspersum, Cryptomphalus aspersus	
brown mustard, Indian mustard, Dijon mustard	Brauner Senf, Braunsenf, Indischer Braunsenf, Indischer Senf, Sareptasenf
Brassica juncea var. *juncea*	
brown scorpionfish, black scorpionfish FAO	Brauner Drachenkopf
Scorpaena porcus	
brown shrimp, common shrimp, common European shrimp	Nordseegarnele, Nordseekrabbe, Krab Granat, Porre, Sandgarnele
Crangon crangon	

brown stew fungus, **sheathed woodtuft** *Kuehneromyces mutabilis*	Stockschwämmchen, Pioppini
brown trout (river trout, brook trout) *Salmo trutta fario*	Bachforelle, Steinforelle
brown watercress *Nasturtium x sterile*	Bastard-Brunnenkresse
brownstripe red snapper *Lutjanus vitta*	Vitta-Schnapper
browntop millet *Urochloa ramosa, Panicum ramosum*	Braune Hirse
brush cherry, **Australian brush cherry,** **magenta lillypilly** *Syzygium polyanthum*	Kirschmyrte
Brussels chicory, French endive, **Belgian endive, witloof chicory,** **forcing chicory (US: blue sailor)** *Cichorium intybus* (Foliosum Group) 'Witloof'	Chicorée, Salatzichorie, Bleichzichorie, Brüsseler Endivie
Brussels sprouts *Brassica oleracea* (Gemmifera Group)	Rosenkohl
buck's-horn plantain *Plantago coronopus*	Mönchsbart
buckling (hot-smoked/ **whole herring) UK**	Bückling (heißgeräucherter, ganzer unausgeweideter Hering)
buckthorn ➢ sea buckthorn *Hippophae rhamnoides*	Sanddorn
buckwheat *Fagopyrum esculentum*	Buchweizen
➢ **Siberian buckwheat,** **Kangra buckwheat,** **tartary buckwheat** *Fagopyrum tataricum*	Tatarischer Buchweizen
buffalo, American bison *Bison bison*	Bison (Amerikanischer Bison)
buffalo currant, golden currant, **clove currant** *Ribes aureum* (*Ribes odoratum*)	Wohlriechende Johannisbeere, Goldjohannisbeere
buffaloberry, silverberry *Shepherdia argentea*	Büffelbeere, Silber-Büffelbeere
buffalohead cichlid *Steatocranus casuarius*	Buckelkopf-Buntbarsch
bulb vegetables	Zwiebelgemüse
bulk sweetener	Füllsüßstoff
bulking agents	Füllstoffe
bull kelp, bull-whip kelp, seatron *Nereocystis luetkeana*	Bullkelp (Seetang)
bullace plum, damson, **damson plum, green plum** *Prunus domestica* ssp. *insititia*	Haferpflaume, Haferschlehe, Kriechenpflaume, Krieche

bullock (young bull)	Jungbulle (unkastriert) (< 2 Jahre)
bullock's heart, custard apple, corazon	Netzannone, Netzapfel, Ochsenherz
Annona reticulata	
bulrush millet, spiked millet, pearl millet	Perlhirse, Rohrkolbenhirse
Pennisetum glaucum	
bun (süß: sweet bun)	Brötchen
bunashimeji,	Bunashimeji, ‚Shimeji',
brown beech mushroom	Buchenrasling
Hypsizigus marmoreus,	
Hypsizigus tessulatus	
bunching onion,	Winterzwiebel, Winterheckenzwiebel,
Japanese bunching onion,	Winterheckzwiebel, Welsche Zwiebel,
Welsh onion	Lauchzwiebel
Allium fistulosum	
bung (caecum/blind gut)	Buttdarm, Bodendarm, Butte (oberster Dickdarm)
bunker, Atlantic menhaden FAO	Nordwestatlantischer Menhaden
Brevoortia tyrannus	
bur gherkin, West Indian gherkin	Anguriagurke, Angurie,
Cucumis anguria var. *anguria*	Westindische Gurke, Kleine Igelgurke
burbot	Quappe, Rutte, Trüsche, Aalrutte,
Lota lota	Aalquappe
burdock, greater burdock, gobo	Klettenwurzel, Japanische Klettenwurz
Arctium lappa	Große Klette, Gobo
Burgundy truffle, French truffle, grey truffle	Burgundertrüffel
Tuber uncinatum	
burnet ➢ salad burnet	Pimpernell, Kleiner Wiesenknopf
Sanguisorba minor ssp. *minor*	
bush butter, eben, safou, African pear, African plum	Afrikanische Pflaume, Safou
Dacryodes edulis	
bush mango, dika nut (dika butter, Gaboon/Gabon chocolate)	Wildmango, Dikanuss (Cay-Cay-Butter)
Irvingia gabonensis	
bush sour cherry	Schattenmorelle (Strauch-Weichsel)
Prunus cerasus ssp. *acida*	
bush tomato	Buschtomate
Solanum lycopersicum var.	
➢ desert raisin, akudjura, Australian desert raisin	Buschtomate, Akudjura
Solanum centrale	
butter	Butter
➢ cocoa butter	Kakaobutter
➢ fresh butter, sweet cream butter	Süßrahmbutter
➢ green butter, Borneo tallow	Borneotalg
Shorea spp.	
➢ herb butter	Kräuterbutter

➤ **lactic acid butter, lactic butter, ripened cream butter**	Sauerrahmbutter
➤ **mahwa butter, mohua butter, mowa butter, illipe butter** *Madhuca longifolia*	Mowrahbutter
➤ **nutmeg butter**	Muskatbutter
➤ **phulwara butter** *Diploknema butyracea*	Fulwa-Butter, Phulwara-Butter
➤ **rancid**	ranzig
➤ **shea butter** *Vitellaria paradoxa,* *Butyrospermum parkii*	Sheabutter
➤ **vegetable butter**	Pflanzenbutter
➤ **whey butter**	Molkenbutter
butter lettuce, butterhead, head lettuce, cabbage lettuce, bibb lettuce, Boston lettuce *Lactuca sativa* var. *capitata* (Butterhead Type)	Kopfsalat, Buttersalat
butter mushroom, brown-yellow boletus, slippery jack *Suillus luteus*	Butterpilz, Ringpilz
butter spread	Streichbutter
butterclams	Buttermuscheln
➤ **Alaskan butterclam, Washington clam, smooth Washington clam** *Saxidomus gigantea*	Alaska-Buttermuschel
➤ **California butterclam, butternut clam** *Saxidomus nuttalli*	Kalifornische Buttermuschel
buttercream, butter-cream, butter cream	Buttercreme, Butterkrem
butterfish ➤ **American butterfish, dollarfish, Atlantic butterfish** *Peprilus triacanthus*	Butterfisch, Amerikanischer Butterfisch, Atlantik-Butterfisch
➤ **silver pomfret** *Pampus argenteus*	Silberne Pampel
butternut ➤ **souari nut, swarri nut** *Caryocar amygdaliferum* and *Caryocar nuciferum*	Souarinuss, Butternuss
butternut ➤ **white walnut** *Juglans cinerea*	Butternuss, Graue Walnuss
butternut squash *Cucurbita moschata* 'Butternut'	Butternusskürbis (Birnenkürbis)
butterscotch	Butterkaramellbonbons
button mushroom, cultivated mushroom, white mushroom *Agaricus bisporus* var. *hortensis*	Weißer Zuchtchampignon, Kulturchampignon

cabbage *Brassica oleracea* (Capitata Group)	Kopfkohl
➤ **Abyssinian cabbage,** **Abyssinian mustard,** **Ethiopian mustard, Texsel greens** *Brassica carinata*	Abessinischer Kohl, Abessinischer Senf, Äthiopischer Senf
➤ **celery cabbage, Chinese cabbage,** **pe tsai** *Brassica rapa* (Pekinensis Group)	Pekingkohl
➤ **Chinese flowering cabbage** *Brassica rapa* (Parachinensis Group)	Choi-Sum, Choisum
➤ **pak choi, bok choi, bokchoy,** **Chinese white cabbage** *Brassica rapa* (Chinensis Group)	Chinakohl, Chinesischer Senfkohl, Pak-Choi
➤ **palm cabbage** *Brassica oleracea* (Palmifolia Group)	Palmkohl
➤ **Portuguese cabbage,** **Portuguese kale, Tronchuda kale,** **Tronchuda cabbage,** **Madeira cabbage** *Brassica oleracea* (Costata Group/Tronchuda Group)	Rippenkohl, Tronchudakohl, Tronchuda-Kohl, Portugiesischer Kohl
➤ **red cabbage** *Brassica oleracea* var. *capitata* f. *rubra*	Rotkohl, Blaukraut
➤ **Savoy cabbage** *Brassica oleracea* (Sabauda Group)	Wirsing, Wirsingkohl
➤ **white cabbage** *Brassica oleracea* var. *capitata* f. *alba*	Weißkohl
cabbage leaf mustard, **broad-leaved mustard,** **heading leaf mustard,** **mustard greens** *Brassica juncea* var. *rugosa*	Breitblättriger Senf
cabbage thistle *Cirsium oleraceum*	Kohl-Kratzdistel
cabbage turnip, kohlrabi *Brassica oleracea* (Gongylodes Group)	Kohlrabi
cacao (term used for tree or seeds) (processed, *see also:* **cocoa**) *Theobroma cacao*	Kakao
➤ **Criollo cacao** *Theobroma cacao* ssp. *cacao* ('Criollo')	Criollo-Kakao
➤ **Forastero cacao** *Theobroma cacao* ssp. *sphaerocarpum* (Forastero Group)	Forastero-Kakao
➤ **Trinitario cacao** *Theobroma cacao* ssp. *sphaerocarpum* (Trinitario Group)	Trinitario-Kakao
cacao bean, cocoa bean	Kakaobohne
cacao nibs, cocoa nibs (cotyledons)	Kakaosplitter, Kakaonibs (Kotyledonen/Keimblätter)
cacao pod, cocoa pod	Kakaoschote (eigentlich eine Trockenbeere)

cactus pear, prickly pear, tuna, Indian fig, Barberry fig; nopal (cactus pads) *Opuntia ficus-indica* u.a.	Kaktusbirne, Kaktusfeige (Feigenkaktus, Opuntien); Nopal (Kaktus-Stammscheiben)
Caesar's mushroom, ovolo *Amanita caesarea*	Kaiserling
caffeine, theine	Koffein, Thein
caimito, abiu, yellow star apple, egg fruit *Pouteria caimito*	Caimito-Eierfrucht
cainito, star apple *Chrysophyllum cainito*	Mittelamerikanischer Sternapfel, Abiu
cake (pie)	Kuchen
➤ **cream cake**	Sahnetorte
➤ **gateau, fancy cake**	Torte
➤ **sandwich cake**	Schichttorte
cake mix (batter mix)	Kuchenfertigmehl
calabash, bottle gourd *Lagenaria siceraria*	Flaschenkürbis, Kalebasse
calabash nutmeg, West African nutmeg, Jamaica nutmeg, false nutmeg *Monodora myristica*	Kalebassenmuskat, Monodoranuss
calamints *Calamintha* spp.	Bergminzen
➤ **large-flowered calamint** *Calamintha grandiflora*	Großblütige Bergminze
➤ **lesser calamint** *Calamintha nepeta*	Kleinblütige Bergminze, Echte Bergminze
➤ **wood calamint** *Clinopodium menthifolium, Calamintha menthifolia, Calamintha sylvatica*	Wald-Bergminze
calamondin, calamansi, kalamansi, Chinese orange, golden lime *Citrus madurensis, Citrus microcarpa*	Calamondin-Orange, Kalamansi, Zwerg-Orange
calf (back part of lower leg)	Wade
calf (bobby calf: ♂ <3 months) **(for meat/meat cuts see: veal)**	Kalb
calf testicles, 'prairie oysters' US	Kalbshoden
California dewberry *Rubus ursinus*	Kalifornische Brombeere
California halibut *Paralichthys californicus*	Kalifornischer Heilbutt
California mussel (common mussel) *Mytilus californianus*	Kalifornische Miesmuschel
California spiny lobster, California rock lobster *Panulirus interruptus*	Kalifornische Felsenlanguste, Kalifornische Languste

Californian pepper, Peruvian pepper, Peruvian pink peppercorns
Schinus molle
Peruanischer Pfeffer, Molle-Pfeffer, Mo[...]

Californian sheep crab
Loxorhynchus grandis
Kalifornische Schafskrabbe

Californian slipper lobster
Scyllarides astori
Kalifornischer Bärenkrebs

Californian walnut, California black walnut
Juglans californica
Kalifornische Walnuss

caltrop, water chestnut
Trapa bicornis var. *bispinosa*
Wasserkastanie

camomille tea
Kamillentee

camu-camu, river guava, caçari
Myrciaria dubia
Camu Camu

Canada plum, black plum
Prunus nigra
Kanada-Pflaume, Bitter-Kirsche

canapé
Kanapee (Schnittchen)

canarium nut, canarium almond, galip nut, ngali nut, molucca nut
Canarium indicum
Galipnuss, Javamandel

Canary rockfish
Sebastes pinniger
Kanariengelber Felsenfisch

candied citron peel
Citrus medica
Zitronat, Citronat, Zedrat, Cedrat (kandierte Zedratzitronenschale)

candied fruit(s)
kandierte Früchte

candied orange peel
Citrus aurantium
Orangeat (kandierte Orangenschale)

candlenut
Aleurites moluccana
Lichtnuss, Kemiri-Nuss, Kerzennuss, Kandelnuss

candy (piece of ~)
Bonbon

candy bar
Riegel (Schokoriegel etc.)

candy floss UK
Zuckerwatte

candy sugar, rock sugar
Kandis

cane high-test molasses, high-test molasses
Rohr-Direkt-Melasse

cane molasses, blackstrap molasses
Rohrmelasse

cane rat, greater cane rat, giant cane rat, grasscutter
Thryonomys swinderianus
Rohrratte, Große Rohrratte

cane sugar, beet sugar, table sugar, sucrose
Rohrzucker, Rübenzucker, Saccharose, Sukrose, Sucrose

canihua
Chenopodium pallidicaule
Cañihua

canistel, yellow sapote, sapote amarillo, eggfruit
Pouteria campechiana
Canistel, Canistel-Eierfrucht, Gelbe Sapote, Sapote Amarillo, Eifru[...]

canned food(s)
Konserve(n), Dosenkonserven

canned foods in oil
Ölkonserven

canned meat US, tinned meat UK
Dosenfleisch, Fleischkonserve, Büchsenfleisch

cannellini bean, white long bean	Cannellini-Bohne
Phaseolus vulgaris (Nanus Group) 'Cannellini'	
canning sugar, preserving sugar	Einmachzucker
canola, colza,	Ölraps
Canadian oilseed	
Brassica napus (Napus Group)	
cantaloupe, cantaloupe melon	Kantalupe, Warzenmelone
Cucumis melo (Cantalupensis Group)	Cantaloupmelone, Kanatalupmelone
Cape gooseberry, goldenberry, Peruvian ground cherry, poha berry	Kapstachelbeere, Andenbeere, Lampionfrucht
Physalis peruviana	
➢ **dwarf Cape gooseberry, strawberry tomato, ground cherry**	Erdbeertomate, Erdkirsche, Ananaskirsche
Physalis pruinosa, Physalis grisea	
Cape lobster	Kap-Hummer, Südafrikanischer Hummer
Homarinus capensis	
Cape pondweed, Cape asparagus, water hawthorn	Kap-Wasserähre, 'waterblommetjies'
Aponogeton distachyos	
Cape rock crawfish, Cape rock lobster	Kap-Languste, Afrikanische Languste
Jasus lalandei	
capelin	Lodde, Capelin
Mallotus villosus	
capercaillie, wood grouse	Auerhahn
Tetrao urogallus	
capers	Kapern
Capparis spinosa	
capon (castrated cockerel) (US/FSIS 2003 < 4 months)	Kapaun, kastrierter Junghahn (1,75–2,5 kg)
capuli cherry, capulin, capolin, black cherry	Capuli-Kirsche, Kapollinkirsche, Mexikanische Traubenkirsche, Kapollin
Prunus serotina ssp. *capuli*	
caramel	Karamell
caramel candy	Karamellen, Karamellbonbon(s)
caramel color	Zuckerkulör, Zuckercouleur (E150)
caramel sugar	Karamellzucker
caramote prawn	Furchengarnele
Penaeus kerathurus, Melicertus kerathurus	
caraway	Kümmel
Carum carvi	
caraway thyme, carpet thyme	Kümmelthymian, Kümmel-Thymian
Thymus herba-barona	
carbon dioxide CO_2	Kohlendioxid
carbonated drinks	kohlensäurehaltige Erfrischungsgetränke
carbonic acid (carbonate)	Kohlensäure (Karbonat/Carbonat)

carcass	Rumpf (gesamte Tierhälfte)
carcass meat, butcher's meat	Schlachtfleisch (frisches Fleisch)
➤ **forequarter**	Schlachtkörper-Vorderviertel
➤ **foresaddle**	Schlachtkörper-Vorderhälfte
➤ **hindquarter**	Schlachtkörper-Hinterviertel
➤ **hindsaddle**	Schlachtkörper-Hinterhälfte
➤ **side**	Schlachtkörper-Hälfte
cardamom	Kardamom
➤ **bastard cardamom, wild Siamese cardamom** *Amomum villosum* var. *xanthioides*	Bastard-Kardamom
➤ **Bengal cardamom** *Amomum aromaticum*	Bengal-Kardamom
➤ **black cardamom** (*see* **Nepal cardamom**)	Schwarzer Kardamom
➤ **Chinese cardamom, round Chinese cardamom** *Alpinia globosa*	China-Kardamom
➤ **Ethiopian cardamom, korarima cardamom** *Aframomum korarima*	Äthiopischer Kardamom, Abessinien-Kardamom, Korarima-Kardamom
➤ **green cardamom, 'small' cardamom, Indian cultivated cardamom, (Malabar, Mysore and Vazhukka varieties)** *Elettaria cardamomum* var. *cardamomum*	Grüner Kardamom, Indischer Kardamom (Malabar-, Mysore- und Vazhukka- Varietäten)
➤ **Java cardamom** *Amomum maximum*	Java-Kardamom
➤ **Madagascar cardamom, great cardamom** *Aframomum angustifolium*	Madagaskar-Kardamom, Kamerun-Kardamom
➤ **Nepal cardamom, 'large' cardamom, winged Bengal cardamom, black cardamom** *Amomum subulatum*	Nepal-Kardamom, Geflügelter Bengal-Kardamom, Schwarzer Kardamom
➤ **round cardamom, Java cardamom** *Amomum compactum*	Runder Kardamom, Javanischer Kardamom
➤ **Sri Lanka cardamom, Ceylon cardamom, long white cardamom, wild cardamom** *Elettaria cardamomum* var. *major*	Ceylon-Kardamom
cardoon *Cynara cardunculus* ssp. *cardunculus*	Kardone, Gemüseartischocke
Caribbean spiny lobster *Palinurus argus*	Karibische Languste
carnauba wax *Copernicia prunifera*	Karnaubawachs

carnauba wax palm, wax palm	Karnaubapalme, Wachspalme
Copernicia prunifera	
carob, locust bean, St. John's bread	Johannisbrot
Ceratonia siliqua	
carp, common carp FAO, European carp	Karpfen, Flusskarpfen
Cyprinus carpio	
➤ **bighead carp**	Marmorkarpfen, Edler Tolstolob
Hypophthalmichthys nobilis, Aristichthys nobilis	
➤ **common carp, goldfish FAO**	Goldfisch, Goldkarausche
Carassius auratus	
➤ **Crucian carp**	Karausche
Carassius carassius	
➤ **gibel carp, Prussian carp FAO**	Giebel, Silberkarausche
Carassius auratus gibelio	
➤ **grass carp**	Graskarpfen, Amurkarpfen
Ctenopharyngodon idella	
➤ **silver carp FAO, tolstol**	Silberkarpfen, Gewöhnlicher Tolstolob
Hypophthalmichthys molitrix	
carp bream FAO, common bream, freshwater bream	Blei, Brachsen, Brassen, Brasse
Abramis brama	
carrageen, carragheen, Irish moss	Knorpeltang, Knorpelalge, Irisches Moos
Chondrus crispus	
carrageenan, carrageenin (Irish moss extract)	Carrageen, Karrageen, Carrageenan
carré (lamb: best end or rack)	Karree
carrot *Daucus carota*	Karotte, Möhre, Speisemöhre, Gelbe Rübe
➤ **baby carrot**	Babymöhre, Babykarotte (junge Möhre/Karotte)
➤ **bunched carrot, carrot with leaves**	Bundmöhre, Bundkarotte
➤ **topped carrot**	Waschmöhre, Waschkarotte
➤ **ware carrot, carrot for storage**	Lagermöhre, Lagerkarotte
cartilage	Knorpel
casabanana, cassabanana	Cassabanana
Sicana odorifera	
casein	Casein
cashew *Anacardium occidentale*	Kaschu
➤ **cashew nut**	Kaschukerne, Cashewnuss
➤ **cashew apple**	Kaschuapfel
casing(s)	Darm (als Wursthülle)
➤ **afterend**	Nachende
➤ **beef rounds, runners (small intestines: cattle)**	Kranzdarm, Kranzdärme (Rind)
➤ **bung cap**	Kappe (des Buttdarms)
➤ **caecal serosa**	Goldschläger (Serosa des Caecum)
➤ **fatend**	Fettende
➤ **large intestines**	Dickdarm

➤ **middles**	Krausedarm (Mitteldarm/Colon: Schwein)
➤ **natural casing(s)**	Naturdarm, Naturdärme
➤ **runners, rounds,** **hog casings (small intestines)**	Enger Darm (Dünndarm: Schwein)
➤ **sheep casings** **(small intestines)**	Saitlinge (Schaf: Dünndarm)
➤ **small intestines**	Dünndarm
➤ **with plastic overlay** **to be removed after cooking**	Schäldärme
cassava	Maniok, Cassava
Manhiot esculenta	
cassia pods	Kassie, Röhren-Kassie, ‚Manna'
Cassia fistula	
➤ **Thai cassia, Siamese cassia,** **kheelek**	Khi-lek, Kheelek, Kassodbaum
Senna siamea	
cassia bark, Chinese cinnamon, **Chinese cassia**	Kassiazimt, Chinesischer Zimt, China-Zimt
Cinnamomum aromaticum, *Cinnamomum cassia*	(Zimtkassie, Kassie, Cassia)
cassumar ginger, **Bengal ginger, Thai ginger**	Bengal-Ingwer
Zingiber montanum	
caster sugar, castor sugar	Kastorzucker
catfish, cat fish, wolffish FAO, **Atlantic wolffish**	Seewolf, Gestreifter Seewolf, Kattfisch, Katfisch, Karbonadenfisch, Steinbeiß
Anarhichas lupus	
➤ **American catfish, horned pout,** **brown bullhead FAO,** **'speckled catfish'**	Amerikanischer Zwergwels, Brauner Zwergwels, Langschwänziger Katzenwels
Ictalurus nebulosus, *Ameiurus nebulosus*	
➤ **blue catfish**	Blauer Katzenwels
Ictalurus furcatus	
➤ **channel catfish**	Getüpfelter Gabelwels
Ictalurus punctatus	
➤ **fork-tailed catfish**	Weißer Katzenwels
Ictalurus catus	
catjang bean	Katjangbohne, Catjang-Bohne, Angolabohne
Vigna unguiculata ssp. *cylindrica*	
catla	Catla, Theila, Tambra
Catla catla	
catsharks, cat sharks	Katzenhaie
Scyliorhinidae	
➤ **smallspotted catshark FAO,** **lesser spotted dogfish,** **smallspotted dogfish,** **rough hound**	Kleingefleckter Katzenhai, Kleiner Katzenhai
Scyliorhinus canicula, *Scyllium canicula*	

cattle *Bos primigenus*	Rind
➢ **bull**	Bulle (unkastriert)
➢ **calf; bobby calf** (♂ <3 months)	Kalb
➢ **cow**	Kuh (gekalbt)
➢ **heifer**	Färse (junge Kuh: noch nicht gekalbt)
➢ **ox** (*pl* **oxen**)	Ochse (kastriert; erwachsen; gewöhnlich nicht zur Fleischerzeugung)
➢ **steer**	Stier (kastriert; < 4 Jahre)
cattle intestines	Rinderdarm
➢ **afterend**	Nachende
➢ **bung (caecum)**	Buttdarm, Bodendarm, Butte (oberster Dickdarm)
➢ **bung cap**	Kappe (des Buttdarms)
➢ **fatend**	Fettende
➢ **large intestines**	Dickdarm
➢ **middles**	Mitteldarm, Mitteldärme
➢ **rounds, runners (small intestines)**	Kranzdarm, Kranzdärme (Rind)
➢ **small intestines**	Dünndarm
cattley guava, purple guava, strawberry guava *Psidium littorale, Psidium cattleianum*	Erdbeer-Guave
Caucasian bilberry, Caucasian whortleberry *Vaccinium arctostaphylos*	Kaukasische Blaubeere
caul	Netz, Fettnetz
caul fat	Bauchfett, Netzfett
cauliflower (*incl.* **Romanesco: christmas tree cauliflower**) *Brassica oleracea* (Botrytis Group)	Blumenkohl (*inkl.* Romanesco: Türmchenblumenkohl, Pyramidenblumenkohl)
cauliflower mushroom, white fungus *Sparassis crispa*	Krause Glucke, Bärentatze
caviar (usually from sturgeons: see also there)	Kaviar (gesalzene Fischeier, meist Stör; *siehe auch:* Rogen)
➢ **botargo caviar (mullet roe)** *Mugil* spp.	Botargo-Kaviar (Meeräsche)
➢ **false caviar, mock caviar, German caviar, Danish caviar (roe of lumpfish)** *Cyclopterus lumpus*	Deutscher Kaviar, Seehasenrogen, Kaviarersatz (Lumpfisch=Seehase)
➢ **paddlefish caviar (Mississippi caviar)**	Löffelstör-Kaviar
➢ **salmon caviar (chum salmon caviar/keta)**	Lachskaviar, Ketakaviar
➢ **trout caviar**	Forellen-Kaviar
cayenne cherry, Surinam cherry, pitanga *Eugenia uniflora*	Surinamkirsche, Cayennekirsche, Pitanga
cayenne pepper, chili pepper, hot pepper, red chili, tabasco pepper *Capsicum frutescens*	Cayennepfeffer, Chili, Tabasco

celery *Apium graveolens*	Sellerie
➤ **Asian water celery, water celery, water parsley, Chinese celery, Java water dropwort** *Oenanthe javanica*	Javanischer Wasserfenchel, Java-Wasserfenchel
➤ **Chinese celery** *Apium graveolens* var. *secalinum*	Chinesischer Sellerie
➤ **root celery, celery root, celeriac, turnip-rooted celery, knob celery** *Apium graveolens* var. *rapaceum*	Knollensellerie, Wurzelsellerie, Eppich
➤ **soup celery, leaf celery** *Apium graveolens* var. *secalinum*	Schnittsellerie
➤ **stalk celery (celery stalks)** *Apium graveolens* var. *dulce*	Stangensellerie, Stielsellerie, Bleichsellerie, Staudensellerie
celery cabbage, Chinese cabbage, pe tsai *Brassica rapa* (Pekinensis Group)	Pekingkohl
celtuce, asparagus lettuce *Lactuca sativa* (Angustana Group)	Spargelsalat, Spargel-Salat
cembra pine nuts, cembra nuts *Pinus cembra*	Zirbelnüsse
cempedak, chempedak *Artocarpus integer*	Champedak, Campedak
cep, porcino, edible bolete, penny bun bolete, king bolete *Boletus edulis*	Steinpilz, Herrenpilz
cereals (*for further grains also refer to each plant separately*)	Cerealien
➤ **barley** *Hordeum vulgare*	Gerste
➤ **corn (UK maize)** *Zea mays*	Mais
➤ **millet, proso millet, Indian millet, broomcorn millet, Russian millet** *Panicum miliaceum*	Hirse, Echte Hirse, Rispenhirse
➤ **oats, common oats** *Avena sativa*	Hafer
➤ **rice** *Oryza sativa*	Reis
➤ **rye** *Secale cereale*	Roggen
➤ **sorghum** *Sorghum bicolor*	Mohrenhirse
➤ **wheat, bread wheat, common wheat, soft wheat** *Triticum aestivum* ssp. *aestivum*	Weizen, Brotweizen (Saatweizen, Weichweizen)
cereal flakes	Getreideflocken
➤ **breakfast cereals**	Frühstückscerealien
ceriman, delicious monster *Monstera deliciosa*	Fensterblatt, Mexikanische ‚Ananas‘
certified fresh milk	Trinkmilch (Konsummilch)

Ceylon gooseberry, ketembilla	Ceylon-Stachelbeere, Ketembilla
Dovyalis hebecarpa	
Ceylonese combtail	Ceylonmakropode
Belontia signata	
cha om, acacia leaf	Cha Om, Akazienblätter
Acacia pennata ssp. *insuavis*	
chamois	Gamswild
Rupicapra rupicapra	
chamomile, wild chamomile	Kamille, Echte Kamille
Matricaria chamomilla,	
Matricaria recutita	
champagne	Champagner; *in USA auch allgemein verwendet für:* Schaumwein, Sekt
champagne vinegar	Champagneressig
channel catfish	Getüpfelter Gabelwels
Ictalurus punctatus	
chanterelle, girolle	Pfifferling
Cantharellus cibarius	
➢ **autumn chanterelle**	Trompetenpfifferling
Cantharellus tubaeformis	
chars, charrs *Salvelinus* spp.	Saiblinge
char, charr FAO, Arctic char, Arctic charr	Seesaibling, Wandersaibling, Schwarzreuther
Salvelinus alpinus	
➢ **brook char, brook charr, brook trout FAO**	Bachsaibling
Salvelinus fontinalis	
charcoal burner russula	Frauentäubling
Russula cyanoxantha	
chard, Swiss chard, leaf beet, spinach beet	Mangold, Schnittmangold, Blattmangold
Beta vulgaris ssp. *cicla* (Cicla Group)	
➢ **Silician broad-rib chard, seakale beet, broad-rib chard**	Mangold, Stielmangold, Rippenmangold, Stängelmangold, Stielmus
Beta vulgaris ssp. *cicla* (Flavescens Group)	
chayote, mirliton	Chayote
Sechium edule	
cheese	Käse
➢ **acid curd cheese**	Sauermilchkäse
➢ **beer cheese, brick cheese**	Bierkäse
➢ **blue cheese**	Blauschimmelkäse
➢ **brine cheese, pickled cheese**	Salzlakenkäse
➢ **cooked cheese**	Kochkäse
➢ **cottage cheese**	Hüttenkäse
➢ **cream cheese**	Frischkäse, Creme-Käse (unfermentiert)
➢ **fresh cheese, 'green' cheese (before ripening)**	Jungkäse (vor der Reifung)
➢ **German blue cheese**	Edelpilzkäse
➢ **goat cheese, goat's cheese**	Ziegenkäse

➢ **hard cheese (30–40% water)**	Hartkäse
➢ **kefir**	Kefir (aus Kuhmilch)
➢ **koumiss, kumiss**	Kumyss, Kumys (aus Stutenmilch)
➢ **kvass, quass**	Kwas, Kwass
➢ **layered cheese**	Schichtkäse
➢ **process(ed) cheese**	Schmelzkäse
➢ **quark, quarg, white cheese, fresh curd cheese, fromage frais**	Quark, Speisequark (Weißkäse)
➢ **semi-hard cheese, semi-firm cheese (sliceable)**	Schnittkäse (halbfest)
➢ **semi-soft cheese**	halbfester Käse
➢ **soft cheese (40–75% water)**	Weichkäse
➢ **whey cheese**	Molkenkäse
cheese analog(ue), analog cheese	Käseersatz, Analogkäse, Kunstkäse, Käseimitat
cheese spread, soft cheese	Schmelzkäse, Streichkäse
chempedak, cempedak *Artocarpus integer*	Champedak, Campedak
cherimoya, custard apple *Annona cherimola*	Cherimoya
cherry (cherries)	Kirsche(n)
➢ **Barbados cherry, West Indian cherry, acerola** *Malpighia emarginata, Malpighia glabra*	Barbadoskirsche, Acerola, Acerolakirsche
➢ **bird cherry, cluster cherry** *Prunus padus*	Traubenkirsche
➢ **bush sour cherry** *Prunus cerasus* ssp. *acida*	Schattenmorelle (Strauch-Weichsel)
➢ **capuli cherry, capulin, capolin, black cherry** *Prunus serotina* ssp. *capuli*	Capuli-Kirsche, Kapollinkirsche, Mexikanische Traubenkirsche, Kapo▸
➢ **cayenne cherry, Surinam cherry, pitanga** *Eugenia uniflora*	Surinamkirsche, Cayennekirsche, Pitanga
➢ **Cornelian cherry** *Cornus mas*	Kornelkirsche, Herlitze
➢ **hard cherry, bigarreau cherry** *Prunus avium* ssp. *duracina*	Knorpelkirsche
➢ **heart cherry** *Prunus avium* ssp. *juliana*	Herzkirsche
➢ **Himalaya cherry** *Prunus cerasioides*	Himalaya-Kirsche
➢ **Jamaica cherry, Jamaican cherry, Panama berry** *Muntingia calabura*	Jamaikakirsche, Jamaikanische Muntingia, Panama-Beere
➢ **marashino cherry, marasco, Dalmatian marasca cherry** *Prunus cerasus* var. *marasca*	Maraschino-Kirsche, Maraskakirsche, Marasche

➢ **morello cherry** *Prunus cerasus* var. *austera*	Morelle, Süßweichsel
➢ **Nanking cherry, Korean cherry, downy cherry** *Prunus tomentosa*	Filzkirsche, Japanische Mandel-Kirsche, Korea-Kirsche, Nanking-Kirsche
➢ **sandcherry** *Prunus pumila*	Sandkirsche
➢ **sour cherry** *Prunus cerasus* ssp. *cerasus* (*Cerasus vulgaris*)	Sauerkirsche, Weichsel, Weichselkirsche
➢ **sweet cherry, wild cherry** *Prunus avium, Cerasus avium*	Süßkirsche, Vogelkirsche
➢ **tree sour cherry, amarelle** *Prunus cerasus* var. *capronia*	Amarelle, Glaskirsche (Baum-Weichsel)
cherry brandy	Kirschwasser
cherry plum *Prunus cerasifera*	Kirschpflaume
cherry tomato *Solanum lycopersicum* (Cerasiforme Group)	Kirschtomate, Cocktail-Tomate
chervil *Anthriscus cerefolium*	Kerbel, Gartenkerbel
➢ **sweet chervil, sweet cicely, garden myrrh** *Myrrhis odorata*	Süßdolde, Myrrhenkerbel
➢ **turnip-rooted chervil** *Chaerophyllum bulbosum*	Kerbelrübe, Knollenkerbel
chestnut	Kastanie
➢ **American chestnut** *Castanea dentata*	Amerikanische Esskastanie
➢ **Chinese chestnut** *Castanea mollissima*	Chinesische Esskastanie
➢ **earth chestnut, earthnut, great pignut** *Bunium bulbocastanum*	Erdkastanie, Erdeichel, Knollenkümmel
➢ **Japanese chestnut** *Castanea crenata*	Japanische Esskastanie
➢ **Malabar chestnut, Guyana chestnut** *Pachira aquatica*	Malabar-Kastanie, Guyana-Kastanie, Glückskastanie
➢ **sweet chestnut, Spanish chestnut** *Castanea sativa*	Esskastanie, Edelkastanie
➢ **Tahiti chestnut, Tahitian chestnut** *Inocarpus fagifer*	Tahiti-Kastanie
➢ **water chestnut, caltrop** *Trapa bicornis* var. *bispinosa*	Wasserkastanie
➢ **Chinese water chestnut** *Eleocharis dulcis*	Chinesische Wassernuss
chestnut mushroom, brown cap *Agaricus bisporus*	Brauner Champignon, Brauner Egerling
chewing gum	Kaugummi (*m* oder *n*)
chewing sweets	Kaubonbons

chicken	Huhn (pl Hühner) *allg*;
Gallus gallus, Gallus domesticus	(chicken meat) Hühnerfleisch
➢ **baby chicken, squab chicken,**	Stubenküken (3–5 Wochen/350–400 g)
poussin, (US/FSIS 2003:	
game hen < 5 weeks)	
➢ **boiling fowl, 'chicken' UK;**	Suppenhuhn (12–15 Monate/1,5–2,4 k
stewing hen, 'hen',	
stewing fowl US	
➢ **breast**	Brust
➢ **capon (castrated cockerel)**	Kapaun,
(US/FSIS 2003 < 4 months)	kastrierter Junghahn (1,75–2,5 kg)
➢ **chicken meat**	Hühnerfleisch
➢ **cock, rooster**	Hahn
➢ **cooped chicken**	Stallhuhn (Stallhühner)
➢ **drumstick**	Schlegel (Keule)
➢ **free-range chicken**	freilaufendes Huhn
➢ **fryer, broiler**	Hähnchen, Broiler
(US/FSIS 2003: < 10 weeks)	(5–6 Wochen/750–1100 kg)
➢ **giblets (liver/heart/gizzard/neck)**	Innereien
➢ **hen**	Huhn (weibl. Tier)
➢ **layer**	Legehenne
➢ **paws**	Füße
➢ **roaster, roasting chicken**	Poularde, Masthuhn
(US/FSIS 2003: < 12 weeks)	(10–12 Wochen/1,5–2,5 kg)
➢ **squab chicken, baby chicken,**	Stubenküken
poussin (US/FSIS 2003:	(3–5 Wochen/350–400 g)
game hen < 5 weeks)	
➢ **stewing hen, 'hen',**	Suppenhuhn
stewing fowl US;	(12–15 Monate/1,5–2,4 kg)
boiling fowl, 'chicken' UK	
➢ **thigh**	Schenkel
➢ **wing(s)**	Flügel
chicken claws, sea beans, glasswort,	Queller, Salzkraut, Glaskraut,
marsh samphire, sea asparagus	Glasschmalz, Passe Pierre ,Alge'
Salicornia europaea	
chicken nuggets	Hähnchenhappen, Hähnchennuggets
chicken of the woods,	Reifpilz, Runzelschüppling
gypsy mushroom	
Cortinarius caperatus,	
Rozites caperatus	
chicken tenders (breast strips)	Brust (Streifen)
chickpea, garbanzo *Cicer arietinum*	Kichererbse
chicory US, endive UK	Endivie, Glatte Endivie, Winterendivie
Cichorium endivia (Endivia Group)	
➢ **Brussels chicory, French endive,**	Chicorée, Salatzichorie, Bleichzichorie
Belgian endive, witloof chicory,	Brüsseler Endivie
forcing chicory (US: blue sailor)	
Cichorium intybus (Foliosum Group)	
'Witloof'	
➢ **root chicory**	Wurzelzichorie, Zichorienwurzel,
Cichorium intybus (Sativum Group)	Kaffeezichorie
Root Chicory Group	

Chile nut, Chilean hazelnut,   Chilenische Haselnuss
   gevuina nut
   Gevuina avellana
Chilean flat oyster   Chilenische Plattauster
   Ostrea chilensis
Chilean guava,   Chilenische Guave, Murtilla
   cranberry (New Zealand),
   strawberry myrtle, murtilla
   Ugni molinae
Chilean mussel   Chilenische Miesmuschel
   Mytilus chilensis
Chilean nylon shrimp   Chilenische Kantengarnele,
   Heterocarpus reedei   Chile-Krabbe, Camarone
Chilean wine palm, honey palm   Honigpalme (Palmenhonig),
   (palm honey), coquito   Coquitopalme
   Jubaea chilensis
chilgoza pine nuts, neje nuts   Chilgoza-Kiefernkerne
   Pinus gerardiana
chili pepper, hot pepper,   Chili, Cayennepfeffer, Tabasco
   red chili, cayenne pepper,
   tabasco pepper
   Capsicum frutescens
chilled foods   Kühlkost (gekühlte Lebensmittel,
                                              spez. Fertiggerichte)
China hickory, Cathay hickory   China-Hickorynuss
   Carya cathayensis
China rockfish   Gelbband-Felsenfisch
   Sebastes nebulosus
Chinese black olive,   Schwarze Kanarinuss,
   black Chinese olive   Schwarze Chinesische Olive
   Canarium pimela
Chinese boxthorn,   Chinesischer Bocksdorn,
   Chinese wolfberry, goji berry,   Bocksdornbeere,
   Tibetan goji, Himalayan goji   Chinesische Wolfsbeere,
   Lycium barbarum   Goji-Beere
   and *Lycium chinense*
Chinese cardamom,   China-Kardamom
   round Chinese cardamom
   Alpinia globosa
Chinese celery   Chinesischer Sellerie
   Apium graveolens var. *secalinum*
Chinese chestnut   Chinesische Esskastanie
   Castanea mollissima
Chinese chives   Chinesischer Schnittlauch,
➢ **Chinese onion,**   Chinesische Zwiebel,
   Kiangsi scallion, rakkyo   Chinesische Schalotte, Rakkyo
   Allium chinense
➢ **garlic chives**   Chinesischer Schnittlauch,
   (oriental garlic, Chinese leeks)   Schnittknoblauch,
   Allium tuberosum   Chinalauch

Chinese date, jujube, Chinese jujube, red date, Chinese red date *Ziziphus jujuba*	Jujube, Chinesische Dattel, Brustbeere
Chinese fan palm fruit *Livistona chinensis*	Chinesische Fächerpalme, Chinesische Schirmpalme, Brunnenpalme
Chinese flowering cabbage *Brassica rapa* (Parachinensis Group)	Choi-Sum, Choisum
Chinese garlic, Japanese garlic *Allium macrostemon, Allium grayi*	Wasserknoblauch, Nobiru
Chinese gooseberry, kiwi, kiwifruit *Actinidia deliciosa*	Kiwifrucht, Kiwi, Aktinidie, Chinesische Stachelbeere
Chinese hazel *Corylus chinensis*	Chinesische Haselnuss
Chinese kale, Chinese broccoli, white-flowering broccoli *Brassica oleracea* (Alboglabra Group)	Chinesischer Brokkoli
Chinese keys, fingerroot, tumicuni, temu kunci, krachai *Boesenbergia pandurata Boesenbergia rotunda, Kaempferia pandurata*	Krachai, Chinesischer Ingwer, Fingerwurz, Runde Gewürzlilie
Chinese lantern, Japanese lantern, winter cherry *Physalis alkekengi*	Blasenkirsche, Alkekengi
Chinese lime, limeberry, myrtle lime, limoncito *Triphasia trifolia*	Limoncito, Zitronenbeere, Limondichi
Chinese mitten crab, Chinese river crab *Eriocheir sinensis*	Chinesische Wollhandkrabbe
Chinese olive, Chinese white olive, white Chinese olive *Canarium album*	Weiße Kanarinuss, Weiße Chinesische Olive
Chinese orange, kalamansi, calamondin, calamansi, golden lime *Citrus madurensis, Citrus microcarpa*	Calamondin-Orange, Kalamansi, Zwerg-Orange
Chinese pepper, Szechuan pepper, Sichuan pepper *Zanthoxylum simulans* a.o.	Chinesischer Pfeffer, Szechuan-Pfeffer
Chinese quince *Chaenomeles speciosa*	Chinesische Quitte, Chinesische Scheinquitte
Chinese spinach, Chinese amaranth, amaranthus spinach, Joseph's coat, tampala *Amaranthus tricolor*	Dreifarbiger Fuchsschwanz, Chinesischer Salat, Papageienkraut, Gemüseamarant
Chinese sturgeon *Acipenser sinensis*	Chinesischer Stör
Chinese tallow tree (stillingia oil) *Sapium sebiferum*	Chinesischer Talgbaum (Stillingiaöl/Stillingiatalg)

Chinese truffle, Chinese black truffle, black winter truffle *Tuber indicum*	Schwarze Trüffel, China-Trüffel
Chinese water chestnut *Eleocharis dulcis*	Chinesische Wassernuss
Chinese yam *Dioscorea polystachya, Dioscorea batatas, Dioscorea opposita*	Brotwurzel, Chinesischer Yams
chinook salmon FAO, chinook, king salmon *Oncorhynchus tschawytcha*	Königslachs, Quinnat
chips	Chips; UK Pommes Frites
chives *Allium schoenoprasum*	Schnittlauch
➢ **Chinese chives, garlic chives (oriental garlic, Chinese leeks)** *Allium tuberosum*	Chinesischer Schnittlauch, Schnittknoblauch, Chinalauch
➢ **Siberian chives** *Allium ramosum*	Duftlauch, Chinesischer Lauch
chocolate	Schokolade
➢ **bittersweet chocolate (50–70% cocoa solids)**	Zartbitterschokolade
➢ **compound chocolate**	Compound-Schokolade (mit Fremdfett)
➢ **dark chocolate, plain chocolate (up to 95% cocoa solids)**	Bitterschokolade
➢ **drinking chocolate, chocolate powder (cocoa powder with sugar)**	Trinkschokolade (Kakaopulver mit Zucker)
➢ **extra fine dark chocolate**	Edelbitterschokolade
➢ **hot chocolate, hot cocoa**	heiße Schokolade, Kakao, heißer Kakao
➢ **milk chocolate (10–30% cocoa solids)**	Milchschokolade
chocolate frosting/icing	Schokoladenguss, Schokoladenglasur
chocolate glazing, glazing chocolate, couverture	Schokoladenüberzugsmasse, Kuvertüre, Couvertüre, Cuvertüre
chocolate sprinkles, chocolate vermicelli	Schokoladenstreusel
chocolate-hazelnut spread	Nuss-Nougat-Creme, Nugatcreme, Nougatcreme
chocolates, fine chocolates, pralines	Pralinen
chop, cutlet	Kotelett
➢ **pork chop**	Schweinekotelett
choux pastry dough	Brandteig
chrysanthemum, tangho, Japanese greens *Chrysanthemum coronarium*	Chrysanthemum, Speise-Chrysantheme, Salatchrysantheme, Salat-Chrysantheme
chub *Leuciscus cephalus*	Döbel, Aitel
chub mackerel FAO, Spanish mackerel, Pacific mackerel *Scomber japonicus, Scomber colias*	Kolios, Thunmakrele, Mittelmeermakrele, Spanische Makrele

chufa, tigernut, earth almond, ground almond *Cyperus esculentus*	Erdmandel, Chufa, Tigernuss
chulupa, sweet calabash *Passiflora maliformis*	Chulupa
chum salmon *Oncorhynchus keta*	Keta-Lachs, Ketalachs, Hundslachs, Chum-Lachs
chupa-chupa, sapote amarillo, South American sapote *Matisia cordata*	Chupachupa, Südamerikanische Sapot Kolumbianische Sapote
cicadas	Zikaden
cicely ➢ sweet cicely, sweet chervil, garden myrrh *Myrrhis odorata*	Süßdolde, Myrrhenkerbel
cichlid ➢ buffalohead cichlid *Steatocranus casuarius*	Buckelkopf-Buntbarsch
cider US, sweet cider, sweet apple cider (freshly pressed apple juice)	Süßmost (frisch gepresster Apfel- und/oder Birnensaft)
➢ hard cider	Apfelwein (Ebbelwoi)
➢ pear cider, pear wine	Birnenwein
cilantro, coriander leaf, Mexican parsley *Coriandrum sativum*	Koriander; Indische Petersilie
cinnamon, Ceylon cinnamon *Cinnamomum verum*	Zimt, echter Zimt, Ceylonzimt
➢ Chinese cinnamon, Chinese cassia, cassia bark *Cinnamomum aromaticum,* *Cinnamomum cassia*	Kassiazimt, Chinesischer Zimt, China-Zimt (Zimtkassie, Kassie, Cassia)
➢ Indian cassia, Indian bay leaf, cinnamon leaves *Cinnamomum tamala*	Malabarzimt, Zimtblätter, Indischer Lorbeer, Tejpat
➢ Indonesian cinnamon, Indonesian cassia, Korintji cinnnamon, padang cassia *Cinnamomum burmanii*	Indonesischer Zimt, Padang-Zimt, Bataviazimt
➢ Vietnamese cinnamon, Saigon cinnamon *Cinnamomum loureirii*	Saigon-Zimt
cinnamon quill	Zimtröhre
citron *Citrus medica*	Zitronatzitrone
clams	Muscheln; (mussels) Miesmuscheln
➢ Alaskan butterclam, Washington clam, smooth Washington clam *Saxidomus gigantea*	Alaska-Buttermuschel
➢ American jack knife clam *Ensis directus*	Amerikanische Schwertmuschel

➤ **bittersweets,** **bittersweet clams US, dog cockles** Glycymeridae, Glycymerididae	Samtmuscheln
➤ **California butterclam,** **butternut clam** *Saxidomus nuttalli*	Kalifornische Buttermuschel
➤ **gaper clams** Myidae	Klaffmuscheln
➤ **Japanese clam, Manila clam,** **Manila hardshell clam,** **Japanese littleneck,** **short-necked clam** *Ruditapes philippinarum,* *Tapes philippinarum, Tapes japonica,* *Venerupis philippinarum*	Japanische Teichmuschel, Japanische Teppichmuschel
➤ **Japanese hard clam** *Meretrix lusoria*	Japanische Venusmuschel, Hamaguri
➤ **Mediterranean jack knife clam** *Ensis minor*	Gerade Mittelmeer-Schwertmuschel
➤ **quahog, northern quahog,** **(hard clam/bearded clam/** **round clam/chowder clam)** *Mercenaria mercenaria*	Nördliche Quahog-Muschel
➤ **soft-shelled clam, softshell clam,** **large-neck clam,** **sand gaper, steamer** *Mya arenaria, Arenomya arenaria*	Sandmuschel, Sandklaffmuschel, Strandauster, Große Sandklaffmuschel
➤ **steamer clam, steamers,** **littleneck (also used for** **small-sized** *Mercenaria mercenaria*), **native littleneck,** **common littleneck,** **Pacific littleneck clam** *Prototha staminea*	Pazifischer ‚Steamer' (eine Venusmuschel)
➤ **truncated wedge clam,** **truncate donax** *Donax trunculus*	Gestutzte Dreiecksmuschel, Sägezahnmuschel, Mittelmeer-Dreiecksmuschel
clary sage *Salvia sclarea*	Muskatellersalbei, Muskateller-Salbei
clawed lobsters Nephropidae	Hummer
climbing bean, pole bean *Phaseolus vulgaris* (Vulgaris Group)	Kletterbohne, Stangenbohne
clotted cream UK, **Devonshire cream (55%)**	Dickrahm
cloud ear fungus, Chinese fungus, **Szechwan fungus,** **black jelly mushroom,** **small mouse ear, hei mu er** *Auricularia auricula-judae*	Chinesisches Holzohr, Ohrpilz, Ohrlappenpilz
cloudberry *Rubus chamaemorus*	Moltebeere, Multbeere, arktische Brombeere
clover honey	Kleehonig

cloves (*e.g.*, of garlic)	Zehen (Knoblauch)
cloves, clove buds	Gewürznelke
Syzygium aromaticum	
club, cluster wheat,	Zwergweizen, Buckelweizen, Igelweize▮
dwarf wheat	
Triticum aestivum ssp. *compactum*	
club soda, soda water	Selterswasser, Sodawasser, Sprudel
	(mit CO_2 versetzt)
cluster bean, guar	Guarbohne, Büschelbohne
Cyamopsis tetragonoloba	
➤ **twisted cluster bean ('stink bean'),**	Petaibohne, Peteh-Bohne, Satorbohne
petai, peteh	
Parkia speciosa	
cluster fig	Traubenfeige
Ficus racemosa	
clustered mushroom	Brauner Kompost-Egerling,
Agaricus vaporarius	Kompost-Champignon
coagulating agent, coagulator	Gerinnungsmittel, Koagulierungsmitte▮
coagulation	Gerinnung, Koagulation
coating	Überzug, Glasur
➤ **fat-based coating**	Fettglasur
cobia (prodigal son)	Königsbarsch, Cobia, Offiziersbarsch
Rachycentron canadum	
cobnut, filbert, European filbert,	Haselnuss
hazelnut	
Corylus avellana	
cock, rooster	Hahn
cockle	Herzmuschel
Acanthocardia ssp.	
➤ **blood cockle, Malaysian cockle,**	Rotfleischige Archenmuschel
granular ark	
Anadara granosa	
➤ **common cockle,**	Essbare Herzmuschel,
common European cockle,	Gemeine Herzmuschel
edible cockle	
Cardium edule, Cerastoderma edule	
➤ **dog cockle, bittersweet,**	Samtmuschel, Gemeine Samtmuschel,
orbicular ark (comb-shell)	Archenkammmuschel, Mandelmusch▮
Glycymeris glycymeris	Meermandel, Englisches Pastetchen
➤ **mangrove cockle**	Riesenarchenmuschel
Anadara grandis	
➤ **oxheart cockle, heart shell**	Ochsenherz
Glossus humanus	
cock's comb oyster*	Hahnenkammauster
Ostrea crestata	
cockscomb (quail grass,	Hahnenkamm
Lagos spinach, sokoyokoto,	
soko, celosia)	
Celosia argentea (var. *cristata*)	
cocktail kiwi, baby kiwi, kiwi berry,	Mini-Kiwi, Kiwibeere,
kiwi-grapes (tara vine)	Japanische Stachelbeere, Kiwai
Actinidia arguta	

cocoa, cacao (*see also there*)	Kakao
Theobroma cacao	
➤ **tiger cacao, macambo**	Macambo
Theobroma bicolor	
cocoa bean, cacao bean	Kakaobohne
Theobroma cacao	
cocoa drink, chocolate drink	Kakaotrunk
cocoa mass, cocoa liquor,	Kakaomasse
cholocate liquor, pâte	
(finely ground nibs)	
cocoa nibs, cacao nibs	Kakaosplitter, Kakaonibs
(cotyledons)	(Kotyledonen/Keimblätter)
cocoa pod, cacao pod	Kakaoschote
	(eigentlich eine Trockenbeere)
cocoa powder	Kakaopulver, Schokoladenpulver
cocona, tomato peach,	Orinoco-Apfel, Pfirsichtomate,
Orinoco apple, topiro	Cocona, Topira
Solanum sessiliflorum	
coconut *Cocos nucifera*	Kokosnuss
➤ **grated coconut**	Kokosraspeln
➤ **king coconut**	Königskokosnuss, Trinkkokosnuss
Cocos nucifera var. *aurantiaca*	
coconut butter	Kokosbutter, Kokosfett
coconut milk	Kokosmilch
(squeezed from endosperm)	
coconut water	Kokoswasser
coco-plum	Goldpflaume, Icacopflaume,
Chrysobalanus icaco	Ikakopflaume
cocoyam, dasheen, taro, eddo	Taro, Kolokasie, Zehrwurz;
Colocasia esculenta var. *antiquorum*	(Stängelgemüse: Galadium)
cod, Atlantic cod (young: codling)	Kabeljau (Ostsee/Jungform: Dorsch)
Gadus morhua	
➤ **Greenland cod**	Grönland-Kabeljau, Grönland-Dorsch,
Gadus ogac	Fjord-Dorsch
➤ **lingcod**	Langer Grünling, Langer Terpug,
Ophiodon elongatus	Lengdorsch
➤ **New Zealand blue cod**	Neuseeland-Flussbarsch,
Parapercis colias	Neuseeland-‚Blaubarsch', Sandbarsch
➤ **Pacific cod FAO,**	Pazifik-Dorsch,
gray cod, grayfish	Pazifischer Kabeljau
Gadus macrocephalus	
➤ **polar cod FAO/UK,**	Polardorsch
Arctic cod US/Canada	
Boreogadus saida	
cod-liver oil	Lebertran (Fisch-/Dorschleberöl)
coffee *Coffea* spp.	Kaffee; Bohnenkaffee
➤ **acorn coffee**	Eichelkaffee
➤ **Arabian coffee, arabica coffee**	Bergkaffee, Arabica-Kaffee
Coffea arabica	
➤ **grain coffee**	Getreidekaffee
➤ **Liberian coffee, Abeokuta coffee**	Liberiakaffee
Coffea liberica	

➢ **malt coffee**	Malzkaffee
➢ **robusta coffee, Congo coffee**	Robustakaffee
Coffea canephora	
coffee substitute	Kaffee-Ersatz
coffee whitener, creamer	Kaffeeweißer
(dairy/nondairy)	
coho salmon FAO, silver salmon	Coho-Lachs, Silberlachs
Oncorhynchus kisutch	
cola, cola nut, kola, kola nut,	Cola, Colanuss, Bittere Kolanuss
bitter cola	
Cola nitida and other *Cola* spp.	
cola beverages,	Colagetränke
cola drinks, cola pops	
cold cuts	Aufschnitt (Wurst und Fleisch)
cold drinks,	Erfrischungsgetränke
refreshments, soft drinks	
cold-fermenting yeast	Kaltgärhefe
coleslaw	Krautsalat
coley, coalfish,	Köhler, Seelachs, Blaufisch
saithe FAO,	
pollock, Atlantic pollock	
Pollachius virens	
colico crayfish,	Kalikokrebs
papershell crayfish	
Orconectes immunis	
collard brawn	Schwartenmagen, Fleischmagen
collards, kale, borecole	Blattkohl
Brassica oleracea (Viridis Group)	
coltsfoot *Tussilago farfara*	Huflattich
colza, canola,	Ölraps
Canadian oilseed	
Brassica napus (Napus Group)	
➢ **yellow sarson, Indian colza**	Sarson, Gelbsarson, Indischer Kolza
Brassica rapa (Trilocularis Group)	
comb honey	Scheibenhonig, Wabenhonig
comber *Serranus cabrilla*	Sägebarsch,
	Längsgestreifter Schriftbarsch,
	Ziegenbarsch
combtail	
➢ **Ceylonese combtail**	Ceylonmakropode
Belontia signata	
➢ **Java combtail**	Wabenschwanz-Gurami,
Belontia hasselti	Wabenschwanz-Makropode
common blueberry, bilberry,	Heidelbeere, Blaubeere
whortleberry	
Vaccinium myrtillus	
common bream,	Blei, Brachsen, Brassen, Brasse
freshwater bream,	
carp bream FAO	
Abramis brama	

common cockle,
  common European cockle,
  edible cockle
  Cardium edule, Cerastoderma edule
	Essbare Herzmuschel,
	  Gemeine Herzmuschel

common crabgrass,
  hairy crabgrass, fingergrass
  Digitaria sanguinalis
	Bluthirse, Blut-Fingerhirse

common lobster,
  European clawed lobster,
  Maine lobster
  Homarus gammarus
	Hummer, Europäischer Hummer

common oyster, flat oyster,
  European flat oyster
  Ostrea edulis
	Europäische Auster, Gemeine Auster

common prawn
  Palaemon serratus, Leander serratus
	Große Felsgarnele, Felsengarnele,
	  Sägegarnele, Seegarnele

common rue *Ruta graveolens*	Raute, Weinraute

common sea bream, red porgy,
  Couch's seabream,
  common seabream FAO
  Pagrus pagrus, Sparus pagrus pagrus,
  Pagrus vulgaris
	Sackbrasse(n),
	  Gemeine(r) Seebrasse(n)

common skate,
  common European skate,
  grey skate, blue skate, skate FAO
  Raja batis, Dipturus batis
	Europäischer Glattrochen,
	  Spiegelrochen

common sole (Dover sole),
  English sole
  Solea vulgaris, Solea solea
	Seezunge, Gemeine Seezunge

common spider crab,
  thorn-back spider crab
  Maja squinado, Maia squinado
	Teufelskrabbe, Große Seespinne

common spiny dogfish,
  spotted spiny dogfish,
  picked dogfish, spurdog,
  piked dogfish FAO
  Squalus acanthias, Acanthias vulgaris
	Dornhai, Gemeiner Dornhai,
	  Gefleckter Dornhai

common sturgeon IUCN,
  sturgeon FAO, Atlantic sturgeon,
  European sturgeon
  Acipenser sturio
	Stör, Baltischer Stör, Ostsee-Stör

common whelk,
  edible European whelk,
  waved whelk, buckie,
  common northern whelk
  Buccinum undatum
	Wellhornschnecke,
	  Gemeine Wellhornschnecke

common wormwood *Artemisia absinthum*	Wermut
complex salt	Komplexsalz
compote	Kompott
concentrate	Konzentrat

conch (*pronounced:* **conk**)	Fechterschnecke, Flügelschnecke
➢ **queen conch, pink conch**	Riesen-Fechterschnecke,
Strombus gigas	Riesen-Flügelschnecke
condensed milk	Kondensmilch
condiment, condiment sauce	Würzsauce, Würzsoße
conducting salt	Leitsalz
cone wheat, poulard wheat,	Englischer Weizen, Rauweizen,
rivet wheat, turgid wheat	Rau-Weizen, Wilder Emmer
Triticum turgidum ssp. *turgicum*	
conehead thyme,	Kopfiger Thymian
hop-headed thyme,	
Persian hyssop, Spanish oregano	
Thymbra capitata,	
Coridothymus capitatus	
(Thymus capitatus)	
coney	Karibik-Juwelenbarsch
Cephalopholis fulva	
confection, confectionery	Konfekt
➢ **ice confection,**	Eiskonfekt
ice confectionery, ice cups	
conger eel, European conger FAO	Meeraal, Gemeiner Meeraal,
Conger conger	Seeaal, Congeraal
conic morel	Spitzmorchel
Morchella elata, Morchella conica	
conifer tuft	Rauchblättriger Schwefelkopf,
Hypholoma capnoides	Graublättriger Schwefelkopf
contraction (syneresis)	Schrumpfung (Synärese)
control point(s)	Kontrollpunkt(e)
	(Lebensmittelkontrolle)
➢ **critical control point (CCP)**	kritischer Kontrollpunkt
➢ **critical threshold (point)**	kritischer Grenzwert
➢ **Good Manufacturing Practice**	Gute Industriepraxis,
(GMP)	Gute Herstellungspraxis (GHP)
	(Produktqualität)
➢ **hazard analysis and**	Gefährdungsanalyse und kritische
critical control points (HACCP)	Lenkungspunkte, Gefährdungsanalyse
[*pronounced:* hassip]	und kritische Kontrollpunkte
➢ **hygienic control point (HCP)**	Hygiene-Kontrollpunkt (HKP)
cooked sausage	Kochwurst
cooked-meat broth	Kochfleischbouillon, Fleischbrühe
cookie US (biscuit UK)	Keks, Plätzchen (Hartkeks)
cooking banana, plantain	Kochbanane, Mehlbanane
Musa x *paradisiaca* cv.	
cooking oil, edible oil	Speiseöl
cooking spray,	Antihaftspray
vegetable cooking spray	
(for 'greasing' pans/trays *etc.*)	
cooped chicken	Stallhuhn (Stallhühner)
cooperage	Fässer
copal, jatoba, Brazilian cherry	Curbaril, Jatoba, Antillen-Johannisbro
Hymenaea courbaril	Brasilianischer Heuschreckenbaum

copra	Kopra
coquito nuts	Coquitos
Jubaea chilensis	
coracan, finger millet, red millet,	Fingerhirse, Ragihirse
South Indian millet	
Eleusine coracana	
coral, roe	Corail (Rogen von Hummer u.a.,
(of lobster, scallop a.o.)	Jakobsmuscheln)
coral hind FAO,	Juwelenbarsch, Juwelen-Zackenbarsch,
blue-spotted rockcod,	Erdbeergrouper
coral trout	
Cephalopholis miniata	
corazon, bullock's heart,	Netzannone, Netzapfel, Ochsenherz
custard apple	
Annona reticulata	
corb US/UK, shi drum FAO,	Bartumber, Schattenfisch,
sea crow US, gurbell US,	Umberfisch, Umber
croaker	
Umbrina cirrosa, Sciaena cirrosa	
cordial (fruit beverage	Fruchtsaftgetränk
with fruit flavoring)	(mit Fruchtgeschmack)
coriander	Koriander
➢ **coriander leaf, cilantro,**	Koriander;
Mexican parsley	Indische Petersilie
Coriandrum sativum	
➢ **long coriander leaf,**	Culantro, Langer Koriander,
Mexican coriander, culantro,	Mexikanischer Koriander,
recao leaf, fitweed, shado beni,	Europagras, Pakchi Farang
sawtooth herb, Thai parsley	
Eryngium foetidum	
➢ **Vietnamese coriander,**	Rau Ram,
laksa, rau lam	Vietnamesischer Koriander
Persicaria odorata	
Corinthian grape, 'currants'	Korinthen
Vitis vinifera 'Sultana'	
cork taint	Korkgeschmack
corn (UK maize)	Mais
Zea mays	
➢ **dent corn US; dent maize UK**	Zahnmais
Zea mays spp. *mays*	
(Indentata Group)/convar. *dentiformis*	
➢ **flint corn US; flint maize UK**	Hartmais, Hornmais
Zea mays spp. *mays*	
(Indurata Group)/convar. *vulgaris*	
➢ **popcorn US; popping corn,**	Puffmais, Knallmais, Flockenmais
popping maize UK	
Zea mays spp. *mays* (Everta Group)/	
convar. *microsperma*	
➢ **soft corn, flour corn US;**	Weichmais, Stärkemais
soft maize, flour maize UK	
Zea mays spp. *mays*	
(Amylacea Group)	

> **sweet corn, yellow corn US;**   Zuckermais, Süßmais, Speisemais,
> **sweet maize UK**   Gemüsemais
> *Zea mays* spp. *mays*
> (Saccharata Group) var. *rugosa*
> **waxy corn US; waxy maize,**   Wachsmais
> **glutinous maize UK**
> *Zea mays* var. *ceratina*

corn flour (US corn starch)   Maismehl
corn gluten   Maisgluten, Maiskleber
corn grits, hominy grits   Maisgrütze, Maisgrieß
corn kernels   Körnermais
corn meal, polenta   Maisbrei, Polenta
corn on the cob   Maiskolben
corn parsley,   Ridolfie, Falscher Fenchel
    false fennel, false caraway
Ridolfia segetum
corn salad, cornsalad, lamb's lettuce   Feldsalat, Rapunzel, Ackersalat
Valerianella locusta
corn starch   Maisstärke
corn syrup   Maissirup
corned beef   Cornedbeef (gepökeltes Rindfleisch)
Cornelian cherry   Kornelkirsche, Herlitze
Cornus mas
cornflakes   Maisflocken
cornichon, gherkin,   Cornichon, Pariser Trauben-Gurke
    pickling cucumber,
    small-fruited cucumber
Cucumis sativus (Gherkin Group)
cos lettuce, romaine lettuce   Römischer Salat, Romana-Salat,
Lactuca sativa (Longifolia Group)   Bindesalat
Costa Rican guava   Costa-Rica-Guave
Psidium friedrichsthalianum
costmary, alecost,   Balsamkraut, Frauenminze,
    mint geranium, bible leaf   Marienkraut, Marienblatt
Tanacetum balsamita,
Chrysanthemum balsamita
cottage cheese   Hüttenkäse
cotton candy   Zuckerwatte
coula, Gabon nut, African walnut   Coula-Nuss, Gabon-Nuss
Coula edulis
cow's milk, bovine milk   Kuhmilch
cowberry, foxberry, lingonberry   Preiselbeere, Kronsbeere
Vaccinium vitis-idaea
cowpea, black-eyed bean,   Augenbohne, Chinabohne, Kuhbohne,
    black-eyed pea, black-eye bean   Kuherbse
Vigna unguiculata ssp. *unguiculata*
> **zombi pea, wild mung,**   Zombi-Bohne, Wilde Mungbohne
> **wild cowpea**
> *Vigna vexillata*
coyo avocado, coyo   Coyo-Avocado
Persea schiedeana

coypu, nutria	Nutria, Sumpfbiber
Myocastor coypus	
crabs	Krabben, Krebse
➤ **blue crab,**	Blaukrabbe, Blaue Schwimmkrabbe
Chesapeake Bay swimming crab	
Callinectes sapidus	
➤ **Californian sheep crab**	Kalifornische Schafskrabbe
Loxorhynchus grandis	
➤ **red crab, pelagic red crab**	Pazifischer Scheinhummer,
Pleuroncodes planipes	Kalifornischer Langostino
➤ **red crab, red deepsea crab**	Rote Tiefseekrabbe
Chaceon maritae	
➤ **red crab,**	Westliche Rote Tiefseekrabbe
West African geryonid crab	
Chaceon quinquedens	
crab apple	Holzapfel, Wildapfel
Malus sylvestris	
➤ **Asian wild crab apple,**	Kirschapfel, Beerenapfel
Siberian crab apple,	
cherry apple	
Malus baccata	
➤ **sweet crab apple**	Süßer Wildapfel, Kronenapfel
Malus coronaria	
➤ **Indian crab apple, false quince**	Indischer Crabapfel
Docynia indica	
crabgrass, common crabgrass,	Bluthirse, Blut-Fingerhirse
hairy crabgrass, fingergrass	
Digitaria sanguinalis	
cracker(s)	Kräcker (salziger Keks/
	ungesüßtes keksartiges Kleingebäck),
	Plätzchen, Keks (gewöhnlich salzig)
➤ **water cracker, water biscuit**	Kräcker (Plätzchen/Keks)
	ohne Salz und Zucker
crackling(s)	ausgelassenes knusprig-
(pork: crispy fatty tissue/skin)	gebackenes Fettgewebe/Haut (Schwein)
cranberry	Moosbeere, Kranbeere
➤ **Hawaiian cranberry, ohelo**	Hawaiianische Kranichbeere,
Vaccinium reticulatum	Ohelo-Beere
➤ **large cranberry**	Großfrüchtige Moosbeere,
Vaccinium macrocarpon	Große Moosbeere, Kranichbeere,
	Amerikanische Moosbeere, Kranbeere
➤ **small cranberry,**	gewöhnliche Moosbeere
European cranberry, mossberry	
Vaccinium oxycoccus	
➤ **strawberry myrtle,**	Chilenische Guave, Murtilla
Chilean guava, murtilla,	
(called cranberry in New Zealand)	
Ugni molinae	
crappie ➤ black crappie	Schwarzer Crappie, Silberbarsch
Pomoxis nigromaculatus,	
Centrarchus hexacanthus	

crawfish, common crawfish UK, European spiny lobster, spiny lobster, langouste *Palinurus elephas*	Europäische Languste, Stachelhummer
➢ **ornate spiny crawfish** *Panulirus ornatus*	Ornatlanguste
➢ **royal spiny crawfish** *Panulirus regius*	Grüne Languste, Königslanguste
crayfish, river crayfish *Astacidae*	Flusskrebse
➢ **Australian crayfish** *Euastacus serratus*	Australischer Flusskrebs, Australischer Tafelkrebs
➢ **colico crayfish, papershell crayfish** *Orconectes immunis*	Kalikokrebs
➢ **long-clawed crayfish** *Astacus leptodactylus*	Tafelkrebs, Galizierkrebs, Galizischer Sumpfkrebs, Galizier, Sumpfkrebs
➢ **Louisiana red crayfish, red swamp crayfish, Louisiana swamp crayfish, red crayfish** *Procambarus clarkii*	Louisiana-Sumpfkrebs, Louisiana-Flusskrebs, Louisiana-Sumpf-Flusskrebs, Roter Sumpfkrebs
➢ **noble crayfish** *Astacus astacus*	Edelkrebs
➢ **spinycheek crayfish, American crayfish, American river crayfish, striped crayfish** *Orconectes limosus, Cambarus affinis*	Amerikanischer Flusskrebs, Kamberkrebs, ‚Suppenkrebs'
➢ **stone crayfish, torrent crayfish** *Astacus torrentium, Austropotamobius torrentium, Potamobius torrentium*	Steinkrebs
cream general	Rahm, Sahne
➢ **clotted cream, Devonshire cream (55%) UK**	Dickrahm
➢ **coffee cream (18–30%)**	Kaffeesahne (10–20%)
➢ **double cream (> 48%) UK**	Doppelrahm
➢ **half cream (> 12%) UK**	leichte Sahne
➢ **half-and-half US (cream + whole milk, 10.5–18%)**	leichte Sahne
➢ **heavy cream (> 36%) US**	Schlagsahne (>30% Fett), Doppelrahm
➢ **ice cream, ice-cream**	Eiskreme
➢ **light cream (18–30%) US**	Sahne
➢ **single cream**	Sahne (>18% Fett)
➢ **sour cream (> 18%) (cultured cream)**	saure Sahne, Sauerrahm (>10% Fett), Schmand (24–30%)
➢ **sweet cream**	süße Sahne
➢ **whipping cream (> 35%) UK**	Schlagsahne (>30% Fett)
➢ **light whipping cream (30–36%)**	Schlagsahne (>30% Fett)
cream cake	Sahnetorte
cream cheese	Frischkäse

cream liqueur	Cremelikör, Kremlikör
creamer, coffee whitener (dairy/nondairy)	Kaffeeweißer
creeping fig, climbing fig *Ficus pumila*	Kletterfeige
creme fraîche	Creme fraîche (leicht gesäuert >30%)
cress	Kresse
➤ **Brazilian cress, pará cress** *Acmella oleracea, Spilanthes acmella*	Parakresse
➤ **brown watercress** *Nasturtium x sterile*	Bastard-Brunnenkresse
➤ **garden cress** *Lepidium sativum*	Gartenkresse
➤ **Indian cress, nasturtium, garden nasturtium** *Tropaeolum majus*	Kapuzinerkresse
➤ **spoon cress, scurvy grass, spoonwort** *Cochlearia officinalis*	Löffelkresse, Löffelkraut, Echtes Löffelkraut
➤ **upland cress, land cress, Normandy cress, early wintercress, scurvy cress** *Barbarea verna*	Barbarakraut, Frühlings-Barbarakraut, Winterkresse
➤ **watercress** *Nasturtium officinale*	Brunnenkresse
crested oyster *Ostrea equestris*	Atlantische Kammauster*
Cretan oregano, Crete oregano, dittany of Crete *Origanum dictamnus*	Diptamdost, Kretischer Oregano, Kretischer Diptam
crevalle jack FAO, Samson fish *Caranx hippos*	Caballa, Pferdemakrele, Pferde-Makrele, Pferde-Stachelmakrele
crickets	Grillen
criolla lettuce, Italian lettuce, Latin lettuce *Lactuca sativa* (Secalina Group)	Eichblattsalat, Eichlaubsalat, Pflücksalat
crisp lettuce, crisphead lettuce, iceberg lettuce *Lactuca sativa var. capitata* (Crisphead Type)	Eissalat, Krachsalat
crisps UK	Chips
critical control point (CCP)	kritischer Kontrollpunkt
critical threshold (point)	kritischer Grenzwert
croaker, corb US/UK, shi drum FAO, sea crow US, gurbell US *Umbrina cirrosa, Sciaena cirrosa*	Bartumber, Schattenfisch, Umberfisch, Umber
➤ **Atlantic croaker** *Micropogonias undulatus*	Atlantischer Umberfisch
➤ **spot, spot croaker** *Leiostomus xanthurus*	Punkt-Umberfisch, Zebra-Umberfisch

Croatian Micromeria	Kroatische Felsenlippe
Micromeria croatica	
croissant	Hörnchen
crookneck squash	Tripoliskürbis, Drehhalskürbis,
Cucurbita pepo var. *torticollia*	Krummhalskürbis
crop plant, cultivated plant	Kulturpflanze
crouper ➤ **lyretail grouper,**	Gelbsaum Juwelenbarsch,
yellow-edged lyretail FAO,	Mondsichel-Juwelenbarsch,
lunartail rockcod,	Weinroter Zackenbarsch
moontail rockcod	
Variola louti	
crouton	Croûton (gerösteter Weißbrotwürfel)
crowberry, curlewberry	Krähenbeere
Empetrum nigrum	
crown meat	Kronfleisch
(beef diaphragm muscle: *Bavarian***)**	(Rind: Pars muscularis des Zwerchfells
Crucian carp	Karausche
Carassius carassius	
crude fiber	Rohfaser
crude product	Rohprodukt (unaufgereinigt)
crumb (the soft part of bread)	Brotkrume, Krume
crumb cake, streusel-crumb cake	Streuselkuchen
crummock, skirret	Zuckerwurzel, Zuckerwurz
Sium sisarum	
crystal water, water of crystallization	Kristallwasser
Cuban oregano,	Kubanischer Oregano,
Indian borage, Mexican mint	Indischer Borretsch,
(soup mint, Indian mint)	Jamaikathymian, Jamaika-Thymian
Plectranthus amboinicus	(Suppenminze)
cuckoo ray FAO, butterfly skate	Kuckucksrochen
Raja naevus	
cuckoo wrasse	Kuckuckslippfisch
Labrus bimaculatus, Labrus mixtus	
cucumber, gherkin	Gurke, Salatgurke
Cucumis sativus	
culantro, recao leaf, fitweed,	Culantro, Langer Koriander,
shado beni, long coriander leaf,	Mexikanischer Koriander,
sawtooth herb, Thai parsley,	Europagras, Pakchi Farang
Mexican coriander	
Eryngium foetidum	
culilawan	Culilawan-Zimt, Lavangzimt
Cinnamomum culilawan	
cumin	Kreuzkümmel, Mutterkümmel,
Cuminum cyminum	Römischer Kümmel
➤ **black cumin, 'fennel flower'**	Schwarzkümmel
Nigella sativa	
➤ **black cumin, black caraway,**	Schwarzer Kreuzkümmel
Kashmiri cumin, royal cumin,	
kala jeera, shah jeera	
Bunium persicum	

> **royal cumin, ajowan,**
>   **ajowan caraway, ajwain,**
>   **carom seeds, bishop's weed**
>   *Trachyspermum ammi,*
>   *Trachyspermum copticum*

Ajowan, Ajwain, Königskümmel,
  Indischer Kümmel

cupuassu
  Theobroma grandiflorum

Capuaçú

curd

geronnene Milch; (pieces/particles)
  Bruch (Käsemasse/Milchgerinnsel:
  Bruchkörner/Stücke/Brocken)

curdle, coagulate

gerinnen, koagulieren

cured cheese, aged cheese,
  ripened cheese (after ripening)

gereifter Käse

curing salt

Pökelsalz

curled lettuce,
  cut lettuce, leaf lettuce,
  loose-leafed lettuce,
  crisphead lettuce
  (incl. oak leaf lettuce,
  lollo rosso etc.)
  Lactuca sativa (Crispa Group)

Schnittsalat, Pflücksalat
  (inkl. Eichenblattsalat, Lollo Rosso etc.)

curled mallow
  Malva verticillata 'Crispa'

Quirlmalve, Krause Malve,
  Gemüsemalve, Krause Gemüsemalve

curlewberry, crowberry
  Empetrum nigrum

Krähenbeere

curly kale, curly kitchen kale,
  Portuguese kale, Scotch kale
  Brassica oleracea (Sabellica Group)

Grünkohl, Braunkohl, Krauskohl

curly spearmint, garden mint
  Mentha spicata var. *crispa*

Krauseminze

curly-leaf mustard, curled mustard,
  curly-leaved mustard
  Brassica juncea ssp. *integrifolia*
  (Crispifolia Group)

Kräuselblättriger Senf,
  Krausblättriger Senf

currant > **American black currant**
  Ribes americanum

Kanadische Johannisbeere

> **black currant**
>   *Ribes nigrum*

Schwarze Johannisbeere

> **buffalo currant, golden currant,**
>   **clove currant**
>   *Ribes aureum, Ribes odoratum*

Wohlriechende Johannisbeere,
  Goldjohannisbeere

> **red currant**
>   *Ribes rubrum*

Rote Johannisbeere

currant tomato
  Solanum lycopersicum
  (Pimpinellifolium Group)

Johannisbeer-Tomate

currants, Corinthian raisins
  Vitis vinifera apyrena

Korinthen

curry leaves
  Murraya koenigii

Curryblätter

curry plant
  Helichrysum italicum ssp. *serotinum*

Currystrauch, Currykraut

curuba, banana passion fruit	Curuba, Bananen-Passionsfrucht
Passiflora mollissima	
cushaw, ayote	Ayote
Cucurbita argyrosperma,	
Cucurbita mixta	
cushcush, cush-cush yam,	Cush-Cush Yams
yampi, yampee	
Dioscorea trifida	
cusk, torsk (European cusk),	Brosme, Lumb
tusk FAO	
Brosme brosme	
custard, egg custard	Eierpudding, Eier-Creme,
	(Vanille)Pudding aus Milch und Eier
custard apples	Annonen
Annona spp.	
custard apple, cherimoya	Cherimoya
Annona cherimola	
➤ **bullock's heart, corazon**	Netzannone, Netzapfel, Ochsenherz
Annona reticulata	
➤ **wild custard apple, wild soursop**	Afrikanischer Sauersack
Annona senegalensis	
cutlet, escalope, snitzl, schnitzel	Schnitzel
(veal/pork)	
cutthroat trout *Salmo clarki*	Purpurforelle
cuttlefish	Tintenfisch, Sepia, Sepie
	(*siehe auch:* squid)
➤ **Atlantic cuttlefish, little cuttlefish,**	Atlantische Sepiole
Atlantic bobtail squid FAO	
Sepiola atlantica	
➤ **common cuttlefish**	Gemeiner Tintenfisch,
Sepia officinalis	Gemeine Tintenschnecke,
	Gemeine Sepie
➤ **Mediterranean dwarf cuttlefish,**	Mittelmeer-Sepiole, Zwerg-Sepia,
lesser cuttlefish,	Zwergtintenfisch, Kleine Sprutte
dwarf bobtail squid FAO	
Sepiola rondeleti	

dab, common dab *Limanda limanda*	Kliesche (Scharbe)
➤ **long rough dab,** **American plaice, plaice US** *Hippoglossoides platessoides*	Raue Scholle, Raue Scharbe, Doggerscharbe
dabberlocks, badderlocks, **honeyware, henware, murlin** *Alaria esculenta*	Essbarer Riementang, Sarumen
dace *Leuciscus leuciscus*	Hasel
daffodil garlic, Naples garlic, **Neapolitan garlic** *Allium neapolitanum*	Neapel-Lauch, Neapel-Zwiebel
daikon, Japanese white radish, **Chinese radish** *Raphanus sativus* (Longipinnatus Group)/ var. *longipinnatus*	Daikon-Rettich, China-Rettich, Chinaradies
dairy products	Molkereiprodukte, Milchprodukte
dairy yeast *Kluyveromyces lactis*	Molkereihefe
Dalmatian marasca cherry, **marashino cherry,** **marasco** *Prunus cerasus* var. *marasca*	Maraschino-Kirsche, Maraskakirsche, Marasche
damask rose, Persian rose *Rosa damascena*	Damaszenerrose
damson, damson plum, **bullace plum, green plum** *Prunus domestica* ssp. *insititia*	Haferpflaume, Haferschlehe, Kriechenpflaume, Krieche
dandelion *Taraxacum officinale*	Löwenzahn
Danish pastry	Plunder, Plundergebäck
Danube bream, Danubian bream, **white-eye bream FAO** *Abramis sapa*	Zobel, Weißfisch
Danube salmon, huchen *Hucho hucho*	Huchen
Danube sturgeon, **Russian sturgeon FAO, osetr** *Acipenser gueldenstaedti*	Donau-Stör, Waxdick, Osietra, Osetr
dark honey mushroom, **dark honey fungus, naratake** *Armillaria polymyces,* *Armillaria ostoyae*	Hallimasch, Dunkler Hallimasch
darkie charlie, kitefin shark FAO, **seal shark** *Dalatias licha, Scymnorhinus licha,* *Squalus licha*	Schokoladenhai, Stachelloser Dornhai
dasheen, cocoyam, taro, eddo *Colocasia esculenta* var. *antiquorum*	Taro, Kolokasie, Zehrwurz (Stängelgemüse: Galadium)

date   Dattel
    Phoenix dactylifera
➤ **red date, Chinese red date,**   Jujube, Chinesische Dattel,
    Chinese date, jujube,   Brustbeere
    Chinese jujube
    Ziziphus jujuba
date wine   Dattelwein
datemussel, common date mussel,   Seedattel, Steindattel, Meerdattel,
    European date mussel   Meeresdattel
    Lithophaga lithophaga
daun salam, Indian bay leaf,   Daun Salam, Salamblätter,
    Indonesian bay leaf   Indischer Lorbeer,
    Syzygium polyanthum,   Indonesischer Lorbeer,
    Eugenia polyantha   Indonesisches Lorbeerblatt
David peach, David's peach   Berg-Pfirsich, Davids-Pfirsich
    Prunus davidiana
deacidification   Entsäuerung
deep-fried foods   Frittüre
deep-frying oil   Frittieröl, Frittierfett, Frittürefett,
       Ausbackfett

deep-water Cape hake   Kaphecht, Kap-Seehecht
    Merluccius paradoxus
deer   *Odocoileus* spp.   Hirsche
➤ **fallow deer**   Damwild
    Dama dama
➤ **mule deer**   Maultierwild, Maultierhirsch,
    Odocoileus hemionus   Schwarzwedelhirsch
➤ **red deer, stag**   Rotwild
    Cervus elaphus
➤ **reindeer (Europe);**   Rentier, Ren (Karibu)
    caribou (North America)
    Rangifer tarandus
➤ **roe deer**   Rehwild
    Capreolus capreolus
➤ **sika deer**   Sikawild, Sikahirsch
    Cervus nippon
➤ **white-tailed deer**   Weißwedelwild, Weißwedelhirsch
    Odocoileus virginianus
deionized water   entionisiertes Wasser
delicacies   Delikatessen
delicious monster, ceriman   Fensterblatt, mexikanische ‚Ananas'
    Monstera deliciosa
demerara sugar   Demerarazucker
demineralized water   entmineralisiertes Wasser
dent corn US; dent maize UK   Zahnmais
    Zea mays spp. *mays*
    (Indentata Group)/convar. *dentiformis*
dentex, common dentex FAO   Zahnbrassen
    Dentex dentex
➤ **pink dentex**   Rosa Zahnbrassen, Buckel-Zahnbrass
    Dentex gibbosus   Dickkopfzahnbrasse

denticulate rock oyster	Gezähnte Auster
Ostrea denticulata	
deodorizing	Geruchsmaskierung, Desodorierung
desert raisin, bush tomato,	Buschtomate, Akudjura
Australian desert raisin, akudjura	
Solanum centrale	
designer foods	Designer-Lebensmittel,
	Designer-Nahrungsmittel
dessert fruit	Tafelobst
dewberry	
➤ **American dewberry**	Amerikanische Acker-Brombeere
Rubus flagellaris	
➤ **California dewberry**	Kalifornische Brombeere
Rubus ursinus	
➤ **European dewberry**	Acker-Brombeere, Kratzbeere,
Rubus caesius	Bereifte Brombeere
diabetic wine, wine for diabetics	Diabetikerwein
diamond trevally, Indian mirrorfish,	Indische Fadenmakrele
Indian threadfish FAO	
Alectis indicus	
diet, food, feed, nutrition	Kost, Essen, Speise, Nahrung, Diät
➤ **invalid's diet, food for sick people,**	Krankendiät, Krankenkost
special diet for sick people	
diet beer	Diätbier, Diabetikerbier
diet margarine (lite margarine)	Diätmargarine
dietary	Diät..., diät, die Diät betreffend
dietary fiber	Ballaststoffe (dietätisch)
dietary supplement(s),	Nahrungsergänzungsmittel/-produkte
nutritional supplements,	
food additives	
dietetics	Diätetik
digestif, after-dinner drink	Digestif, Verdauungsschnaps
Dijon mustard, brown mustard,	Brauner Senf, Indischer Senf,
Indian mustard	Sareptasenf
Brassica juncea var. *juncea*	
dika nut, bush mango	Dikanuss, Wildmango (Cay-Cay-Butter)
(dika butter,	
Gaboon/Gabon chocolate)	
Irvingia gabonensis	
dill (seeds: dillseed;	Dill (Samen: Körnerdill;
leaves/weed: dill, dillweed)	Blätter/Kraut: Blattdill/Dillspitzen)
Anethum graveolens var. *hortorum*	
dingy agaric	Grauer Ritterling
Tricholoma portentosum	
dip	Tunke
distilled spirit	Branntwein
distilled water	destilliertes Wasser
dittander *Lepidium latifolium*	Breitblättrige Kresse, Pfefferkraut
dittany of Crete, Cretan oregano,	Diptamdost, Kretischer Oregano,
Crete oregano	Kretischer Diptam
Origanum dictamnus	

dock, sour dock, garden sorrel, common sorrel *Rumex acetosa (Rumex rugosus)*	Sauerampfer, Garten-Sauerampfer
➤ **patience dock, spinach dock** *Rumex patientia*	Gartenampfer, Englischer Spinat, Ewiger Spinat, Gemüseampfer
dog cockle, bittersweet, orbicular ark (comb-shell) *Glycymeris glycymeris*	Samtmuschel, Gemeine Samtmuschel, Archenkammmuschel, Mandelmuschel, Meermandel, Englisches Pastetchen
dogfish	
➤ **common spiny dogfish, spotted spiny dogfish, picked dogfish, spurdog, piked dogfish FAO** *Squalus acanthias, Acanthias vulgaris*	Dornhai, Gemeiner Dornhai, Gefleckter Dornhai
➤ **dusky smooth-hound FAO, smooth dogfish** *Mustelus canis*	Westatlantischer Glatthai
➤ **large spotted dogfish, nurse hound, nursehound FAO, bull huss, rock salmon, rock eel** *Scyliorhinus stellaris*	Großgefleckter Katzenhai, Großer Katzenhai, Pantherhai; saumonette, rousette F
dogtooth grouper FAO, dog-toothed grouper *Epinephelus caninus*	Grauer Zackenbarsch
dolphinfish, common dolphinfish FAO, dorado, mahi-mahi *Coryphaena hippurus*	Große Goldmakrele, Gemeine Goldmakrele, Mahi Mahi
dorado *see* **dolphinfish**	
Dory, John Dory, European John Dory *Zeus faber*	Heringskönig, Petersfisch, Sankt Petersfisch
double cream UK (>48%)	Doppelrahm
double distilled water	Bidest
double salt	Doppelsalz
dough	Teig (leicht/soft 1:3; schwer/stiff 1:6–8) (*siehe auch:* batter)
➤ **base dough, pre-dough, sponge dough, sponge**	Vorteig
➤ **basic sour**	grundsauer
➤ **batter**	geschlagener dünner Eierteig
➤ **choux pastry dough**	Brandteig
➤ **filo, phyllo**	Strudelteig
➤ **full sour**	vollsauer
➤ **immature dough, unripe dough, green dough (insufficient fermentation)**	unreifer Teig
➤ **inoculum**	Impfgut
➤ **leavening agent**	Triebmittel

➤ puff dough, puff pastry dough	Blätterteig
➤ short dough, short-crust dough, shortcrust dough	Mürbeteig
➤ short sour	kurzsauer
➤ sourdough	Sauerteig
➤ sponge dough	Vorteig
➤ spontaneous sour	spontansauer
➤ starter culture	Starterkultur
➤ yeast dough	Hefeteig
dough conditioner	Teigkonditioniermittel
dough process	Teigführung
➤ sponge and dough process	indirekte Teigführung (mit Vorteig)
➤ straight dough process	direkte Teigführung
Douglas' savory, Oregon tea, yerba buena	Indianerminze
Micromeria chamissonis, Satureja douglasii	
Dover sole, English sole, common sole	Seezunge, Gemeine Seezunge
Solea solea	
➤ Pacific Dover sole	Pazifische Rotzunge, Pazifische Limande
Microstomus pacificus	
downy cherry, Nanking cherry, Korean cherry	Filzkirsche, Japanische Mandel-Kirsche, Korea-Kirsche, Nanking-Kirsche
Prunus tomentosa	
draft beers	Schankbiere (7–11% St.W.)
dragée, sugar-coated tablet	Dragée
dragon plum	Drachenpflaume
Dracontomelon vitiense	
dragonfruit, pitaya	Drachenfrucht, Pitahaya
➤ red dragonfruit, red pitahaya, red pitaya, strawberry pear	Rote Drachenfrucht, Rote Pitahaya
Hylocereus undatus and *Hylocereus costaricensis*	
➤ yellow dragonfruit, yellow pitahaya, yellow pitaya	Gelbe Drachenfrucht, Gelbe Pitahaya
Selenicereus megalanthus	
dragonhead ➤ Moldavian dragonhead	Türkische Melisse, Türkischer Drachenkopf
Dracocephalum moldavica	
drained honey	Tropfhonig
dressing, stuffing	Füllung (eines Geflügels)
➤ salad dressing	Dressing, Salatsauce, Salatsoße
dried egg	Trockenei
dried fruit(s)	Trockenobst, Trockenfrüchte; Dörrobst
dried tomato	Dörrtomate
drinking water, potable water	Trinkwasser
drinks	Getränke, Drinks
➤ after-dinner drink, digestif	Digestif
➤ alcoholic beverages	alkoholische Getränke
➤ carbonated	mit Kohlensäure versetzt

➤ cold drinks, refreshments, soft drinks	Erfrischungsgetränke
➤ concentrate	Konzentrat
➤ energy drink	Energie-Drink
➤ fitness drink	Fitnessgetränk
➤ fortified	angereichert
➤ fruit drink, juice drink (>10% juice)	Fruchtgetränk
➤ fruit juice (100% juice)	Fruchtsaft (100% Saft)
➤ fruit juice beverages; juice drink (US > 10% juice/UK > 1%); squash (fruit beverage with >25% fruit juice); (mit Fruchtgeschmack) cordials	Fruchtsaftgetränke (6–30% Saft)
➤ fruit nectar (25–50% juice content)	Fruchtnektar (25–50% Saftanteil)
➤ fruit squash	Fruchtlimonade
➤ functional drink	Functional Drink
➤ health beverages	Gesundheitsgetränke
➤ herbal drink	Kräutergetränk
➤ hot beverage	Heißgetränk
➤ instant drink	Instantdrink, Instantgetränk
➤ isotonic drink, electrolyte drink	Isodrink, Iso-Getränk, isotonisches Getränk, Elektrolyt-Getränk
➤ lemonade; lemon squash UK	Zitronen-Limonade
➤ multivitamin drink	Multivitamingetränk
➤ nonalcoholic beverages	nicht-alkoholische Getränke
➤ refreshment beverages	Erfrischungsgetränke
➤ soft drinks, pop, soda, soda pop (carbonated nonalcoholic beverage)	alkoholfreie, gesüßte Sprudelgetränke, ,Limos'
➤ soft drinks, sodas, carbonated drinks	kohlensäurehaltige Erfrischungsgetränke
➤ sports drink	Sportgetränk
➤ yogurt beverage, yoghurt beverage	Joghurtdrink
drippings	abtropfendes Bratenfett
drum (fish)	Umberfisch
➤ black drum *Pogonias cromis*	Trommelfisch, Schwarzer Umberfisch
➤ red drum *Sciaenops ocellatus*	Augenfleck-Umberfisch
drumstick (chicken leg)	Hühnerschlegel, Keule
drumsticks (horseradish tree), Indian horseradish *Moringa oleifera*	Drumstickgemüse (Meerrettichbaum), Pferderettich
dry milk, milk powder, powdered milk	Trockenmilch (Milchpulver)
dry sausage	Trockenwurst, Dauerwurst
dry yeast	Trockenhefe

Dublin Bay lobster,
   Dublin Bay prawn, Norway lobster,
   Norway clawed lobster
   (scampi, langoustine)
   Nephrops norvegicus
	Kaisergranat, Kaiserhummer,
	   Kronenhummer, Schlankhummer,
	   Tiefseehummer

ducks *Anas* ssp.	Enten
➢ **barbary duck**	Barbarieente, Flugente, Warzenente
Cairina moschata	(Haustierform der Moschusente)
➢ **mallard**	Stockente, Märzente
Anas platyrhynchos	
➢ **moulard duck**	Mulardenente
➢ **muscovy duck**	Moschusente
Cairina moschata	
➢ **Peking duck**	Pekingente
➢ **teal, green-winged teal**	Krickente
Anas crecca	
duck lettuce, espada, tangila	Espada, Froschlöffelähnliche Ottelie
Ottelia alismoides	
duck paws, duckling paws	Entenfüße
duck potato ➢ **wapato**	Wapato
Sagittaria latifolia	
➢ **swamp potato,**	Pfeilkraut, Gewöhnliches Pfeilkraut
arrowhead, wapato	
Sagittaria sagittifolia a.o.	
duff (a stiff flour pudding)	ein Mehlpudding
duku	Duku
Lansium domesticum (Duku Group)	
dulse	Dulse
Palmaria palmata, *Rhodymenia palmata*	
➢ **pepper dulse**	Pepper-Dulse
Laurencia pinnatifida, *Osmundea pinnatifida*	
dumpling (ball)	Kloß, Knödel, Klops, Bällchen; (bakery) Tasche (Apfel~ etc.)

Dungeness crab,
   Californian crab, Pacific crab
   Cancer magister
	Kalifornischer Taschenkrebs,
	   Pazifischer Taschenkrebs

durian	Durian
Durio zibethinus	

durum wheat, flint wheat,
   hard wheat, macaroni wheat
   Triticum turgidum ssp. *durum*
	Durum-Weizen, Hartweizen, Glasweizen

dusky grouper, dusky perch
   Epinephelus guaza,
   Epinephelus marginatus
	Brauner Zackenbarsch

dusky rockfish *Sebastes ciliatus*	Dunkler Felsenfisch

dusky smooth-hound FAO,
   smooth dogfish
   Mustelus canis
	Westatlantischer Glatthai

dwarf banana
Musa x *paradisiaca* cv.

Zwergbanane

dwarf bean, French bush bean,
bush bean, bunch bean,
snap bean, snaps
Phaseolus vulgaris (Nanus Group)

Brechbohne
(Pflanze: Buschbohne/Strauchbohne)

dwarf cherry,
European ground cherry
Prunus fruticosa

Steppenkirsche, Zwergkirsche,
Zwergweichsel

dwarf huckleberry
Gaylussacia dumosa

Zwerg-Buckelbeere

earth almond, tigernut, chufa, ground almond	Erdmandel, Chufa, Tigernuss
Cyperus esculentus	
earth pea, bambara groundnut	Bambara-Erdnuss
Vigna subterranea,	
Voandzeia subterranea	
earthnut, earth chestnut, great pignut	Erdkastanie, Erdeichel, Knollenkümmel
Bunium bulbocastanum	
economic plant, useful plant, crop plant	Nutzpflanze
edible sea cucumber, pinkfish	Essbare Seegurke, Essbare Seewalze, Rosafarbene Seewalze
Holothuria edulis	
eel, European eel FAO, river eel	Europäischer Flussaal, Europäischer Aal
Anguilla anguilla	
➤ **American eel**	Amerikanischer Aal
Anguilla rostrata	
➤ **conger eel, European conger FAO**	Meeraal, Gemeiner Meeraal, Seeaal, Congeraal
Conger conger	
➤ **giant mottled eel, marbled eel**	Marmoraal
Anguilla marmorata	
➤ **Japanese eel**	Japanischer Aal
Anguilla japonica	
➤ **wolf-eel FAO, Pacific wolf-eel**	Pazifischer Seewolf, Pazifischer ‚Steinbeißer'
Anarrhichthys ocellatus	
eel pout, viviparous blenny FAO	Aalmutter
Zoarces viviparus	
eelgrass, marine eelgrass	Seegras
Zostera marina	
egg(s)	Ei(er)
➤ **dried albumen, dried egg white**	Trockeneiweiß, Trockeneiklar, Eieralbumin
➤ **dried egg**	Trockenei
➤ **dried whole egg, whole dried egg**	Volltrockenei
➤ **drinkable liquid egg**	Trinkei
➤ **liquid albumen, liquid egg white**	Flüssigeiweiß
➤ **liquid egg**	Flüssigei
➤ **whole egg**	Vollei
➤ **whole liquid egg**	Flüssigvollei
egg custard	Eier-Creme, Eierpudding (Vanillepudding mit Milch + Eiern)
egg flavor	Eiaroma
egg noodles	Eiernudeln
egg nut, pendula nut	Pendula-Nuss
Couepia longipendula	
egg pasta	Eierteigwaren
egg white, egg albumen	Eiweiß, Eiklar
egg yolk	Eigelb, Eidotter, Dotter

eggplant, aubergine, brinjal	Aubergine, Eierfrucht;
Solanum melongena var. *esculentum*	Melanzani (Österr.)
➤ **African eggplant, gboma eggplant**	Afrikanische Aubergine,
Solanum macrocarpon	Afrikanische Eierfrucht
➤ **pea eggplant, Thai pea eggplant, pea aubergine, turkey berry, susumber**	Thai-Aubergine, Erbsenaubergine
Solanum torvum	
egusi, egusi melon, white-seeded melon, white-seed melon	Egusi
Cucumeropsis mannii	
Egyptian leek, salad leek	Ägyptischer Lauch, Kurrat
Allium ampeloprasum (Kurrat Group)	
Egyptian mallow	Ägyptische Malve
Malva parviflora	
Egyptian onion, tree onion, walking onion, top onion	Ägyptische Zwiebel, Etagenzwiebel, Luftzwiebel
Allium x *proliferum*	
Egyptian water lily, white Egyptian lotus, bado	Ägyptische Bohne, Bado, Weiße Ägyptische Seerose,
Nymphaea lotus	Ägyptischer Lotos, Lotus, Tigerlotus
einkorn wheat, small spelt	Einkorn, Einkornweizen
Triticum monococcum ssp. *monococcum*	
elderberry	Holunder, Holunderbeere, Schwarzer Holunder;
Sambucus nigra	(elderflower) Holunderblüte
➤ **American elderberry**	Amerikanischer Holunder
Sambucus canadensis	
➤ **red elderberry**	Traubenholunder
Sambucus racemosa	
elephant apple, wood apple	Indischer Holzapfel
Limonia acidissima, Feronia limonia	
elephant garlic, levant garlic, wild leek	Ackerknoblauch, Ackerlauch, Sommer-Lauch
Allium ampeloprasum	
elk (Europe), moose US	Elch, Elchwild
Alces alces	
emblic, ambal, Indian gooseberry	Amla, Ambla, Indische Stachelbeere
Phyllanthus emblica	
emmer wheat, two-grained spelt	Emmer, Emmerkorn, Emmerweizen, Zweikornweizen
Triticum turgidum ssp. *dicoccon* (*dicoccum*)	
emperors	Kaiserbrassen, Kaiser, Straßenkehrer
Lethrinus spp.	
➤ **pink ear emperor, redspot emperor**	Rosaohr-Straßenkehrer, Rosaohr-Kais
Lethrinus lentjan	
emperor snapper, red emperor, emperor red snapper FAO	Kaiserschnapper
Lutjanus sebae	

emu   Emu
   Dromaius novaehollandiae
emulsifier, emulsifying agent   Emulgator
endive UK, chicory US   Endivie, Glatte Endivie, Winterendivie
   Cichorium endivia (Endivia Group)
➤ **frisée endive, curly endive**   Frisée-Salat, Krause Endivie
   Cichorium endivia (Crispum Group)
   'Frisée Group'
energy drink   Energie-Drink
English sole   Pazifische Glattscholle
   Parophrys vetulus
English walnut, walnut, regia walnut   Walnuss
   Juglans regia
enoki, golden mushroom,   Enokitake, Samtfußrübling, Winterpilz
   winter mushroom, velvet stem
   Flammulina velutipes
enriched fructose corn syrup (EFCS)   angereicherter Isosirup
enteral foods, enteral nutrition   enterale Ernährung, Nahrung
   (tube feeding)   (Sondenernährung/~nahrung)
entrecôte   Entrecôte (Rind: Mittelrippenstück/
   (cut from between the ribs)   Zwischenrippenstück)
entrée   Hauptgericht
epazote, wormseed,   Mexikanischer Traubentee,
   American wormseed   Mexikanischer Tee, Jesuitentee,
   Dysphania ambrosioides,   Wohlriechender Gänsefuß
   Chenopodium ambrosioides
Epsom salts, epsomite,   Bittersalz, Magnesiumsulfat $MgSO_4$
   magnesium sulfate
erimado, African nut, ndjanssang,   Erimado
   essang
   Ricinodendron heudelotii
escarole   Escariol
   Cichorium endivia (Scarole Group)
escolar   Buttermakrele
   Lepidocybium flavobrunneum
esophagus, weasand (esophagus   Speiseröhre, Ösophagus (Rinderschlund)
   of cattle for sausage casings)
espada, tangila, duck lettuce   Espada, Froschlöffelähnliche Ottelie
   Ottelia alismoides
essence   Essenz
estragon, tarragon,   Estragon
   German tarragon
   Artemisia dracunculus
ethanol, ethyl alcohol, alcohol   Äthanol, Ethanol, Äthylalkohol,
        Ethylalkohol, ‚Alkohol'
ethereal oil, essential oil   ätherisches Öl
Ethiopian cardamom,   Äthiopischer Kardamom,
   korarima cardamom   Abessinien-Kardamom,
   Aframomum korarima   Korarima-Kardamom
Ethiopian potato, galla potato   Galla-‚Kartoffel'
   Plectranthus edulis

European bison, wisent *Bison bonasus*	Wisent
European catfish, wels, sheatfish, wels catfish FAO *Silurus glanis*	Wels, Waller, Schaiden
European cranberry, mossberry, small cranberry *Vaccinium oxycoccus*	gewöhnliche Moosbeere
European dewberry *Rubus caesius*	Acker-Brombeere, Kratzbeere, Bereifte Brombeere
European forest strawberry *Fragaria vesca, Potentilla vesca*	Walderdbeere
European sardine, sardine (if small), pilchard (if large), European pilchard FAO *Sardina pilchardus*	Sardine, Pilchard
evaporated salt	Siedesalz
evening primrose *Oenothera biennis*	Rapontika, Schinkenwurzel, Nachtkerze
ewe cheese, sheep cheese (feta: may contain goat)	Schafskäse (Feta: kann auch Ziege enthalten)
extenders, bulking agent(s)	Quellstoffe
extra salad	Beilagensalat
extracted honey	Schleuderhonig
eyebright, brighteyes, French salsify, French scorzonera *Reichardia picroides*	Bitterkraut

fairy ring mushroom *Marasmius oreades*	Nelkenschwindling, Wiesenschwindling
➢ **mousseron** *Marasmius scorodonius*	Knoblauchschwindling, Mousseron
fallow deer *Dama dama*	Damwild
falsa fruit, phalsa *Grewia asiatica*	Phalsafrucht, Falsafrucht
false caviar, mock caviar, **German caviar, Danish caviar** **(roe of lumpfish)** *Cyclopterus lumpus*	Deutscher Kaviar, Seehasenrogen, Kaviarersatz (Lumpfisch=Seehase)
false hyssop, tea hyssop *Micromeria fruticosa*	Arabisches Bergkraut
fannings	Teegrus
farce, forcemeat	Farce (Fleisch-/Fischfüllung)
farinaceous products; pasta	Teigwaren
farmed salmon	Farmlachs, Zuchtlachs
fast food	Schnellimbiss
fat	Fett
➢ **animal fat**	tierisches Fett
➢ **baking fat**	Backfett
➢ **caul fat**	Bauchfett, Netzfett
➢ **cooking fat**	Kochfett
➢ **frying fat; shortening**	Bratfett
➢ **goose fat**	Gänseschmalz
➢ **milk fat**	Milchfett
➢ **rendering fat, rendered fat**	ausgelassenes Fett
➢ **ruffle fat**	Darmfett, Mickerfett (Gekrösefett)
fat blends	Mischfette (mit Milchfettanteil)
fat-based coating	Fettglasur
fat-free diet	fettfreie Kost/Diät
fat-free milk, **nonfat milk, non-fat milk (0%)**	fettfreie Milch
fat-replacer(s)	Fettaustauscher
fat-soluble	fettlöslich
fatty, adipose	Fett..., fettartig, fetthaltig
fatty acid	Fettsäure
➢ **monounsaturated fatty acid**	einfach ungesättigte Fettsäure
➢ **polyunsaturated fatty acid (PUFA)**	mehrfach ungesättigte Fettsäure
➢ **saturated fatty acid**	gesättigte Fettsäure
➢ **unsaturated fatty acid**	ungesättigte Fettsäure
fava bean, broad bean *Vicia faba*	Dicke Bohne, Saubohne
feeder lamb	Mastlamm
feijoa, pineapple guava *Acca sellowiana*	Feijoa, Ananasguave
fennel *Foeniculum vulgare*	Fenchel
➢ **bitter fennel, pepper fennel** *Foeniculum vulgare* var. *piperitum*	Pfefferfenchel

fennel

➤ **false fennel, false caraway, corn parsley** *Ridolfia segetum*	Ridolfie, Falscher Fenchel
➤ **Florence fennel** *Foeniculum vulgare* var. *azoricum*	Fenchel, Gemüsefenchel, Knollenfench‹
➤ **Roman fennel, sweet fennel, fennel seed** *Foeniculum vulgare* var. *dulce*	Gewürzfenchel, Römischer Fenchel, Süßer Fenchel, Fenchelsamen
fenugreek *Trigonella foenum-graecum*	Bockshornklee
fermentation	Fermentation, Gärung
➤ **spontaneous fermentation**	Spontangärung
fermented vegetables	Sauergemüse
fern ➤ **fiddleheads, croziers (***e.g.***, bracken fern)** *Pteridium aquilinum*	junge Farnwedel (z.B. bracken fern = Adlerfarn), Adlerfarn‚sprosse'
feterita *Sorghum bicolor* (Caudatum Group)	Feterita-Hirse
fiddleheads, croziers	junge Farnwedel (z.B. bracken fern = Adlerfarn), Adlerfarn‚sprosse'
field garlic *Allium oleraceum*	Kohl-Lauch, Feld-Lauch
field mint, corn mint *Mentha arvensis*	Ackerminze
field mushroom, meadow mushroom *Agaricus campestris*	Wiesenchampignon, Wiesenegerling, Feldegerling
field parasol *Macrolepiota procera*	Parasol, Parasolpilz, Riesenschirmpilz
fig *Ficus carica*	Feige
➤ **cluster fig** *Ficus racemosa*	Traubenfeige
➤ **creeping fig, climbing fig** *Ficus pumila*	Kletterfeige
fig-leaf gourd, Malabar gourd *Cucurbita ficifolia*	Feigenblattkürbis
filbert	
➤ **European filbert, hazelnut, cobnut** *Corylus avellana*	Haselnuss
➤ **Lambert's filbert** *Corylus avellana* var. *grandis* (*Corylus maxima*)	Lambertsnuss, Langbartshasel, Haselnuss
filé, sassafras *Sassafras albidum*	Sassafrass, Fenchelholz, Filépulver
fillet, tenderloin	Filet
filo, phyllo	Strudelteig
fine bakery wares/products	Feinbackwaren, Feine Backwaren, Feingebäck
fine foods (term not standardized)	Feinkost
finfish (vs. shellfish)	Flossenfisch(e) (Gegensatz zu Meeresfrüchten, Schalentieren)

finger grass, rice paddy herb, kayang leaf *Limnophila aromatica*	Reisfeldpflanze, Rau Om, Rau Ngo
finger lime *Microcitrus australasica*	Fingerlimette
finger millet, red millet, South Indian millet, coracan *Eleusine coracana*	Fingerhirse, Ragihirse
fingerfood	Fingerfood
fingerroot, tumicuni, temu kunci, krachai, Chinese keys *Boesenbergia pandurata,* *Boesenbergia rotunda,* *Kaempferia pandurata*	Krachai, Chinesischer Ingwer, Fingerwurz, Runde Gewürzlilie
fining (*of wine*)	Schönung
➢ **blue fining**	Blauschönung
fir honey	Tannenhonig
firming agent(s)	Dickungsmittel, Verdickungsmittel, Festigungsmittel
first milk, starting milk (pre-infant milk)	Erstmilch, Anfangsmilch (Muttermilchersatz)
firwood agaric, yellow knight fungus, yellow trich, man on horseback, Canary trich *Tricholoma equestre,* *Tricholoma flavovirens*	Grünling, Echter Ritterling, Grünreizker, Edelritterling
fish	Fisch
➢ **demersal fish**	Grundfische
➢ **dried fish**	Trockenfisch
➢ **finfish (vs. shellfish)**	Flossenfisch(e) (Gegensatz zu Meeresfrüchten, Schalentieren)
➢ **flat fish**	Plattfische
➢ **freshwater fish**	Süßwasserfische
➢ **gourmet fish, delicate fish**	Feinfisch(e)
➢ **lean fish**	Magerfisch
➢ **saltwater fish, ocean fish**	Meeresfische, Seefische
➢ **seafood (fish and shellfish]**	Fische und Meeresfrüchte
➢ **shellfish**	Meeresfrüchte (= Schalentiere und andere Invertebraten)
➢ **smoked fish**	Räucherfisch
➢ **stockfish (unsalted/dried cod)**	Stockfisch
fish cake, fish ball, fish patty	Fischfrikadelle
fish eggs	Fischeier
➢ **caviar**	Kaviar (gesalzene Fischeier)
➢ **roe (esp. fish-eggs within ovarian membrane)**	Rogen (Fischeier innerhalb der Eierstöcke)
fish fingers, fish sticks	Fischstäbchen
fish paste	Fischpaste
fish plant, fishwort, heart leaf *Houttuynia cordata*	Chamäleonblatt, Herzförmige Houttuynie, Vap Ca
fitness drink	Fitnessgetränk
fizzy lemon soda pop	Brauselimonade

flageolet bean	Flageolet-Bohne, Grünkernbohne
Phaseolus vulgaris (Nanus Group)	
'Chevrier Vert'	
flank	Dünnung (Bauch/Lappen)
flathead sole	Heilbuttscholle
Hippoglossoides elassodon	
flavedo, zest	Zitrusschale
flavor	Aroma (*pl* Aromen)
	(gesamtsensorischer Eindruck);
	(pleasant taste) Wohlgeschmack
➢ **artificial flavor, artificial flavoring**	künstliche Geschmacksstoff(e)
➢ **flavoring(s), flavoring agent,**	Geschmacksstoff(e), Aromastoff
aromatic substance	(*siehe auch*: fragrances)
➢ **natural flavor, natural flavoring(s)**	natürliche Geschmacksstoff(e)
FlavrSavr tomato	FlavrSavr-Tomate,
Solanum lycopersicum	'Anti-Matsch-Tomate'
flaxseed, linseed	Leinsamen, Leinsaat
Linum usitatissimum	
fleshy prawn	Hauptmannsgarnele
Penaeus chinensis,	
Fenneropenaeus chinensis	
flint corn US, flint maize UK	Hartmais, Hornmais
Zea mays spp. *mays* (Indurata Group)/	
convar. *vulgaris*	
flirt, bare-toothed russula	Speisetäubling
Russula vesca	
flounder FAO, European flounder	Flunder, Gemeine Flunder (Sandbutt),
Platichthys flesus	Strufbutt
➢ **brill**	Glattbutt, Kleist, Tarbutt
Scophthalmus rhombus	
➢ **flathead flounder FAO,**	Japanischer Heilbutt
Pacific false halibut	
Hippoglossoides dubius	
➢ **spotted flounder**	Großschuppige Scholle
Citharus linguatula	
➢ **summer flounder**	Sommerflunder
Paralichthys dentatus	
➢ **winter flounder**	Winterflunder,
Pseudopleuronectes americanus	Amerikanische Winterflunder
flour	Mehl
➢ **blended flour (maslin flour =**	Mischmehl
whole wheat + rye flour)	
➢ **bread crumbs, breading**	Paniermehl
➢ **bread flour**	Brotmehl
➢ **cake flour**	Kuchenmehl
➢ **cake mix**	Kuchenfertigmehl
➢ **cereal flour**	Getreidemehl
➢ **chickpea flour, gram flour**	Kichererbsenmehl
➢ **enriched flour**	angereichertes Mehl
➢ **fine breading (from rindless,**	Mutschelmehl
dried white bread)	
➢ **fufu flour**	Fufu-Mehl

➤ gari (cassava flour)	Gari (Maniokmehl)
➤ germ flour	Keimmehl
➤ chickpea flour, gram flour	Kichererbsenmehl
➤ groats, grits, meal	Grießmehl, Grütze, Grieß
➤ guar gum	Guar-Gummi
➤ guar flour, guar seed meal, guar meal	Guar-Samen-Mehl, Guarmehl
➤ household flour, all-purpose flour (wheat) US	Haushaltsmehl, Allzweckmehl (Weizen)
➤ instant flour	Instantmehl
➤ legume flour	Hülsenfruchtmehl
➤ locust bean gum, carob gum	Johannisbrotkernmehl, Karobgummi
➤ meal	grobes Getreidemehl
➤ pregelatinized flour	Quellmehl
➤➤ pregelatinized rice flour	Reisquellmehl
➤ self-raising flour	selbsttreibendes Mehl (mit Treibmittel)
➤ soy flour, soya flour, soybean flour, soy meal	Sojamehl
➤ straight-run flour	durchgemahlenes Mehl
➤ tapioca flour, cassava flour	Tapiokamehl, Tapioka, Maniokmehl
➤ unbleached flour	ungebleichtes Mehl
➤ wheat offals: fine wheatfeed, shorts US, pollards AUS; coarse wheatfeed see bran	Nachmehl
➤ white flour (bleached)	Weißmehl (gebleicht)
➤ whole-grain flour, wholemeal flour	Vollkornmehl
➤ whole wheat flour, Graham flour US, wholemeal flour UK	Weizen-Vollkornmehl
flower honey, blossom honey	Blütenhonig
fluorinated salt	fluoridiertes Salz, Fluorspeisesalz
flying squid, neon flying squid	Fliegender Kalmar
Ommastrephes bartramii	
flyingfish	Fliegende Fische, Flugfische
➤ tropical two-wing flyingfish	Gemeiner Flugfisch, Meerschwalbe
Exocoetus volitans	
fodder beet	Runkelrübe, Futterrübe
Beta vulgaris ssp. *vulgaris* var. *rapacea*	
foie gras (fattened goose liver)	Gänsestopfleber, Stopfleber, Fettleber
follow-on formula	Folgenahrung (Babys: > 4 Monate)
follow-on milk	Folgemilch (> 4 Monate)
fondant	Fondant
fonio ➤ black fonio, iburu	Foniohirse (schwarze), Iburu
Digitaria iburua	
➤ white fonio, acha, 'hungry rice'	Foniohirse (weiße), Acha, Hungerreis
Digitaria exilis	
foods	Nahrung, Essen; Nahrungsmittel; (nourishment) Speise
➤ basic foods	Grundnahrungsmittel
➤ chilled foods	Kühlkost (Fertiggerichte)
➤ designer foods	Designer-Nahrungsmittel
➤ diet, nourishment, nutrition	Nahrung, Ernährung

➤ **enteral foods, enteral nutrition**	enterale Nahrung
➤ **ethnic foods**	Lebensmittel anderer Kulturen (ausländische Kost)
➤ **functional foods**	funktionelle Lebensmittel
➤ **gene foods (genetically modified/engineered foods)**	Genfood, genetisch veränderte Nahrungsmittel
➤ **novel foods**	neuartige Lebensmittel
➤ **principal foods**	Hauptnahrungsmittel
➤ **processed foods**	verarbeitete Lebensmittel
➤ **ready-to-use foods (RUF), prepared foods**	Fertignahrung
➤ **refrigerated foods**	gekühlte Nahrungsmittel
➤ **rehydrated foods**	rehydratisierte Nahrungsmittel
➤ **solid food(s)**	Festnahrung
➤ **space flight foods**	Astronauten-Nahrung, Astronautennahrung
➤ **staple foods**	Grundnahrungsmittel
➤ **take-away foods**	Essen zum Mitnehmen
➤ **whole foods**	Bio-Lebensmittel, Bio-Nahrungsmittel
food additives, nutritional supplements, dietary supplements	Lebensmittelzusatzstoffe, Nahrungsergänzungsmittel/-produkt
food chemistry	Lebensmittelchemie
food hygiene	Lebensmittelhygiene
food inspection	Lebensmittelüberwachung, Lebensmittelkontrolle
food intake, ingestion	Nahrungsaufnahme
food irradiation	Lebensmittelbestrahlung
food plant, food crop, forage plant	Nahrungspflanze
food poisoning	Lebensmittelvergiftung, Nahrungsmittelvergiftung
food preservation	Nahrungsmittelkonservierung
food preservative	Lebensmittelkonservierungsstoff
food quality control	Lebensmittelkontrolle, Lebensmittelprüfung
food quantity	Nahrungsmenge
food safety	Lebensmittelsicherheit
food source, nutrient source	Nahrungsquelle
food technology	Lebensmitteltechnologie
food value, nutritive value	Nährwert
foodstuff(s), nutrients	Lebensmittel
forest honey	Waldhonig
forkbeard	
➤ **greater forkbeard** *Phycis blennoides, Urophycis blennoides*	Gabeldorsch, Großer Gabeldorsch, Meertrüsche
fork-tailed catfish *Ictalurus catus*	Weißer Katzenwels
formula ➤ baby formula	Babynahrung (Milch)
➤ **follow-on formula**	Folgenahrung (Babys: > 4 Monate)
➤ **infant formula**	Säuglingsanfangsnahrung, Formula-Nahrung

fortified	angereichert
fortified wine (brandy added), dessert wine US	Likörwein, Dessertwein (Port, Sherry, Madeira, Marsala, Wermut)
four-spot megrim *Lepidorhombus boscii*	Gefleckter Flügelbutt, Vierfleckbutt
fowl	Geflügel
➢ **giblets (edible viscera of fowl: usually liver/heart/gizzard/neck)**	Innereien
➢ **paws**	Füße
➢ **poultry**	Hausgeflügel
➢ **upland fowl**	Landgeflügel
➢ **waterfowl**	Wassergeflügel
➢ **wildfowl**	Wildgeflügel
fowl carcass	Karkasse (Gerippe vom Geflügel)
foxnut, fox nut, gorgon nut, makhana *Euryale ferox*	Stachelseerose, Fuchsnuss, Gorgon-Nuss
foxtail amaranth, Inca wheat, love-lies-bleeding *Amaranthus caudatus*	Gartenfuchsschwanz, Inkaweizen, Kiwicha
foxtail millet *Setaria italica*	Borstenhirse, Kolbenhirse
fragrance(s) (*usually referring to a substance emitting a pleasant odor*)	Aromastoff(e); *allg* (odor, scent) Duft (Düfte), Duftnote(n)
➢ **acidic, acid**	säuerlich, sauer
➢ **bad**	übel, übelriechend
➢ **bitter almond**	bittere Mandeln, Bittermandelgeruch
➢ **burnt**	brenzlig, Brandgeruch
➢ **delicate**	delikat, wohlriechend
➢ **flowery**	blumig
➢ **foul, putrid**	faulig, modrig
➢ **fruity**	fruchtartig
➢ **heavy**	schwer
➢ **musky**	moschusartig
➢ **penetrating**	durchdringend
➢ **pungent**	stechend, beißend
➢ **rancid**	ranzig
➢ **resinous**	harzig
➢ **sharp**	scharf
➢ **spicy**	würzig
➢ **sulfurous**	schweflig
➢ **sweet, mellow**	süßlich, lieblich
➢ **tarry**	teerig
➢ **unpleasant smell**	unangenehmer Geruch
frappé	Halbgefrorenes
French dressing	Französische Salatsauce
French fried potatoes, French fries, fries; chips UK	Pommes Frites
French 'rhubarb', angelica *Angelica archangelica*	Engelwurz, Angelikawurzel
French salsify, French scorzonera, eyebright, brighteyes *Reichardia picroides*	Bitterkraut

French sorrel, Buckler's sorrel	Französischer Sauerampfer,
Rumex scutatus	Schild-Sauerampfer
fresh butter, sweet cream butter	Süßrahmbutter
fresh sausage	Frischwurst
fresh sour	anfrischsauer, antriebsauer
freshwater	Süßwasser
freshwater crab ➤	Gemeine Flusskrabbe,
Italian freshwater crab	Gemeine Süßwasserkrabbe
Potamon fluviatile	
freshwater houting, powan,	Große Maräne, Große Schwebrenke,
common whitefish FAO	Wandermaräne, Lavaret,
Coregonus lavaretus	Bodenrenke, Blaufelchen
fricassee (ragout fin: stewed,	Frikassee, Hühnerfrikassee (Ragout fin)
braised white meat	
in creamy sauce)	
fried meatballs, fried hamburger	Frikadelle, Bulette
(patty)	
fries, French fried potatoes,	Pommes Frites
French fries; chips UK	
fries, testicle(s)	Hoden
frigate tuna	Fregattmakrele, Fregattenmakrele, Melv:
Auxis thazard	
frisée endive, curly endive	Frisée-Salat, Krause Endivie
Cichorium endivia (Crispum Group)	
'Frisée Group'	
fritters	Schmalzgebäck (mit Füllung),
	Krapfen, Beignet, Ausgebackenes
frog crab, frog, spanner crab,	Froschkrabbe
spanner, kona crab	
Ranina ranina	
frog legs, frog's legs, frogs legs	Froschschenkel
frostfish	Frostfisch*
Benthodesmus simonyi	
frosting, icing, sugar frosting	Zuckerguss, Zuckerglasur
➤ **chocolate frosting**	Schokoladenguss, Schokoladenglasur
frozen food(s)	Gefrierkost
➤ **deep-frozen foods,**	Tiefkühlkost
deep freeze foods (–18°C)	
fruit	Obst; (fruits) Früchte (mehrere einzelne)
➤ **berries**	Beerenobst
➤ **dessert fruit**	Tafelobst
➤ **dried fruit(s)**	Trockenobst, Trockenfrüchte
➤ **fallen fruit**	Fallobst
(usually referring to pome fruit)	
➤ **fresh fruit**	Frischobst
➤ **frozen fruit**	Gefrierobst
➤ **pomaceous fruit, pome**	Kernobst
➤ **stone fruit**	Steinobst
➤ **table fruit, fresh fruit**	Tafelfrüchte
(directly served)	
➤ **tropical and subtropical fruit**	Südfrüchte
➤ **wild berries**	Wildobst

fruit brandy, eau de vie	Obstbrand, Obstbranntwein, Obstschnaps, Obstwasser
fruit drink, juice drink (>10% juice)	Fruchtgetränk
fruit essence	Fruchtessenz
fruit flavor(ing substance)	Fruchtaroma (Aromastoff)
fruit for storage	Lagerobst
fruit gum (gum drops)	Fruchtgummi
fruit gummy candy	Fruchtgummis
fruit juice (100% juice)	Fruchtsaft (100% Saft)
fruit juice beverages	Fruchtsaftgetränke (6–30% Saft)
fruit juice concentrate (UK squash, cordial)	Fruchtsaftkonzentrat
fruit juice from concentrate	Fruchtsaft aus Fruchtsaftkonzentrat
fruit leather	Fruchtleder
fruit nectar (25–50% juice content)	Fruchtnektar (25–50% Saftanteil)
fruit peel (rind, skin)	Fruchtschale (~rinde, ~haut)
fruit pulp	Fruchtmark, Obstmark, Obstpulpe, Fruchtmus, Fruchtfleisch
fruit puree	Fruchtmus (Markkonzentrat)
fruit spread	Fruchtmus (Brotaufstrich), Fruchtaufstrich
fruit squash	Fruchtlimonade
fruit sugar, fructose (*formerly:* **levulose**)	Fruchtzucker, Fruktose (Lävulose)
fruit tea	Früchtetee, Früchte-Tee
fruit vinegar	Obstessig
fruit wine	Fruchtwein
fruity brandy	Geist
fruity flavor	Fruchtaroma (Geschmack)
fruity taste	Fruchtgeschmack
fryer, broiler **(US/FSIS 2003: < 10 weeks)**	Hähnchen, Broiler (beiderlei Geschlechts) (5–6 Wochen/750–1100 kg)
frying fat	Bratfett
frying oil	Bratöl
fudge (soft toffee-caramel with high sugar content)	Karamellkonfekt mit Fondant (weich, kremig: mit Butter)
fufu flour	Fufu-Mehl
fukuronori, funori *Gloiopeltis furcata*	Funori-Rotalge
full sour	vollsauer
functional drink	Functional Drink
functional foods (pharmafoods)	funktionelle Lebensmittel (national unterschiedlich definiert)
funori, fukuronori *Gloiopeltis furcata*	Funori-Rotalge

Gabon nut, African walnut, coula	Coula-Nuss, Gabon-Nuss
Coula edulis	
gage plum, greengage, Reine Claude	Reneklode, Reineclaude, Reneklaude,
Prunus domestica ssp. *italica*	Ringlotte; Rundpflaume
galangal, greater galangal,	Galgant, Großer Galgant,
galanga major, Thai galangal,	Thai-Ingwer, Siam-Ingwer
Siamese ginger	
Alpinia galanga	
➤ **East Indian galangal, spice lily**	Gewürzlilie, Chinesischer Galgant
Kaempferia galanga	
➤ **lesser galangal**	Kleiner Galgant, Echter Galgant
Alpinia officinarum	
➤ **light galangal, pink porcelain lily,**	Muschelingwer
bright ginger, shell ginger	
Alpinia zerumbet	
galip nut, ngali nut, canarium nut,	Galipnuss, Javamandel
canarium almond, molucca nut	
Canarium indicum	
galla potato, Ethiopian potato	Galla-,Kartoffel'
Plectranthus edulis	
gallito, katuray, agati, dok khae	Papageienschnabel,
Sesbania grandiflora	Agathi, Katurai (Blüten)
galonut	Galo-Nüsse
Anacolosa frutescens,	
Anacolosa luzoniensis	
gamba prawn(s) (aristeid shrimps)	Riesengarnelen, Tiefseegarnelen
➤ **giant gamba prawn,**	Rote Garnele, Rote Tiefseegarnele
giant red shrimp, royal red prawn	
Aristaeomorpha foliacea	
➤ **scarlet gamba prawn,**	Rote Riesengarnele,
scarlet shrimp	Atlantische Rote Riesengarnele
Plesiopenaeus edwardsianus	
gamboge, Malabar tamarind,	Malabar-Tamarinde
brindal berry, kodappuli	
Garcinia cambogia	
game	Wild
➤ **big game**	Großwild, Hochwild (red deer)
➤ **boar, wild boar** *Sus scrofa*	Schwarzwild, Wildschwein
➤ **chamois** *Rupicapra rupicapra*	Gamswild
➤ **deer** *Odocoileus* spp.	Hirsche
➤ **elk; moose US** *Alces alces*	Elchwild
➤ **European bison, wisent**	Wisent
Bison bonasus	
➤ **hoofed game**	Schalenwild (Rotwild + Schwarzwild)
➤ **ibex** *Capra ibex*	Steinwild
➤ **mouflon** *Ovis musimon*	Muffelwild, Mufflon
➤ **mule deer**	Maultierwild, Maultierhirsch,
Odocoileus hemionus	Schwarzwedelhirsch
➤ **red deer, stag; elk US**	Rotwild, Rothirsch, Edelhirsch
Cervus elaphus	
➤ **reindeer** *Rangifer tarandus*	Renwild, Rentier
➤ **roe deer** *Capreolus capreolus*	Rehwild

➢ **sika deer** *Cervus nippon*	Sikawild
➢ **small game**	Niederwild
➢ **venison** (*especially: deer*)	Wildbret, Wildfleisch
➢ **white-tailed deer** *Odocoileus virginianus*	Weißwedelwild, Weißwedelhirsch
➢ **wild rabbits, game rabbits** (*incl.* **hares**)	Ballenwild (Hase + Kaninchen)
➢ **wildfowl, game birds**	Federwild, Wildgeflügel
game mammals	Haarwild
gammon UK	Speck (vom oberen Hinterschinken)
gandaria, marian plum, plum mango *Bouea macrophylla*	Gandaria, Pflaumenmango, ‚Mini-Mango‘
gaper clams *Myidae*	Klaffmuscheln
garden cress *Lepidium sativum*	Gartenkresse
garden giant mushroom, wine cap, winecap stropharia, king stropharia *Stropharia rugosoannulata*	Braunkappe, Riesenträuschling, Rotbrauner Riesenträuschling, Kulturträuschling
garden huckleberry *Solanum melanocerasum*	Kulturnachtschatten, Schwarzbeere
garden rocket, salad rocket, rocket, roquette, arugala, arrugula, Roman rocket, rocket salad *Eruca sativa*	Rauke, Rucola, Rukola (Senfrauke, Salatrauke, Garten-Senfrauke, Ölrauke, Jambaraps, Persischer Senf)
garden sorrel, common sorrel, dock, sour dock *Rumex acetosa (Rumex rugosus)*	Sauerampfer, Garten-Sauerampfer
garden strawberry, strawberry *Fragaria* x *ananassa, Potentilla ananassa*	Erdbeere, Gartenerdbeere, Ananaserdbeere
garfish, garpike FAO *Belone belone*	Hornhecht, Hornfisch
garlic *Allium sativum*	Knoblauch
➢ **bear's garlic, wild garlic, ramsons** *Allium ursinum*	Bärlauch, Bärenlauch, Rams
➢ **daffodil garlic, Naples garlic, Neapolitan garlic** *Allium neapolitanum*	Neapel-Lauch, Neapel-Zwiebel
➢ **field garlic** *Allium oleraceum*	Kohl-Lauch, Feld-Lauch
➢ **giant garlic, Spanish garlic, sandleek** *Allium scorodoprasum*	Schlangenlauch, Schlangen-Lauch, Alpenlauch
➢ **golden garlic, lily leek, moly, yellow onion** *Allium moly*	Goldlauch, Molyzwiebel, Spanischer Lauch, Pyrenäen-Goldlauch
➢ **Japanese garlic, Chinese garlic** *Allium macrostemon (Allium grayi)*	Wasserknoblauch, Nobiru

➤ **levant garlic,** **elephant garlic, wild leek** *Allium ampeloprasum*	Ackerknoblauch, Ackerlauch, Sommer-Lauch
➤ **Peking garlic** *Allium sativum* var. *pekinense*	Pekingknoblauch
➤ **serpent garlic, hardneck garlic,** **top-setting garlic, rocambole** *Allium sativum* (Ophioscorodon Group)	Rocambole, Rockenbolle, Schlangenknoblauch
➤ **softneck garlic, soft-necked garlic,** **Italian garlic, silverskin garlic** *Allium sativum* (Sativum Group)	Echter Knoblauch, Gemeiner Knoblauch
garlic mustard, hedge garlic, **jack-by-the-hedge** *Alliaria petiolata*	Lauchhederich
garnish	Garnierung
gel	Gallerte
gelatin, gelatine	Gelatine
gelatinizing agent	Gelbildner
gelling agent	Geliermittel
gelling sugar, jam sugar	Gelierzucker
genipapo, genip, huito, jagua, **marmelade box** *Genipa americana*	Jenipapo, Jagua
geoduck, Pacific geoduck (*pronounce:* **gouy-duck**) *Panopea abrupta, Panopea generosa*	Pazifische Panopea
➤ **Atlantic geoduck** *Panopea bitruncata*	Westatlantische Panopea
geranium ➤ apple geranium, **apple-rose-scented geranium** *Pelargonium odoratissimum*	Apfelpelargonie, Apfelduftpelargonie, Zitronenpelargonie, Zitronengeranie
germ	Keim, Keimling
German blue cheese	Edelpilzkäse
ghatti gum *Anogeissus latifolia*	Ghattigummi, Ghatti-Gummi
gherkin, cucumber *Cucumis sativus*	Gurke, Salatgurke
➤ **bur gherkin, West Indian gherkin** *Cucumis anguria* var. *anguria*	Anguriagurke, Angurie, Westindische Gurke, Kleine Igelgurke
➤ **pickling cucumber, small-** **fruited cucumber, cornichon** *Cucumis sativus* (Gherkin Group)	Cornichon, Pariser Trauben-Gurke
giant acorn barnacle, giant barnacle *Balanus nubilis*	Riesen-Seepocke
giant bittersweet, **American bittersweet** *Glycymeris americana,* *Glycymeris gigantea*	Riesensamtmuschel
giant Chilean barnacle *Megabalanus psittacus*	Riesen-Seepocke

giant gamba prawn, **giant red shrimp,** **royal red prawn** *Aristaeomorpha foliacea*	Rote Garnele, Rote Tiefseegarnele
giant garlic, Spanish garlic, **sandleek** *Allium scorodoprasum*	Schlangenlauch, Schlangen-Lauch, Alpenlauch
giant goby *Gobius cobitis*	Riesengrundel, Große Meergrundel
giant granadilla, maracuja, **barbadine** *Passiflora quadrangularis*	Riesengrenadille, Riesengranadilla, Königsgrenadille, Königsgranate, Barbadine
giant mottled eel, marbled eel *Anguilla marmorata*	Marmoraal
giant mushroom, macro mushroom *Agaricus macrosporus*	Großsporiger Anis-Egerling
giant spider crab *Macrocheira kaempferi*	Japanische Riesenkrabbe
giant taro, cunjevoi *Alocasia macrorrhizos*	Riesen-Taro, Riesenblättriges Pfeilblatt
giant tiger land snail, **giant Ghana tiger snail** *Achatina achatina*	Afrikanische Riesenschnecke, Große Achatschnecke
giant tiger prawn, black tiger prawn *Penaeus monodon*	Bärengarnele, Bärenschiffskielgarnele, Schiffskielgarnele
giant yellowtail, yellowtail kingfish, **yellowtail amberjack FAO** *Seriola lalandi*	Australische Gelbschwanzmakrele, Riesen-Gelbschwanzmakrele
gibel carp, Prussian carp FAO *Carassius auratus gibelio*	Giebel, Silberkarausche
giblets	Geflügel-Innereien (innere Organe)
gilt sardine, Spanish sardine, **round sardinella FAO** *Sardinella aurita*	Ohrensardine, Große Sardine, Sardinelle
gilthead, gilthead seabream FAO *Sparus auratus*	Goldbrassen, Dorade Royal
ginger *Zingiber officinale*	Ingwer
➢ **Bengal ginger,** **cassumar ginger** *Zingiber montanum*	Bengal-Ingwer
➢ **galangal, greater galangal,** **Thai galangal, Thai ginger,** **Siamese ginger** *Alpinia galanga*	Galgant, Großer Galgant, Thai-Ingwer, Siam-Ingwer
➢ **Indonesian mango ginger** *Curcuma mangga*	Indonesischer Mangoingwer
➢ **Japanese ginger, myoga, mioga** *Zingiber mioga*	Japan-Ingwer, Mioga, Mioga-Ingwer
➢ **mango ginger** *Curcuma amada*	Mangoingwer

➢ shell ginger, bright ginger, light galangal, pink porcelain lily *Alpinia zerumbet*	Zerumbet, Muschelingwer
➢ Siamese ginger, galanga, galanga major, greater galanga *Alpinia galanga*	Galgant, Echter Galgant, Großer Galgant, Siam-Ingwer
➢ white ginger, mondia *Mondia whitei*	Mondia, Wurzelvanille
➢ wild ginger, pinecone ginger, bitter ginger *Zingiber zerumbet*	Wilder Ingwer, Martinique-Ingwer, Zerumbet-Ingwer
ginger ale	Ingwer-Bier
ginger bud, pink ginger bud, torch ginger (flower buds) *Etlingera elatior*	Malayischer Fackelingwer, Roter Fackelingwer (Knospen)
ginger grass, rosha, rusha *Cymbopogon martinii*	Palmarosagras
ginger mint *Mentha x gracilis, Mentha gentilis*	Edelminze, Ingwerminze, Gingerminze
gingerbread plum, sandapple *Parinari macrophylla*	Ingwerpflaume, Ingwerbrotpflaume, Sandapfel
gingko nuts, ginkgo seeds, ginnan *Ginkgo biloba*	Ginkgosamen, Ginkgo-Samen, Ginkgo-Kerne, Ginnan
girolle, chanterelle *Cantharellus cibarius*	Pfifferling
gizzard	Muskelmagen (Geflügel)
gladich, baltracan *Laser trilobum*	Rosskümmel, Dreilappiger Rosskümmel
glass noodles, cellophane noodles (Chinese vermicelli, bean threads)	Glasnudeln
glasswort, marsh samphire, sea asparagus, chicken claws, sea beans *Salicornia europaea*	Queller, Salzkraut, Glaskraut, Glasschmalz, Passe Pierre ‚Alge'
Glauber salt (crystalline sodium sulfate decahydrate)	Glauber-Salz, Glaubersalz (Natriumsulfathydrat)
glaze, glazing	Glasur, Überzug; (icing, frosting) Zuckerglasur
➢ chocolate glazing, glazing chocolate	Schokoladenglasur, Schokoladenüberzugsmasse, Kuvertüre, Kouvertüre, Cuvertüre
glucose syrup, confectioners' glucose	Glukosesirup
gluten	Gluten, Kleber
➢ wheat gluten	Weizenkleber
glutinous rice, white sticky rice *Oryza glutinosa*	Klebreis
gnetum seeds, melinjo, paddy oats *Gnetum gnemon*	Gnetum-Nüsse
Goa butter, kokam, kokum *Garcinia indica*	Kokum
goat cheese, goat's cheese	Ziegenkäse

goat's rue
  Galega officinalis

Geißraute, Geißklee

goatfish
  ➢ **golden goatfish**
  Mullus auratus

Ziegenfisch
Nördlicher Ziegenfisch

  ➢ **spotted goatfish**
  Pseudupeneus maculatus

Gefleckter Ziegenfisch

gobo, burdock, greater burdock
  Arctium lappa

Klettenwurzel, Japanische Klettenwurzel,
  Große Klette, Gobo

goby ➢ black goby
  Gobius niger

Schwarzgrundel, Schwarzküling

  ➢ **giant goby**
  Gobius cobitis

Riesengrundel, Große Meergrundel

goji berry, Tibetan goji,
  Himalayan goji, Chinese boxthorn,
  Chinese wolfberry
  Lycium barbarum and *Lycium chinense*

Goji-Beere, Chinesischer Bocksdorn,
  Bocksdornbeere,
  Chinesische Wolfsbeere

golden apple, Otaheite apple,
  hog plum, greater hog plum,
  ambarella
  Spondias dulcis, Spondias cytherea

Ambarella, Goldpflaume,
  Goldene Balsampflaume,
  Tahitiapfel

golden coral fungus
  Ramaria aurea

Goldgelbe Koralle

golden garlic, lily leek, moly,
  yellow onion
  Allium moly

Goldlauch, Molyzwiebel,
  Spanischer Lauch, Pyrenäen-Goldlauch

golden goatfish
  Mullus auratus

Nördlicher Ziegenfisch

golden grey mullet
  Mugil auratus, Liza aurata

Goldmeeräsche, Gold-Meeräsche

golden king crab
  Lithodes aequispina

Gold-Königskrabbe

golden mushroom, enoki,
  winter mushroom, velvet stem
  Flammulina velutipes

Enokitake, Samtfußrübling, Winterpilz

golden syrup (sugar beet molasses:
  light; best quality) (*siehe auch:*
  refiner's syrup und treacle)

Zuckerrübensirup, Rübensirup,
  Rübenkraut (hell/goldgelb/klar)

golden thistle, Spanish oyster,
  cardillo
  Scolymus hispanicus

Goldwurzel, Spanische Golddistel

golden trevally
  Gnathanodon speciosus,
  Caranx speciosus

Goldene Königsmakrele

golden tricholoma
  Tricholoma auratum

Weißfleischiger Grünling

goldenberry, Cape gooseberry,
  Peruvian ground cherry,
  poha berry
  Physalis peruviana

Kapstachelbeere, Andenbeere,
  Lampionfrucht, ‚Physalis'

goldfish FAO, common carp
  Carassius auratus

Goldfisch, Goldkarausche

gold-lined bream

gold-lined bream, large-eyed bream, striped large-eye bream FAO	Goldstreifenbrasse
Gnathodentex aureolineatus	
gold-of-pleasure, false flax, linseed dodder, camelina	Leindotter, Rapsdotter, Saatdotter, Saat-Leindotter
Camelina sativa	
goober (Southern US), peanut	Erdnuss
Arachis hygogaea	
Good Manufacturing Practice (GMP)	Gute Industriepraxis, Gute Herstellungspraxis (GHP) (Produktqualität)
good-King-Henry, allgood, blite	Guter Heinrich, Stolzer Heinrich
Chenopodium bonus-henricus	
goose (*pl* **geese**) *Anser* spp.	Gans (*pl* Gänse)
➤ **greylag goose**	Graugans
Anser anser	
goose fat	Gänseschmalz
goose lard	Gänseschmalz
goose liver paté	Gänseleberpastete
gooseberry, European gooseberry	Stachelbeere
Ribes uva-crispa	
➤ **Barbados gooseberry**	Barbados-Stachelbeere
Pereskia aculeata	
➤ **Cape gooseberry, goldenberry, Peruvian ground cherry, poha berry**	Kapstachelbeere, Andenbeere, Lampionfrucht
Physalis peruviana	
➤ **Ceylon gooseberry, ketembilla**	Ceylon-Stachelbeere, Ketembilla
Dovyalis hebecarpa	
➤ **coastal black gooseberry, worcesterberry, worcester berry**	Oregon-Stachelbeere
Ribes divaricatum	
➤ **Indian gooseberry, emblic, ambal**	Amla, Ambla, Indische Stachelbeere
Phyllanthus emblica	
➤ **Otaheite gooseberry, star gooseberry**	Grosella
Phyllanthus acidus	
gorgon nut, foxnut, fox nut, makhana	Gorgon-Nuss, Fuchsnuss, Stachelseerose
Euryale ferox	
gorp (dried fruit and nuts), trail mix	Studentenfutter
gotu cola	Gotu Kola
Centella asiatica	
goulash (a beef stew usually also with vegetables)	Gulasch
gourd	
➤ **bitter gourd, bitter cucumber, bitter melon, balsam pear**	Balsambirne
Momordica charantia	
➤ **bottle gourd, calabash**	Flaschenkürbis, Kalebasse
Lagenaria siceraria	

- **ivy gourd, scarlet gourd, tindora, Indian gherkin**
  Coccinea grandis
- **Malabar gourd, fig-leaf gourd**
  Cucurbita ficifolia
- **pointed gourd**
  Trichosanthes dioica
- **ridged gourd, angled gourd, angled loofah, angled luffa**
  Luffa acutangula
- **slipper gourd, stuffing gourd, korila, korilla, wild cucumber, achocha**
  Cyclanthera pedata
- **snakegourd**
  Trichosanthes cucumerina var. *anguina*
- **sponge gourd, loofah, vegetable sponge, smooth loofah, smooth luffa**
  Luffa aegyptiaca, Luffa cylindrica
- **wax gourd, white gourd, winter gourd**
  Benincasa hispida

governor's plum, ramontchi, batoka plum
  Flacourtia indica

grain
- **coarse meal, grits (hulled, coarsely ground grain)**
- **grist (crushed grain)**
- **groats (hulled, fragmented grain)**
- **middlings (granular product of grain milling - size between semolina and flour)**

grain amaranth, blood amaranth, Mexican grain amaranth, African spinach
  Amaranthus cruentus

grain coffee

grains of paradise, alligator pepper, Guinea grains, melegueta pepper, West African melegueta pepper
  Aframomum melegueta

gram
- **black gram, urd** *Vigna mungo*
- **green gram, golden gram, mung bean**
  Vigna radiata
- **horse gram**
  Macrotyloma uniflorum

gram flour, chickpea flour

Scharlachgurke, Scharlachranke, Efeu-Gurke

Feigenblattkürbis

Patol

Gerippte Schwammgurke, Flügelgurke

Korila, Korilla, Wilde Gurke, Scheibengurke, Inka-Gurke, Olivengurke, Hörnchenkürbis

Schlangengurke, Schlangenhaargurke

Schwammgurke

Wachskürbis, Wintermelone

Ramontschi, Tropenkirsche, Batako-Pflaume

Getreide; Samen
Schrot (grob gemahlen)

Mahlschrot

Schrot (sehr grob geschrotet/Bruch)

Schrot (grob)

Rispenfuchsschwanz

Getreidekaffee
Melegueta-Pfeffer, Malagetta-Pfeffer, Guinea-Pfeffer, Paradieskörner

Urdbohne
Mungbohne, Mungobohne, Jerusalembohne, Lunjabohne

Pferdebohne

Kichererbsenmehl

granadilla	Granadilla, Grenadille
➤ **giant granadilla, maracuja,**	Riesengrenadille, Riesengranadilla,
barbadine	Königsgrenadille, Königsgranate,
Passiflora quadrangularis	Barbadine
➤ **purple granadilla, passionfruit**	Passionsfrucht, Granadilla, Grenadille,
Passiflora edulis	Purpurgranadilla, violette Maracuja
➤ **sweet granadilla,**	Süße Grenadille, Süße Granadilla
sweet passionfruit	
Passiflora ligularis	
➤ **yellow granadilla,**	Wasserlimone
Jamaica honeysuckle,	
water lemon, bell-apple	
Passiflora laurifolia	
granular ark, blood cockle,	Rotfleischige Archenmuschel
Malaysian cockle	
Anadara granosa	
granulated sugar	Kristallzucker
grape (raisins) *Vitis vinifera*	Traube; Weintrauben
	(Rosinen: getrocknete Weinbeeren)
grape must	Traubenmost
grape sugar,	Traubenzucker,
glucose, dextrose	Glukose, Glucose, Dextrose
grape tomato	Traubentomate, Strauchtomate
Solanum lycopersicum var.	
grapefruit	Grapefruit
Citrus x *paradisi*	
grapes	Weintrauben
➤ **table grapes**	Tafeltrauben
➤ **winemaking grapes**	Winzertrauben
grass carp	Graskarpfen, Amurkarpfen
Ctenopharyngodon idella	
grass jelly, leaf jelly	Gras-Gelee, Kräuter-Gelee
Platostoma chinensis, Mesona chinensis	
grass pea, chickling pea,	Saatplatterbse, Saat-Platterbse
dogtooth pea, Riga pea,	
Indian pea	
Lathyrus sativus	
grass rockfish *Sebastes rastrelliger*	Gras-Felsenfisch
grasshoppers	Grashüpfer
grated coconut	Kokosraspeln
gravy	Bratensoße, Fleischsoße
grayfish, gray cod, Pacific cod FAO	Pazifik-Dorsch, Pazifischer Kabeljau
Gadus macrocephalus	
grayling	Äsche, Europäische Äsche
Thymallus thymallus	
grease	Schmierfett
great barracuda	Atlantischer Barrakuda,
Sphyraena barracuda	Großer Barrakuda
great pignut, earthnut,	Erdkastanie, Erdeichel,
earth chestnut	Knollenkümmel
Bunium bulbocastanum	

great pumpkins, giant pumpkin, winter squash *Cucurbita maxima* ssp. *maxima*	Riesenkürbis (Speisekürbis)
great scallop, common scallop, coquille St. Jacques *Pecten maximus*	Große Pilgermuschel, Große Jakobsmuschel
great sturgeon, volga sturgeon, beluga FAO *Huso huso*	Europäischer Hausen, Hausen, Beluga-Stör
great weever FAO, greater weever *Trachinus draco*	Petermännchen, Großes Petermännchen
greater forkbeard *Phycis blennoides, Urophycis blennoides*	Gabeldorsch, Großer Gabeldorsch, Meertrüsche
greater rhea *Rhea americana*	Nandu
greater sandeel, great sandeel FAO, lance, sandlance *Hyperoplus lanceolatus, Ammodytes lanceolatus*	Großer Sandspierling, Großer Sandaal
Greek oregano, Sicilian oregano, winter marjoram *Origanum vulgare* var. *viridulum, Origanum heracleoticum*	Griechischer Oregano, Wintermajoran
➤ **true Greek oregano, wild marjoram** *Origanum vulgare* var. *hirtum*	Echter Griechischer Oregano, Borstiger Gewöhnlicher Dost, Pizza-Oregano
Greek sage *Salvia fruticosa*	Griechischer Salbei
green abalone *Haliotis fulgens*	Grüne Abalone, Grünes Meerohr
green algae	Grünalgen
green beer	Grünbier
green butter, Borneo tallow *Shorea* spp.	Borneotalg
green cardamom, 'small' cardamom, Indian cultivated cardamom, (Malabar, Mysore and Vazhukka varieties) *Elettaria cardamomum* var. *cardamomum*	Grüner Kardamom, Indischer Kardamom (Malabar-, Mysore- und Vazhukka-Varietäten)
green crab ➤ **Mediterranean green crab** *Carcinus aestuarii, Carcinus mediterraneus*	Mittelmeer-Strandkrabbe
green gram, golden gram, mung bean *Vigna radiata*	Mungbohne, Mungobohne, Jerusalembohne, Lunjabohne
green jobfish FAO, streaker, king snapper, blue-green snapper *Aprion virescens*	Königsschnapper, Barrakuda-Schnapper, Grüner Schnapper
green mussel *Mytilus smaragdinus, Perna viridis*	Grüne Miesmuschel

green perilla, green shiso, ruffle-leaved green perilla
Perilla frutescens var. *crispa*

Grüne Perilla, Grünes Shiso

green sapote
Pouteria viridis

Grüne Sapote

green shore crab, green crab, North Atlantic shore crab
Carcinus maenas

Strandkrabbe, Nordatlantik-Strandkrabbe

green sturgeon
Acipenser medirostris

Grüner Stör

green tea

grüner Tee, Grüntee

green tiger prawn, zebra prawn
Penaeus semisulcatus

Grüne Tigergarnele

greengage, Reine Claude, gage plum
Prunus domestica ssp. *italica*

Reneklode, Reineclaude, Reneklaude, Ringlotte; Rundpflaume

Greenland cod
Gadus ogac

Grönland-Kabeljau, Grönland-Dorsch, Fjord-Dorsch

Greenland halibut FAO, Greenland turbot, black halibut
Reinhardtius hippoglossoides

Schwarzer Heilbutt, Grönland-Heilbutt

Greenland shark FAO, ground shark
Somniosus microcephalus

Grönlandhai, Großer Grönlandhai, Eishai, Grundhai

greenlip abalone, smooth ear shell
Haliotis laevigata

Glatte Abalone, Glattes Meerohr

greenshell mussel, New Zealand mussel, channel mussel, New Zealand greenshell
Perna canaliculus

Neuseeland-Miesmuschel, Neuseeländische Miesmuschel, Große Streifen-Miesmuschel

grenadier ➢ round-nose grenadier, roundnose grenadier FAO, rock grenadier, roundhead rattail
Coryphaenoides rupestris

Rundkopf-Grenadier, Langschwanz, Rundkopf-Panzerratte, Grenadierfisch, Grenadier

grey agaric, grey knight-cap
Tricholoma terreum

Erdritterling

grey gurnard FAO, gray searobin
Eutrigla gurnardus

Grauer Knurrhahn

greylag goose
Anser anser

Graugans

grilling sausage

Rostbratwurst

grist

Mahlgut (Getreide)

gristle

knorpeliges Bindegewebe in durchwachsenem/sehnigem Fleisch

grits

Grütze

groats

Graupen (entspelztes/geschältes Korn)

➢ pearls, pearled groats

Perlgraupen

➢ wheat groats, hulled wheat

Weizengraupen

gromwell, oyster plant, oysterleaf, sea lungwort
Mertensia maritima

Austernpflanze

grooved carpet shell
Ruditapes decussatus

Kreuzmuster-Teppichmuschel

ground bean, Kersting's groundnut *Macrotyloma geocarpum*	Erdbohne, Kandelbohne
ground beef, chopped beef	Rinderhack
➢ **lean ground beef**	Tatar, Tartar, Schabefleisch (mageres Rinderhack/Beefsteakhack)
ground ivy, alehoof *Glechoma hederacea*	Gundermann
ground meat **(in the US usually beef),** **hamburger (less lean);** **UK minced meat, meat mince**	Hackfleisch (Österr.: Faschiertes)
ground pork, pork mince	Hackepeter, Mett, Schweinehack, Hackfleisch vom Schwein
groundnut pea, earthnut pea, **tuberous sweetpea,** **earth chestnut** *Lathyrus tuberosus*	Knollige Platterbse, Knollen-Platterbse, Erdnussplatterbse
groupers *Epinephelus* spp.	Zackenbarsche
➢ **black grouper** *Mycteroperca bonaci*	Schwarzer Zackenbarsch
➢ **dogtooth grouper FAO,** **dog-toothed grouper** *Epinephelus caninus*	Grauer Zackenbarsch
➢ **dusky grouper, dusky perch** *Epinephelus guaza,* *Epinephelus marginatus*	Brauner Zackenbarsch
➢ **honeycomb grouper, rockcod** *Epinephelus merra*	Merra-Wabenbarsch
➢ **leopard coralgrouper FAO,** **leopard coral trout,** **leopard grouper,** **leopard coral grouper** *Plectropomus leopardus*	Leopardenbarsch, Leopard-Felsenbarsch, Korallenbarsch
➢ **red grouper** *Epinephelus morio*	Roter Zackenbarsch
grouse	
➢ **black grouse, blackgame** *Tetrao tetrix*	Birkhahn
➢ **hazel grouse** *Bonasia bonasia*	Haselhuhn
➢ **willow grouse** *Lagopus lagopus*	Moorhuhn, Moorschneehuhn
➢ **wood grouse, capercaillie** *Tetrao urogallus*	Auerhahn
grubs	Käferlarven, Engerlinge
➢ **sago grubs, palmworms** *Rhynchophorus* spp.	Sagowürmer, Palmenrüsselkäferlarven
➢ **witchety grubs** **(witchetty/witjuti)**	Witchety-Larven
gruel (US oatmeal)	Haferschleim
grumichama, Brazil cherry *Eugenia brasiliensis, Eugenia dombeyi*	Brasilkirsche, Grumichama

grunts *Haemulon* spp.	Grunzer
➢ **bluestriped grunt**	Blaustreifengrunzer,
Haemulon sciurus	Blaustreifen-Grunzerfisch
guanabana, soursop	Stachelannone,
Annona muricata	Stachliger Rahmapfel,
	Sauersack, Corossol
guar, cluster bean	Guarbohne, Büschelbohne
Cyamopsis tetragonoloba	
guar flour, guar meal,	Guarmehl, Guar-Samen-Mehl
guar seed meal	
guar gum (cluster bean)	Guar, Guargummi, Guar-Gummi
Cyamopsis tetragonoloba	
guaraná	Guaraná
Paullinia cupana	
guava	Guave
Psidium guajava	
➢ **Brazilian guava, Guinea guava**	Stachelbeer-Guave
Psidium guineense	
➢ **Chilean guava,**	Chilenische Guave, Murtilla
cranberry (New Zealand),	
strawberry myrtle, murtilla	
Ugni molinae	
➢ **Costa Rican guava**	Costa-Rica-Guave
Psidium friedrichsthalianum	
➢ **native guava (Australia),**	Bolwarra
bolwarra	
Eupomatia laurina	
➢ **para guava**	Para-Guave
Psidium acutangulum, Britoa acida	
➢ **pineapple guava, feijoa**	Feijoa, Ananasguave
Acca sellowiana	
➢ **river guava,**	Camu Camu
camu-camu, caçari	
Myrciaria dubia	
➢ **strawberry guava, cattley guava,**	Erdbeer-Guave
purple guava	
Psidium littorale, Psidium cattleianum	
guava berry, rumberry	Rumbeere, Guaven-Beere
Myrciaria floribunda	
guelderberry, guelder rose,	Gemeiner Schneeball,
water elder,	Gemeine Schneeballfrüchte
European 'cranberrybush'	
(not a cranberry!)	
Viburnum opulus	
guinea pig	Meerschweinchen
Cavia porcellus	
Guinea plum, mubura	Guineapflaume
Parinari excelsa	
guineafowl (helmeted guineafowl)	Perlhuhn (Helmperlhuhn)
Numida meleagris	

gum (*also short for:* **chewing gum**)	Gummi (*nt/pl* Gummen) (Lebensmittel/Pflanzensaft/ Polysaccharidgummen etc.)
➢ **chewing gum**	Kaugummi
➢ **ghatti gum** *Anogeissus latifolia*	Ghattigummi, Ghatti-Gummi
➢ **guar gum (cluster bean)** *Cyamopsis tetragonoloba*	Guar-Gummi
➢ **gutta-percha** *Palaquium gutta*	Guttapercha
➢ **karaya gum, sterculia gum** *Sterculia urens*	Karayagummi
➢ **locust bean gum, carob gum** *Ceratonia siliqua*	Karobgummi, Johannisbrotkernmehl, Johannisbrotsamengummi
➢ **mesquite gum** *Prosopis juliflora*	Mesquitegummi
➢ **tamarind seed powder** *Tamarindus indica*	Tamarindensamengummi
➢ **tara gum** *Tara spinosa, Caesalpinia spinosa*	Taragummi, Tarakernmehl, Tara
➢ **tragacanth, gum tragacanth, gum dragon, shiraz gum** *Astragalus* spp.	Traganth, Tragant, Tragacanth
➢ **xanthan gum**	Xanthangummi
gum acacia, gum arabic, acacia gum *Acacia senegal* u.a.	Gummi Arabicum, Gummiarabikum, Arabisches Gummi, Acacia Gummi
gum base, masticatory	Kaumasse, Kaumittel
gum karaya *Sterculia urens*	Karaya, Karayagummi (Indischer Tragant)
gum tragacanth *Astragalus* spp.	Tragacanth, Tragant
gumbo, okra, bindi, ladyfingers *Hibiscus esculentus, Abelmoschus esculentus*	Okra, Gemüse-Eibisch, Essbarer Eibisch
gummy bears	Gummibären, Gummibärchen
gurnards	Knurrhähne
➢ **East Atlantic red gurnard, cuckoo gurnard** *Aspitrigla cuculus*	Seekuckuck, Kuckucks-Knurrhahn
➢ **grey gurnard FAO, gray searobin** *Eutrigla gurnardus*	Grauer Knurrhahn
➢ **tub gurnard FAO, sapphirine gurnard** *Chelidonichthys lucerna*	Roter Knurrhahn (Seeschwalbenfisch)
gutta-percha *Palaquium gutta*	Guttapercha
gutweed *Ulva intestinalis, Enteromorpha intestinalis*	Darmtang
gypsy mushroom, chicken of the woods *Cortinarius caperatus, Rozites caperatus*	Reifpilz, Runzelschüppling, Zigeuner

habanero pepper, scotch bonnet *Capsicum chinensis,* *Capsicum tetragonum*	Habanero-Chili (Quittenpfeffer)
hackberry, European hackberry, **lotus berry** *Celtis australis*	Zürgel(n), Zürgelbaum, Südlicher Zürgelbaum
haddock (chat, jumbo) *Melanogrammus aeglefinus*	Schellfisch
hairy mountain mint *Pycnanthemum pilosum*	Amerikanische Bergminze
hake, European hake FAO, **North Atlantic hake** *Merluccius merluccius*	Seehecht, Europäischer Seehecht, Hechtdorsch
➢ **deep-water Cape hake** *Merluccius paradoxus*	Kaphecht, Kap-Seehecht
➢ **luminous hake** *Steindachneria argentea*	Leuchtender Gabeldorsch
➢ **red hake, squirrel hake** *Urophycis chuss*	Roter Gabeldorsch
halibut	Heilbutt
➢ **Atlantic halibut** *Hippoglossus hippoglossus*	Heilbutt, Weißer Heilbutt
➢ **California halibut** *Paralichthys californicus*	Kalifornischer Heilbutt
➢ **Greenland halibut FAO,** **Greenland turbot, black halibut** *Reinhardtius hippoglossoides*	Schwarzer Heilbutt, Grönland-Heilbutt
➢ **Indian halibut,** **Indian spiny turbot FAO, adalah** *Psettodes erumei*	Indopazifischer Ebarme, Indischer Stachelbutt, Pazifischer Steinbutt
➢ **Pacific false halibut,** **flathead flounder FAO** *Hippoglossoides dubius*	Japanischer Heilbutt
➢ **Pacific halibut** *Hippoglossus stenolepis*	Pazifischer Heilbutt
ham (from thigh)	Schinken (aus der Keule)
➢ **beer ham**	Bierschinken
➢ **boiled ham, cooked ham**	Kochschinken, gekochter Schinken
➢ **dry-cured/smoked lean pork loin**	Lachsschinken (vom Kotelettstrang)
➢ **dry-cured/smoked uncooked ham**	Rohschinken, roher Schinken
➢ **from tip/knuckle/forecushion** **(from above kneecap)**	Nussschinken, Mausschinken, Kugelschinken (Quadriceps femoris)
➢ **picnic ham** **(of foreleg and shoulder)**	Schulterschinken (Vorderschinken)
➢ **rump portion, rump half,** **butt portion, butt half** **(upper thigh)**	Oberschinken
➢ **shank portion, shank half**	Unterschinken
➢ **smoked ham**	Räucherschinken
➢ **Westphalian ham** **(pigs fed with acorns/** **smoked over beech and juniper)**	Westfälischer Schinken

hamburger 'steak' **(seasoned and fried beef patty)**	deutsches Beefsteak (gewürztes Rinderhack zu 'Steaks' geformt)
Hanover salad, Siberian kale	Sibirischer Kohl, Schnittkohl
Brassica napus (Pabularia Group)	
hard candy US	Hartkaramellen, Bonbons (Gutsel)
hard cheese	Hartkäse
hard cherry, bigarreau cherry	Knorpelkirsche
Prunus avium ssp. *duracina*	
hard cider	Apfelwein (Ebbelwoi)
hard water	hartes Wasser
hare	Hase, Feldhase (*siehe auch:* Kaninchen); (leveret) Häschen
Lepus europaeus	
➢ **Arctic hare**	Polarhase
Lepus arcticus	
➢ **mountain hare**	Schneehase
Lepus variabilis	
hare's ear mustard	Orientalischer Ackerkohl, Weißer Ackerkohl
Conringia orientalis	
hare's lettuce, sowthistle	Gänsedistel, Kohl-Gänsedistel
Sonchus oleraceus	
hartshorn salt, **ammonium carbonate $(NH_4)_2CO_3$**	Hirschhornsalz, Ammoniumcarbonat
Hausa potato	Hausa-‚Kartoffel‘
Plectranthus rotundifolius	
Hawaiian cranberry, ohelo	Ohelo-Beere, Hawaiianische Kranichbeere
Vaccinium reticulatum	
hawthorn	Weissdorn
Crataegus laevigata	
➢ **Mexican hawthorn,** **manzanilla, tejocote**	Tejocote, Mexikanischer Weißdorn, Manzanilla
Crataegus mexicana, *Crataegus pubescens*	
hazard analysis and **critical control points** **(HACCP)** [*pronounced:* hassip]	Gefährdungsanalyse und kritische Lenkungspunkte, Gefährdungsanalyse und kritische Kontrollpunkte
hazel grouse, hazel hen	Haselhuhn
Bonasa bonasia	
hazelnut, hazel, **filbert, European filbert, cobnut**	Haselnuss
Corylus avellana	
➢ **American hazel, American filbert**	Amerikanische Haselnuss
Corylus americana	
➢ **Chilean hazelnut, Chile nut,** **gevuina nut**	Chilenische Haselnuss
Gevuina avellana	
➢ **Chinese hazel**	Chinesische Haselnuss
Corylus chinensis	
➢ **Turkish hazel**	Türkische Haselnuss
Corylus colurna	
head	Kopf
head cheese, brawn	Presskopf, Presssack, Sausack

heading leaf mustard, cabbage leaf mustard, broad-leaved mustard, mustard greens *Brassica juncea* var. *rugosa*	Breitblättriger Senf
health beverages	Gesundheitsgetränke
health foods	Health-Foods
heart cherry *Prunus avium* ssp. *juliana*	Herzkirsche
heart leaf, fish plant, fishwort *Houttuynia cordata*	Chamäleonblatt, Herzförmige Houttuynie, Vap Ca
heart of palm, palm hearts, palmito, swamp cabbage *Euterpe edulis* a. *Bactris gasipaes* u.a.	Palmherzen, Palmenherzen (Palmkohl/Palmito)
heart shell, oxheart cockle *Glossus humanus*	Ochsenherz
heavy cream US (>36%)	Schlagsahne (>30% Fett), Doppelrahm
heel	Ferse
hemp oil *Cannabis sativa*	Hanföl
henfish, lumpsucker, lumpfish *Cyclopterus lumpus*	Seehase (Lump/Lumpfisch)
herb butter	Kräuterbutter
herb vinegar	Kräuteressig
herbal drink	Kräutergetränk
herbal tea, herbal infusion, herb tea, tisane	Kräutertee
herbs	Kräuter
➤ **kitchen herbs (used fresh)**	Küchenkräuter (frisch verwendet)
➤ **medicinal herbs**	Heilkräuter
➤ **potherbs, pot herbs**	Suppenkräuter (gekocht verwendet)
herring, Atlantic herring FAO (digby, mattie, slid, yawling, sea herring) *Clupea harengus*	Hering, Atlantischer Hering
➤ **buckling (hot-smoked/ whole herring) UK**	Bückling (heißgeräucherter, ganzer unentweideter Hering)
➤ **kipper (cold-smoked/ whole but split herring)**	Kipper (auf englische Art: kaltgeräucherter, ganzer aber gespaltener Hering)
➤ **matjes herring**	Matjes-Hering, Matjeshering
➤ **Pacific herring** *Clupea pallasi*	Pazifischer Hering
➤ **pickled herring**	Salzhering
hibiscus, roselle, sorrel, Jamaica sorrel, karkadé *Hibiscus sabdariffa*	Sabdariffa-Eibisch, Rosella, Karkade, Afrikanische Malve
hickory *Carya* spp.	Hickorynuss
➤ **China hickory, Cathay hickory** *Carya cathayensis*	China-Hickorynuss

➤ **kingnut, kingnut hickory, shellbark hickory** *Carya laciniosa*	Königsnuss
➤ **mockernut, white hickory** *Carya tomentosa*	Spottnuss
➤ **nutmeg hickory** *Carya myristiciformis*	Muskat-Hickorynuss
➤ **shagbark hickory (mockernut)** *Carya ovata*	Schuppenrinden-Hickorynuss, Weiße Hickory
highbush blueberry *Vaccinium corymbosum*	Kulturheidelbeere (Amerikanische Heidelbeere)
high-fat	fettreich; (rich, heavy) kalorienreich
high-fructose corn syrup (HFCS)	Isosirup, Isoglucose-Sirup (Isomeratzucker/Isomerose/Isozucker)
high-gravity beers	Starkbiere (>16% St.W.)
high-maltose syrup (HMS)	Maltosesirup (Maltose-reicher Sirup)
highway nut *Noix maniaci*	Autobahn-Nuss
hijiki *Hizikia fusiformis*	Hijiki
hill mustard, Turkish rocket *Bunias orientalis*	Hügelsenf, Türkische Rauke
Himalayan cherry *Prunus cerasioides*	Himalaya-Kirsche
Himalayan nettle *Urtica parviflora*	Himalaya-Nessel
hing, asafoetida, asafetida *Ferula assa-foetida*	Asant, Teufelsdreck
hoary basil, lime basil *Ocimum americanum*	Amerikanisches Basilikum, Limonen-Basilikum, Kampferbasilikum
hobblebush, moosewood, mooseberry *Viburnum lantanoides*	Erlenblättriger Schneeball
hock, shank	Hachse, Haxe
hog maw(s), pig's stomach	Schweinsmagen (*siehe*: Saumagen)

hog plum, greater hog plum, ambarella, Otaheite apple, golden apple
 Spondias dulcis/Spondias cytherea
	Ambarella, Goldpflaume,
	   Goldene Balsampflaume,
	   Tahitiapfel

hogfish ➤ Spanish hogfish *Bodianus rufus*	Spanischer Schweinsfisch
hogget (2 incisors, unshorn yearling sheep) *Ovis aries*	Jungschaf (<1-jähriges, 2 Schneidezähne)
hokkaido, potimarron squash, hubbard *Cucurbita maxima* ssp. *maxima* (Hubbard Group)	Hokkaido-Kürbis
holy basil, Indian holy basil, Thai holy basil, tulsi *Ocimum tenuiflorum,* *Ocimum sanctum*	Indisches Basilikum, Königsbasilikum, Heiliges Basilikum, Tulsi
hominy grits, corn grits	Maisgrütze, Maisgrieß

honey	Honig
➤ **alfalfa honey**	Luzerne-Honig, Luzernenhonig
➤ **baker's honey**	Backhonig
➤ **beekeeper's honey**	Imkerhonig
➤ **chunk honey**	mit Wabenteilen
➤ **clover honey**	Kleehonig
➤ **comb honey**	Scheibenhonig, Wabenhonig
➤ **cut-comb honey, chunk honey**	Honig mit Wabenstücken
➤ **drained honey**	Tropfhonig
➤ **extracted honey**	Schleuderhonig
➤ **fir honey**	Tannenhonig
➤ **flower honey, blossom honey, nectar honey**	Blütenhonig, Nektarhonig
➤ **forest honey**	Waldhonig
➤ **heather honey**	Heidehonig
➤ **honeydew honey**	Honigtauhonig (Blatthonig: von Laubbäumen)
➤ **invert syrup (honey garde), inverted sugar syrup**	Kunsthonig (Invertzuckercreme)
➤ **lavender honey**	Lavendelhonig
➤ **linden honey, limetree honey**	Lindenhonig
➤ **mead**	Met
➤ **nectar**	Nektar
➤ **orange flower honey**	Orangenblütenhonig
➤ **palm honey** *Jubaea chilensis* u.a.	Palmenhonig, Palmhonig
➤ **pressed honey**	Presshonig
➤ **raw honey**	unverarbeiteter Honig
➤ **robinia honey, black locust honey ('acacia' honey)**	Akazienhonig (eigentlich: Robinienhonig)
➤ **royal jelly**	Gelée Royale, Königinnenfuttersaft
➤ **spruce honey**	Fichtenhonig
honey agaric, honey fungus, boot-lace fungus *Armillaria mellea*	Honiggelber Hallimasch
honey ants, honeypot ants, repletes	Honigameisen
honey melon sage, pineapple sage, pineapple-scented sage *Salvia elegans, Salvia rutilans*	Honigmelonensalbei, Honigmelonen-Salbei, Ananassalbei, Ananas-Salbei
honey palm (palm honey), coquito, Chilean wine palm *Jubaea chilensis*	Honigpalme (Palmenhonig), Coquitopalme
honeyberry ➤ **Kamchatka honeysuckle** *Lonicera kamtschatica*	Honigbeere, Kamtschatka-Heckenkirsche, Kamtschatka-Beere
➤ **mamoncillo** *Melicoccus bijugatus*	Mamoncillo, Honigbeere, Quenepa
honeybush tea *Cyclopia genistoides*	Honigbuschtee, Buschtee
honeycomb	Wabe, Honigwabe
honeycomb grouper, rockcod *Epinephelus merra*	Merra-Wabenbarsch

honeydew	Honigtau
honeydew honey	Honigtauhonig
honeysuckle, edible honeysuckle, sweetberry honeysuckle, blue honeysuckle	Heckenkirsche, Essbare Heckenkirsche
Lonicera caerulea var. *edulis*	
➤ **Kamchatka honeysuckle, honeyberry**	Honigbeere, Kamtschatka-Heckenkirsche, Kamtschatka-Beere
Lonicera kamtschatica	
Hong Kong kumquat, Formosan kumquat, Taiwanese kumquat	Hongkong-Kumquat, Chinesische Kumquat
Fortunella hinsii	
honshimeji	Honshimeji
Lyophyllum shimeji	
hops	Hopfen
Humulus lupulus	
horehound	Andorn
Marrubium vulgare	
horn of plenty	Algiersalat
Fedia cornucopiae	
➤ **trompette des morts**	Herbsttrompete, Totentrompete
Craterellus cornucopioides	
horned octopus, curled octopus	Zirrenkrake
Eledone cirrosa, Ozeana cirrosa	
horned pout, American catfish, brown bullhead FAO, 'speckled catfish'	Amerikanischer Zwergwels, Brauner Zwergwels, Langschwänziger Katzenwels
Ictalurus nebulosus, Ameiurus nebulosus	
horse	Pferd, Hauspferd
Equus caballus	
horse gram	Pferdebohne
Macrotyloma uniflorum	
horse meat	Pferdefleisch
horse mint, longleaf mint, Biblical mint	Ross-Minze
Mentha longifolia	
horse mushroom	Schafchampignon, Schafegerling, Anis-Egerling, Weißer Anisegerling, Weißer Anischampignon
Agaricus arvensis	
horseradish	Meerrettich, Kren
Armoracia rusticana	
horseradish tree ➤ **drumsticks**	Drumstickgemüse (Meerrettichbaum)
Moringa oleifera	
hospital food	Krankenhauskost
host (eucharistic/consecrated bread/wafer)	Hostie (Oblate/Waffel: ungesäuertes Stück Brot)
hot beverage	Heißgetränk
hot pepper, red chili, chili pepper, cayenne pepper, tabasco pepper	Chili, Cayennepfeffer, Tabasco
Capsicum frutescens	

hot punch	Glühpunsch, Feuerzangenbowle
hot sauce	Chili-Soße
hot water	Warmwasser
hubbard, potimarron squash, hokkaido	Hokkaido-Kürbis
Cucurbita maxima ssp. *maxima* (Hubbard Group)	
huchen, Danube salmon	Huchen
Hucho hucho	
huckleberry	
➤ **black huckleberry**	Schwarze Buckelbeere
Gaylussacia baccata	
➤ **blue huckleberry, dangleberry, blue tangle**	Blaue Buckelbeere
Gaylussacia frondosa	
➤ **dwarf huckleberry**	Zwerg-Buckelbeere
Gaylussacia dumosa	
➤ **garden huckleberry**	Kulturnachtschatten, Schwarzbeere
Solanum melanocerasum	
➤ **red huckleberry, red bilberry**	Red Huckleberry, Rotfrüchtige Heidelbeere
Vaccinium parvifolium	
hulless oat, naked oat	Rauhafer, Sandhafer, Nackthafer
Avena nuda	
humectant	Feuchthaltemittel, Befeuchtungsmittel
humphead snapper, bloodred snapper	Blut-Schnapper, Blutschnapper
Lutjanus sanguineus	
hyacinth bean, lablab	Helmbohne
Lablab purpureus	
hydrogenated glucose syrup (HGS)	hydrierter Glucosesirup
hydrogenated vegetable shortening	Pflanzenfett, gehärtetes (raffiniert)
hydrolyzed proteins + herbal extracts for bouillons	Speisewürze (Proteinhydrolysat + Kräuterextrakte
hygienic control point (HCP)	Hygiene-Kontrollpunkt (HKP)
hyssop *Hyssopus officinalis*	Ysop
➤ **anise hyssop**	Anis-Ysop
Agastache foeniculum	
➤ **Bible hyssop, hyssop of the Bible, Syrian oregano**	Syrischer Oregano, Arabischer Oregan
Origanum syriacum	
➤ **false hyssop, tea hyssop**	Arabisches Bergkraut
Micromeria fruticosa	
➤ **Korean mint, Korean hyssop**	Koreanische Minze
Agastache rugosa	
➤ **Mexican hyssop, Mexican lemon hyssop**	Mexikanische Minze, Mexikanische Duftnessel, Limonen-Ysop, Lemon-Ysop
Agastache mexicana	

ibex	Steinwild
Capra ibex	
ice cream, ice-cream	Eiscreme, Eiskreme, Eiskrem, Speiseeis
➤ **popsicle US; ice lolly UK;**	Eis am Stiel
icy pole, ice block AUS	
➤ **sherbet, sorbet**	Sorbet
➤ **water-ice (water-based ice cream)**	Wassereis
ice cups, ice confection,	Eiskonfekt
ice confectionery	
ice wine, icewine	Eiswein
iced tea	Eistee
Iceland scallop	Isländische Kammmuschel,
Chlamys islandica	Island-Kammmuschel
ice-plant	Eiskraut
Mesembryanthemum crystallinum	
icicle fungus	Bartkoralle
Hericium clathroides	
icing, frosting, sugar frosting	Zuckerguss, Zuckerglasur
➤ **apricot icing**	Aprikotur
➤ **chocolate icing/frosting**	Schokoladenguss, Schokoladenglasur
ide FAO, orfe	Aland, Orfe
Leuciscus idus	
idiot, shortspine thornyhead	Kurzstachel-Dornenkopf
Sebastes alascanus	
imbricate oyster	Schindelauster*
Ostrea imbricata	
impala	Impala, Schwarzfersenantilope
Aepyceros melampus	
Inca wheat, amaranth	Amarant, Inkaweizen
Amaranthus spp.	
inchi nut, Orinoco nut	Inchi-Nuss, Sacha-Inchi-Nuss,
Caryodendron orinocense	Inka-Nuss
Indian almond, sea almond,	Indische Mandel, Seemandel, Katappaöl
wild almond	
Terminalia catappa	
Indian arrowroot	Ostindisches Arrowroot, Tikur
Curcuma angustifolia	
Indian borage, Cuban oregano,	Indischer Borretsch,
Mexican mint	Kubanischer Oregano,
(soup mint, Indian mint)	Jamaikathymian, Jamaika-Thymian
Plectranthus amboinicus	(Suppenminze)
Indian cassia, cinnamon leaves,	Malabarzimt, Zimtblätter,
Indian bay leaf	Indischer Lorbeer, Tejpat
Cinnamomum tamala	
Indian crabapple, false quince	Indischer Crabapfel
Docynia indica	
Indian cress, 'nasturtium',	Kapuzinerkresse
garden nasturtium	
Tropaeolum majus	

**Indian cultivated cardamom,
   green cardamom, small cardamom
   (Malabar, Mysore and
   Vazhukka varieties)**
   Elettaria cardamomum var.
   cardamomum
	Indischer Kardamom,
	   Grüner Kardamom
	   (Malabar-, Mysore- und Vazhukka-
	   Varietäten)

Indian dwarf wheat, shot wheat
   Triticum aestivum ssp. *sphaerococcum*
	Indischer Kugelweizen, Kugelweizen,
	   Indischer Zwergweizen

Indian gooseberry, emblic, ambal *Phyllanthus emblica*	Amla, Ambla, Indische Stachelbeere

Indian horseradish (drumsticks)
   Moringa oleifera
	Meerrettichbaum, Pferderettich
	   (Drumstickgemüse)

**Indian jujube, masawo
   (ziziphus fruit leather)**
   Ziziphus mauritiana
	Indische Brustbeere, Filzblättrige Jujube

Indian lemonade *Rhus typhina+Rhus aromatica*	Indianer-Limonade
Indian lettuce *Lactuca indica*	Chinesischer Salat, Indischer Salat
Indian long pepper *Piper longum*	Bengal-Pfeffer

**Indian mirrorfish,
   Indian threadfish FAO,
   diamond trevally**
   Alectis indicus
	Indische Fadenmakrele

Indian mulberry, noni fruit *Morinda citrifolia*	Noni, Indische Maulbeere

➢ **Indian mulberry leaf, bai yor**
   Morinda citrifolia
	Noni-Blätter
	   (Indischer Maulbeerstrauch)

Indian oil sardine FAO, oil sardine *Sardinella longiceps*	Großkopfsardine

Indian plum, Indian prune, rukam
   Flacourtia rukam
	Rukam, Madagaskarpflaume,
	   Batako-Pflaume

**Indian plum, Oregon plum,
   osoberry**
   Oemleria cerasiformis
	Indianische Pflaume,
	   Oregonpflaume

Indian pokeberry, Asian pokeberry *Phytolacca acinosa*	Asiatische Kermesbeere

**Indonesian cinnamon,
   Indonesian cassia,
   Korintji cinnnamon, padang cassia**
   Cinnamomum burmanii
	Indonesischer Zimt, Padang-Zimt,
	   Bataviazimt

Indonesian mango ginger *Curcuma mangga*	Indonesischer Mangoingwer
inedible, uneatable	nicht essbar
infant formula	Säuglingsanfangsnahrung, Formula-Nahrung
inga, ice cream bean *Inga edulis*	Ingabohne
ingredients	Zutaten

**ink cap,
   shaggy ink cap, shaggy mane**
   Coprinus comatus
	Schopf-Tintling, Spargelpilz,
	   Porzellan-Tintling

innards, entrails, viscera (abdominal organs)	Innereien (innere Organe/Eingeweide)
➢ **caul**	Netz, Fettnetz
➢ **gizzard**	Muskelmagen (Geflügel)
➢ **intestines**	Darm, Gedärme
➢ **kidney**	Niere
➢ **liver**	Leber
➢ **lungs**	Lunge
➢ **spleen**	Milz
➢ **stomach**	Magen
➢ **tongue**	Zunge
inoculation	Impfung
inoculum	Impfgut
insects	Insekten
➢ **agave worm** ➢ **red agave worm, red worm, red maguey worm, gusano rojo** *Hypopta agavis*	Roter Agavenwurm, Roter Mescal-Wurm, Rote Agavenraupe
➢ **ants** Formicidae	Ameisen
➢ **honey ants, honeypot ants, repletes**	Honigameisen
➢ **cicadas**	Zikaden
➢ **crickets**	Grillen
➢ **grasshoppers**	Grashüpfer
➢ **grubs**	Käferlarven, Engerlinge
➢ **sago grubs, palmworms** *Rhynchophorus* spp.	Palmenrüsselkäferlarven, Sagowürmer
➢ **witchety grubs (witchetty/witjuti)**	Witchety-Larven
➢ **locusts**	Heuschrecken
➢ **maguey worm, meocuiles** *Aegiale hesperialis*	Mescal-Wurm, Agavenraupe
➢ **mopane worm** *Imbrasia belina*	Mopane-Wurm, Mopane-Raupe
➢ **palmworms, sago grubs** *Rhynchophorus* spp.	Palmenrüsselkäferlarven, Sagowürmer
➢ **red agave worm, red worm, red maguey worm, gusano rojo** *Hypopta agavis*	Roter Agavenwurm, Roter Mescal-Wurm, Rote Agavenraupe
instant drink	Instantdrink, Instantgetränk
instant flour	Instantmehl
intestines	Darm, Därme, Gedärme
invalid's diet, food for sick people, special diet for sick people	Krankenkost, Krankendiät
invert syrup (honey garde), inverted sugar syrup	Kunsthonig (Invertzuckercreme)
iodine (I)	Iod
iodized salt	Iodsalz
Irish moss, carragean, carragheen *Chondrus crispus*	Knorpeltang, Knorpelalge, Irisches Moos

Irish potato, potato, white potato	Kartoffel, Speisekartoffel, Erdapfel
Solanum tuberosum	
isotonic drink, electrolyte drink	Isodrink, Iso-Getränk, isotonisches Getränk, Elektrolyt-Getränk
Italian chicory, radicchio	Radicchio
Cichorium intybus (Foliosum Group) 'Radicchio Group'	
Italian freshwater crab	Gemeine Flusskrabbe, Gemeine Süßwasserkrabbe
Potamon fluviatile	
Italian parsley, Neapolitan parsley	Italienische Petersilie
Petroselinum crispum var. *neapolitanum*	
ivy gourd, scarlet gourd, tindora, Indian gherkin	Scharlachgurke, Scharlachranke, Efeu-Gurke
Coccinea grandis	

jaboticaba, Brazilian tree grape	Jaboticaba, Baumstammkirsche
Myrciaria cauliflora	
jack bean, sabre bean	Jackbohne
Canavalia ensiformis	
jack knife clams	Schwertmuscheln
➢ **American jack knife clam**	Amerikanische Schwertmuschel
Ensis directus	
➢ **Mediterranean jack knife clam**	Gerade Mittelmeer-Schwertmuschel
Ensis minor	
jack-by-the-hedge,	Lauchhederich
garlic mustard, hedge garlic	
Alliaria petiolata	
jackfruit	Jackfrucht
Artocarpus heterophyllus	
jaggery palm, toddy palm,	Toddypalme, Sagopalme, Brennpalme
wine palm, fishtail palm	
Caryota urens	
jaltomato	Jaltomate
Jaltomata procumbens	
jam, preserves	Konfitüre (>60% Zucker)
Jamaica bilberry	Jamaika-Blaubeere, Agraz
Vaccinium meridionale	
Jamaica cherry, Jamaican cherry,	Jamaikakirsche,
Panama berry	Jamaikanische Muntingia,
Muntingia calabura	Panama-Beere
jamberry, tomatillo, husk tomato	Tomatillo, Mexikanische Tomate,
Physalis philadelphica (P. ixocarpa)	Mexikanische Blasenkirsche
jambhiri orange, rough lemon,	Jambhiri-Orange,
mandarin lime	Rauschalige Zitrone
Citrus x jambhiri	
jambolan, Java plum	Jambolan, Wachs-Jambuse
Syzygium cumini	
jambu, rose apple	Rosenapfel, Rosen-Jambuse
Syzygium jambos	
➢ **wax jambu, Java apple,**	Wachsapfel, Javaapfel, Java-Apfel
Java rose apple, Java wax apple	
Syzygium samarangense	
Japanese amberjack, yellowtail, buri	Japanische Bernsteinmakrele,
Seriola quinqueradiata	Japanische Seriola
Japanese anchovy	Japanische Sardelle, Japan-Sardelle
Engraulis japonicus	
Japanese apricot, mume	Japanische Aprikose,
Prunus mume	Schnee-Aprikose, Ume
Japanese arrowroot, kudzu	Kudzu, Japanisches Arrowroot
Pueraria montana var. *thomsonii*	
(P. montana var. *lobata)*	
Japanese artichoke,	Knollenziest, Japanische Kartoffel
Chinese artichoke, crosnes	
Stachys affinis	
Japanese chestnut	Japanische Esskastanie
Castanea crenata	

Japanese eel
Anguilla japonica
Japanischer Aal

Japanese forest mushroom, shiitake
Lentinus/Lentinula edodes
Shiitake, Blumenpilz,
Japanischer Champignon

Japanese garlic, Chinese garlic
Allium macrostemon, Allium grayi
Wasserknoblauch, Nobiru

Japanese ginger, myoga, mioga
Zingiber mioga
Japan-Ingwer, Mioga, Mioga-Ingwer

**Japanese greens,
chrysanthemum, tangho**
Chrysanthemum coronarium
Chrysanthemum, Speise-Chrysanthem
Salatchrysantheme,
Salat-Chrysantheme

Japanese hard clam
Meretrix lusoria
Japanische Venusmuschel, Hamaguri

**Japanese lantern, Chinese lantern,
winter cherry**
Physalis alkekengi
Blasenkirsche, Alkekengi

**Japanese littleneck,
short-necked clam,
Japanese clam, Manila clam,
Manila hardshell clam**
*Ruditapes philippinarum,
Tapes philippinarum,
Venerupis philippinarum,
Tapes japonica*
Japanische Teichmuschel,
Japanische Teppichmuschel

Japanese lobster
Panulirus japonicus
Japanische Languste

Japanese millet, sanwa millet
Echinochloa esculenta
Japanische Hirse, Sawahirse,
Weizenhirse

Japanese mint
Mentha arvensis ssp. *haplocalyx,
Mentha arvensis* var. *piperascens*
Japanische Pfefferminze

**Japanese oyster, Pacific oyster,
giant Pacific oyster,
giant cupped oyster**
Crassostrea gigas
Riesenauster, Pazifische Auster,
Pazifische Felsenauster,
Japanische Auster

**Japanese parsley (honewort),
mitsuba, mitzuba**
Cryptotaenia canadensis
Japanische Petersilie, Mitsuba

**Japanese pear, Asian pear,
apple pear, sand pear, nashi**
Pyrus pyrifolia
Asiatische Birne, Japanische Birne,
Apfelbirne, Nashi

**Japanese plum, Chinese plum,
sumomo plum (*incl.* shiro plum)**
Prunus salicina
Japanische Pflaume,
Chinesische Pflaume, Susine

Japanese quince
Chaenomeles japonica
Japanische Quitte, Scharlachquitte
Japanische Scheinquitte

Japanese raisins
Hovenia dulcis
Japanische ‚Rosinen'

**Japanese rice, round-grained rice,
short grain rice**
Oryza sativa (Japonica Group)
Rundkornreis,
Japanischer Rundkornreis

Japanese scallop, yezo scallop, giant ezo scallop	Japanische Jakobsmuschel
Patinopecten yessoensis	
Japanese sea cucumber	Japanische Seegurke
Stichopus japonicus	
Japanese sun and moon scallop	Japanische ‚Sonne-und-Mond'-Muschel,
Amusium japonicum	Japanische Fächermuschel
Japanese white radish, Chinese radish, daikon	Daikon-Rettich, China-Rettich, Chinaradies
Raphanus sativus (Longipinnatus Group)/ var. *longipinnatus*	
Japanese yam	Japanischer Yams, Japanyams
Dioscorea japonica	
Java apple, Java rose apple, Java wax apple, wax jambu	Javaapfel, Java-Apfel, Wachsapfel
Syzygium samarangense	
Java cardamom	Java-Kardamom
Amomum maximum	
➢ **round cardamom**	Runder Kardamom,
Amomum compactum	Runder Javanischer Kardamom
Java combtail	Wabenschwanz-Gurami,
Belontia hasselti	Wabenschwanz-Makropode
Java plum, jambolan	Jambolan, Wachs-Jambuse
Syzygium cumini	
Javanese long pepper	Langer Pfeffer
Piper retrofractum	
Javanese turmeric	Javanische Gelbwurz
Curcuma xanthorrhiza	
jellied brawn	Sülzwurst
jellied meat, jellied loaf	Sülze
jelly, gelatin, gel	Gelée, Gallerte, Gelatine
jelly beans	Geleebohnen, Jelly-Beans
jelly palm	Geleepalme
Butia capitata	
jelly wolffish, northern wolffish FAO	Blauer Seewolf, Blauer Katfisch
Anarhichas denticulatus	
jellyfish, edible jellyfish	Essbare Wurzelmundqualle,
Rhopilema esculentum u.a.	Pazifische Wurzelmundqualle
jellying agent	Gelierungsmittel
jenny stonecrop	Tripmadam, Salatfetthenne,
Sedum reflexum	Fettkraut
jerky (dried meat strips)	Trockenfleisch (meist in Streifen), Dörrfleisch
Jerusalem artichoke, sunchoke	Topinambur, Erdbirne,
Helianthus tuberosus	Jerusalem-Artischocke
➢ **white Jerusalem artichoke, salsilla**	Bomarie
Bomarea edulis	
Jerusalem thorn, prickly bean	Jerusalemdorn
Parkinsonia aculeata	
jicama, yam bean	Knollenbohne
Pachyrrhizus erosus	

Job's tears — Hiobsträne
  Coix lacryma-jobi
jobfish ➤ rusty jobfish — Rosa Gabelschwanz-Schnapper
  Aphareus rutilans
John Dory, Dory — Heringskönig, Petersfisch,
  Zeus faber — Sankt Petersfisch
jonah crab — Jonahkrabbe
  Cancer borealis
Joseph's coat, Chinese spinach, — Dreifarbiger Fuchsschwanz,
  Chinese amaranth, tampala — Chinesischer Salat, Papageienkraut,
  Amaranthus tricolor — Gemüseamarant
josta, josta berry — Jostabeere
  Ribes x nidigrolaria
juice — Saft
➤ **apple juice** — Apfelsaft
➤ **carrot juice** — Möhrensaft, Karottensaft
➤ **cider US, sweet cider,** — Süßmost (frisch gepresster
  sweet apple cider — Apfel- und/oder Birnensaft)
  (freshly pressed apple juice)
➤ **fruit juice** — Obstsaft; (100% juice) Fruchtsaft
➤ **fruit juice concentrate** — Fruchtsaftkonzentrat
➤ **multivitamin juice** — Multivitaminsaft
➤ **vegetable juice** — Gemüsesaft
juice drink (US >10% juice/UK >1%) — Fruchtsaftgetränke
jujube, Chinese date, Chinese jujube, — Jujube, Chinesische Dattel, Brustbeere
  red date, Chinese red date
  Ziziphus jujuba
➤ **Indian jujube, masawo** — Indische Brustbeere, Filzblättrige Jujube
  (ziziphus fruit leather)
  Ziziphus mauritiana
jumbo flying squid — Riesenkalmar, Riesen-Pfeilkalmar
  Dosidicus gigas
juneberry, serviceberry — Felsenbirne
  Amelanchier spp.
juniper 'berries' — Wacholderbeeren
  Juniperus communis

kabob, kebab	Kebab
➤ **shish kabob, shish kebab**	(Fleisch-) Spieß
kaffir lime, makrut lime, papeda	Kaffirlimette
Citrus hystrix	
kaffir plum	Kaffir-Pflaume
Harpephyllum caffrum	
kaki, persimmon,	Kaki, Persimone,
Japanese persimmon,	Dattelpflaume, Kakipflaume,
Chinese date (*incl.* **sharon fruit)**	Chinesische Dattelpflaume
Diospyros kaki	(inkl. Sharon-Frucht)
Kalahari desert truffle,	Kalaharitrüffel
Kalahari tuber	
Terfezia pfeilli	
kalamansi, calamondin, calamansi,	Calamondin-Orange,
Chinese orange, golden lime	Kalamansi, Zwerg-Orange
Citrus madurensis,	
Citrus microcarpa	
kale, collards, borecole	Blattkohl
Brassica oleracea (Viridis Group)	
➤ **Chinese kale, Chinese broccoli,**	Chinesischer Brokkoli
white-flowering broccoli	
Brassica oleracea (Alboglabra Group)	
➤ **curly kale, curly kitchen kale,**	Grünkohl, Braunkohl, Krauskohl
Portuguese kale, Scotch kale	
Brassica oleracea (Sabellica Group)	
➤ **Hanover salad, Siberian kale**	Sibirischer Kohl, Schnittkohl
Brassica napus (Pabularia Group)	
➤ **marrow-stem kale, marrow kale**	Markstammkohl
Brassica oleracea (Medullosa Group)	
➤ **Portuguese kale, Tronchuda kale,**	Rippenkohl, Tronchudakohl,
Portuguese cabbage,	Tronchuda-Kohl,
Tronchuda cabbage,	Portugiesischer Kohl
Madeira cabbage	
Brassica oleracea (Costata Group)/	
(Tronchuda Group)	
➤ **seakale**	Meerkohl
Crambe maritima	
Kamchatka honeysuckle,	Honigbeere,
honeyberry	Kamtschatka-Heckenkirsche,
Lonicera kamtschatica	Kamtschatka-Beere
kangaroos	Kängurus
Macropus spp.	
kangaroo apple	Känguruapfel,
Solanum aviculare	Queensland-Känguruapfel
karanda, karaunda	Karanda, Karaunda
Carissa carandas, Carissa congesta	
karaya, karaya gum, sterculia gum,	Karaya, Karayagummi
gum karaya	(Indischer Tragant)
Sterculia urens	
karkadé, sorrel, Jamaica sorrel,	Sabdariffa-Eibisch, Rosella,
hibiscus, roselle	Karkade, Afrikanische Malve
Hibiscus sabdariffa	

katemfe, miracle fruit, miracle berry, sweet prayer	Katemfe (,Mirakelbeere')
Thaumatococcus daniellii	
katuray, agati, gallito, dok khae	Papageienschnabel,
Sesbania grandiflora	Agathi, Katurai (Blüten)
kawakawa	Pazifische Thonine
Euthynnus affinis	
kayang leaf, finger grass, rice paddy herb	Reisfeldpflanze, Rau Om, Rau Ngo
Limnophila aromatica	
kechapi, santol, lolly fruit	Santol, Kechapifrucht
Sandoricum koetjape	(Falsche Mangostane)
kefir	Kefir (aus Kuhmilch)
keg beer	Fassbier
kei-apple, wild apricot	Kei-Apfel, wilde Aprikose
Dovyalis caffra	
kelp	Brauntang
➤ **bull kelp, bull-whip kelp, seatron**	Bullkelp (Seetang)
Nereocystis luetkeana	
➤ **sugar kelp, sugar wrack**	Zuckertang
Laminaria saccharina	
kenguel seed (milk thistle)	Mariendistel
Silybum marianum	
Kersting's groundnut, ground bean	Erdbohne, Kandelbohne
Macrotyloma geocarpum	
Key lime, sour lime, lime, Mexican lime	Limette, Saure Limette (,Limone')
Citrus aurantiifolia	
Khorassan wheat, Oriental wheat	Khorassan-Weizen
Triticum turgidum ssp. *turanicum*	
Kiangsi scallion, rakkyo, Chinese chives, Chinese onion	Chinesischer Schnittlauch, Chinesische Zwiebel,
Allium chinense	Chinesische Schalotte, Rakkyo
kidney	Niere
kidney bean	Kidneybohne
Phaseolus vulgaris	
killifish	
➤ **pike killifish FAO, pike top minnow**	Hechtkärpfling
Belonesox belizanus	
king coconut	Königskokosnuss, Trinkkokosnuss
Cocos nucifera var. *aurantiaca*	
king crab, red king crab, Alaskan king crab, Alaskan king stone crab (Japanese crab, Kamchatka crab, Russian crab)	Königskrabbe (Kronenkrebs, Kamschatkakrebs), Alaska-Königskrabbe, Kamschatka-Krabbe
Paralithodes camtschaticus	
➤ **blue king crab**	Blaue Königskrabbe
Paralithodes platypus	
➤ **golden king crab**	Gold-Königskrabbe
Lithodes aequispina	

- ➢ scarlet king crab, deep-sea crab, deep-sea king crab
  Lithodes couesi
- ➢ southern king crab
  Lithodes antarctica, Lithodes santolla
- ➢ spiny king crab
  Paralomis multispina
- king mandarin
  Citrus x nobilis
- king mushroom, imperial cap mushroom
  Catathelasma imperiale
- king oyster mushroom, king trumpet mushroom
  Pleurotus eryngii
- king snapper, blue-green snapper, green jobfish FAO, streaker
  Aprion virescens
- king stropharia, garden giant mushroom, wine cap, winecap stropharia
  Stropharia rugosoannulata
- kingfish, wahoo
  Acanthocybium solandri
- kingklip
  Genypterus capensis
- kingnut, kingnut hickory, shellbark hickory
  Carya laciniosa
- kipper (cold-smoked/ whole but split herring)

- kitefin shark FAO, seal shark, darkie charlie
  Dalatias licha, Scymnorhinus licha, Squalus licha
- kiwano, jelly melon, horned melon, African horned cucumber
  Cucumis metuliferus

- kiwi, kiwifruit, Chinese gooseberry
  Actinidia deliciosa
- ➢ baby kiwi, kiwi berry, cocktail kiwi, kiwi-grapes (tara vine)
  Actinidia arguta
- knackwurst, knockwurst
- kodo millet, ricegrass, haraka millet
  Paspalum scrobiculatum
- kohlrabi, cabbage turnip
  Brassica oleracea (Gongylodes Group)

Tiefsee-Königskrabbe

Antarktische Königskrabbe

Stachelige Königskrabbe

Königsmandarine

Wurzel-Möhrling, Wurzelmöhrling, Doppelring-Trichterling

Kräuterseitling

Königsschnapper, Barrakuda-Schnapper, Grüner Schnapper

Braunkappe, Riesenträuschling, Rotbrauner Riesenträuschling, Kulturträuschling

Wahoo, Wahoo-Makrele

Kingklip, Südafrikanischer Kingklip

Königsnuss

Kipper (auf englische Art: kaltgeräucherter, ganzer aber gespaltener Hering)

Schokoladenhai, Stachelloser Dornhai

Stachelgurke, Hornmelone, Höckermelone, Horngurke, Große Igelgurke, Afrikanische Gurke, Kiwano

Kiwifrucht, Kiwi, Aktinidie, Chinesische Stachelbeere

Mini-Kiwi, Kiwibeere, Japanische Stachelbeere, Kiwai

Knackwurst

Kodahirse, Kodohirse

Kohlrabi

koji

Koji (Asiatische Getreide- u. Sojahefe auf Grundlage von *Aspergillus oryzae,* *sojae*: Impf- und Ausgangsmaterial fü diverse fermentierte Lebensmittel)

kokam, kokum, Goa butter
  Garcinia indica

Kokum

kola, kola nut, cola,
  cola nut, bitter cola
  Cola nitida u.a.

Cola, Colanuss, Bittere Kolanuss

kombo, false nutmeg,
  African nutmeg (kombo butter)
  Pycnanthus angolensis

Kombo, Afrikanische Muskatnuss (Kombo-Butter)

kombu
  Laminaria japonica u.a.

Kombu, Seekohl

kona crab,
  spanner crab, spanner,
  frog crab, frog
  Ranina ranina

Froschkrabbe

konjac (flour/starch), konjaku
  Amorphophallus konjac

Konjak

korarima cardamom,
  Ethiopian cardamom
  Aframomum korarima

Äthiopischer Kardamom, Abessinien-Kardamom, Korarima-Kardamom

Korean lettuce,
  godulbaegi
  Ixeris sonchifolia

Koreanischer Salat, Godulbaegi

Korean mint, Korean hyssop
  Agastache rugosa

Koreanische Minze

korila, korilla,
  slipper gourd, stuffing gourd,
  wild cucumber, achocha
  Cyclanthera pedata

Korila, Korilla, Wilde Gurke, Scheibengurke, Inka-Gurke, Olivengurke, Hörnchenkürbis

koumiss, kumiss

Kumyss, Kumys (aus Stutenmilch)

krachai, fingerroot, tumicuni,
  temu kunci, Chinese keys
  Boesenbergia pandurata,
  Boesenbergia rotunda,
  Kaempferia pandurata

Krachai, Chinesischer Ingwer, Fingerwurz, Runde Gewürzlilie

kubili nuts
  Cubilia cubili

Kubilinüsse

kudu, greater kudu
  Tragelaphus strepsiceros

Kudu, Großer Kudu

kudzu, Japanese arrowroot
  Pueraria montana var. *thomsonii*
  (*P. montana* var. *lobata*)

Kudzu, Japanisches Arrowroot

➤ **kudzu starch, kuzu starch**
  Pueraria montana var. *thomsonii*
  (*P. montana* var. *lobata*)

Kudzustärke

Kumamoto oyster
  Crassostrea gigas kumamoto

Kumamoto-Auster

kumquat *Citrus japonica, Fortunella margarita,* *Citrus marginata*	Kumquat
➢ **Hong Kong kumquat,** **Formosan kumquat,** **Taiwanese kumquat** *Fortunella hinsii*	Hongkong-Kumquat, Chinesische Kumquat
➢ **Malayan kumquat** *Fortunella polyandra, Citrus polyandra*	Malay-Kumquat
➢ **Meiwa kumquat, bullet kumquat,** **sweet kumquat** *Fortunella crassifolia*	Meiwa-Kumquat
kuruma shrimp, kuruma prawn *Penaeus japonicus*	Radgarnele
kuweni, kuwini, kurwini, **apple mango** *Mangifera* x *odorata*	Saipan-Mango, Kuweni, Kurwini
kvass, quass	Kwas, Kwass

lablab, hyacinth bean	Helmbohne
Lablab purpureus	
lactic acid (lactate)	Milchsäure (Laktat)
lactic acid fermentation	Milchsäuregärung
lactic acid fermentation	Säurewecker (Milchsäure-Bakterien
starter cultures	Starterkulturen in der Molkerei)
lactose (milk sugar)	Laktose, Lactose (Milchzucker)
ladyfinger biscuits, sponge fingers,	Löffelbiskuit
Boudoir biscuits, boudoirs	
ladyfingers, okra, gumbo, bindi	Okra, Gemüse-Eibisch,
Hibiscus esculentus,	Essbarer Eibisch
Abelmoschus esculentus	
lake shrimp, northern white shrimp,	Atlantische Weiße Garnele,
white shrimp	Nördliche Weiße Geißelgarnele
Penaeus setiferus, Litopenaeus setiferus	
lake trout	Seeforelle
Salmo trutta lacustris	
lake trout FAO,	Seesaibling, Stutzersaibling,
American lake trout,	Amerikanischer Seesaibling
Great Lake trout	
Salvelinus namaycush	
lake whitefish FAO, whitefish,	Nordamerikanisches Felchen
common whitefish, humpback	
Coregonus clupeaformis	
laksa, rau lam, Vietnamese coriander	Rau Ram, Vietnamesischer Koriander
Persicaria odorata	
lamb	Lammfleisch (< 1 Jahr)
(*meat cuts vary between countries*)	(keine exakten Entsprechungen)
➢ **animelles (lamb testicles)**	Lamm-Hoden
➢ **backstrap, loin**	Lachs (Lende)
➢ **bestneck, middleneck**	Nierenstück, Rücken, Lende
➢ **breast**	Brust
➢ **carré (lamb: best end or rack)**	Karree
➢ **chop, cutlet**	Kotelett (einzel)
➢ **chump**	Hüfte
➢ **feeder lamb**	Mastlamm
➢ **flank; flaps**	Dünnung
➢ **leg (of lamb)**	Keule, Schlegel
➢ **loin**	Lende
➢ **milk lamb, sucking lamb**	Milchlamm
(**not weaned**)	
➢ **neck**	Hals
➢ **rack**	Kotelett (zusammen: Rack/Krone)
➢ **rib**	Kotelett (gesamtes Teilstück)
➢ **saddle**	Rücken, Sattel
➢ **scrag**	Kamm mit Hals/Grat
➢ **selle**	Bauch
➢ **shank, trotter**	Hachse, Haxe
➢ **shoulder**	Schulter (Bug, Blatt)
➢ **sirloin;**	Filet
tenderloin (filet mignon)	

lamb's lettuce, corn salad   Feldsalat, Rapunzel, Ackersalat
  Valerianella locusta
Lambert's filbert   Lambertsnuss, Langbartshasel,
  Corylus avellana var. *grandis,*   (Haselnuss)
  Corylus maxima
lance, sandlance, greater sandeel, Großer Sandspierling,
  great sandeel FAO   Großer Sandaal
  Hyperoplus lanceolatus,
  Ammodytes lanceolatus
lane snapper   Rotschwanzschnapper
  Lutjanus synagris
langsat, longkong   Langsat, Longkong
  Lansium domesticum
lapacho, taheebo   Lapacho-Tee
  Tabebuia impetiginosa u.a.
lapsang souchong, smokey black tea Lapsang Souchong, Rauchtee
  (pine smoked black tea)
larch bolete, larch boletus   Lärchenröhrling,
  Suillus grevillei   Goldgelber Lärchenröhrling,
                                          Goldröhrling
lard (white solid/semisolid from   Schmalz
  rendering fatty pork)   (Schweineschmalz/Schweinefett)
➢ **goose lard**   Gänseschmalz
➢ **pig belly**   Flomenschmalz, Liesenschmalz
➢ **pig lard, pork lard**   Schweineschmalz
lasia ➢ **spiny lasia,**   Geli-Geli
  spiny elephant's ear
  Lasia spinosa
laurel, laurel leaves, bay leaves   Lorbeerblätter
  (sweet bay, bay laurel)
  Laurus nobilis
lavender   Lavendel
  Lavandula angustifolia
lavender honey   Lavendelhonig
laverbread, sloke, purple laver   Porphyrtang, Purpurtang
  Porphyra umbilicalis
layer (chicken/hen)   Legehenne
layered cheese   Schichtkäse
lead tree pods, white leadtree,   Weißkopfmimose,
  white popinac, wild tamarind,   Wilde Tamarinde
  petai belalang
  Leucaena leucocephala
leaf jelly, grass jelly   Gras-Gelee, Kräuter-Gelee
  Platostoma chinensis, Mesona chinensis
leaf mustard   Blattsenf
  Brassica juncea ssp. *integrifolia*
leaf spinach, leafy spinach   Blattspinat
leafy vegetables   Blattgemüse
leatherskin,   Talang
  talang queenfish, queenfish
  Scomberoides commersonianus

leaven *vb* — aufgehen lassen
leavener, leavening,
  leavening agent,
  raising agent, baking agent — Teiglockerungsmittel, Triebmittel, Backtriebmittel (inkl. Gärmittel, Gärstoff)
leek, English leek, European leek — Porree, Lauch
  Allium porrum, Allium ameloprasum
  (Porrum Group)
➤ **multiplier leek, pearl onion** — Perlzwiebel, Echte Perlzwiebel
  Allium ampeloprasum
  (Sectivum Group)
➤ **salad leek, Egyptian leek** — Ägyptischer Lauch, Kurrat
  Allium ampeloprasum (Kurrat Group)
➤ **wild leek, ramp, ramps, ramson** — Nordamerikanischer Ramp Lauch, Kanadischer Waldlauch, Wilder Lauch
  Allium tricoccum
leerfish — Große Gabelmakrele
  Lichia amia
lees, dregs (sediment) — Geläger (Hefesatz/ Fermentations-Niederschlag)

➤ **yeast lees** — Hefetrub, Hefegeläger
leg, haunch — Keule
lemon *Citrus limon* — Zitrone
➤ **rough lemon, mandarin lime,** — Jambhiri-Orange, Rauschalige Zitrone
  jambhiri orange
  Citrus x jambhiri
➤ **water lemon, bell-apple,** — Wasserlimone
  yellow granadilla,
  Jamaica honeysuckle
  Passiflora laurifolia
lemon balm, balm — Melisse, Zitronenmelisse, Melissenkraut, Zitronelle
  Melissa officinalis
lemon basil, sweet basil — Zitronenbasilikum
  Ocimum x citriodorum
lemon mint, orange mint, — Bergamottminze
  eau-de-cologne mint
  Mentha x piperita 'citrata'
lemon myrtle, — Zitronenmyrte, Australische Zitronenmyrte
  Australian lemon myrtle
  Backhousia citriodora
lemon sole — Echte Rotzunge, Limande
  Microstomus kitt
lemon thyme — Zitronenthymian
  Thymus x citriodorus
lemon verbena, verbena, vervain — Zitronenstrauch, Zitronenverbene, Zitronenverbena, ‚Verbena'
  Aloysia triphylla, Lippia citriodora
lemonade (lemon squash UK) — Zitronen-Limonade
➤ **Indian lemonade** — Indianer-Limonade
  Rhus typhina and *Rhus aromatica*
lemongrass — Lemongras, Zitronengras, Serehgras
  Cymbopogon citratus
lentil *Lens culinaris* — Linse

leopard coralgrouper FAO,
  leopard coral trout,
  leopard grouper,
  leopard coral grouper
  Plectropomus leopardus

Leopardenbarsch,
  Leopard-Felsenbarsch,
  Korallenbarsch

lesser calamint
  Calamintha nepeta

Kleinblütige Bergminze,
  Echte Bergminze

lesser galangal
  Alpinia officinarum

Kleiner Galgant, Echter Galgant

lesser rhea
  Pterocnemia pennata

Kleiner Nandu, Darwinstrauß

lettuce
  Lactuca sativa

Gartensalat, Salat

➢ **asparagus lettuce, celtuce**
  Lactuca sativa (Angustana Group)

Spargelsalat, Spargel-Salat

➢ **butter lettuce, butterhead,**
  head lettuce, cabbage lettuce,
  bibb lettuce, Boston lettuce
  Lactuca sativa var. *capitata*
  (Butterhead Type)

Kopfsalat, Buttersalat

➢ **cos lettuce, romaine lettuce**
  Lactuca sativa (Longifolia Group)

Römischer Salat, Romana-Salat,
  Bindesalat

➢ **criolla lettuce, Italian lettuce,**
  Latin lettuce
  Lactuca sativa (Secalina Group)

Eichblattsalat, Eichlaubsalat,
  Pflücksalat

➢ **crisp lettuce, crisphead lettuce,**
  iceberg lettuce
  Lactuca sativa var. *capitata*
  (Crisphead Type)

Eissalat, Krachsalat

➢ **curled lettuce,**
  cut lettuce, leaf lettuce,
  loose-leafed lettuce,
  looseleaf (*incl.* **oak leaf lettuce,**
  lollo rosso *etc.***)**
  Lactuca sativa (Crispa Group)

Schnittsalat, Pflücksalat
  (*inkl.* Eichenblattsalat, Lollo Rossa *etc.*)

➢ **duck lettuce, espada, tangila**
  Ottelia alismoides

Espada, Froschlöffelähnliche Ottelie

➢ **hare's lettuce, sowthistle**
  Sonchus oleraceus

Gänsedistel, Kohl-Gänsedistel

➢ **Indian lettuce**
  Lactuca indica

Chinesischer Salat, Indischer Salat

➢ **Korean lettuce, godulbaegi**
  Ixeris sonchifolia

Koreanischer Salat, Godulbaegi

➢ **lamb's lettuce, cornsalad**
  Valerianella locusta

Feldsalat, Rapunzel, Ackersalat

➢ **prickly lettuce, wild lettuce**
  Lactuca serriola

Lattich, Stachel-Lattich,
  Stachelsalat, Wilder Lattich

levant garlic,
  elephant garlic, wild leek
  Allium ampeloprasum

Ackerknoblauch, Ackerlauch,
  Sommer-Lauch

leveret (small hare)	Häschen (Hase, Feldhase)
Lepus europaeus	
Liberian coffee, Abeokuta coffee	Liberiakaffee
Coffea liberica	
licorice, liquorice	(root) Süßholz(-wurzel);
Glycyrrhiza glabra	(processed) Lakritze
light galangal, pink porcelain lily,	Muschelingwer, Muschel-Ingwer
bright ginger, shell ginger	
Alpinia zerumbet	
light margarine, low-fat margarine	Halbfettmargarine, Halvarine, Minarine
(half-fat margarine)	(fettarm/leicht/light < 41% Fett)
lily leek, moly,	Goldlauch, Molyzwiebel,
golden garlic, yellow onion	Spanischer Lauch,
Allium moly	Pyrenäen-Goldlauch
lima bean; butter bean	Limabohne, Mondbohne; Butterbohne
Phaseolus lunatus (Lunatus Group)	
lime, sour lime, Key lime,	Limette, Saure Limette, („Limone')
Mexican lime	
Citrus aurantiifolia	
➢ **finger lime**	Fingerlimette
Microcitrus australasica	
➢ **golden lime, Chinese orange,**	Calamondin-Orange,
kalamansi, calamondin, calamansi	Kalamansi, Zwerg-Orange
Citrus madurensis, Citrus microcarpa	
➢ **makrut lime, kaffir lime, papeda**	Kaffirlimette
Citrus hystrix	
➢ **mandarin lime,**	Jambhiri-Orange,
jambhiri orange, rough lemon	Rauschalige Zitrone
Citrus x jambhiri	
➢ **myrtle lime, limoncito,**	Limoncito, Zitronenbeere,
Chinese lime, limeberry	Limondichina
Triphasia trifolia	
➢ **sweet lime, sweetie**	Süße Limette
Citrus limetta	
➢ **Tahiti lime, Persian lime,**	Tahiti-Limette, Persische Limette
seedless lime	
Citrus latifolia	
lime leaves (kaffir lime, makrut lime)	Kaffirlimettenblätter
Citrus hystrix	
limoncito, Chinese lime,	Limoncito, Zitronenbeere,
limeberry, myrtle lime	Limondichina
Triphasia trifolia	
limpets	Napfschnecken
➢ **common limpet,**	Gemeine Napfschnecke,
common European limpet	Gewöhnliche Napfschnecke
Patella vulgata	
➢ **giant Mexican limpet**	Mexikanische Napfschnecke
Patella mexicana	
➢ **safian limpet**	Afrikanische Napfschnecke
Patella safiana	
linden (tea)	Lindenblüten (Tee)
Tilia cordata a.o.	

linden honey, limetree honey	Lindenhonig
lined sole *Achirus lineatus*	Pazifische Seezunge
ling FAO, European ling	Leng, Lengfisch
Molva molva	
lingcod	Langer Grünling, Langer Terpug,
Ophiodon elongatus	Lengdorsch
lingonberry, cowberry, foxberry	Preiselbeere, Kronsbeere
Vaccinium vitis-idaea	
linseed dodder, camelina,	Leindotter, Rapsdotter,
gold-of-pleasure, false flax	Saatdotter, Saat-Leindotter
Camelina sativa	
linseed, flaxseed	Leinsamen, Leinsaat
Linum usitatissimum	
lion's mane,	Shan Fu, Igel-Stachelbart
monkey head mushroom	
Hericium erinaceum	
lion's truffle *Terfezia leonis*	Löwentrüffel
lions-paw scallop, lion's paw	Löwenpranke
Nodipecten nodosus,	
Lyropecten nodosa	
liqueur	Likör
➢ **herb liqueur**	Kräuterlikör
liquid diet	Flüssignahrung
liquid egg	Flüssigei
liquid egg white	Flüssigeiweiß
liquid egg yolk	Flüssigeigelb
liquorice, licorice	(root) Süßholz(-wurzel);
Glycyrrhiza glabra	(verarbeitet) Lakritze
litchi, lychee *Litchi chinensis*	Litchi
litchi tomato, wild tomato,	Litchi-Tomate
sticky nightshade	
Solanum sisymbriifolium	
lite salt (NaCl/KCl + others)	natriumarmes Kochsalz
little millet, blue panic	Kutkihirse, Kleine Hirse,
Panicum sumatrense	Indische Hirse
little tunny FAO, little tuna,	Thonine, Falscher Bonito,
mackerel tuna, bonito	Kleine Thonine, Kleiner Thun,
Euthynnus alletteratus,	Kleiner Thunfisch
Gymnosarda alletterata	
littleneck (also used for small-	Pazifischer ‚Steamer‘,
sized *Mercenaria mercenaria*),	(eine Venusmuschel)
common/native littleneck,	
Pacific littleneck clam,	
steamer clam, steamers	
Protothaca staminea	
➢ **Japanese littleneck,**	Japanische Teichmuschel,
short-necked clam,	Japanische Teppichmuschel
Japanese clam, Manila clam,	
Manila hardshell clam	
Ruditapes philippinarum,	
Tapes philippinarum, Tapes japonica,	
Venerupis philippinarum	

liver	Leber
livid amaranth,	Roter Heinrich, Roter Meier,
purple amaranth, blito	Blutkraut, Küchenamarant
Amaranthus blitum,	(Aufsteigender Amarant)
Amaranthus lividus ssp. *ascendens*	
Livingstone potato,	Plectranthus, Kaffir-‚Kartoffel'
African potato, kaffir potato	
Plectranthus esculentus	
llama	Lama
Lama glama	
loaf	Laib
lobsters	Langusten u.a.
➢ **Australian rock lobster**	Austral-Languste
Jasus novaehollandiae	
➢ **Australian spiny lobster**	Australische Languste
Panulirus cygnus	
➢ **blue lobster,**	Rosenberg-Garnele,
Indo-Pacific freshwater prawn,	Rosenberg Süßwassergarnele,
giant river shrimp,	Hummerkrabbe (Hbz.)
giant river prawn	
Macrobrachium rosenbergii	
➢ **California spiny lobster,**	Kalifornische Felsenlanguste,
California rock lobster	Kalifornische Languste
Panulirus interruptus	
➢ **Cape lobster**	Kap-Hummer,
Homarinus capensis	Südafrikanischer Hummer
➢ **common lobster,**	Hummer, Europäischer Hummer
European clawed lobster,	
Maine lobster	
Homarus gammarus	
➢ **Japanese lobster**	Japanische Languste
Panulirus japonicus	
➢ **Moreton Bay flathead lobster,**	Breitkopf-Bärenkrebs
Moreton Bay 'bug'	
Thenus orientalis	
➢ **Natal spiny lobster,**	Natal-Languste
Natal deepsea lobster	
Panulirus delagoae	
➢ **northern lobster,**	Amerikanischer Hummer
American clawed lobster	
Homarus americanus	
➢ **Norway lobster,**	Kaisergranat, Kaiserhummer,
Norway clawed lobster,	Kronenhummer, Schlankhummer,
Dublin Bay lobster,	Tiefseehummer
Dublin Bay prawn	
(scampi, langoustine)	
Nephrops norvegicus	
➢ **spiny lobster, crawfish,**	Europäische Languste,
common crawfish UK,	Stachelhummer
European spiny lobster,	
langouste	
Palinurus elephas	

➤ **spotted spiny lobster** *Panulirus guttatus*	Fleckenlanguste
➤ **West Indies spiny lobster,** **Caribbean spiny lobster,** **Caribbean spiny crawfish** *Panulirus argus*	Amerikanische Languste, Karibische Languste
locust bean, **carob, St. John's bread** *Ceratonia siliqua*	Johannisbrot
locust bean gum, carob gum *Ceratonia siliqua*	Karobgummi, Johannisbrotkernmehl, Johannisbrotsamengummi
locust berry, maricao *Byrsonima spicata*	Locustbeere
loganberry *Rubus loganobaccus*	Loganbeere
loin	Lende
➤ **tenderloin**	Filet
lollipop, 'lolli'	Lutscher
lolly fruit, kechapi, santol *Sandoricum koetjape*	Santol, Kechapifrucht (Falsche Mangostane)
longan *Dimocarpus longan*	Longan
long-grain rice, long-grained rice *Oryza sativa* (Indica Group)	Langkornreis
longkong, langsat *Lansium domesticum*	Langsat, Longkong
loofah, vegetable sponge, **smooth loofah, smooth luffa,** **sponge gourd** *Luffa aegyptiaca, Luffa cylindrica*	Schwammgurke
➤ **angled loofah, angled luffa,** **ridged gourd, angled gourd** *Luffa acutangula*	Gerippte Schwammgurke, Flügelgurke
loquat *Eriobotrya japonica*	Loquat, Wollmispel, Japanische Mispel
➤ **wild loquat,** **West African loquat, masuku,** **mahobohobo** *Uacapa kirkiana*	Mahobohobo, Mkussa
lotus, sacred Indian lotus **(lotus seeds/nuts,** **roots and plumule)** *Nelumbo nucifera*	Lotos, Lotus (Lotusblumen-Samen, Lotuswurzeln, Lotus Plumula), Indischer Lotus
➤ **white Egyptian lotus,** **Egyptian water lily, bado** *Nymphaea lotus*	Ägyptische Bohne, Bado, Weiße Ägyptische Seerose, Ägyptischer Lotos/Lotus, Tigerlotus
lotus berry, hackberry, **European hackberry** *Celtis australis*	Zürgel(n), Zürgelbaum, Südlicher Zürgelbaum

lotus persimmon, lotus plum, date plum	Lotuspflaume
Diospyros lotus	
lotus seeds	Lotus-Samen
Nelumbo nucifera and *Nymphaea lotus*	
Louisiana red crayfish, red swamp crayfish, Louisiana swamp crayfish, red crayfish	Louisiana-Sumpfkrebs, Louisiana-Flusskrebs, Louisiana-Sumpf-Flusskrebs, Roter Sumpfkrebs
Procambarus clarkii	
lovage	Liebstöckel, Maggikraut
Levisticum officinale	
➢ **scotch lovage, sea lovage**	Mutterwurz, Schottische Mutterwurz
Ligusticum scoticum	
'lovage seeds' = royal cumin, ajowan, ajowan caraway, ajwain, carom seeds, bishop's weed	Ajowan, Ajwain, Königskümmel, Indischer Kümmel
Trachyspermum ammi, Trachyspermum copticum	
lowbush blueberry	Amerikanische Heidelbeere
Vaccinium angustifolium	
low-calorie foods/diet, low-cal foods/diet	kalorienarme Kost/Diät
low-calorie product	Leichtprodukt, ‚Light'-Produkt
Lowe's beryx, Lowe's alfonsino, splendid alfonsino FAO	Alfonsino, Lowes Alfonsino
Beryx splendens	
low-fat (lean)	fettarm, fettreduziert
low-fat diet	fettreduzierte Kost/Diät
low-fat milk, lowfat milk = light milk (1%)	fettarme Milch, fettreduzierte Milch, teilentrahmte Milch (1,5–1,8% Fett)
low-gravity beers	Einfachbiere (3–6% St.W.)
low-salt foods/diet	kochsalzarme Kost/Diät
lozenge pharm	Pastille (Lutschpastille)
lucerne, alfalfa	Luzerne
Medicago sativa	
lucuma, lucmo	Lucuma
Pouteria lucuma, Pouteria obovata	
lulo, naranjilla	Lulo, Quito-Orange
Solanum quitoense u.a.	
luminous hake	Leuchtender Gabeldorsch
Steindachneria argentea	
lumpsucker, lumpfish, henfish	Seehase (Lump/Lumpfisch)
Cyclopterus lumpus	
lunartail rockcod, moontail rockcod, lyretail grouper, yellow-edged lyretail FAO	Gelbsaum Juwelenbarsch, Mondsichel-Juwelenbarsch, Weinroter Zackenbarsch
Variola louti	
lungs	Lunge

lupine
➢ **pearl lupine, tarwi**   Tarwi, Buntlupine
   Lupinus mutabilis
➢ **white lupine,**   Weiße Lupine, Ägyptische Lupine
  Mediterranean white lupine
   Lupinus albus
lychee, litchi   Litchi
   Litchi chinensis

mabolo, velvet apple, butter fruit *Diospyros blancoi*	Mabolo
macadamia (nut) *Macadamia tetraphylla,* *Macadamia integrifolia*	Macadamia
macambo, tiger cacao *Theobroma bicolor*	Macambo
mace *Myristica fragrans*	Mazis, Macis, Muskatblüte
mackerels	Makrelen
➢ **Atlantic horse mackerel FAO, scad, maasbanker** *Trachurus trachurus*	Stöcker, Schildmakrele, Bastardmakrele
➢ **Atlantic Spanish mackerel, Spanish mackerel FAO** *Scomberomorus maculatus*	Gefleckte Königsmakrele, Spanische Makrele
➢ **chub mackerel FAO, Spanish mackerel, Pacific mackerel** *Scomber japonicus, Scomber colias*	Kolios, Thunmakrele, Mittelmeermakrele, Spanische Makrele
macqui berry, wineberry, Chilean wineberry, mountain wineberry *Aristotelia chilensis*	Macqui, Macki, Macki-Beere, Chilenische Weinbeere
macro mushroom, giant mushroom *Agaricus macrosporus*	Großsporiger Anis-Egerling
Madeira vine, mignonette vine, lamb's tails, jalap, jollop potato, potato vine *Anredera cordifolia*	Basellkartoffel, Madeira-Wein
madroño *Garcinia madruno*	Madroño
mahi-mahi, dorado, dolphinfish, common dolphinfish FAO *Coryphaena hippurus*	Große Goldmakrele, Gemeine Goldmakrele, Mahi Mahi
mahua, mowa, mowrah butter, butter tree *Madhuca longifolia*	Mowrah, Indischer Butterbaum
Maine lobster, common lobster, European clawed lobster *Homarus gammarus*	Hummer, Europäischer Hummer
maitake, sheep's head mushroom, sheepshead, ram's head mushroom, hen of the woods *Grifola frondosa*	Klapperschwamm, Laub-Porling, Maitake
maize (see: corn) *Zea mays*	Mais
makrut lime, kaffir lime, papeda *Citrus hystrix*	Kaffirlimette
Malabar blood snapper *Lutjanus malabaricus*	Malabar-Schnapper

Malabar chestnut, Guyana chestnut	Malabar-Kastanie, Guyana-Kastanie,
Pachira aquatica	Glückskastanie
Malabar gourd, fig-leaf gourd	Feigenblattkürbis
Cucurbita ficifolia	
Malabar spinach, Ceylon spinach, Indian spinach	Malabarspinat
Basella alba	
Malabar tamarind, brindal berry, kodappuli, gamboge	Malabar-Tamarinde
Garcinia cambogia	
Malay apple, rose apple, pomerac	Malayapfel, Malay-Apfel,
Syzygium malaccense	Malayenapfel, Malayen-Jambuse
Malayan kumquat	Malay-Kumquat
Fortunella polyandra, Citrus polyandra	
Malaysian mombin, Indian mombin, wild mango mombin	Mangopflaume
Spondias pinnata, Spondias mangifera	
mallard	Stockente, Märzente
Anas platyrhynchos	
mallow, common mallow	Malve, Wilde Malve
Malva sylvestris	
➢ **curled mallow**	Quirlmalve, Krause Malve,
Malva verticillata 'Crispa'	Gemüsemalve, Krause Gemüsemalve
➢ **Egyptian mallow**	Ägyptische Malve
Malva parviflora	
➢ **marsh mallow**	Eibisch, Echter Eibisch
Althaea officinalis	
malnourished	fehlernährt
malnutrition	Fehlernährung
malolactic fermentation	Säuregärung
malt	Malz
malt coffee	Malzkaffee
malt extract	Malzextrakt
malt sugar, maltose	Malzzucker, Maltose
malt vinegar	Malzessig
maltitol syrup	Maltitsirup, Maltitolsirup
maltose (malt sugar)	Maltose (Malzzucker)
mamey sapote, sapote, marmalade plum	Große Sapote, Mamey-Sapote, Marmeladen-Eierfrucht,
Pouteria sapota	Marmeladenpflaume
mammey, mammey apple, mammee apple, St. Domingo apricot	Mammeyapfel, Mammey-Apfel, Mammiapfel, Aprikose von St. Domingo
Mammea americana	
➢ **African mammey apple, African mammee apple, African apricot, African apple**	Afrikanischer Mammiapfel, Afrikanische Aprikose
Mammea africana	
mamoncillo, honeyberry	Mamoncillo, Honigbeere,
Melicoccus bijugatus	Quenepa

man on horseback, firwood agaric, yellow knight fungus, yellow trich, Canary trich
Tricholoma equestre, Tricholoma flavovirens
Grünling, Echter Ritterling, Grünreizker, Edelritterling

Manchurian walnut, Chinese walnut
Juglans mandshurica
Chinesische Walnuss, Mandschurische Walnuss

mandarin, mandarin orange, tangerine
Citrus reticulata, Citrus unshiu
Mandarine, Tangerine

➤ **king mandarin**
Citrus x nobilis
Königsmandarine

➤ **Mediterranean mandarin**
Citrus deliciosa
Mandarine

➤ **satsuma mandarin**
Citrus unshiu
Satsuma

mandarin lime, jambhiri orange, rough lemon
Citrus x jambhiri
Jambhiri-Orange, Rauschalige Zitrone

mangaba (mangabeira)
Hancornia speciosa
Mangaba

mango
Mangifera indica
Mango

➤ **apple mango, kuweni, kuwini, kurwini**
Mangifera x odorata
Saipan-Mango, Kuweni, Kurwini

➤ **plum mango, marian plum, gandaria**
Bouea macrophylla
Gandaria, Pflaumenmango, ‚Mini-Mango'

mango ginger
Curcuma amada
Mangoingwer

mango melon, lemon melon, chate of Egypt
Cucumis melo (Chito Group)
Mangomelone, Orangenmelone, Ägyptische Melone

mango powder, amchoor
Mangifera indica
Amchoor, Mangopulver

mangosteen
Garcinia mangostana
Mangostane

mangrove cockle
Anadara grandis
Riesenarchenmuschel

mangrove cupped oyster
Crassostrea rhizophorae
Mangrovenauster

Manila clam, Manila hardshell clam, Japanese littleneck, short-necked clam, Japanese clam
Ruditapes philippinarum, Tapes philippinarum, Venerupis philippinarum, Tapes japonica
Japanische Teichmuschel, Japanische Teppichmuschel

Manila tamarind
Pithecellobium dulce
Manila-Tamarinde

manketti, mongongo	Manketti-Nuss, Mongongofrucht,
Schinziophyton rautanenii,	Mongongo-Nuss
Ricinodendron viticoides	(Afrikanisches Mahagoni)
man-made, artificial, synthetic	naturfern, künstlich, synthetisch
mantis shrimp	Heuschreckenkrebse
➢ **giant mantis shrimp,**	Großer Heuschreckenkrebs,
spearing mantis shrimp	Fangschreckenkrebs,
Squilla mantis	Gemeiner Heuschreckenkrebs
maple syrup	Ahornsirup
Acer saccharum u.a.	
maracuja, barbadine,	Riesengrenadille, Riesengranadilla,
giant granadilla	Königsgrenadille, Königsgranate,
Passiflora quadrangularis	Barbadine
marang, terap	Marang
Artocarpus odoratissimum	
marashino cherry, marasco,	Maraschino-Kirsche,
Dalmatian marasca cherry	Maraskakirsche, Marasche
Prunus cerasus var. *marasca*	
mare's milk, mares' milk	Stutenmilch
margarine, margarine spread	Margarine (ein Streichfett) (> 80% Fett)
➢ **baker's margarine**	Backmargarine
➢ **diet margarine (lite margarine)**	Diätmargarine
➢ **light, low-fat (half-fat) margarine**	fettarme/leichte/light Margarine
	(< 41% Fett) (Halbfettmargarine/
	Halvarine/Minarine)
➢ **reduced-fat (three-quarter fat)**	fettreduzierte Margarine (< 62% Fett)
margarine	(Dreiviertelfettmargarine)
marian plum, gandaria, plum mango	Gandaria, Pflaumenmango,
Bouea macrophylla	‚Mini-Mango'
maricao, locust berry	Locustbeere
Byrsonima spicata	
marinade	Marinade;
	(pickle) Essigsoße zum Einlegen
marjoram, sweet marjoram	Majoran
Origanum majorana	
➢ **pot marjoram, Turkish oregano**	Französischer Majoran
Origanum onites	
➢ **wild marjoram, Greek oregano,**	Echter Griechischer Oregano,
true Greek oregano	Borstiger Gewöhnlicher Dost,
Origanum vulgare var. *hirtum*	Pizza-Oregano,
marmalade	Marmelade (nach EU 1982 nur:
	Orangenmarmelade)
marmalade box, genipapo,	Jenipapo, Jagua
genipa, genip, huito, jagua	
Genipa americana	
marmalade plum,	Große Sapote, Mamey-Sapote,
mamey sapote, sapote	Marmeladen-Eierfrucht,
Pouteria sapota	Marmeladenpflaume
marmora, striped seabream FAO	Marmorbrassen, Meerbrasse,
Lithognathus mormyrus,	Dorade
Pagellus mormyrus	

marron	Marron, Großer Australkrebs
Cherax tenuimanus	
marrow	Mark
marrow-stem kale, marrow kale	Markstammkohl
Brassica oleracea (Medullosa Group)	
marsh mallow	Eibisch, Echter Eibisch
Althaea officinalis	
marshmallow	Schaumzuckerware
marula, maroola plum	Marula
Poupartia birrea, Sclerocarya birrea	
marzipan (almond paste)	Marzipan
masawo, Indian jujube	Indische Brustbeere,
(ziziphus fruit leather)	Filzblättrige Jujube
Ziziphus mauritiana	
mash	Maische
mastic thyme, Spanish thyme,	Spanischer Thymian,
Spanish wood thyme,	Mastix-Thymian
Spanish wood marjoram	
Thymus mastichina	
mastic, mastic resin	Mastix, Mastix-Harz
Pistacia lentiscus	
masu salmon, cherry salmon FAO	Masu-Lachs
Oncorhynchus masou	
masuku, mahobohobo, wild loquat,	Mahobohobo, Mkussa
West African loquat	
Uacapa kirkiana	
maté tea, Paraguay tea, yerba mate	Mate, Mate-Tee, Paraguaytee
Ilex paraguariensis	
matjes fillet	Matjes-Filet, Matjesfilet
matjes herring	Matjes-Hering, Matjeshering
matsutake, pine mushroom	Matsutake
Tricholoma matsutake,	
Tricholoma nauseosum	
maturation, ripening	Reifung
maturing agent	Reifungsmittel
mauka	Mauka
Mirabilis expansa	
mayonnaise	Mayonnaise, Majonäse
mbola plum, mbura, mobola plum	Nikon-Nuss, Mabo-Samen,
Parinari curatellifolia	Mobola-Pflaume, Mupundu
mead	Met, Honigwein
meadow mushroom, field mushroom	Wiesenchampignon, Wiesenegerling,
Agaricus campestris	Feldegerling
meadowfoam (seed oil)	Wiesenschaumkraut (Öl)
Limnanthes alba	
meagre, maigre F	Adlerfisch (Adlerlachs)
Argyrosomus regius,	
Sciaena aquila	
meal	Essen, Mahlzeit; (of cereals etc.)
	Getreidemehl (grob); Grieß
	(0,25–1 mm)

meat	Fleisch
➢ **beef**	Rindfleisch
➢ **chicken**	Hühnerfleisch
➢ **conditioning, aging**	Reifung
➢ **crown meat (beef diaphragm**	Kronfleisch
muscle: *Bavarian*)	(Rind: Pars muscularis des Zwerchfells)
➢ **cure**	pökeln
➢ **cured meat**	Pökelfleisch
➢ **dried meat**	Trockenfleisch, Dörrfleisch
➢ **ground beef; hamburger**	Rinderhack
(US beef with up to 20% fat)	
➢ **ground meat US;**	Hackfleisch
minced meat, mincemeat,	
hash UK	
➢ **lamb**	Lamm, Lammfleisch
➢ **marbled, streaky**	durchwachsen (mit Sehnen/Fett)
➢ **muscle**	Muskel
➢ **mutton**	Hammel, Hammelfleisch
➢ **pork**	Schweinefleisch
➢ **poultry**	Geflügel
➢ **retail cuts**	Teilstücke für den Einzelhandel
	(Feinzerlegung)
➢ **rigor mortis**	Totenstarre
➢ **sausage**	Wurst
➢ **shrinkage (syneresis)**	Schrumpfung (Synärese)
➢ **smoke**	räuchern
➢ **tenderizer**	Zartmacher
➢ **veal**	Kalbfleisch (3–4 Monate)
➢ **wholesale cuts, primal cuts,**	Teilstücke für den Großhandel,
commercial cuts	Grobteilstücke (Grobzerlegung)
meat analog(ue), meat substitute,	Fleischersatz, Fleischsurrogat
mock meat, imitation meat	
meat balls	Fleischbällchen, Fleischklößchen
meat cuts	Schlachtkörperteilstücke,
	Tierkörperteilstücke, Teilstücke
	(Fleischzerlegung)
➢ **carcass (whole)**	Schlachtkörper (*siehe auch dort*)
➢ **forequarter**	Schlachtkörper-Vorderviertel
➢ **foresaddle**	Schlachtkörper-Vorderhälfte
➢ **hindquarter**	Schlachtkörper-Hinterviertel
➢ **hindsaddle**	Schlachtkörper-Hinterhälfte
➢ **retail cuts**	Teilstücke für den Einzelhandel
	(Feinzerlegung)
➢ **side**	Schlachtkörper-Hälfte
➢ **wholesale cuts, commercial cuts**	Grobteilstücke (Grobzerlegung)
meat extract	Fleischextrakt micb
meat patty (ground beef patty/	Fleisch-Patty
hamburger meat patty)	(Rinderhackfleisch-Scheibe)
meat substitute	Fleischsurrogat
meat tenderizer	Fleischzartmacher
meatballs	Hackfleischbällchen, Fleischklößchen

medical foods, medical nutrition	medizinische Ernährung/Nahrung
medicinal herbal tea, medicinal tea	Heilkräutertee
medicinal plant	Heilpflanze, Arzneipflanze
Mediterranean dwarf cuttlefish, **lesser cuttlefish,** **dwarf bobtail squid FAO** *Sepiola rondeleti*	Mittelmeer-Sepiole, Zwerg-Sepia, Zwergtintenfisch, Kleine Sprutte
Mediterranean green crab *Carcinus aestuarii,* *Carcinus mediterraneus*	Mittelmeer-Strandkrabbe
Mediterranean jack knife clam *Ensis minor*	Gerade Mittelmeer-Schwertmuschel
Mediterranean mandarin *Citrus deliciosa*	Mandarine
Mediterranean moray FAO, **European moray** *Muraena helena*	Mittelmeer-Muräne
Mediterranean mussel *Mytilus galloprovincialis*	Mittelmeer-Miesmuschel, Blaubartmuschel, Seemuschel
Mediterranean slipper lobster *Scyllarides latus*	Großer Mittelmeer-Bärenkrebs, Großer Bärenkrebs
medium-gravity beers	Vollbiere (11–14% St.W.)
medlar *Mespilus germanicus*	Mispel
megrim FAO, sail-fluke, whiff *Lepidorhombus whiffiagonis*	Flügelbutt, Scheefsnut, Glasbutt
➢ **four-spot megrim** *Lepidorhombus boscii*	Gefleckter Flügelbutt, Vierfleckbutt
Meiwa kumquat, bullet kumquat, **sweet kumquat** *Fortunella crassifolia*	Meiwa-Kumquat
melegueta pepper, **West African melegueta pepper,** **grains of paradise,** **alligator pepper, Guinea grains** *Aframomum melegueta*	Melegueta-Pfeffer, Malagetta-Pfeffer, Guinea-Pfeffer, Paradieskörner
mellowfruit, pepino *Solanum muricatum*	Pepino, Birnenmelone, Kachuma
melokhia *Corchorus olitorus*	Langkapseljute
melon *Cucumis melo*	Melone, Zuckermelone
➢ **apple melon, fragrant melon,** **dudaim melon** *Cucumis melo* (Dudaim Group)	Apfelmelone, Ägyptische Melone
➢ **cantaloupe** *Cucumis melo* (Cantalupensis Group)	Kantalupe, Warzenmelone, Cantaloupmelone, Kantalupmelone
➢ **egusi, egusi melon,** **white-seeded melon,** **white-seed melon** *Cucumeropsis mannii*	Egusi

➢ **fragrant melon, winter melon** (*incl.* **honeydew, crenshaw, casaba** *etc.*) *Cucumis melo* (Inodorus Group)	Zuckermelone, Honigmelone
➢ **kiwano, jelly melon, horned melon, African horned cucumber** *Cucumis metuliferus*	Stachelgurke, Hornmelone, Höckermelone, Horngurke, Große Igelgurke, Afrikanische Gurke, Kiwano
➢ **mango melon, lemon melon, chate of Egypt** *Cucumis melo* (Chito Group)	Mangomelone, Orangenmelone, Ägyptische Melone
➢ **musk melon, netted melon** *Cucumis melo* (Reticulatus Group)	Netzmelone
➢ **Oriental pickling melon, pickling melon** *Cucumis melo* (Conomon Group)	Gemüsemelone
➢ **watermelon** *Citrullus lanatus*	Wassermelone
➢ **winter melon** *see* **fragrant melon**	
melting salt, emulsifying salt	Schmelzsalz
menhaden ➢	
Atlantic menhaden, bunker *Brevoortia tyrannus*	Nordwestatlantischer Menhaden
meringue	Baiser, Spanischer Wind, Meringue
mesenteries	Gekröse (Mesenterien/ Schleimhautfalten des Bauchfells/ Bauchfellduplikatur/Netz)
mesquite gum, mesquite seed gum, prosopis gum *Prosopis* spp.	Prosopis-Gummi, Mesquite-Gummi
metapenaeus shrimps *Metapenaeus* spp.	Geißelgarnelen u.a.
Mexican hawthorn, manzanilla, tejocote *Crataegus mexicana, Crataegus pubescens*	Mexikanischer Weißdorn, Manzanilla, Tejocote
Mexican hyssop, Mexican lemon hyssop *Agastache mexicana*	Mexikanische Minze, Mexikanische Duftnessel, Limonen-Ysop, Lemon-Ysop
Mexican mint (soup mint, Indian mint), Cuban oregano, Indian borage *Plectranthus amboinicus*	Indischer Borretsch, Kubanischer Oregano, Jamaikathymian, Jamaika-Thymian (Suppenminze)
Mexican oregano, Sonoran oregano, Mexican sage *Lippia graveolens*	Mexikanischer Oregano
Mexican pine nuts *Pinus cembroides*	Mexikanische Pinienkerne (Arizonakiefer)

Mexican tarragon, Spanish tarragon, Mexican mint marigold	Winter-Estragon, Mexikanischer Tarragon
Tagetes lucida	
mignonette vine, Madeira vine, lamb's tails, jalap, jollop potato, potato vine	Basellkartoffel, Madeira-Wein
Anredera cordifolia	
milk	Milch
➢ **acidified milk, sour milk**	Sauermilch (Trinksauermilch: nicht dickgelegt)
➢ **acidophilus milk**	Acidophilusmilch
➢ **bactofugation**	Bactofugation (Zentrifugalentkeimung
➢ **buffalo milk**	Büffelmilch
➢ **buttermilk**	Buttermilch
➢ **cultured buttermilk**	fermentierte Buttermilch
➢ **camel's milk**	Kamelmilch
➢ **certified fresh milk**	Trinkmilch (Konsummilch)
➢ **clotted cream UK**	Dickrahm
➢ **condensed milk (sweetened)**	Kondensmilch (> 7,5%) (gesüßt)
➢ **cow's milk, bovine milk**	Kuhmilch
➢ **cream**	Rahm = Sahne (> 18% Fett)
➢ **cream (heavy)**	Sahne
➢ **curdle, coagulate**	gerinnen, koagulieren
➢ **curdling, coagulation**	Gerinnung, Koagulieren
➢ **dairy**	Molkerei
➢ **dairy products**	Milchprodukte
➢ **dairy yeast**	Molkereihefe
Kluyveromyces lactis	
➢ **dry milk, dried milk, milk powder, powdered milk**	Trockenmilch (Milchpulver)
➢ **evaporated milk (UK 9%/US 6.5%)/ condensed milk (sweetened)**	Kondensmilch (> 7,5%) (gesüßt/ungesüßt)
➢ **ewe milk, ewe's milk, sheep milk (ovine milk)**	Schafsmilch
➢ **fat globules**	Fettkügelchen
➢ **fatfree milk, nonfat milk, non-fat milk (0%)**	fettfreie Milch (0%)
➢ **filled milk (milk substitute without milkfat)**	Filled Milch (bislang keine adäquate Übersetzung
➢ **first milk, starting milk (pre-infant milk)**	Erstmilch, Anfangsmilch (Muttermilchersatz)
➢ **flash pasteurization**	Blitzpasteurisation
➢ **follow-on milk**	Folgemilch (> 4 Monate)
➢ **foremilk, colostrum**	Vormilch, Kolostralmilch, Colostrum
➢ **fortified milk (with vitamins A & D)**	angereicherte Milch (mit Vitaminen, meist A & D)
➢ **fresh milk**	Frischmilch
➢ **goat milk, goat's milk, goats' milk (caprine milk)**	Ziegenmilch
➢ **homogenization**	Homogenisierung, Homogenisieren, Homogenisation
➢ **humanized milk**	humanisierte Milch

➤ **imitation milk**	Milchimitat, Imitationsmilch
➤ **lowfat milk, low-fat milk, light milk (1%)**	fettarme Milch, fettreduzierte Milch, teilentrahmte Milch (1,5–1,8% Fett)
➤ **mare's milk, mares' milk**	Stutenmilch
➤ **mother's milk, breast milk**	Muttermilch, Frauenmilch
➤ **pasteurization**	Pasteurisierung
➤ **processed**	verarbeitet
➤ **raw milk**	Rohmilch
➤ **reconstituted milk**	rekonstituierte Milch (gelöste Trockenmilch)
➤ **semi-skimmed milk, semi skim milk (1.7%)**	teilentrahmte Milch (~1.7% Fett)
➤ **set milk, set sour milk, cultured milk**	Dickmilch (Sauerprodukt: fermentiert oder stichfest durch Gelatine)
➤ **shelf life, storage life**	Haltbarkeit
➤ **skim milk, skimmed milk (0.1–0.3%)**	Magermilch, entrahmte Milch (< 0,3%)
➤ **skimming (take the cream off)**	Entrahmung (Absahnen, Abschöpfen)
➤ **sour cream (cultured cream)**	saure Sahne, Sauerrahm (> 10% Fett)
➤ **sour milk, acidified milk**	Sauermilch (Trinksauermilch: nicht dickgelegt)
➤ **soy milk**	Sojamilch
➤ **starting milk, first milk (pre-infant milk)**	Erstmilch, Anfangsmilch (Muttermilchersatz)
➤ **sterilization**	Sterilisation
➤ **sterilized milk**	Sterilmilch
➤ **sweet cream**	süße Sahne
➤ **toned milk (*whole milk* plus *water* plus *skimmed milk powder*)**	Toned Milch (bislang keine adäquate Übersetzung)
➤ **UHT milk (ultrahigh-temperature/ ultra heat treatment)**	H-Milch, haltbare Milch (Ultrahocherhitzung)
➤ **ultrahigh-temperature sterilization (UHT)**	Ultrahochtemperatur-Sterilisation (UHT)
➤ **vegetable milk**	vegetabile Milch, pflanzliche Milch
➤ **whey**	Molke
➤ **whipping cream**	Sahne > Schlagsahne (> 30% Fett)
➤ **whole milk, full-fat milk**	Vollmilch
➤ **yogurt, yoghurt**	Joghurt
milk cap	
➤ **saffron milk cap, red pine mushroom** *Lactarius deliciosus*	Reizker
➤ **weeping milk cap, tawny milk cap** *Lactarius volemus*	Milchbrätling
milk lamb, sucking lamb (not weaned)	Milchlamm
milk powder, powdered milk, dry milk powder	Milchpulver, Trockenmilch, Trockenmilchpulver
milk solids	Milchtrockenmasse
milk solids nonfat (MSNF)	fettfreie Milchtrockenmasse
milk thistle (kenguel seed) *Silybum marianum*	Mariendistel

milkfish *Chanos chanos*	Milchfisch
millets	Hirsen
➢ **browntop millet**	Braune Hirse
Urochloa ramosa, Panicum ramosum	
➢ **common millet, proso millet,**	Hirse, Echte Hirse, Rispenhirse
broomcorn millet, Russian millet,	
Indian millet	
Panicum miliaceum	
➢ **finger millet, red millet,**	Fingerhirse, Ragihirse
South Indian millet, coracan	
Eleusine coracana	
➢ **foxtail millet**	Borstenhirse, Kolbenhirse
Setaria italica	
➢ **Japanese millet,**	Japanische Hirse, Weizenhirse,
sanwa millet, sawa millet	Sawahirse, Sawa-Hirse
Echinochloa esculenta, E. frumentacea	
➢ **kodo millet, ricegrass,**	Kodahirse, Kodohirse
haraka millet	
Paspalum scrobiculatum	
➢ **little millet, blue panic**	Kutkihirse, Kleine Hirse, Indische Hirs
Panicum sumatrense	
➢ **pearl millet, bulrush millet,**	Perlhirse, Rohrkolbenhirse
spiked millet	
Pennisetum glaucum	
milt (sperm-containing liquid)	Fischmilch (Spermaflüssigkeit)
➢ **fish sperm, fish semen**	Fischmilch
➢ **soft roe, white roe**	Fischhoden
mineral water (plain or carbonated)	Mineralwasser
minerals	Mineralstoffe, Mineralien
minnow	
➢ **pike top minnow, pike killifish FAO**	Hechtkärpfling
Belonesox belizanus	
mint	Minze
➢ **apple mint, woolly mint**	Apfelminze
Mentha x villosa	
(M. spicata x M. suaveolens)	
➢ **black peppermint**	Schwarze Pfefferminze
Mentha x piperita 'piperita'	
➢ **curly spearmint, garden mint**	Krauseminze
Mentha spicata var. *crispa*	
➢ **field mint, corn mint**	Ackerminze
Mentha arvensis	
➢ **ginger mint**	Edelminze, Ingwerminze, Gingerminz
Mentha x gracilis, Mentha gentilis	
➢ **hairy mountain mint**	Amerikanische Bergminze
Pycnanthemum pilosum	
➢ **horse mint, longleaf mint,**	Ross-Minze
Biblical mint	
Mentha longifolia	
➢ **Japanese mint**	Japanische Pfefferminze
Mentha arvensis ssp. *haplocalyx,*	
Mentha arvensis var. *piperascens*	

➤ **Korean mint, Korean hyssop** *Agastache rugosa*	Koreanische Minze
➤ **lemon mint, orange mint,** **eau-de-cologne mint** *Mentha x piperita 'citrata'*	Bergamottminze

➤ **Mexican mint**
(soup mint, Indian mint),
Cuban oregano, Indian borage
Plectranthus amboinicus
	Indischer Borretsch,
	  Kubanischer Oregano,
	  Jamaikathymian, Jamaika-Thymian
	  (Suppenminze)

➤ **mountain mint** *Micromeria thymifolia*	Slowenische Bergminze, Thymianblättrige Felsenlippe
➤ **pennyroyal** *Mentha pulegium*	Polei-Minze
➤ **peppermint** *Mentha x piperita*	Pfefferminze
➤ **pineapple mint** *Mentha suaveolens 'variegata'*	Ananasminze
➤ **round-leaved mint** *Mentha suaveolens*	Rundblättrige Minze
➤ **spearmint** *Mentha spicata*	Grüne Minze, Ährenminze, Ährige Minze
mint bush, mint shrub *Elsholtzia stauntonii*	Chinesischer Gewürzstrauch, Chinesische Kamm-Minze
mint geranium, **costmary, alecost, bible leaf** *Tanacetum balsamita,* *Chrysanthemum balsamita*	Balsamkraut, Frauenminze, Marienkraut, Marienblatt
mirabelle plum, **Syrian plum, yellow plum** *Prunus domestica* ssp. *syriaca*	Mirabelle
miracle fruit, miracle berry, **katemfe, sweet prayer** *Thaumatococcus daniellii*	Katemfe („Mirakelbeere")
➤ **miraculous berry** *Synsepalum dulcificum*	Wunderbeere, Mirakelfrucht
mirliton, chayote *Sechium edule*	Chayote
miso	Miso (japan. Sojapaste als Suppengrundlage etc.)
mitsuba, mitzuba, **Japanese parsley (honewort)** *Cryptotaenia canadensis*	Mitsuba, Japanische Petersilie
mitten crab	
➤ **Chinese mitten crab,** **Chinese river crab** *Eriocheir sinensis*	Chinesische Wollhandkrabbe
mixed feeding	Zwiemilch (Muttermilch + Muttermilchersatz)
mixed pickles	Mixpickles (eingelegtes Mischgemüse)
mixed salt(s)	gemischtes Salz
mixed-grain bread, multigrain bread	Mischbrot, Mehrkornmischbrot

mobola plum, mbola plum, mbura *Parinari curatellifolia*	Nikon-Nuss, Mabo-Samen, Mobola-Pflaume, Mupundu
mockernut, white hickory *Carya tomentosa*	Spottnuss
Mohr's salt, ammonium iron(II) sulfate hexahydrate (ferrous ammonium sulfate)	Mohrsches Salz
mola, ocean sunfish *Mola mola*	Mondfisch
molasses	Melasse
➤ **beet molasses**	Rübenmelasse, Zuckerrübenmelasse
➤ **cane high-test molasses, high-test molasses**	Rohr-Direkt-Melasse
➤ **cane molasses, blackstrap molasses**	Rohrmelasse
➤ **refinery molasses**	Raffinatmolasse
➤ **vinasse**	Schlempe (Rückstand aus Rübenzuckermelasse)
Moldavian dragonhead *Dracocephalum moldavica*	Türkische Melisse, Türkischer Drachenkopf
mold-ripened cheese	Schimmelkäse
➤ **white mold-ripened cheese**	Weißschimmelkäse (Brie/Camembert)
mombin	
➤ **Malaysian mombin, Indian mombin, wild mango mombin** *Spondias pinnata, Spondias mangifera*	Mangopflaume
➤ **red mombin, purple mombin, Spanish plum, Jamaica plum** *Spondias purpurea*	Rote Mombinpflaume, Spanische Pflaume
➤ **yellow mombin** *Spondias mombin, Spondias lutea*	Gelbe Mombinpflaume, Ciruela
mondia, white ginger *Mondia whitei*	Mondia, Wurzelvanille*
mongongo, manketti *Schinziophyton rautanenii,* *Ricinodendron viticoides*	Mongongofrucht, Mongongo-Nuss, Manketti-Nuss (Afrikanisches Mahagoni)
monkey apple, pond apple, alligator apple *Annona glabra*	Wasserapfel, Alligatorapfel
monkey bread, baobab *Adansonia digitata*	Baobab, Affenbrotfrucht
monkey head mushroom, lion's mane *Hericium erinaceum*	Shan Fu, Igel-Stachelbart
monkey plum, sour plum *Ximenia americana*	Sauerpflaume
monkey-pot nut, paradise nut, sapucaia nut, zabucajo nut *Lecythis zabucajo* a.o.	Sapucajanuss, Paradiesnuss

monkfish, angler FAO, Atlantic angler fish
Lophius piscatorius
Atlantischer Seeteufel, Atlantischer Angler

moonfish, opah
Lampris guttatus
Gotteslachs

moonshine (*illegally distilled liquor, esp. corn whiskey*)
Selbstgebranntes (illegal gebrannter Schnaps)

moose US; elk UK (Europe)
Alces alces
Elch, Elchwild

mooseberry ➢
hobblebush, moosewood
Viburnum lantanoides
Erlenblättriger Schneeball

➢ **squashberry**
Viburnum edule
Elchbeere

moray
➢ **Mediterranean moray FAO, European moray**
Muraena helena
Muräne
Mittelmeer-Muräne

morel, morille
Morchella esculenta
Speisemorchel, Rundmorchel

➢ **conic morel**
Morchella elata, Morchella conica
Spitzmorchel

➢ **disk-shaped edible false morel (poisonous if uncooked!)**
Gyromitra ancilis
Scheiben-Lorchel (roh giftig!/kochen!)

morello cherry
Prunus cerasus var. *austera*
Morelle, Süßweichsel

Moreton Bay flathead lobster, Moreton Bay 'bug'
Thenus orientalis
Breitkopf-Bärenkrebs

'morning glory', water spinach, water convolvulus, kangkong, Chinese water spinach
Ipomoea aquatica
Wasserspinat, Chinesischer Wasserspinat

Moroccan thyme
Thymus satureioides
Marokkanischer Thymian, Saturei-Thymian

mossberry, small cranberry, European cranberry
Vaccinium oxycoccus
gewöhnliche Moosbeere

moth bean, mat bean
Vigna aconitifolia
Mottenbohne, Mattenbohne

'mother sauce' (*residues/juices/ scrapings from broiling/roasting/ browning for pan sauces*)
Fond (Soßengrundlage)

mother's milk, breast milk
Muttermilch, Frauenmilch

mouflon *Ovis musimon*
Muffelwild, Mufflon

mountain ash, rowanberry
Sorbus aucuparia
Eberesche(nbeere), Vogelbeere

mountain hare *Lepus variabilis*
Schneehase

mountain mint
Micromeria thymifolia
Slowenische Bergminze, Thymianblättrige Felsenlippe

mountain papaya, chamburo	Bergpapaya
Carica pubescens,	
Vasconcellea pubescens	
mountain pepper, Tasmanian pepper	Bergpfeffer, Tasmanischer Pfeffer
Drimys lanceolata	
mountain thyme,	Steinquendel, Feld-Steinquendel
mother of thyme, basil thyme	
Calamintha acinos, Acinos arvensis	
mousseron, fairy ring mushroom	Mousseron, Knoblauchschwindling
Marasmius scorodonius	
mowa, mowrah butter,	Mowrah, Indischer Butterbaum
butter tree, mahua	
Madhuca longifolia	
Mozambique tilapia,	Mosambik-Buntbarsch,
Mozambique mouthbreeder	Mosambik-Tilapia
Oreochromis mossambicus	
mubura, Guinea plum	Guineapflaume
Parinari excelsa	
mugwort	Beifuß
Artemisia vulgaris var. *vulgaris*	
mulberry	Maulbeere
➤ **black mulberry**	Schwarze Maulbeere
Morus nigra	
➤ **Indian mulberry leaf, bai yor**	Noni-Blätter
Morinda citrifolia	(Indischer Maulbeerstrauch)
➤ **red mulberry** *Morus rubra*	Rote Maulbeere
➤ **white mulberry** *Morus alba*	Weiße Maulbeere
mule deer	Maultierwild, Maultierhirsch,
Odocoileus hemionus	Schwarzwedelhirsch
mulled wine	Glühwein
mullet	
➤ **common grey mullet**	Gemeine Meeräsche,
flathead mullet FAO,	Flachköpfige Meeräsche,
flat-headed grey mullet	Großkopfmeeräsche
striped gray mullet, striped mullet	
Mugil cephalus	
➤ **golden grey mullet**	Goldmeeräsche, Gold-Meeräsche
Mugil auratus, Liza aurata	
➤ **red mullet FAO, plain red mullet**	Meerbarbe, Gewöhnliche Meerbarbe,
Mullus barbatus	Rote Meerbarbe
➤ **striped red mullet**	Gestreifte Meerbarbe, Streifenbarbe
Mullus surmuletus	
➤ **thicklip grey mullet FAO,**	Dicklippige Meeräsche
thick-lipped grey mullet,	
thick-lip grey mullet	
Chelon labrosus, Mugil chelo,	
Mugil provensalis	
➤ **thinlip mullet FAO,**	Dünnlippige Meeräsche
thinlip grey mullet,	
thin-lipped grey mullet	
Liza ramada, Mugil capito	

multivitamin drink	Multivitamingetränk
mume, Japanese apricot	Ume, Japanische Aprikose,
Prunus mume	Schnee-Aprikose
muña, tipo, peperina	Peperina
Minthostachys mollis	
mung bean, green gram,	Mungbohne, Mungobohne,
golden gram	Jerusalembohne, Lunjabohne
Vigna radiata	
murex, trunk murex,	Purpurschnecke
trunculus murex,	
banded dye murex	
Hexaplex trunculus,	
Trunc",ulariopsis trunculus	
murtilla, Chilean guava,	Chilenische Guave, Murtilla
cranberry (New Zealand),	
strawberry myrtle	
Ugni molinae	
muscovado, Barbados sugar	Muscovado-Zucker
	(ein Rohrohrzucker)
muscovy duck	Moschusente
Cairina moschata	
mushrooms	Speisepilze, Ständerpilze;
	(fungi) Pilze (*allg/bot*)
➢ **autumn chanterelle**	Trompetenpfifferling
Cantharellus tubaeformis	
➢ **Bailin oyster mushroom,**	Blasser Kräuterseitling
awei mushroom,	
white king oyster mushroom	
Pleurotus nebrodensis	
➢ **beefsteak fungus,**	Leberpilz, Ochsenzunge
oxtongue fungus	
Fistulina hepatica	
➢ **bell morel, thimble fungus**	Fingerhut-Verpel, Glocken-Verpel
Verpa conica	
➢ **black fungus,**	Mu-Err, Mu-Err-Pilz
wood ear fungus,	
large cultivated Chinese fungus,	
large wood ear, mao mu er	
Auricularia polytricha	
➢ **black jelly mushroom,**	Chinesisches Holzohr,
cloud ear fungus, Chinese fungus,	Ohrpilz, Ohrlappenpilz
Szechwan fungus,	
small mouse ear, hei mu er	
Auricularia auricula-judae	
➢ **black poplar mushroom,**	Südlicher Ackerling,
poplar fieldcap	Südlicher Schüppling
Agrocybe cylindracea (A. aegerita)	
➢ **black truffle,**	Schwarze Trüffel, Perigord-Trüffel
Perigord black truffle	
Tuber melanosporum	

> **blewit, wood blewit**   Violetter Rötelritterling
> *Lepista nuda*
> **blusher, blushing mushroom**   Perlpilz
> *Amanita rubescens*
> **boletes, bolete mushrooms**   Röhrenpilze
>   (*hier speziell:* Röhrlinge = Boletaceae)
>> **bay bolete**   Maronenröhrling, Marone,
>> *Boletus badius, Xerocomus badius*   Braunhäuptchen
>> **butter mushroom,**   Butterpilz, Ringpilz
>> **brown-yellow boletus,**
>> **slippery jack**
>> *Suillus luteus*
>> **cep, porcino, edible bolete,**   Steinpilz, Herrenpilz
>> **penny bun bolete, king bolete**
>> *Boletus edulis*
>> **larch bolete, larch boletus**   Lärchenröhrling,
>> *Suillus grevillei*   Goldgelber Lärchenröhrling,
>>   Goldröhrling
>> **orange birch bolete**   Rotkappe
>> *Leccinum versipelle*
>> **red cracking bolete**   Rotfußröhrling
>> *Boletus chrysenteron,*
>> *Xerocomus chrysenteron*
>> **sand boletus,**   Sandröhrling, Sand-Röhrling, Sandpilz
>> **variegated boletus,**
>> **velvet bolete**
>> *Suillus variegatus*
>> **shaggy boletus,**   Graukappe, Birkenröhrling,
>> **birch bolete**   Birkenpilz, Kapuziner
>> *Leccinum scabrum*
>> **shallow-pored bolete**   Kuh-Röhrling, Kuhpilz
>> *Suillus bovinus*
>> **yellow cracking bolete,**   Ziegenlippe
>> **suede bolete**
>> *Xerocomus subtomentosus*
> **boot-lace fungus, honey agaric,**   Honiggelber Hallimasch
> **honey fungus**
> *Armillaria mellea*
> **brown beech mushroom,**   Bunashimeji, ‚Shimeji', Buchenrasling
> **bunashimeji**
> *Hypsizigus marmoreus,*
> *Hypsizigus tessulatus*
> **brown cap,**   Brauner Champignon, Brauner Egerling
> **chestnut mushroom**
> *Agaricus bisporus*
> **brown stew fungus,**   Stockschwämmchen, Pioppini
> **sheathed woodtuft**
> *Kuehneromyces mutabilis*
> **bunashimeji,**   Bunashimeji, ‚Shimeji', Buchenrasling
> **brown beech mushroom**
> *Hypsizigus marmoreus,*
> *Hypsizigus tessulatus*

➤ **Burgundy truffle, French truffle, grey truffle** *Tuber uncinatum*	Burgundertrüffel
➤ **butter mushroom, brown-yellow boletus, slippery jack** *Suillus luteus*	Butterpilz, Ringpilz
➤ **button mushroom, cultivated mushroom, white mushroom** *Agaricus bisporus* var. *hortensis*	Weißer Zuchtchampignon, Kulturchampignon
➤ **Caesar's mushroom, ovolo** *Amanita caesarea*	Kaiserling
➤ **caps and stems**	Hüte und Ständer
➤ **cauliflower mushroom, white fungus** *Sparassis crispa*	Krause Glucke, Bärentatze
➤ **cep, porcino, edible bolete, penny bun bolete, king bolete** *Boletus edulis*	Steinpilz, Herrenpilz
➤ **chanterelle, girolle** *Cantharellus cibarius*	Pfifferling
➤ **autumn chanterelle** *Cantharellus tubaeformis*	Trompetenpfifferling
➤ **charcoal burner russula** *Russula cyanoxantha*	Frauentäubling
➤ **chestnut mushroom, brown cap** *Agaricus bisporus*	Brauner Champignon, Brauner Egerling
➤ **chicken of the woods, gypsy mushroom** *Cortinarius caperatus, Rozites caperatus*	Reifpilz, Runzelschüppling
➤ **Chinese truffle, Chinese black truffle, black winter truffle** *Tuber indicum*	Schwarze Trüffel, China-Trüffel
➤ **cloud ear fungus, Chinese fungus, Szechwan fungus, black jelly mushroom, small mouse ear, hei mu er** *Auricularia auricula-judae*	Chinesisches Holzohr, Ohrpilz, Ohrlappenpilz
➤ **clustered mushroom** *Agaricus vaporarius*	Brauner Kompost-Egerling, Kompost-Champignon
➤ **conic morel** *Morchella elata, Morchella conica*	Spitzmorchel
➤ **conifer tuft** *Hypholoma capnoides*	Rauchblättriger Schwefelkopf, Graublättriger Schwefelkopf
➤ **cultivated mushroom, white mushroom, button mushroom** *Agaricus bisporus* var. *hortensis*	Weißer Zuchtchampignon, Kulturchampignon
➤ **cultivated mushrooms**	Kulturpilze (*spez.:* Zuchtchampignons)

- ➤ **dark honey mushroom,**
  dark honey fungus, naratake
  Armillaria polymyces,
  Armillaria ostoyae

  Hallimasch, Dunkler Hallimasch

- ➤ **dingy agaric**
  Tricholoma portentosum

  Grauer Ritterling

- ➤ **disk-shaped edible false morel**
  (*poisonous if uncooked!*)
  Gyromitra ancilis

  Scheiben-Lorchel
  (roh giftig!/kochen!)

- ➤ **enoki, golden mushroom,**
  winter mushroom, velvet stem
  Flammulina velutipes

  Enokitake, Samtfußrübling,
  Winterpilz

- ➤ **fairy ring mushroom**
  Marasmius oreades

  Nelkenschwindling, Wiesenschwindling

  - ➤ **mousseron**
    Marasmius scorodonius

    Mousseron, Knoblauchschwindling

- ➤ **field mushroom,**
  meadow mushroom
  Agaricus campestris

  Wiesenchampignon, Wiesenegerling,
  Feldegerling

- ➤ **field parasol**
  Macrolepiota procera

  Parasol, Parasolpilz, Riesenschirmpilz

- ➤ **firwood agaric,**
  yellow knight fungus, yellow trich,
  man on horseback, Canary trich
  Tricholoma equestre,
  Tricholoma flavovirens

  Grünling, Echter Ritterling,
  Grünreizker, Edelritterling

- ➤ **flirt, bare-toothed russula**
  Russula vesca

  Speisetäubling

- ➤ **forest mushrooms**

  Waldpilze

- ➤ **garden giant mushroom,**
  wine cap, winecap stropharia,
  king stropharia
  Stropharia rugosoannulata

  Braunkappe, Riesenträuschling,
  Rotbrauner Riesenträuschling,
  Kulturträuschling

- ➤ **giant mushroom,**
  macro mushroom
  Agaricus macrosporus

  Großsporiger Anis-Egerling

- ➤ **gill mushrooms, gill fungi**

  Lamellenpilze, Blätterpilze (Agaricales)

- ➤ **girolle, chanterelle**
  Cantharellus cibarius

  Pfifferling

- ➤ **golden coral fungus**
  Ramaria aurea

  Goldgelbe Koralle

- ➤ **golden mushroom, enoki,**
  winter mushroom, velvet stem
  Flammulina velutipes

  Enokitake, Samtfußrübling,
  Winterpilz

- ➤ **golden tricholoma**
  Tricholoma auratum

  Weißfleischiger Grünling

- ➤ **grey agaric, grey knight-cap**
  Tricholoma terreum

  Erdritterling

- ➤ **gypsy mushroom,**
  chicken of the woods
  Cortinarius caperatus,
  Rozites caperatus

  Reifpilz, Runzelschüppling,
  Zigeuner

➢ **honey agaric, honey fungus, boot-lace fungus** *Armillaria mellea*	Honiggelber Hallimasch
➢ **honshimeji** *Lyophyllum shimeji*	Honshimeji
➢ **horn of plenty, trompette des morts** *Craterellus cornucopioides*	Herbsttrompete, Totentrompete
➢ **horse mushroom** *Agaricus arvensis*	Schafchampignon, Schafegerling, Anis-Egerling, Weißer Anisegerling, Weißer Anischampignon
➢ **icicle fungus** *Hericium clathroides*	Bartkoralle
➢ **ink cap, shaggy ink cap, shaggy mane** *Coprinus comatus*	Schopf-Tintling, Spargelpilz, Porzellan-Tintling
➢ **Japanese forest mushroom, shiitake** *Lentinus/Lentinula edodes*	Shiitake, Blumenpilz, Japanischer Champignon
➢ **jelly mushrooms, jelly fungi**	Gallertpilze (Tremellales)
➢ **Kalahari desert truffle, Kalahari tuber** *Terfezia pfeilli*	Kalaharitrüffel
➢ **king mushroom, imperial cap mushroom** *Catathelasma imperiale*	Wurzel-Möhrling, Wurzelmöhrling, Doppelring-Trichterling
➢ **king oyster mushroom, king trumpet mushroom** *Pleurotus eryngii*	Kräuterseitling
➢ **king stropharia, garden giant mushroom, wine cap, winecap stropharia** *Stropharia rugosoannulata*	Braunkappe, Riesenträuschling, Rotbrauner Riesenträuschling, Kulturträuschling
➢ **larch bolete, larch boletus** *Suillus grevillei*	Lärchenröhrling, Goldgelber Lärchenröhrling, Goldröhrling
➢ **lion's mane, monkey head mushroom** *Hericium erinaceum*	Shan Fu, Igel-Stachelbart
➢ **lion's truffle** *Terfezia leonis*	Löwentrüffel
➢ **macro mushroom, giant mushroom** *Agaricus macrosporus*	Großsporiger Anis-Egerling
➢ **maitake, sheep's head mushroom, sheepshead, ram's head mushroom, hen of the woods** *Grifola frondosa*	Maitake, Klapperschwamm, Laub-Porling

➤ **man on horseback, firwood agaric,**   Grünling, Echter Ritterling,
    yellow knight fungus,   Grünreizker, Edelritterling
    yellow trich, Canary trich
    Tricholoma equestre,
    Tricholoma flavovirens

➤ **matsutake, pine mushroom**   Matsutake
    Tricholoma matsutake,
    Tricholoma nauseosum

➤ **meadow mushroom,**   Wiesenchampignon, Wiesenegerling,
    field mushroom   Feldegerling
    Agaricus campestris

➤ **milk cap**   Reizker

  ➤ **saffron milk cap,**
     red pine mushroom
     Lactarius deliciosus

  ➤ **weeping milk cap,**   Milchbrätling
     tawny milk cap
     Lactarius volemus

➤ **monkey head mushroom,**   Shan Fu, Igel-Stachelbart
    lion's mane
    Hericium erinaceum

➤ **morel, morille**   Speisemorchel, Rundmorchel
    Morchella esculenta

  ➤ **conic morel**   Spitzmorchel
     Morchella elata, Morchella conica

  ➤ **disk-shaped edible false morel**   Scheiben-Lorchel (roh giftig!/kochen!)
     Gyromitra ancilis

➤ **mousseron, fairy ring mushroom**   Mousseron, Knoblauchschwindling
    Marasmius scorodonius

➤ **nameko, viscid mushroom**   Chinesisches Stockschwämmchen,
    Pholiota nameko   Namekopilz, Nameko-Pilz,
                            Namekoschüppling

➤ **naratake, dark honey mushroom,**   Hallimasch,
    dark honey fungus   Dunkler Hallimasch
    Armillaria polymyces,
    Armillaria ostoyae

➤ **orange birch bolete**   Rotkappe
    Leccinum versipelle

➤ **ovolo, Caesar's mushroom**   Kaiserling
    Amanita caesarea

➤ **oxtongue fungus,**   Leberpilz, Ochsenzunge
    beefsteak fungus
    Fistulina hepatica

➤ **oyster mushroom**   Austernpilz, Austernseitling,
    Pleurotus ostreatus   Austern-Seitling, Kalbfleischpilz

  ➤ **Bailin oyster mushroom,**   Blasser Kräuterseitling
     awei mushroom,
     white king oyster mushroom
     Pleurotus nebrodensis

  ➤ **king oyster mushroom,**   Kräuterseitling
     king trumpet mushroom
     Pleurotus eryngii

➢ **yellow oyster mushroom**
  Pleurotus cornucopiae var.
  citrinopileatus

Gelber Austernpilz, Limonenpilz,
  Limonenseitling

➢ **parasol**
  ➢ **field parasol**
    Macrolepiota procera

Parasol, Parasolpilz, Riesenschirmpilz

  ➢**smooth parasol mushroom**
    Leucoagaricus leucothites

Rosablättriger Schirmpilz

➢ **pied de mouton**
  Hydnum repandum

Semmelstoppelpilz

➢ **Piedmont truffle,**
  Italian white truffle
  Tuber magnatum

Piemonttrüffel,
  Weiße Piemont-Trüffel

➢ **pine mushroom, matsutake**
  Tricholoma matsutake,
  Tricholoma nauseosum

Matsutake

➢ **poplar fieldcap,**
  black poplar mushroom
  Agrocybe cylindracea (A. aegerita)

Südlicher Ackerling,
  Südlicher Schüppling

➢ **porcino, cep, edible bolete,**
  penny bun bolete, king bolete
  Boletus edulis

Steinpilz, Herrenpilz

➢ **portobello, portabella**
  Agaricus bisporus

Portabella

➢ **Prince mushroom, Prince**
  Agaricus augustus

Riesenchampignon

➢ **red cracking bolete**
  Boletus chrysenteron,
  Xerocomus chrysenteron

Rotfußröhrling

➢ **red pine mushroom,**
  saffron milk cap
  Lactarius deliciosus

Reizker

➢ **saffron milk cap,**
  red pine mushroom
  Lactarius deliciosus

Reizker

➢ **sand boletus, variegated boletus,**
  velvet bolete
  Suillus variegatus

Sandröhrling, Sand-Röhrling,
  Sandpilz

➢ **shaggy boletus, birch bolete**
  Leccinum scabrum

Graukappe, Birkenröhrling,
  Birkenpilz, Kapuziner

➢ **shaggy ink cap, ink cap,**
  shaggy mane
  Coprinus comatus

Schopf-Tintling, Spargelpilz,
  Porzellan-Tintling

➢ **shaggy parasol**
  Macrolepiota rhacodes

Safranpilz, Rötender Schirmpilz,
  Safran-Schirmpilz

➢ **shallow-pored bolete**
  Suillus bovinus

Kuh-Röhrling, Kuhpilz

➢ **sheathed woodtuft,**
  brown stew fungus
  Kuehneromyces mutabilis

Stockschwämmchen, Pioppini

➢ **sheep polypore**
  Albatrellus ovinus, Scutiger ovinus

Schafporling

➤ **sheep's head mushroom,**
 sheepshead,
 ram's head mushroom,
 hen of the woods, maitake
 Grifola frondosa
Klapperschwamm, Laub-Porling,
 Maitake

➤ **shiitake,**
 Japanese forest mushroom
 Lentinus/Lentinula edodes
Shiitake, Blumenpilz,
 Japanischer Champignon

➤ **silver fungus, silver ear,**
 white tree fungus, white fungus,
 white jelly fungus,
 silver ear fungus,
 silver ear mushroom, snow fungus
 Tremella fuciformis
Silberohr, Chinesische Morchel,
 Weißer Holzohrenpilz

➤ **smooth parasol mushroom**
 Leucoagaricus leucothites
Rosablättriger Schirmpilz

➤ **spring agaric**
 Agrocybe praecox
Früher Ackerling, Frühlings-Ackerling

➤ **St. George's mushroom**
 Calocybe gambosa
Maipilz

➤ **straw mushroom**
 Volvariella volvacea
Strohpilz, Paddystroh-Pilz, Reisstrohpilz
 Scheidling, Reisstroh-Scheidling

➤ **suede bolete,**
 yellow cracking bolete
 Xerocomus subtomentosus
Ziegenlippe

➤ **summer truffle, black truffle**
 Tuber aestivum
Sommertrüffel

➤ **tawny milk cap, weeping milk cap**
 Lactarius volemus
Milchbrätling

➤ **termite heap mushroom**
 Termitomyces titanicus
Afrikanischer Riesen-Termitenpilz

➤ **tiled hydnum**
 Sarcodon imbricatum
Habichtspilz

➤ **Transylvanian white truffle,**
 hypogeous truffle
 Choiromyces venosus,
 Choiromyces meandriformis
Weiße Trüffel, Mäandertrüffel

➤ **trompette des morts,**
 horn of plenty
 Craterellus cornucopioides
Herbsttrompete, Totentrompete

➤ **truffles**
Trüffel

 ➤ **black truffle,**
 Perigord black truffle
 Tuber melanosporum
 Schwarze Trüffel, Perigord-Trüffel

 ➤ **Burgundy truffle,**
 French truffle, grey truffle
 Tuber uncinatum
 Burgundertrüffel

 ➤ **Chinese truffle,**
 Chinese black truffle,
 black winter truffle
 Tuber indicum
 Schwarze Trüffel, China-Trüffel

➤ **Kalahari desert truffle, Kalahari tuber** *Terfezia pfeilli*	Kalaharitrüffel
➤ **lion's truffle** *Terfezia leonis*	Löwentrüffel
➤ **Piedmont truffle, Italian white truffle** *Tuber magnatum*	Piemonttrüffel, Weiße Piemont-Trüffel
➤ **summer truffle, black truffle** *Tuber aestivum*	Sommertrüffel
➤ **Transylvanian white truffle, hypogeous truffle** *Choiromyces venosus, Choiromyces meandriformis*	Weiße Trüffel, Mäandertrüffel
➤ **winter truffle** *Tuber brumale*	Wintertrüffel
➤ **velvet stem, golden mushroom, enoki, winter mushroom** *Flammulina velutipes*	Enokitake, Samtfußrübling, Winterpilz
➤ **viscid mushroom, nameko** *Pholiota nameko*	Chinesisches Stockschwämmchen, Namekopilz, Nameko-Pilz, Namekoschüppling
➤ **weeping bolete, granulated boletus, dotted-stalk bolete** *Suillus granulatus*	Körnchenröhrling, Körnchen-Röhrling, Schmerling
➤ **white fungus, cauliflower mushroom** *Sparassis crispa*	Krause Glucke, Bärentatze
➤ **white tree fungus, white fungus, white jelly fungus, silver ear fungus, silver ear mushroom, silver fungus, silver ear, snow fungus** *Tremella fuciformis*	Chinesische Morchel, Silberohr, Weißer Holzohrenpilz
➤ **wine cap, winecap stropharia, king stropharia, garden giant mushroom** *Stropharia rugosoannulata*	Braunkappe, Riesenträuschling, Rotbrauner Riesenträuschling, Kulturträuschling
➤ **winter mushroom, velvet stem, golden mushroom, enoki** *Flammulina velutipes*	Enokitake, Samtfußrübling, Winterpilz
➤ **winter truffle** *Tuber brumale*	Wintertrüffel
➤ **wood blewit, blewit** *Lepista nuda*	Violetter Rötelritterling
➤ **wood ear fungus, mao mu er, large cultivated Chinese fungus, large wood ear, black fungus** *Auricularia polytricha*	Mu-Err, Mu-Err-Pilz

- **yellow cracking bolete,
  suede bolete**
  Xerocomus subtomentosus

Ziegenlippe

- **yellow oyster mushroom**
  Pleurotus cornucopiae
  var. *citrinopileatus*

Gelber Austernpilz,
  Limonenpilz, Limonenseitling

musk melon, netted melon
  Cucumis melo (Reticulatus Group)

Netzmelone

**musky winter squash, marrows
  (incl. butternut squash a.o.)**
  Cucurbita moschata

Moschuskürbis
  (*inkl.* Butternusskürbis *u.a.*)

mussels
  Mytilidae, Mytiloidea

Miesmuscheln

- **blue mussel, bay mussel,
  common mussel,
  common blue mussel**
  Mytilus edulis

Gemeine Miesmuschel, Pfahlmuschel

- **California mussel
  (common mussel)**
  Mytilus californianus

Kalifornische Miesmuschel

- **Chilean mussel**
  Mytilus chilensis

Chilenische Miesmuschel

- **datemussel, common date mussel,
  European date mussel**
  Lithophaga lithophaga

Seedattel, Steindattel,
  Meerdattel, Meeresdattel

- **green mussel**
  Mytilus smaragdinus, Perna viridis

Grüne Miesmuschel

- **greenshell mussel,
  New Zealand mussel,
  channel mussel,
  New Zealand greenshell**
  Perna canaliculus

Neuseeland-Miesmuschel,
  Neuseeländische Miesmuschel,
  Große Streifen-Miesmuschel

- **Mediterranean mussel**
  Mytilus galloprovincialis

Mittelmeer-Miesmuschel,
  Blaubartmuschel, Seemuschel

must

Most

- **grape must**

Traubenmost

mustard

Senf, Mostrich

- **Abyssinian mustard,
  Abyssinian cabbage,
  Ethiopian mustard, Texsel greens**
  Brassica carinata

Abessinischer Kohl,
  Abessinischer Senf,
  Äthiopischer Senf

- **black mustard**
  Brassica nigra

Schwarzer Senf

- **brown mustard, Indian mustard**
  Brassica juncea

Brauner Senf, Braunsenf,
  Indischer Braunsenf

- **curly-leaf mustard,
  curled mustard,
  curly-leaved mustard**
  Brassica juncea ssp. *integrifolia*
  (Crispifolia Group)

Kräuselblättriger Senf,
  Krausblättriger Senf

➢ **Dijon mustard, brown mustard, Indian mustard**
Brassica juncea var. *juncea*

Brauner Senf, Indischer Senf, Sareptasenf

➢ **hare's ear mustard**
Conringia orientalis

Orientalischer Ackerkohl, Weißer Ackerkohl

➢ **hill mustard, Turkish rocket**
Bunias orientalis

Hügelsenf, Türkische Rauke

➢ **leaf mustard**
Brassica juncea ssp. *integrifolia*

Blattsenf

➢ **sarepta mustard, lyrate-leaved mustard**
Brassica juncea var. *sareptana*

Sareptasenf, Sarepta-Senf

➢ **Sichuan pickling mustard, big stem mustard, Sichuan swollen stem mustard**
Brassica juncea var. *tsatsai*

Tsa Tsai, ‚Sezuangemüse'

➢ **spinach mustard, mustard spinach, komatsuma, komatsuna**
Brassica rapa (Perviridis Group)

Senf-Spinat, Senfspinat, Mosterdspinat, Komatsuna

➢ **white mustard**
Sinapis alba

Weißer Senf

➢ **yellow Chinese leaf mustard**
Brassica juncea var. *lutea*

Chinesischer Gelbsenf

mustard greens, cabbage leaf mustard, broad-leaved mustard, heading leaf mustard
Brassica juncea var. *rugosa*

Breitblättriger Senf

mustard seed

Senfkörner

mustard with herbs

Kräutersenf

mutable nassa
Nassarius mutabilis

Glatte Netzreusenschnecke, Wandelbare Reusenschnecke

mutton, mutton meat (castrated male < 2 yrs and female >1 yr but prior to lambing)

Hammelfleisch (kastriert < 2 Jahre und weibl. > 1 Jahr/ohne Nachkommen)

mutton snapper
Lutjanus analis

Mutton-Schnapper

myoga, mioga, Japanese ginger
Zingiber mioga

Mioga, Mioga-Ingwer, Japan-Ingwer

myrtle
Myrtus communis

Myrte, Brautmyrte

myrtle lime, limoncito, Chinese lime, limeberry
Triphasia trifolia

Limoncito, Zitronenbeere, Limondichina

nameko, viscid mushroom	Chinesisches Stockschwämmchen,
Pholiota nameko	Namekopilz, Nameko-Pilz,
	Namekoschüppling
namnam, nam-nam	Namnam, Froschfrucht
Cynometra cauliflora	
nance	Nance
Byrsonima crassifolia	
Nanking cherry, Korean cherry,	Filzkirsche, Japanische Mandel-Kirsche
downy cherry	Korea-Kirsche, Nanking-Kirsche
Prunus tomentosa	
nannyberry, sheepberry,	Kanadischer Schneeball, Schafbeere
sweet viburnum	
Viburnum lentago	
nape, back of the neck	Nacken
Naples garlic, Neapolitan garlic,	Neapel-Lauch, Neapel-Zwiebel
daffodil garlic	
Allium neapolitanum	
naranjilla, lulo	Lulo, Quito-Orange
Solanum quitoense u.a.	
naratake,	Hallimasch,
dark honey mushroom,	Dunkler Hallimasch
dark honey fungus	
Armillaria polymyces,	
Armillaria ostoyae	
nashi, Asian pear, Japanese pear,	Asiatische Birne, Japanische Birne,
apple pear, sand pear	Apfelbirne, Nashi
Pyrus pyrifolia	
'nasturtium', garden nasturtium,	Kapuzinerkresse
Indian cress	
Tropaeolum majus	
Natal plum, amantungula	Natal-Pflaume, Carissa
Carissa macrocarpa	
Natal spiny lobster,	Natal-Languste
Natal deepsea lobster	
Panulirus delagoae	
natural	natürlich
➢ **near-natural**	naturnah
➢ **unnatural**	unnatürlich
natural casing(s) (*see also:* casings)	Naturdarm, Naturdärme
natural flavor, natural flavoring	natürliche Geschmacksstoff(e)
natural food, organic food	Naturkost
navy bean	Navy-Bohne (weiße Bohne)
Phaseolus vulgaris (Nanus Group)	
ndjanssang,	Erimado
essang, erimado, African nut	
Ricinodendron heudelotii	
nectar	Nektar; Dicksaft
nectarine, smooth-skinned peach	Nektarine, Glattpfirsich
Prunus persica var. *nectarina*	
neeps, turnip	Weiße Rübe, Stoppelrübe, Speiserübe,
Brassica rapa (Rapa Group)	Wasserrübe, Mairübe, Navette

Nepal cardamom, **winged Bengal cardamom,** **'large' cardamom,** **black cardamom** *Amomum subulatum*	Nepal-Kardamom, Geflügelter Bengal-Kardamom, Schwarzer Kardamom
Nero fruit *Aronia x prunifolia*	Apfelbeere
netted melon, musk melon *Cucumis melo* (Reticulatus Group)	Netzmelone
nettle	
➢ **Himalayan nettle** *Urtica parviflora*	Himalaya-Nessel
➢ **stinging nettle** *Urtica dioica*	Brennnessel
New Jersey tea *Ceanothus americanus*	New-Jersey-Tee
New Zealand blue cod *Parapercis colias*	Neuseeland-Flussbarsch, Neuseeland-'Blaubarsch', Sandbarsch
New Zealand dredge oyster *Ostrea lutaria*	Neuseeland-Plattauster
New Zealand mussel, **greenshell mussel,** **channel mussel,** **New Zealand greenshell** *Perna canaliculus*	Neuseeland-Miesmuschel, Neuseeländische Miesmuschel, Große Streifen-Miesmuschel
New Zealand scampi, **deep water scampi** *Metanephrops challengeri*	Neuseeländischer Kaisergranat
New Zealand spinach, **warrigal spinach,** **warrigal cabbage** *Tetragonia tetragonioides*	Neuseeländer Spinat, Neuseelandspinat
New Zealand yam, oca, oka oxalis *Oxalis tuberosa*	Oka, Knolliger Sauerklee, Knollen-Sauerklee
Niger seed, ramtil, nug *Guizotia abyssinica*	Nigersaat, Ramtillkraut
Nigerian berry (monellin), **serendipity berry** *Dioscoreophyllum cumminsii*	Serendipity-Beere
Nile perch (Sangara) *Lates niloticus*	Nilbarsch, Viktoriasee-Barsch (Viktoriabarsch)
Nile tilapia FAO, Nile mouthbreeder *Oreochromis niloticus, Tilapia nilotica*	Nil-Buntbarsch, Nil-Tilapia, Tilapie
nipa palm, attap palm, **mangrove palm, water coconut** *Nypa fruticans*	Nipapalme, Attappalme, Mangrovenpalme
nipplewort *Lapsana communis*	Rainkohl
nitta nut, African locust bean *Parkia biglobosa*	Afrikanische Locustbohne, Nittanuss, Nitta
Noah's ark *Arca noae*	Arche Noah, Arche Noah-Muschel, Archenmuschel

noble crayfish *Astacus astacus*	Edelkrebs
noble rot *Botrytis cinerea*	Edelfäule
nonalcoholic beverages	nicht-alkoholische Getränke
nonfat dry milk (NFDM), **dried skim milk (DSM)**	Magermilchpulver
noni fruit, Indian mulberry *Morinda citrifolia*	Noni, Indische Maulbeere
nonnutritive sweetener	Süßstoff
nonpareils	Liebesperlen, Zuckerperlen, Nonpareill
nonripened	nichtgereift
non-stick cooking oil	Antihaftöl (Trennfett zum Backen/Kochen)
noodles	Nudeln; (pasta) Teigwaren, Nudelgeric
➢ **egg noodles**	Eiernudeln
➢ **glass noodles, cellophane noodles** **(Chinese vermicelli, bean threads)**	Glasnudeln
➢ **ribbon noodles**	Bandnudeln
➢ **Swabian noodles**	Spätzle
➢ **thread noodles**	Feinnudeln
➢ **vermicelli**	Fadennudeln
➢ **whole grain noodles**	Vollkornnudeln
nopal (cactus pads) *Opuntia ficus-indica* u.a.	Nopal (Kaktus-Stammscheiben)
nori (a red seaweed) *Porphyra tenera* u.a.	Nori (Rotalge)
northern anchovy, **California anchovy** *Engraulis mordax*	Amerikanische Sardelle
northern lobster, **American clawed lobster** *Homarus americanus*	Amerikanischer Hummer
northern quahog, quahog **(hard clam/bearded clam/** **round clam/chowder clam)** *Mercenaria mercenaria*	Nördliche Quahog-Muschel
northern shrimp, pink shrimp, **northern pink shrimp** *Pandalus borealis*	Nördliche Tiefseegarnele, Grönland-Shrimp
Norway lobster, **Norway clawed lobster,** **Dublin Bay lobster,** **Dublin Bay prawn** **(scampi, langoustine)** *Nephrops norvegicus*	Kaisergranat, Kaiserhummer, Kronenhummer, Schlankhummer, Tiefseehummer
nougat	Nugat, Nougat
➢ **French nougat**	Weißer Nugat, Nougat Montélimar
➢ **honey nougat**	Honignougat
nursehound FAO, **large spotted dogfish, bull huss,** **rock salmon, rock eel** *Scyliorhinus stellaris*	Großgefleckter Katzenhai, Großer Katzenhai, Pantherhai, saumonette F, rousette

nutmeg	Muskatnuss
Myristica fragrans	
➢ **calabash nutmeg,**	Kalebassenmuskat,
West African nutmeg,	Monodoranuss
Jamaica nutmeg, false nutmeg	
Monodora myristica	
➢ **false nutmeg, African nutmeg**	Kombo, Afrikanische Muskatnuss
(kombo butter), kombo	(Kombo-Butter)
Pycnanthus angolensis	
nutmeg hickory	Muskat-Hickorynuss
Carya myristiciformis	
nutraceuticals (*extracts of foods*	Nutraceuticals
with medicinal effects)	
nutria, coypu *Myocastor coypus*	Nutria, Sumpfbiber
nutrient deficiency, food shortage	Nahrungsmangel
nutrient salt	Nährsalz
nutrient table,	Nährwert-Tabelle
food composition table	
nutrition	Ernährung
➢ **deficiency**	Mangel
➢ **enteral nutrition**	enterale Ernährung
➢ **malnutrition**	Fehlernährung
➢ **parenteral nutrition**	parenterale Ernährung
➢ **starvation**	Hungern
➢ **total parenteral nutrition (TPN)**	totale parenterale Ernährung
➢ **undernourishment (malnutrition)**	Unterernährung,
	Mangelernährung
nutritional requirements	Nahrungsbedarf
nutritional supplements,	Nahrungsergänzungsmittel/-produkte
dietary supplements,	
food additives	
nuts	Nüsse; Schalenobst
➢ **African walnut,**	Coula-Nuss, Gabon-Nuss
Gabon nut, coula	
Coula edulis	
➢ **almond, sweet almond**	Mandel, Süßmandel
Prunus amygdalus var. *dulcis*	
➢ **American hazel,**	Amerikanische Haselnuss
American filbert	
Corylus americana	
➢ **black walnut,**	Schwarze Walnuss
American black walnut	
Juglans nigra	
➢ **Brazil nut**	Paranuss
Bertholletia excelsa	
➢ **bread nut**	Brotnuss
Brosimum alicastrum	
➢ **butternut, white walnut**	Butternuss, Graue Walnuss
Juglans cinerea	
➢ **Californian walnut,**	Kalifornische Walnuss
California black walnut	
Juglans californica	

➤ **canarium nut, canarium almond, galip nut, ngali nut, molucca nut** *Canarium indicum*	Galipnuss, Javamandel
➤ **candlenut** *Aleurites moluccana*	Lichtnuss, Kemiri-Nuss, Kerzennuss, Kandelnuss
➤ **cashew, cashew nut** *Anacardium occidentale*	Kaschu, Kaschukerne, Cashewnuss
➤ **cembra pine nuts, cembra nuts** *Pinus cembra*	Zirbelnüsse
➤ **Chile nut, Chilean hazelnut, gevuina nut** *Gevuina avellana*	Chilenische Haselnuss
➤ **chilgoza pine nuts, neje nuts** *Pinus gerardiana*	Chilgoza-Kiefernkerne
➤ **China hickory, Cathay hickory** *Carya cathayensis*	China-Hickorynuss
➤ **Chinese hazel** *Corylus chinensis*	Chinesische Haselnuss
➤ **Chinese olive, Chinese white olive, white Chinese olive** *Canarium album*	Weiße Kanarinuss, Weiße Chinesische Olive
➤ **coconut** *Cocos nucifera*	Kokosnuss
➤ **cola nut, cola, kola nut, kola, bitter cola** *Cola nitida* a.o.	Colanuss, Cola, Bittere Kolanuss
➤ **dika nut, bush mango (dika butter, Gaboon/Gabon chocolate)** *Irvingia gabonensis*	Dikanuss, Wildmango (Cay-Cay-Butter)
➤ **filbert, European filbert, hazelnut, cobnut** *Corylus avellana*	Haselnuss
➤ **foxnut, fox nut, gorgon nut, makhana** *Euryale ferox*	Fuchsnuss, Gorgon-Nuss, Stachelseerose
➤ **Gabon nut, African walnut, coula** *Coula edulis*	Coula-Nuss, Gabon-Nuss
➤ **goober (Southern US), peanut** *Arachis hygogaea*	Erdnuss
➤ **hazelnut, hazel, filbert, European filbert, cobnut** *Corylus avellana*	Haselnuss
➤ **hickory** *Carya* spp.	Hickorynuss
➤ **inchi nut, Orinoco nut** *Caryodendron orinocense*	Inchi-Nuss, Sacha-Inchi-Nuss, Inka-Nuss
➤ **kingnut, kingnut hickory, shellbark hickory** *Carya laciniosa*	Königsnuss
➤ **Lambert's filbert** *Corylus avellana* var. *grandis*, *Corylus maxima*	Lambertsnuss, Langbartshasel, ‚Haselnuss'

➤ **Manchurian walnut, Chinese walnut** *Juglans mandshurica*	Chinesische Walnuss, Mandschurische Walnuss
➤ **manketti, mongongo** *Schinziophyton rautanenii, Ricinodendron viticoides*	Manketti-Nuss, Mongongofrucht, Mongongo-Nuss (Afrikanisches Mahagoni)
➤ **Mexican pine nuts** *Pinus cembroides*	Mexikanische Pinienkerne (Arizonakiefer)
➤ **mockernut, white hickory** *Carya tomentosa*	Spottnuss
➤ **nitta nut, African locust bean** *Parkia biglobosa*	Afrikanische Locustbohne, Nittanuss, Nitta
➤ **nutmeg** *Myristica fragrans*	Muskatnuss
➤ **nutmeg hickory** *Carya myristiciformis*	Muskat-Hickorynuss
➤ **oyster nut** *Telfairia pedata*	Austernnuss, Talerkürbis
➤ **Pacific walnut, Papuan walnut, dao, Argus pheasant tree** *Dracontomelon dao, Dracontomelon mangiferum*	Drachenapfel, Argusfasanenbaum
➤ **peanut, goober (Southern US)** *Arachis hygogaea*	Erdnuss
➤ **pecan** *Carya illinoinensis*	Pecan-Nuss, Hickory-Nuss
➤ **pendula nut, egg nut** *Couepia longipendula*	Pendula-Nuss
➤ **pili nut** *Canarium ovatum*	Pilinuss, Kanarinuss, Kanariennuss
➤ **pine nuts, pignons, pignoli, pignolia nuts (stone pine)** *Pinus pinea*	Pinienkerne, Piniennüsse, Pineole
➤ **pistachio** *Pistacia vera*	Pistazie
➤ **sapucaia nut, zabucajo nut, monkey-pot nut, paradise nut** *Lecythis zabucajo u.a.*	Sapucajanuss, Paradiesnuss
➤ **shagbark hickory (mockernut)** *Carya ovata*	Schuppenrinden-Hickorynuss, Weiße Hickory
➤ **souari nut, swarri nut, butternut** *Caryocar amygdaliferum* and *Caryocar nuciferum*	Souarinuss, Butternuss
➤ **star nut, tucuma** *Astrocaryum aculeatum*	Tucuma, Sternnuss
➤ **Turkish hazel** *Corylus colurna*	Türkische Haselnuss
➤ **walnut, regia walnut, English walnut** *Juglans regia*	Walnuss
nylon shrimp *Heterocarpus spp.*	Kantengarnelen, Kanten-Tiefseegarnelen

oarweed, tangle	Fingertang
Laminaria digitata	
oat bran	Haferkleie
oat grits	Hafergrütze
oatmeal (porridge UK)	Haferbrei, Haferschleim
	(aus: Grieß oder Grütze)
oats, common oats	Hafer
Avena sativa	
➤ **hulless oat, naked oat**	Rauhafer, Sandhafer, Nackthafer
Avena nuda	
➤ **quaker oats**	Hafergrütze (grob)
➤ **wild oat, spring wild oat**	Flughafer, Windhafer
Avena fatua	
oca, oka oxalis, New Zealand yam	Oka, Knolliger Sauerklee,
Oxalis tuberosa	Knollen-Sauerklee
ocean perch FAO, redfish, red-fish,	Rotbarsch, Goldbarsch
Norway haddock, rosefish	(Großer Rotbarsch)
Sebastes marinus and *Sebastes mentella*	
➤ **Pacific ocean perch**	Pazifischer Rotbarsch,
Sebastes alutus	Pazifik-Goldbarsch, Schnabelfelsenfis
ocean sunfish, mola *Mola mola*	Mondfisch
ocean whitefish	Pazifischer Ziegelfisch
Caulolatilus princeps	
octopus, common octopus,	Gemeiner Krake,
common Atlantic octopus,	Gemeiner Octopus, Polyp
common European octopus	
Octopus vulgaris	
➤ **horned octopus, curled octopus**	Zirrenkrake
Eledone cirrosa, Ozeana cirrosa	
➤ **white octopus, musky octopus**	Moschuskrake, Moschuspolyp
Eledone moschata, Ozeana moschata	
odor masking agent	Geruchsüberdecker
odorless, odorfree, scentless	geruchlos, geruchsfrei,
	geruchsneutral
offals (red offals: *liver, heart,*	Innereien,
kidneys ... **& white offals:**	Eingeweide (innere Organe)
lungs, stomach, intestines ...)**,**	
sidemeats, variety meat	
ogo (a red seaweed)	Ogonori (Rotalge)
Gracilaria verrucosa	
ohelo, Hawaiian cranberry	Ohelo-Beere,
Vaccinium reticulatum	Hawaiianische Kranichbeere
oil	Öl
➤ **anise oil**	Anisöl
➤ **argan oil** *Argania spinosa*	Arganöl
➤ **babassu oil, cusi oilo**	Babassuöl
Attalea speciosa	
➤ **beechnut oil**	Bucheckernöl
➤ **ben oil, benne oil**	Behenöl
➤ **bitter almond oil**	Bittermandelöl
➤ **cameline oil** *Camelina sativa*	Leindotteröl
➤ **castor oil, ricinus oil**	Rizinusöl

➢ citronella oil	Citronellöl
Cymbopogon nardus u.a.	
➢ coconut oil	Kokosöl
➢ cod-liver oil	Lebertran (Fischleberöl/Dorschleberöl)
➢ colza oil	Kolzaöl
➢ cooking oil, edible oil	Speiseöl
➢ corn germ oil, maize germ oil	Maiskeimöl
➢ corn oil, maize oil	Maisöl
➢ cotton oil	Baumwollsaatöl
➢ deep-frying oil	Frittieröl
➢ dill oil	Dillöl, Dillkrautöl
➢ essential oil, ethereal oil	ätherisches Öl
➢ evening primrose oil	Nachtkerzenöl
Oenothera biennis	
➢ fish oil	Fischöl
➢ frying oil	Bratöl
➢ grapeseed oil	Traubenkernöl
➢ hempseed oil	Hanfsamenöl
➢ hyssop oil	Ysopöl
➢ linseed oil	Leinöl
➢ madia oil (Chilean tarweed)	Madiaöl
Madia sativa	
➢ meadowfoam seed oil	Wiesenschaumkrautöl
➢ mustard oil, mustard seed oil	Senföl
➢ neat's-foot oil	Klauenöl
(from knucklebones of cattle)	
➢ non-stick cooking oil	Antihaftöl
	(Trennfett zum Backen/Kochen)
➢ nut oil	Nussöl
➢ olive kernel oil	Olivenkernöl
➢ olive oil	Olivenöl
➢ palm kernel oil	Palmkernöl
➢ palm oil	Palmöl
➢ peanut oil; groundnut oil UK	Erdnussöl
➢ pumpkinseed oil	Kürbiskernöl
➢ radish oil	Rettichöl
➢ rapeseed oil, canola oil, canbra oil	Rapsöl, Speise-Rapsöl
(colza oil)	(Kolzaöl/Rüböl/Rübsenöl/Kohlsaatöl)
➢ rice germ oil	Reiskeimöl
➢ safflower oil	Distelöl, Safloröl
➢ seal oil	Robbenöl
➢ sesame oil, flaxseed oil, flax oil	Sesamöl
➢ shark oil	Haiöl
➢ soybean oil, soy oil, soya oil	Sojaöl
➢ sperm oil (whale)	Walratöl
➢ stillingia oil *Sapium sebiferum*	Stillingia-Öl
➢ sunflower seed oil	Sonnenblumenöl
➢ teaseed oil *Camellia oleifera*	Teesamenöl, Camelliaöl
➢ tecuma oil, tucuma oil, cumari	Awarra-Öl, Tucum-Öl
Astrocaryum vulgare	
➢ tsubaki oil *Camellia japonica*	Kameliensamenöl
➢ vegetable oil	Pflanzenöl

➤ **virgin oil (olive)**	Jungfernöl
➤ **walnut oil**	Walnussöl
➤ **wheat germ oil**	Weizenkeimöl
oil crops, oil seed crops	ölliefernde Pflanzen
oil palm, African oil palm (palm kernels)	Ölpalme (Palmkerne)
Elaeis guineensis	
oil radish, oilseed radish	Ölrettich
Raphanus sativus var. *oleiformis*	
oilfish	Ölfisch, ‚Buttermakrele'
Ruvettus pretiosus	
oilseed	Ölsaat *allg/bot*
oilseed pumpkin	Ölkürbis
Cucurbita pepo var. *styriaca*	
oilseed rape, rape, rutabaga	Ölsaat, Raps
Brassica napus	
okra, gumbo, bindi, ladyfingers	Okra, Gemüse-Eibisch,
Hibiscus esculentus,	Essbarer Eibisch
Abelmoschus esculentus	
old man, southernwood	Eberraute
Artemisia abrotanum	
old-wife, queen triggerfish FAO	Königin-Drückerfisch
Balistes vetula	
oleaster, Russian olive, Russian silverberry	Ölweide, Oleaster (Schmalblättrige Ölweide)
Elaeagnus angustifolia a.o.	
olive *Olea europaea*	Olive
➤ **Chinese black olive, black Chinese olive**	Schwarze Kanarinuss, Schwarze Chinesische Olive
Canarium pimela	
➤ **Chinese white olive, white Chinese olive**	Weiße Kanarinuss, Weiße Chinesische Olive
Canarium album	
onion, common onion, brown onion, bulb onion	Zwiebel, Gartenzwiebel, Küchenzwiebel
Allium cepa (Cepa Group)	
➤ **Chinese onion, Chinese chives, Kiangsi scallion, rakkyo**	Chinesischer Schnittlauch, Chinesische Zwiebel, Chinesische Schalotte, Rakkyo
Allium chinense	
➤ **Egyptian onion, tree onion, walking onion, top onion**	Ägyptische Zwiebel, Etagenzwiebel, Luftzwiebel
Allium x proliferum	
➤ **pearl onion, multiplier leek**	Perlzwiebel, Echte Perlzwiebel
Allium ampeloprasum (Sectivum Group)	
➤ **spring onion, green onion, salad onion, scallion**	Frühlingszwiebeln, Frühlingszwiebelchen; Lauchzwiebel
Allium cepa (Cepa Group) (young/early) and *Allium fistulosum*	
➤ **Welsh onion, bunching onion, Japanese bunching onion**	Winterzwiebel, Winterheckenzwiebel, Winterheckzwiebel, Welsche Zwiebel, Lauchzwiebel
Allium fistulosum	

oolong tea (partially fermented)	halbfermentierter Tee, Oolong
opah, moonfish	Gotteslachs
Lampris guttatus	
orache	Gartenmelde, Melde
Atriplex hortensis ssp. *hortensis*	
orange, sweet orange	Orange, Apfelsine
Citrus sinensis	
➤ **bitter orange, sour orange,**	Bitterorange, Pomeranze
Seville orange	
Citrus aurantium	
➤ **blood oranges**	Blutorangen
Citrus sinensis cvs.	
➤ **jambhiri orange, mandarin lime,**	Jambhiri-Orange,
rough lemon	Rauschalige Zitrone
Citrus x *jambhiri*	
orange birch bolete	Rotkappe
Leccinum versipelle	
orange flower honey	Orangenblütenhonig
orange roughie, orange roughy	Granatbarsch,
Hoplostethus atlanticus	Atlantischer Sägebauch, Kaiserbarsch
orange thyme,	Orangenthymian,
orange-scented thyme	Orangen-Thymian
Thymus 'Fragrantissimus'	
oregano, wild marjoram	Oregano, Wilder Majoran,
Origanum vulgare	Gewöhnlicher Dost
➤ **Crete oregano, dittany of Crete,**	Diptamdost, Kretischer Oregano,
Cretan oregano	Kretischer Diptam
Origanum dictamnus	
➤ **Greek oregano,**	Echter Griechischer Oregano,
true Greek oregano,	Pizza-Oregano,
wild marjoram	Borstiger Gewöhnlicher Dost
Origanum vulgare var. *hirtum*	
➤ **Mexican oregano,**	Mexikanischer Oregano
Sonoran oregano, Mexican sage	
Lippia graveolens	
➤ **Syrian oregano, Bible hyssop,**	Syrischer Oregano,
hyssop of the Bible	Arabischer Oregano
Origanum syriacum	
➤ **Turkish oregano, pot marjoram**	Französischer Majoran
Origanum onites	
Oregon grape	Mahonie, Mahonienbeere
Berberis aquifolium,	
Mahonia aquifolium	
Oregon plum,	Indianische Pflaume,
Indian plum, osoberry	Oregonpflaume
Oemleria cerasiformis	
Oregon tea, yerba buena,	Indianerminze
Douglas' savory	
Micromeria chamissonis,	
Satureja douglasii	
orfe, ide FAO *Leuciscus idus*	Aland, Orfe

Oriental pickling melon,
pickling melon
Cucumis melo (Conomon Group)

Gemüsemelone

Oriental radish, black radish,
winter radish
Raphanus sativus (Chinensis Group)/
var. *niger*

Winterrettich, Gartenrettich,
Knollenrettich

oriental sweetlip
Plectorhinchus orientalis

Orientalische Süßlippe, Orient-Süßlippe

original wort, original wort extract,
original extract

Stammwürze (Stammwürzegehalt)

Orinoco apple, cocona,
topiro, tomato peach
Solanum sessiliflorum

Orinoco-Apfel, Pfirsichtomate,
Cocona, Topira

Orinoco nut, inchi nut
Caryodendron orinocense

Inchi-Nuss, Sacha-Inchi-Nuss,
Inka-Nuss

ornate spiny crawfish
Panulirus ornatus

Ornatlanguste

orris root, white flag root
Iris germanica

Iriswurzel, ‚Veilchen'wurzel

osoberry, Oregon plum, Indian plum
Oemleria cerasiformis

Indianische Pflaume, Oregonpflaume

ostrich
Strutio camelus

Strauß

Oswego tea, bergamot, bee balm,
scarlet beebalm, scarlet monarda
Monarda didyma

Oswego-Tee, Monarde,
Scharlach-Monarde, Goldmelisse,
Scharlach-Indianernessel

Otaheite apple, hog plum,
greater hog plum,
ambarella, golden apple
Spondias dulcis, Spondias cytherea

Ambarella, Goldpflaume,
Goldene Balsampflaume,
Tahitiapfel

Otaheite gooseberry,
star gooseberry
Phyllanthus acidus

Grosella

ovolo, Caesar's mushroom
Amanita caesarea

Kaiserling

oxtongue fungus, beefsteak fungus
Fistulina hepatica

Leberpilz, Ochsenzunge

oysters Ostreidae

Austern

➢ **American oyster, eastern oyster,**
blue point oyster,
American cupped oyster
Crassostrea virginica,
Gryphaea virginica

Amerikanische Auster

➢ **Atlantic thorny oyster,**
American thorny oyster
Spondylus americanus

Atlantik-Stachelauster,
Atlantische Stachelauster,
Amerikanische Stachelauster

➢ **Chilean flat oyster**
Ostrea chilensis

Chilenische Plattauster

➢ **cock's comb oyster***
Ostrea crestata

Hahnenkammauster

> **common oyster, flat oyster,** — Europäische Auster, Gemeine Auster
> **European flat oyster**
> *Ostrea edulis*

> **crested oyster** — Atlantische Kammauster*
> *Ostrea equestris*

> **denticulate rock oyster** — Gezähnte Auster
> *Ostrea denticulata*

> **imbricate oyster** — Schindelauster*
> *Ostrea imbricata*

> **Kumamoto oyster** — Kumamoto-Auster
> *Crassostrea gigas kumamoto*

> **mangrove cupped oyster** — Mangrovenauster
> *Crassostrea rhizophorae*

> **New Zealand dredge oyster** — Neuseeland-Plattauster
> *Ostrea lutaria*

> **Pacific oyster, giant Pacific oyster,** — Riesenauster, Pazifische Auster,
> **giant cupped oyster,** — Pazifische Felsenauster,
> **Japanese oyster** — Japanische Auster
> *Crassostrea gigas*

> **Portuguese oyster** — Portugiesische Auster, Greifmuschel
> *Crassostrea angulata,*
> *Gryphaea angulata*

> **Rocky Mountain 'oysters',** — Rinder-Hoden, Büffelhoden
> **prairie oysters**
> **(bull/buffalo testicles)**

> **'Spanish oyster',** — Goldwurzel, Spanische Golddistel
> **golden thistle, cardillo**
> *Scolymus hispanicus*

> **Sydney cupped oyster,** — Sydney-Felsenauster
> **Sydney rock oyster, Sydney oyster**
> *Crassostrea commercialis*

oyster crab *Pinnotheres ostreum* — Austernkrabbe, Austernwächter
(*in Crassostrea* spp.)

oyster mushroom — Austernpilz, Austernseitling,
Pleurotus ostreatus — Austern-Seitling, Kalbfleischpilz

> **Bailin oyster mushroom,** — Blasser Kräuterseitling
> **awei mushroom,**
> **white king oyster mushroom**
> *Pleurotus nebrodensis*

> **king oyster mushroom,** — Kräuterseitling
> **king trumpet mushroom**
> *Pleurotus eryngii*

> **yellow oyster mushroom** — Gelber Austernpilz,
> *Pleurotus cornucopiae* var. — Limonenpilz, Limonenseitling
> *citrinopileatus*

oyster nut *Telfairia pedata* — Austernnuss, Talerkürbis

oyster plant, oysterleaf, gromwell, — Austernpflanze
sea lungwort
Mertensia maritima

oyster plant, salsify — Haferwurzel, Gemüsehaferwurzel,
Tragopogon porrifolius ssp. *porrifolius* — Austernpflanze

paca, lowland paca, spotted paca *Cuniculus paca*	Paka, Tieflandpaka
Pacific bonito, **Eastern Pacific bonito FAO** *Sarda chilensis*	Chilenische Pelamide
Pacific cod FAO, gray cod, grayfish *Gadus macrocephalus*	Pazifik-Dorsch, Pazifischer Kabeljau
Pacific cupped oyster, **mangrove cupped oyster** *Crassostrea rhizophorae*	Pazifische Felsenauster, Mangrovenauster
Pacific false halibut, **flathead flounder FAO** *Hippoglossoides dubius*	Japanischer Heilbutt
Pacific geoduck, geoduck (*pronounce:* **gouy-duck**) *Panopea abrupta, Panopea generosa*	Pazifische Panopea
Pacific halibut *Hippoglossus stenolepis*	Pazifischer Heilbutt
Pacific herring *Clupea pallasi*	Pazifischer Hering
Pacific ocean perch *Sebastes alutus*	Pazifischer Rotbarsch, Pazifik-Goldbarsch, Schnabelfelsenfisch
Pacific oyster, giant Pacific oyster, **giant cupped oyster,** **Japanese oyster** *Crassostrea gigas*	Riesenauster, Pazifische Auster, Pazifische Felsenauster, Japanische Auster
Pacific pink scallop *Chlamys hastata hericia*	Alaska-Kammmuschel
Pacific pomfret *Brama japonica*	Pazifische Brachsenmakrele
Pacific rock crab *Cancer antennarius*	Pazifischer Taschenkrebs
Pacific salmon *Oncorhynchus* spp.	Pazifische Lachse
Pacific saury *Cololabis saira*	Saira, Kurzschnabelmakrelenhecht
Pacific walnut, Papuan walnut, **dao, Argus pheasant tree** *Dracontomelon dao,* *Dracontomelon mangiferum*	Drachenapfel, Argusfasanenbaum
paddlefish caviar **(Mississippi caviar)**	Löffelstör-Kaviar
paddy oats, gnetum seeds, melinjo *Gnetum gnemon*	Gnetum-Nüsse
pajura *Parinari montana*	Pajura
pak choi, bok choi, bokchoy, **Chinese white cabbage** *Brassica rapa* (Chinensis Group)	Chinakohl, Chinesischer Senfkohl, Pak-Choi
palm cabbage *Brassica oleracea* (Palmifolia Group)	Palmkohl

palm fruit	Palmfrucht
➤ **Chinese fan palm fruit**	Chinesische Fächerpalme,
Livistona chinensis	Chinesische Schirmpalme,
	Brunnenpalme
➤ **date** *Phoenix dactylifera*	Dattel
palm hearts, heart of palm,	Palmherzen, Palmenherzen
palmito, swamp cabbage	(Palmkohl/Palmito)
Euterpe edulis and *Bactris gasipaes* u.a.	
palm honey	Palmhonig, Palmenhonig
Jubaea chilensis a.o.	
palm oil	Palmöl
Elaeis guineensis a.o.	
palm sugar, jaggery, gur	Palmzucker, Palmenzucker, Jaggery
palm wine (toddy)	Palmwein (Toddy)
palmfern starch,	Cycas-Sago
cycas starch, cycad starch	
(*from so-called* sago 'palm')	
palmito, palm hearts, heart of palm,	Palmherzen, Palmenherzen
swamp cabbage	(Palmkohl/Palmito)
Euterpe edulis and *Bactris gasipaes* u.a.	
palmyra palm (toddy)	Palmyrapalme (Toddy/Sago)
Borassus flabellifer	
Panama berry, Jamaica cherry,	Jamaikakirsche,
Jamaican cherry	Jamaikanische Muntingia,
Muntingia calabura	Panama-Beere
pancreas, gut sweetbread	Bauchspeicheldrüse
pandalid shrimps	Tiefseegarnelen
Pandalidae	
pandan leaves, screwpine leaves	Pandanblätter, Schraubenbaumblätter
Pandanus spp.	
pandora, common pandora FAO	Roter Meerbrassen, Rotbrassen
Pagellus erythrinus	(unter diesem Begriff gehandelt:
	Pagellus, Pagrus und Dentex spp.)
panther grouper, pantherfish,	Pantherfisch
Baramundi cod	
Cromileptes altivelis	
papaw, pawpaw, Northern pawpaw	Papau, Pawpaw, Indianerbanane
Asimina triloba	
papaya, pawpaw *Carica papaya*	Papaya
➤ **babaco**	Babaco
Carica x *pentagona,*	
Vasconcellea x *heilbornii*	
➤ **mountain papaya, chamburo**	Bergpapaya
Carica pubescens,	
Vasconcellea pubescens	
papayuelo *Carica goudotiana*	Papayuela
para guava	Para-Guave
Psidium acutangulum, Britoa acida	
paradise nut, monkey-pot nut,	Sapucajanuss, Paradiesnuss
sapucaia nut, zabucajo nut	
Lecythis zabucajo u.a.	

Paraguay tea, yerba mate, maté tea	Mate, Mate-Tee, Paraguaytee
Ilex paraguariensis	
parasol	
➤ **field parasol**	Parasol, Parasolpilz, Riesenschirmpilz
Macrolepiota procera	
➤ **smooth parasol mushroom**	Rosablättriger Schirmpilz
Leucoagaricus leucothites	
parenteral nutrition	parenterale Ernährung
parrotfish *Sparisoma* spp.	Papageifische
➤ **redtail parrotfish**	Rotschwanz-Papageifisch
Sparisoma chrysopterum	
➤ **stoplight parrotfish**	Rautenpapageifisch, Signal-Papageifisch
Sparisoma viride	
parsley, curly-leaf parsley,	Petersilie, Blattpetersilie,
garden parsley	Krause Petersilie
Petroselinum crispum var. *crispum*	
➤ **corn parsley,**	Ridolfie, Falscher Fenchel
false fennel, false caraway	
Ridolfia segetum	
➤ **Italian parsley, Neapolitan parsley**	Italienische Petersilie
Petroselinum crispum var.	
neapolitanum	
➤ **Japanese parsley (honewort),**	Japanische Petersilie, Mitsuba
mitsuba, mitzuba	
Cryptotaenia canadensis	
➤ **root parsley, Hamburg parsley,**	Knollenpetersilie,
turnip-rooted parsley	Petersilienwurzel
Petroselinum crispum	
var. *tuberosum* = *radicosum*	
parsnip	Pastinak
Pastinaca sativa ssp. *sativa*	
partial breast feeding	Teilstillen
partridge, grey partridge	Rebhuhn
Perdix perdix	
➤ **red-legged partridge**	Rothuhn
Alectoris rufa	
➤ **rock partridge**	Steinhuhn, Berghuhn
Alectoris graeca	
passionfruit, purple granadilla	Passionsfrucht, Granadilla, Grenadille,
Passiflora edulis	Purpurgranadilla, violette Maracuja
➤ **banana passionfruit, curuba**	Curuba, Bananen-Passionsfrucht
Passiflora mollissima	
➤ **sweet passionfruit,**	Süße Grenadille, Süße Granadilla
sweet granadilla	
Passiflora ligularis	
➤ **yellow passionfruit,**	Galupa
galupa, gulupa	
Passiflora pinnatistipula	
pasta	Teigwaren
➤ **egg pasta**	Eierteigwaren
paste	Paste
paste condiment, condiment paste	Würzpaste

pastil, pastille (*see also:* **lozenge**)	Pastille
pastry	Gebäck, Feine Backwaren
➤ **Danish pastry**	Plundergebäck
➤ **shortcrust pastry, shortcake, shortbread** (easily crumbled)	Mürbegebäck (leicht zerreibbar)
➤ **soda pastry** (pretzels *etc.*)	Laugengebäck
Patagonian toothfish, Chilean seabass	Schwarzer Seehecht, Schwarzer Zahnfisch
Dissostichus eleginoides	
patience dock, spinach dock	Gartenampfer, Englischer Spinat, Ewiger Spinat, Gemüseampfer
Rumex patientia	
patty pan, pattypan squash, scallop, squash scallop (summer squash)	Patisson, Kaisermütze, Bischofsmütze, ‚Fliegende Untertasse', Scallop(ini)
Cucurbita pepo var. *ovifera*	
pawpaw, papaw, Northern pawpaw	Papau, Pawpaw, Indianerbanane
Asimina triloba	
pawpaw, papaya	Papaya
Carica papaya	
pea, garden pea, green pea, shelling pea	Gartenerbse, Gemüseerbse, Palerbse, Schalerbse
Pisum sativum ssp. *sativum* var. *sativum*	
➤ **asparagus pea, winged pea**	Spargelerbse, Rote Spargelerbse, Flügelerbse
Lotus tetragonolobus, Tetragonolobus purpureus	
➤ **black-eyed pea, black-eyed bean, black-eye bean, cowpea**	Augenbohne, Chinabohne, Kuhbohne, Kuherbse
Vigna unguiculata ssp. *unguiculata*	
➤ **grass pea, chickling pea, dogtooth pea, Riga pea, Indian pea**	Saatplatterbse, Saat-Platterbse
Lathyrus sativus	
➤ **groundnut pea, earthnut pea, tuberous sweetpea, earth chestnut**	Knollige Platterbse, Knollen-Platterbse, Erdnussplatterbse
Lathyrus tuberosus	
➤ **snow pea** (flat-podded), **eat-all pea US**	Zuckererbse, Zuckerschwerterbse, Kaiserschote, Kefe
Pisum sativum ssp. *sativum* var. *macrocarpon* (flat-podded)	
➤ **sugar pea, mange-tout, mangetout, sugar snaps, snap pea, snow pea** (round-podded)	Zuckererbse, Snap-Erbse
Pisum sativum ssp. *sativum* var. *macrocarpon* (round-podded)	
➤ **wrinkled pea**	Markerbse, Runzelerbse
Pisum sativum ssp. *sativum* var. *sativum* (Medullare Group)	
➤ **zombi pea, wild mung, wild cowpea**	Zombi-Bohne, Wilde Mungbohne
Vigna vexillata	

pea crab	Erbsenkrabbe, Muschelwächter
Pinnotheres pisum (in *Mytilus* spp.)	
pea eggplant, Thai pea eggplant,	Thai-Aubergine,
pea aubergine, turkey berry,	‚Erbsenaubergine'
susumber	
Solanum torvum	
peach	Pfirsich
Prunus persica var. *persica*	
➤ **David peach, David's peach**	Berg-Pfirsich, Davids-Pfirsich
Prunus davidiana	
➤ **native peach,**	Quandong,
Australian sandalwood,	Australischer Pfirsich
quandong, sweet quandong	
Santalum acuminatum	
➤ **nectarine,**	Nektarine, Glattpfirsich
smooth-skinned peach	
Prunus persica var. *nectarina*	
peachcot	Peachcot
Prunus persica x *Prunus armeniaca*	
peach-palm fruit	Pfirsich-Palmfrucht
Bactris gasipaes	
peanut, goober (Southern US)	Erdnuss
Arachis hygogaea	
peanut butter	Erdnusskrem,
	Erdnussbutter (enthält Zucker),
	Erdnussmus (ohne Zucker)
peanut butter fruit	Erdnussbutterfrucht
Bunchosia argentea	
pear *Pyrus communis*	Birne
➤ **Asian pear, Japanese pear,**	Asiatische Birne, Japanische Birne,
apple pear, sand pear, nashi	Apfelbirne, Nashi
Pyrus pyrifolia	
➤ **wild pear**	Holzbirne
Pyrus communis var. *pyraster*	
pear butter	Birnenkraut (eingedickter Fruchtsaft)
pear cider, pear wine	Birnenwein
pear quince	Birnenquitte
Cydonia oblonga var. *pyriformis*	
pear tomato	Birnenförmige Tomate
Solanum lycopersicum	
(Pyriforme Group)	
pearl barley, pearled barley	Perlgraupen, Perlgerste
pearl lupine, tarwi	Tarwi, Buntlupine
Lupinus mutabilis	
pearl millet, bulrush millet,	Perlhirse, Rohrkolbenhirse
spiked millet	
Pennisetum glaucum	
pearl onion, multiplier leek	Perlzwiebel, Echte Perlzwiebel
Allium ampeloprasum	
(Sectivum Group)	
pearl sago, pearly sago	Perlsago
pearl sugar	Hagelzucker, Perlzucker

pecan *Carya illinoinensis*	Pecan-Nuss, Hickory-Nuss
pectin	Pektin
Peking duck	Pekingente
Peking garlic	Pekingknoblauch
Allium sativum var. *pekinense*	
pelagic red crab	Pazifischer Scheinhummer,
Pleuroncodes planipes	Kalifornischer Langostino
pendula nut, egg nut	Pendula-Nuss
Couepia longipendula	
pennyroyal	Polei-Minze
Mentha pulegium	
➢ **American pennyroyal**	Frauenminze, Amerikanische Poleiminze
Hedeoma pulegioides	
peperina, muña, tipo	Peperina
Minthostachys mollis	
pepino, mellowfruit	Pepino, Birnenmelone, Kachuma
Solanum muricatum	
pepper	Pfeffer
➢ **African pepper, Guinea pepper**	Äthiopischer Pfeffer
Xylopia aethiopica	
➢ **Asian pepper, Japanese pepper, sansho**	Japanischer Pfeffer, Sancho
Zanthoxylum piperitum	
➢ **bell pepper, sweet pepper**	Gemüsepaprika
Capsicum annuum	
➢ **black pepper**	Pfeffer, Schwarzer Pfeffer
Piper nigrum	
➢ **Californian pepper, Peruvian pepper, Peruvian pink peppercorns**	Peruanischer Pfeffer, Molle-Pfeffer, Molle
Schinus molle	
➢ **habanero pepper, scotch bonnet**	Habanero-Chili (Quittenpfeffer)
Capsicum chinensis, Capsicum tetragonum	
➢ **Indian long pepper**	Bengal-Pfeffer
Piper longum	
➢ **Javanese long pepper**	Langer Pfeffer
Piper retrofractum	
➢ **mountain pepper, Tasmanian pepper**	Bergpfeffer, Tasmanischer Pfeffer
Drimys lanceolata	
➢ **pink pepper, pink peppercorns, red peppercorns, South American pink pepper, Brazilian pepper, Christmas berry**	Rosa Pfeffer, Rosa Beere, Brasilianischer Pfeffer
Schinus terebinthifolius	
➢ **red pepper**	Gewürzpaprika
Capsicum annuum var. *annuum*	
➢ **Sichuan pepper, Szechuan pepper, Chinese pepper**	Chinesischer Pfeffer, Szechuan-Pfeffer
Zanthoxylum simulans a.o.	

➤ **tailed pepper, cubeba**	Cubebenpfeffer
Piper cubeba	
➤ **water pepper**	Wasserpfeffer-Knöterich
Persicaria hydropiper	
pepper dulse	Pepper-Dulse
Laurencia pinnatifida,	
Osmundea pinnatifida	
pepper leaves	Pfefferblätter, La Lot
Piper sarmentosum	
peppermint	Pfefferminze
Mentha x *piperita*	
➤ **black peppermint**	Schwarze Pfefferminze
Mentha x *piperita* 'piperita'	
pepperoni	Pepperoni-Wurst
	(Amerikan. Salami: roh/fermentiert)
perch, European perch FAO,	Flussbarsch
redfin perch	
Perca fluviatilis	
➤ **Nile perch (Sangara)**	Nilbarsch, Viktoriasee-Barsch
Lates niloticus	(Viktoriabarsch)
➤ **white perch**	Amerikanischer Streifenbarsch
Morone americana, Roccus americanus	
perilla, shiso, Japanese basil,	Shiso
wild perilla, common perilla	
Perilla frutescens	
➤ **green perilla, green shiso,**	Grüne Perilla, Grünes Shiso
ruffle-leaved green perilla	
Perilla frutescens var. *crispa*	
➤ **purple perilla, purple shiso,**	Purpurrote Perilla, Rotes Shiso
ruffle-leaved purple perilla	
Perilla frutescens	
var. *crispa* f. *atropurpurea*	
periwinkle, common periwinkle,	Strandschnecke,
winkle, common winkle,	Gemeine Strandschnecke,
edible winkle	Gemeine Uferschnecke, ‚Hölker'
Littorina littorea	(Bigorneau F)
Persian black wheat, Persian wheat	Persischer Weizen
Triticum turgidum ssp. *carthlicum*	
Persian rose, damask rose	Damaszenerrose
Rosa damascena	
Persian zatar, thyme-leaved savory,	Thymianblättriges Bohnenkraut,
Roman hyssop	Thryba
Satureja thymbra	
persimmon, Japanese persimmon,	Kaki, Persimone,
Chinese date, kaki	Dattelpflaume, Kakipflaume,
(incl. sharon fruit)	Chinesische Dattelpflaume
Diospyros kaki	(inkl. Sharon-Frucht)
➤ **American persimmon**	Amerikanische Persimone,
Diospyros virginiana	Virginische Dattelpflaume
➤ **black persimmon, black sapote**	Schwarze Sapote
Diospyros digyna	

➤ lotus persimmon, lotus plum, date plum *Diospyros lotus*	Lotuspflaume
Peruvian ground cherry, poha berry, goldenberry, Cape gooseberry *Physalis peruviana*	Kapstachelbeere, Andenbeere, Lampionfrucht
Peruvian parsnip, Peruvian carrot, arracha, arracacha, apio *Arracacia xanthorrhiza*	Arakacha, Arracacha, Peruanische Pastinake
Peruvian pepper, Peruvian pink peppercorns, Californian pepper *Schinus molle*	Peruanischer Pfeffer, Molle-Pfeffer, Molle
petai belalang, lead tree pods, white leadtree, white popinac, wild tamarind *Leucaena leucocephala*	Weißkopfmimose, Wilde Tamarinde
petai, peteh, twisted cluster bean ('stink bean') *Parkia speciosa*	Petaibohne, Peteh-Bohne, Satorbohne
petrale sole *Eopsetta jordani*	Kalifornische Scholle, Pazifische Scharbe
phalsa, falsa fruit *Grewia asiatica*	Phalsafrucht, Falsafrucht
pheasant *Phasianus colchicus*	Fasan (Jagdfasan)
phyllo, filo	Strudelteig
pickle (nutritional)	Salzlake, Salzlauge, Essigsoße zum Einlegen
pickled gherkins, pickles	Essiggurken
pickled herring	Salzhering
pickles, pickled cucumbers	Essiggurken
pie	Kuchen; (pâté) Pastete
➤ fruit pie	Obstkuchen
pied de mouton *Hydnum repandum*	Semmelstoppelpilz
Piedmont truffle, Italian white truffle *Tuber magnatum*	Piemonttrüffel, Weiße Piemont-Trüffel
pigs	Schweine
➤ **gilt**	Jungsau
➤ **piglet, little pig**	Ferkel
➤ **porker**	Mastferkel
➤ **sow (female pig)**	Mutterschwein, Sau
➤ **suckling pig, suckling piglet, porkling**	Saugferkel, Spanferkel (junges/noch säugendes Schwein: < 6 Wo./12–20 kg)
➤ **weaner**	Absetzferkel
➤ **wild pig, wild hog, boar**	Wildschwein
➤ in its 1. year	Frischling
➤ **wild sow**	Bache, Wildschweinsau
➤ **young pig, store pig, store**	Läuferschwein, Läufer

pig lard, pork lard	Schweineschmalz
pigeon	Taube
➢ **wood pigeon** *Columba palumbus*	Wildtaube: Ringeltaube
pigeon pea, pigeonpea,	Straucherbse, Taubenerbse,
red gram, cajan bean	Erbsenbohne
Cajanus cajan	
pikarel *Spicara smaris*	picarel, zerro
pike, northern pike FAO *Esox lucius*	Hecht, Flusshecht
pike top minnow, pike killifish FAO	Hechtkärpfling
Belonesox belizanus	
pike-perch, zander	Zander, Sandbarsch
Sander lucioperca	
pilchard	
➢ **European pilchard FAO,**	Pilchard, Sardine
European sardine	
(pilchard if large, sardine if small)	
Sardina pilchardus	
➢ **South American pilchard**	Pazifische Sardine,
Sardinops sagax	Südamerikanische Sardine
pili nut	Pilinuss,
Canarium ovatum	Kanarinuss, Kanariennuss
pimento, allspice	Piment,
Pimenta dioica	Nelkenpfeffer
pine mushroom, matsutake	Matsutake
Tricholoma matsutake,	
Tricholoma nauseosum	
pine nuts, pignons, pignoli,	Pinienkerne, Piniennüsse,
pignolia nuts (stone pine)	Pineole
Pinus pinea	
➢ **cembra pine nuts, cembra nuts**	Zirbelnüsse
Pinus cembra	
➢ **chilgoza pine nuts, neje nuts**	Chilgoza-Kiefernkerne
Pinus gerardiana	
➢ **Mexican pine nuts**	Mexikanische Pinienkerne
Pinus cembroides	(Arizonakiefer)
pineapple	Ananas
Ananas comosus	
pineapple guava, feijoa	Feijoa, Ananasguave
Acca sellowiana	
pineapple mint	Ananasminze
Mentha suaveolens 'variegata'	
pink abalone	Rosa Abalone, Rosafarbenes Meerohr
Haliotis corrugata	
pink dentex	Rosa Zahnbrassen, Buckel-Zahnbrasse
Dentex gibbosus	Dickkopfzahnbrasse
pink ear emperor, redspot emperor	Rosaohr-Straßenkehrer, Rosaohr-Kais
Lethrinus lentjan	
pink pepper, pink peppercorns,	Rosa Pfeffer, Rosa Beere,
red peppercorns,	Brasilianischer Pfeffer
South American pink pepper,	
Brazilian pepper, Christmas berry	
Schinus terebinthifolius	

pink salmon	Buckellachs, Buckelkopflachs,
Oncorhynchus gorbuscha	Rosa Lachs, Pinklachs
pink shrimp, northern pink shrimp	Nördliche Rosa-Garnele,
Penaeus duorarum,	Rosa Golfgarnele,
Farfantepenaeus duorarum	Nördliche Rosa Geißelgarnele
pink spiny lobster	Mauretanische Languste
Palinurus mauritanicus	
pinto abalone, northern abalone	Kamtschatka-Seeohr
Haliotis kamtschatkana	
pinto bean	Pintobohne, Wachtelbohne
Phaseolus vulgaris (Nanus Group)	
pinyon nuts, piñon nuts, piñon seeds	Pinyon-Nüsse, Piniennüsse
Pinus edulis and	
Pinus cembroides	
piped biscuits (cookies)	Spritzgebäck, Dressiergebäck
pistachio *Pistacia vera*	Pistazie
pita (pocket bread()	Fladenbrot
pitahaya, pitaya	Pitahaya, Drachenfrucht
➤ **red pitahaya, red pitaya,**	Rote Pitahaya,
red dragonfruit, strawberry pear	Rote Drachenfrucht
Hylocereus undatus,	
Hylocereus costaricensis	
➤ **yellow pitahaya, yellow pitaya,**	Gelbe Pitahaya,
yellow dragonfruit	Gelbe Drachenfrucht
Selenicereus megalanthus	
pitanga, Cayenne cherry,	Surinamkirsche, Cayennekirsche,
Surinam cherry	Pitanga
Eugenia uniflora	
plaice	
➤ **European plaice FAO**	Scholle, Goldbutt
Pleuronectes platessa	
➤ **American plaice, long rough dab**	Raue Scholle, Raue Scharbe,
Hippoglossoides platessoides	Doggerscharbe
plant extract	Pflanzenextrakt
plantain, cooking banana	Kochbanane, Mehlbanane
Musa x *paradisiaca* cv.	
pluck (heart/liver/lungs)	Innereien,
	Eingeweide (Herz/Leber/Lunge)
plums	Pflaumen
Prunus spp. (spez. *Prunus domestica*)	
➤ **beach plum**	Strand-Pflaume
Prunus maritima	
➤ **black plum, Canada plum**	Kanada-Pflaume, Bitter-Kirsche
Prunus nigra	
➤ **blue plum, damask plum,**	Zwetschge, Zwetsche,
German prune	Kultur-Zwetschge
Prunus domestica ssp. *domestica*	
➤ **cherry plum**	Kirschpflaume
Prunus cerasifera	
➤ **coco-plum**	Goldpflaume, Icacopflaume,
Chrysobalanus icaco	Ikakopflaume

➤ **damson, damson plum, bullace plum, green plum** *Prunus domestica* ssp. *insititia*	Haferpflaume, Haferschlehe, Kriechenpflaume, Krieche
➤ **dragon plum** *Dracontomelon vitiense*	Drachenpflaume
➤ **European plum** *Prunus domestica*	Pflaume, Kultur-Pflaume
➤ **gage plum, greengage, Reine Claude** *Prunus domestica* ssp. *italica*	Reneklode, Reineclaude, Reneklaude, Ringlotte; Rundpflaume
➤ **Japanese plum, Chinese plum, sumomo plum (*incl.* shiro plum)** *Prunus salicina*	Japanische Pflaume, Chinesische Pflaume, Susine
➤ **kaffir plum** *Harpephyllum caffrum*	Kaffir-Pflaume
➤ **marula, maroola plum** *Poupartia birrea/Sclerocarya birrea*	Marula
➤ **mirabelle plum, Syrian plum, yellow plum** *Prunus domestica* ssp. *syriaca*	Mirabelle
➤ **monkey plum, sour plum** *Ximenia americana*	Sauerpflaume
➤ **prune (dried plum)** *Prunus* spp. spez. *Prunus domestica*	Trockenpflaume, Dörrpflaume
➤ **Ussuri plum** *Prunus salicina* var. *mandshurica*	Ussuri-Pflaume
plum mango, marian plum, gandaria *Bouea macrophylla*	Gandaria, Pflaumenmango, ,Mini-Mango'
plum pudding, Christmas pudding	Plumpudding
plum tomato *Solanum lycopersicum* 'Roma'	Pflaumentomate
plumcot *Prunus salicina* x *Prunus armeniaca*	Plumcot
pointed gourd *Trichosanthes dioica*	Patol
pokeberry *Phytolacca americana*	Amerikanische Kermesbeere
➤ **Indian pokeberry, Asian pokeberry** *Phytolacca acinosa*	Asiatische Kermesbeere
polar cod FAO/UK, Arctic cod US/Canada *Boreogadus saida*	Polardorsch
Polish wheat, Ethiopian wheat *Triticum turgidum* ssp. *polonicum*	Polnischer Weizen, Abessinischer Weizen
pollack (green pollack, pollack lythe) *Pollachius pollachius*	Pollack, Heller Seelachs, Steinköhler
➤ **Alaska pollack, pollock, Alaska pollock** *Theragra chalcogramma*	Alaska-Pollack, Alaska-Seelachs, Pazifischer Pollack, Mintai
pollack fish paste (salmon substitute)	Lachsersatz (meist Seelachs-Paste)

pomace, marc *(residue from pressed grapes: seeds/skins/pulp)*	Trester (Weinbeeren-/Traubenpress- rückstand vom Most: Treber/Lauer)
pomaceous fruit, pome	Kernobst
pomegranate *Punica granatum*	Granatapfel
pomelo, pummelo, shaddock *Citrus maxima*	Pampelmuse, Pomelo
pomfrets	Brachsenmakrelen, Pampeln
➢ **Atlantic pomfret** *Brama brama*	Brachsenmakrele, Atlantische Brachsenmakrele
➢ **black pomfret** *Parastromateus niger*	Schwarzer Pampel
➢ **Pacific pomfret** *Brama japonica*	Pazifische Brachsenmakrele
➢ **sickle pomfret** *Taractichthys steindachneri*	Sichel-Brachsenmakrele
➢ **silver pomfret, butterfish** *Pampus argenteus*	Silberner Pampel
pompanos, threadfishes *Alectis* spp.	Fadenmakrelen
pond apple, alligator apple, monkey apple *Annona glabra*	Wasserapfel, Alligatorapfel
Pontic shad FAO, Black Sea shad *Alosa pontica*	Pontische Alse, Donauhering
popcorn US; popping corn, popping maize UK *Zea mays* spp. *mays* (Everta Group)/ convar. *microsperma*	Puffmais, Knallmais, Flockenmais
pope, ruffe FAO *Gymnocephalus cernuus*	Kaulbarsch
poplar fieldcap, black poplar mushroom *Agrocybe cylindracea,* *Agrocybe aegerita*	Südlicher Ackerling, Südlicher Schüppling
popping bean, popbean *Phaseolus vulgaris* (Nuñas Group)	Puffbohne
poppy seeds *Papaver somniferum* ssp. *somniferum*	Mohn, Mohnsamen
popsicle US; ice lolly UK; icy pole, ice block AUS	Eis am Stiel
porbeagle FAO, mackerel shark *Lamna nasus*	Heringshai
➢ **hot-smoked slices** *Lamna nasus*	Seestör, Kalbfisch (scheibenförmig und geräucherter Heringshai)
porcino, cep, edible bolete, penny bun bolete, king bolete *Boletus edulis*	Steinpilz, Herrenpilz

pork (*national differences in meat cuts: no exact equivalences possible*)	Schweinefleisch
➤ belly, belly meat	Bauch, Wamme
➤ best neck	Speck
➤ blade (boneless)	Schaufelstück
➤ boiled ham, cooked ham	Kochschinken, gekochter Schinken
➤ breast, brisket	Brust, Brustspitze, Dicke Rippe (Stich)
➤ butt, shoulder butt, Boston blade, Boston butt	obere Schulter
➤ chitterlings, chitlins	Schweinedarm (meist Dünndarm bzw. Mitteldarm)
➤ chop	Kotelett
➤ crackling(s) (crispy fatty tissue/skin)	ausgelassenes knusprig-gebackenes Fettgewebe/Haut
➤ cured pork loin chop	Kassler, Kassler Rippenspeer, Kasseler Rippchen, ‚Rippchen'
➤ cutlet, escalope, schnitzl	Schnitzel
➤ dry-cured/smoked lean pork loin	Lachsschinken (vom Kotelettstrang)
➤ dry-cured/smoked uncooked ham	Rohschinken, roher Schinken
➤ ground pork, pork mince	Schweinehackfleisch, Schweinehack, Hackepeter, Mett
➤ ham	Schinken
➤ ham from tip/knuckle/forecushion (above kneecap)	Nussschinken, Mausschinken, Kugelschinken (Quadriceps femoris)
➤ hock	Schweinshaxen, Eisbein, Dickbein, Haxe, Hachse; (foreshank) Vorderhachse
➤ hog maw(s), pig's stomach	Magen, Schweinsmagen (>Saumagen)
➤ jellied pork	Schweinesülze
➤ jowl(s), cheek(s)	Backe(n), Bäckchen
➤ leg (rear leg/hind leg), hindlimb, ham	Keule, Schlegel, Schinken
➤ neck, nape	Kamm, Nacken
➤ picnic ham (of foreleg & shoulder)	Schulterschinken (Vorderschinken)
➤ picnic shoulder, picnic, arm picnic	untere Schulter
➤ rump portion, rump half, butt portion, butt half (upper thigh)	Oberschinken
➤ shank	Schweinshaxen, Eisbein, Dickbein, Haxe, Hachse; (hindshank US/hock UK) Hinterhach (foreshank) Vorderhachse
➤ shoulder (*upper part:* shoulder butt, Boston blade, Boston butt; *lower part:* arm picnic)	Bug, Blatt, Schulter (*siehe:* Vorderschinken)
➤ smoked ham	Räucherschinken
➤ snout, muzzle	Schnauze, Rüssel
➤ spareribs, spare ribs	Schälrippchen, Schälrippen (*inkl.* Leiterchen)
➤ tenderloin (filet/fillet)	Filet, Lende
➤ large end of tenderloin	Filetkopf
➤ small end of tenderloin	Filetspitze

➢ **tip, pork tip, forecushion, knuckle, pork knuckle roast** (*quadriceps femoris: lean/ boneless cut from above kneecap*)	Nuss, Kugel, Maus
➢ **trotter, foot** (**front foot and hind foot**)	Spitzbein, Pfötchen, Sülzfüße
pork belly fat	Flomen, Liesen (Bauchwandfettgewebe Schwein)
pork caul	Schweinenetz, Schweinsnetz, Fettnetz
pork chop	Schweinskotelett
➢ **cooked pork chop**	Rippchen (gekochtes Schweinekotelett)
pork cracklings, cracklin	Schwarte (Schwein) (knusprig)
pork intestines	Schweinedarm
➢ **afterend**	Nachende
➢ **bung cap (caecum)**	Buttdarm, Bodendarm, Butte (oberster Dickdarm)
➢ **chitterlings, chitlins**	Schweinedarm (meist Dünndarm bzw. Mitteldarm)
➢ **fatend**	Fettende
➢ **hog maw(s), pig's stomach**	Magen, Schweinsmagen (>Saumagen)
➢ **large intestines**	Dickdarm
➢ **middles**	Krausedarm (Mitteldarm, Mitteldärme)
➢ **runners, rounds, hog casings** (**small intestines**)	Enger Darm (Dünndarm: Schwein)
➢ **small intestines**	Dünndarm
pork jowl(s), pork cheek(s)	Schweinebacke(n)
pork knuckle (pickled/cured)	Eisbein
pork lard	Schweinefett, Schweineschmalz, Schmalz
pork mince, ground pork	Schweinehack
pork muzzle, pork snout	Schweinerüssel
pork rind	Schwarte (Schwein)
pork skin, swine skin	Schweinehaut
porridge UK, oatmeal US	Haferbrei (aus: Grieß oder Grütze)
port	Portwein
portobello, portabella *Agaricus bisporus*	Portabella
Portuguese cabbage, Portuguese kale, Tronchuda kale, Tronchuda cabbage, Madeira cabbage *Brassica oleracea* (Costata Group/Tronchuda Group)	Rippenkohl, Tronchudakohl, Tronchuda-Kohl, Portugiesischer Kohl
Portuguese oyster *Crassostrea angulata,* *Gryphaea angulata*	Portugiesische Auster, Greifmuschel
potable water	trinkbares Wasser
potato, white potato, Irish potato *Solanum tuberosum*	Kartoffel, Speisekartoffel, Erdapfel
➢ **African potato, kaffir potato, Livingstone potato** *Plectranthus esculentus*	Plectranthus, Kaffir-‚Kartoffel'

➤ **Chinese potato, Chinese yam**	Brotwurzel, Chinesischer Yams
Dioscorea polystachya,	
Dioscorea batatas, Dioscorea opposita	
➤ **duck potato, wapato**	Wapato
Sagittaria latifolia	
➤ **Ethiopian potato, galla potato**	Galla-‚Kartoffel'
Plectranthus edulis	
➤ **French fried potatoes,**	Pommes Frites
French fries, fries; chips UK	
➤ **Hausa potato**	Hausa-‚Kartoffel'
Plectranthus rotundifolius	
➤ **jollop potato, jalap, potato vine,**	Basellkartoffel, Madeira-Wein
Madeira vine, mignonette vine,	
lamb's tails	
Anredera cordifolia	
➤ **swamp potato**	Sumpf-Wapato
Sagittaria cuneata	
➤ **arrowhead**	Pfeilkraut, Gewöhnliches Pfeilkraut
Sagittaria sagittifolia a.o.	
➤ **sweet potato**	Süßkartoffel, Batate
Ipomoea batatas	
potato bean, American groundnut,	Erdbirne,
Indian potato	Amerikanische Erdbirne
Apios americana	
potato starch	Kartoffelstärke-Sago, Deutscher Sago
potato-yam	Asiatischer Yams, Kartoffelyams
Dioscorea esculenta	
potherbs, pot herbs	Suppenkräuter (gekocht verwendet)
potimarron squash,	Hokkaido-Kürbis
hokkaido, hubbard	
Cucurbita maxima ssp. *maxima*	
(Hubbard Group)	
pound cake	Topfkuchen (1 Pfund Zutaten)
(total ingredients 1 lb.)	
powan, common whitefish FAO,	Große Maräne, Große Schwebrenke,
freshwater houting	Wandermaräne, Lavaret,
Coregonus lavaretus	Bodenrenke, Blaufelchen
powdered sugar (fondant/	Puderzucker
icing sugar/confectioner's sugar)	
prairie oysters,	Rinder-Hoden, Büffelhoden
Rocky Mountain oysters	
(bull/buffalo testicles)	
pralines, chocolates,	Pralinen
fine chocolates	
prawns	Garnelen
➤ **Baltic prawn**	Ostseegarnele
Palaemon adspersus, Palaemon squilla,	
Leander adspersus	
➤ **banana prawn**	Bananen-Garnele
Penaeus merguiensis,	
Fenneropenaeus merguiensis	

➢ **caramote prawn**	Furchengarnele
Penaeus kerathurus,	
Melicertus kerathurus	
➢ **common prawn**	Große Felsgarnele, Felsengarnele,
Palaemon serratus, Leander serratus	Sägegarnele, Seegarnele
➢ **fleshy prawn**	Hauptmannsgarnele
Penaeus chinensis,	
Fenneropenaeus chinensis	
➢ **giant tiger prawn,**	Bärengarnele, Bärenschiffskielgarnele,
black tiger prawn	Schiffskielgarnele
Penaeus monodon	
➢ **green tiger prawn, zebra prawn**	Grüne Tigergarnele
Penaeus semisulcatus	
➢ **Indo-Pacific freshwater prawn,**	Rosenberg-Garnele, Rosenberg-
giant river shrimp,	Süßwassergarnele, Hummerkrabbe
giant river prawn,	(Hbz.)
blue lobster (tradename)	
Macrobrachium rosenbergii	
➢ **kuruma prawn, kuruma shrimp**	Radgarnele
Penaeus japonicus	
prebiotics	Prebiotika
preservative (agent)	Konservierungsmittel,
	Konservierungsstoff
preserve(s), jam	Konfitüre (mit Früchten/Fruchtstücken)
	(>60% Zucker)
preserved food(s)	Konserve(n)
press honey	Presshonig
pretzel	Brezel (CH Bretzel)
pretzel sticks, saltletts	Salzstäbchen, Salzletten
prickly bean, Jerusalem thorn	Jerusalemdorn
Parkinsonia aculeata	
prickly lettuce, wild lettuce	Lattich, Stachel-Lattich, Stachelsalat,
Lactuca serriola	Wilder Lattich
prickly pear, cactus pear, tuna,	Kaktusbirne, Kaktusfeige
Indian fig, Barberry fig;	(Feigenkaktus, Opuntien);
nopal (cactus pads)	Nopal (Kaktus-Stammscheiben)
Opuntia ficus-indica u.a.	
prickly redfish	Ananas-Seewalze
Thelenota ananas	
Prince mushroom, Prince	Riesenchampignon
Agaricus augustus	
princess bean (young French bean)	Prinzessbohne
Phaseolus vulgaris (Nanus Group)	
principal foods	Hauptnahrungsmittel
process cheese, processed cheese	Schmelzkäse
process flavor	Reaktionsaroma
process water, service water	Brauchwasser, Betriebswasser
	(nicht trinkbares Wasser)
prodigal son, cobia	Königsbarsch, Cobia,
Rachycentron canadum	Offiziersbarsch
produce (fresh produce)	Frischkost (Frischobst und -gemüse)

propolis (bee resin)	Propolis (Bienenharz)
proso millet, millet,	Hirse, Echte Hirse, Rispenhirse
common millet, broomcorn millet,	
Russian millet, Indian millet	
Panicum miliaceum	
prosopis gum, mesquite seed gum	Prosopis-Gummi, Mesquite-Gummi
Prosopis spp.	
protein	Protein, Eiweiß
prune (dried plum)	Trockenpflaume, Dörrpflaume,
Prunus spp. (spez. Prunus domestica)	Backpflaume
Prussian carp FAO, gibel carp	Giebel, Silberkarausche
Carassius auratus gibelio	
prussiate	Blutlaugensalz, Kaliumhexacyanoferrat
pseudocereal(s)	Pseudogetreide
psyllium husk, husk,	Flohsamenschleim,
psyllium mucilage	Psylliumsamenschleim
Plantago afra, Plantago psyllium	
ptarmigan	Schneehuhn, Alpenschneehuhn
Lagopus mutus	
pudding	Pudding
➤ **black pudding**	Blutwurst mit Hafergrütze u.a.
➤ **bread pudding**	Brotpudding
➤ **custard, egg custard**	Eierpudding, Eier-Creme, (Vanille) Pudding aus Milch und Eiern
➤ **duff (a stiff flour pudding)**	ein Mehlpudding
➤ **milk pudding**	Milchpudding
➤ **pease pudding,**	Erbsenbrei, Erbsenpüree
pease porridge	(oft eingedickt/versteift)
➤ **plum pudding, Christmas pudding**	Plumpudding
➤ **suet pudding**	Pudding bzw. eine Art Auflauf aus Brot
(mostly using beef suet)	Mehl und Rindertalg
➤ **white pudding**	Wurst mit Schweinefleisch und
(oatmeal pudding/hog's pudding)	Hafergrütze u.a.
puff dough, puff pastry dough	Blätterteig
pulasan	Pulasan
Nephelium ramboutan-ake,	
Nephelium mutabile	
pulp	Pulpe, Brei
pulses	Hülsenfrüchte (Leguminosen)
pumpkin, field pumpkin	Kürbis, Gartenkürbis, Markkürbis
Cucurbita pepo	
➤ **great pumpkin, giant pumpkin,**	Riesenkürbis (Speisekürbis)
winter squash	
Cucurbita maxima ssp. maxima	
➤ **oilseed pumpkin**	Ölkürbis
Cucurbita pepo var. styriaca	
punch	Punsch
purée	Püree
purple amaranth,	Roter Heinrich, Roter Meier,
livid amaranth, blito	Blutkraut, Küchenamarant
Amaranthus blitum,	(Aufsteigender Amarant)
Amaranthus lividus ssp. ascendens	

purple dye murex, dye murex
    Bolinus brandaris, Murex brandaris

Brandhorn, Herkuleskeule,
    Mittelmeerschnecke

purple laver, sloke, laverbread
    Porphyra umbilicalis

Porphyrtang, Purpurtang

purple perilla, purple shiso,
    ruffle-leaved purple perilla
    Perilla frutescens var. *crispa*
    f. *atropurpurea*

Purpurrote Perilla, Rotes Shiso

purple scallop
    Argopecten purpuratus

Violette Pilgermuschel,
    Purpur-Kammmuschel

purple sea urchin,
    stony sea urchin, black urchin
    Paracentrotus lividus

Stein-Seeigel, Steinseeigel

purslane, common purslane
    Portulaca oleracea

Portulak, Gemüseportulak

➢ **winter purslane, Cuban spinach,**
    miner's lettuce
    Claytonia perfoliata, Montia perfoliata

Tellerkraut, Winter-Portulak,
    Winterpostelein

puruma, Amazon tree grape
    Pourouma cecropiaefolia

Puruma-Traube

quahog (hard clam/bearded clam/ round clam/chowder clam), northern quahog (*pronounce:* **ko-hog**) *Mercenaria mercenaria*	Nördliche Quahog-Muschel
quail, Japanese quail *Coturnix coturnix*	Wachtel
➤ **American quail, northern bobwhite quail** *Colinus virginianus*	Virginiawachtel
quail grass, Lagos spinach, sokoyokoto, soko, celosia; (var. *cristata*) **cockscomb** *Celosia argentea*	Sokoyokoto; (var. *cristata*) Hahnenkamm
quaker oats	Hafergrütze (grob)
quandong, sweet quandong, native peach, Australian sandalwood *Santalum acuminatum*	Quandong, Australischer Pfirsich
quark, quarg, white cheese, fresh curd cheese, fromage frais	Quark, Speisequark (Weißkäse)
queen conch (*pronounced:* **conk), pink conch** *Strombus gigas*	Riesen-Fechterschnecke, Riesen-Flügelschnecke
queen scallop *Chlamys opercularis, Aequipecten opercularis*	Kleine Pilgermuschel, Bunte Kammmuschel, Reisemantel
queen triggerfish FAO, old-wife *Balistes vetula*	Königin-Drückerfisch
queenfish, talang queenfish, leatherskin *Scomberoides commersonianus*	Talang
quick bread (biscuits, corn breads, scones..)	Sofort-Backwaren (mit Backpulver getrieben)
quince *Cydonia oblonga*	Quitte
➤ **apple quince** *Cydonia oblonga* var. *maliformis*	Apfelquitte
➤ **Chinese quince** *Chaenomeles speciosa*	Chinesische Quitte, Chin. Scheinquitte
➤ **false quince, Indian crabapple** *Docynia indica*	Indischer Crabapfel
➤ **Japanese quince** *Chaenomeles japonica*	Japanische Quitte, Jap. Scheinquitte, Scharlachquitte
➤ **pear quince** *Cydonia oblonga* var. *pyriformis*	Birnenquitte
quinoa *Chenopodium quinoa*	Quinoa, Inkaweizen, Inkakorn, Reismelde, Reisspinat, Kiwicha
quorn *Fusarium graminearum*	Quorn

rabbit, wild rabbit	Kaninchen, Wildkaninchen
Oryctolagus cuniculus	
➤ **back strap, rabbit back**	Hasenrücken
➤ **fillet**	Hasenrückenfilet
➤ **front runners, front legs**	Vorderläufe (Blätter)
➤ **hind legs, rear legs, back legs**	Hinterläufe
rabbitfish, spinefoot	Kaninchenfisch
Siganus spp.	
radicchio, Italian chicory	Radicchio
Cichorium intybus (Foliosum Group) 'Radicchio Group'	
radish	Rettich
➤ **horseradish**	Meerrettich, Kren
Armoracia rusticana	
➤ **Japanese white radish, Chinese radish, daikon**	Daikon-Rettich, China-Rettich, Chinaradies
Raphanus sativus (Longipinnatus Group)/ var. *longipinnatus*	
➤ **oil radish, oilseed radish**	Ölrettich
Raphanus sativus var. *oleiformis*	
➤ **Oriental radish, black radish, winter radish**	Winterrettich, Gartenrettich, Knollenrettich
Raphanus sativus (Chinensis Group)/ var. *niger*	
➤ **rat's tail radish, rat-tailed radish**	Schlangenrettich, Rattenschwanzrettich
Raphanus sativus (Caudatus Group)/ var. *mourgi*	
➤ **small radish, European radish, French radish, summer radish**	Radieschen, Radies, Monatsrettich
Raphanus sativus (Radicula Group)/ var. *sativus*	
ragout	Ragout
rainbow runner	Regenbogen-Stachelmakrele, Regenbogenmakrele
Elagatis bipinnulata	
rainbow trout (steelhead: *sea-run and large lake populations*)	Regenbogenforelle
Oncorhynchus mykiss, Salmo gairdneri	
raintree, monkey pod, saman, French tamarind	Regenbaum, Saman
Samanea saman, Albizia saman	
raising agent, leavening agent, baking agent, leavening, leavener	Backtriebmittel, Triebmittel, Lockerungsmittel
raisins *Vitis vinifera*	Rosinen (getrocknete Weinbeeren)
➤ **Japanese raisins**	Japanische 'Rosinen'
Hovenia dulcis	
rambutan	Rambutan
Nephelium lappaceum	
ramontchi, governor's plum, batoka plum	Ramontschi, Tropenkirsche, Batako-Pflaume
Flacourtia indica	

ramp, ramps, ramson, wild leek	Nordamerikanischer Ramp-Lauch,
Allium tricoccum	Kanadischer Waldlauch, Wilder Lauch
rampion	Rapunzel-Glockenblume
Campanula rapunculus	
ramsons, bear's garlic, wild garlic	Bärlauch, Bärenlauch, Rams
Allium ursinum	
ramtil, nug, Niger seed	Nigersaat, Ramtillkraut
Guizotia abyssinica	
rape, oilseed rape, rutabaga	Raps, Ölsaat
Brassica napus	
➢ **annual turnip rape, bird rape**	Rübsen
Brassica rapa (Campestris Group)	
➢ **biennial turnip rape, turnip rape**	Rübsen, Winterrübsen
Brassica rapa (Oleifera Group)	
raspberry	Himbeere
Rubus idaeus	
➢ **American raspberry,**	Amerikanische Himbeere,
wild red raspberry	Nordamerikanische Himbeere
Rubus strigosus	
➢ **strawberry-raspberry,**	Erdbeer-Himbeere, Japanische Himbeere
balloonberry	
Rubus illecebrosus	
➢ **wine raspberry, wineberry,**	Japanische Weinbeere
Japanese wineberry	
Rubus phoenicolasius	
rat's tail radish, rat-tailed radish	Schlangenrettich, Rattenschwanzrettich
Raphanus sativus (Caudatus Group)/	
var. *mourgi*	
rau lam, laksa, Vietnamese coriander	Rau Ram, Vietnamesischer Koriander
Persicaria odorata	
raw food (uncooked vegetables)	Rohkost
raw material, resource	Rohstoff
raw milk	Rohmilch
raw sausages	Rohwürste
rays	Rochen
➢ **blonde ray FAO, blond ray**	Blonde, Kurzschwanz-Rochen
Raja brachyura	
➢ **cuckoo ray FAO, butterfly skate**	Kuckucksrochen
Raja naevus	
➢ **shagreen ray**	Fullers Rochen, Chagrinrochen
Leucoraja fullonica	
➢ **speckled ray**	Gefleckter Rochen
Raja polystigma	
➢ **spotted ray**	Fleckrochen, Fleckenrochen,
Raja montagui	Gefleckter Rochen
➢ **starry ray**	Sternrochen,
Raja asterias	Mittelmeer-Sternrochen
➢ **undulate ray FAO, painted ray**	Ostatlantischer Marmorrochen,
Raja undulata	Scheckenrochen, Bänderrochen
ready-made meal, ready meal,	Fertiggericht, Fertigmahlzeit
ready-to-eat meal	

ready-to-use food (RUF)	Fertignahrung
ready-to-use therapeutic food (RUTF)	therapeutische Fertignahrung
reconstituted milk	rekonstituierte Milch (gelöste Trockenmilch)
red abalone *Haliotis rufescens*	Rote Abalone, Rotes Meerohr
red algae	Rotalgen
red banana *Musa* x *paradisiaca* cv.	Rote Obstbanane
red bandfish *Cepola macrophthalma, Cepola rubescens*	Roter Bandfisch
red bayberry, red myrica, Chinese bayberry, yumberry *Myrica rubra*	Chinesische Baumerdbeere, Pappelpflaume, Chinesischer ‚Arbutus‘, Yumberry
red cabbage *Brassica oleracea* var. *capitata* f. *rubra*	Rotkohl, Blaukraut
red crab	
➢ **pelagic red crab** *Pleuroncodes planipes*	Pazifischer Scheinhummer, Kalifornischer Langostino
➢ **red deepsea crab** *Chaceon maritae*	Rote Tiefseekrabbe
➢ **West African geryonid crab** *Chaceon quinquedens*	Westliche Rote Tiefseekrabbe
red cracking bolete *Boletus chrysenteron, Xerocomus chrysenteron*	Rotfußröhrling
red currant *Ribes rubrum*	Rote Johannisbeere
red date, Chinese red date, Chinese date, jujube, Chinese jujube *Ziziphus jujuba*	Jujube, Chinesische Dattel, Brustbeere
red deepsea crab, red crab *Chaceon maritae*	Rote Tiefseekrabbe
red deer, stag *Cervus elaphus*	Rotwild
red drum *Sciaenops ocellatus*	Augenfleck-Umberfisch
red elderberry *Sambucus racemosa*	Traubenholunder
red gram, cajan bean, pigeon pea, pigeonpea *Cajanus cajan*	Straucherbse, Taubenerbse, Erbsenbohne
red grouper *Epinephelus morio*	Roter Zackenbarsch
red hake, squirrel hake *Urophycis chuss*	Roter Gabeldorsch
red huckleberry, red bilberry *Vaccinium parvifolium*	Red Huckleberry, Rotfrüchtige Heidelbeere

red mombin, purple mombin, Spanish plum, Jamaica plum	Rote Mombinpflaume, Spanische Pflaume
Spondias purpurea	
red mulberry	Rote Maulbeere
Morus rubra	
red mullet FAO, plain red mullet	Meerbarbe, Gewöhnliche Meerbarbe, Rote Meerbarbe
Mullus barbatus	
red myrica, Chinese bayberry, red bayberry, yumberry	Chinesische Baumerdbeere, Pappelpflaume, Chinesischer ‚Arbutu‘ Yumberry
Myrica rubra	
red pepper	Gewürzpaprika
Capsicum annuum var. *annuum*	
red pine mushroom, saffron milk cap	Reizker
Lactarius deliciosus	
red pitahaya, red pitaya, red dragonfruit, strawberry pear	Rote Pitahaya, Rote Drachenfrucht
Hylocereus undatus and *Hylocereus costaricensis*	
red sandalwood, red sanders	Rotes Sandelholz
Pterocarpus santalinus	
red seabream	Seebrasse(n)
Pagrus major	
➢ **common seabream, blackspot seabream FAO**	Nordischer Meerbrassen, Graubarsch, Seekarpfen
Pagellus bogaraveo	
red snapper, northern red snapper FAO	Roter Schnapper, Nördlicher Schnappe
Lutjanus campechanus	
red squat lobster	Roter Scheinhummer, ‚Langostino‘
Pleuroncodes monodon	
red wine	Rotwein
red wine vinegar	Rotweinessig
redbreast sunfish FAO, red-breasted sunfish, sun perch	Rotbrust-Sonnenbarsch, Großohriger Sonnenfisch
Lepomis auritus	
redfish, red-fish, Norway haddock, rosefish, ocean perch FAO	Rotbarsch, Goldbarsch (Großer Rotbarsch)
Sebastes marinus and *Sebastes mentella*	
redfish AUS	Australischer Rotfisch
Centroberyx affinis	
redistilled fruit spirit (fruit extracted in alcohol and redistilled)	Obstgeist
redshank, redleg	Floh-Knöterich
Persicaria maculosa, *Polygonum persicaria*	
refined sugar (by recrystallization)	Raffinade, Zuckerraffinade (raffinierter Weißzucker)
refinery molasses	Raffinatmolasse
refinery syrup, refiner's syrup (sugar beet molasses: dark/medium quality)	Zuckerrübensirup, Rübenkraut, Rübensirup, Zuckerkraut (mittlere Qualität: hellbraun)

refreshment beverages, **refreshments,** **soft drinks, cold drinks**	Erfrischungsgetränke
refrigerated foods, chilled foods	Kühlkost (2–8°C)
reindeer (Europe); **caribou (N. America)** *Rangifer tarandus*	Rentier, Ren (Karibu)
Reine Claude, greengage, gage plum *Prunus domestica* ssp. *italica*	Reneklode, Reineclaude, Reneklaude, Ringlotte; Rundpflaume
relish (*a type of 'mixed pickles'* *like sambal/chutney*)	Relish
rendered butter	Butterschmalz
rennet (abomasum, **fourth stomach of calves)**	Lab (von Kälbermagen)
rennin, chymosin	Labferment, Rennin, Chymosin
repugnant substance	unangenehmer/abweisender Geruchsstoff
restructured meat	Formfleisch
rex sole *Glyptocephalus zachirus*	Amerikanische Scholle, Pazifischer Zungenbutt
rhea	Nandu
➢ **greater rhea** *Rhea americana*	
➢ **lesser rhea** *Pterocnemia pennata*	Kleiner Nandu, Darwinstrauß
rhubarb *Rheum rhabarbarum*	Rhabarber
ribbon noodles	Bandnudeln
ribbonfish, frostfish, **silver scabbardfish FAO** *Lepidopus caudatus*	Strumpfbandfisch
rice *Oryza sativa*	Reis
➢ **African red rice, African rice** *Oryza glaberrima*	Afrikanischer Reis
➢ **American wild rice,** **Canadian wild rice** *Zizania aquatica*	‚Wildreis‘, Kanadischer Wildreis, Indianerreis, Wasserreis, Tuscarorareis
➢ **broken rice**	Bruchreis
➢ **brown rice**	Naturreis, Vollkornreis (Braunreis)
➢ **glutinous rice, white sticky rice** *Oryza glutinosa*	Klebreis
➢ **'hungry rice', acha, fonio,** **white fonio** *Digitaria exilis*	Hungerreis, Acha, Weiße Foniohirse
➢ **instant rice**	Instantreis
➢ **Japanese rice, round-grained rice,** **short grain rice** *Oryza sativa* (Japonica Group)	Rundkornreis, Japanischer Rundkornreis
➢ **long-grain rice, long-grained rice** *Oryza sativa* (Indica Group)	Langkornreis (> 6 mm)
➢ **medium-grain rice**	Mittelkornreis (5–6 mm)

➤ minute rice	Schnellkochreis, Kurzkochreis, Minutenreis
➤ paddy rice, rough rice	Rohreis
➤ parboiled rice (partly boiled)	Parboiled Reis
➤ puffed rice	Puffreis
➤ round-grain rice, short-grain rice	Rundkornreis (< 5 mm) („Milchreis')
➤ white rice	Weißreis, Weißer Reis
rice bean	Reisbohne
Vigna umbellata, Phaseolus calcaratus	
rice crackers	Reiswaffeln
rice paddy herb, finger grass, kayang leaf	Reisfeldpflanze, Rau Om, Rau Ngo
Limnophila aromatica	
rice paper	Reispapier
rice vinegar	Reisessig
rice wine (sake)	Reiswein (Sake)
ricegrass, kodo millet, haraka millet	Kodahirse, Kodohirse
Paspalum scrobiculatum	
rich (in fat), heavy	kalorienreich; (high-fat) fettreich
rind	Rinde
river eel, eel, European eel FAO	Europäischer Flussaal, Europäischer Aal
Anguilla anguilla	
river guava, camu-camu, caçari	Camu Camu
Myrciaria dubia	
river herring, alewife FAO	Nordamerikanischer Flusshering
Alosa pseudoharengus	
roach FAO, Balkan roach	Plötze, Rotauge
Rutilus rutilus	
roast	Braten
roast beef	Rinderbraten
roasted cereal flakes	Getreideknusperflocken
roaster, roasting chicken (US/FSIS 2003: < 12 weeks)	Poularde, Masthuhn (10–12 Wochen, 1,5–2,5 kg)
roasting meat	Bratenfleisch
robinia honey, black locust honey ('acacia' honey)	Akazienhonig (eigentlich: Robinienhonig)
robusta coffee, Congo coffee	Robustakaffee
Coffea canephora	
rocambole, serpent garlic, hardneck garlic, top-setting garlic	Rocambole, Rockenbolle, Schlangenknoblauch
Allium sativum (Ophioscorodon Group)	
rock crabs, edible crabs	Taschenkrebse
Cancridae	
➤ Atlantic rock crab	Atlantischer Taschenkrebs
Cancer irroratus	
➤ Dungeness crab, Californian crab, Pacific crab	Kalifornischer Taschenkrebs, Pazifischer Taschenkrebs
Cancer magister	
➤ European edible crab	Taschenkrebs, Knieper
Cancer pagurus	

➢ **jonah crab**	Jonahkrabbe
Cancer borealis	
➢ **Pacific rock crab**	Pazifischer Taschenkrebs
Cancer antennarius	
rock dove (young < 4 weeks: squab)	Taube, Felsentaube
Columba livia	
rock lobster	
➢ **Australian rock lobster**	Austral-Languste
Jasus novaehollandiae	
➢ **Cape rock crawfish,**	Kap-Languste,
Cape rock lobster	Afrikanische Languste
Jasus lalandei	
rock partridge	Steinhuhn, Berghuhn
Alectoris graeca	
rock salmon, rock eel,	Großgefleckter Katzenhai,
large spotted dogfish,	Großer Katzenhai, Pantherhai;
nursehound FAO, bull huss	saumonette, rousette F
Scyliorhinus stellaris	
rock salt	Steinsalz
rock sole	Pazifische Scholle, Felsenkliesche
Lepidopsetta bilineata	
rock sugar, candy sugar	Kandis
rockcod, honeycomb grouper	Merra-Wabenbarsch
Epinephelus merra	
➢ **blue-spotted rockcod,**	Juwelenbarsch,
coral hind FAO, coral trout	Juwelen-Zackenbarsch,
Cephalopholis miniata	Erdbeergrouper
➢ **lunartail rockcod,**	Gelbsaum Juwelenbarsch,
moontail rockcod, lyretail grouper,	Mondsichel-Juwelenbarsch,
yellow-edged lyretail FAO	Weinroter Zackenbarsch
Variola louti	
➢ **white-blotched rockcod**	Weißflecken-Zackenbarsch
Epinephelus multinotatus	
rocket, roquette, garden rocket,	Rauke, Rucola, Rukola
salad rocket, arugula, arrugula,	(Ölrauke, Salatrauke, Garten-Senfrauke,
Roman rocket, rocket salad	Senfrauke, Jambaraps, Persischer Senf)
Eruca sativa	
➢ **Turkish rocket,**	Orientalisches Zackenschötchen,
warty cabbage, hill mustard	Türkische Rauke, Hügelsenf
Bunias orientalis	
➢ **wall-rocket**	Rauke, Doppelsame
Diplotaxis spp.	
rockfishes	Felsenfische
➢ **Canary rockfish**	Kanariengelber Felsenfisch
Sebastes pinniger	
➢ **China rockfish**	Gelbband-Felsenfisch
Sebastes nebulosus	
➢ **dusky rockfish**	Dunkler Felsenfisch
Sebastes ciliatus	
➢ **grass rockfish**	Gras-Felsenfisch
Sebastes rastrelliger	

➤ **vermilion rockfish**	Vermilion
Sebastes miniatus	
➤ **widow rockfish**	Witwen-Drachenkopf, Witwenfisch
Sebastes entomelas	
➤ **yellowmouth rockfish**	Gelbmaulfelsenfisch
Sebastes reedi	
➤ **yellowtail rockfish**	Gelbschwanz-Drachenkopf,
Sebastes flavidus	Gelbschwanz-Felsenfisch
rockling	
➤ **three-bearded rockling**	Dreibartelige Seequappe
Gaidropsarus vulgaris	
Rocky Mountain oysters,	Rinder-Hoden, Büffelhoden
prairie oysters	
(bull/buffalo testicles)	
rocky shore goose barnacle	Felsen-Entenmuschel
Mitella pollicipes,	
Pollicipes cornucopia	
roe (*esp.* **fish-eggs within**	Rogen
ovarian membrane)	(Fischeier innerhalb der Eierstöcke)
➤ **soft roe, white roe, milt**	Fischhoden
roe deer	Rehwild
Capreolus capreolus	
rohu *Labeo rohita*	Rohu, Rohu-Karpfen
roll ➤ **bread roll** (**süß:** **sweet roll);**	Brötchen, Weck, Semmel
bun (**süß:** **sweet bun)**	(süß: Einback)
➤ **crusty wheat roll**	Schrippe
➤ **milk roll, milk sweet roll,**	Milchbrötchen, Milchweck
Vienna roll	
➤ **rusk, double-baked sweet roll**	Zwieback
➤ **rye roll**	Roggenbrötchen,
	Rheinisch: Röggelchen, ‚Röggelsche'
➤ **sweet roll**	Einback
➤ **twisted, sweet roll**	Schnecke
Roman fennel, sweet fennel,	Gewürzfenchel, Römischer Fenchel,
fennel seed	Süßer Fenchel, Fenchelsamen
Foeniculum vulgare var. *dulce*	
Roman snail, Burgundy snail	Weinbergschnecke
escargot snail, apple snail,	
grapevine snail,	
vineyard snail, vine snail	
Helix pomatia	
rooibos tea	Rooibostee, Rotbuschtee, Massaitee
Aspalathus linearis	
rooster, cock	Hahn
root beer	Wurzelbier
root celery, celery root, celeriac,	Knollensellerie, Wurzelsellerie, Eppich
turnip-rooted celery, knob celery	
Apium graveolens var. *rapaceum*	
root chicory	Wurzelzichorie, Zichorienwurzel,
Cichorium intybus (Sativum Group)	Kaffeezichorie
'Root Chicory Group'	

root parsley, Hamburg parsley, turnip-rooted parsley *Petroselinum crispum* var. *tuberosum = radicosum*	Knollenpetersilie, Petersilienwurzel
root vegetables	Wurzelgemüse
rose apple, jambu *Syzygium jambos*	Rosenapfel, Rosen-Jambuse
➤ **Java apple, Java rose apple, Java wax apple, wax jambu** *Syzygium samarangense*	Javaapfel, Java-Apfel, Wachsapfel
➤ **Malay apple, pomerac** *Syzygium malaccense*	Malayapfel, Malay-Apfel, Malayenapfel, Malayen-Jambuse
➤ **water rose-apple** *Syzygium aqueum*	Wasserapfel, Wasser-Jambuse
rose hips *Rosa canina* and *Rosa rugosa* u.a.	Hagebutte
rose water	Rosenwasser
roselle, sorrel, Jamaica sorrel, hibiscus, karkadé *Hibiscus sabdariffa*	Sabdariffa-Eibisch, Rosella, Afrikanische Malve, Karkade
rosemary *Rosmarinus officinalis*	Rosmarin
roseroot *Sedum rosea, Rhodiola rosea*	Rosenwurz
roundhead rattail, round-nose grenadier, roundnose grenadier FAO, rock grenadier *Coryphaenoides rupestris*	Rundkopf-Grenadier, Rundkopf-Panzerratte, Langschwanz, Grenadierfisch, Grenadier
rowanberry, sweet rowanberry *Sorbus aucuparia* var. *edulis*	Süße Eberesche, Mährische Eberesche, Edeleberesche
royal cloak scallop *Chlamys pallium,* *Gloripallium pallium*	Herzogsmantel
royal cucumber *Stichopus regalis*	Königsseegurke, Königsholothurie
royal jelly	Königinnenfuttersaft, Gelée Royale
royal red prawn, giant gamba prawn, giant red shrimp *Aristaeomorpha foliacea*	Rote Garnele, Rote Tiefseegarnele
royal spiny crawfish *Panulirus regius*	Grüne Languste, Königslanguste
rudd *Scardinius erythrophthalmus*	Rotfeder
rue, common rue *Ruta graveolens*	Raute, Weinraute
ruffe FAO, pope *Gymnocephalus cernuus*	Kaulbarsch
➤ **Danube ruffe, striped ruffe, schraetzer FAO** *Gymnocephalus schraetzer*	Schrätzer

ruffle fat	Mickerfett, Darmfett (Gekrösefett)
rumberry, guava berry	Rumbeere, Guaven-Beere
Myrciaria floribunda	
runner	
➤ **blue runner FAO, blue runner jack**	Blaue Stachelmakrele, Blaumakrele*,
Caranx crysos	Rauchflossenmakrele
➤ **rainbow runner**	Regenbogen-Stachelmakrele,
Elagatis bipinnulata	Regenbogenmakrele
runner bean, scarlet runner bean	Feuerbohne, Prunkbohne
Phaseolus coccineus	
rusk, double-baked sweet roll	Zwieback
Russian olive, Russian silverberry,	Ölweide, Oleaster
oleaster	(Schmalblättrige Ölweide)
Elaeagnus angustifolia a.o.	
rusty jobfish	Rosa Gabelschwanz-Schnapper
Aphareus rutilans	
rutabaga, swede, Swedish turnip	Kohlrübe, Steckrübe
Brassica napus (Napobrassica Group)	
rye *Secale cereale*	Roggen
rye roll	Roggenbrötchen,
	Rheinisch: Röggelchen, ‚Röggelsche'

sablefish	Kohlenfisch
Anoplopoma fimbria	
saddle	Rückenstück, Grat
saddled bream,	Brandbrasse,
saddled seabream FAO	Oblada
Oblada melanura	
safflower, saffron thistle	Saflor, Färberdistel,
Carthamus tinctorius	Bastard-Safran, Falscher Safran
saffron	Safran
Crocus sativus	
saffron milk cap,	Reizker
red pine mushroom	
Lactarius deliciosus	
saffron thistle, safflower	Saflor, Färberdistel, Bastard-Safran,
Carthamus tinctorius	Falscher Safran
safian limpet	Afrikanische Napfschnecke
Patella safiana	
sage	Salbei, Echter Salbei, Gartensalbei
Salvia officinalis	
➢ **baby sage**	Johannisbeersalbei,
Salvia microphylla	Schwarzer-Johannisbeer-Salbei
➢ **clary sage**	Muskatellersalbei,
Salvia sclarea	Muskateller-Salbei
➢ **Greek sage**	Griechischer Salbei
Salvia fruticosa	
➢ **honey melon sage,**	Honigmelonensalbei,
pineapple sage,	Honigmelonen-Salbei,
pineapple-scented sage	Ananassalbei, Ananas-Salbei
Salvia elegans, Salvia rutilans	
➢ **Spanish sage**	Spanischer Salbei
Salvia lavandulifolia	
sago (granulated palm starch)	Sago (granulierte Sagostärke aus Palmen)
Metroxylon sagu a.o.	
sago palm	Sagopalme
Metroxylon sagu	
saithe FAO,	Köhler, Seelachs, Blaufisch
pollock, Atlantic pollock,	
coley, coalfish	
Pollachius virens	
salad burnet	Pimpernell, Kleiner Wiesenknopf
Sanguisorba minor ssp. *minor*	
salad dressing, dressing	Salatsauce, Dressing
salad leek, Egyptian leek	Ägyptischer Lauch, Kurrat
Allium ampeloprasum (Kurrat Group)	
salad tomato (slicing tomato)	Salattomate
salak, snake fruit	Salak, Schlangenfrucht
Salacca zalacca	
salami	Salami
salema FAO, saupe, goldline	Goldstriemen, Ulvenfresser
Sarpa salpa, Boops salpa	
saline water	salziges Wasser

salmon	Lachs
➤ **Adriatic salmon**	Adria-Lachs
Salmothymus obtusirostris	
➤ **amago salmon, amago**	Amago-Lachs
Oncorhynchus rhoduris	
➤ **Atlantic salmon**	Atlantischer Lachs, Salm
(lake pop. in US/Canada:	(Junglachse im Meer: Blanklachs)
ouananiche, lake Atlantic salmon,	
landlocked salmon,	
Sebago salmon)	
Salmo salar	
➤ **chinook salmon FAO, chinook,**	Königslachs, Quinnat
king salmon	
Oncorhynchus tschawytcha	
➤ **chum salmon**	Keta-Lachs, Ketalachs,
Oncorhynchus keta	Hundslachs, Chum-Lachs
➤ **coho salmon FAO, silver salmon**	Coho-Lachs, Silberlachs
Oncorhynchus kisutch	
➤ **masu salmon, cherry salmon FAO**	Masu-Lachs
Oncorhynchus masou	
➤ **Pacific salmon**	Pazifische Lachse
Oncorhynchus spp.	
➤ **pink salmon**	Buckellachs, Buckelkopflachs,
Oncorhynchus gorbuscha	Rosa Lachs, Pinklachs
➤ **sockeye salmon FAO, sockeye**	Blaurückenlachs, Blaurücken,
(lacustrine pop. in US/Canada:	Roter Lachs, Rotlachs
kokanee)	
Oncorhynchus nerka	
salmon caviar	Lachskaviar, Ketakaviar
(chum salmon caviar/keta)	
salmon substitute	Lachsersatz (meist: Seelachs)
salmonberry *Rubus spectabilis*	Pracht-Himbeere
salsify, oyster plant	Haferwurzel, Gemüsehaferwurzel,
Tragopogon porrifolius ssp. *porrifolius*	Austernpflanze
➤ **black salsify** *Scorzonera hispanica*	Schwarzwurzel, Winterspargel
➤ **French salsify, French scorzonera,**	Bitterkraut
eyebright, brighteyes	
Reichardia picroides	
salt	Salz
➤ **bile salts**	Gallensalze
➤ **complex salt**	Komplexsalz
➤ **conducting salt**	Leitsalz
➤ **curing salt**	Pökelsalz
➤ **double salt**	Doppelsalz
➤ **Epsom salts, epsomite,**	Bittersalz,
magnesium sulfate MgSO$_4$	Magnesiumsulfat
➤ **evaporated salt**	Siedesalz
➤ **fluorinated salt**	fluoridiertes Salz, Fluorspeisesalz
➤ **Glauber salt (crystalline**	Glauber-Salz, Glaubersalz
sodium sulfate decahydrate)	(Natriumsulfathydrat)
➤ **hartshorn salt,**	Hirschhornsalz,
ammonium carbonate (NH$_4$)$_2$CO$_3$	Ammoniumcarbonat

➢ iodized salt	Iodsalz
➢ lite salt (NaCl/KCl + others)	natriumarmes Kochsalz
➢ melting salt, emulsifying salt	Schmelzsalz
➢ mixed salt(s)	gemischtes Salz
➢ Mohr's salt, ammonium iron(II) sulfate hexahydrate (ferrous ammonium sulfate)	Mohrsches Salz
➢ nutrient salt	Nährsalz
➢ prussiate	Blutlaugensalz, Kaliumhexacyanoferrat
➢ rock salt	Steinsalz
➢ sea salt	Meersalz
➢ seasoned salt, seasoning salt	Gewürzsalz
➢ table salt, common salt (NaCl)	Speisesalz, Kochsalz, Tafelsalz
saltwater	Salzwasser

**saman, monkey pod,
   French tamarind, raintree**
   Samanea saman, Albizia saman
Regenbaum, Saman

samphire, rock samphire, sea fennel   Meerfenchel, Seefenchel
   Crithmum maritimum

**sand boletus, variegated boletus,
   velvet bolete**
   Suillus variegatus
Sandröhrling, Sand-Röhrling,
   Sandpilz

**sand gaper, soft-shelled clam,
   softshell clam, large-neck clam,
   steamer**
   Mya arenaria, Arenomya arenaria
Sandmuschel, Sandklaffmuschel,
   Strandauster,
   Große Sandklaffmuschel

sand sole, French sole   Sandzunge, Warzen-Seezunge
   Pegusa lascaris, Solea lascaris

sandalwood   Sandelholz
➢ **red sandalwood, red sanders**   Rotes Sandelholz
   Pterocarpus santalinus
➢ **white sandalwood,
   East Indian sandalwood**
   Santalum album
Sandelholz, Weißes Sandelholz

sandapple, gingerbread plum   Ingwerpflaume, Ingwerbrotpflaume,
   Parinari macrophylla   Sandapfel

sandarac resin, sandarach resin   Sandarakharz
   Tetraclinis articulata

sandcherry   Sandkirsche
   Prunus pumila
➢ **Eastern sandcherry,
   flat sandcherry**
   Prunus pumila ssp. *depressa*
Östliche Sandkirsche
➢ **Western sandcherry**   Westliche Sandkirsche
   Prunus pumila ssp. *besseyi*

sandeels   Sandaale
➢ **greater sandeel, sandlance,
   great sandeel FAO, lance**
   *Hyperoplus lanceolatus,
   Ammodytes lanceolatus*
Großer Sandspierling,
   Großer Sandaal
➢ **smooth sandeel**   Nackt-Sandaal, Nacktsandaal
   Gymnammodytes semisquamatus

sandleek, giant garlic, Spanish garlic	Schlangenlauch, Schlangen-Lauch,
Allium scorodoprasum	Alpenlauch
sandsmelt, sand smelt FAO	Ährenfisch, Sand-Ährenfisch
Atherina presbyter	
sandwich	Stulle, Butterbrot (belegt/zsm.geklappt),
	Weißbrotdoppelschnittchen
sandwich cake	Schichttorte
sansho, Asian pepper,	Japanischer Pfeffer, Sancho
Japanese pepper	
Zanthoxylum piperitum	
santol, lolly fruit, kechapi	Santol, Kechapifrucht
Sandoricum koetjape	(Falsche Mangostane)
sapodilla, sapodilla plum, chiku	Sapodilla, Sapotille, Sapote,
(chicle tree)	Breiapfel
Manilkara zapota	
sapote, mamey sapote,	Große Sapote, Mamey-Sapote,
marmalade plum	Marmeladen-Eierfrucht,
Pouteria sapota	Marmeladenpflaume
➢ **black sapote, black persimmon**	Schwarze Sapote
Diospyros digyna	
➢ **green sapote**	Grüne Sapote
Pouteria viridis	
➢ **white sapote**	Weiße Sapote
Casimiroa edulis	
➢ **yellow sapote, sapote amarillo,**	Canistel, Canistel-Eierfrucht,
canistel, eggfruit	Gelbe Sapote, Sapote Amarillo,
Pouteria campechiana	Eifrucht
sapote amarillo, chupa-chupa,	Chupachupa, Südamerikanische Sapote,
South American sapote	Kolumbianische Sapote
Matisia cordata	
sapucaia nut, zabucajo nut,	Sapucajanuss, Paradiesnuss
monkey-pot nut, paradise nut	
Lecythis zabucajo a.o.	
sardines *Sardina* spp.	Sardinen
➢ **European sardine, sardine**	Sardine, Pilchard
(if small), pilchard (if large),	
European pilchard FAO	
Sardina pilchardus	
➢ **gilt sardine, Spanish sardine,**	Ohrensardine, Große Sardine,
round sardinella FAO	Sardinelle
Sardinella aurita	
➢ **Indian oil sardine FAO, oil sardine**	Großkopfsardine
Sardinella longiceps	
sarepta mustard,	Sareptasenf, Sarepta-Senf
lyrate-leaved mustard	
Brassica juncea var. *sareptana*	
sarsaparilla	Sarsaparilla
Smilax regelii a.o.	
saskatoon serviceberry,	Saskatoon-Beere, Erlen-Felsenbirne,
juneberry, sugarplum	Erlenblättrige Felsenbirne, Apfelbeere
Amelanchier alnifolia	

sassafras, filé	Sassafrass, Fenchelholz, Filépulver
Sassafras albidum	
satsuma mandarin	Satsuma
Citrus unshiu	
sauce	Soße (*auch:* Sauce)
➤ **condiment, condiment sauce**	Würzsoße
➤ **hot sauce**	Chili-Soße
saupe, salema FAO, goldline	Goldstriemen, Ulvenfresser
Sarpa salpa, Boops salpa	
saury	
➤ **Atlantic saury**	Seehecht, Makrelenhecht, Echsenhecht
Scomberesox saurus saurus	
➤ **Pacific saury**	Saira, Kurzschnabelmakrelenhecht
Cololabis saira	
sausage	Wurst, Würstchen
➤ **black pudding**	Blutwurst mit Hafergrütze u.a.
➤ **cooked sausage**	Kochwurst
➤ **cure**	pökeln
➤ **curing brine**	Pökellake
➤ **curing salt**	Pökelsalz
➤ **dry curing**	Trockenpökeln
➤ **dry sausage**	Trockenwurst, Dauerwurst
➤ **fresh sausage**	Frischwurst
➤ **ham sausage**	Schinkenwurst
➤ **inoculation**	Impfung
➤ **jellied meat**	Sülze
➤ **knackwurst, knockwurst**	Knackwurst
➤ **maturation**	Reifung
➤ **pepperoni**	Pepperoni-Wurst
	(Amerikan. Salami: roh, fermentiert)
➤ **raw sausages**	Rohwürste
➤ **smoke**	räuchern
➤ **Vienna sausage, wiener, weiner, frankfurter**	Wiener Würstchen, Frankfurter Würstchen
➤ **wet curing**	Nasspökeln
➤ **white pudding**	Wurst mit Schweinefleisch und
(oatmeal pudding/hog's pudding)	Hafergrütze u.a.
sausage batter	Wurstteig
➤ **raw sausage batter**	Brät (rohe Wurstmasse/Wurstteig)
sausage casing(s)	Wursthülle(n)
➤ **afterend**	Nachende
➤ **bung (caecum)**	Buttdarm, Bodendarm, Butte
	(oberster Dickdarm)
➤ **bung cap**	Kappe (des Buttdarms)
➤ **esophagus, weasand (cattle)**	Speiseröhre, Ösophagus (Rinderschlund)
➤ **fatend**	Fettende
➤ **large intestines**	Dickdarm
➤ **middles**	Krausedarm (Mitteldarm: Schwein)
➤ **rounds, runners**	Kranzdarm, Kranzdärme
(small intestines: cattle)	(Dünndarm: Rind)
➤ **rounds, runners**	Enger Darm
(small intestines: hog)	(Dünndarm: Schwein)

sausage meat

➤ **sheep casings (small intestines)**	Saitlinge (Schaf: Dünndarm)
➤ **small intestines**	Dünndarm
➤ **stomach**	Magen
➤ **weasand (esophagus of cattle)**	Rinderschlund (Speiseröhre/Ösophagu
sausage meat	Wurstbrät
sausage products	Wurstwaren
savory	Bohnenkraut
➤ **summer savory**	Bohnenkraut, Sommer-Bohnenkraut
Satureja hortensis	
➤ **thyme-leaved savory,** **Roman hyssop, Persian zatar**	Thymianblättriges Bohnenkraut, Thryba
Satureja thymbra	
➤ **winter savory**	Bohnenkraut, Winter-Bohnenkraut, Karstbohnenkraut
Satureja montana	
savoy cabbage	Wirsing, Wirsingkohl
Brassica oleracea (Sabauda Group)	
scabbardfish ➤	Strumpfbandfisch
silver scabbardfish FAO, **ribbonfish, frostfish**	
Lepidopus caudatus	
scad(s)	Stöcker, Schildmakrelen, Selare u.a.
Trachurus spp., *Decapterus* spp. etc.	
scad, Atlantic horse mackerel FAO, **maasbanker**	Stöcker, Schildmakrele, Bastardmakrele
Trachurus trachurus	
➤ **yellowstripe scad**	Goldband-Selar
Selaroides leptolepis	
scaldfish	Lammzunge, Lammbutt
Arnoglossus laterna	
scallion, spring onion, **green onion, salad onion**	Frühlingszwiebeln, Frühlingszwiebelchen; Lauchzwiebel
Allium cepa (Cepa Group) (young/early) and *Allium fistulosum*	
scallop, squash scallop, **patty pan, pattypan squash** **(summer squash)**	Patisson, Kaisermütze, Bischofsmütze, ,Fliegende Untertasse', Scallop(ini)
Cucurbita pepo var. *ovifera*	
scallops	Kammmuscheln, Kamm-Muscheln
Chlamys spp. a.o.	
➤ **adductor muscle**	Nüsschen (Schließmuskel der Jakobsmuschel)
➤ **great scallop, common scallop,** **coquille St. Jacques**	Große Pilgermuschel, Große Jakobsmuschel
Pecten maximus	
➤ **Iceland scallop**	Isländische Kammmuschel, Island-Kammmuschel
Chlamys islandica	
➤ **Japanese scallop, yezo scallop,** **giant ezo scallop**	Japanische Jakobsmuschel
Patinopecten yessoensis	
➤ **Japanese sun and moon scallop**	Japanische ,Sonne-und-Mond'-Musch Japanische Fächermuschel
Amusium japonicum	

➤ **lions-paw scallop, lion's paw** *Nodipecten nodosus,* *Lyropecten nodosa*	Löwenpranke
➤ **Pacific pink scallop** *Chlamys hastata hericia*	Alaska-Kammmuschel
➤ **purple scallop** *Argopecten purpuratus*	Violette Pilgermuschel, Purpur-Kammmuschel
➤ **queen scallop** *Chlamys opercularis,* *Aequipecten opercularis*	Kleine Pilgermuschel, Bunte Kammmuschel, Reisemantel
➤ **royal cloak scallop** *Chlamys pallium, Gloripallium pallium*	Herzogsmantel
➤ **senate scallop, noble scallop** *Chlamys senatoria, Chlamys nobilis*	Feine Kammmuschel, Edle Kammmuschel, Königsmantel
➤ **St. James scallop, great scallop** *Pecten jacobaeus*	Jakobs-Pilgermuschel, Jakobsmuschel
➤ **variegated scallop** *Chlamys varia*	Bunte Kammmuschel
scampi, langoustine ➤ **Dublin Bay lobster,** **Dublin Bay prawn, Norway lobster,** **Norway clawed lobster** *Nephrops norvegicus*	Kaisergranat, Kaiserhummer, Kronenhummer, Schlankhummer, Tiefseehummer
➤ **New Zealand scampi,** **deep water scampi** *Metanephrops challengeri*	Neuseeländischer Kaisergranat
scarlet beebalm, scarlet monarda, **Oswego tea, bergamot, bee balm** *Monarda didyma*	Scharlach-Monarde, Goldmelisse, Scharlach-Indianernessel, Oswego-Tee, Monarde
scarlet gamba prawn, scarlet shrimp *Plesiopenaeus edwardsianus*	Rote Riesengarnele, Atlantische Rote Riesengarnele
scarlet king crab, deep-sea crab, **deep-sea king crab** *Lithodes couesi*	Tiefsee-Königskrabbe
schoolmaster, schoolmaster snapper *Lutjanus apodus*	Schulmeister-Schnapper
schraetzer FAO, **striped ruffe, Danube ruffe** *Gymnocephalus schraetzer*	Schrätzer
scone	Kuchenbrötchen
scorpionfishes	Drachenköpfe
➤ **bigscale scorpionfish,** **red scorpionfish, rascasse rouge** *Scorpaena scrofa*	Großer Roter Drachenkopf, Roter Drachenkopf, Große Meersau, Europäische Meersau
➤ **brown scorpionfish,** **black scorpionfish FAO** *Scorpaena porcus*	Brauner Drachenkopf
scotch (barley)	Scotch, Schottischer Whisky
scotch lovage, sea lovage *Ligusticum scoticum*	Mutterwurz, Schottische Mutterwurz
screwpine leaves, pandan leaves *Pandanus spp.*	Pandanblätter, Schraubenbaumblätter

sea asparagus, glasswort, marsh samphire, chicken claws, sea beans *Salicornia europaea*	Queller, Salzkraut, Glaskraut, Glasschmalz, Passe Pierre ‚Alge'
sea bass, European seabass FAO, bass *Dicentrarchus labrax, Roccus labrax, Morone labrax*	Wolfsbarsch, Seebarsch
➤ **Chilean seabass, Patagonian toothfish** *Dissostichus eleginoides*	Schwarzer Seehecht, Schwarzer Zahnfisch
sea buckthorn *Hippophae rhamnoides*	Sanddorn
sea cucumbers	Seegurken, Seewalzen
➤ **edible sea cucumber, pinkfish** *Holothuria edulis*	Essbare Seegurke, Essbare Seewalze, Rosafarbene Seewalze
➤ **Japanese sea cucumber** *Stichopus japonicus*	Japanische Seegurke
➤ **North-American sea cucumber** *Cucumaria fraudatrix*	Nordamerikanische Seegurke
➤ **prickly redfish** *Thelenota ananas*	Ananas-Seewalze
➤ **royal cucumber** *Stichopus regalis*	Königsseegurke, Königsholothurie
sea fennel, samphire, rock samphire *Crithmum maritimum*	Meerfenchel, Seefenchel
sea grape *Coccoloba uvifera*	Seetraube, Meertraube
sea lettuce *Ulva lactuca*	Meersalat, Meeressalat
sea perch ➤ giant sea perch, barramundi FAO *Lates calcarifer*	Barramundi, Riesenbarsch
sea salt	Meersalz
sea spaghetti, sea haricots, thongweed *Himanthalia elongata*	Meeresspaghetti, Haricot vert de mer, ‚Meerbohnen'
sea squirt, ascidian *Halocynthia roretzi*	Tunikat
sea trout *Salmo trutta trutta*	Meerforelle, Lachsforelle
➤ **spotted sea trout, spotted weakfish FAO** *Cynoscion nebulosus*	Gefleckter Umberfisch
sea truffle, warty venus *Venus verrucosa*	Warzige Venusmuschel, Raue Venusmuschel
sea urchins	Seeigel
➤ **purple sea urchin** *Paracentrotus lividus*	Steinseeigel

seabass ➤ black seabass FAO, black sea bass *Centropristis striata*	Schwarzer Sägebarsch, Zackenbarsch
seabream, common seabream FAO, red porgy, Couch's seabream *Pagrus pagrus, Sparus pagrus pagrus, Pagrus vulgaris*	Sackbrasse, Gemeine Seebrasse
➤ axillary seabream FAO, Spanish bream, Spanish seabream, axillary bream *Pagellus acarne*	Achselfleck-Brasse, Achselbrasse, Spanische Meerbrasse
➤ common two-banded seabream FAO, two-banded bream *Diplodus vulgaris*	Zweibinden-Brasse
➤ gilthead seabream FAO, gilthead *Sparus auratus*	Goldbrasse, Dorade Royal
➤ red seabream *Pagrus major*	Seebrasse
➤ red seabream, common seabream, blackspot seabream FAO *Pagellus bogaraveo*	Nordische Meerbrasse, Graubarsch, Seekarpfen
➤ saddled seabream FAO, saddled bream *Oblada melanura*	Brandbrasse, Oblada
➤ striped seabream FAO, marmora *Lithognathus mormyrus, Pagellus mormyrus*	Marmorbrasse, Meerbrasse, Dorade
➤ twobar seabream *Acanthopagrus bifasciatus*	Doppelbandbrasse, Zweibandbrasse, Bischofsbrasse
seafood (fish and shellfish)	Fisch und Meeresfrüchte
seakale *Crambe maritima*	Meerkohl
seaperch, white surfperch *Phanerodon furcatus*	Weißer Brandungsbarsch
searobin	
➤ gray searobin, grey gurnard FAO *Eutrigla gurnardus*	Grauer Knurrhahn
seasoned salt, seasoning salt	Gewürzsalz
seasoning	Würzen; Gewürz
seatron, bull kelp, bull-whip kelp *Nereocystis luetkeana*	Bullkelp (Seetang)
seawater, saltwater	Meerwasser
seaweed	Tang, Seetang
➤ badderlocks, dabberlocks, honeyware, henware, murlin *Alaria esculenta*	Essbarer Riementang, Sarumen
➤ bull kelp, bull-whip kelp, seatron *Nereocystis luetkeana*	Bullkelp (Seetang)
➤ carragean, carragheen, Irish moss *Chondrus crispus*	Knorpeltang, Knorpelalge, Irisches Moos

> **dulse**   Dulse
  Palmaria palmata,
  Rhodymenia palmata
  > **pepper dulse**   Pepper-Dulse
    Laurencia pinnatifida,
    Osmundea pinnatifida
> **eelgrass, marine eelgrass**   Seegras
  Zostera marina
> **fukuronori, funori**   Funori-Rotalge
  Gloiopeltis furcata
> **gutweed**   Darmtang
  Ulva intestinalis,
  Enteromorpha intestinalis
> **hijiki**   Hijiki
  Hizikia fusiformis
> **Irish moss, carragen, carragheen**   Knorpeltang, Knorpelalge,
  Chondrus crispus   Irisches Moos
> **kelp**   Brauntang
  > **sugar kelp, sugar wrack**   Zuckertang
    Laminaria saccharina
> **kombu**   Kombu, Seekohl
  Laminaria japonica u.a.
> **laverbread, sloke, purple laver**   Porphyrtang, Purpurtang
  Porphyra umbilicalis
> **nori (a red seaweed)**   Nori (Rotalge)
  Porphyra tenera u.a.
> **oarweed, tangle**   Fingertang
  Laminaria digitata
> **ogo (a red seaweed)**   Ogonori (Rotalge)
  Gracilaria verrucosa
> **pepper dulse**   Pepper-Dulse
  Laurencia pinnatifida,
  Osmundea pinnatifida
> **purple laver, sloke, laverbread**   Porphyrtang, Purpurtang
  Porphyra umbilicalis
> **red seaweed**   Rottang
> **sea lettuce**   Meersalat, Meeressalat
  Ulva lactuca
> **sea spaghetti, sea haricots,**   Meeresspaghetti,
  thongweed   Haricot vert de mer, „Meerbohnen‘
  Himanthalia elongata
> **seatron, bull kelp, bull-whip kelp**   Bullkelp (Seetang)
  Nereocystis luetkeana
> **sloke, laverbread, purple laver**   Porphyrtang, Purpurtang
  Porphyra umbilicalis
> **sugar kelp, sugar wrack**   Zuckertang
  Laminaria saccharina
> **tangle, oarweed**   Fingertang
  Laminaria digitata
> **tengusa (a red seaweed)**   Tengusa (Rotalge)
  Gelidium amansii

➢ **thongweed, sea spaghetti,** Meeresspaghetti, Haricot vert de mer,
   sea haricots ‚Meerbohnen'
   Himanthalia elongata
➢ **wakame** Wakame
   Undaria pinnatifida
sebesten plum, Assyrian plum Schwarze Brustbeere,
   Cordia myxa Brustbeersebeste, Sebesten
semi-hard cheese, semi-firm cheese Schnittkäse (halbfest)
   (sliceable)
semi-skimmed milk, semi skim milk teilentrahmte Milch,
   fettarme Milch (1,5–1,8% Fett)
semi-soft cheese halbfester Käse
semi-sparkling wine, pearlwine Perlwein
   (low amount of carbonation)
semolina (durum wheat) Hartweizengrieß
   (0.1–0.5 mm)
senate scallop, noble scallop Feine Kammmuschel,
   Chlamys senatoria, Edle Kammmuschel,
   Chlamys nobilis Königsmantel
serendipity berry, Nigerian berry Serendipity-Beere
   (monellin)
   Dioscoreophyllum cumminsii
serpent garlic, hardneck garlic, Rocambole, Rockenbolle,
   top-setting garlic, rocambole Schlangenknoblauch
   Allium sativum
   (Ophioscorodon Group)
serviceberry Elsbeere
   Sorbus torminalis
serviceberry, juneberry Felsenbirne
   Amelanchier spp.
➢ **Saskatoon serviceberry,** Saskatoon-Beere, Erlen-Felsenbirne,
   juneberry, sugarplum Erlenblättrige Felsenbirne
   Amelanchier alnifolia
sesame, sesame seed, benne seed Sesam
   Sesamum indicum
Seville orange, sour orange, Bitterorange, Pomeranze
   bitter orange
   Citrus aurantium
shad
➢ **allis shad** Maifisch, Alse, Gewöhnliche Alse
   Alosa alosa
➢ **American shad** Amerikanische Alse,
   Alosa sapidissima Amerikanischer Maifisch
➢ **Pontic shad FAO, Black Sea shad** Pontische Alse, Donauhering
   Alosa pontica
➢ **twaite shad FAO, finta shad** Finte
   Alosa fallax, Alosa finta
shaddock, pomelo, pummelo Pampelmuse, Pomelo
   Citrus maxima
shagbark hickory (mockernut) Schuppenrinden-Hickorynuss,
   Carya ovata Weiße Hickory

shaggy boletus, birch bolete *Leccinum scabrum*	Graukappe, Birkenröhrling, Birkenpilz, Kapuziner
shaggy ink cap, ink cap, shaggy mane *Coprinus comatus*	Schopf-Tintling, Spargelpilz, Porzellan-Tintling
shaggy parasol *Macrolepiota rhacodes*	Safranpilz, Rötender Schirmpilz, Safran-Schirmpilz
shagreen ray *Leucoraja fullonica*	Fullers Rochen, Chagrinrochen
shallots *Allium cepa* (Aggregatum Group)	Schalotten
shallow-pored bolete *Suillus bovinus*	Kuh-Röhrling, Kuhpilz
shandy, panaché (beer + lemonade)	Radler (Bier + Limonade)
shank portion, shank half	Unterschinken
shank, hock	Hachse, Haxe
sharks	Haie, Haifische
➤ **angelshark FAO, angel shark, monkfish** *Squatina squatina, Rhina squatina, Squatina angelus*	Gemeiner Meerengel, Engelhai
➤ **basking shark** *Cetorhinus maximus*	Riesenhai, Reusenhai
➤ **blacktip reef shark, blackfin reef shark** *Carcharhinus melanopterus*	Schwarzspitzen-Riffhai
➤ **blacktip shark** *Carcharhinus limbatus*	Schwarzspitzenhai, Kleiner Schwarzspitzenhai
➤ **blue shark** *Prionace glauca*	Großer Blauhai, Blauhai, Menschenhai
➤ **bluntnosed shark, six-gilled shark, sixgill shark, grey shark, bluntnose sixgill shark FAO** *Hexanchus griseus*	Grauhai, Großer Grauhai, Sechskiemer-Grauhai
➤ **Greenland shark FAO, ground shark** *Somniosus microcephalus*	Grönlandhai, Großer Grönlandhai, Eishai, Grundhai
➤ **kitefin shark** *Dalatias licha*	Stacheloser Dornhai
➤ **kitefin shark FAO, seal shark, darkie charlie** *Dalatias licha, Scymnorhinus licha, Squalus licha*	Schokoladenhai, Stacheloser Dornhai
➤ **porbeagle FAO, mackerel shark** *Lamna nasus*	Heringshai
➤ **soupfin shark, tope shark FAO, tope, school shark** *Galeorhinus galeus, Galeorhinus zygopterus, Eugaleus galeus*	Australischer Hundshai, Hundshai, Biethai (Suppenflossenhai)
➤ **tiger shark** *Galeocerdo cuvieri*	Tigerhai

➢ **tope shark FAO, tope, soupfin shark, school shark**
  Galeorhinus galeus,
  Galeorhinus zygopterus,
  Eugaleus galeus
	Australischer Hundshai, Hundshai,
	  Biethai (Suppenflossenhai)

➢ **whitetip shark, oceanic whitetip** *Carcharhinus longimanus*	Weißspitzen-Riffhai
shark fins	Haifischflossen
shea butter, shea nut *Vitellaria paradoxa*	Sheabutter (Butterbaum)
sheathed woodtuft, brown stew fungus *Kuehneromyces mutabilis*	Stockschwämmchen, Pioppini
sheep, domestic sheep *Ovis aries*	Schaf, Hausschaf
➢ **ewe**	weibl. Schaf (Mutterschaf: Aue)
➢ **hogget (2 incisors, unshorn yearling)**	Jungschaf (< 1-jährig, 2 Schneidezähne) (männl. u. weibl.)
➢ **lamb (male and female)**	Lamm (< 1 Jahr ohne Zähne)
➢ **mutton**	Hammel
➢ **wether (castrated ram/buck/ male sheep)**	Hammel, Schöps (kastrierter Schafbock)
sheep casings (small intestines)	Saitlinge (Schafsdarm: Dünndarm)
sheep polypore *Albatrellus ovinus, Scutiger ovinus*	Schafporling
sheepberry, nannyberry, sweet viburnum *Viburnum lentago*	Kanadischer Schneeball, Schafbeere

sheepshead (fish)
  Archosargus probatocephalus
	Schafskopf-Brasse, Schafskopf,
	  Sträflings-Brasse

sheepshead, sheep's head mushroom, ram's head mushroom, hen of the woods, maitake
  Grifola frondosa
	Klapperschwamm,
	  Laub-Porling, Maitake

shell ginger, bright ginger, light galangal, pink porcelain lily *Alpinia zerumbet*	Zerumbet, Muschelingwer
shellfish (crustaceans and mollusks)	Meeresfrüchte (= Schalentiere und andere Invertebraten)
shepherd's purse *Capsella bursa-pastoris*	Hirtentäschel
sherbet, sorbet	Sorbet
sherry vinegar	Sherryessig

shi drum FAO, corb US/UK, sea crow US, gurbell US, croaker
  Umbrina cirrosa, Sciaena cirrosa
	Bartumber, Schattenfisch,
	  Umberfisch, Umber

shiitake, Japanese forest mushroom
  Lentinus/Lentinula edodes
	Shiitake, Blumenpilz,
	  Japanischer Champignon

ship sturgeon *Acipenser nudiventris*	Glattdick, Ship-Stör
shipova, Bollwiller pear x*Sorbopyrus auricularis*	Hagebuttenbirne, Bollweiler Birne

shiro plum (Japanese/Chinese plum) *Prunus salicina* 'Shiro'	Shiro-Pflaume (Japanische Pflaume, Chinesische Pflaume)
shish kabob, shish kebab **(kabob/kebab on a skewer)**	Spieß, Fleischspieß
shiso, perilla, Japanese basil, **wild perilla, common perilla** *Perilla frutescens*	Shiso, Perilla
➤ **green shiso, green perilla,** **ruffle-leaved green perilla** *Perilla frutescens* var. *crispa*	Grünes Shiso, Grüne Perilla
➤ **purple shiso, purple perilla,** **ruffle-leaved purple perilla** *Perilla frutescens* var. *crispa* f. *atropurpurea*	Rotes Shiso, Purpurrote Perilla
short dough, short-crust dough	Mürbeteig
shortbread, shortcake biscuit	Mürbekeks
shortcake, shortcrust pastry, **shortbread (easily crumbled)**	Mürbegebäck (leicht zerreibbar)
shortening	Backfett, Speisefett
shortness (of bakery products)	Mürbheit
shoyu	Shoyu (japan. Sojasauce)
shrimp	Garnelen, Krabben, Schrimps
➤ **Aesop shrimp, Aesop prawn,** **pink shrimp** *Pandalus montagui*	Rosa Tiefseegarnele
➤ **blue-and-red shrimp** *Aristeus antennatus*	Blassrote Tiefseegarnele, Blaurote Garnele
➤ **Chilean nylon shrimp** *Heterocarpus reedei*	Chilenische Kantengarnele, Chile-Krabbe, Camarone
➤ **common shrimp,** **common European shrimp** **(brown shrimp)** *Crangon crangon*	Sandgarnele, Porre, Granat, Nordseegarnele, Nordseekrabbe, Krabbe
➤ **northern shrimp, pink shrimp,** **northern pink shrimp** *Pandalus borealis*	Nördliche Tiefseegarnele, Grönland-Shrimp
➤ **pink shrimp, northern pink shrimp** *Penaeus duorarum,* *Farfantepenaeus duorarum*	Nördliche Rosa-Garnele, Rosa Golfgarnele, Nördliche Rosa Geißelgarnele
➤ **southern pink shrimp,** **candied shrimp** *Penaeus notialis,* *Farfantepenaeus notialis*	Südliche Rosa Geißelgarnele, Senegal-Garnele
Siamese cassia, Thai cassia, kheelek *Senna siamea*	Khi-lek, Kheelek, Kassodbaum
Siamese ginger, galanga, **galanga major, greater galanga** *Alpinia galanga*	Galgant, Echter Galgant, Großer Galgant, Siam-Ingwer
Siberian buckwheat, **Kangra buckwheat,** **tartary buckwheat** *Fagopyrum tataricum*	Tatarischer Buchweizen

Siberian chives *Allium ramosum*	Duftlauch, Chinesischer Lauch
Siberian crab apple, **Asian wild crab apple,** **cherry apple** *Malus baccata*	Kirschapfel, Beerenapfel
Siberian sterlet, sterlet FAO *Acipenser ruthenus*	Sterlett, Sterlet
Siberian sturgeon *Acipenser baerii*	Sibirischer Stör
Sichuan pepper, Szechuan pepper, **Chinese pepper** *Zanthoxylum simulans* a.o.	Chinesischer Pfeffer, Szechuan-Pfeffer
Sichuan pickling mustard, **big stem mustard,** **Sichuan swollen stem mustard** *Brassica juncea* var. *tsatsai*	Tsa Tsai, ‚Sezuangemüse‘
Sicilian sumac *Rhus coriaria*	Gerbersumach, Sumak
sickle pomfret *Taractichthys steindachneri*	Sichel-Brachsenmakrele
side dish	Küchenbeilage
sidemeats, variety meat, offals (red: *liver, heart, kidneys ... and* white: *lungs, stomach, intestines ...*)	Innereien, Eingeweide (innere Organe)
sieva bean, bush baby lima, **Carolina bean, climbing baby lima** *Phaseolus lunatus* (Sieva Group)	Sievabohne
signal crayfish *Pacifastacus leniusculus*	Signalkrebs
sika deer *Cervus nippon*	Sikawild, Sikahirsch
sild (young herrings + sprats)	Sild (kleine Heringe)
Silician broad-rib chard, **seakale beet, broad-rib chard** *Beta vulgaris* ssp. *cicla* (Flavescens Group)	Mangold, Stielmangold, Rippenmangold, Stängelmangold, Stielmus
silken tofu	Seidentofu
silver carp FAO, tolstol *Hypophthalmichthys molitrix*	Silberkarpfen, Gewöhnlicher Tolstolob
silver fungus, silver ear, **white tree fungus, white fungus,** **white jelly fungus,** **silver ear fungus,** **silver ear mushroom,** **snow fungus** *Tremella fuciformis*	Chinesische Morchel, Silberohr, Weißer Holzohrenpilz
silver pomfret, butterfish *Pampus argenteus*	Silberner Pampel
silver scabbardfish FAO, **ribbonfish, frostfish** *Lepidopus caudatus*	Strumpfbandfisch

silverberry, buffaloberry	Büffelbeere, Silber-Büffelbeere
Shepherdia argentea	
skate FAO, common skate,	Europäischer Glattrochen,
common European skate,	Spiegelrochen
grey skate, blue skate	
Raja batis, Dipturus batis	
➢ **thornback skate,**	Nagelrochen, Keulenrochen
thornback ray FAO, roker	
Raja clavata	
skim milk, skimmed milk (0.1–0.3%)	Magermilch, entrahmte Milch (< 0,3%)
skipjack tuna FAO,	Gestreifter Thun, Echter Bonito,
bonito, stripe-bellied bonito	Bauchstreifiger Bonito
Euthynnus pelamis,	
Katsuwonus pelamis,	
Gymnosarda pelamis	
skirret, crummock	Zuckerwurzel, Zuckerwurz
Sium sisarum	
slipper lobsters Scyllaridae	Bärenkrebse
➢ **Brazilian slipper lobster**	Brasilianischer Bärenkrebs
Scyllarides brasiliensis	
➢ **Californian slipper lobster**	Kalifornischer Bärenkrebs
Scyllarides astori	
➢ **lesser slipper lobster,**	Kleiner Bärenkrebs, Grillenkrebs
small European locust lobster,	
small European slipper lobster	
Scyllarus arctus	
➢ **Mediterranean slipper lobster**	Großer Mittelmeer-Bärenkrebs,
Scyllarides latus	Großer Bärenkrebs
➢ **small European locust lobster,**	Kleiner Bärenkrebs, Grillenkrebs
small European slipper lobster,	
lesser slipper lobster	
Scyllarus arctus	
➢ **'Spanish' lobster,**	Karibischer Bärenkrebs,
'Spanish' slipper lobster	‚Spanischer' Bärenkrebs
Scyllarides aequinoctialis	
sloe *Prunus spinosa*	Schlehe
sloke, laverbread, purple laver	Porphyrtang, Purpurtang
Porphyra umbilicalis	
slow food	Slowfood
smelt, European smelt FAO	Stint (Spierling, Wanderstint)
Osmerus eperlanus	
➢ **Arctic smelt, Asiatic smelt,**	Asiatischer Stint,
boreal smelt,	Arktischer Regenbogenstint
Arctic rainbow smelt FAO	
Osmerus mordax dentex	
➢ **Atlantic rainbow smelt FAO,**	Regenbogenstint,
lake smelt	Atlantik-Regenbogenstint
Osmerus mordax	
➢ **sandsmelt, sand smelt FAO**	Ährenfisch, Sand-Ährenfisch
Atherina presbyter	
➢ **surf smelt**	Kleinmäuliger Kalifornischer Seestint
Hypomesus pretiosus	

smoke flavoring	Raucharoma
smoked bacon	Schinkenspeck
smoked fish	Räucherfisch
smoked ham	Räucherschinken
smoked meat	Rauchfleisch
smooth sandeel	Nackt-Sandaal, Nacktsandaal
Gymnammodytes semisquamatus	
smooth-hound FAO,	Glatthai, Grauer Glatthai,
smoothhound	Südlicher Glatthai,
Mustelus mustelus	Mittelmeer-Glatthai
➢ **dusky smooth-hound FAO,**	Westatlantischer Glatthai
smooth dogfish	
Mustelus canis	
snails	Schnecken
➢ **babylon snails**	Spirale von Babylon
Babylonia spp.	
➢ **brown garden snail,**	Gefleckte Weinbergschnecke,
brown gardensnail,	Gesprenkelte Weinbergschnecke
common garden snail,	
European brown snail	
Helix aspersa, Cornu aspersum,	
Cryptomphalus aspersus	
➢ **giant East African land snail**	Ostafrikanische Riesenschnecke,
Achatina fulica	Ostafrikanische Achatschnecke
➢ **giant tiger land snail,**	Afrikanische Riesenschnecke,
giant Ghana tiger snail	Große Achatschnecke,
Achatina achatina	Tigerachatschnecke
➢ **Roman snail, Burgundy snail,**	Weinbergschnecke
escargot, escargot snail,	
apple snail, grapevine snail,	
vineyard snail, vine snail	
Helix pomatia	
➢ **Turkish snail, escargot turc**	Gestreifte Weinbergschnecke
Helix lucorum	
snake	Schlange
snake fruit, salak	Salak, Schlangenfrucht
Salacca zalacca	
snakegourd	Schlangengurke, Schlangenhaargurke
Trichosanthes cucumerina var. *anguina*	
snapper	Schnapper
➢ **brownstripe red snapper**	Vitta-Schnapper
Lutjanus vitta	
➢ **emperor snapper, red emperor,**	Kaiserschnapper
emperor red snapper FAO	
Lutjanus sebae	
➢ **humphead snapper,**	Blut-Schnapper, Blutschnapper
bloodred snapper	
Lutjanus sanguineus	
➢ **king snapper,**	Königsschnapper,
blue-green snapper,	Barrakuda-Schnapper,
green jobfish FAO, streaker	Grüner Schnapper
Aprion virescens	

➤ **lane snapper**	Rotschwanzschnapper
Lutjanus synagris	
➤ **Malabar blood snapper**	Malabar-Schnapper
Lutjanus malabaricus	
➤ **mutton snapper**	Mutton-Schnapper
Lutjanus analis	
➤ **red snapper,**	Roter Schnapper,
northern red snapper FAO	Nördlicher Schnapper
Lutjanus campechanus	
➤ **schoolmaster,**	Schulmeister-Schnapper
schoolmaster snapper	
Lutjanus apodus	
➤ **two-spot red snapper**	Doppelfleck-Schnapper,
Lutjanus bohar	Doppelfleckschnapper
➤ **yellowtail snapper**	Gelbschwanzschnapper
Ocyurus chrysurus	
snow crabs	Schneekrabben
Chionoecetes spp.	
snow pea (flat-podded),	Zuckererbse, Zuckerschwerterbse,
eat-all pea US	Kaiserschote, Kefe
Pisum sativum ssp. *sativum*	
var. *macrocarpon* (flat-podded)	
sockeye salmon FAO, sockeye	Blaurückenlachs, Blaurücken,
(*lacustrine populations in*	Roter Lachs, Rotlachs
US/Canada: **kokanee**)	
Oncorhynchus nerka	
soda pastry (pretzels *etc.*)	Laugengebäck
soda pops	Brausen (artificial flavor and color);
	(with natural fruit juice)
	Limonaden (Limos)
soda water, club soda	Selterswasser, Sodawasser, Sprudel
	(mit CO_2 versetzt)
soft caramel, toffee	Weichkaramelle, Toffee
	(Milch-/Butterbonbons)
soft cheese	Weichkäse
soft corn, flour corn US;	Weichmais, Stärkemais
soft maize, flour maize UK	
Zea mays spp. *mays*	
(Amylacea Group)	
soft drinks, pop, soda, soda pop	alkoholfreie, gesüßte Sprudelgetränke,
(*carbonated nonalcoholic beverage*)	‚Limos'
soft water	weiches Wasser
softneck garlic, soft-necked garlic,	Echter Knoblauch,
Italian garlic, silverskin garlic	Gemeiner Knoblauch
Allium sativum (Sativum Group)	
softshell crabs	Butterkrebse
	(kürzlich gehäutete Flusskrebse etc.)
sokoyokoto, soko, celosia,	Sokoyokoto;
quail grass, Lagos spinach;	(var. *cristata*) Hahnenkamm
(**var.** *cristata*) **cockscomb**	
Celosia argentea	

sole	Seezunge, Gemeine Seezunge
➤ **common sole, Dover sole, English sole** *Solea solea*	
➤ **English sole** *Parophrys vetulus*	Pazifische Glattscholle
➤ **flathead sole** *Hippoglossoides elassodon*	Heilbuttscholle
➤ **lemon sole** *Microstomus kitt*	Echte Rotzunge, Limande
➤ **lined sole** *Achirus lineatus*	Pazifische Seezunge
➤ **Pacific Dover sole** *Microstomus pacificus*	Pazifische Rotzunge, Pazifische Limande
➤ **petrale sole** *Eopsetta jordani*	Kalifornische Scholle, Pazifische Scharbe
➤ **rex sole** *Glyptocephalus zachirus*	Amerikanische Scholle, Pazifischer Zungenbutt
➤ **rock sole** *Lepidopsetta bilineata*	Pazifische Scholle, Felsenkliesche
➤ **sand sole, French sole** *Pegusa lascaris, Solea lascaris*	Sandzunge, Warzen-Seezunge
➤ **thickback sole FAO, thick-backed sole** *Microchirus variegatus, Solea variegata*	Bastardzunge, Dickhaut-Seezunge*
➤ **witch** *Glyptocephalus cynoglossus*	Rotzunge, Hundszunge, Zungenbutt
soncoya *Annona purpurea*	Soncoya
Sonoran oregano, Mexican oregano, Mexican sage *Lippia graveolens*	Mexikanischer Oregano
sorb apple, sorb *Sorbus domestica*	Speierling
sorghum *Sorghum bicolor*	Mohrenhirse
➤ **feterita** *Sorghum bicolor* (Caudatum Group)	Feterita-Hirse
➤ **large-seeded sorghum, brown durra, grain sorghum** *Sorghum bicolor* (Durra Group)	Durra
➤ **sweet sorghum, sugar sorghum** *Sorghum bicolor* (Saccharatum Group)	Zuckerhirse, Zucker-Mohrenhirse
sorghum beer	Hirsebier
sorrel, Jamaica sorrel, hibiscus, roselle, karkadé *Hibiscus sabdariffa*	Sabdariffa-Eibisch, Rosella, Afrikanische Malve, Karkade
➤ **French sorrel, Buckler's sorrel** *Rumex scutatus*	Französischer Sauerampfer, Schild-Sauerampfer
➤ **garden sorrel, common sorrel, dock, sour dock** *Rumex acetosa, Rumex rugosus*	Sauerampfer, Garten-Sauerampfer
➤ **wood sorrel** *Oxalis acetosella*	Sauerklee

souari nut, swarri nut, butternut *Caryocar amygdaliferum* and *Caryocar nuciferum*	Souarinuss, Butternuss
soufflé	Auflauf
soup celery, leaf celery *Apium graveolens* var. *secalinum*	Schnittsellerie
soup cube, bouillon cube; stock cube UK	Suppenwürfel, Bouillonwürfel
soupfin shark, tope shark FAO, tope, school shark *Galeorhinus galeus,* *Galeorhinus zygopterus,* *Eugaleus galeus*	Australischer Hundshai, Hundshai, Biethai (Suppenflossenhai)
sour cherry *Prunus cerasus* ssp. *cerasus,* *Cerasus vulgaris*	Sauerkirsche, Weichsel, Weichselkirsche
sour cream (cultured cream)	saure Sahne, Sauerrahm (>10% Fett)
sour fig *Carpobrotus edulis*	Hottentottenfeige
sour lime, lime, Key lime, Mexican lime *Citrus aurantiifolia*	Limette, Saure Limette (‚Limone')
sour milk, acidified milk	Sauermilch (Trinksauermilch: nicht dickgelegt)
sour orange, bitter orange, Seville orange *Citrus aurantium*	Bitterorange, Pomeranze
sour plum, monkey plum *Ximenia americana*	Sauerpflaume
source water, spring water	Quellwasser
sourdough	Sauerteig
➢ **basic sour**	grundsauer
➢ **fresh sour**	anfrischsauer, antriebsauer
➢ **full sour**	vollsauer
➢ **seed sour**	anstellsauer
➢ **short sour**	kurzsauer
➢ **spontaneous sour**	spontansauer
sourdough bread	Sauerteigbrot
soursop, guanabana *Annona muricata*	Stachelannone, Stachliger Rahmapfel, Sauersack, Corossol
➢ **wild soursop, wild custard apple** *Annona senegalensis*	Afrikanischer Sauersack
southern bluefin tuna *Thunnus maccoyii*	Südlicher Blauflossenthun, Blauflossen-Thun
southern king crab *Lithodes antarctica, Lithodes santolla*	Antarktische Königskrabbe
southern pink shrimp, candied shrimp *Penaeus notialis,* *Farfantepenaeus notialis*	Südliche Rosa Geißelgarnele, Senegal-Garnele

southern spider crab	Chilenische Seespinne
Libidoclea granaria	
southernwood, old man	Eberraute
Artemisia abrotanum	
sowthistle, hare's lettuce	Gänsedistel, Kohl-Gänsedistel
Sonchus oleraceus	
soy, soybean	Sojabohne
Glycine max	
soy cheese	Sojakäse
soy curd, soybean curd, bean curd, tofu	Sojaquark, Tofu
soy flour	Sojamehl
soy meat, textured vegetable protein (TVP), textured soy protein (TSP)	‚Sojafleisch‘, texturiertes Gemüseprotein, texturiertes Sojaprotein, strukturiertes Sojaprotein
soy milk	Sojamilch
soy sauce	Sojasoße
soybean curd, tofu	Tofu
soybean sprouts	Sojasprossen (meist Mungbohnen-Keimlinge)
spaghetti squash, spaghetti marrow, vegetable spaghetti	Spaghetti-Kürbis
Cucurbita pepo 'Spaghetti'	
Spanish bream, Spanish seabream, axillary bream, axillary seabream FAO	Achselfleck-Brasse, Achselbrasse, Spanische Meerbrasse
Pagellus acarne	
Spanish chestnut, sweet chestnut	Esskastanie, Edelkastanie
Castanea sativa	
Spanish hogfish	Spanischer Schweinsfisch
Bodianus rufus	
'Spanish' lobster, 'Spanish' slipper lobster	Karibischer Bärenkrebs, ‚Spanischer‘ Bärenkrebs
Scyllarides aequinoctialis	
Spanish mackerel FAO, Atlantic Spanish mackerel	Gefleckte Königsmakrele, Spanische Makrele
Scomberomorus maculatus	
Spanish onion *Allium spec.*	Gemüsezwiebel
Spanish oyster, golden thistle, cardillo	Goldwurzel, Spanische Golddistel
Scolymus hispanicus	
Spanish sage	Spanischer Salbei
Salvia lavandulifolia	
Spanish thyme	Spanischer Thymian
Thymus zygis	
spanner crab, spanner, kona crab, frog crab, frog	Froschkrabbe
Ranina ranina	
sparkling fruit wine	Fruchtschaumwein
sparkling water, soda water, club soda, seltzer	Sprudel

sparkling wine

sparkling wine (effervescent wine)	Schaumwein, Sekt (*in USA auch als* 'champagne' *bezeichnet*)
➢ **brut**	herb
➢ **brut nature**	naturherb
➢ **dry**	trocken
➢ **extra brut**	extra herb
➢ **extra dry**	extra dry
➢ **semi-sparkling wine, pearlwine** (*low amount of carbonation*)	Perlwein
➢ **sweet**	mild
spearmint	Grüne Minze, Ährenminze, Ährige Minze
Mentha spicata	
speckled ray	Gefleckter Rochen
Raja polystigma	
spelt, spelt wheat, dinkel wheat	Dinkel, Spelz, Spelzweizen, Schwabenkorn; (unreif/milchreif/grün: Grünkern)
Triticum aestivum ssp. *spelta*	
spice, condiment, seasoning, flavor(ing)	Gewürz; Würze
spice mix, mixed spices	Gewürzmischung
spicebush, benjamin bush, wild allspice	Wohlriechender Fieberstrauch
Lindera benzoin	
spider crabs Majidae	Seespinnen
➢ **common spider crab, thorn-back spider crab**	Große Seespinne, Teufelskrabbe
Maja squinado, Maia squinado	
➢ **giant spider crab**	Japanische Riesenkrabbe
Macrocheira kaempferi	
➢ **southern spider crab**	Chilenische Seespinne
Libidoclea granaria	
spiked thyme, black thyme, desert hyssop, donkey hyssop	Za'atar, Schwarzer Thymian
Thymbra spicata	
spinach	Spinat (handgepflückt: Blattspinat/ mit Wurzeln: Wurzelspinat)
Spinacia oleracea	
➢ **amaranthus spinach, Chinese spinach**	Dreifarbiger Fuchsschwanz
Amaranthus tricolor	
➢ **Cuban spinach, winter purslane, miner's lettuce**	Tellerkraut, Winter-Portulak, Winterpostelein
Claytonia perfoliata, Montia perfoliata	
➢ **Malabar spinach, Ceylon spinach, Indian spinach**	Malabarspinat
Basella alba	
➢ **New Zealand spinach, warrigal spinach, warrigal cabbage**	Neuseeländer Spinat, Neuseelandspinat
Tetragonia tetragonioides	

➤ **Philippine spinach,** **Ceylon spinach, waterleaf,** **cariru, Suriname purslane** *Talinum fruticosum,* *Talinum triangulare*	Wasserblatt, Ceylon-Spinat, Surinam-Portulak
➤ **strawberry spinach** *Chenopodium foliosum* and *Chenopodium capitatum*	Erdbeerspinat
➤ **water spinach, water convolvulus,** **Chinese water spinach, kangkong,** **'morning glory'** *Ipomoea aquatica*	Wasserspinat, Chinesischer Wasserspinat
spinach beet, Swiss chard, **leaf beet, chard** *Beta vulgaris* ssp. *cicla* (Cicla Group)	Mangold, Schnittmangold, Blattmangold
spinach mustard, mustard spinach, **komatsuma, komatsuna** *Brassica rapa* (Perviridis Group)	Senf-Spinat, Senfspinat, Mosterdspinat, Komatsuna
spinefoot, rabbitfish *Siganus* spp.	Kaninchenfisch
spiny king crab *Paralomis multispina*	Stachelige Königskrabbe
spiny lasia, spiny elephant's ear *Lasia spinosa*	Geli-Geli
spiny lobsters, rock lobsters Palinuridae	Langusten
spiny lobster, crawfish, **common crawfish UK,** **European spiny lobster, langouste** *Palinurus elephas*	Europäische Languste, Stachelhummer
➤ **Caribbean spiny lobster** *Palinurus argus*	Karibische Languste
➤ **pink spiny lobster** *Palinurus mauritanicus*	Mauretanische Languste
spinycheek crayfish, **American crayfish,** **American river crayfish,** **striped crayfish** *Orconectes limosus, Cambarus affinis*	Amerikanischer Flusskrebs, Kamberkrebs, ‚Suppenkrebs'
spirit of wine **(rectified spirit: alcohol)**	Weingeist
spirits, liquors	Spirituosen
spleen	Milz
spoil	verderben
sponge dough	Vorteig
sponge fingers, ladyfinger biscuits, **Boudoir biscuits, boudoirs**	Löffelbiskuit
spoonwort, spoon cress, scurvy grass *Cochlearia officinalis*	Löffelkresse, Löffelkraut, Echtes Löffelkraut
sports drinks	Sportgetränke

spot, spot croaker	Punkt-Umberfisch, Zebra-Umberfisch
Leiostomus xanthurus	
spotted bass	Gefleckter Wolfsbarsch,
Dicentrarchus punctatus	Gefleckter Seebarsch
spotted flounder	Großschuppige Scholle
Citharus linguatula	
spotted goatfish	Gefleckter Ziegenfisch
Pseudupeneus maculatus	
spotted ray	Fleckrochen, Fleckenrochen,
Raja montagui	Gefleckter Rochen
spotted sea trout,	Gefleckter Umberfisch
spotted weakfish FAO	
Cynoscion nebulosus	
spotted spiny lobster	Fleckenlanguste
Panulirus guttatus	
spotted wolffish FAO,	Gefleckter Seewolf,
spotted sea-cat,	Gefleckter Katfisch
spotted catfish, spotted cat	
Anarhichas minor	
sprat, European sprat FAO (brisling)	Sprotte (Sprott, Brisling, Breitling)
Sprattus sprattus	
spread	Aufstrich, Brotaufstrich; Streichfett
➤ **cheese spread, soft cheese**	Schmelzkäse, Streichkäse
➤ **fruit spread**	Fruchtaufstrich
➤ **vegetable oil spread (< 80% oil)**	Pflanzenstreichfett,
	pflanzliches Streichfett
spring agaric	Früher Ackerling, Frühlings-Ackerling
Agrocybe praecox	
spring onion, green onion,	Frühlingszwiebeln,
salad onion, scallion	Frühlingszwiebelchen;
Allium cepa (Cepa Group)	Lauchzwiebel
(young/early) and *Allium fistulosum*	
spring roll	Frühlingsrolle
spring turnip greens, turnip tops	Mairübe, Stielmus,
Brassica rapa (Rapa Group)	Rübstiel, Stängelkohl
var. *majalis*	
sprouts	Sprossen (Keimlinge)
➤ **bean sprouts**	Bohnensprossen
	(Soja, Mung- oder Adzukibohnen)
➤ **Brussels sprouts**	Rosenkohl
Brassica oleracea (Gemmifera Group)	
➤ **soybean sprouts**	Sojasprossen
	(meist Mungbohnen-Keimlinge)
spruce honey	Fichtenhonig
squash (fruit beverage	Fruchtsaftgetränke
with > 25% fruit juice)	
➤ **acorn squash**	Eichelkürbis
Cucurbita pepo var. *turbinata*	
➤ **butternut squash**	Butternusskürbis („Birnenkürbis')
Cucurbita moschata 'Butternut'	
➤ **crookneck squash**	Tripoliskürbis, Drehhalskürbis,
Cucurbita pepo var. *torticollia*	Krummhalskürbis

➢ **musky winter squash, marrows (**incl.** butternut squash** a.o.**)** *Cucurbita moschata*	Moschuskürbis (inkl. Butternusskürbis u.a.)
➢ **potimarron squash, hokkaido, hubbard** *Cucurbita maxima* ssp. *maxima* (Hubbard Group)	Hokkaido-Kürbis
➢ **spaghetti squash, spaghetti marrow, vegetable spaghetti** *Cucurbita pepo* 'Spaghetti'	Spaghetti-Kürbis
➢ **straightneck squash** *Cucurbita pepo* var. *recticollis*	Straightneck Zucchini (gerader Hals)
➢ **summer squashes, vegetable marrow (zucchini,** etc.**)** *Cucurbita pepo* ssp. *pepo*	Sommerkürbisse, Gartenkürbisse (Zucchini u.a.)
➢ **turban squash** *Cucurbita maxima* ssp. *maxima* (Turban Group)	Turbankürbis, Türkenbund-Kürbis
squashberry, mooseberry *Viburnum edule*	Elchbeere
squat lobsters	Scheinhummer
➢ **red squat lobster** *Pleuroncodes monodon*	Roter Scheinhummer, ‚Langostino'
➢ **rugose squat lobster** *Mundia rugosa*	Langarmiger Springkrebs, Tiefwasser-Springkrebs
➢ **yellow squat lobster** *Cervimunida johni*	Gelber Scheinhummer, Südlicher Scheinhummer
squid	Kalmar(e)
➢ **common squid, European squid** *Loligo vulgaris*	Gemeiner Kalmar, Roter Gemeiner Kalmar
➢ **arrow squid, Norwegian squid, European flying squid** *Todarodes sagittatus*	Pfeilkalmar, Norwegischer Kalmar
➢ **flying squid, neon flying squid** *Ommastrephes bartramii*	Fliegender Kalmar
➢ **jumbo flying squid** *Dosidicus gigas*	Riesenkalmar, Riesen-Pfeilkalmar
➢ **longfin inshore squid** *Loligo pealei*	Nordamerikanischer Kalmar
St. Domingo apricot, mammey, mammey apple, mammee apple *Mammea americana*	Aprikose von St. Domingo, Mammeyapfel, Mammey-Apfel, Mammiapfel
St. George's mushroom *Calocybe gambosa*	Maipilz
St. James's scallop, great scallop *Pecten jacobaeus*	Jakobs-Pilgermuschel, Jakobsmuschel
St. Lucie cherry, mahaleb cherry, perfumed cherry *Prunus mahaleb*	Mahaleb, Mahlep, Felsenkirsche, Stein-Weichsel

stabilizer, stabilizing agent	Stabilisator, Stabilisierungsmittel
stag, red deer *Cervus elaphus*	Rotwild
stale (staling)	alt, altbacken (Altbackenwerden: muffig/ausgetrocknet)
stalk celery (celery stalks) *Apium graveolens* var. *dulce*	Stangensellerie, Stielsellerie, Bleichsellerie, Staudensellerie
staple foods, basic foods	Grundnahrungsmittel
star anise *Illicium verum*	Sternanis, Chinesischer Sternanis
star apple, cainito *Chrysophyllum cainito*	Mittelamerikanischer Sternapfel, Abiu
➢ **white star apple, African star apple** *Chrysophyllum albidum*	Afrikanischer Sternapfel, Weißer Sternapfel
➢ **yellow star apple, caimito, abiu, egg fruit** *Pouteria caimito*	Caimito-Eierfrucht
star gazer, stargazer FAO *Uranoscopus scaber*	Himmelsgucker, Sterngucker, Meerpfaff, Sternseher
star gooseberry, Otaheite gooseberry *Phyllanthus acidus*	Grosella
star nut, tucuma *Astrocaryum aculeatum*	Tucuma, Sternnuss
starch	Stärke
➢ **modified starch (acid-treated starch)**	modifizierte Stärke
➢ **pregelatinized starch**	Quellstärke
starfruit *Averrhoa carambola*	Sternfrucht, Karambola
starry ray *Raja asterias*	Sternrochen, Mittelmeer-Sternrochen
starry sturgeon, stellate sturgeon IUCN, sevruga *Acipenser stellatus*	Sternhausen, Scherg, Sevruga
starter culture	Starterkultur
starter material, inoculum	Anstellgut, Impfgut, Inokulum
starvation	Hungern
starwort ➢ **yellow starwort, elecampane, horseheal** *Inula helenium*	Alant, Echter Alant
steak (US: only beef; but also used for fish)	Steak (in Deutschland meist Schwein) Kotelett (Fisch)
➢ **hamburger 'steak' (seasoned and fried beef patty)**	deutsches Beefsteak (gewürztes Rinderhack zu 'Steaks' geformt)
➢ **rumpsteak**	Hüftsteak
steamer, sand gaper, soft-shelled clam, softshell clam, large-neck clam *Mya arenaria, Arenomya arenaria*	Sandmuschel, Sandklaffmuschel, Strandauster, Große Sandklaffmuschel

steamer, steamer clam, littleneck (also used for small-sized *Mercenaria mercenaria*), **native/common littleneck, Pacific littleneck clam** *Protothaca staminea*	Pazifischer ,Steamer', (eine Venusmuschel)
sterilized milk	Sterilmilch
sterlet FAO, Siberian sterlet *Acipenser ruthenus*	Sterlett, Sterlet
stevia, sugar leaf *Stevia rebaudiana*	Stevia, Süßkraut, Süßblatt, Honigkraut
stew (with braised meat and usually also vegetables), **hot pot** (meat and vegetables)	Schmorgericht, Eintopf
stewing hen US, 'hen', **stewing fowl; boiling fowl** UK, 'chicken'	Suppenhuhn (12–15 Monate/1,5–2,4 kg)
stimulant foods (and beverages, *incl.* alcohol)	Genussmittel (Tee/Kaffee/Schokolade/Alkohol etc.)
stinging nettle *Urtica dioica*	Brennnessel
stock	Suppenbrühe, Suppengrundlage, Suppenbasis, Fleischbrühe
stock cube	Suppenwürfel, Bouillonwürfel
stockfish (unsalted/dried cod)	Stockfisch
stomach	Magen
stone crab, black stone crab *Menippe mercenaria*	Große Steinkrabbe
stone crayfish, torrent crayfish *Astacus torrentium,* *Austropotamobius torrentium,* *Potamobius torrentium*	Steinkrebs
stone fruit	Steinobst
stonecrop ➢ jenny stonecrop *Sedum reflexum*	Tripmadam, Salatfetthenne, Fettkraut
stoplight parrotfish *Sparisoma viride*	Rautenpapageifisch, Signal-Papageifisch
straightneck squash *Cucurbita pepo* var. *recticollis*	Straightneck Zucchini (gerader Hals)
straw mushroom *Volvariella volvacea*	Strohpilz, Paddystroh-Pilz, Reisstrohpilz, Scheidling, Reisstroh-Scheidling
strawberry, garden strawberry *Fragaria* x *ananassa,* *Potentilla ananassa*	Erdbeere, Gartenerdbeere, Ananaserdbeere
➢ **European forest strawberry** *Fragaria vesca, Potentilla vesca*	Walderdbeere
strawberry guava, cattley guava, purple guava *Psidium littorale, Psidium cattleianum*	Erdbeer-Guave
strawberry myrtle, Chilean guava, murtilla, cranberry (New Zealand) *Ugni molinae*	Chilenische Guave, Murtilla

strawberry spinach	Erdbeerspinat
Chenopodium foliosum and	
Chenopodium capitatum	
strawberry tomato,	Erdbeertomate, Erdkirsche,
dwarf Cape gooseberry,	Ananaskirsche
ground cherry	
Physalis pruinosa, Physalis grisea	
strawberry tree	Erdbeerbaum
Arbutus unedo	
strawberry-raspberry, balloonberry	Erdbeer-Himbeere,
Rubus illecebrosus	Japanische Himbeere
streaked weever	Gestreiftes Petermännchen,
Trachinus radiatus	Strahlenpetermännchen
streaker, king snapper,	Königsschnapper,
blue-green snapper,	Barrakuda-Schnapper,
green jobfish FAO	Grüner Schnapper
Aprion virescens	
streaky bacon	Bauchspeck
streusel crumbs	Streusel
striper, striped bass,	Nordamerikanischer Streifenbarsch,
striped sea-bass FAO	Felsenbarsch
Morone saxatilis, Roccus saxatilis	
stuffing, dressing	Füllung (eines Geflügels)
sturgeons	Stör(e)
➢ **Adriatic sturgeon**	Mittelmeer-Stör, Adria-Stör,
Acipenser naccarii	Adriatischer Stör
➢ **Atlantic sturgeon**	Atlantischer Stör
Acipenser oxyrhynchus	
➢ **Chinese sturgeon**	Chinesischer Stör
Acipenser sinensis	
➢ **Danube sturgeon,**	Donau-Stör, Waxdick,
Russian sturgeon FAO, osetr	Osietra, Osetr
Acipenser gueldenstaedti	
➢ **great sturgeon,**	Europäischer Hausen, Hausen,
volga sturgeon, beluga FAO	Beluga-Stör
Huso huso	
➢ **green sturgeon**	Grüner Stör
Acipenser medirostris	
➢ **ship sturgeon**	Glattdick, Ship-Stör
Acipenser nudiventris	
➢ **Siberian sturgeon**	Sibirischer Stör
Acipenser baerii	
➢ **starry sturgeon,**	Sternhausen, Scherg, Sevruga
stellate sturgeon IUCN, sevruga	
Acipenser stellatus	
➢ **sturgeon FAO,**	Stör, Baltischer Stör,
common sturgeon IUCN,	Ostsee-Stör
Atlantic sturgeon,	
European sturgeon	
Acipenser sturio	
➢ **white sturgeon**	Weißer Stör, Sacramento-Stör,
Acipenser transmontanus	Amerikanischer Stör

succade (candied citron peel) *Citrus medica*	Succade, Sukkade, Citronat, Zitronat, Zedrat (kandierte Citrusschalen)
succanat	Succanat, Ursüße
sucking lamb, milk lamb **(not weaned)**	Milchlamm
suede bolete, yellow cracking bolete *Xerocomus subtomentosus*	Ziegenlippe
suet (mostly beef)	Nierenfett, Rindertalg
suet pudding **(mostly using beef suet)**	Pudding bzw. Auflauf aus Brot, Mehl und Rindertalg
sugar	Zucker
➢ **amino sugar**	Aminozucker
➢ **beet sugar**	Rübenzucker
➢ **bleached sugar**	gebleichter Zucker
➢ **blood sugar**	Blutzucker
➢ **brown sugar**	brauner Zucker
➢ **candy sugar, rock sugar**	Kandis
➢ **cane sugar**	Rohrzucker
➢ **canning sugar, preserving sugar**	Einmachzucker
➢ **caramel sugar**	Karamellzucker
➢ **caster sugar,** **castor sugar**	Sandzucker (Kastorzucker: besonders feinkörnig)
➢ **crude cane sugar** **(unrefined/centrifuged)**	Rohrohrzucker, Rohr-Rohzucker
➢ **demerara sugar**	Demerarazucker
➢ **double sugar, disaccharide**	Doppelzucker, Disaccharid
➢ **fine, brown candy sugar**	Kandisfarin, Farinzucker (Brauner Zucker)
➢ **fondant**	Fondant
➢ **fruit sugar, fructose**	Fruchtzucker, Fruktose
➢ **gelling sugar, jam sugar**	Gelierzucker
➢ **granulated sugar**	Kristallzucker
➢ **grape sugar** **(glucose/dextrose)**	Traubenzucker (Glukose/Glucose/Dextrose)
➢ **high-fructose corn syrup**	Isomeratzucker, Isomerose
➢ **invert sugar**	Invertzucker
➢ **malt sugar, maltose**	Malzzucker, Maltose
➢ **milk sugar, lactose**	Milchzucker, Laktose
➢ **molasses**	Melasse
➢ **muscovado,** **Barbados sugar**	Mascobado-Zucker, Muscovado-Zucker (ein Vollrohrzucker)
➢ **palm sugar, jaggery, gur**	Palmzucker, Palmenzucker, Jaggery
➢ **pearl sugar**	Hagelzucker, Perlzucker
➢ **powdered sugar (fondant/** **icing sugar/confectioner's sugar)**	Puderzucker
➢ **pulled sugar**	Seidenzucker, gezogener Zucker
➢ **raw sugar, crude sugar** **(unrefined sugar)**	Rohzucker
➢ **reducing sugar**	reduzierender Zucker
➢ **refined sugar**	raffinierter Zucker
➢ **residual sugar (vinification)**	Restzucker
➢ **rock candy**	Kandiszucker

sugar

➤ semolina sugar	Grießzucker
➤ single sugar, monosaccharide	Einfachzucker, einfacher Zucker, Monosaccharid
➤ spun sugar	gesponnener Zucker
➤ succanat	Succanat, Ursüße
➤ turbinado sugar	Turbinado-Zucker
➤ white sugar (simply refined/bleached)	Weißzucker, weißer Zucker (Haushaltszucker)
➤ whole cane sugar	Vollrohrzucker
➤ wood sugar, xylose	Holzzucker, Xylose
sugar apple, sweetsop *Annona squamosa*	Schuppenannone, Süßsack, Zimtapfel
sugar beet *Beta vulgaris* ssp. *vulgaris* var. *altissima*	Zuckerrübe
sugar cube	Würfelzucker
sugar frosting, icing	Zuckerguss, Zuckerglasur
sugar kelp, sugar wrack *Laminaria saccharina*	Zuckertang
sugar leaf, stevia *Stevia rebaudiana*	Stevia, Süßkraut, Süßblatt, Honigkraut
sugar loaf	Zuckerhut
sugar maple (➤maple syrup) *Acer saccharum*	Zuckerahorn (➤Ahornsirup)
sugar pea, mange-tout, mangetout, sugar snaps, snap pea, snow pea (round-podded) *Pisum sativum* ssp. *sativum* var. *macrocarpon* (round-podded)	Zuckererbse, Snap-Erbse
sugar replacer	Zuckerersatzstoff
sugar solution (concentrate)	Flüssigzucker
sugar sprinkles	Zuckerstreusel
sugar substitute	Zuckeraustauschstoff (Saccharose-ähnliche Kohlenhydrate)
sugar vermicelli	Zuckerstreusel
sugarberry *Celtis laevigata*	Glattblättriger Zürgelbaum
sugarcane *Saccharum officinarum*	Zuckerrohr
sulfiting (of wine: using potassium bisulfite)	Schwefelung (mit schwefliger Säure bzw. Kaliumdisulfit $K_2S_2O_5$)
sulfur dioxide SO_2	Schwefeldioxid
sulfurous acid	Schwefelige Säure
sultana, Thompson seedless, kishmish (raisin) *Vitis vinifera* 'Sultana'	Sultanine (helle, kernlose Traube/Rosine)
sumac, Sicilian sumac *Rhus coriaria*	Gerbersumach, Sumak
summer flounder *Paralichthys dentatus*	Sommerflunder

summer squashes,
   vegetable marrow (zucchini, *etc.*)
   Cucurbita pepo ssp. *pepo*
Sommerkürbisse, Gartenkürbisse
  (Zucchini u.a.)

summer truffle, black truffle
   Tuber aestivum
Sommertrüffel

sun perch, redbreast sunfish FAO,
   red-breasted sunfish
   Lepomis auritus
Rotbrust-Sonnenbarsch,
  Großohriger Sonnenfisch

sunberry, wonderberry
   Solanum x *burbankii,*
   Solanum scabrum
Wunderbeere

sunfish ➢ **ocean sunfish, mola**
   Mola mola
Mondfisch

sunflower
   Helianthus annuus
Sonnenblume

sunflower seeds
Sonnenblumenkerne

surf smelt
   Hypomesus pretiosus
Kleinmäuliger Kalifornischer Seestint

surfclams *a.o.* (trough shells)
   Spisula spp.
Trogmuscheln

surfperch
➢ **white surfperch, seaperch**
   Phanerodon furcatus
Weißer Brandungsbarsch

surimi (imitation crabmeat)
Surimi
  (Krebsfleisch-Ersatz: meist Pollack)

Surinam cherry,
   Cayenne cherry, pitanga
   Eugenia uniflora
Surinamkirsche,
  Cayennekirsche, Pitanga

suspending agent(s)
Suspendiermittel

swallow's nest soup,
   bird's nest soup
Schwalbennestersuppe,
  Vogelnestersuppe, Vogelnestsuppe

swamp potato ➢ **arrowhead**
   Sagittaria sagittifolia a.o.
Pfeilkraut,
  Gewöhnliches Pfeilkraut

➢ **wapato**
   Sagittaria cuneata
Sumpf-Wapato

swarri nut, souari nut, butternut
   Caryocar amygdaliferum and
   Caryocar nuciferum
Souarinuss, Butternuss

swede, Swedish turnip,
   rutabaga
   Brassica napus (Napobrassica Group)
Kohlrübe, Steckrübe

Swedish whitebeam berry
   Sorbus intermedia
Schwedische Mehlbeere,
  Nordische Mehlbeere, Oxelbeere

sweet, bonbon
  (piece of candy)
Bonbon

sweet alice, anise, aniseed,
  anise seed
   Pimpinella anisum
Anis

sweet almond, almond
   Prunus amygdalus var. *dulcis*
Mandel, Süßmandel

sweet apple cider,
   sweet cider, cider US
   (freshly pressed apple juice)
	Süßmost (frisch gepresster
	  Apfel- und/oder Birnensaft)

sweet calabash, chulupa *Passiflora maliformis*	Chulupa
sweet cherry, wild cherry *Prunus avium, Cerasus avium*	Süßkirsche, Vogelkirsche
sweet chestnut, Spanish chestnut *Castanea sativa*	Esskastanie, Edelkastanie

sweet cicely, sweet chervil,
   garden myrrh
   Myrrhis odorata
	Süßdolde, Myrrhenkerbel

sweet cider, sweet apple cider
   (freshly pressed apple juice)
	Süßmost (frisch gepresster
	  Apfel- und/oder Birnensaft)

sweet corn, yellow corn US;
   sweet maize UK
   Zea mays spp. *mays*
   (Saccharata Group) var. *rugosa*
	Zuckermais, Süßmais,
	  Speisemais, Gemüsemais

sweet crab apple *Malus coronaria*	Süßer Wildapfel, Kronenapfel
sweet cream	süße Sahne

sweet granadilla,
   sweet passionfruit
   Passiflora ligularis
	Süße Grenadille, Süße Granadilla

sweet lime, sweetie *Citrus limetta*	Süße Limette
sweet marjoram, marjoram *Origanum majorana*	Majoran
sweet pepper, bell pepper *Capsicum annuum*	Gemüsepaprika
sweet potato *Ipomoea batatas*	Süßkartoffel, Batate

sweet prayer, katemfe,
   miracle fruit, miracle berry
   Thaumatococcus daniellii
	Katemfe (Mirakelbeere)

sweet rolls	kleine süße Brötchen; *auch:* Teilchen

sweet sorghum, sugar sorghum
   Sorghum bicolor (Saccharatum Group)
	Zuckerhirse,
	  Zucker-Mohrenhirse

sweet trefoil *Trigonella caerulea* ssp. *caerulea*	Schabzigerklee

sweet vernal grass,
   scented vernal grass,
   spring grass, vanilla grass
   Anthoxanthum odoratum,
   Hierochloe odorata
	Mariengras, Duft-Mariengras,
	  Ruchgras, Vanillegras

sweet viburnum,
   nannyberry, sheepberry
   Viburnum lentago
	Kanadischer Schneeball, Schafbeere

sweet whey	Süßmolke
sweet woodruff *Galium odoratum*	Waldmeister

sweetberry honeysuckle, blue honeysuckle, honeysuckle, edible honeysuckle *Lonicera caerulea* var. *edulis*	Heckenkirsche, Essbare Heckenkirsche
sweetbread (throat/heart/neck/ chest sweetbread) (thymus: mostly of calf)	Bries (Thymusdrüse: meist Kalb)
➢ **gut sweetbread, pancreas**	Bauchspeicheldrüse
sweetener	Süßungsmittel (süßende Verbindung)
➢ **bulk sweetener**	Füllsüßstoff
➢ **carbohydrates**	Kohlenhydrate
➢ **nonnutritive sweetener**	Zuckeraustauschstoff (Saccharose-ähnliche Kohlenhydate)
➢ **sugar(s)**	Zucker
sweetie, sweet lime *Citrus limetta*	Süße Limette
sweetlip ➢ **oriental sweetlip** *Plectorhinchus orientalis*	Orientalische Süßlippe, Orient-Süßlippe
sweets, confections, confectionery, sugar confectionery, US candy	Süßwaren, Süßigkeiten
sweetsop, sugar apple *Annona squamosa*	Schuppenannone, Süßsack, Zimtapfel
swimming crabs *a.o.* Portunidae	Schwimmkrabben u.a.
➢ **blood-spotted swimming crab** *Portunus sanguinolentus*	Pazifische Rotpunkt-Schwimmkrabbe
➢ **blue swimming crab, sand crab, pelagic swimming crab** *Portunus pelagicus*	Blaukrabbe, Blaue Schwimmkrabbe, Große Pazifische Schwimmkrabbe
swine, pig, hog (*see also:* pork)	Schwein
➢ **gilt**	Jungsau
➢ **piglet, little pig**	Ferkel
➢ **porker**	Mastferkel
➢ **sow (female pig)**	Mutterschwein, Sau
➢ **suckling pig, suckling piglet, porkling**	Saugferkel, Spanferkel (junges/noch gesäugtes Schwein: < 6 Wo./12–20 kg)
➢ **weaner**	Absetzferkel
➢ **wild pig, wild hog, boar**	Wildschwein
➢ **in its first year**	Frischling
➢ **wild sow**	Bache, Wildschweinsau
➢ **young pig, store pig, store**	Läuferschwein, Läufer
swine skin, pork skin	Schweinehaut
Swiss chard, spinach beet, leaf beet, chard *Beta vulgaris* ssp. *cicla* (Cicla Group)	Mangold, Schnittmangold, Blattmangold
sword bean *Canavalia gladiata*	Schwertbohne
swordfish *Xiphias gladius*	Schwertfisch

Sydney cupped oyster,
   Sydney rock oyster,
   Sydney oyster
   Crassostrea commercialis

Sydney-Felsenauster

synbiotics

Synbiotika (Mischung aus
   Prebiotika u. Probiotika)

synthetic (*having same chemical
   structure as the natural equivalent*)

naturidentisch (synthetisch)

syrup

Sirup

 ➤ **agave syrup, agave nectar**
   Agave spp.

Agavensirup, Agavendicksaft

 ➤ **corn syrup**

Maissirup

 ➤ **enriched fructose corn syrup
   (EFCS)**

angereicherter Isosirup

 ➤ **glucose syrup,
   confectioners' glucose**

Glukosesirup (Stärkesirup)

 ➤ **golden syrup**
   **(light sugar beet molasses:
   best quality)** (*siehe auch:*
   refiner's syrup *und* **treacle**)

Zuckerrübensirup,
   Rübensirup, Rübenkraut
   (hell/goldgelb/klar)

 ➤ **high-fructose corn syrup (HFCS),
   isosyrup, isoglucose**

Isosirup, Isoglucose-Sirup

 ➤ **high-maltose glucose syrup**

Maltosesirup

 ➤ **maple syrup**

Ahornsirup

 ➤ **refinery syrup, refiner's syrup**
   **(brown sugar beet molasses:
   medium quality)**

Zuckerrübensirup, Rübenkraut,
   Rübensirup, Zuckerkraut
   (mittlere Qualität: hellbraun)

 ➤ **treacle, dark treacle**
   **(dark/very dark sugar beet
   molasses: lowest quality)**

Melasse; Zuckerrübensirup,
   Rübenkraut, Rübensirup, Zuckerkraut
   (gewöhnlich niedrigste
   Qualität: dunkel-braun)

 ➤ **very enriched fructose corn syrup
   (VEFCS)**

hochangereicherter Isosirup

Szechuan pepper, Sichuan pepper,
   Chinese pepper
   Zanthoxylum simulans a.o.

Chinesischer Pfeffer, Szechuan-Pfeffer

tabasco pepper, cayenne pepper, chili pepper, hot pepper, red chili *Capsicum frutescens*	Chili, Cayennepfeffer, Tabasco
table salt, common salt NaCl	Speisesalz, Kochsalz, Tafelsalz
table salt substitute, salt substitute	Kochsalzersatz
table vinegar	Branntweinessig, Tafelessig, Speiseessig
table wine	Tafelwein
taheebo, lapacho *Tabebuia impetiginosa* u.a.	Lapacho-Tee
Tahiti arrowroot, Fiji arrowroot, East Indian arrowroot, tacca, Polynesian arrowroot *Tacca leontopetaloides*	Tahiti-Arrowroot, Fidji-Arrowroot, Ostindische Pfeilwurz; Taccastärke
Tahiti chestnut, Tahitian chestnut *Inocarpus fagifer*	Tahiti-Kastanie
Tahiti lime, Persian lime, seedless lime *Citrus latifolia*	Tahiti-Limette, Persische Limette
Tahiti vanilla, Tahitian vanilla *Vanilla tahitensis*	Tahitivanille
taiacha, anyu, añu, mashua *Tropaeolum tuberosum*	Knollige Kapuzinerkresse, Mashua
tail	Schwanz (Schweif; Österr.: Schlepp)
tailed pepper, cubeba *Piper cubeba*	Cubebenpfeffer
tailor, elf, elft, blue fish, bluefish FAO *Pomatomus saltator*	Blaubarsch, Blaufisch, Tassergal
take-away foods	Essen zum Mitnehmen
talang queenfish, queenfish, leatherskin *Scomberoides commersonianus*	Talang
tallow	Talg
➢ **beef tallow, suet**	Rindertalg
➢ **Borneo tallow, green butter** *Shorea* spp.	Borneotalg
➢ **Chinese tallow tree (stillingia oil)** *Sapium sebiferum*	Chinesischer Talgbaum (Stillingiaöl/Stillingiatalg)
tamarillo, tree tomato *Solanum betaceum*	Baumtomate
tamarind *Tamarindus indica*	Tamarinde
➢ **Malabar tamarind, brindal berry, kodappuli, gamboge** *Garcinia cambogia*	Malabar-Tamarinde
➢ **Manila tamarind** *Pithecellobium dulce*	Manila-Tamarinde
tamarind plum, velvet tamarind *Dialium indum* and *Dialium guineense*	Samt-Tamarinde, Tamarindenpflaume
tamarind seed powder *Tamarindus indica*	Tamarindensamengummi

tangerine, mandarin, mandarin orange *Citrus reticulata, Citrus unshiu*	Mandarine, Tangerine
tangle, oarweed *Laminaria digitata*	Fingertang
tannia, yautia, yantia, malanga, mafaffa, new cocoyam *Xanthosoma sagittifolium*	Tannia, Tania, Yautia, Malanga
tanning agent, tannin	Gerbstoff
tap water	Hahnenwasser, Leitungswasser
tapioca (granulated cassava starch) *Manhiot esculenta*	Tapioka (granulierte Maniokstärke)
➢ **pearl tapioca**	Perltapioka
tara gum *Tara spinosa, Caesalpinia spinosa*	Taragummi, Tarakernmehl, Tara
taro, cocoyam, dasheen, eddo *Colocasia esculenta* var. *antiquorum*	Taro, Kolokasie, Zehrwurz; (Stängelgemüse: Galadium)
➢ **blue taro, black malanga** *Xanthosoma violaceum*	Blauer Taro, Schwarzer Malanga
➢ **giant taro, cunjevoi** *Alocasia macrorrhizos*	Riesen-Taro, Riesenblättriges Pfeilblatt
tarragon, German tarragon, estragon *Artemisia dracunculus*	Estragon
➢ **Mexican tarragon, Spanish tarragon, Mexican mint marigold** *Tagetes lucida*	Winter-Estragon, Mexikanischer Tarragon
tarragon vinegar	Estragon-Essig
tart (pie/pastry containing jelly/custard/fruit)	Torte (Frucht-/Obst-/Cremetorte)
tartar sauce	Remoulade
tarwi, pearl lupin *Lupinus mutabilis*	Tarwi, Buntlupine
tassel hyacinth *Muscari comosus*	Traubenhyazinthe, Cipollino
taste enhancer, flavor enhancer, taste/flavor potentiator (*e.g.,* **monosodium glutamate MSG**)	Geschmacksverstärker (z.B. Natriumglutamat)
taste modifier, flavor modifier	Geschmacksumwandler, Geschmackswandler, Geschmacksmodifikator
tawny milk cap, weeping milk cap *Lactarius volemus*	Milchbrätling
tea *Camellia sinensis*	Tee
➢ **black tea**	schwarzer Tee
➢ **dust**	Teestaub
➢ **fannings**	Teegrus
➢ **green tea**	grüner Tee, Grüntee
➢ **herbal tea, herb tea, herbal infusion, tisane**	Kräutertee

➢ **camomille tea**   Kamillentee
   Matricaria chamomilla,
   Matricaria recutita
➢ **lemon verbena, vervain**   Zitronenstrauch, Zitronenverbene,
   Aloysia triphylla, Lippia citriodora   Zitronenverbena, ‚Verbena'
➢ **maté tea, Paraguay tea,**   Mate, Mate-Tee, Paraguaytee
   yerba mate
   Ilex paraguariensis
➢ **Oregon tea, yerba buena,**   Indianerminztee
   Douglas' savory
   Micromeria chamissonis,
   Satureja douglasii
➢ **Oswego tea, bergamot,**   Oswego-Tee, Monarde,
   bee balm, scarlet beebalm,   Scharlach-Monarde, Goldmelisse,
   scarlet monarda   Scharlach-Indianernessel,
   Monarda didyma
➢ **peppermint tea**   Pfefferminztee
   Mentha x piperita
➢ **iced tea**   Eistee
➢ **lapsang souchong,**   Lapsang Souchong,
   smokey black tea   Rauchtee
   (pine smoked black tea)
➢ **medicinal herbal tea,**   Heilkräutertee
   medicinal tea
➢ **oolong tea**   halbfermentierter Tee, Oolong
   (partially fermented)
teacakes, tea biscuits (cookies)   Teegebäck
teal, green-winged teal   Krickente
   Anas crecca
teff   Teff, Zwerghirse
   Eragrostis tef
tejocote, Mexican hawthorn,   Tejocote,
   manzanilla   Mexikanischer Weißdorn,
   Crataegus mexicana,   Manzanilla
   Crataegus pubescens
telestes US, souffie, vairone FAO   Strömer
   Leuciscus souffia
tench   Schlei, Schleie, Schleihe
   Tinca tinca
tenderloin (filet, fillet)   Filet, Lende
➢ **large end, blade end,**   Filetkopf (Lage in Richtung Hinterteil)
   butt end of tenderloin
➢ **small end, short end,**   Filetspitze (Nackenende)
   tail end of tenderloin   (Lage Richtung Rippen, Kopfende)
tenders (chicken: breast meat strips)   Filet
tengusa (a red seaweed)   Tengusa (Rotalge)
   Gelidium amansii
tepary bean   Teparybohne
   Phaseolus acutifolius
tequila plant   Tequila-Agave
   Agave tequilana

terap, marang — Marang
Artocarpus odoratissimum
testicles, fries — Hoden
➤ **animelles (lamb testicles)** — Lamm-Hoden
➤ **prairie oysters,** — Rinder-Hoden, Büffelhoden
    Rocky Mountain oysters
    (bull/buffalo testicles)
textured vegetable protein (TVP), — texturiertes Gemüseprotein,
    textured soy protein (TSP), — texturiertes Sojaprotein,
    'soy meat' — strukturiertes Sojaprotein, ‚Sojafleisch'
texturizer — Strukturierungsmittel
Thai basil, sweet Thai basil, — Thai-Basilikum, Horapa
    Thai sweet basil, horapha
Ocimum basilicum ssp. *thyrsiflorum*
Thai cassia, Siamese cassia, kheelek — Khi-lek, Kheelek, Kassodbaum
Senna siamea
Thai parsley, Mexican coriander, — Culantro, Langer Koriander,
    long coriander leaf, culantro, — Mexikanischer Koriander,
    recao leaf, fitweed, shado beni, — Europagras, Pakchi Farang
    sawtooth herb
Eryngium foetidum
thick surfclam (thick trough shell) — Ovale Trogmuschel,
Spisula solida — Dickschalige Trogmuschel,
    — Dickwandige Trogmuschel
thickback sole FAO, — Bastardzunge, Dickhaut-Seezunge*
    thick-backed sole
Microchirus variegatus, Solea variegata
thickening agent, thickener(s), — Dickungsmittel, Verdickungsmittel,
    firming agent(s) — Verdickungszusätze
thick-lip grey mullet, — Dicklippige Meeräsche
    thick-lipped grey mullet,
    thicklip grey mullet FAO
Chelon labrosus, Mugil chelo,
Mugil provensalis
thigh — Schenkel, Oberschenkel
thin-lip grey mullet, — Dünnlippige Meeräsche
    thin-lipped grey mullet,
    thinlip mullet FAO
Liza ramada, Mugil capito
thistle — Distel
➤ **cabbage thistle** — Kohl-Kratzdistel
Cirsium oleraceum
➤ **golden thistle,** — Goldwurzel, Spanische Golddistel
    Spanish oyster, cardillo
Scolymus hispanicus
➤ **milk thistle (kenguel seed)** — Mariendistel
Silybum marianum
Thompson seedless, — Sultanine
    sultana, kishmish (raisin); — (helle, kernlose Traube/Rosine);
    Corinthian grape, 'currants' — Korinthen
Vitis vinifera 'Sultana'

thongweed, sea spaghetti, **sea haricots** *Himanthalia elongata*	Meeresspaghetti, Haricot vert de mer, ,Meerbohnen'
thornback skate, **thornback ray FAO, roker** *Raja clavata*	Nagelrochen, Keulenrochen
thread noodles	Feinnudeln
threadfin, Giant African threadfin, **big captain** *Polydactylus quadrifilis*	Kapitänsfisch
three-bearded rockling *Gaidropsarus vulgaris*	Dreibartelige Seequappe
thyme, common thyme, **garden thyme** *Thymus vulgaris*	Gartenthymian; Echter Thymian
➤ **basil thyme, mountain thyme,** **mother of thyme** *Calamintha acinos, Acinos arvensis*	Steinquendel, Feld-Steinquendel
➤ **black thyme, spiked thyme,** **desert hyssop, donkey hyssop** *Thymbra spicata*	Za'atar, Schwarzer Thymian
➤ **caraway thyme, carpet thyme** *Thymus herba-barona*	Kümmelthymian, Kümmel-Thymian
➤ **conehead thyme,** **hop-headed thyme,** **Persian hyssop, Spanish oregano** *Thymbra capitata,* *Coridothymus capitatus* *(Thymus capitatus)*	Kopfiger Thymian
➤ **lemon thyme** *Thymus x citriodorus*	Zitronenthymian
➤ **mastic thyme, Spanish thyme,** **Spanish wood thyme,** **Spanish wood marjoram** *Thymus mastichina*	Spanischer Thymian, Mastix-Thymian
➤ **Moroccan thyme** *Thymus satureioides*	Marokkanischer Thymian, Saturei-Thymian
➤ **orange thyme,** **orange-scented thyme** *Thymus 'Fragrantissimus'*	Orangenthymian, Orangen-Thymian
➤ **Pennsylvanian Dutch thyme,** **broad-leaf thyme** *Thymus pulegioides*	Arznei-Thymian, Quendel
➤ **Spanish thyme** *Thymus zygis*	Spanischer Thymian
➤ **spiked thyme, black thyme,** **desert hyssop, donkey hyssop** *Thymbra spicata*	Za(atar, Schwarzer Thymian
➤ **wild thyme, creeping thyme,** **mother of thyme** *Thymus serpyllum*	Sand-Thymian, Feldthymian
➤ **woolly thyme** *Thymus pseudolanuginosus*	Wollthymian

thyme-leaved savory, Roman hyssop, Persian zatar *Satureja thymbra*	Thymianblättriges Bohnenkraut, Thryba
tiger cacao, macambo *Theobroma bicolor*	Macambo
tiger shark *Galeocerdo cuvieri*	Tigerhai
tilapia	Buntbarsch, Tilapia, Tilapie
➢ **Mozambique tilapia, Mozambique mouthbreeder** *Oreochromis mossambicus*	Mosambik-Buntbarsch, Mosambik-Tilapia
➢ **Nile tilapia, Nile mouthbreeder** *Oreochromis niloticus, Tilapia nilotica*	Nil-Buntbarsch, Nil-Tilapia
tilefish *Lopholatilus chamaeleonticeps*	Blauer Ziegelbarsch, Blauer Ziegelfisch
tinda, round melon, squash melon *Praecitrullus fistulosus*	Tinda
tindora, Indian gherkin, ivy gourd, scarlet gourd *Coccinea grandis*	Scharlachgurke, Scharlachranke, Efeu-Gurke
tip, pork tip, forecushion, knuckle, pork knuckle roast (quadriceps femoris: lean/ boneless cut from above kneecap)	Nuss, Kugel, Maus (Schweinefleisch)
toast, white bread	Toastbrot
toddy palm, jaggery palm, wine palm, fishtail palm *Caryota urens*	Toddypalme, Sagopalme, Brennpalme
toffees	Weichkaramellen, Toffees
tofu, soybean curd	Tofu
➢ **silken tofu**	Seidentofu
tolstol, silver carp FAO *Hypophthalmichthys molitrix*	Silberkarpfen, Gewöhnlicher Tolstolob
tomatillo, jamberry, husk tomato *Physalis philadelphica, Physalis ixocarpa*	Tomatillo, Mexikanische Tomate, Mexikanische Blasenkirsche
tomato *Solanum lycopersicum*	Tomate
➢ **beefsteak tomato** *Solanum lycopersicum var.*	Fleischtomate
➢ **bush tomato** *Solanum lycopersicum var.*	Buschtomate
➢ **desert raisin, akudjura, Australian desert raisin** *Solanum centrale*	Buschtomate, Akudjura
➢ **cherry tomato** *Solanum lycopersicum* (Cerasiforme Group)	Kirschtomate, Cocktail-Tomate
➢ **currant tomato** *Solanum lycopersicum* (Pimpinellifolium Group)	Johannisbeer-Tomate
➢ **dried tomato**	Dörrtomate
➢ **FlavrSavr tomato** *Solanum lycopersicum*	FlavrSavr-Tomate, ‚Anti-Matsch-Tomate'

➢ **grape tomato**   Traubentomate, Strauchtomate
   Solanum lycopersicum var.

➢ **husk tomato, jamberry, tomatillo**   Tomatillo, Mexikanische Tomate,
   Physalis philadelphica,   Mexikanische Blasenkirsche
   Physalis ixocarpa

➢ **litchi tomato, wild tomato,**   Litchi-Tomate
   sticky nightshade
   Solanum sisymbriifolium

➢ **pear tomato**   Birnenförmige Tomate
   Solanum lycopersicum
   (Pyriforme Group)

➢ **plum tomato**   Pflaumentomate
   Solanum lycopersicum 'Roma'

➢ **salad tomato (slicing tomato)**   Salattomate

➢ **stuffer tomato, stuffing tomato**   Fülltomate

➢ **tree tomato, tree-tomato,**   Baumtomate, Tamarillo
   tamarillo
   Solanum betaceum,
   Cyphomandra betacea

tomato hind, vielle Anana, coral cod   Tomaten-Zackenbarsch
   Cephalopholis sonnerati

tomato peach, Orinoco apple,   Orinoco-Apfel, Pfirsichtomate,
   cocona, topiro   Cocona, Topira
   Solanum sessiliflorum

tongue   Zunge

tonic water   Tonikwasser

tonka bean   Tonkabohne
   Dipteryx odorata

tope shark FAO, tope,   Australischer Hundshai, Hundshai,
   soupfin shark, school shark   Biethai (Suppenflossenhai)
   Galeorhinus galeus,
   Galeorhinus zygopterus,
   Eugaleus galeus

toppings   Garnitur, Verzierung, Auflage

torch ginger (flower buds),   Malayischer Fackelingwer,
   ginger bud, pink ginger bud   Roter Fackelingwer (Knospen)
   Etlingera elatior

total parenteral nutrition (TPN)   totale parenterale Ernährung

tragacanth, gum tragacanth,   Traganth, Tragant, Tragacanth
   gum dragon, shiraz gum
   Astragalus spp.

Transylvanian white truffle,   Weiße Trüffel, Mäandertrüffel
   hypogeous truffle
   Choiromyces venosus,
   Choiromyces meandriformis

treacle

➢ **sugar beet syrup**   Zuckerrübensirup, Rübenkraut,
                    Rübensirup, Zuckerkraut

➢ **molasses, dark treacle**   Melasse, Zuckerrübenmelasse
   (very dark sugar beet molasses;   (niedrigste Qualität: braun, dunkel)
   lowest quality)

tree sour cherry, amarelle	Amarelle, Glaskirsche
Prunus cerasus var. *capronia*	(Baum-Weichsel)
tree tomato, tree-tomato, tamarillo	Baumtomate, Tamarillo
Solanum betaceum,	
Cyphomandra betacea	
trefoil ➤ **sweet trefoil**	Schabzigerklee
Trigonella caerulea ssp. *caerulea*	
trevally	
➤ **armed trevally**	Langflossen-Stachelmakrele
Caranx armatus	
➤ **bigeye trevally FAO,**	Stachelmakrele
large-mouth trevally	
Caranx elacate, Caranx sexfasciatus	
➤ **golden trevally**	Goldene Königsmakrele
Gnathanodon speciosus,	
Caranx speciosus	
triggerfishes	Drückerfische
➤ **queen triggerfish FAO,**	Königin-Drückerfisch
old-wife	
Balistes vetula	
➤ **undulate triggerfish,**	Gestreifter Drückerfisch,
red-lined triggerfish,	Grüner Drückerfisch
orange-lined triggerfish FAO	
Balistapus undulatus	
tripe (stomach tissue of ruminants),	Kaldaunen, Kutteln (Vormägen der
(paunch + reticulum + omasum)	Wiederkäuer; *meist:* Pansen = Rumen
double tripe (gras-double)	gelegentlich auch mit einschließend:
	Netzmagen + Blättermagen)
➤ **abomasum,**	Labmagen, Käsemagen
black tripe	
➤ **omasum/psalterium,**	Blättermagen
leaf tripe, book tripe, Bible tripe;	
reed tripe (incl. black tripe)	
➤ **paunch/rumen,**	Pansen
plain tripe, smooth tripe,	
flat tripe, blanket tripe,	
mountain chain tripe,	
pillar tripe, rumen pillars	
➤ **reticulum, honeycomb tripe,**	Netzmagen
pocket tripe	
tripletail ➤ **Atlantic tripletail**	Dreischwanzbarsch
Lobotes surinamensis	
trompette des morts,	Herbsttrompete, Totentrompete
horn of plenty	
Craterellus cornucopioides	
trout *Salmo trutta*	Forelle
➤ **brook trout FAO,**	Bachsaibling
brook char, brook charr	
Salvelinus fontinalis	
➤ **brown trout**	Bachforelle, Steinforelle
(river trout, brook trout)	
Salmo trutta fario	

➢ **cutthroat trout**	Purpurforelle
Salmo clarki	
➢ **lake trout**	Seeforelle
Salmo trutta lacustris	
➢ **rainbow trout (steelhead:**	Regenbogenforelle
sea-run and large lake populations)	
Oncorhynchus mykiss, Salmo gairdneri	
➢ **sea trout**	Meerforelle, Lachsforelle
Salmo trutta trutta	
trout caviar	Forellen-Kaviar
truffles	Trüffel
➢ **black truffle,**	Schwarze Trüffel,
Perigord black truffle	Perigord-Trüffel
Tuber melanosporum	
➢ **Burgundy truffle,**	Burgundertrüffel
French truffle, grey truffle	
Tuber uncinatum	
➢ **Chinese truffle,**	Schwarze Trüffel, China-Trüffel
Chinese black truffle,	
black winter truffle	
Tuber indicum	
➢ **Kalahari desert truffle,**	Kalaharitrüffel
Kalahari tuber	
Terfezia pfeilli	
➢ **lion's truffle**	Löwentrüffel
Terfezia leonis	
➢ **Piedmont truffle,**	Piemonttrüffel,
Italian white truffle	Weiße Piemont-Trüffel
Tuber magnatum	
➢ **summer truffle, black truffle**	Sommertrüffel
Tuber aestivum	
➢ **Transylvanian white truffle,**	Weiße Trüffel, Mäandertrüffel
hypogeous truffle	
Choiromyces venosus,	
Choiromyces meandriformis	
➢ **winter truffle**	Wintertrüffel
Tuber brumale	
truffles, praline truffles	Trüffel (CH Truffe)
(special chocolates)	
truncate donax,	Gestutzte Dreiecksmuschel,
truncated wedge clam	Sägezahnmuschel,
Donax trunculus	Mittelmeer-Dreiecksmuschel
tub gurnard FAO,	Roter Knurrhahn
sapphirine gurnard	(Seeschwalbenfisch)
Chelidonichthys lucerna	
tuber vegetables	Knollengemüse
tucuma, star nut	Tucuma, Sternnuss
Astrocaryum aculeatum	
tulsi, holy basil, Indian holy basil,	Indisches Basilikum, Königsbasilikum,
Thai holy basil	Heiliges Basilikum, Tulsi
Ocimum tenuiflorum,	
Ocimum sanctum	

tumicuni, temu kunci, krachai, fingerroot, Chinese keys
Boesenbergia pandurata, Boesenbergia rotunda, Kaempferia pandurata
Krachai, Chinesischer Ingwer, Fingerwurz, Runde Gewürzlilie

tuna (cactus fruit), Indian fig, Barberry fig, prickly pear, cactus pear
Opuntia ficus-indica u.a.
Kaktusbirne, Kaktusfeige (Feigenkaktus, Opuntien)

tuna
Thun, Thunfisch

➢ **albacore FAO, 'white' tuna, long-fin tunny, long-finned tuna, Pacific albacore**
Thunnus alalunga
Weißer Thun, Germon, Albakore, Langflossen-Thun

➢ **bigeye tuna FAO, big-eyed tuna, ahi**
Thunnus obesus
Großaugen-Thunfisch, Großaugen-Thun

➢ **blackfin tuna**
Thunnus atlanticus
Schwarzflossen-Thunfisch, Schwarzflossenthun, Schwarzflossen-Thun

➢ **frigate tuna**
Auxis thazard
Fregattmakrele, Fregattenmakrele, Melva

➢ **kawakawa**
Euthynnus affinis
Pazifische Thonine

➢ **little tuna, little tunny FAO, mackerel tuna, bonito**
Euthynnus alletteratus, Gymnosarda alletterata
Thonine, Falscher Bonito, Kleine Thonine, Kleiner Thun(fisch)

➢ **skipjack tuna FAO, bonito, stripe-bellied bonito**
Euthynnus pelamis, Katsuwonus pelamis, Gymnosarda pelamis
Gestreifter Thun, Echter Bonito

➢ **southern bluefin tuna**
Thunnus maccoyii
Südlicher Blauflossenthun, Blauflossen-Thun

➢ **tunny, blue-fin tuna, blue-finned tuna, northern bluefin tuna FAO**
Thunnus thynnus
Thunfisch, Großer Thunfisch, Roter Thunfisch, Roter Thun

➢ **yellowfin tuna FAO, finned tuna, yellow-fin tunny**
Thunnus albacares
Gelbflossen-Thunfisch, Gelbflossen-Thun

tunny, blue-fin tuna, blue-finned tuna, northern bluefin tuna FAO
Thunnus thynnus
Thunfisch, Großer Thunfisch, Roter Thunfisch, Roter Thun

turban squash
Cucurbita maxima ssp. maxima (Turban Group)
Turbankürbis, Türkenbund-Kürbis

turbinado sugar
Turbinado-Zucker

turbot
Scophthalmus maximus,
Psetta maxima
➤ **Indian spiny turbot FAO,**
  Indian halibut, adalah
  Psettodes erumei
turkey
Meleagris gallopavo
➤ **fryer-roaster turkey**
  (US/FSIS 2003 < 12 weeks)
➤ **gobbler**
➤ **young turkey**
  (US/FSIS 2003 < 6 months)
turkey wing (an ark clam)
Arca zebra
Turkish delight, lokum rahat
Turkish hazel
Corylus colurna
Turkish oregano, pot marjoram
Origanum onites
Turkish rocket,
  warty cabbage, hill mustard
  Bunias orientalis
turmeric *Curcuma longa*
➤ **Javanese turmeric**
  Curcuma xanthorrhiza
turnip, neeps
Brassica rapa (Rapa Group)
turnip tops, spring turnip greens
Brassica rapa (Rapa Group)
var. *majalis*
turnip-rooted chervil
Chaerophyllum bulbosum
turnover (*filled pastry: folded*)
tusk FAO,
  torsk (European cusk), cusk
  Brosme brosme
TV dinner
twaite shad FAO, finta shad
Alosa fallax, Alosa finta
twisted cluster bean,
  'stink bean', petai, peteh
  Parkia speciosa

Steinbutt

Indopazifischer Ebarme,
  Indischer Stachelbutt,
  Pazifischer Steinbutt
Truthahn, Wildtruthuhn;
  (weibl. Vogel) Pute, Truthuhn
junge Pute, junger Truthahn,
  leichte Pute (3,5–5 kg)
Puter, Truthahn (männl. Vogel)
mittlere Pute (7–10 kg)

Zebramuschel

Lokum („Türkische Annehmlichkeit")
Türkische Haselnuss

Französischer Majoran

Orientalisches Zackenschötchen,
  Türkische Rauke, Hügelsenf

Gelbwurzel, Kurkuma, Turmerik
Javanische Gelbwurz

Weiße Rübe, Stoppelrübe, Speiserübe,
  Wasserrübe, Mairübe, Navette
Mairübe, Stielmus, Rübstiel,
  Stängelkohl

Kerbelrübe, Knollenkerbel

Tasche (Gemüse-, Käse-, Apfel-)
Brosme, Lumb

TV-Dinner
Finte

Petaibohne, Peteh-Bohne,
  Satorbohne

UHT milk (ultra-high temperature/ ultra heat treatment)	H-Milch, haltbare Milch (Ultrahocherhitzung)
ulluco, tuberous basella	Ulluco
Ullucus tuberosus	
undernourishment, malnutrition	Unterernährung, Mangelernährung
upland cress, land cress, Normandy cress, early wintercress, scurvy cress	Barbarakraut, Frühlings-Barbarakraut, Winterkresse
Barbarea verna	
urd, black gram	Urdbohne
Vigna mungo	
Ussuri plum	Ussuri-Pflaume
Prunus salicina var. *mandshurica*	
uvaia, uvalha	Uvaia, Kirschmyrte
Eugenia uvalha, Eugenia pyriformis	

vairone FAO, telestes US, souffie *Leuciscus souffia*	Strömer
vanilla *Vanilla planifolia*	Vanille
➢ **Tahiti vanilla, Tahitian vanilla** *Vanilla tahitensis*	Tahitivanille
vanilla grass, sweet vernal grass, scented vernal grass, spring grass *Anthoxanthum odoratum, Hierochloe odorata*	Mariengras, Duft-Mariengras, Ruchgras, Vanillegras
variety meat, sidemeats, offals (**red:** *liver, heart, kidneys .. and* **white:** *lungs, stomach, intestines*)	Innereien, Eingeweide (innere Organe)
veal (bobby veal: < 3 months) (*meat cuts vary between countries*)	Kalbfleisch (EU 2008 < 8 Monate)
➢ **breast**	Brust
➢ **caecal serosa**	Goldschläger (Serosa des Caecum)
➢ **chuck tenderloin**	Schulterfilet, Falsches Filet
➢ **clod, shoulder clod**	Dicker Bug, Dickes Bugstück (Schulter)
➢ **filet, fillet**	Nierenbraten
➢ **flank**	Bauch, Dünnung
➢ **knuckle, fore knuckle**	Kalbshaxe
➢ **neck**	Kamm, Grat
➢ **scrag**	Hals, Nacken
➢ **shoulder, oyster**	Bug, Blatt, Schulter
➢ **silverside, topside, knuckle**	Keule, Bodenschlegel
➢ **top rump**	Kalbsnuss
vegetable burger, veggie burger	Gemüseburger, Gemüsebrätling
vegetable juice	Gemüsesaft
vegetable marrow, summer squashes (zucchini, etc.) *Cucurbita pepo* ssp. *pepo*	Sommerkürbisse, Gartenkürbisse (Zucchini *u.a.*)
vegetable milk	vegetabile Milch
vegetable oil	Pflanzenöl (diätetisch)
vegetable oil spread (< 80% oil)	Pflanzenstreichfett, pflanzliches Streichfett
vegetable pulp	Gemüsemark
vegetable puree	Gemüsepuree, Gemüsepüree
vegetable shortening	Pflanzenfett
vegetable spaghetti, spaghetti squash/marrow *Cucurbita pepo* 'Spaghetti'	Spaghetti-Kürbis
vegetables (*slang:*** veggies)**	Gemüse
➢ **bulb vegetables**	Zwiebelgemüse
➢ **cruciferous vegetables**	Kohlgemüse
➢ **fresh vegetables, produce**	Frischgemüse
➢ **leafy/leaf vegetables, green vegetables**	Blattgemüse
➢ **root vegetables**	Wurzelgemüse
➢ **stalk vegetables, leaf stalk vegetables**	Stielgemüse, Blattstielgemüse, Stängelgemüse
➢ **tuber vegetables**	Knollengemüse
➢ **wild vegetables**	Wildgemüse

velvet apple, butter fruit, mabolo *Diospyros blancoi*	Mabolo
velvet bean *Mucuna pruriens*	Samtbohne, Juckbohne, Velvetbohne
velvet stem, golden mushroom, enoki, winter mushroom *Flammulina velutipes*	Enokitake, Samtfußrübling, Winterpilz
velvet tamarind, tamarind plum *Dialium indum* and *Dialium guineense*	Samt-Tamarinde, Tamarindenpflaume
vendace *Coregonus albula*	Kleine Maräne, Zwergmaräne
venison (esp. deer)	Hirschfleisch
venus	Venusmuschel
➤ **brown callista, brown venus** *Callista chione, Meretrix chione*	Braune Venusmuschel, Glatte Venusmuschel
➤ **striped venus, chicken venus, vongole** *Chamelea gallina,* *Venus gallina, Chione gallina*	Gemeine Venusmuschel, Strahlige Venusmuschel, Vongola
➤ **warty venus, sea truffle** *Venus verrucosa*	Warzige Venusmuschel, Raue Venusmuschel
verbena, vervain *Verbena officinalis*	Eisenkraut
➤ **lemon verbena, vervain** *Aloysia triphylla, Lippia citriodora*	Zitronenstrauch, Zitronenverbene, Zitronenverbena, ‚Verbena'
vermicelli	Fadennudeln
vermilion rockfish *Sebastes miniatus*	Vermilion
vermouth	Wermut (früher mit *Artemisia absynthium*)
very enriched fructose corn syrup (VEFCS)	hochangereicherter Isosirup
vielle Anana, tomato hind, coral cod *Cephalopholis sonnerati*	Tomaten-Zackenbarsch
Vietnamese balm *Elsholtzia ciliata*	Vietnamesische Melisse, Echte Kamm-Minze
Vietnamese cinnamon, Saigon cinnamon *Cinnamomum loureirii*	Saigon-Zimt
Vietnamese coriander, laksa, rau lam *Persicaria odorata*	Rau Ram, Vietnamesischer Koriander
vinaigrette salad dressing	Vinaigrette
vinasse	Schlempe (Rückstand aus Rübenzuckermelasse)
vine leaves	Weinblätter
vinegar	Essig
➤ **apple vinegar, cider vinegar**	Apfelessig
➤ **balsamic vinegar**	Balsamico
➤ **champagne vinegar**	Champagneressig
➤ **fruit vinegar**	Obstessig
➤ **herb vinegar**	Kräuteressig
➤ **malt vinegar**	Malzessig
➤ **redwine vinegar**	Rotweinessig
➤ **rice vinegar**	Reisessig

➤ sherry vinegar	Sherryessig
➤ table vinegar	Branntweinessig, Tafelessig, Speiseessig
➤ tarragon vinegar	Estragon-Essig
➤ walnut vinegar	Walnuss-Essig
➤ white-wine vinegar	Weißweinessig
➤ wine vinegar	Weinessig
vinegar concentrate	Essig aus Essigessenz
vinification	Prozess der Saft-/Mostfermentierung zu Wein
vintage	Jahrgang(swein)
viscid mushroom, nameko	Chinesisches Stockschwämmchen, Namekopilz, Nameko-Pilz, Namekoschüppling
Pholiota nameko	
vitamin deficiency	Vitaminmangel
vitamins	Vitamine
➤ ascorbic acid (vitamin C)	Ascorbinsäure
➤ biotin (vitamin H)	Biotin
➤ carnitine (vitamin B_T)	Carnitin (Vitamin T)
➤ carotin, carotene (vitamin A precursor)	Carotin, Caroten, Karotin (Vitamin-A-Vorläufer)
➤ cholecalciferol (vitamin D_3)	Cholecalciferol, Calciol
➤ citrin (hesperidin) (vitamin P)	Citrin (Hesperidin)
➤ cobalamin (vitamin B_{12})	Cobalamin, Kobalamin
➤ ergocalciferol (vitamin D_2)	Ergocalciferol, Ergocalciol
➤ folic acid, folacin, pteroyl glutamic acid (vitamin B_2 family)	Folsäure, Pteroylglutaminsäure
➤ gadol, 3-dehydroretinol (vitamin A_2)	Gadol, 3-Dehydroretinol
➤ menadione (vitamin K_3)	Menadion
➤ menaquinone (vitamin K_2)	Menachinon
➤ pantothenic acid (vitamin B_3)	Pantothensäure
➤ phylloquinone, phytonadione (vitamin K_1)	Phyllochinon, Phytomenadion
➤ pyridoxine, adermine (vitamin B_6)	Pyridoxin, Pyridoxol, Adermin
➤ retinol (vitamin A)	Retinol
➤ riboflavin, lactoflavin (vitamin B_2)	Riboflavin, Lactoflavin
➤ thiamine, aneurin (vitamin B_1)	Thiamin, Aneurin
➤ tocopherol (vitamin E)	Tocopherol, Tokopherol
viviparous blenny FAO, eel pout	Aalmutter
Zoarces viviparus	
vol-au-vent (*open round case of puff pastry pie with ragout fin…*)	Blätterteigpastete
vongole, striped venus, chicken venus	Vongola, Gemeine Venusmuschel, Strahlige Venusmuschel
Chamelea gallina, Venus gallina, Chione gallina	
Vosges whitebeam, Mougeot's whitebeam	Berg-Mehlbeere, Bergmehlbeere, Vogesen-Mehlbeere
Sorbus mougeotii	

wafer	Oblate, Hostie; (thin, flat, crisp: for ice cream) Waffel
waffle (see also: cone)	Waffel
wahoo, kingfish	Wahoo, Wahoo-Makrele
Acanthocybium solandri	
wakame	Wakame
Undaria pinnatifida	
wall-rocket	Rauke, Doppelsame
Diplotaxis spp.	
➢ **annual wall-rocket**	Wilde Rauke, Mauer-Doppelsame
Diplotaxis muralis	
➢ **perennial wall-rocket**	Doppelrauke
Diplotaxis tenuifolia	
walnut, regia walnut, English walnut	Walnuss
Juglans regia	
➢ **African walnut, Gabon nut, coula**	Coula-Nuss, Gabon-Nuss
Coula edulis	
➢ **black walnut,** **American black walnut**	Schwarze Walnuss
Juglans nigra	
➢ **butternut, white walnut**	Butternuss, Graue Walnuss
Juglans cinerea	
➢ **Californian walnut,** **California black walnut**	Kalifornische Walnuss
Juglans californica	
➢ **Manchurian walnut,** **Chinese walnut**	Chinesische Walnuss, Mandschurische Walnuss
Juglans mandshurica	
➢ **Pacific walnut, Papuan walnut,** **dao, Argus pheasant tree**	Drachenapfel, Argusfasanenbaum
Dracontomelon dao, *Dracontomelon mangiferum*	
walnut vinegar	Walnuss-Essig
wapato ➢ duck potato	Wapato
Sagittaria latifolia	
➢ **swamp potato**	Sumpf-Wapato
Sagittaria cuneata	
➢ **swamp potato, arrowhead**	Pfeilkraut, Gewöhnliches Pfeilkraut
Sagittaria sagittifolia a.o.	
warty venus, sea truffle	Warzige Venusmuschel, Raue Venusmuschel
Venus verrucosa	
wasabi	Wasabi, Japanischer Meerrettich
Eutrema wasabi	
water	Wasser
➢ **bottled water**	Flaschenwasser
➢ **carbonated mineral water**	Sprudel, Selterswasser, Sodawasser
➢ **crystal water,** **water of crystallization**	Kristallwasser
➢ **deionized water**	entionisiertes Wasser
➢ **demineralized water**	entmineralisiertes Wasser
➢ **distilled water**	destilliertes Wasser
➢ **double distilled water**	Bidest

➤ drinking water, potable water	Trinkwasser
➤ freshwater	Süßwasser
➤ hard water	hartes Wasser
➤ hot water	Warmwasser
➤ mineral water (plain or carbonated)	Mineralwasser
➤ potable water	trinkbares Wasser
➤ purified water	gereinigtes Wasser, aufgereinigtes Wasser, aufbereitetes Wasser
➤ rose water	Rosenwasser
➤ saline water	salziges Wasser
➤ saltwater	Salzwasser
➤ seawater, saltwater	Meerwasser
➤ soda water, club soda	Selterswasser, Sodawasser, Sprudel (mit CO_2 versetzt)
➤ soft water	weiches Wasser
➤ source water, spring water	Quellwasser
➤ tap water	Hahnenwasser, Leitungswasser
➤ tonic water	Tonikwasser
➤ well water	Brunnenwasser
water buffalo ➤ Asian water buffalo (swamp and river types) *Bubalus bubalis*	Wasserbüffel, Asiatischer Büffel
water celery, Asian water celery, water parsley, Chinese celery, Java water dropwort *Oenanthe javanica*	Javanischer Wasserfenchel, Java-Wasserfenchel
water chestnut, caltrop *Trapa bicornis* var. *bispinosa*	Wasserkastanie
➤ Chinese water chestnut *Eleocharis dulcis*	Chinesische Wassernuss
water cracker, water biscuit	Wasserkeks (ungesalzen/ungezuckert)
water elder, guelderberry, guelder rose, European 'cranberrybush' (not a cranberry!) *Viburnum opulus*	Gemeiner Schneeball, Gemeine Schneeballfrüchte
water lily ➤ Egyptian water lily, white Egyptian lotus, bado *Nymphaea lotus*	Ägyptische Bohne, Bado, Weiße Ägyptische Seerose, Ägyptischer Lotos/Lotus, Tigerlotus
water mimosa *Neptunia oleracea*	Wassermimose
water pepper *Persicaria hydropiper*	Wasserpfeffer-Knöterich
water rose-apple *Syzygium aqueum*	Wasserapfel, Wasser-Jambuse
water spinach, water convolvulus, Chinese water spinach, kangkong, 'morning glory' *Ipomoea aquatica*	Wasserspinat, Chinesischer Wasserspinat

water yam, greater yam, 'ten-month yam' *Dioscorea alata*	Geflügelter Yams, Wasseryams
watercress *Nasturtium officinale*	Brunnenkresse
➤ **brown watercress** *Nasturtium x sterile*	Bastard-Brunnenkresse
water-ice (water-based ice cream)	Wassereis
waterleaf *Hydrophyllum* spp.	Wasserblatt
waterleaf, Philippine spinach, Ceylon spinach, cariru, Suriname purslane *Talinum fruticosum,* *Talinum triangulare*	Wasserblatt, Ceylon-Spinat, Surinam-Portulak
watermelon *Citrullus lanatus*	Wassermelone
wax bean US, butter bean UK *Phaseolus vulgaris* (Vulgaris Group) Wax type	Wachsbohne, Butterbohne
wax gourd, white gourd, winter gourd *Benincasa hispida*	Wachskürbis, Wintermelone
wax jambu, Java apple, Java rose apple, Java wax apple *Syzygium samarangense*	Javaapfel, Java-Apfel, Wachsapfel
wax palm, carnauba wax palm *Copernicia prunifera*	Karnaubapalme, Wachspalme
waxy corn US; waxy maize, glutinous maize UK *Zea mays* var. *ceratina*	Wachsmais
weakfish ➤ spotted weakfish FAO, spotted sea trout *Cynoscion nebulosus*	Gefleckter Umberfisch
weaning foods, beikost, complementary foods	Beikost
weasand (esophagus of cattle *for sausage casings*)	Rinderschlund (Speiseröhre, Ösophagus)
wedge clam	
➤ **truncate donax, truncated wedge clam** *Donax trunculus*	Gestutzte Dreiecksmuschel, Sägezahnmuschel, Mittelmeer-Dreiecksmuschel
weeping bolete, granulated boletus, dotted-stalk bolete *Suillus granulatus*	Körnchenröhrling, Körnchen-Röhrling, Schmerling
weever *Trachinus* spp.	Petermännchen
➤ **great weever FAO, greater weever** *Trachinus draco*	Petermännchen, Großes Petermännchen
➤ **streaked weever** *Trachinus radiatus*	Gestreiftes Petermännchen, Strahlenpetermännchen

well water	Brunnenwasser
wels, sheatfish, wels catfish FAO, European catfish *Silurus glanis*	Wels, Waller, Schaiden
Welsh onion, bunching onion, Japanese bunching onion *Allium fistulosum*	Welsche Zwiebel, Winterzwiebel, Winterheckenzwiebel, Winterheckzwiebel, Lauchzwiebel
West Indies spiny lobster, Caribbean spiny lobster, Caribbean spiny crawfish *Panulirus argus*	Amerikanische Languste, Karibische Languste
Western sandcherry *Prunus pumila* ssp. *besseyi*	Westliche Sandkirsche
wether (castrated male sheep)	Hammel (kastriert)
wetting agent	Netzmittel
wheat, bread wheat, common wheat, soft wheat *Triticum aestivum* ssp. *aestivum*	Weizen, Brotweizen (Saatweizen, Weichweizen)
➢ **club, cluster wheat, dwarf wheat** *Triticum aestivum* ssp. *compactum*	Zwergweizen, Buckelweizen, Igelweizen
➢ **cone wheat, poulard wheat, rivet wheat, turgid wheat** *Triticum turgidum* ssp. *turgicum*	Englischer Weizen, Rauweizen, Rau-Weizen, Wilder Emmer
➢ **cracked wheat**	Weizenschrot
➢ **durum wheat, flint wheat, hard wheat, macaroni wheat** *Triticum turgidum* ssp. *durum*	Durum Weizen, Hartweizen, Glasweizen
➢ **einkorn wheat, small spelt** *Triticum monococcum* ssp. *monococcum*	Einkorn, Einkornweizen
➢ **emmer wheat, two-grained spelt** *Triticum turgidum* ssp. *dicoccon* (*dicoccum*)	Emmer, Emmerkorn, Emmerweizen, Zweikornweizen
➢ **Indian dwarf wheat, shot wheat** *Triticum aestivum* ssp. *sphaerococcum*	Indischer Kugelweizen, Kugelweizen, Indischer Zwergweizen
➢ **Khorassan wheat, Oriental wheat** *Triticum turgidum* ssp. *turanicum*	Khorassan-Weizen
➢ **Persian black wheat, Persian wheat** *Triticum turgidum* ssp. *carthlicum*	Persischer Weizen
➢ **Polish wheat, Ethiopian wheat** *Triticum turgidum* ssp. *polonicum*	Polnischer Weizen, Abessinischer Weizen
➢ **spelt, spelt wheat, dinkel wheat** *Triticum aestivum* ssp. *spelta*	Dinkel, Spelz, Spelzweizen, Schwabenkorn; (unreif/milchreif/grün: Grünkern)
wheat bran	Weizenkleie
wheat germ	Weizenkeime
wheat gluten	Weizenkleber
wheat groats, hulled wheat	Weizengraupen

whelk, common whelk, edible European whelk, waved whelk, buckie, common northern whelk	Wellhornschnecke, Gemeine Wellhornschnecke
Buccinum undatum	
whey	Molke
➢ **sweet whey**	Süßmolke
whey butter	Molkenbutter
whey cheese	Molkenkäse
whiff, megrim FAO, sail-fluke	Flügelbutt, Scheefsnut, Glasbutt
Lepidorhombus whiffiagonis	
whipped cream	geschlagene Sahne
whipped egg white	Eischnee
whipping cream (> 35%) UK	Schlagsahne (> 30% Fett)
whiskey US and IR, whisky UK	Whisky, Whiskey (Kornbranntwein)
➢ **bourbon (corn and other grain)**	Bourbon, Amerikanischer Whisky
➢ **Scotch (barley)**	Scotch, Schottischer Whisky
white Amur bream	Pekingbrasse
Parabramis pekinensis	
white cabbage	Weißkohl
Brassica oleracea var. *capitata* f. *alba*	
white flag root, orris root	Iriswurzel, ‚Veilchen'wurzel
Iris germanica	
white fungus, cauliflower mushroom	Krause Glucke, Bärentatze
Sparassis crispa	
white ginger, mondia	Mondia, Wurzelvanille*
Mondia whitei	
white Jerusalem artichoke, salsilla	Bomarie
Bomarea edulis	
white leadtree, white popinac, lead tree pods, wild tamarind, petai belalang	Weißkopfmimose, Wilde Tamarinde
Leucaena leucocephala	
white lupine, Mediterranean white lupine	Weiße Lupine, Ägyptische Lupine
Lupinus albus	
white mulberry	Weiße Maulbeere
Morus alba	
white mustard	Weißer Senf
Sinapis alba	
white octopus, musky octopus	Moschuskrake, Moschuspolyp
Eledone moschata, Ozeana moschata	
white perch	Amerikanischer Streifenbarsch
Morone americana, Roccus americanus	
white sandalwood, East Indian sandalwood	Sandelholz, Weißes Sandelholz
Santalum album	
white sapote	Weiße Sapote
Casimiroa edulis	
white shrimps	Geißelgarnelen
Penaeus spp.	

white shrimp, lake shrimp, northern white shrimp
Penaeus setiferus, Litopenaeus setiferus
Atlantische Weiße Garnele, Nördliche Weiße Geißelgarnele

white star apple, African star apple
Chrysophyllum albidum
Afrikanischer Sternapfel, Weißer Sternapfel

white sturgeon
Acipenser transmontanus
Weißer Stör, Sacramento-Stör, Amerikanischer Stör

white sugar (simply refined/ bleached)
Weißzucker, weißer Zucker (Haushaltszucker)

white surfperch, seaperch
Phanerodon furcatus
Weißer Brandungsbarsch

white tree fungus, white fungus, white jelly fungus, silver ear fungus, silver ear, silver ear mushroom, silver fungus, snow fungus
Tremella fuciformis
Chinesische Morchel, Silberohr, Weißer Holzohrenpilz

white yam, white Guinea yam, 'eight-month yam'
Dioscorea rotundata
Weißer Yams, Weißer Guineayams

whitebeam
Sorbus aria
Mehlbeere

➤ **Swedish whitebeam berry**
Sorbus intermedia
Schwedische Mehlbeere, Nordische Mehlbeere, Oxelbeere

➤ **Vosges whitebeam, Mougeot's whitebeam**
Sorbus mougeotii
Berg-Mehlbeere, Bergmehlbeere, Vogesen-Mehlbeere

whitebeam berry
Sorbus aria
Mehlbeere

whitefish, common whitefish, lake whitefish FAO, humpback
Coregonus clupeaformis
Nordamerikanisches Felchen

➤ **broad whitefish**
Coregonus nasus
Tschirr, Große Maräne

➤ **common whitefish FAO, freshwater houting, powan**
Coregonus lavaretus
Große Maräne, Große Schwebrenke, Wandermaräne, Lavaret, Bodenrenke, Blaufelchen

➤ **lake whitefishes**
Coregonus spp.
Renken, Maränen, Felchen

➤ **ocean whitefish**
Caulolatilus princeps
Pazifischer Ziegelfisch

white-tailed deer
Odocoileus virginianus
Weißwedelwild, Weißwedelhirsch

whitetip shark, oceanic whitetip
Carcharhinus longimanus
Weißspitzen-Riffhai

white-wine vinegar
Weißweinessig

whiting
Merlangius merlangus
Wittling, Merlan

➤ **blue whiting, poutassou**
Micromesistius poutassou
Blauer Wittling, Poutassou

whole bread ➤	Vollkornbrot
wholemeal bread (milled)	
➤ **wholemeal bread with coarse-ground grain, cracked-grain bread**	Schrotbrot
whole cane sugar (not centrifuged)	Vollrohrzucker
whole egg	Vollei
whole foods	Vollkost, Vollwertkost, Bio-Lebensmittel
whole milk, full-fat milk	Vollmilch
whole-grain bread (with unmilled grains)	Ganzkornbrot
whortleberry, common blueberry, bilberry	Heidelbeere, Blaubeere
Vaccinium myrtillus	
➤ **Caucasian whortleberry, Caucasian bilberry**	Kaukasische Blaubeere
Vaccinium arctostaphylos	
widow rockfish	Witwen-Drachenkopf, Witwenfisch
Sebastes entomelas	
wild allspice, spicebush, benjamin bush	Wohlriechender Fieberstrauch
Lindera benzoin	
wild apricot, kei-apple	Kei-Apfel, wilde Aprikose
Dovyalis caffra	
wild basil	Wirbeldost, Wilder Basilikum
Clinopodium vulgare	
wild berries	Wildobst
wild ginger, pinecone ginger, bitter ginger	Wilder Ingwer, Martinique-Ingwer, Zerumbet-Ingwer
Zingiber zerumbet	
wild leek, ramp, ramps, ramson	Nordamerikanischer Ramp Lauch, Kanadischer Waldlauch, Wilder Lauch
Allium tricoccum	
wild loquat, West African loquat, masuku, mahobohobo	Mahobohobo, Mkussa
Uacapa kirkiana	
wild oat, spring wild oat	Flughafer, Windhafer
Avena fatua	
wild pear	Holzbirne
Pyrus communis var. *pyraster*	
wild soursop, wild custard apple	Afrikanischer Sauersack
Annona senegalensis	
wild thyme, creeping thyme, mother of thyme	Sand-Thymian, Feldthymian
Thymus serpyllum	
willow grouse	Moorhuhn, Moorschneehuhn
Lagopus lagopus	
wine	Wein
➤ **aperitif wine (>15% alc.)**	Aperitifwein
➤ **astringency**	Adstringenz
➤ **barrel; (Fässer) cooperage**	Fass
➤ **blue fining**	Blauschönung
➤ **bouquet, aroma**	Bukett, Aroma

➤ brandy (*distilled from grape wine*)	Weinbrand
	(Cognac, Armagnac, Grappa etc.)
➤ clarification (*fining, filtration,*	Klärung, Klären
centrifugation, or ion exchange)	
➤ cold-fermenting yeast	Kaltgärhefe
➤ cooper	Fassbinder, Küfer, Böttcher
➤ cork taint	Korkgeschmack
➤ date wine	Dattelwein
➤ deacidification	Entsäuerung
➤ defect	Fehler
➤ diabetic wine, wine for diabetics	Diabetikerwein
➤ distilled spirit	Branntwein
➤ fermentation	Gärung
➤ fining	Schönung
➤ fortified wine (brandy added),	Likörwein, Dessertwein (Port, Sherry,
dessert wine US	Madeira, Marsala, Wermut)
➤ fruit brandy, eau de vie	Obstbranntwein
➤ fruit wine	Fruchtwein
➤ fruity	fruchtig
➤ grape must	Traubenmost
➤ hard cider	Apfelwein
➤ ice wine, icewine	Eiswein
➤ lees, dregs (sediment)	Geläger
	(Hefesatz/Fermentations-Niederschlag)
➤ malic acid	Äpfelsäure
➤ malolactic fermentation	Säuregärung
➤ mash	Maische
➤ maturation	Reifung
➤ mead	Met, Honigwein
➤ mulled wine	Glühwein
➤ must	Most
➤ new wine, young wine	Neuer Wein, Junger Wein
	(Federweißer/Sauser/Heuriger)
➤ noble rot *Botrytis cinerea*	Edelfäule
➤ nose	Blume
➤ palm wine, toddy	Palmwein
➤ pear cider, pear wine	Birnenwein
➤ pomace, marc	Trester (Weinbeeren-/Traubenpress-
(*residue from pressed grapes:*	rückstand vom Most: Treber/Lauer)
seeds/skins/pulp)	
➤ port	Portwein
➤ postfermentation	Nachgärung
(*here: additional minor ferm.,*	
such as malolactic,	
after main ferm. process)	
➤ press cake	Presskuchen (Traubenrückstände)
➤ pressing (crushing)	Kelterung, Keltern
	(Pressen: Mostgewinnung)
➤ quality wine	Qualitätswein
➤ racking off	Abstich
➤ residual sugar	Restzucker

➤ residual sweetness (sugar), unfermented grape juice	Süßreserve
➤ rice wine (sake)	Reiswein (Sake)
➤ semi-sparkling wine , pearlwine (*low amount of carbonation*)	Perlwein
➤ sparkling wine, 'champagne'	Schaumwein, Sekt
➤ brut	herb
➤ brut nature	naturherb
➤ dry	trocken
➤ extra brut	extra herb
➤ extra dry	extra trocken, extra dry
➤ sweet	mild
➤ spontaneous fermentation	Spontangärung
➤ stabilization	Stabilisierung
➤ still fermenting young wine	Federweißer
➤ stuck fermentation	steckengebliebene Fermentation
➤ sulfiting (using potassium bisulfite)	Schwefelung (mit schwefliger Säure bzw. Kaliumdisulfit $K_2S_2O_5$)
➤ sulfur dioxide SO_2	Schwefeldioxid
➤ sulfurous acid	schwefelige Säure
➤ superior table wine	Landwein (gehobener Tafelwein)
➤ sur lies	Sur-Lie
➤ table wine	Tafelwein
➤ taste	Geschmack
➤ dry, sec	trocken
➤ medium dry, demi-sec	halbtrocken
➤ medium sweet	lieblich
➤ sweet	süß
➤ vinification	Prozess der Saft-/Mostfermentierung zu Wein
➤ vintage	Jahrgang(swein)
➤ wine mixed with soda water	Schorle, Weinschorle
➤ yeast lees	Hefetrub, Hefegeläger
wine cap, winecap stropharia, king stropharia, garden giant mushroom *Stropharia rugosoannulata*	Braunkappe, Riesenträuschling, Rotbrauner Riesenträuschling, Kulturträuschling
wine cooler (wine + sprite or any carbonated beverage)	Wein-Cooler
wine mixed with soda water	Schorle, Weinschorle
wine palm, jaggery palm, toddy palm, fishtail palm *Caryota urens*	Toddypalme, Sagopalme, Brennpalme
wine raspberry, wineberry, Japanese wineberry *Rubus phoenicolasius*	Japanische Weinbeere
wine vinegar	Weinessig
wine yeast *Kloeckera apiculata*	Weinhefe

wineberry ➤ **Chilean wineberry, mountain wineberry, macqui berry** *Aristotelia chilensis*	Macqui, Macki, Macki-Beere, Chilenische Weinbeere
➤ **wine raspberry, Japanese wineberry** *Rubus phoenicolasius*	Japanische Weinbeere
winged bean *Psophocarpus tetragonolobus*	Goabohne
winter cherry, Chinese lantern, Japanese lantern *Physalis alkekengi*	Blasenkirsche, Alkekengi
winter flounder *Pseudopleuronectes americanus*	Winterflunder, Amerikanische Winterflunder
winter melon, fragrant melon (honey dew and Spanish melon) *Cucumis melo* (Inodorus Group)	Honigmelone, Zuckermelone
winter mushroom, velvet stem, golden mushroom, enoki *Flammulina velutipes*	Enokitake, Samtfußrübling, Winterpilz
winter purslane, Cuban spinach, miner's lettuce *Claytonia perfoliata, Montia perfoliata*	Tellerkraut, Winter-Portulak, Winterpostelein
winter truffle *Tuber brumale*	Wintertrüffel
wintergreen, gaultheria *Gaultheria procumbens*	Wintergrün
wisent, European bison *Bison bonasus*	Wisent
witch *Glyptocephalus cynoglossus*	Rotzunge, Hundszunge, Zungenbutt
witloof chicory, Brussels chicory, French endive, Belgian endive, forcing chicory (US: blue sailor) *Cichorium intybus* (Foliosum Group) 'Witloof'	Chicorée, Salatzichorie, Bleichzichorie, Brüsseler Endivie
wolfberry ➤ **Chinese wolfberry, Chinese boxthorn, goji berry, Tibetan goji, Himalayan goji** *Lycium barbarum* and *Lycium chinense*	Chinesischer Bocksdorn, Bocksdornbeere, Chinesische Wolfsbeere, Goji-Beere
wolf-eel FAO, Pacific wolf-eel *Anarrhichthys ocellatus*	Pazifischer Seewolf, Pazifischer Steinbeißer
wolffish FAO, Atlantic wolffish, cat fish, catfish *Anarhichas lupus*	Seewolf, Gestreifter Seewolf, Kattfisch, Katfisch, Karbonadenfisch, Steinbeißer
➤ **jelly wolffish, northern wolffish FAO** *Anarhichas denticulatus*	Blauer Seewolf, Blauer Katfisch
➤ **spotted wolffish FAO, spotted sea-cat, spotted catfish, spotted cat** *Anarhichas minor*	Gefleckter Seewolf, Gefleckter Katfisch

wonderberry, sunberry — Wunderbeere
Solanum x burbankii,
Solanum scabrum
➢ **black nightshade** — Schwarzer Nachtschatten
Solanum nigrum
wood apple, elephant apple — Indischer Holzapfel
Limonia acidissima,
Feronia limonia
wood blewit, blewit — Violetter Rötelritterling
Lepista nuda
wood calamint — Wald-Bergminze
Clinopodium menthifolium,
Calamintha menthifolia,
Calamintha sylvatica
wood ear fungus, — Mu-Err, Mu-Err-Pilz
large cultivated Chinese fungus,
large wood ear, black fungus,
mao mu er
Auricularia polytricha
wood pigeon — Wildtaube: Ringeltaube
Columba palumbus
wood sorrel — Sauerklee
Oxalis acetosella
woodcock, European woodcock — Schnepfe, Waldschnepfe
Scolopax rusticola
woodruff ➢ **sweet woodruff** — Waldmeister
Galium odoratum
woolly thyme — Wollthymian
Thymus pseudolanuginosus
worcesterberry, worcester berry, — Oregon-Stachelbeere
coastal black gooseberry
Ribes divaricatum
wormseed, American wormseed, — Mexikanischer Traubentee,
epazote — Mexikanischer Tee, Jesuitentee,
Dysphania ambrosioides, — Wohlriechender Gänsefuß
Chenopodium ambrosioides
wormwood ➢ **common wormwood** — Wermut
Artemisia absinthum
wrasses — Lippfische
➢ **ballan wrasse** — Gefleckter Lippfisch
Labrus bergylta
➢ **cuckoo wrasse** — Kuckuckslippfisch
Labrus bimaculatus, Labrus mixtus
wrinkled pea — Markerbse, Runzelerbse
Pisum sativum ssp. *sativum*
var. *sativum* (Medullare Group)

xanthan gum — Xanthangummi

yabbie	Yabbie, Kleiner Australkrebs
Cherax destructor	
yak	Yak
Bos grunniens, Bos mutans	
yam	Yams
➤ **acorn yam, air potato,**	Luftyams, Kartoffelyams,
potato-yam	Gathi
Dioscorea bulbifera	
➤ **Chinese yam**	Brotwurzel, Chinesischer Yams
Dioscorea polystachya,	
Dioscorea batatas, Dioscorea opposita	
➤ **cush-cush yam, cushcush,**	Cush-Cush Yams
yampi, yampee	
Dioscorea trifida	
➤ **greater yam, water yam,**	Geflügelter Yams, Wasseryams
'ten-month yam'	
Dioscorea alata	
➤ **Japanese yam**	Japanischer Yams, Japanyams
Dioscorea japonica	
➤ **New Zealand yam,**	Oka, Knolliger Sauerklee,
oca, oka oxalis	Knollen-Sauerklee
Oxalis tuberosa	
➤ **potato-yam**	Asiatischer Yams, Kartoffelyams
Dioscorea esculenta	
➤ **white yam, white Guinea yam,**	Weißer Yams,
'eight-month yam'	Weißer Guineayams
Dioscorea rotundata	
➤ **yellow yam, Lagos yam,**	Gelber Yams,
yellow Guinea yam,	Gelber Guineayams
twelve-month yam	
Dioscorea x cayenensis	
yam bean, jicama	Knollenbohne
Pachyrrhizus erosus	
yard-long bean, Chinese long bean,	Spargelbohne, Langbohne
asparagus bean, snake bean	
Vigna unguiculata ssp. *sesquipedalis*	
yautia, yantia, tannia, malanga,	Tannia, Tania,
mafaffa, new cocoyam	Yautia, Malanga
Xanthosoma sagittifolium	
yeast	Hefe
➤ **baker's yeast**	Backhefe, Bäckerhefe (Presshefe)
➤ **beer yeast, brewers' yeast**	Bierhefe, Brauhefe
Saccharomyces cerevisiae	
➤ **cold-fermenting yeast**	Kaltgärhefe (Wein)
➤ **compressed yeast (CY)**	Presshefe
➤ **dairy yeast**	Molkereihefe
Kluyveromyces lactis	
➤ **distiller's yeast**	Brennereihefe
➤ **dried yeast, dry yeast**	Trockenhefe
(active dry yeast ADY)	
➤ **film-forming yeast**	Kahmhefe (Kahmhaut bildend)
➤ **instant yeast (dry yeast)**	Instanthefe (Trockenhefe)

➢ **nutritional yeast**	Nährhefe
➢ **starter yeast**	Starterhefe
➢ **top yeast**	Bruchhefe
➢ **wild yeast**	Wildhefe
➢ **wine yeast**	Weinhefe
Kloeckera apiculata	
yeast dough	Hefeteig
yeast extract	Hefeextrakt
yellow Chinese leaf mustard	Chinesischer Gelbsenf
Brassica juncea var. *lutea*	
yellow cracking bolete,	Ziegenlippe
suede bolete	
Xerocomus subtomentosus	
yellow granadilla,	Wasserlimone
Jamaica honeysuckle,	
water lemon, bell-apple	
Passiflora laurifolia	
yellow mombin	Gelbe Mombinpflaume, Ciruela
Spondias mombin, Spondias lutea	
yellow oyster mushroom	Gelber Austernpilz, Limonenpilz,
Pleurotus cornucopiae	Limonenseitling
var. *citrinopileatus*	
yellow passionfruit,	Galupa
galupa, gulupa	
Passiflora pinnatistipula	
yellow pitahaya, yellow pitaya,	Gelbe Pitahaya,
yellow dragonfruit	Gelbe Drachenfrucht
Selenicereus megalanthus	
yellow sarson, Indian colza	Sarson, Gelbsarson, Indischer Kolza
Brassica rapa (Trilocularis Group)	
yellow squat lobster	Gelber Scheinhummer,
Cervimunida johni	Südlicher Scheinhummer
yellow starwort,	Alant, Echter Alant
elecampane, horseheal	
Inula helenium	
yellow yam, Lagos yam,	Gelber Yams, Gelber Guineayams
yellow Guinea yam,	
twelve-month yam	
Dioscorea cayenensis	
yellowfin tuna FAO,	Gelbflossen-Thunfisch,
yellow-finned tuna,	Gelbflossen-Thun
yellow-fin tunny	
Thunnus albacares	
yellowmouth rockfish	Gelbmaulfelsenfisch
Sebastes reedi	
yellowtail rockfish	Gelbschwanz-Drachenkopf,
Sebastes flavidus	Gelbschwanz-Felsenfisch
yellowtail snapper	Gelbschwanzschnapper
Ocyurus chrysurus	
yellowtails, amberjacks	Bernsteinmakrelen,
Seriola spp.	Gabelschwanzmakrelen

yerba buena,
   Douglas' savory, Oregon tea
   Micromeria chamissonis,
   Satureja douglasii
Indianerminze

yerba mate, maté tea, Paraguay tea
   Ilex paraguariensis
Mate, Mate-Tee, Paraguaytee

yezo scallop, giant ezo scallop,
   Japanese scallop
   Patinopecten yessoensis
Japanische Jakobsmuschel

yogurt, yoghurt
   ➢ **creamy yogurt**
   ➢ **frozen yogurt**
Joghurt
Rahmjoghurt (> 10%)
gefrorener Joghurt

yogurt beverage,
   yoghurt beverage
Trinkjoghurt,
   Joghurtdrink

Youngberry
   Rubus ursinus var. *Young*
Youngbeere

yumberry, red myrica,
   Chinese bayberry, red bayberry
   Myrica rubra
Chinesische Baumerdbeere,
   Pappelpflaume, Chinesischer ‚Arbutus',
   Yumberry

yuzu *Citrus junos*
Meyers Zitrone

zander, pike-perch	Zander, Sandbarsch
Sander lucioperca	
zedoary	Zitwer
Curcuma zedoaria	
zest, flavedo	Zitrusschale
zombi pea, wild mung, wild cowpea	Zombi-Bohne, Wilde Mungbohne
Vigna vexillata	
zope FAO, blue bream	Zope, Pleinzen, Weißfisch
Abramis ballerus	
zucchini	Zucchini
Cucurbita pepo ssp. *pepo* (Zucchini Group)	

Latein – Deutsch – Englisch

Abramis ballerus
Zope, Pleinzen, Weißfisch
zope FAO, blue bream

Abramis brama
Blei, Brachsen, Brasse *f*, Brasse *m*
common bream, freshwater bream,
carp bream FAO

Abramis sapa
Zobel, Weißfisch
Danube bream, Danubian bream,
white-eye bream FAO

Acacia pennata ssp. insuavis
Cha Om, Akazienblätter
cha om, acacia leaf

Acacia senegal
Gummi Arabicum
gum acacia

Acanthocardia ssp.
Herzmuschel
cockle

Acanthocybium solandri
Wahoo, Wahoo-Makrele
wahoo, kingfish

Acanthopagrus bifasciatus
Doppelbandbrasse,
Zweibandbrasse, Bischofsbrasse
twobar seabream

Acca sellowiana
Feijoa, Ananasguave
feijoa, pineapple guava

Acer saccharum
Zuckerahorn (Ahornsirup)
sugar maple (maple syrup)

Achatina achatina
Afrikanische Riesenschnecke,
Große Achatschnecke
giant tiger land snail,
giant Ghana tiger snail

Achatina spp.
Afrikanische Riesenschnecken,
Große Achatschnecken
giant African land snails

Achirus lineatus
Pazifische Seezunge
lined sole

Acipenser baerii
Sibirischer Stör
Siberian sturgeon

Acipenser gueldenstaedti
Donau-Stör, Waxdick, Osietra, Osetr
Danube sturgeon,
Russian sturgeon FAO, osetr

Acipenser medirostris
Grüner Stör
green sturgeon

Acipenser naccarii
Mittelmeer-Stör, Adria-Stör,
Adriatischer Stör
Adriatic sturgeon

Acipenser nudiventris
Glattdick, Ship-Stör
ship sturgeon

Acipenser oxyrhynchus
Atlantischer Stör
Atlantic sturgeon

Acipenser ruthenus
Sterlett, Sterlet
sterlet FAO, Siberian sterlet

Acipenser sinensis
Chinesischer Stör
Chinese sturgeon

Acipenser stellatus
Sternhausen, Scherg, Sevruga
starry sturgeon,
stellate sturgeon IUCN, sevruga

Acipenser sturio
Stör, Baltischer Stör, Ostsee-Stör
common sturgeon IUCN,
sturgeon FAO, Atlantic sturgeon,
European sturgeon

Acipenser transmontanus
Weißer Stör, Sacramento-Stör,
Amerikanischer Stör
white sturgeon

Acmella oleracea, Spilanthes acmella
Parakresse
Brazilian cress, pará cress

Actinidia arguta
Japanische Stachelbeere,
Mini-Kiwi, Kiwibeere, Kiwi
baby kiwi, kiwi berry,
cocktail kiwi, kiwi-grapes
(tara vine)

Actinidia deliciosa
Kiwifrucht, Kiwi, Aktinidie,
Chinesische Stachelbeere
kiwifruit,
Chinese gooseberry

Adansonia digitata
Baobab, Affenbrotfrucht
baobab, monkey bread

Aegiale hesperialis
Mescal-Wurm, Agavenraupe
maguey worm, meocuiles

Aegle marmelos
  Baelfrucht, Belifrucht
  bael, beli, Bengal quince,
  golden apple
Aepyceros melampus
  Impala, Schwarzfersenantilope
  impala
Aframomum angustifolium
  Madagaskar-Kardamom,
  Kamerun-Kardamom
  great cardamom,
  Madagascar cardamom
Aframomum korarima
  Äthiopischer Kardamom,
  Abessinien-Kardamom,
  Korarima-Kardamom
  Ethiopian cardamom,
  korarima cardamom
Aframomum melegueta
  Melegueta-Pfeffer, Malagetta-Pfeffer,
  Guinea-Pfeffer,
  Paradieskörner
  melegueta pepper,
  West African melegueta pepper,
  grains of paradise,
  alligator pepper, Guinea grains
Agaricus arvensis
  Schafchampignon, Schafegerling,
  Anis-Egerling,
  Weißer Anisegerling,
  Weißer Anischampignon
  horse mushroom
Agaricus augustus
  Riesenchampignon
  Prince mushroom, Prince
Agaricus bisporus
  Brauner Champignon,
  Brauner Egerling; Portabella
  chestnut mushroom, brown cap;
  portobello, portabella
Agaricus bisporus var. hortensis
  Weißer Zuchtchampignon,
  Kulturchampignon
  cultivated mushroom,
  white mushroom,
  button mushroom
Agaricus campestris
  Wiesenchampignon,
  Wiesenegerling,
  Feldegerling
  field mushroom,
  meadow mushroom

Agaricus macrosporus
  Großsporiger Anis-Egerling
  giant mushroom, macro mushro‹
Agaricus vaporarius
  Brauner Kompost-Egerling,
  Kompost-Champignon
  clustered mushroom
Agastache foeniculum
  Anis-Ysop
  anise hyssop
Agastache mexicana
  Mexikanische Minze,
  Mexikanische Duftnessel,
  Limonen-Ysop, Lemon-Ysop
  Mexican hyssop,
  Mexican lemon hyssop
Agastache rugosa
  Koreanische Minze
  Korean mint, Korean hyssop
Agave tequilana
  Tequila-Agave
  tequila plant
Agrocybe cylindracea, Agrocybe aeg
  Südlicher Ackerling,
  Südlicher Schüppling
  black poplar mushroom,
  poplar fieldcap
Agrocybe praecox
  Früher Ackerling, Frühlings-Acke‹
  spring agaric
Alaria esculenta
  Essbarer Riementang, Sarumen
  dabberlocks, badderlocks,
  honeyware, henware, murlin
Albatrellus ovinus, Scutiger ovinus
  Schafporling
  sheep polypore
Albula vulpes
  Grätenfisch, Frauenfisch, Tarpon
  bonefish, banana fish, phantom,
  gray ghost
Alces alces
  Elch, Elchwild
  elk (Europe); moose US
Alectis spp.
  Fadenmakrelen
  threadfishes, pompanos
Alectis indicus
  Indische Fadenmakrele
  Indian threadfish FAO,
  Indian mirrorfish,
  diamond trevally

Alectoris graeca
  Steinhuhn, Berghuhn
  rock partridge
Alectoris rufa
  Rothuhn
  red-legged partridge
Aleurites moluccana
  Lichtnuss, Kemiri-Nuss,
  Kerzennuss, Kandelnuss
  candlenut
Alliaria petiolata
  Lauchhederich
  jack-by-the-hedge,
  garlic mustard, hedge garlic
Allium ameloprasum **(Porrum Group)**
  Porree, Lauch
  leek, English leek, European leek
Allium ampeloprasum
  Ackerknoblauch, Ackerlauch,
  Sommer-Lauch
  elephant garlic,
  levant garlic, wild leek
Allium ampeloprasum **(Kurrat Group)**
  Ägyptischer Lauch, Kurrat
  Egyptian leek, salad leek
Allium ampeloprasum **(Sectivum Group)**
  Perlzwiebel, Echte Perlzwiebel
  pearl onion, multiplier leek
Allium cepa **(Aggregatum Group)**
  Schalotten (inkl. Kartoffelzwiebel)
  shallots (incl. potato onion)
Allium cepa **(Cepa Group)**
  Zwiebel, Gartenzwiebel,
  Küchenzwiebel, Gemüsezwiebel;
  (jung/früh) Frühlingszwiebeln,
  Frühlingszwiebelchen
  onion, brown onion,
  common onion, bulb onion;
  (young/early) scallion, spring onion,
  green onion, salad onion
Allium chinense
  Chinesischer Schnittlauch,
  Chinesische Zwiebel,
  Chinesische Schalotte, Rakkyo
  Chinese chives, Chinese onion,
  Kiangsi scallion, rakkyo
Allium fistulosum
  Winter(hecken)zwiebel, Lauchzwiebel,
  Schnittzwiebel, Welsche Zwiebel
  bunching onion, Welsh onion,
  Japanese bunching onion, scallion,
  green onion, 'spring onion'

Allium macrostemon **(Allium grayi)**
  Wasserknoblauch, Nobiru
  Chinese garlic, Japanese garlic
Allium moly
  Goldlauch, Molyzwiebel,
  Spanischer Lauch,
  Pyrenäen-Goldlauch
  golden garlic,
  lily leek, moly, yellow onion
Allium neapolitanum
  Neapel-Lauch, Neapel-Zwiebel
  Naples garlic, Neapolitan garlic,
  daffodil garlic
Allium oleraceum
  Kohl-Lauch, Feld-Lauch
  field garlic
Allium porrum, Allium ampeloprasum
  (Porrum Group)
  Porree, Lauch
  leek, English leek, European leek
Allium x proliferum
  Ägyptische Zwiebel,
  Etagenzwiebel, Luftzwiebel
  Egyptian onion, tree onion,
  walking onion, top onion
Allium ramosum
  Duftlauch, Chinesischer Lauch
  Siberian chives
Allium sativum
  Knoblauch
  garlic
Allium sativum **(Ophioscorodon Group)**
  Rocambole, Rockenbolle,
  Schlangenknoblauch
  rocambole, serpent garlic,
  hardneck garlic,
  top-setting garlic
Allium sativum **(Sativum Group)**
  Echter Knoblauch,
  Gemeiner Knoblauch
  softneck garlic, soft-necked garlic,
  Italian garlic, silverskin garlic
Allium sativum **var. pekinense**
  Pekingknoblauch
  Peking garlic
Allium schoenoprasum
  Schnittlauch
  chives
Allium scorodoprasum
  Schlangenlauch, Schlangen-Lauch,
  Alpenlauch
  sandleek, giant garlic, Spanish garlic

Allium tricoccum
Nordamerikanischer Ramp Lauch,
Kanadischer Waldlauch,
Wilder Lauch
ramp, ramps, ramson, wild leek

Allium tuberosum
Chinesischer Schnittlauch,
Schnittknoblauch, Chinalauch
Chinese chives, garlic chives
(oriental garlic, Chinese leeks)

Allium ursinum
Bärlauch, Bärenlauch, Rams
bear's garlic, wild garlic, ramsons

Alocasia macrorrhizos
Riesen-Taro,
Riesenblättriges Pfeilblatt
giant taro, cunjevoi

Alosa alosa
Maifisch, Alse, Gewöhnliche Alse
allis shad

Alosa fallax, Alosa finta
Finte
twaite shad FAO, finta shad

Alosa pontica
Pontische Alse, Donauhering
Pontic shad FAO, Black Sea shad

Alosa pseudoharengus
Nordamerikanischer Flusshering
alewife FAO, river herring

Alosa sapidissima
Amerikanische Alse,
Amerikanischer Maifisch
American shad

Aloysia triphylla (Lippia citriodora)
Zitronenstrauch, Zitronenverbene,
Zitronenverbena, ‚Verbena'
lemon verbena,
verbena, vervain

Alpinia galanga
Galgant, Echter Galgant,
Großer Galgant,
Thai-Ingwer, Siam-Ingwer
galanga, galanga major,
greater galanga, Thai galangal,
Thai ginger, Siamese ginger

Alpinia globosa
China-Kardamom
Chinese cardamom,
round Chinese cardamom

Alpinia officinarum
Kleiner Galgant, Echter Galgant
lesser galangal

Alpinia zerumbet
Muschelingwer, Zerumbet
light galangal,
pink porcelain lily,
bright ginger, shell ginger

Althaea officinalis
Eibisch, Echter Eibisch
marsh mallow

Amanita caesarea
Kaiserling
ovolo, Caesar's mushroom

Amanita rubescens
Perlpilz
blusher, blushing mushroom

Amaranthus spp.
Amarant, Inkaweizen
amaranth, Inca wheat

Amaranthus blitum,
Amaranthus lividus ssp. *ascenden*
Roter Heinrich, Roter Meier,
Blutkraut, Küchenamarant
(Aufsteigender Amarant)
purple amaranth,
livid amaranth, blito

Amaranthus caudatus
Gartenfuchsschwanz,
Inkaweizen, Kiwicha
foxtail amaranth, Inca wheat,
love-lies-bleeding

Amaranthus cruentus
Rispenfuchsschwanz
grain amaranth, blood amaranth
Mexican grain amaranth,
African spinach

Amaranthus tricolor
Dreifarbiger Fuchsschwanz,
Chinesischer Salat,
Papageienkraut, Gemüseamaran
Chinese spinach, Chinese amara
Joseph's coat, tampala

Amelanchier alnifolia
Saskatoon-Beere, Erlen-Felsenbir
Erlenblättrige Felsenbirne
Saskatoon serviceberry,
juneberry, sugarplum

Amelanchier canadensis
Kanadische Felsenbirne
Canadian serviceberry, juneberr

Amelanchier lamarckii
Kupfer-Felsenbirne, Kupferbirne
apple serviceberry,
Lamarck serviceberry, juneberry

Amomum aromaticum
  Bengal-Kardamom
  Bengal cardamom
Amomum compactum
  Runder Kardamom,
  Javanischer Kardamom
  round cardamom, Java cardamom
Amomum maximum
  Java-Kardamom
  Java cardamom
Amomum subulatum
  Nepal-Kardamom,
  Geflügelter Bengal-Kardamom,
  Schwarzer Kardamom
  Nepal cardamom,
  'large' cardamom,
  winged Bengal cardamom,
  black cardamom
Amomum villosum var. *xanthioides*
  Bastard-Kardamom
  bastard cardamom,
  wild Siamese cardamom
Amorphophallus konjac
  Konjak
  konjac (flour/starch), konjaku
Amorphophallus paeoniifolius
  Elefantenkartoffel
  elephant yam,
  telinga poatao, suran
Amusium japonicum
  Japanische ‚Sonne-und-Mond'-
  Muschel, Japanische Fächermuschel
  Japanese sun and moon scallop
Anacardium occidentale
  Kaschu, Kaschukerne, Cashewnuss;
  Kaschuapfel
  cashew, cashew nut;
  cashew apple
Anacolosa frutescens,
  Anacolosa luzoniensis
  Galo-Nüsse
  galonut
Anadara grandis
  Riesenarchenmuschel
  mangrove cockle
Anadara granosa
  Rotfleischige Archenmuschel
  granular ark, blood cockle,
  Malaysian cockle
Ananas comosus
  Ananas
  pineapple

Anarhichas denticulatus
  Blauer Seewolf, Blauer Katfisch
  jelly wolffish, northern wolffish FAO
Anarhichas lupus
  Seewolf, Gestreifter Seewolf,
  Kattfisch, Katfisch, Karbonadenfisch,
  Steinbeißer
  Atlantic wolffish, wolffish FAO,
  cat fish, catfish
Anarhichas minor
  Gefleckter Seewolf,
  Gefleckter Katfisch
  spotted wolffish FAO, spotted cat,
  spotted sea-cat, spotted catfish
Anarrhichthys ocellatus
  Pazifischer Seewolf,
  Pazifischer Steinbeißer
  wolf-eel FAO, Pacific wolf-eel
Anas crecca
  Krickente
  teal, green-winged teal
Anas platyrhynchos
  Stockente, Märzente
  mallard
Anethum graveolens var. *hortorum*
  Dill (Samen: Körnerdill;
  Blätter/Kraut: Blattdill/Dillspitzen)
  dill (seeds: dillseed;
  leaves/weed: dill, dillweed)
Angelica archangelica
  Engelwurz, Angelikawurzel
  angelica, French 'rhubarb'
Anguilla anguilla
  Europäischer Flussaal,
  Europäischer Aal
  eel, European eel FAO, river eel
Anguilla japonica
  Japanischer Aal
  Japanese eel
Anguilla marmorata
  Marmoraal
  giant mottled eel, marbled eel
Anguilla rostrata
  Amerikanischer Aal
  American eel
Annona cherimola
  Cherimoya
  cherimoya, custard apple
Annona glabra
  Wasserapfel, Alligatorapfel
  pond apple, alligator apple,
  monkey apple

Annona muricata
Stachelannone, Stachliger Rahmapfel,
Sauersack, Corossol
soursop, guanabana

Annona purpurea
Soncoya
soncoya

Annona reticulata
Netzannone, Netzapfel, Ochsenherz
custard apple, bullock's heart,
corazon

Annona senegalensis
Afrikanischer Sauersack
wild soursop, wild custard apple

Annona squamosa
Schuppenannone, Süßsack,
Zimtapfel
sugar apple, sweetsop

Annona x *atemoya*
Atemoya
atemoya

Anoplopoma fimbria
Kohlenfisch
sablefish

Anredera cordifolia
Basellkartoffel, Madeira-Wein
Madeira vine, mignonette vine,
lamb's tails, jalap, jollop potato,
potato vine

Anser anser
Graugans
greylag goose

Anthoxanthum odoratum,
Hierochloe odorata
Mariengras, Duft-Mariengras,
Ruchgras, Vanillegras
sweet vernal grass,
scented vernal grass,
spring grass, vanilla grass

Anthriscus cerefolium
Kerbel, Gartenkerbel
chervil

Aphareus rutilans
Rosa Gabelschwanz-Schnapper
rusty jobfish

Apios americana
Erdbirne, Amerikanische Erdbirne
American groundnut,
potato bean, Indian potato

Apium graveolens
Sellerie
celery

Apium graveolens var. *dulce*
Stangensellerie, Stielsellerie,
Bleichsellerie, Staudensellerie
stalk celery (celery stalks)

Apium graveolens var. *rapaceum*
Knollensellerie,
Wurzelsellerie, Eppich
root celery, celery root, celeriac,
turnip-rooted celery, knob celery

Apium graveolens var. *secalinum*
Chinesischer Sellerie
Chinese celery

Apium graveolens var. *secalinum*
Schnittsellerie
soup celery, leaf celery

Aponogeton distachyos
Kap-Wasserähre,
,waterblommetjies'
Cape pondweed, Cape asparagus
water hawthorn

Aprion virescens
Königsschnapper,
Barrakuda-Schnapper,
Grüner Schnapper
king snapper, blue-green snapper
green jobfish FAO, streaker

Arachis hygogaea
Erdnuss
peanut, goober (Southern US)

Arbutus unedo
Erdbeerbaum
strawberry tree

Arca noae
Arche Noah, Arche Noah-Muschel
Archenmuschel
Noah's ark

Arca zebra
Zebramuschel
turkey wing

Archosargus probatocephalus
Schafskopf-Brasse, Schafskopf,
Sträflings-Brasse
sheepshead

Arctium lappa
Klettenwurzel,
Japanische Klettenwurzel,
Große Klette, Gobo
burdock, greater burdock,
gobo

Arctostaphylos alpina
Alpen-Bärentraube
alpine bearberry

Argopecten purpuratus
Violette Pilgermuschel,
Purpur-Kammmuschel
purple scallop

Argyrosomus regius, Sciaena aquila
Adlerfisch (Adlerlachs)
meagre, maigre F

Aristaeomorpha foliacea
Rote Garnele, Rote Tiefseegarnele
giant gamba prawn, giant red shrimp,
royal red prawn

Aristeidae
Tiefseegarnelen
gamba prawns, aristeid shrimp

Aristeus antennatus
Blassrote Tiefseegarnele,
Blaurote Garnele
blue-and-red shrimp

Aristotelia chilensis
Macqui, Macki, Macki-Beere,
Chilenische Weinbeere
wineberry, Chilean wineberry,
mountain wineberry, macqui berry

Armillaria mellea
Honiggelber Hallimasch
honey agaric, honey fungus,
boot-lace fungus

Armillaria polymyces, Armillaria ostoyae
Hallimasch, Dunkler Hallimasch
dark honey mushroom,
dark honey fungus, naratake

Armoracia rusticana
Meerrettich, Kren
horseradish

Arnoglossus laterna
Lammzunge, Lammbutt
scaldfish

Aronia melanocarpa
Schwarze Apfelbeere,
Kahle Apfelbeere
black chokeberry, aronia berry

Aronia x prunifolia
Apfelbeere ‚Nero'
Nero fruit, 'Nero'

Arracacia xanthorrhiza
Arakacha, Arracacha,
Peruanische Pastinake
arracha, arracacha, apio,
Peruvian parsnip, Peruvian carrot

Artemisia abrotanum
Eberraute
old man, southernwood

Artemisia absinthum
Wermut
common wormwood

Artemisia dracunculus
Estragon
tarragon, German tarragon, estragon

Artemisia vulgaris var. vulgaris
Beifuß
mugwort

Artocarpus altilis
Brotfrucht
breadfruit

Artocarpus heterophyllus
Jackfrucht
jackfruit

Artocarpus integer
Champedak, Campedak
chempedak, cempedak

Artocarpus odoratissimum
Marang
marang, terap

Asimina triloba
Papau, Pawpaw, Indianerbanane
papaw, pawpaw, Northern pawpaw

Aspalathus linearis
Rooibostee, Rotbuschtee, Massaitee
rooibos tea

Asparagus officinalis
Spargel
asparagus

Aspitrigla cuculus
Seekuckuck, Kuckucks-Knurrhahn
East Atlantic red gurnard,
cuckoo gurnard

Astacidae
Flusskrebse
crayfishes, river crayfishes

Astacus astacus
Edelkrebs
noble crayfish

Astacus leptodactylus
Galizierkrebs, Galizischer Sumpfkrebs,
Galizier, Sumpfkrebs, Tafelkrebs
long-clawed crayfish

**Astacus torrentium,
Austropotamobius torrentium,
Potamobius torrentium**
Steinkrebs
stone crayfish, torrent crayfish

Astragalus gummifer u.a.
Tragacanth, Tragant
gum tragacanth

Astrocaryum aculeatum
Tucuma, Sternnuss
tucuma, star nut

Atherina presbyter
Ährenfisch, Sand-Ährenfisch
sandsmelt, sand smelt FAO

Atriplex hortensis **ssp.** *hortensis*
Gartenmelde, Melde
orache

Auricularia auricula-judae
Chinesisches Holzohr,
Ohrpilz, Ohrlappenpilz
cloud ear fungus,
Chinese fungus, Szechwan fungus,
black jelly mushroom,
small mouse ear, hei mu er

Auricularia polytricha
Mu-Err, Mu-Err-Pilz
wood ear fungus, mao mu er,
large cultivated Chinese fungus,
large wood ear, black fungus,

Auxis thazard
Fregattmakrele,
Fregattenmakrele, Melva
frigate tuna

Avena fatua
Flughafer, Windhafer
wild oat,
spring wild oat

Avena nuda
Rauhafer, Sandhafer,
Nackthafer
hulless oat, naked oat

Avena sativa
Hafer
oats, common oats

Averrhoa bilimbi
Bilimbi
bilimbi

Averrhoa carambola
Sternfrucht, Karambola
starfruit

Babylonia spp.
Spirale von Babylon
babylon snails
Backhousia citriodora
Zitronenmyrte,
Australische Zitronenmyrte
lemon myrtle,
Australian lemon myrtle
Bactris gasipaes
Pfirsich-Palmfrucht
peach-palm fruit
Balanus balanus
Große Seepocke
rough barnacle
Balanus nubilis
Riesen-Seepocke
giant acorn barnacle, giant barnacle
Balistapus undulatus
Gestreifter Drückerfisch,
Grüner Drückerfisch
undulate triggerfish,
red-lined triggerfish,
orange-lined triggerfish FAO
Balistes vetula
Königin-Drückerfisch
queen triggerfish FAO, old-wife
Barbarea verna
Barbarakraut,
Frühlings-Barbarakraut, Winterkresse
upland cress, land cress,
Normandy cress, early wintercress,
scurvy cress
Barbus barbus
Barbe, Flussbarbe, Gewöhnliche Barbe
barbel
Basella alba
Malabarspinat
Malabar spinach, Ceylon spinach,
Indian spinach
Belone belone
Hornhecht, Hornfisch
garfish, garpike FAO
Belonesox belizanus
Hechtkärpfling
pike top minnow, pike killifish FAO
Belontia hasselti
Wabenschwanz-Gurami,
Wabenschwanz-Makropode
Java combtail
Belontia signata
Ceylonmakropode
Ceylonese combtail

Benincasa hispida
Wachskürbis, Wintermelone
wax gourd, white gourd,
winter gourd
Benthodesmus simonyi
Frostfisch*
frostfish
Berberis aquifolium,
Mahonia aquifolium
Mahonie, Mahonienbeere
Oregon grape
Berberis integerrima
Mittelasiatische Sauerdornbeere
Asian barberry
Berberis vulgaris
Berberitze, Sauerdorn,
Schwiderholzbeere
barberry
Bertholletia excelsa
Paranuss
Brazil nut, pará nut
Beryx decadactylus
Nordischer Schleimkopf,
Kaiserbarsch, Alfonsino
beryx, alfonsino FAO,
red bream
Beryx splendens
Lowes Alfonsino, Alfonsino
Lowe's beryx,
Lowe's alfonsino,
splendid alfonsino FAO
Beta vulgaris ssp. cicla (Cicla Group)
Mangold,
Schnittmangold, Blattmangold
Swiss chard, spinach beet,
leaf beet, chard
Beta vulgaris ssp. cicla
(Flavescens Group)
Mangold, Stielmangold,
Rippenmangold,
Stängelmangold, Stielmus
Silician broad-rib chard,
seakale beet, broad-rib chard
Beta vulgaris ssp. vulgaris var. altissima
Zuckerrübe
sugar beet
Beta vulgaris ssp. vulgaris var. esculenta
Rote Rübe, Rote Bete
beetroot
Beta vulgaris ssp. vulgaris var. rapacea
Runkelrübe, Futterrübe
fodder beet

Bison bison
Bison (Amerikanischer Bison)
buffalo, American bison

Bison bonasus
Wisent
European bison, wisent

Bixa orellana
Annatto
annatto

Blighia sapida
Akipflaume
akee

Bodianus rufus
Spanischer Schweinsfisch
Spanish hogfish

Boesenbergia pandurata,
Boesenbergia rotunda,
Kaempferia pandurata
Krachai, Chinesischer Ingwer,
Fingerwurz,
Runde Gewürzlilie
Chinese keys, fingerroot,
tumicuni, temu kunci, krachai

Boletus badius, Xerocomus badius
Maronenröhrling, Marone,
Braunhäuptchen
bay bolete

Boletus chrysenteron,
Xerocomus chrysenteron
Rotfußröhrling
red cracking bolete

Boletus edulis
Steinpilz, Herrenpilz
porcino, cep,
edible bolete, penny bun bolete,
king bolete

Bolinus brandaris, Murex brandaris
Brandhorn, Herkuleskeule,
Mittelmeerschnecke
purple dye murex, dye murex

Bomarea edulis
Bomarie
white Jerusalem artichoke, salsilla

Bonasa bonasia
Haselhuhn
hazel grouse, hazel hen

Boops boops
Gelbstriemen, Blöker
bogue

Borago officinalis
Boretsch, Borretsch, Gurkenkraut
borage

Borassus flabellifer
Palmyrapalme (Toddy/Sago)
palmyra palm (toddy)

Boreogadus saida
Polardorsch
polar cod FAO/UK,
Arctic cod (US/Canada)

Bos grunniens, Bos mutans
Yak
yak

Bos primigenus
Rind
cattle

Bouea macrophylla
Gandaria, Pflaumenmango,
‚Mini-Mango'
gandaria, marian plum, plum ma

Brama brama
Brachsenmakrele,
Atlantische Brachsenmakrele
Atlantic pomfret

Brama japonica
Pazifische Brachsenmakrele
Pacific pomfret

Brassica carinata
Abessinischer Kohl,
Abessinischer Senf,
Äthiopischer Senf
Abessinian cabbage,
Abessinian mustard,
Ethiopian mustard, Texsel greens

Brassica juncea
Brauner Senf, Braunsenf,
Indischer Braunsenf
brown mustard, Indian mustard

Brassica juncea ssp. integrifolia
Blattsenf
leaf mustard

Brassica juncea ssp. integrifolia
(Crispifolia Group)
Kräuselblättriger Senf,
Krausblättriger Senf
curly-leaf mustard, curled musta
curly-leaved mustard

Brassica juncea var. juncea
Brauner Senf, Indischer Senf,
Sareptasenf
brown mustard, Indian mustard,
Dijon mustard

Brassica juncea var. lutea
Chinesischer Gelbsenf
yellow Chinese leaf mustard

Brassica juncea var. *rugosa*
Breitblättriger Senf
cabbage leaf mustard,
broad-leaved mustard,
heading leaf mustard,
mustard greens

Brassica juncea var. *sareptana*
Sareptasenf, Sarepta-Senf
sarepta mustard,
lyrate-leaved mustard

Brassica juncea var. *tsatsai*
Tsa Tsai, ‚Sezuangemüse'
Sichuan pickling mustard,
big stem mustard,
Sichuan swollen stem mustard

Brassica napus
Raps, Ölsaat
rape, oilseed rape, rutabaga

Brassica napus (Napobrassica Group)
Kohlrübe, Steckrübe
rutabaga, swede, Swedish turnip

Brassica napus (Napus Group)
Ölraps
canola, colza, Canadian oilseed

Brassica napus (Pabularia Group)
Sibirischer Kohl, Schnittkohl
Hanover salad, Siberian kale

Brassica nigra
Schwarzer Senf
black mustard

Brassica oleracea (Alboglabra Group)
Chinesischer Brokkoli
Chinese kale, Chinese broccoli,
white-flowering broccoli

Brassica oleracea (Botrytis Group)
Blumenkohl
(inkl. Romanesco:
Türmchenblumenkohl,
Pyramidenblumenkohl)
cauliflower (incl. Romanesco:
christmas tree cauliflower)

Brassica oleracea (Capitata Group)
Kopfkohl
cabbage

Brassica oleracea
(Costata Group/Tronchuda Group)
Rippenkohl, Tronchudakohl,
Tronchuda-Kohl,
Portugiesischer Kohl
Portuguese cabbage, Portuguese kale,
Tronchuda kale, Tronchuda cabbage,
Madeira cabbage

Brassica oleracea (Gemmifera Group)
Rosenkohl
Brussels sprouts

Brassica oleracea (Gongylodes Group)
Kohlrabi
kohlrabi, cabbage turnip

Brassica oleracea (Italica Group)
Brokkoli (Spargelkohl)
broccoli

Brassica oleracea (Medullosa Group)
Markstammkohl
marrow-stem kale, marrow kale

Brassica oleracea (Palmifolia Group)
Palmkohl
palm cabbage

Brassica oleracea (Sabauda Group)
Wirsing, Wirsingkohl
Savoy cabbage

Brassica oleracea (Sabellica Group)
Grünkohl,
Braunkohl, Krauskohl
curly kale, curly kitchen kale,
Portuguese kale, Scotch kale

Brassica oleracea (Viridis Group)
Blattkohl
collards, kale, borecole

Brassica oleracea var. *capitata* f. *alba*
Weißkohl
white cabbage

Brassica oleracea var. *capitata* f. *rubra*
Rotkohl, Blaukraut
red cabbage

Brassica rapa (Campestris Group)
Rübsen
annual turnip rape, bird rape

Brassica rapa (Chinensis Group)
Chinakohl,
Chinesischer Senfkohl,
Pak-Choi
pak choi, bok choi, bokchoy,
Chinese white cabbage

Brassica rapa (Oleifera Group)
Rübsen, Winterrübsen
biennial turnip rape,
turnip rape

Brassica rapa (Parachinensis Group)
Choi-Sum, Choisum
Chinese flowering cabbage

Brassica rapa (Pekinensis Group)
Pekingkohl
celery cabbage,
Chinese cabbage, pe tsai

Brassica rapa (Perviridis Group)
Senf-Spinat, Senfspinat,
Mosterdspinat, Komatsuna
spinach mustard,
mustard spinach,
komatsuma, komatsuna

Brassica rapa (Rapa Group)
Weiße Rübe, Stoppelrübe,
Speiserübe, Wasserrübe,
Mairübe, Navette
turnip, neeps

Brassica rapa (Rapa Group) var. *majalis*
Mairübe, Stielmus, Rübstiel,
Stängelkohl
spring turnip greens, turnip tops

Brassica rapa (Trilocularis Group)
Sarson, Gelbsarson,
Indischer Kolza
yellow sarson, Indian colza

Brevoortia tyrannus
Nordwestatlantischer Menhaden
Atlantic menhaden FAO, bunker

Brosimum alicastrum
Brotnuss
bread nut

Brosme brosme
Brosme, Lumb
cusk, tusk FAO,
torsk (European cusk)

Bubalus bubalis
Wasserbüffel, Asiatischer Büffel
Asian water buffalo
(swamp & river types)

Buccinum undatum
Wellhornschnecke,
Gemeine Wellhornschnecke
common whelk,
edible European whelk, waved wh
buckie, common northern whelk

Bunchosia argentea
Erdnussbutterfrucht
peanut butter fruit

Bunias orientalis
Orientalisches Zackenschötchen,
Türkische Rauke, Hügelsenf
Turkish rocket, warty cabbage,
hill mustard

Bunium bulbocastanum
Erdkastanie, Erdeichel,
Knollenkümmel
earthnut, earth chestnut,
great pignut

Bunium persicum
Schwarzer Kreuzkümmel
black cumin, black caraway,
Kashmiri cumin, royal cumin,
kala jeera, shah jeera, black zira

Butia capitata
Geleepalme
jelly palm

Byrsonima crassifolia
Nance
nance

Byrsonima spicata
Locustbeere
maricao, locust berry

Cairina moschata
Moschusente
muscovy duck

Cajanus cajan
Straucherbse, Taubenerbse,
Erbsenbohne
pigeon pea, pigeonpea,
red gram, cajan bean

Calamintha acinos, Acinos arvensis
Steinquendel, Feld-Steinquendel
basil thyme, mountain thyme,
mother of thyme

Calamintha grandiflora
Großblütige Bergminze
large-flowered calamint

Calamintha nepeta
Kleinblütige Bergminze,
Echte Bergminze
lesser calamint

Callinectes sapidus
Blaukrabbe,
Blaue Schwimmkrabbe
blue crab,
Chesapeake Bay swimming crab

Callista chione, Meretrix chione
Braune Venusmuschel,
Glatte Venusmuschel
brown callista, brown venus

Calocybe gambosa
Maipilz
St. George's mushroom

Camelina sativa
Leindotter, Rapsdotter,
Saatdotter, Saat-Leindotter
linseed dodder, camelina,
gold-of-pleasure, false flax

Camellia sinensis
Tee
tea

Campanula rapunculus
Rapunzel-Glockenblume
rampion

Canarium album
Weiße Kanarinuss,
Weiße Chinesische Olive
Chinese olive, Chinese white olive,
white Chinese olive

Canarium indicum
Galipnuss, Javamandel
canarium nut, canarium almond,
galip nut, ngali nut,
molucca nut

Canarium ovatum
Pilinuss, Kanarinuss, Kanariennuss
pili nut

Canarium pimela
Schwarze Kanarinuss,
Schwarze Chinesische Olive
Chinese black olive,
black Chinese olive

Canavalia ensiformis
Jackbohne
jack bean, sabre bean

Canavalia gladiata
Schwertbohne
sword bean

Cancer antennarius
Pazifischer Taschenkrebs
Pacific rock crab

Cancer borealis
Jonahkrabbe
jonah crab

Cancer irroratus
Atlantischer Taschenkrebs
Atlantic rock crab

Cancer magister
Kalifornischer Taschenkrebs,
Pazifischer Taschenkrebs
Dungeness crab, Californian crab,
Pacific crab

Cancer pagurus
Taschenkrebs, Knieper
European edible crab

Cancridae
Taschenkrebse
rock crabs, edible crabs

Canna edulis
Achira, essbare Canna
achira, Queensland arrowroot

Cannabis sativa
Hanf (Hanföl)
hemp (hemp oil)

Cantharellus cibarius
Pfifferling
chanterelle, girolle

Cantharellus tubaeformis
Trompetenpfifferling
autumn chanterelle

Capparis spinosa
Kapern
capers

Capra ibex
Steinwild
ibex

Capreolus capreolus
Rehwild
roe deer
Capsella bursa-pastoris
Hirtentäschel
shepherd's purse
Capsicum annuum
Gemüsepaprika
sweet pepper, bell pepper
Capsicum annuum var. annuum
Gewürzpaprika
red pepper
Capsicum chinensis,
Capsicum tetragonum
Habanero-Chili (Quittenpfeffer)
habanero pepper, scotch bonnet
Capsicum frutescens
Chili, Cayennepfeffer, Tabasco
hot pepper, red chili, chili pepper,
cayenne pepper, tabasco pepper
Caranx armatus
Langflossen-Stachelmakrele
armed trevally
Caranx crysos
Blaue Stachelmakrele, Blaumakrele*,
Rauchflossenmakrele
blue runner FAO, blue runner jack
Caranx elacate, Caranx sexfasciatus
Stachelmakrele
bigeye trevally FAO,
large-mouth trevally
Caranx hippos
Pferdemakrele, Pferde-Makrele,
Pferde-Stachelmakrele, Caballa
crevalle jack FAO, Samson fish
Caranx lugubris
Schwarze Makrele,
Dunkle Stachelmakrele
black jack FAO, black kingfish
Carassius auratus
Goldfisch, Goldkarausche
goldfish FAO, common carp
Carassius auratus gibelio
Giebel, Silberkarausche
gibel carp, Prussian carp FAO
Carassius carassius
Karausche
Crucian carp
Carcharhinus limbatus
Schwarzspitzenhai,
Kleiner Schwarzspitzenhai
blacktip shark

Carcharhinus longimanus
Weißspitzen-Riffhai
whitetip shark, oceanic whitetip
Carcharhinus melanopterus
Schwarzspitzen-Riffhai
blacktip reef shark,
blackfin reef shark
Carcinus aestuarii,
Carcinus mediterraneus
Mittelmeer-Strandkrabbe
Mediterranean green crab
Carcinus maenas
Strandkrabbe,
Nordatlantik-Strandkrabbe
green shore crab, green crab,
North Atlantic shore crab
Cardium edule, Cerastoderma edule
Essbare Herzmuschel,
Gemeine Herzmuschel
common cockle,
common European cockle,
edible cockle
Carica goudotiana
Papayuela
papayuelo
Carica papaya
Papaya
papaya, pawpaw
Carica x pentagona,
Vasconcellea x heilbornii
Babaco
babaco
Carica pubescens,
Vasconcellea pubescens
Bergpapaya
mountain papaya, chamburo
Carissa carandas, Carissa congesta
Karanda, Karaunda
karanda, karaunda
Carissa macrocarpa
Natal-Pflaume, Carissa
Natal plum, amantungula
Carpobrotus edulis
Hottentottenfeige
sour fig
Carthamus tinctorius
Saflor, Färberdistel, Bastard-Safran
Falscher Safran
safflower, saffron thistle
Carum carvi
Kümmel
caraway

Carya cathayensis
China-Hickorynuss
China hickory, Cathay hickory
Carya illinoinensis
Pecan-Nuss, Hickory-Nuss
pecan
Carya laciniosa
Königsnuss
kingnut, kingnut hickory,
shellbark hickory
Carya myristiciformis
Muskat-Hickorynuss
nutmeg hickory
Carya ovata
Schuppenrinden-Hickorynuss,
Weiße Hickory
shagbark hickory (mockernut)
Carya tomentosa
Spottnuss
mockernut, white hickory
Caryocar amygdaliferum &
Caryocar nuciferum
Souarinuss, Butternuss
swarri nut, souari nut, butternut
Caryodendron orinocense
Inchi-Nuss, Sacha-Inchi-Nuss,
Inka-Nuss
Orinoco nut, inchi nut
Caryota urens
Toddypalme, Sagopalme,
Brennpalme
toddy palm, jaggery palm,
wine palm, fishtail palm
Casimiroa edulis
Weiße Sapote
white sapote
Cassia fistula
Kassie, Röhren-Kassie, ‚Manna'
cassia pods
Castanea crenata
Japanische Esskastanie
Japanese chestnut
Castanea dentata
Amerikanische Esskastanie
American chestnut
Castanea mollissima
Chinesische Esskastanie
Chinese chestnut
Castanea sativa
Esskastanie, Edelkastanie
sweet chestnut,
Spanish chestnut

Catathelasma imperiale
Wurzel-Möhrling, Wurzelmöhrling,
Doppelring-Trichterling
king mushroom,
imperial cap mushroom
Catla catla
Catla, Theila, Tambra
catla
Caulolatilus princeps
Pazifischer Ziegelfisch
ocean whitefish
Cavia porcellus
Meerschweinchen
guinea pig
Ceanothus americanus
New-Jersey-Tee
New Jersey tea
Celosia cristata 'Sokoyokoto'
Hahnenkamm
cockscomb, celosia, quail grass,
sokoyokoto, soko,
Lagos spinach
Celtis australis
Zürgel(n), Zürgelbaum,
Südlicher Zürgelbaum
hackberry, European hackberry,
lotus berry
Celtis laevigata
Glattblättriger Zürgelbaum
sugarberry
Centella asiatica
Gotu Kola
gotu cola
Centroberyx affinis
Australischer Rotfisch
redfish (AUS)
Centropristis striata
Schwarzer Sägebarsch,
Zackenbarsch
black seabass FAO, black sea bass
Cephalopholis fulva
Karibik-Juwelenbarsch
coney
Cephalopholis miniata
Juwelenbarsch,
Juwelen-Zackenbarsch,
Erdbeergrouper
blue-spotted rockcod, coral trout,
coral hind FAO
Cephalopholis sonnerati
Tomaten-Zackenbarsch
vielle Anana, tomato hind, coral cod

Cepola macrophthalma,
  Cepola rubescens
  Roter Bandfisch
  red bandfish
Ceratonia siliqua
  Johannisbrot
  carob, locust bean, St. John's bread
Cervimunida johni
  Gelber Scheinhummer,
  Südlicher Scheinhummer
  yellow squat lobster
Cervus elaphus
  Rotwild, Rothirsch, Edelhirsch
  red deer, stag; elk US
Cervus nippon
  Sikawild, Sikahirsch
  sika deer
Cetorhinus maximus
  Riesenhai, Reusenhai
  basking shark
Chaceon maritae
  Rote Tiefseekrabbe
  red deepsea crab, red crab
Chaceon quinquedens
  Westliche Rote Tiefseekrabbe
  West African geryonid crab,
  red crab
Chaenomeles japonica
  Japanische Quitte,
  Japanische Scheinquitte,
  Scharlachquitte
  Japanese quince
Chaenomeles speciosa
  Chinesische Quitte,
  Chinesische Scheinquitte
  Chinese quince
Chaerophyllum bulbosum
  Kerbelrübe, Knollenkerbel
  turnip-rooted chervil
Chamelea gallina, Venus gallina,
  Chione gallina
  Gemeine Venusmuschel,
  Strahlige Venusmuschel, Vongola
  striped venus, chicken venus,
  vongole
Chanos chanos
  Milchfisch
  milkfish
Chelidonichthys lucerna
  Roter Knurrhahn (Seeschwalbenfisch)
  tub gurnard FAO,
  sapphirine gurnard

Chelon labrosus, Mugil chelo,
  Mugil provensalis
  Dicklippige Meeräsche
  thick-lip grey mullet,
  thicklip grey mullet FAO
Chenopodium bonus-henricus
  Guter Heinrich, Stolzer Heinrich
  good-King-Henry, allgood, blite
Chenopodium foliosum &
  Chenopodium capitatum
  Erdbeerspinat
  strawberry spinach
Chenopodium pallidicaule
  Cañihua
  canihua
Chenopodium quinoa
  Quinoa, Inkaweizen, Inkakorn,
  Reismelde, Reisspinat, Kiwicha
  quinoa
Cherax destructor
  Kleiner Australkrebs, Yabbie
  yabbie
Cherax tenuimanus
  Großer Australkrebs, Marron
  marron
Chionoecetes bairdi
  Tanner
  Tanner crab
Chionoecetes opilio
  Schneekrabbe,
  Nordische Eismeerkrabbe,
  Arktische Seespinne
  Atlantic snow spider crab,
  Atlantic snow crab, queen crab
Chionoecetes spp.
  Schneekrabben
  snow crabs
Chlamys hastata hericia
  Alaska-Kammmuschel
  Pacific pink scallop
Chlamys islandica
  Isländische Kammmuschel,
  Island-Kammmuschel
  Iceland scallop
Chlamys opercularis,
  Aequipecten opercularis
  Kleine Pilgermuschel,
  Bunte Kammmuschel, Reiseman[...]
  queen scallop
Chlamys pallium, Gloripallium pall[...]
  Herzogsmantel
  royal cloak scallop

Chlamys senatoria, Chlamys nobilis
Feine Kammmuschel,
Edle Kammmuschel, Königsmantel
senate scallop, noble scallop

Chlamys varia
Bunte Kammmuschel
variegated scallop

Choiromyces venosus,
Choiromyces meandriformis
Weiße Trüffel, Mäandertrüffel
Transylvanian white truffle,
hypogeous truffle

Chondrus crispus
Knorpeltang, Knorpelalge,
Irisches Moos, Karrageen
Irish moss, carrageen, carragheen

Chrysanthemum balsamita,
Tanacetum balsamita
Balsamkraut, Frauenminze,
Marienkraut, Marienblatt
alecost, costmary

Chrysanthemum coronarium
Chrysanthemum,
Speise-Chrysantheme,
Salatchrysantheme,
Salat-Chrysantheme
chrysanthemum, tangho,
Japanese greens

Chrysobalanus icaco
Goldpflaume, Icacopflaume,
Ikakopflaume
coco-plum

Chrysophyllum albidum
Afrikanischer Sternapfel,
Weißer Sternapfel
white star apple, African star apple

Chrysophyllum cainito
Mittelamerikanischer Sternapfel, Abiu
cainito, star apple

Cicer arietinum
Kichererbse
chickpea

Cichorium endivia
(Crispum Group/Frisée Group)
Frisée-Salat, Krause Endivie
frisée endive, curly endive

Cichorium endivia (Endivia Group)
Endivie, Glatte Endivie, Winterendivie
endive UK, chicory US

Cichorium endivia (Scarole Group)
Escariol
escarole

Cichorium intybus
(Foliosum Group/Radicchio Group)
Radicchio
radicchio, Italian chicory

Cichorium intybus (Foliosum Group)
'Witloof'
Chicorée, Salatzichorie, Bleichzichorie
witloof chicory, Brussels chicory,
French endive, Belgian endive,
forcing chicory (US: blue sailor)

Cichorium intybus (Sativum Group/
Root Chicory Group)
Wurzelzichorie,
Zichorienwurzel, Kaffeezichorie
root chicory

Cinnamomum aromaticum,
Cinnamomum cassia
Kassiazimt, Chinesischer Zimt,
China-Zimt (Zimtkassie, Kassie, Cassia)
cassia bark, Chinese cinnamon,
Chinese cassia

Cinnamomum burmanii
Indonesischer Zimt,
Padang-Zimt, Bataviazimt
Indonesian cinnamon,
Indonesian cassia,
Korintji cinnnamon,
padang cassia

Cinnamomum culilawan
Culilawan-Zimt, Lavangzimt
culilawan

Cinnamomum loureirii
Saigon-Zimt
Vietnamese cinnamon,
Saigon cinnamon

Cinnamomum tamala
Malabarzimt, Zimtblätter,
Indischer Lorbeer, Tejpat
Indian cassia, cinnamon leaves,
Indian bay leaf

Cinnamomum verum
Zimt, echter Zimt, Ceylonzimt
cinnamon, Ceylon cinnamon

Cirsium oleraceum
Kohl-Kratzdistel
cabbage thistle

Citharus linguatula
Großschuppige Scholle
spotted flounder

Citrullus lanatus
Wassermelone
watermelon

Citrus x aurantiifolia
Limette, Saure Limette (‚Limone')
lime, sour lime, Key lime,
Mexican lime

Citrus aurantium
Bitterorange, Pomeranze
bitter orange, sour orange,
Seville orange

Citrus bergamia
Bergamotte
bergamot

Citrus deliciosa
Mandarine
Mediterranean mandarin

Citrus hystrix
Kaffirlimettenblätter
lime leaves, kaffir lime, makrut lime

Citrus hystrix
Kaffirlimette
makrut lime, kaffir lime, papeda

Citrus x jambhiri
Jambhiri-Orange,
Rauschalige Zitrone
jambhiri orange, rough lemon,
mandarin lime

Citrus japonica, Fortunella margarita
Kumquat
kumquat

Citrus junos
Meyers Zitrone
yuzu

Citrus latifolia
Tahiti-Limette, Persische Limette
Tahiti lime, Persian lime,
seedless lime

Citrus limetta
Süße Limette
sweet lime, sweetie

Citrus limon
Zitrone
lemon

Citrus madurensis, Citrus microcarpa
Calamondin-Orange,
Kalamansi, Zwerg-Orange
calamondin, calamansi, kalamansi,
Chinese orange, golden lime

Citrus maxima
Pampelmuse, Pomelo
pomelo, pummelo, shaddock

Citrus medica
Zitronatzitrone
citron

Citrus x nobilis
Königsmandarine
king mandarin

Citrus x paradisi
Grapefruit
grapefruit

Citrus reticulata, Citrus unshiu
Mandarine, Tangerine
mandarin, mandarin orange,
tangerine

Citrus sinensis
Orange, Apfelsine
orange, sweet orange

Citrus unshiu
Satsuma
satsuma mandarin

Claytonia perfoliata, Montia perfoli
Tellerkraut, Winter-Portulak,
Winterpostelein
winter purslane, Cuban spinach,
miner's lettuce

Clinopodium menthifolium,
Calamintha menthifolia,
Calamintha sylvatica
Wald-Bergminze
wood calamint

Clinopodium vulgare
Wirbeldost, Wilder Basilikum
wild basil

Clupea harengus
Hering, Atlantischer Hering
herring, Atlantic herring FAO
(digby, mattie, slid,
yawling, sea herring)

Clupea pallasi
Pazifischer Hering
Pacific herring

Coccinea grandis
Scharlachgurke, Scharlachranke,
Efeu-Gurke
ivy gourd, scarlet gourd,
tindora, Indian gherkin

Coccoloba uvifera
Seetraube, Meertraube
sea grape

Cochlearia officinalis
Löffelkresse, Löffelkraut,
Echtes Löffelkraut
spoonwort, spoon cress, scurvy g

Cocos nucifera
Kokosnuss, Kokos
coconut

Cocos nucifera var. aurantiaca
Königskokosnuss, Trinkkokosnuss
king coconut

Coffea spp.
Kaffee
coffee

Coffea arabica
Bergkaffee
Arabian coffee, arabica coffee

Coffea canephora
Robustakaffee
robusta coffee, Congo coffee

Coffea liberica
Liberiakaffee
Liberian coffee, Abeokuta coffee

Coix lacryma-jobi
Hiobsträne
Job's tears

Cola nitida u.a.
Cola, Colanuss, Bittere Kolanuss
cola, cola nut, kola, kola nut,
bitter cola

Colinus virginianus
Virginiawachtel
quail, American quail,
northern bobwhite quail

Colocasia esculenta var. antiquorum
Taro, Kolokasie, Zehrwurz
(Stängelgemüse: Galadium)
taro, cocoyam, dasheen, eddo

Cololabis saira
Saira, Kurzschnabelmakrelenhecht
Pacific saury

Columba livia
Taube, Felsentaube
rock dove (young < 4 weeks: squab)

Columba palumbus
‚Wildtaube', Ringeltaube
wood pigeon

Conger conger
Meeraal, Gemeiner Meeraal,
Seeaal, Congeraal
conger eel, European conger FAO

Conringia orientalis
Orientalischer Ackerkohl,
Weißer Ackerkohl
hare's ear mustard

Copernicia prunifera
Karnaubapalme, Wachspalme
(Karnaubawachs)
wax palm, carnauba wax palm
(carnauba wax)

Coprinus comatus
Schopf-Tintling, Spargelpilz,
Porzellan-Tintling
shaggy ink cap, ink cap,
shaggy mane

Corchorus olitorus
Langkapseljute
melokhia

Cordia myxa
Schwarze Brustbeere,
Brustbeersebeste, Sebesten
sebesten plum, Assyrian plum

Cordyline fruticosa
Ti-Pflanze, Keulenlilie
ti, happy plant, tanget

Coregonus spp.
Renken, Maränen, Felchen
whitefishes, lake whitefishes

Coregonus albula
Kleine Maräne, Zwergmaräne
vendace

Coregonus clupeaformis
Nordamerikanisches Felchen
whitefish, common whitefish,
lake whitefish FAO, humpback

Coregonus lavaretus
Große Maräne, Große Schwebrenke,
Wandermaräne, Lavaret,
Bodenrenke, Blaufelchen
freshwater houting, powan,
common whitefish FAO

Coregonus nasus
Tschirr, Große Maräne
broad whitefish

Coriandrum sativum
Koriander; Indische Petersilie
coriander: coriander leaf,
cilantro, Mexican parsley;
coriander seed

Cornus mas
Kornelkirsche, Herlitze
Cornelian cherry

Cortinarius caperatus, Rozites caperatus
Reifpilz, Runzelschüppling
gypsy mushroom,
chicken of the woods

Corylus americana
Amerikanische Haselnuss
American hazel

Corylus avellana
Haselnuss
hazelnut, filbert, cobnut

Corylus avellana var. grandis,
 Corylus maxima
 Lambertsnuss, Langbartshasel,
 ‚Haselnuss'
 Lambert's filbert
Corylus chinensis
 Chinesische Haselnuss
 Chinese hazel
Corylus colurna
 Türkische Haselnuss
 Turkish hazel
Coryphaena hippurus
 Große Goldmakrele,
 Gemeine Goldmakrele, Mahi Mahi
 dolphinfish,
 common dolphinfish FAO, dorado,
 mahi-mahi
Coryphaenoides rupestris
 Rundkopf-Grenadier,
 Rundkopf-Panzerratte, Langschwanz,
 Grenadierfisch, Grenadier
 roundhead rattail,
 round-nose grenadier,
 roundnose grenadier FAO,
 rock grenadier
Coturnix coturnix
 Wachtel
 quail, Japanese quail
Couepia longipendula
 Pendula-Nuss
 egg nut, pendula nut
Coula edulis
 Coula-Nuss, Gabon-Nuss
 coula, Gabon nut, African walnut
Crambe maritima
 Meerkohl
 seakale
Crangon crangon
 Granat, Porre, Nordseegarnele,
 Nordseekrabbe, Krabbe,
 Sandgarnele
 common shrimp,
 common European shrimp
 (brown shrimp)
Crassostrea angulata,
 Gryphaea angulata
 Portugiesische Auster, Greifmuschel
 Portuguese oyster
Crassostrea commercialis
 Sydney-Felsenauster
 Sydney cupped oyster,
 Sydney rock oyster, Sydney oyster

Crassostrea gigas
 Riesenauster, Pazifische Auster,
 Pazifische Felsenauster,
 Japanische Auster
 Pacific oyster, giant Pacific oyster,
 Japanese oyster
Crassostrea gigas kumamoto
 Kumamoto-Auster
 Kumamoto oyster
Crassostrea rhizophorae
 Pazifische Felsenauster,
 Mangrovenauster
 Pacific cupped oyster,
 mangrove cupped oyster
Crassostrea virginica, Gryphaea virg
 Amerikanische Auster
 American oyster, eastern oyster,
 blue point oyster,
 American cupped oyster
Crataegus azarolus
 Azerolapfel, Welscher Apfel
 azarole
Crataegus laevigata
 Weissdorn
 hawthorn
Crataegus mexicana,
 Crataegus pubescens
 Tejocote, mexikanischer Weissdo
 Manzanilla
 tejocote, Mexican hawthorn,
 manzanilla
Craterellus cornucopioides
 Herbsttrompete, Totentrompete
 trompette des morts,
 horn of plenty
Crithmum maritimum
 Meerfenchel, Seefenchel
 samphire, rock samphire, sea fen
Crocus sativus
 Safran
 saffron
Cromileptes altivelis
 Pantherfisch
 Baramundi cod, panther groupe
 pantherfish
Cryptotaenia canadensis
 Japanische Petersilie, Mitsuba
 Japanese parsley (honewort),
 mitsuba, mitzuba
Ctenopharyngodon idella
 Graskarpfen, Amurkarpfen
 grass carp

Cubilia cubili
  Kubilinüsse
  kubili nuts
Cucumaria fraudatrix
  Nordamerikanische Seegurke
  North-American sea cucumber
Cucumeropsis mannii
  Egusi
  egusi, egusi melon,
  white-seed(ed) melon
Cucumis anguria var. *anguria*
  Anguriagurke, Angurie,
  Westindische Gurke, Kleine Igelgurke
  bur gherkin, West Indian gherkin
Cucumis melo
  Melone, Zuckermelone
  melon
Cucumis melo (Cantalupensis Group)
  Kantalupe, Warzenmelone,
  Cantaloupmelone, Kantalupmelone
  cantaloupe, cantaloupe melon
Cucumis melo (Chito Group)
  Mangomelone, Orangenmelone,
  Ägyptische Melone
  mango melon, lemon melon,
  chate of Egypt
Cucumis melo (Conomon Group)
  Gemüsemelone
  Oriental pickling melon,
  pickling melon
Cucumis melo (Dudaim Group)
  Apfelmelone, Ägyptische Melone
  apple melon, fragrant melon,
  dudaim melon
Cucumis melo (Inodorus Group)
  Zuckermelone, Honigmelone
  American melon, fragrant melon,
  winter melon (incl. honeydew,
  crenshaw, casaba etc.)
Cucumis melo (Reticulatus Group)
  Netzmelone
  netted melon, musk melon
Cucumis metuliferus
  Stachelgurke, Hornmelone,
  Höckermelone, Horngurke,
  Große Igelgurke,
  Afrikanische Gurke, Kiwano
  kiwano, jelly melon, horned melon,
  African horned cucumber
Cucumis sativus
  Gurke, Salatgurke
  cucumber, gherkin

Cucumis sativus (Gherkin Group)
  Cornichon, Pariser Trauben-Gurke
  gherkin, pickling cucumber,
  small-fruited cucumber, cornichon
Cucurbita argyrosperma (*C. mixta*)
  Ayote
  cushaw, ayote
Cucurbita ficifolia
  Feigenblattkürbis
  fig-leaf gourd, Malabar gourd
Cucurbita maxima ssp. *maxima*
  Riesenkürbis ('Speisekürbis')
  great pumpkins, giant pumpkin,
  winter squash
Cucurbita maxima ssp. *maxima*
  (Hubbard Group)
  Hokkaido-Kürbis
  hokkaido, potimarron squash,
  hubbard
Cucurbita maxima ssp. *maxima*
  (Turban Group)
  Turbankürbis, Türkenbund-Kürbis
  turban squash
Cucurbita moschata
  Moschuskürbis
  (*inkl.* Butternusskürbis *u.a.*)
  musky winter squash, marrows
  (*incl.* butternut squash *a.o.*)
Cucurbita moschata 'Butternut'
  Butternusskürbis ('Birnenkürbis')
  butternut squash
Cucurbita pepo
  Kürbis, Gartenkürbis, Markkürbis
  pumpkin, field pumpkin
Cucurbita pepo 'Spaghetti'
  Spaghetti-Kürbis
  spaghetti squash, spaghetti marrow,
  vegetable spaghetti
Cucurbita pepo ssp. *pepo*
  Sommerkürbisse, Gartenkürbisse
  (Zucchini *u.a.*)
  summer squashes, vegetable marrow
  (zucchini, *etc.*)
Cucurbita pepo ssp. *pepo*
  (Zucchini Group)
  Zucchini
  zucchini
Cucurbita pepo var. *ovifera*
  Patisson, Kaisermütze, Bischofsmütze,
  'Fliegende Untertasse', Scallop(ini)
  patty pan, pattypan squash, scallop,
  squash scallop (summer squash)

Cucurbita pepo var. *recticollis*
  Straightneck Zucchini (gerader Hals)
  straightneck squash
Cucurbita pepo var. *styriaca*
  Ölkürbis
  oilseed pumpkin
Cucurbita pepo var. *torticollia*
  Tripoliskürbis, Drehhalskürbis,
  Krummhalskürbis
  crookneck squash
Cucurbita pepo var. *turbinata*
  Eichelkürbis
  acorn squash
Cuminum cyminum
  Kreuzkümmel, Mutterkümmel,
  Römischer Kümmel
  cumin
Curcuma amada
  Mangoingwer
  mango ginger
Curcuma angustifolia
  Ostindisches Arrowroot, Tikur
  East Indian arrowroot,
  Bombay arrowroot,
  Indian arrowroot
Curcuma longa
  Gelbwurzel, Kurkuma, Turmerik
  turmeric
Curcuma mangga
  Indonesischer Mangoingwer
  Indonesian mango ginger
Curcuma xanthorrhiza
  Javanische Gelbwurz
  Javanese turmeric
Curcuma zedoaria
  Zitwer
  zedoary
Cyamopsis tetragonoloba
  Guarbohne, Büschelbohne
  (Guar, Guargummi)
  cluster bean, guar (guar gum)
Cyclanthera pedata
  Korila, Korilla, Wilde Gurke,
  Scheibengurke, Inka-Gurke,
  Olivengurke, Hörnchenkürbis
  korila, korilla, slipper gourd,
  stuffing gourd,
  wild cucumber, achocha

Cyclopia genistoides
  Honigbuschtee,
  Buschtee
  honeybush tea
Cyclopterus lumpus
  Seehase (Lump/Lumpfisch)
  lumpsucker, lumpfish,
  henfish
Cydonia oblonga
  Quitte
  quince
Cydonia oblonga var. *maliformis*
  Apfelquitte
  apple quince
Cydonia oblonga var. *pyriformis*
  Birnenquitte
  pear quince
Cymbopogon citratus
  Lemongras, Zitronengras,
  Serehgras
  lemongrass
Cymbopogon martinii
  Palmarosagras
  ginger grass,
  rosha, rusha
Cynara cardunculus ssp. *cardunculu*
  Kardone, Gemüseartischocke
  cardoon
Cynara cardunculus ssp. *scolymus*
  Artischocke
  artichoke, globe artichoke
Cynometra cauliflora
  Namnam, Froschfrucht
  namnam, nam-nam
Cynoscion nebulosus
  Gefleckter Umberfisch
  spotted sea trout,
  spotted weakfish FAO
Cyperus esculentus
  Erdmandel, Chufa,
  Tigernuss
  chufa, tigernut,
  earth almond,
  ground almond
Cyprinus carpio
  Karpfen, Flusskarpfen
  carp, common carp FAO,
  European carp

Dacryodes edulis
Afrikanische Pflaume, Safou
bush butter, eben, safou,
African pear, African plum

Dalatias licha, Scymnorhinus licha,
Squalus licha
Schokoladenhai,
Stacheloser Dornhai
kitefin shark FAO,
seal shark, darkie charlie

Dama dama
Damwild
fallow deer

Daucus carota
Karotte, Möhre, Speisemöhre,
Gelbe Rübe
carrot

Dendrocalamus spp.
Bambussprossen,
Bambusschösslinge
bamboo shoots

Dentex dentex
Zahnbrasse
dentex, common dentex FAO

Dentex gibbosus
Rosa Zahnbrasse, Buckel-Zahnbrasse,
Dickkopfzahnbrasse
pink dentex

Dialium indum & Dialium guineense
Samt-Tamarinde,
Tamarindenpflaume
velvet tamarind, tamarind plum

Dicentrarchus labrax,
Roccus labrax, Morone labrax
Wolfsbarsch, Seebarsch
bass, sea bass,
European sea bass FAO

Dicentrarchus punctatus
Gefleckter Wolfsbarsch,
Gefleckter Seebarsch
spotted bass

Digitaria exilis
Weiße Foniohirse,
Acha, Hungerreis
white fonio, acha, 'hungry rice'

Digitaria iburua
Schwarze Foniohirse, Iburu
black fonio, iburu

Digitaria sanguinalis
Bluthirse, Blut-Fingerhirse
common crabgrass,
hairy crabgrass, fingergrass

Dimocarpus longan
Longan
longan

Dioscorea alata
Geflügelter Yams, Wasseryams
greater yam, water yam,
'ten-month yam'

Dioscorea bulbifera
Luftyams, Kartoffelyams, Gathi
air potato, potato yam, acorn yam

Dioscorea x cayenensis
Gelber Yams, Gelber Guineayams
yellow yam, Lagos yam,
yellow Guinea yam,
'twelve-month yam'

Dioscorea esculenta
Asiatischer Yams, Kartoffelyams
potato-yam

Dioscorea japonica
Japanischer Yams, Japanyams
Japanese yam

Dioscorea polystachya,
Dioscorea batatas,
Dioscorea opposita
Brotwurzel, Chinesischer Yams
Chinese yam, Chinese 'potato'

Dioscorea rotundata
Weißer Yams, Weißer Guineayams
white yam, white Guinea yam,
'eight-month yam'

Dioscorea trifida
Cush-Cush Yams
cushcush, cush-cush yam,
yampi, yampee

Dioscoreophyllum cumminsii
Serendipity-Beere
serendipity berry, Nigerian berry
(monellin)

Diospyros blancoi
Mabolo
mabolo, velvet apple, butter fruit

Diospyros digyna
Schwarze Sapote
black sapote, black persimmon

Diospyros kaki
Kaki, Persimone,
Dattelpflaume, Kakipflaume,
Chinesische Dattelpflaume
(inkl. Sharon-Frucht)
persimmon, Japanese persimmon,
Chinese date, kaki
(incl. sharon fruit)

Diospyros lotus
Lotuspflaume
lotus persimmon,
lotus plum, date plum

Diospyros virginiana
Amerikanische Persimone,
Virginische Dattelpflaume
American persimmon

Diplodus vulgaris
Zweibinden-Brasse
two-banded bream,
common two-banded seabream FAO

Diplotaxis muralis
Wilde Rauke, Mauer-Doppelsame
wall rocket

Diplotaxis tenuifolia
Doppelrauke
wallrocket

Dipteryx odorata
Tonkabohne
tonka bean

Dissostichus eleginoides
Schwarzer Seehecht,
Schwarzer Zahnfisch
Patagonian toothfish,
Chilean sea bass

Docynia indica
Indischer Crabapfel
Indian crabapple, false quince

Donax trunculus
Gestutzte Dreiecksmuschel,
Sägezahnmuschel,
Mittelmeer-Dreiecksmuschel
truncate donax,
truncated wedge clam

Dosidicus gigas
Riesenkalmar, Riesen-Pfeilkalmar
jumbo flying squid

Dovyalis caffra
Kei-Apfel, Wilde Aprikose
kei-apple, wild apricot

Dovyalis hebecarpa
Ceylon-Stachelbeere,
Ketembilla
Ceylon gooseberry, ketembilla

Dracocephalum moldavica
Türkische Melisse,
Türkischer Drachenkopf
Moldavian dragonhead

Dracontomelon dao,
Dracontomelon mangiferum
Drachenapfel,
Argusfasanenbaum
Pacific walnut, Papuan walnut,
dao, Argus pheasant tree

Dracontomelon vitiense
Drachenpflaume
dragon plum

Drimys lanceolata
Bergpfeffer,
Tasmanischer Pfeffer
mountain pepper,
Tasmanian pepper

Dromaius novaehollandiae
Emu
emu

Durio zibethinus
Durian
durian

Dysphania ambrosioides,
Chenopodium ambrosioides
Mexikanischer Traubentee,
Mexikanischer Tee, Jesuitentee,
Wohlriechender Gänsefuß
epazote, wormseed,
American wormseed

Echinochloa esculenta, E. frumentacea
Japanische Hirse, Weizenhirse,
Sawahirse, Sawa-Hirse
Japanese (barnyard) millet,
sanwa millet, sawa millet
Eisenia bicyclis
Arame
arame
Elaeagnus angustifolia u.a.
Ölweide, Oleaster
(Schmalblättrige Ölweide)
oleaster, Russian olive,
Russian silverberry
Elaeis guineensis u.a.
Ölpalme (Palmöl/Palmkerne)
oil palm, African oil palm
(palm oil/palm kernels)
Elagatis bipinnulata
Regenbogen-Stachelmakrele,
Regenbogenmakrele
rainbow runner
Eledone cirrosa, Ozeana cirrosa
Zirrenkrake
horned octopus, curled octopus
Eledone moschata, Ozeana moschata
Moschuskrake, Moschuspolyp
white octopus, musky octopus
Eleocharis dulcis
Chinesische Wassernuss
Chinese water chestnut
Elettaria cardamomum var.
cardamomum
Grüner Kardamom,
Indischer Kardamom (Malabar-,
Mysore- und Vazhukka-Varietäten)
green cardamom, 'small' cardamom,
Indian cultivated cardamom,
(Malabar, Mysore, and
Vazhukka varieties)
Elettaria cardamomum var. major
Ceylon-Kardamom
Sri Lanka cardamom,
Ceylon cardamom, wild cardamom,
long white cardamom
Eleusine coracana
Fingerhirse, Ragihirse
finger millet, red millet,
South Indian millet, coracan
Elsholtzia ciliata
Vietnamesische Melisse,
Echte Kamm-Minze
Vietnamese balm

Elsholtzia stauntonii
Chinesischer Gewürzstrauch,
Chinesische Kamm-Minze
mint bush, mint shrub
Empetrum nigrum
Krähenbeere
crowberry, curlewberry
Engraulis encrasicolus
Anchovis, Europäische Sardelle,
Sardelle
anchovy, European anchovy
Engraulis japonicus
Japanische Sardelle,
Japan-Sardelle
Japanese anchovy
Engraulis mordax
Amerikanische Sardelle
northern anchovy,
California anchovy
Engraulis ringens
Peru-Sardelle, Anchoveta
anchoveta
Ensete ventricosum
Ensete, Abessinische Banane
Abyssinian banana
Ensis directus
Amerikanische Schwertmuschel
American jack knife clam
Ensis minor
Gerade Mittelmeer-Schwertmuschel
Mediterranean jack knife clam
Eopsetta jordani
Kalifornische Scholle,
Pazifische Scharbe
petrale sole
Epinephelus caninus
Grauer Zackenbarsch
dogtooth grouper FAO,
dog-toothed grouper
Epinephelus guaza,
Epinephelus marginatus
Brauner Zackenbarsch
dusky grouper, dusky perch
Epinephelus merra
Merra-Wabenbarsch
honeycomb grouper, rockcod
Epinephelus morio
Roter Zackenbarsch
red grouper
Epinephelus multinotatus
Weissflecken-Zackenbarsch
white-blotched rockcod

Equus caballus
Pferd, Hauspferd
horse

Eragrostis tef
Teff, Zwerghirse
teff

Eriobotrya japonica
Loquat, Wollmispel,
Japanische Mispel
loquat

Eriocheir sinensis
Chinesische Wollhandkrabbe
Chinese mitten crab,
Chinese river crab

Eruca sativa
Rauke, Rucola, Rukola
(Senfrauke, Salatrauke,
Garten-Senfrauke,
Ölrauke, Jambaraps,
Persischer Senf)
rocket, roquette, garden rocket,
salad rocket, arugala, arrugula,
Roman rocket, rocket salad

Eryngium foetidum
Culantro, langer Koriander,
Mexikanischer Koriander,
Europagras, Pakchi Farang
culantro, recao leaf, fitweed,
shado beni, long coriander leaf,
sawtooth herb, Thai parsley,
Mexican coriander

Esox lucius
Hecht, Flusshecht
pike, northern pike FAO

Etlingera elatior
Malayischer Fackelingwer,
Roter Fackelingwer (Knospen)
ginger bud, pink ginger bud,
torch ginger (flower buds)

Euastacus serratus
Australischer Flusskrebs,
Australischer Tafelkrebs
Australian crayfish

Eugenia brasiliensis, Eugenia dombeyi
Brasilkirsche, Grumichama
Brazil cherry, grumichama

Eugenia stipitata
Arazá-Beere, Amazonas-Guave
arazá berry

Eugenia uniflora
Surinamkirsche, Cayennekirsche,
Pitanga
Surinam cherry, Cayenne cherry,
pitanga

Eugenia uvalha, Eugenia pyriformis
Uvaia, Kirschmyrte
uvaia, uvalha

Eupomatia laurina
Bolwarra
bolwarra
(Australia: native guava)

Euryale ferox
Stachelseerose, Fuchsnuss,
Gorgon-Nuss
foxnut, fox nut, gorgon nut,
makhana

Euthynnus affinis
Pazifische Thonine
kawakawa

Euthynnus alletteratus,
Gymnosarda alletterata
Thonine, Falscher Bonito,
Kleine Thonine, Kleiner Thunfisch,
Kleiner Thun
little tunny FAO, little tuna,
mackerel tuna, bonito

Euthynnus pelamis, Katsuwonus pelamis
Gymnosarda pelamis
Gestreifter Thun, Echter Bonito
skipjack tuna FAO,
bonito, stripe-bellied bonito

Eutrema wasabi
Wasabi, Japanischer Meerrettich
wasabi

Eutrigla gurnardus
Grauer Knurrhahn
grey gurnard FAO, gray searobin

Exocoetus volitans
Fliegender Fisch,
Flugfisch, Gemeiner Flugfisch,
Meerschwalbe
tropical two-wing flyingfish

Fagopyrum esculentum
Buchweizen
buckwheat

Fagopyrum tataricum
Tartarischer Buchweizen
Siberian buckwheat,
Kangra buckwheat, tartary

Fagus sylvatica
Buchecker
beechnut

Fedia cornucopiae
Algiersalat
horn of plenty

Ferula assa-foetida
Asant, Teufelsdreck
asafoetida, asafetida, hing

Ficus carica
Feige
fig

Ficus pumila
Kletterfeige
creeping fig, climbing fig

Ficus racemosa
Traubenfeige
cluster fig

Fistulina hepatica
Leberpilz, Ochsenzunge
beefsteak fungus,
oxtongue fungus

Flacourtia indica
Ramontschi, Tropenkirsche,
Batako-Pflaume
ramontchi, governor's plum,
batoka plum

Flacourtia rukam
Rukam, Madagaskarpflaume,
Batako-Pflaume
Indian plum, Indian prune, rukam

Flammulina velutipes
Enokitake, Samtfußrübling,
Winterpilz
enoki, golden mushroom,
winter mushroom, velvet stem

Foeniculum vulgare var. azoricum
Fenchel, Gemüsefenchel,
Knollenfenchel
fennel, Florence fennel

Foeniculum vulgare var. dulce
Gewürzfenchel,
Römischer Fenchel,
Süßer Fenchel, Fenchelsamen
Roman fennel, sweet fennel,
fennel seed

Foeniculum vulgare var. piperitum
Pfefferfenchel
bitter fennel, pepper fennel

Fortunella crassifolia
Meiwa-Kumquat
Meiwa kumquat,
bullet kumquat, sweet kumquat

Fortunella hinsii
Hongkong-Kumquat,
Chinesische Kumquat
Hong Kong kumquat,
Formosan/Taiwanese kumquat

Fortunella polyandra, Citrus polyandra
Malay-Kumquat
Malayan kumquat

**Fragaria x ananassa,
Potentilla ananassa**
Erdbeere, Gartenerdbeere,
Ananaserdbeere
strawberry, garden strawberry

Fragaria vesca, Potentilla vesca
Walderdbeere
European forest strawberry

Gadus macrocephalus
Pazifik-Dorsch, Pazifischer Kabeljau
Pacific cod FAO, gray cod, grayfish

Gadus morhua
Kabeljau (Ostsee/Jungform: Dorsch)
cod, Atlantic cod (young: codling)

Gadus ogac
Grönland-Kabeljau,
Grönland-Dorsch, Fjord-Dorsch
Greenland cod

Gaidropsarus vulgaris
Dreibartelige Seequappe
three-bearded rockling

Galega officinalis
Geißraute, Geißklee
goat's rue

Galeocerdo cuvieri
Tigerhai
tiger shark

Galeorhinus galeus,
Galeorhinus zygopterus,
Eugaleus galeus
Australischer Hundshai, Hundshai,
Biethai (Suppenflossenhai)
tope shark FAO, tope,
soupfin shark, school shark

Galipea officinalis, Angostura trifoliata
Angostura (Rinde)
angostura (bark)

Galium odoratum
Waldmeister
sweet woodruff

Gallus gallus, Gallus domesticus
Huhn
chicken; hen

Garcinia brasiliensis,
Rheedia brasiliensis
Bakupari, Madroño
bakupari, bacupari, bakuripari

Garcinia cambogia
Malabar-Tamarinde
Malabar tamarind, brindal berry,
kodappuli, gamboge

Garcinia indica
Kokum
kokam, kokum, Goa butter

Garcinia madruno
Madroño
madroño

Garcinia mangostana
Mangostane
mangosteen

Gaultheria hispidula,
Chiogenes hispidula
Kriechende Schneebeere,
Kriechende Scheinbeere
maidenhair berry,
creeping snowberry

Gaultheria procumbens
Wintergrün
wintergreen,
gaultheria

Gaylussacia baccata
Schwarze Buckelbeere
black huckleberry

Gaylussacia dumosa
Zwerg-Buckelbeere
dwarf huckleberry

Gaylussacia frondosa
Blaue Buckelbeere
blue huckleberry,
dangleberry, blue tangle

Gelidium amansii
Tengusa-Rotalge
tengusa (a red seaweed)

Genipa americana
Jenipapo, Jagua
genipapo, genip, genipa, huito,
jagua, marmalade box

Genypterus capensis
Kingklip,
Südafrikanischer Kingklip
kingklip

Gevuina avellana
Chilenische Haselnuss
Chile nut, Chilean hazelnut,
gevuina nut

Ginkgo biloba
Ginkgo-Kerne, Ginkgo-Samen,
Ginnan
ginkgo seeds, ginkgo nuts,
ginnan

Glechoma hederacea
Gundermann
ground ivy, alehoof

Gloiopeltis furcata
Funori-Rotalge
funori, fukuronori

Glossus humanus
Ochsenherz
oxheart cockle, heart shell

Glycine max
Sojabohne
soybean

Glycymeris americana,
Glycymeris gigantea
  Riesensamtmuschel
  giant bittersweet,
  American bittersweet
Glycymeris glycymeris
  Samtmuschel,
  Gemeine Samtmuschel,
  Archenkammmuschel,
  Mandelmuschel, Meermandel,
  Englisches Pastetchen
  dog cockle, orbicular ark
  (comb-shell), bittersweet
Glycyrrhiza glabra
  Süßholz, Süßholzwurzel (Lakritze)
  licorice, liquorice (~ root)
Glyptocephalus cynoglossus
  Rotzunge, Hundszunge, Zungenbutt
  witch
Glyptocephalus zachirus
  Amerikanische Scholle,
  Pazifischer Zungenbutt
  rex sole
Gnathanodon speciosus,
Caranx speciosus
  Goldene Königsmakrele
  golden trevally
Gnathodentex aureolineatus
  Goldstreifenbrasse
  gold-lined bream, large-eyed bream,
  striped large-eye bream FAO
Gnetum gnemon
  Gnetum-Nüsse
  gnetum seeds, melinjo, paddy oats

Gobius cobitis
  Riesengrundel, Große Meergrundel
  giant goby
Gobius niger
  Schwarzgrundel, Schwarzküling
  black goby
Gracilaria verrucosa
  Ogonori
  ogo (a red seaweed)
Grewia asiatica
  Phalsafrucht, Falsafrucht
  phalsa, falsa fruit
Grifola frondosa
  Klapperschwamm,
  Laub-Porling, Maitake
  maitake, sheep's head mushroom,
  sheepshead, ram's head mushroom,
  hen of the woods
Guizotia abyssinica
  Nigersaat, Ramtillkraut
  Niger seed, ramtil, nug
Gymnammodytes semisquamatus
  Nackt-Sandaal, Nacktsandaal
  smooth sandeel
Gymnocephalus cernuus
  Kaulbarsch
  ruffe FAO, pope
Gymnocephalus schraetzer
  Schrätzer
  striped ruffe, schraetzer FAO,
  Danube ruffe
Gyromitra ancilis
  Scheiben-Lorchel (roh giftig!/kochen!)
  disk-shaped edible false morel

Haemulon sciurus
Blaustreifengrunzer,
Blaustreifen-Grunzerfisch
bluestriped grunt

Haliotis corrugata
Rosa Abalone,
Rosafarbenes Meerohr
pink abalone

Haliotis fulgens
Grüne Abalone, Grünes Meerohr
green abalone

Haliotis kamtschatkana
Kamtschatka-Seeohr
pinto abalone,
northern abalone

Haliotis laevigata
Glatte Abalone, Glattes Meerohr
greenlip abalone,
smooth ear shell

Haliotis rufescens
Rote Abalone, Rotes Meerohr
red abalone

Haliotis spp.
Abalones, Seeohren,
Meerohren
abalones US, ormers UK

Halocynthia roretzi
Tunikat
ascidian, sea squirt

Hancornia speciosa
Mangaba
mangaba (mangabeira)

Harpephyllum caffrum
Kaffir-Pflaume
kaffir plum

Hedeoma pulegioides
Frauenminze,
Amerikanische Poleiminze
pennyroyal,
American pennyroyal

Helianthus annuus
Sonnenblume
(Sonnenblumenkerne)
sunflower (sunflower seeds)

Helianthus tuberosus
Topinambur, Erdbirne,
Jerusalem-Artischocke
Jerusalem artichoke,
sunchoke

Helichrysum italicum ssp. *serotinum*
Currystrauch, Currykraut
curry plant

Helix aspersa, Cornu aspersum,
Cryptomphalus aspersus
Gefleckte Weinbergschnecke,
Gesprenkelte Weinbergschnecke
brown gardensnail,
common garden snail,
European brown snail

Helix lucorum
Gestreifte Weinbergschnecke
Turkish snail, escargot turc

Helix pomatia
Weinbergschnecke
Roman snail, Burgundy snail,
escargot snail, escargot,
apple snail, grapevine snail,
vineyard snail, vine snail

Hericium clathroides
Bartkoralle
icicle fungus

Hericium erinaceum
Shan Fu, Igel-Stachelbart
lion's mane,
monkey head mushroom

Heterocarpus spp.
Kantengarnelen,
Kanten-Tiefseegarnelen
nylon shrimps

Heterocarpus reedei
Chilenische Kantengarnele,
Chile-Krabbe, Camarone
Chilean nylon shrimp

Hexanchus griseus
Grauhai, Großer Grauhai,
Sechskiemer-Grauhai
bluntnosed shark, grey shark,
six-gilled shark, sixgill shark,
bluntnose sixgill shark FAO

Hexaplex trunculus,
Truncculariopsis trunculus
Purpurschnecke
trunk murex, trunculus murex,
murex, banded dye murex

Hibiscus esculentus,
Abelmoschus esculentus
Okra, Gemüse-Eibisch,
Essbarer Eibisch
ladyfingers, okra, gumbo, bindi

Hibiscus sabdariffa
Sabdariffa-Eibisch, Rosella,
Karkade, Afrikanische Malve
hibiscus, roselle, sorrel,
Jamaica sorrel, karkadé

Himanthalia elongata
Meeresspaghetti,
Haricot vert de mer,
‚Meerbohnen'
thongweed, sea spaghetti,
sea haricots

Hippoglossoides dubius
Japanischer Heilbutt
Pacific false halibut,
flathead flounder FAO

Hippoglossoides elassodon
Heilbuttscholle
flathead sole

Hippoglossoides platessoides
Raue Scholle, Raue Scharbe,
Doggerscharbe
long rough dab,
American plaice, plaice US

Hippoglossus hippoglossus
Heilbutt, Weißer Heilbutt
Atlantic halibut

Hippoglossus stenolepis
Pazifischer Heilbutt
Pacific halibut

Hippophae rhamnoides
Sanddorn
sea buckthorn

Hizikia fusiformis
Hijiki
hijiki

Holothuria edulis
Essbare Seegurke, Essbare Seewalze,
Rosafarbene Seewalze
edible sea cucumber, pinkfish

Homarinus capensis
Kap-Hummer,
Südafrikanischer Hummer
Cape lobster

Homarus americanus
Amerikanischer Hummer
northern lobster,
American clawed lobster

Homarus gammarus
Hummer, Europäischer Hummer
common lobster,
European clawed lobster,
Maine lobster

Hoplostethus atlanticus
Granatbarsch,
Atlantischer Sägebauch,
Kaiserbarsch
orange roughie, orange roughy

Hordeum vulgare
Gerste
barley

Houttuynia cordata
Chamäleonblatt,
Herzförmige Houttuynie,
Vap Ca
fish plant, fishwort, heart leaf

Hovenia dulcis
Japanische ‚Rosinen'
Japanese raisins

Hucho hucho
Huchen
Danube salmon, huchen

Humulus lupulus
Hopfen
hops

Huso huso
Europäischer Hausen, Hausen,
Beluga-Stör
great sturgeon, volga sturgeon,
beluga FAO

Hydnum repandum
Semmelstoppelpilz
pied de mouton

Hydrophyllum spp.
Wasserblatt
waterleaf

Hylocereus undatus &
Hylocereus costaricensis
Rote Pitahaya,
Rote Drachenfrucht
red pitahaya, red pitaya,
red dragonfruit, strawberry pear

Hymenaea courbaril
Curbaril, Jatoba,
Antillen-Johannisbrot,
Brasilianischer Heuschreckenbaum
Brazilian cherry, copal, jatoba

Hyperoplus lanceolatus,
Ammodytes lanceolatus
Großer Sandspierling,
Großer Sandaal
greater sandeel, great sandeel FAO,
lance, sandlance

Hypholoma capnoides
Rauchblättriger Schwefelkopf,
Graublättriger Schwefelkopf
conifer tuft

Hypomesus pretiosus
Kleinmäuliger Kalifornischer Seestint
surf smelt

Hypophthalmichthys molitrix
Silberkarpfen, Gewöhnlicher Tolstolob
silver carp FAO, tolstol

Hypophthalmichthys nobilis,
Aristichthys nobilis
Marmorkarpfen, Edler Tolstolob
bighead carp

Hypopta agavis
Rote(r) Agavenwurm/~raupe,
Roter Mescal-Wurm
red agave worm, red worm,
red maguey worm, gusano rojo

Hypsizigus marmoreus,
Hypsizigus tessulatus
Bunashimeji, ‚Shimeji‘,
Buchenrasling
bunashimeji,
brown beech mushroom

Hyptis suaveolens
Buschminze
bush tea

Hyssopus officinalis
Ysop
hyssop

Ictalurus catus
  Weißer Katzenwels
  fork-tailed catfish
Ictalurus furcatus
  Blauer Katzenwels
  blue catfish
Ictalurus nebulosus,
  Ameiurus nebulosus
  Amerikanischer Zwergwels,
  Brauner Zwergwels,
  Langschwänziger Katzenwels
  horned pout, American catfish,
  brown bullhead FAO,
  speckled catfish
Ictalurus punctatus
  Getüpfelter Gabelwels
  channel catfish
Ilex paraguariensis
  Mate, Mate-Tee, Paraguaytee
  Paraguay tea,
  yerba mate, maté tea
Illicium verum
  Sternanis, Chinesischer Sternanis
  star anise
Imbrasia belina
  Mopane-Wurm, Mopane-Raupe
  mopane worm
Inga edulis
  Ingabohne
  inga, ice cream bean

Inocarpus fagifer
  Tahiti-Kastanie
  Tahiti chestnut, Tahitian chestnut
Inula helenium
  Alant, Echter Alant
  yellow starwort, elecampane,
  horseheal
Ipomoea aquatica
  Wasserspinat,
  Chinesischer Wasserspinat
  water spinach,
  water convolvulus,
  Chinese water spinach,
  kangkong, morning glory
Ipomoea batatas
  Süßkartoffel, Batate
  sweet potato
Iris germanica
  Iriswurzel, ,Veilchen'wurzel
  orris root, white flag root
Irvingia gabonensis
  Wildmango, Dikanuss,
  Cay-Cay-Butter
  bush mango, dika nut,
  dika butter (Gaboon chocolate)
Ixeris sonchifolia
  Koreanischer Salat,
  Godulbaegi
  Korean lettuce,
  godulbaegi

Jaltomata procumbens
Jaltomate
jaltomato
Jasus lalandei
Kap-Languste, Afrikanische Languste
Cape rock crawfish,
Cape rock lobster
Jasus novaehollandiae
Austral-Languste
Australian rock lobster
Jubaea chilensis
Honigpalme
(Palmhonig/Palmenhonig),
Coquitopalme
honey palm (palm honey),
coquito, Chilean wine palm;
coquito nuts
Juglans californica
Kalifornische Walnuss
Californian walnut,
California black walnut

Juglans cinerea
Butternuss,
Graue Walnuss
butternut,
white walnut
Juglans mandshurica
Chinesische Walnuss,
Mandschurische Walnuss
Manchurian walnut,
Chinese walnut
Juglans nigra
Schwarze Walnuss
black walnut,
American black walnut
Juglans regia
Walnuss
walnut, regia walnut,
English walnut
Juniperus communis
Wacholderbeeren
juniper 'berries'

Kaempferia galanga
  Gewürzlilie,
  Chinesischer Galgant
  galanga,
  East Indian galangal, spice lily
Kaempferia pandurata,
  Boesenbergia pandurata,
  Boesenbergia rotunda
  Krachai, Chinesischer Ingwer,
  Fingerwurz, Runde Gewürzlilie
  Chinese keys, fingerroot,
  tumicuni, temu kunci,
  krachai

Katsuwonus pelamis,
  Euthynnus pelamis
  Gestreifter Thun, Echter Bonito,
  Bauchstreifiger Bonito
  skipjack tuna FAO, bonito,
  stripe-bellied bonito
Kloeckera apiculata
  Weinhefe
  wine yeast
Kuehneromyces mutabilis
  Stockschwämmchen, Pioppini
  brown stew fungus,
  sheathed woodtuft

Labeo rohita
Rohu, Rohu-Karpfen
rohu

Lablab purpureus
Helmbohne
hyacinth bean, lablab

Labrus bergylta
Gefleckter Lippfisch
ballan wrasse

Labrus bimaculatus, Labrus mixtus
Kuckuckslippfisch
cuckoo wrasse

Lactarius deliciosus
Reizker
saffron milk cap,
red pine mushroom

Lactarius volemus
Milchbrätling
tawny milk cap, weeping milk cap

Lactuca indica
Chinesischer Salat, Indischer Salat
Indian lettuce

Lactuca sativa
Gartensalat
lettuce

Lactuca sativa (Angustana Group)
Spargelsalat, Spargel-Salat
asparagus lettuce, celtuce

Lactuca sativa (Crispa Group)
Schnittsalat, Pflücksalat
(*inkl.* Eichenblattsalat,
Lollo Rossa *etc.*)
curled lettuce,
cut lettuce, leaf lettuce,
loose-leafed lettuce, looseleaf
(*incl.* oak leaf lettuce,
lollo rosso *etc.*)

Lactuca sativa (Longifolia Group)
Römischer Salat,
Romana-Salat, Bindesalat
cos lettuce, romaine lettuce

Lactuca sativa (Secalina Group)
Eichblattsalat, Eichlaubsalat,
Pflücksalat
criolla lettuce,
Italian lettuce, Latin lettuce

**Lactuca sativa var. capitata
(Butterhead Type)**
Kopfsalat, Buttersalat
butter lettuce, butterhead,
head lettuce, cabbage lettuce,
bibb lettuce, Boston lettuce

**Lactuca sativa var. capitata
(Crisphead Type)**
Eissalat, Krachsalat
crisphead, crisp(head) lettuce,
iceberg lettuce

Lactuca serriola
Lattich, Stachel-Lattich,
Stachelsalat, Wilder Lattich
prickly lettuce, wild lettuce

Lagenaria siceraria
Flaschenkürbis, Kalebasse
bottle gourd, calabash

Lagopus lagopus
Moorhuhn, Moorschneehuhn
willow grouse

Lagopus mutus
Schneehuhn, Alpenschneehuhn
ptarmigan

Lama glama
Lama
llama

Laminaria digitata
Fingertang
tangle, oarweed

Laminaria japonica u.a.
Kombu, Seekohl
kombu

Laminaria saccharina
Zuckertang
sugar kelp, sugar wrack

Lamna nasus
Heringshai
porbeagle FAO, mackerel shark

Lampris guttatus
Gotteslachs
opah, moonfish

Lansium domesticum
Langsat, Longkong
langsat, longkong

Lansium domesticum (Duku Group)
Duku
duku

Lapsana communis
Rainkohl
nipplewort

Laser trilobum
Rosskümmel,
Dreilappiger Rosskümmel
gladich, baltracan

Lasia spinosa
Geli-Geli
spiny lasia, spiny elephant's ear

Lates calcarifer
Barramundi, Riesenbarsch
barramundi FAO,
giant sea perch

Lates niloticus
Nilbarsch, Viktoriasee-Barsch
(Viktoriabarsch)
Nile perch (Sangara)

Lathyrus sativus
Saatplatterbse, Saat-Platterbse
grass pea, chickling pea,
dogtooth pea, Riga pea,
Indian pea

Lathyrus tuberosus
Knollige Platterbse,
Knollen-Platterbse,
Erdnussplatterbse
groundnut pea, earthnut pea,
tuberous sweetpea, earth chestnut

Laurencia pinnatifida,
Osmundea pinnatifida
Pepper-Dulse
pepper dulse

Laurus nobilis
Lorbeerblätter
laurel, laurel leaves, bay leaves
(sweet bay, bay laurel)

Lavandula angustifolia
Lavendel
lavender

Leccinum scabrum
Graukappe, Birkenröhrling,
Birkenpilz, Kapuziner
shaggy boletus, birch bolete

Leccinum versipelle
Rotkappe
orange birch bolete

Lecythis zabucajo u.a.
Sapucajanuss, Paradiesnuss
paradise nut, monkey-pot nut,
sapucaia nut, zabucajo nut

Leiostomus xanthurus
Punkt-Umberfisch,
Zebra-Umberfisch
spot, spot croaker

Lens culinaris
Linse
lentil

Lentinus edodes, Lentinula edodes
Shiitake, Blumenpilz,
Japanischer Champignon
shiitake, Japanese forest mushroom

Lepidium latifolium
Breitblättrige Kresse, Pfefferkraut
dittander

Lepidium sativum
Gartenkresse
garden cress

Lepidocybium flavobrunneum
Buttermakrele
escolar

Lepidopsetta bilineata
Pazifische Scholle, Felsenkliesche
rock sole

Lepidopus caudatus
Strumpfbandfisch
silver scabbardfish FAO,
ribbonfish, frostfish

Lepidorhombus boscii
Gefleckter Flügelbutt,
Vierfleckbutt
four-spot megrim

Lepidorhombus whiffiagonis
Flügelbutt, Scheefsnut,
Glasbutt
megrim FAO, sail-fluke, whiff

Lepista nuda
Violetter Rötelritterling
wood blewit, blewit

Lepomis auritus
Rotbrust-Sonnenbarsch,
Großohriger Sonnenfisch
redbreast sunfish FAO,
red-breasted sunfish,
sun perch

Lepus arcticus
Polarhase
Arctic hare

Lepus europaeus
Hase, Feldhase
(*siehe auch:* Kaninchen)
hare; (Häschen) leveret

Lepus variabilis
Schneehase
mountain hare

Lethrinus lentjan
Rosaohr-Straßenkehrer,
Rosaohr-Kaiser, Kaiserbrasse
pink ear emperor,
redspot emperor

Lethrinus nebulosus
Blaustreifen-Straßenkehrer,
Kaiserbrasse
spangled emperor

Leucaena leucocephala
Weißkopfmimose, Wilde Tamarinde
lead tree pods, white leadtree,
white popinac, wild tamarind,
petai belalang
Leuciscus cephalus
Döbel, Aitel
chub
Leuciscus idus
Aland, Orfe
ide FAO, orfe
Leuciscus leuciscus
Hasel
dace
Leuciscus souffia
Strömer
vairone FAO, telestes US, souffie
Leucoagaricus leucothites
Rosablättriger Schirmpilz
smooth parasol mushroom
Leucoraja fullonica
Fullers Rochen, Chagrinrochen
shagreen ray
Levisticum officinale
Liebstöckel, Maggikraut
lovage
Libidoclea granaria
Chilenische Seespinne
southern spider crab
Lichia amia
Große Gabelmakrele
leerfish
Ligusticum scoticum
Mutterwurz, Schottische Mutterwurz
scotch lovage, sea lovage
Limanda limanda
Kliesche (Scharbe)
dab, common dab
Limnanthes alba
Wiesenschaumkraut (Öl)
meadowfoam (seed oil)
Limnophila aromatica
Reisfeldpflanze, Rau Om, Rau Ngo
rice paddy herb, finger grass,
kayang leaf
Limonia acidissima, Feronia limonia
Indischer Holzapfel
wood apple, elephant apple
Lindera benzoin
Wohlriechender Fieberstrauch
wild allspice, spicebush,
benjamin bush

Linum usitatissimum
Leinsamen, Leinsaat
linseed, flaxseed
Lippia graveolens
Mexikanischer Oregano
Mexican oregano,
Sonoran oregano, Mexican sage
Litchi chinensis
Litchi
lychee, litchi
Lithodes aequispina
Gold-Königskrabbe
golden king crab
Lithodes antarctica,
Lithodes santolla
Antarktische Königskrabbe
southern king crab
Lithodes couesi
Tiefsee-Königskrabbe
scarlet king crab, deep-sea crab,
deep-sea king crab
Lithognathus mormyrus,
Pagellus mormyrus
Marmorbrasse, Meerbrasse,
Dorade
marmora,
striped seabream FAO
Lithophaga spp.
Seedatteln, Meeresdatteln
datemussels, date mussels
Lithophaga lithophaga
Seedattel, Steindattel,
Meerdattel, Meeresdattel
datemussel, common date mussel
European date mussel
Littorina littorea
Strandschnecke,
Gemeine Strandschnecke,
Gemeine Uferschnecke,
‚Hölker' (Bigorneau F)
common periwinkle, periwinkle,
winkle, common winkle,
edible winkle
Livistona chinensis
Chinesische Fächer-/Schirmpalm
Brunnenpalme
Chinese fan palm fruit
Liza ramada, Mugil capito
Dünnlippige Meeräsche
thinlip grey mullet,
thin-lipped grey mullet,
thinlip mullet FAO

Lobotes surinamensis
Dreischwanzbarsch
Atlantic tripletail

Loligo pealei
Nordamerikanischer Kalmar
longfin inshore squid

Loligo vulgaris
Gemeiner Kalmar,
Roter Gemeiner Kalmar
common squid, European squid

Lonicera caerulea var. edulis
Heckenkirsche,
Essbare Heckenkirsche
honeysuckle, edible honeysuckle,
sweetberry honeysuckle,
blue honeysuckle

Lonicera kamtschatica
Honigbeere,
Kamtschatka-Heckenkirsche,
Kamtschatka-Beere
honeyberry,
Kamchatka honeysuckle

Lophius piscatorius
Atlantischer Seeteufel,
Atlantischer Angler
Atlantic angler fish, angler FAO,
monkfish

Lopholatilus chamaeleonticeps
Blauer Ziegelbarsch,
Blauer Ziegelfisch
tilefish

Lota lota
Quappe, Rutte, Trüsche,
Aalrutte, Aalquappe
burbot

**Lotus tetragonolobus,
Tetragonolobus purpureus**
Spargelerbse, Flügelerbse
asparagus pea, winged pea

Loxorhynchus grandis
Kalifornische Schafskrabbe
Californian sheep crab

Luffa acutangula
Gerippte Schwammgurke,
Flügelgurke
angled loofah, angled luffa,
ridged gourd, angled gourd

Luffa aegyptiaca, Luffa cylindrica
Schwammgurke
loofah, vegetable sponge,
smooth loofah, smooth luffa,
sponge gourd

Lupinus albus
Weiße Lupine,
Ägyptische Lupine
white lupine,
Mediterranean white lupine

Lupinus mutabilis
Tarwi, Buntlupine
tarwi, pearl lupin

Lutjanus analis
Mutton-Schnapper
mutton snapper

Lutjanus apodus
Schulmeister-Schnapper
schoolmaster,
schoolmaster snapper

Lutjanus bohar
Doppelfleck-Schnapper
two-spot red snapper

Lutjanus campechanus
Roter Schnapper,
Nördlicher Schnapper
red snapper,
northern red snapper FAO

Lutjanus malabaricus
Malabar-Schnapper
Malabar blood snapper

Lutjanus sanguineus
Blut-Schnapper, Blutschnapper
humphead snapper,
bloodred snapper

Lutjanus sebae
Kaiserschnapper
emperor snapper, red emperor,
emperor red snapper FAO

Lutjanus synagris
Rotschwanzschnapper
lane snapper

Lutjanus vitta
Vitta-Schnapper
brownstripe red snapper

Lycium barbarum & Lycium chinense
Goji-Beeren,
Chinesischer Bocksdorn,
Bocksdornbeere,
Chinesische Wolfsbeere,
goji berries, Tibetan goji,
Himalayan goji,
Chinese boxthorn,
Chinese wolfberry

Lyophyllum shimeji
Honshimeji
honshimeji

Macadamia tetraphylla,
  Macadamia integrifolia
  Macadamia
  macadamia
Macrobrachium rosenbergii
  Hummerkrabbe (*Hbz.*),
  Rosenberg-Garnele,
  Rosenberg Süßwassergarnele
  Indo-Pacific freshwater prawn,
  giant river shrimp,
  giant river prawn,
  blue lobster (*tradename*)
Macrocheira kaempferi
  Japanische Riesenkrabbe
  giant spider crab
Macrolepiota procera
  Großer Riesenschirmling, Parasol,
  Parasolpilz, Riesenschirmpilz
  field parasol
Macrolepiota rhacodes
  Safranpilz, Rötender Schirmpilz,
  Safran-Schirmpilz
  shaggy parasol
Macropus spp.
  Kängurus
  kangaroos
Macrotyloma geocarpum
  Erdbohne, Kandelbohne
  ground bean, Kersting's groundnut
Macrotyloma uniflorum
  Pferdebohne
  horse gram
Madhuca longifolia
  Mowrah, Indischer Butterbaum
  mahua, mowa, mowrah butter,
  butter tree
Maja squinado, Maia squinado
  Große Seespinne, Teufelskrabbe
  common spider crab,
  thorn-back spider crab
Majidae
  Seespinnen
  spider crabs
Mallotus villosus
  Lodde, Capelin
  capelin
Malpighia emarginata &
  Malpighia glabra
  Barbadoskirsche, Acerola,
  Acerolakirsche
  Barbados cherry,
  West Indian cherry, acerola

Malus baccata
  Kirschapfel, Beerenapfel
  Siberian crab apple,
  Asian wild crab apple, cherry appl
Malus coronaria
  Süßer Wildapfel, Kronenapfel
  sweet crab apple
Malus pumila, Malus domestica
  Apfel, Kultur-Apfel
  apple, orchard apple
Malus sylvestris
  Holzapfel, Wildapfel
  crab apple
Malva parviflora
  Ägyptische Malve
  Egyptian mallow
Malva sylvestris
  Malve, Wilde Malve
  mallow, common mallow
Malva verticillata 'Crispa'
  Quirlmalve, Krause Malve,
  Gemüsemalve,
  Krause Gemüsemalve
  curled mallow
Mammea africana
  Afrikanischer Mammiapfel,
  Afrikanische Aprikose
  African mammey apple,
  African mammee apple,
  African apricot, African apple
Mammea americana
  Mammeyapfel, Mammey-Apfel,
  Mammiapfel,
  Aprikose von St. Domingo
  mammey, mammey apple,
  mammee apple,
  St. Domingo apricot
Mangifera caesia
  Binjai
  binjai
Mangifera indica
  Mango (Amchoor, Mangopulver)
  mango (amchoor, mango powder
Mangifera x odorata
  Saipan-Mango, Kuweni, Kurwini
  apple mango, kuweni,
  kuwini, kurwini
Manhiot esculenta
  Maniok, Cassava
  (Tapioka: granulierte Maniokstärk
  cassava
  (tapioca: granulated cassava starc

Manilkara zapota
  Sapodilla, Sapotille, Sapote, Breiapfel
  sapodilla, sapodilla plum, chiku
  (chicle tree)
Maranta arundinacea
  Pfeilwurz, Pfeilwurzel
  (Marantastärke/Pfeilwurzelmehl)
  arrowroot (arrowroot starch)
Marasmius oreades
  Nelkenschwindling,
  Wiesenschwindling
  fairy ring mushroom
Marasmius scorodonius
  Knoblauchschwindling, Mousseron
  fairy ring mushroom, mousseron
Marrubium vulgare
  Andorn
  horehound
Matisia cordata
  Chupachupa,
  Südamerikanische Sapote,
  Kolumbianische Sapote
  chupa-chupa, sapote amarillo,
  South American sapote
Matricaria chamomilla, M. recutita
  Kamille, Echte Kamille
  chamomile, wild chamomile
Medicago sativa
  Luzerne
  lucerne, alfalfa
Megabalanus psittacus
  Riesen-Seepocke
  giant Chilean barnacle
Melanogrammus aeglefinus
  Schellfisch
  haddock (chat, jumbo)
Meleagris gallopavo
  Truthahn, Wildtruthuhn
  turkey
Melicoccus bijugatus
  Mamoncillo, Honigbeere, Quenepa
  mamoncillo, honeyberry
Melissa officinalis
  Melisse, Zitronenmelisse,
  Melissenkraut, Zitronelle
  balm, lemon balm
Menippe mercenaria
  Große Steinkrabbe
  stone crab, black stone crab
Mentha arvensis
  Ackerminze
  field mint, corn mint

Mentha arvensis ssp. *haplocalyx,*
Mentha arvensis var. *piperascens*
  Japanische Pfefferminze
  Japanese mint
Mentha x *gracilis, Mentha gentilis*
  Edelminze, Ingwerminze,
  Gingerminze
  ginger mint
Mentha longifolia
  Ross-Minze
  horse mint, longleaf mint,
  Biblical mint
Mentha x *piperita*
  Pfefferminze
  peppermint
Mentha x *piperita 'citrata'*
  Bergamottminze
  lemon mint, orange mint,
  eau-de-cologne mint
Mentha x *piperita 'piperita'*
  Schwarze Pfefferminze
  black peppermint
Mentha pulegium
  Polei-Minze
  pennyroyal
Mentha spicata
  Grüne Minze, Ährenminze,
  Ährige Minze
  spearmint
Mentha spicata var. *crispa*
  Krauseminze
  curly spearmint, garden mint
Mentha suaveolens
  Rundblättrige Minze, Apfelminze
  round-leaved mint, apple mint
Mentha suaveolens ‚variegata'
  Ananasminze
  pineapple mint
Mentha x *villosa* var. *alopecuroides*
  (M. spicata x *M. suaveolens)*
  Apfelminze
  apple mint, woolly mint
Mercenaria mercenaria
  Nördliche Quahog-Muschel
  quahog,
  northern quahog
  (hard clam, bearded clam,
  round clam, chowder clam)
Meretrix lusoria
  Japanische Venusmuschel,
  Hamaguri
  Japanese hard clam

Merlangius merlangus
Wittling, Merlan
whiting
Merluccius merluccius
Seehecht,
Europäischer Seehecht,
Hechtdorsch
hake, European hake FAO,
North Atlantic hake
Merluccius paradoxus
Kaphecht, Kap-Seehecht
deep-water Cape hake
Mertensia maritima
Austernpflanze
gromwell, oyster plant,
oysterleaf, sea lungwort
Mesembryanthemum crystallinum
Eiskraut
ice-plant
Mespilus germanicus
Mispel
medlar
Metanephrops challengeri
Neuseeländischer Kaisergranat
New Zealand scampi,
deep water scampi
Metapenaeus spp.
Geißelgarnelen *u.a.*
metapenaeus shrimps
Metroxylon sagu
Sagopalme
sago palm
Microchirus variegatus,
Solea variegata
Bastardzunge,
Dickhaut-Seezunge*
thickback sole FAO,
thick-backed sole
Microcitrus australasica
Fingerlimette
finger lime
Micromeria chamissonis,
Satureja douglasii
Indianerminze
Douglas' savory, Oregon tea,
yerba buena
Micromeria croatica
Kroatische Felsenlippe
Croatian Micromeria
Micromeria fruticosa
Arabisches Bergkraut
false hyssop, tea hyssop

Micromeria thymifolia
Slowenische Bergminze,
Thymianblättrige Felsenlippe
mountain mint
Micromesistius poutassou
Blauer Wittling, Poutassou
blue whiting, poutassou
Micropogonias undulatus
Atlantischer Umberfisch
Atlantic croaker
Microstomus kitt
Echte Rotzunge, Limande
lemon sole
Microstomus pacificus
Pazifische Rotzunge,
Pazifische Limande
Dover sole, Pacific Dover sole
Minthostachys mollis
Peperina
muña, tipo, peperina
Mirabilis expansa
Mauka
mauka
Mitella pollicipes,
Pollicipes cornucopia
Felsen-Entenmuschel
rocky shore goose barnacle
Mola mola
Mondfisch
ocean sunfish, mola
Molva molva
Leng, Lengfisch
ling FAO, European ling
Momordica charantia
Balsambirne
balsam pear, bitter gourd,
bitter cucumber, bitter melon
Monarda didyma
Monarde, Scharlach-Monarde,
Goldmelisse,
Scharlach-Indianernessel,
Oswego-Tee
scarlet beebalm, scarlet monarda
Oswego tea, bergamot, bee balm
Mondia whitei
Mondia, Wurzelvanille
mondia, white ginger
Monodora myristica
Kalebassenmuskat, Monodoranus
calabash nutmeg,
West African nutmeg,
Jamaica nutmeg, false nutmeg

Monstera deliciosa
Fensterblatt,
Mexikanische 'Ananas'
delicious monster, ceriman

Morchella elata, Morchella conica
Spitzmorchel
conic morel

Morchella esculenta
Speisemorchel, Rundmorchel
morel, morille

Morinda citrifolia
Noni, Indische Maulbeere
(Noni-Blätter)
noni fruit, Indian mulberry
(Indian mulberry leaf, bai yor)

Moringa oleifera
Drumstickgemüse
(Meerrettichbaum),
Pferderettich
drumsticks (horseradish tree),
Indian horseradish

Morone americana,
Roccus americanus
Amerikanischer Streifenbarsch
white perch

Morone labrax, Dicentrachus labrax,
Roccus labrax
Wolfsbarsch, Seebarsch
bass, sea bass,
European sea bass FAO

Morone saxatilis, Roccus saxatilis
Nordamerikanischer Streifenbarsch,
Felsenbarsch
striped bass, striper,
striped sea-bass FAO

Morus alba
Weiße Maulbeere
white mulberry

Morus nigra
Schwarze Maulbeere
black mulberry

Morus rubra
Rote Maulbeere
red mulberry

Mucuna pruriens
Samtbohne, Juckbohne,
Velvetbohne
velvet bean

Mugil auratus, Liza aurata
Goldmeeräsche,
Gold-Meeräsche
golden grey mullet

Mugil cephalus
Gemeine Meeräsche,
Flachköpfige Meeräsche,
Großkopfmeeräsche
striped gray mullet,
striped mullet, common grey mullet,
flat-headed grey mullet,
flathead mullet FAO

Mullus auratus
Nördlicher Ziegenfisch
golden goatfish

Mullus barbatus
Meerbarbe, Gewöhnliche Meerbarbe,
Rote Meerbarbe
red mullet FAO, plain red mullet

Mullus surmuletus
Gestreifte Meerbarbe, Streifenbarbe
striped red mullet

Mundia rugosa
Langarmiger Springkrebs,
Tiefwasser-Springkrebs
rugose squat lobster

Muntingia calabura
Jamaikakirsche,
Jamaikanische Muntingia,
Panama-Beere
Jamaica cherry, Jamaican cherry,
Panama berry

Muraena helena
Mittelmeer-Muräne
Mediterranean moray FAO,
European moray

Murraya koenigii
Curryblätter
curry leaves

Musa x paradisiaca
Bananen (*Sorten siehe D-E-Teil*):
u.a. Obstbanane, Kochbanane,
Mehlbanane, Zwergbanane etc.
bananas (*for varieties see E-G section*);
a.o. plantain, cooking banana,
dwarf banana *etc.*

Musa sumatrana
Blut-Banane
blood banana

Muscari comosus
Traubenhyazinthe, Cipollino
tassel hyacinth

Mustelus canis
Westatlantischer Glatthai
dusky smooth-hound FAO,
smooth dogfish

Mustelus mustelus
Glatthai, Grauer Glatthai,
Südlicher Glatthai,
Mittelmeer-Glatthai
smooth-hound FAO, smoothhound
Mya spp.
Klaffmuscheln
gaper clams
Mya arenaria, Arenomya arenaria
Sandmuschel, Sandklaffmuschel,
Strandauster, Große Sandklaffmuschel
sand gaper, soft-shelled clam,
softshell clam, large-neck clam,
steamer
Mycteroperca bonaci
Schwarzer Zackenbarsch
black grouper
Myocastor coypus
Nutria, Sumpfbiber
nutria, coypu
Myrciaria cauliflora
Jaboticaba, Baumstammkirsche
jaboticaba, Brazilian tree grape
Myrciaria dubia
Camu Camu
camu-camu, river guava, caçari
Myrciaria floribunda
Rumbeere, Guaven-Beere
rumberry, guava berry
Myrica rubra
Chinesische Baumerdbeere,
Pappelpflaume,
Chinesischer 'Arbutus', Yumberry
red bayberry, red myrica,
Chinese bayberry, yumberry

Myristica fragrans
Muskatnuss *und*
Mazis (Macis, Muskatblüte)
nutmeg *and* mace
Myrrhis odorata
Süßdolde, Myrrhenkerbel
sweet cicely, sweet chervil,
garden myrrh
Myrtus communis
Myrte, Brautmyrte
myrtle
Mytilidae, Mytiloidea
Miesmuscheln
mussels
Mytilus californianus
Kalifornische Miesmuschel
California mussel
(common mussel)
Mytilus chilensis
Chilenische Miesmuschel
Chilean mussel
Mytilus edulis
Gemeine Miesmuschel,
Pfahlmuschel
blue mussel, bay mussel,
common mussel,
common blue mussel
Mytilus galloprovincialis
Mittelmeer-Miesmuschel,
Blaubartmuschel,
Seemuschel
Mediterranean mussel
Mytilus smaragdinus, Perna viridis
Grüne Miesmuschel
green mussel

Nassarius mutabilis
Glatte Netzreusenschnecke,
Wandelbare Reusenschnecke
mutable nassa

Nasturtium officinale
Brunnenkresse
watercress

Nasturtium x sterile
Bastard-Brunnenkresse
brown watercress

Nelumbo nucifera
Lotos, Lotus (Lotusblumen-Samen,
Lotus,wurzeln', Lotus Plumula),
Indischer Lotus
lotus, sacred Indian lotus
(lotus seeds/nuts, 'roots', plumules)

Nephelium lappaceum
Rambutan
rambutan

Nephelium ramboutan-ake,
Nephelium mutabile
Pulasan
pulasan

Nephrops norvegicus
Kaisergranat, Kaiserhummer,
Kronenhummer, Schlankhummer,
Tiefseehummer
Norway (clawed) lobster,
Dublin Bay lobster/prawn
(scampi, langoustine)

Neptunia oleracea
Wassermimose
water mimose

Nereocystis luetkeana
Bullkelp (Seetang)
seatron, bull kelp,
bull-whip kelp

Nigella sativa
Schwarzkümmel
black cumin, 'fennel flower'

Nodipecten nodosus, Lyropecten nodosa
Löwenpranke
lions-paw scallop, lion's paw

Numida meleagris
Perlhuhn (Helmperlhuhn)
guineafowl (helmeted guineafowl)

Nymphaea lotus
Ägyptische Bohne, Bado,
Weiße Ägyptische Seerose,
Ägyptischer Lotos/Lotus,
Tigerlotus
Egyptian water lily,
white Egyptian lotus,
bado

Nypa fruticans
Nipapalme, Attappalme,
Mangrovenpalme
nipa palm, attap palm,
mangrove palm,
water coconut

Oblada melanura
Brandbrasse, Oblada
saddled bream,
saddled seabream FAO

Ocimum americanum
Amerikanisches Basilikum,
Limonen-Basilikum,
Kampferbasilikum
hoary basil, lime basil

Ocimum basilicum ssp. basilicum
Basilikum
basil

Ocimum basilicum ssp. thyrsiflorum
Thai-Basilikum, Horapa
Thai basil, sweet Thai basil,
Thai sweet basil, horapha

Ocimum tenuiflorum, Ocimum sanctum
Indisches Basilikum,
Königsbasilikum,
Heiliges Basilikum, Tulsi
holy basil, Indian holy basil,
Thai holy basil, tulsi

Ocimum x citriodorum
Zitronenbasilikum
lemon basil, sweet basil

Octopus vulgaris
Gemeiner Krake,
Gemeiner Octopus, Polyp
common octopus,
common Atlantic octopus,
common European octopus

Ocyurus chrysurus
Gelbschwanzschnapper
yellowtail snapper

Odocoileus hemionus
Maultierwild, Maultierhirsch,
Schwarzwedelhirsch
mule deer

Odocoileus virginianus
Weißwedelwild, Weißwedelhirsch
white-tailed deer

Oemleria cerasiformis
Indianische Pflaume,
Oregonpflaume
Indian plum, Oregon plum,
osoberry

Oenanthe javanica
Javanischer Wasserfenchel,
Java-Wasserfenchel
water celery, Asian water celery,
water parsley, Chinese celery,
Java water dropwort

Oenothera biennis
Rapontika, Schinkenwurzel,
Nachtkerze
evening primrose

Olea europaea
Olive
olive

Ommastrephes bartramii
Fliegender Kalmar
flying squid, neon flying squid

Oncorhynchus gorbuscha
Buckellachs, Buckelkopflachs,
Rosa Lachs, Pinklachs
pink salmon

Oncorhynchus keta
Keta-Lachs, Ketalachs,
Hundslachs, Chum-Lachs
chum salmon

Oncorhynchus kisutch
Coho-Lachs, Silberlachs
coho salmon FAO, silver salmon

Oncorhynchus masou
Masu-Lachs
masu salmon, cherry salmon FAO

Oncorhynchus mykiss, Salmo gairdn
Regenbogenforelle
rainbow trout (steelhead:
sea-run and large lake population

Oncorhynchus nerka
Blaurückenlachs, Blaurücken,
Roter Lachs, Rotlachs
sockeye salmon FAO, sockeye
(*lacustrine populations in
US/Canada*: kokanee)

Oncorhynchus rhodurus
Amago-Lachs
amago salmon, amago

Oncorhynchus tschawytcha
Königslachs, Quinnat
chinook salmon FAO, chinook,
king salmon

Ophiodon elongatus
Langer Grünling, Langer Terpug,
Lengdorsch
lingcod

Opuntia ficus-indica u.a.
Kaktusbirne, Kaktusfeige
(Feigenkaktus, Opuntien);
Nopal (Kaktus-Stammscheiben)
cactus pear, prickly pear, tuna,
Indian fig, Barberry fig;
nopal (cactus pads)

Orconectes immunis
Kalikokrebs
colico crayfish, papershell crayfish

Orconectes limosus, Cambarus affinis
Amerikanischer Flusskrebs,
Kamberkrebs, ‚Suppenkrebs'
spinycheek crayfish,
American crayfish,
American river crayfish,
striped crayfish

Oreochromis mossambicus,
Tilapia mossambica
Mosambik-Buntbarsch,
Mosambik-Tilapia
Mozambique tilapia,
Mozambique mouthbreeder

Oreochromis niloticus,
Tilapia nilotica
Nil-Buntbarsch, Nil-Tilapia, Tilapie
Nile tilapia, Nile mouthbreeder

Origanum dictamnus
Diptamdost, Kretischer Oregano,
Kretischer Diptam
Cretan oregano, Crete oregano,
dittany of Crete

Origanum majorana
Majoran
marjoram, sweet marjoram

Origanum onites
Französischer Majoran
Turkish oregano, pot marjoram

Origanum syriacum
Syrischer Oregano,
Arabischer Oregano
Bible hyssop, hyssop of the Bible,
Syrian oregano

Origanum vulgare
Oregano, Wilder Majoran,
Gewöhnlicher Dost
oregano, wild marjoram

Origanum vulgare var. hirtum
Echter Griechischer Oregano,
Pizza-Oregano,
Borstiger Gewöhnlicher Dost
Greek oregano, true Greek oregano,
wild marjoram

Origanum vulgare var. viridulum,
Origanum heracleoticum
Griechischer Oregano,
Wintermajoran
Greek oregano, Sicilian oregano,
winter marjoram

Oryctolagus cuniculus
Kaninchen, Wildkaninchen
rabbit, wild rabbit

Oryza glaberrima
Afrikanischer Reis
African red rice, African rice

Oryza glutinosa
Klebreis
glutinous rice, white sticky rice

Oryza sativa
Reis
rice

Oryza sativa (Indica Group)
Langkornreis
long-grain rice,
long-grained rice

Oryza sativa (Japonica Group)
Rundkornreis,
Japanischer Rundkornreis
Japanese rice, round-grained rice,
short grain rice

Osmerus eperlanus
Stint (Sperling, Wanderstint)
smelt, European smelt FAO

Osmerus mordax
Regenbogenstint,
Atlantik-Regenbogenstint
Atlantic rainbow smelt FAO,
lake smelt

Osmerus mordax dentex
Asiatischer Stint,
Arktischer Regenbogenstint
Arctic rainbow smelt FAO,
Arctic smelt, Asiatic smelt,
boreal smelt

Ostrea chilensis
Chilenische Plattauster
Chilean flat oyster

Ostrea crestata
Hahnenkammauster
cock's comb oyster*

Ostrea denticulata
Gezähnte Auster
denticulate rock oyster

Ostrea edulis
Europäische Auster,
Gemeine Auster
common oyster, flat oyster,
European flat oyster

Ostrea equestris
Atlantische Kammauster*
crested oyster

Ostrea imbricata
Schindelauster*
imbricate oyster

Ostrea lurida
Kleine Pazifik-Auster,
Pazifische Plattauster
native Pacific oyster,
Olympia flat oyster,
Olympic oyster

Ostrea lutaria
Neuseeland-Plattauster
New Zealand dredge oyster

Ostrea virginica
Amerikanische Auster
American oyster,
Eastern oyster

Ottelia alismoides
Espada, Froschlöffelähnliche Ottel
duck lettuce, espada, tangila

Ovis aries
Schaf, Hausschaf
sheep, domestic sheep

Ovis musimon
Muffelwild, Mufflon
mouflon

Oxalis acetosella
Sauerklee
wood sorrel

Oxalis tuberosa
Oka, Knolliger Sauerklee,
Knollen-Sauerklee
oca, oka oxalis, New Zealand yam

Pachira aquatica
Malabar-Kastanie,
Guyana-Kastanie Glückskastanie
Malabar chestnut,
Guyana chestnut
Pachyrrhizus erosus
Knollenbohne
yam bean, jicama
Pacifastacus leniusculus
Signalkrebs
signal crayfish
Pagellus acarne
Achselfleckbrasse, Achselbrasse,
Spanische Meerbrasse
Spanish bream,
Spanish seabream, axillary bream,
axillary seabream FAO
Pagellus bogaraveo
Graubarsch, Seekarpfen,
Nordische Meerbrasse
red seabream, common seabream,
blackspot seabream FAO
Pagellus erythrinus
Rote Meerbrasse, Rotbrasse
(unter diesem Begriff gehandelt:
Pagellus,Pagrus und *Dentex* spp.)
pandora,
common pandora FAO
Pagrus major
Seebrasse
red seabream
Pagrus pagrus, Sparus pagrus pagrus,
Pagrus vulgaris
Sackbrasse, Gemeine Seebrasse
common sea bream,
red porgy, Couch's seabream,
common seabream FAO
Palaemon adspersus, Palaemon squilla,
Leander adspersus
Ostseegarnele
Baltic prawn
Palaemon serratus, Leander serratus
Große Felsgarnele,
Felsengarnele, Sägegarnele,
Seegarnele
common prawn
Palinuridae
Langusten
spiny lobsters, rock lobsters
Palinurus argus
Karibische Languste
Caribbean spiny lobster

Palinurus elephas
Europäische Languste,
Stachelhummer
crawfish,
common crawfish UK,
European spiny lobster,
spiny lobster, langouste
Palinurus mauritanicus
Mauretanische Languste
pink spiny lobster
Palmaria palmata,
Rhodymenia palmata
Dulse
dulse
Pampus argenteus
Silberne Pampel
silver pomfret
Pandalus borealis
Nördliche Tiefseegarnele,
Grönland-Shrimp
northern shrimp, pink shrimp,
northern pink shrimp
Pandalus montagui
Rosa Tiefseegarnele
Aesop shrimp, Aesop prawn,
pink shrimp
Pandanus spp.
Pandanblätter,
Schraubenbaumblätter
pandan leaves, screwpine leaves
Panicum miliaceum
Hirse, Echte Hirse, Rispenhirse
millet, common millet,
proso millet, broomcorn millet,
Russian millet, Indian millet
Panicum sumatrense
Kutkihirse, Kleine Hirse,
Indische Hirse
little millet, blue panic
Panopea abrupta, Panopea generosa
Pazifische Panopea
Pacific geoduck,
geoduck (*pronounce*: gouy-duck)
Panopea bitruncata
Westatlantische Panopea
Atlantic geoduck
Panulirus argus
Amerikanische Languste,
Karibische Languste
West Indies spiny lobster,
Caribbean spiny lobster,
Caribbean spiny crawfish

Panulirus cygnus
  Australische Languste
  Australian spiny lobster
Panulirus delagoae
  Natal-Languste
  Natal spiny lobster,
  Natal deepsea lobster
Panulirus guttatus
  Fleckenlanguste
  spotted spiny lobster
Panulirus interruptus
  Kalifornische Felsenlanguste,
  Kalifornische Languste
  California spiny lobster,
  California rock lobster
Panulirus japonicus
  Japanische Languste
  Japanese lobster
Panulirus ornatus
  Ornatlanguste
  ornate spiny crawfish
Panulirus regius
  Grüne Languste, Königslanguste
  royal spiny crawfish
Papaver somniferum ssp. *somniferum*
  Mohn, Mohnsamen
  poppy seeds
Parabramis pekinensis
  Pekingbrasse
  white Amur bream
Paracentrotus lividus
  Stein-Seeigel, Steinseeigel
  purple sea urchin,
  stony sea urchin, black urchin
Paralichthys californicus
  Kalifornischer Heilbutt
  California halibut
Paralichthys dentatus
  Sommerflunder
  summer flounder
Paralithodes camtschaticus
  Königskrabbe
  (Kronenkrebs, Kamschatkakrebs),
  Alaska-Königskrabbe,
  Kamschatka-Krabbe
  king crab, red king crab,
  Alaskan king crab,
  Alaskan king stone crab
  (Japanese/Kamchatka/Russian crab)
Paralithodes platypus
  Blaue Königskrabbe
  blue king crab

Paralomis multispina
  Stachelige Königskrabbe
  spiny king crab
Parapercis colias
  Neuseeland-Flussbarsch,
  Neuseeland-‚Blaubarsch‘,
  Sandbarsch
  New Zealand blue cod
Parastromateus niger
  Schwarzer Pampel
  black pomfret
Parinari curatellifolia
  Nikon-Nuss, Mabo-Samen,
  Mobola-Pflaume, Mupundu
  mobola plum, mbola plum, mbur
Parinari excelsa
  Guineapflaume
  mubura, Guinea plum
Parinari macrophylla
  Ingwerpflaume, Ingwerbrotpflaun
  Sandapfel
  gingerbread plum, sandapple
Parinari montana
  Pajura
  pajura
Parkia biglobosa
  Afrikanische Locustbohne,
  Nittanuss, Nitta
  African locust bean, nitta nut
Parkia speciosa
  Petaibohne, Peteh-Bohne,
  Satorbohne
  petai, peteh, twisted cluster bean
  (‚stink bean‘)
Parkinsonia aculeata
  Jerusalemdorn
  Jerusalem thorn, prickly bean
Parophrys vetulus
  Pazifische Glattscholle
  English sole
Pastinaca sativa ssp. *sativa*
  Pastinak
  parsnip
Paspalum scrobiculatum
  Kodahirse, Kodohirse
  kodo millet, ricegrass,
  haraka millet
Passiflora edulis
  Passionsfrucht,
  Granadilla, Grenadille,
  Purpurgranadilla, violette Maracu
  passionfruit, purple granadilla

Passiflora laurifolia
Wasserlimone
yellow granadilla,
Jamaica honeysuckle,
water lemon, bell-apple
Passiflora ligularis
Süße Grenadille, Süße Granadilla
sweet granadilla,
sweet passionfruit
Passiflora maliformis
Chulupa
sweet calabash, chulupa
Passiflora mollissima
Curuba, Bananen-Passionsfrucht
curuba, banana passion fruit
Passiflora pinnatistipula
Galupa
yellow passionfruit, galupa, gulupa
Passiflora quadrangularis
Riesengrenadille, Riesengranadilla,
Königsgrenadille, Königsgranate,
Barbadine
giant granadilla, maracuja,
barbadine
Patella mexicana
Mexikanische Napfschnecke
giant Mexican limpet
Patella safiana
Afrikanische Napfschnecke
safian limpet
Patella vulgata
Gemeine Napfschnecke,
Gewöhnliche Napfschnecke
common limpet,
common European limpet
Patinopecten yessoensis
Japanische Jakobsmuschel
Japanese scallop, yezo scallop,
giant ezo scallop
Paullinia cupana
Guaraná
guaraná
Pecten jacobaeus
Jakobs-Pilgermuschel,
Jakobsmuschel
St. James' scallop,
great scallop
Pecten maximus
Große Pilgermuschel,
Große Jakobsmuschel
great scallop, common scallop,
coquille St. Jacques

Pegusa lascaris, Solea lascaris
Sandzunge, Warzen-Seezunge
sand sole, French sole
Pelargonium odoratissimum
Apfelpelargonie,
Apfelduftpelargonie,
Zitronenpelargonie, Zitronengeranie
apple geranium,
apple-rose-scented geranium
Penaeus chinensis,
Fenneropenaeus chinensis
Hauptmannsgarnele
fleshy prawn
Penaeus duorarum,
Farfantepenaeus duorarum
Nördliche Rosa-Garnele,
Rosa Golfgarnele,
Nördliche Rosa Geißelgarnele
pink shrimp,
northern pink shrimp
Penaeus japonicus
Radgarnele
kuruma shrimp, kuruma prawn
Penaeus kerathurus,
Melicertus kerathurus
Furchengarnele
caramote prawn
Penaeus merguiensis,
Fenneropenaeus merguiensis
Bananen-Garnele
banana prawn
Penaeus monodon
Bärengarnele,
Bärenschiffskielgarnele,
Schiffskielgarnele
giant tiger prawn,
black tiger prawn
Penaeus notialis,
Farfantepenaeus notialis
Südliche Rosa Geißelgarnele,
Senegal-Garnele
southern pink shrimp,
candied shrimp
Penaeus semisulcatus
Grüne Tigergarnele
green tiger prawn, zebra prawn
Penaeus setiferus,
Litopenaeus setiferus
Atlantische Weiße Garnele,
Nördliche Weiße Geißelgarnele
white shrimp, lake shrimp,
northern white shrimp

Pennisetum glaucum
  Perlhirse, Rohrkolbenhirse
  pearl millet, bulrush millet,
  spiked millet
Peprilus triacanthus
  Butterfisch,
  Amerikanischer Butterfisch,
  Atlantik-Butterfisch
  American butterfish,
  dollarfish, Atlantic butterfish
Perca fluviatilis
  Flussbarsch
  perch, European perch FAO,
  redfin perch
Perdix perdix
  Rebhuhn
  partridge, grey partridge
Pereskia aculeata
  Barbados-Stachelbeere
  Barbados gooseberry
Perilla frutescens
  Shiso
  perilla, shiso, Japanese basil,
  wild perilla, common perilla
Perilla frutescens var. crispa
  Grüne Perilla, Grünes Shiso
  green perilla, green shiso,
  ruffle-leaved green perilla
Perilla frutescens var. crispa f.
  atropurpurea
  Purpurrote Perilla, Rotes Shiso
  purple perilla, purple shiso,
  ruffle-leaved purple perilla
Perna canaliculus
  Neuseeland-Miesmuschel,
  Neuseeländische Miesmuschel,
  Große Streifen-Miesmuschel
  greenshell mussel, channel mussel,
  New Zealand (greenshell) mussel
Persea americana
  Avocado
  avocado, avocado pear
Persea schiedeana
  Coyo-Avocado
  coyo avocado, coyo
Persicaria hydropiper
  Wasserpfeffer-Knöterich
  water pepper
Persicaria maculosa,
  Polygonum persicaria
  Floh-Knöterich
  redshank, redleg

Persicaria odorata
  Rau Ram, Vietnamesischer Koriander,
  Vietnamese coriander,
  laksa, rau lam
Petroselinum crispum var. crispum
  Petersilie, Blattpetersilie,
  Krause Petersilie
  parsley, curly-leaf parsley,
  garden parsley
Petroselinum crispum var.
  neapolitanum
  Italienische Petersilie
  Italian parsley, Neapolitan parsley
Petroselinum crispum var.
  tuberosum = radicosum
  Knollenpetersilie, Petersilienwurzel
  root parsley, Hamburg parsley,
  turnip-rooted parsley
Phanerodon furcatus
  Weißer Brandungsbarsch
  white surfperch, seaperch
Phaseolus acutifolius
  Teparybohne
  tepary bean
Phaseolus coccineus
  Feuerbohne, Prunkbohne
  runner bean, scarlet runner bean
Phaseolus lunatus (Lunatus Group)
  Limabohne, Mondbohne;
  Butterbohne
  lima bean; butter bean
Phaseolus lunatus (Sieva Group)
  Sievabohne
  sieva bean, bush baby lima,
  Carolina bean, climbing baby lima
Phaseolus vulgaris
  Gartenbohne, Grüne Bohne
  (Österr: Fisole)
  green bean, string bean,
  common bean
Phaseolus vulgaris (Nanus Group)
  Brechbohne (Pflanze: Buschbohne,
  Strauchbohne/Gartenbohne);
  jung: Prinzessbohne
  French bean, French dwarf bean,
  bush bean, bush bean, bunch bean,
  snap bean, snaps (US string bean,
  young: princess bean
Phaseolus vulgaris (Nanus Group)
  'Cannellini'
  Cannellini-Bohne
  cannellini bean, white long bean

Phaseolus vulgaris (Nanus Group)
'Chevrier Vert'
Flageolet-Bohne, Grünkernbohne
flageolet bean
Phaseolus vulgaris (Nanus Group)
Navy-Bohne (Weiße Bohne)
navy bean &
Pintobohne, Wachtelbohne
pinto bean
Phaseolus vulgaris (Nuñas Group)
Puffbohne
popping bean, popbean
Phaseolus vulgaris (Vulgaris Group)
Gartenbohne, Kletterbohne,
Stangenbohne
climbing bean, pole bean
Phaseolus vulgaris (Vulgaris Group)
Wax type
Wachsbohne, Butterbohne
wax bean US, butter bean UK
Phasianus colchicus
Fasan („Jagdfasan")
pheasant
Phoenix dactylifera
Dattel
date
Pholiota nameko
Chinesisches Stockschwämmchen,
Namekopilz, Nameko-Pilz,
Namekoschüppling
nameko, viscid mushroom
Phycis blennoides,
Urophycis blennoides
Gabeldorsch, Großer Gabeldorsch,
Meertrüsche
greater forkbeard
Phyllanthus acidus
Grosella
star gooseberry,
Otaheite gooseberry
Phyllanthus emblica
Amla, Ambla,
Indische Stachelbeere
emblic, ambal, Indian gooseberry
Phyllostachys spp.
Bambus (Bambussprossen,
Bambusschösslinge)
bamboo (bamboo shoots)
Physalis alkekengi
Blasenkirsche, Alkekengi
Chinese lantern, Japanese lantern,
winter cherry

Physalis peruviana
Kapstachelbeere, Andenbeere,
Lampionfrucht
Cape gooseberry, goldenberry,
Peruvian ground cherry,
poha berry
Physalis philadelphica,
Physalis ixocarpa
Tomatillo, Mexikanische Tomate,
Mexikanische Blasenkirsche
tomatillo, jamberry, husk tomato,
Mexican husk tomato
Physalis pruinosa, Physalis grisea
Erdbeertomate, Erdkirsche,
Ananaskirsche
strawberry tomato,
dwarf Cape gooseberry,
ground cherry
Phytolacca acinosa
Asiatische Kermesbeere
Asian pokeberry, Indian pokeberry
Phytolacca americana
Amerikanische Kermesbeere
pokeberry
Pimenta dioica
Nelkenpfeffer, Piment
allspice, pimento
Pimpinella anisum
Anis
anise, aniseed, anise seed,
sweet alice
Pinnotheres ostreum
(in *Crassostrea* spp.)
Austernkrabbe, Austernwächter
oyster crab
Pinnotheres pisum (in *Mytilus* spp.)
Erbsenkrabbe
pea crab
Pinnotheridae
Erbsenkrabben, Muschelwächter
pea crabs, commensal crabs
Pinus cembra
Zirbelnuss
cembra pine nut, cembra nut
Pinus cembroides
Mexikanische Pinienkerne
(Arizonakiefer)
Mexican pine nut
Pinus edulis & Pinus cembroides
Pinyon-Nüsse, Piniennüsse
pinyon nuts, piñon nuts,
piñon seeds

Pinus gerardiana
Chilgoza-Kiefernkerne
chilgoza pine nuts, neje nuts
Pinus pinea
Pinienkerne, Piniennüsse, Pineole
pine nuts, pignons, pignoli,
pignolia nuts (stone pine)
Piper cubeba
Cubebenpfeffer
tailed pepper, cubeba
Piper longum
Bengal-Pfeffer
Indian long pepper
Piper nigrum
Pfeffer
pepper
Piper retrofractum
Langer Pfeffer
Javanese long pepper
Piper sarmentosum
Pfefferblätter, La Lot
pepper leaves
Pistacia lentiscus
Mastix, Mastix-Harz
mastic, mastic resin
Pistacia vera
Pistazie
pistachio
**Pisum sativum ssp. sativum var.
macrocarpon (flat-podded)**
Zuckererbse, Zuckerschwerterbse,
Kaiserschote, Kefe
snow pea (flat-podded),
eat-all pea US
**Pisum sativum ssp. sativum var.
macrocarpon (round-podded)**
Zuckererbse, Snap-Erbse
sugar pea, mange-tout, mangetout,
sugar snaps, snap pea, snow pea
(round-podded)
Pisum sativum ssp. sativum var. sativum
Gartenerbse, Gemüseerbse,
Palerbse, Schalerbse
pea, garden pea, green pea,
shelling pea
**Pisum sativum ssp. sativum var. sativum
(Medullare Group)**
Markerbse, Runzelerbse
wrinkled pea
Pithecellobium dulce
Manila-Tamarinde
Manila tamarind

Plantago afra, Plantago psyllium
Flohsamenschleim,
Psylliumsamenschleim
psyllium husk, husk,
psyllium mucilage
Plantago coronopus
Mönchsbart
buck's-horn plantain
Platichthys flesus
Flunder,
Gemeine Flunder (Sandbutt),
Strufbutt
flounder FAO,
European flounder
Platonia esculenta
Bacuri, Bakuri
bacury, bacuri, bakury
**Platostoma chinensis,
Mesona chinensis**
Gras-Gelee, Kräuter-Gelee
grass jelly, leaf jelly
Plectorhinchus orientalis
Orientalische Süßlippe,
Orient-Süßlippe
oriental sweetlip
Plectranthus amboinicus
Indischer Borretsch,
Kubanischer Oregano,
Jamaikathymian,
Jamaika-Thymian (Suppenminze)
Indian borage, Cuban oregano,
Mexican mint
(soup mint, Indian mint)
Plectranthus edulis
Galla-‚Kartoffel'
Ethiopian potato, galla potato
Plectranthus esculentus
Plectranthus, Kaffir-‚Kartoffel'
Livingstone potato,
African potato,
kaffir potato
Plectranthus rotundifolius
Hausa-‚Kartoffel'
Hausa potato
Plectropomus leopardus
Leopardenbarsch,
Leopard-Felsenbarsch,
Korallenbarsch
leopard coral trout,
leopard grouper,
leopard coral grouper,
leopard coralgrouper FAO

Plesiopenaeus edwardsianus
Rote Riesengarnele,
Atlantische Rote Riesengarnele
scarlet gamba prawn,
scarlet shrimp
Pleuroncodes monodon
Roter Scheinhummer, Langostino
red squat lobster
Pleuroncodes planipes
Pazifischer Scheinhummer,
Kalifornischer Langostino
pelagic red crab
Pleuronectes platessa
Scholle, Goldbutt
plaice, European plaice FAO
Pleurotus cornucopiae var.
citrinopileatus
Gelber Austernpilz,
Limonenpilz, Limonenseitling
yellow oyster mushroom
Pleurotus eryngii
Kräuterseitling
king oyster mushroom,
king trumpet mushroom
Pleurotus nebrodensis
Blasser Kräuterseitling
Bailin oyster mushroom,
awei mushroom,
white king oyster mushroom
Pleurotus ostreatus
Austernpilz, Austernseitling,
Austern-Seitling, Kalbfleischpilz
oyster mushroom
Pogonias cromis
Trommelfisch,
Schwarzer Umberfisch
black drum
Pollachius pollachius
Pollack, Heller Seelachs,
Steinköhler
pollack (green pollack, pollack lythe)
Pollachius virens
Köhler, Seelachs, Blaufisch
saithe FAO, pollock,
Atlantic pollock, coley, coalfish
Polydactylus quadrifilis
Kapitänsfisch
threadfin, Giant African threadfin,
big captain
Polygonum bistorta, Bistorta officinalis
Schlangen-Knöterich
bistort

Polymnia sonchifolia
Yakon
yacon
Pomatomus saltator
Blaubarsch, Blaufisch, Tassergal
blue fish, bluefish FAO,
tailor, elf, elft
Pomoxis nigromaculatus,
Centrarchus hexacanthus
Schwarzer Crappie, Silberbarsch
black crappie
Porphyra tenera u.a.
Nori (Rotalge)
nori (red seaweed)
Porphyra umbilicalis
Porphyrtang, Purpurtang
purple laver, sloke, laverbread
Portulaca oleracea
Portulak, Gemüseportulak
purslane, common purslane
Portunus pelagicus
Blaukrabbe,
Blaue Schwimmkrabbe,
Große Pazifische Schwimmkrabbe
blue swimming crab, sand crab,
pelagic swimming crab
Portunus sanguinolentus
Pazifische Rotpunkt-Schwimmkrabbe
blood-spotted swimming crab
Potamon fluviatile
Gemeine Flusskrabbe,
Gemeine Süßwasserkrabbe
Italian freshwater crab
Poupartia birrea, Sclerocarya birrea
Marula
marula, maroola plum
Pourouma cecropiaefolia
Puruma-Traube
Amazon tree grape, puruma
Pouteria caimito
Caimito-Eierfrucht
abiu, caimito, yellow star apple,
egg fruit
Pouteria campechiana
Canistel, Canistel-Eierfrucht,
Gelbe Sapote, Sapote Amarillo,
Eifrucht
canistel, yellow sapote,
sapote amarillo, eggfruit
Pouteria lucuma, Pouteria obovata
Lucuma
lucuma, lucmo

Pouteria sapota
Große Sapote, Mamey-Sapote,
Marmeladen-Eierfrucht,
Marmeladenpflaume
sapote, mamey sapote,
marmalade plum

Pouteria viridis
Grüne Sapote
green sapote

Praecitrullus fistulosus
Tinda
tinda, round melon, squash melon

Prionace glauca
Großer Blauhai, Blauhai,
Menschenhai
blue shark

Procambarus clarkii
Louisiana-Sumpfkrebs,
Louisiana-Flusskrebs,
Louisiana-Sumpf-Flusskrebs,
Roter Sumpfkrebs
Louisiana red crayfish,
red swamp crayfish,
Louisiana swamp crayfish,
red crayfish

Prosopis spp.
Prosopis-Gummi, Mesquite-Gummi
prosopis gum, mesquite seed gum

Protothaca staminea
Pazifischer ‚Steamer',
(eine Venusmuschel)
littleneck (also used for small-sized
Mercenaria mercenaria),
native littleneck, common littleneck,
Pacific littleneck clam,
steamer clam, steamers

Prunus amygdalus var. amara
Bittermandel, Bittere Mandel
bitter almond

Prunus amygdalus var. dulcis
Mandel, Süßmandel
almond, sweet almond

Prunus armeniaca,
Armeniaca vulgaris
Aprikose, Marille (Österr.)
apricot

Prunus avium (Cerasus avium)
Süßkirsche, Vogelkirsche
sweet cherry, wild cherry

Prunus avium ssp. duracina
Knorpelkirsche
hard cherry, bigarreau cherry

Prunus avium ssp. juliana
Herzkirsche
heart cherry

Prunus cerasifera
Kirschpflaume
cherry plum

Prunus cerasioides
Himalaya-Kirsche
Himalayan cherry

Prunus cerasus ssp. acida
Schattenmorelle
(Strauch-Weichsel)
bush sour cherry

Prunus cerasus ssp. cerasus
(Cerasus vulgaris)
Sauerkirsche, Weichsel,
Weichselkirsche
sour cherry

Prunus cerasus var. austera
Morelle, Süßweichsel
morello cherry

Prunus cerasus var. capronia
Amarelle, Glaskirsche
(Baum-Weichsel)
amarelle, tree sour cherry

Prunus cerasus var. marasca
Maraschino-Kirsche,
Maraskakirsche, Marasche
marashino cherry, marasco,
Dalmatian marasca cherry

Prunus x dasycarpa
Schwarze Aprikose
black apricot, purple apricot

Prunus davidiana
Berg-Pfirsich, Davids-Pfirsich
David peach, David's peach

Prunus domestica ssp. domestica
Kultur-Zwetschge, Zwetschge,
Zwetsche, Pflaume
blue plum, damask plum,
German prune

Prunus domestica ssp. insititia
Haferpflaume, Haferschlehe,
Kriechenpflaume, Krieche
bullace plum, damson,
damson plum, green plum

Prunus domestica ssp. italica
Reneklode, Reineclaude,
Reneklaude, Ringlotte;
Rundpflaume
gage plum, greengage,
Reine Claude

Prunus domestica ssp. *syriaca*
 Mirabelle
 mirabelle plum,
 Syrian plum, yellow plum
Prunus x *domestica*
 Pflaume, Zwetschge, Zwetsche
 plum (dried: prune)
Prunus dulcis var. *amara*,
 Prunus amygdalus var. *amara*
 Bittermandel, Bittere Mandel
 bitter almond
Prunus dulcis var. *dulcis*,
 Prunus amygdalus
 Süßmandel
 sweet almond
Prunus dulcis var. *fragilis*,
 Prunus amygdalus var. *fragilis*
 Jordan-Mandel, Krachmandel,
 Knackmandel
 soft-shelled almond
Prunus dulcis, Prunus amygdalus
 Mandel
 almond
Prunus fruticosa
 Steppenkirsche, Zwergkirsche,
 Zwergweichsel
 dwarf cherry,
 European ground cherry
Prunus mahaleb
 Mahaleb, Mahlep,
 Felsenkirsche, Stein-Weichsel
 St. Lucie cherry, mahaleb cherry,
 perfumed cherry
Prunus maritima
 Strand-Pflaume
 beach plum
Prunus mume
 Ume, Japanische Aprikose,
 Schnee-Aprikose
 mume, Japanese apricot
Prunus nigra
 Kanada-Pflaume, Bitter-Kirsche
 Canada plum, black plum
Prunus padus
 Traubenkirsche
 bird cherry, cluster cherry
Prunus persica var. *nectarina*
 Nektarine, Glattpfirsich
 nectarine, smooth-skinned peach
Prunus persica var. *persica*
 Pfirsich
 peach

Prunus persica x *Prunus armeniaca*
 Peachcot
 peachcot
Prunus pumila
 Sandkirsche
 sandcherry
Prunus pumila ssp. *besseyi*
 Westliche Sandkirsche
 Western sandcherry
Prunus pumila ssp. *depressa*
 Östliche Sandkirsche
 Eastern sandcherry,
 flat sandcherry
Prunus salicina
 Japanische Pflaume,
 Chinesische Pflaume,
 Susine
 Japanese plum, Chinese plum,
 shiro plum
Prunus salicina var. *mandshurica*
 Ussuri-Pflaume
 Ussuri plum
Prunus salicina x *Prunus armeniaca*
 Plumcot
 plumcot
Prunus serotina ssp. *capuli*
 Capuli-Kirsche, Kapollinkirsche,
 Mexikanische Traubenkirsche,
 Kapollin
 capuli cherry,
 capulin, capolin, black cherry
Prunus spinosa
 Schlehe
 sloe
Prunus tomentosa
 Filzkirsche,
 Japanische Mandel-Kirsche,
 Korea-Kirsche,
 Nanking-Kirsche
 Nanking cherry,
 Korean cherry,
 downy cherry
Psetta maxima,
 Scophthalmus maximus
 Steinbutt
 turbot
Psettodes erumei
 Indopazifischer Ebarme,
 Indischer Stachelbutt,
 Pazifischer Steinbutt
 adalah, Indian halibut,
 Indian spiny turbot FAO

Pseudopleuronectes americanus
Winterflunder,
Amerikanische Winterflunder
winter flounder

Pseudupeneus maculatus
Gefleckter Ziegenfisch
spotted goatfish

Psidium acutangulum, Britoa acida
Para-Guave
para guava

Psidium friedrichsthalianum
Costa-Rica-Guave
Costa Rican guava

Psidium guajava
Guave
guava

Psidium guineense
Stachelbeer-Guave
Brazilean guava, Guinea guava

Psidium littorale, Psidium cattleianum
Erdbeer-Guave
strawberry guava,
cattley guava, purple guava

Psophocarpus tetragonolobus
Goabohne
winged bean

Pteridium aquilinum
Adlerfarnsprosse
bracken fern (fiddle heads)

Pterocarpus santalinus
Rotes Sandelholz
red sandalwood, red sanders

Pterocnemia pennata
Kleiner Nandu, Darwinstrauß
lesser rhea

Pueraria montana var. *thomsonii*
(*P. montana* var. *lobata*)
Kudzu,
Japanisches Arrowroot
kudzu, Japanese arrowroot

Punica granatum
Granatapfel
pomegranate

Pycnanthemum pilosum
Amerikanische Bergminze
hairy mountain mint

Pycnanthus angolensis
Kombo,
Afrikanische Muskatnuss
(Kombo-Butter)
kombo, false nutmeg,
African nutmeg
(kombo butter)

Pyrus communis
Birne
pear

Pyrus communis var. *pyraster*
Holzbirne
wild pear

Pyrus pyrifolia
Asiatische Birne, Japanische Birne
Apfelbirne, Nashi
Asian pear, Japanese pear,
apple pear, sand pear, nashi

Rachycentron canadum
Königsbarsch, Cobia,
Offiziersbarsch
cobia (prodigal son)

Raja asterias
Sternrochen,
Mittelmeer-Sternrochen
starry ray

Raja batis, Dipturus batis
Europäischer Glattrochen,
Spiegelrochen
common skate,
common European skate,
grey skate, blue skate, skate FAO

Raja brachyura
Blonde, Kurzschwanz-Rochen
blonde ray FAO, blond ray

Raja clavata
Nagelrochen, Keulenrochen
thornback skate,
thornback ray FAO, roker

Raja montagui
Fleckrochen, Fleckenrochen,
Gefleckter Rochen
spotted ray

Raja naevus
Kuckucksrochen
cuckoo ray FAO, butterfly skate

Raja polystigma
Gefleckter Rochen
speckled ray

Raja undulata
Ostatlantischer Marmorrochen,
Scheckenrochen, Bänderrochen
undulate ray FAO, painted ray

Ramaria aurea
Goldgelbe Koralle
golden coral fungus

Rangifer tarandus
Rentier, Ren (Karibu)
reindeer (Europe);
caribou (North America)

Ranina ranina
Froschkrabbe
kona crab, spanner crab,
spanner, frog crab, frog

Raphanus sativus **(Caudatus Group)/**
var. *mourgi*
Schlangenrettich,
Rattenschwanzrettich
rat's tail radish,
rat-tailed radish

Raphanus sativus
(Chinensis Group) var. *niger*
Winterrettich, Gartenrettich,
Knollenrettich
Oriental radish, black radish,
winter radish

Raphanus sativus
(Longipinnatus Group)
var. *longipinnatus*
Daikon-Rettich, China-Rettich,
Chinaradies
Japanese white radish,
Chinese radish, daikon

Raphanus sativus
(Radicula Group) var. *sativus*
Radieschen, Radies,
Monatsrettich
small radish, European radish,
French radish, summer radish

Raphanus sativus **var.** *oleiformis*
Ölrettich
oil radish, oilseed radish

Reichardia picroides
Bitterkraut
brighteyes, eyebright,
French salsify,
French scorzonera

Reinhardtius hippoglossoides
Schwarzer Heilbutt,
Grönland-Heilbutt
Greenland halibut FAO,
Greenland turbot, black halibut

Rhea americana
Nandu
greater rhea

Rheum rhabarbarum
Rhabarber
rhubarb

Rhopilema esculentum **u.a.**
Essbare Wurzelmundqualle,
Pazifische Wurzelmundqualle
edible jellyfish

Rhus coriaria
Gerbersumach, Sumak
sumac, Sicilian sumac

Rhus typhina+Rhus aromatica
Indianer-Limonade
Indian lemonade

Rhynchophorus **spp.**
Palmenrüsselkäferlarven,
Sagowürmer
palmworms, sago grubs

Ribes americanum
Kanadische Johannisbeere
American black currant

Ribes aureum, Ribes odoratum
Wohlriechende Johannisbeere,
Goldjohannisbeere
buffalo currant, golden currant,
clove currant

Ribes divaricatum
Oregon-Stachelbeere
worcesterberry, worcester berry,
coastal black gooseberry

Ribes x nidigrolaria
Jostabeere
josta, josta berry

Ribes nigrum
Schwarze Johannisbeere
black currant

Ribes rubrum
Rote Johannisbeere
red currant

Ribes uva-crispa
Stachelbeere
gooseberry,
European gooseberry

Ricinodendron heudelotii
Erimado
African nut, ndjanssang,
essang, erimado

Ridolfia segetum
Ridolfie, Falscher Fenchel
corn parsley, false fennel,
false caraway

Rosa canina, Rosa rugosa u.a.
Hagebutte
rose hips

Rosa damascena
Damaszenerrose
damask rose, Persian rose

Rosmarinus officinalis
Rosmarin
rosemary

Rozites caperatus
Reifpilz, Zigeuner,
Runzelschüppling
gypsy mushroom

Rubus arcticus
Arktische Himbeere,
Arktische Brombeere,
Schwedische Ackerbeere,
Allackerbeere
Arctic bramble

Rubus caesius
Acker-Brombeere,
Kratzbeere,
Bereifte Brombeere
European dewberry

Rubus chamaemorus
Moltebeere, Multbeere,
Arktische Brombeere
cloudberry

Rubus flagellaris
Amerikanische Acker-Brombeere
American dewberry

Rubus fruticosus
Brombeere (Krotzbeere)
European blackberry,
bramble

Rubus idaeus
Himbeere
raspberry

Rubus illecebrosus
Erdbeer-Himbeere,
Japanische Himbeere
strawberry-raspberry,
balloonberry

Rubus loganobaccus
Loganbeere
loganberry

Rubus occidentalis
Schwarze Himbeere
black raspberry,
American raspberry

Rubus phoenicolasius
Japanische Weinbeere
wine raspberry, wineberry,
Japanese wineberry

Rubus spectabilis
Pracht-Himbeere
salmonberry

Rubus strigosus
Amerikanische Himbeere,
Nordamerikanische Himbeere
American raspberry,
wild red raspberry

Rubus ursinus
Kalifornische Brombeere
California dewberry

Rubus ursinus var. Young
Youngbeere
Youngberry

Rubus ursinus x idaeus
Boysenbeere
boysenberry

Ruditapes philippinarum,
Tapes philippinarum,
Venerupis philippinarum,
Tapes japonica
Japanische Teichmuschel,
Japanische Teppichmuschel
Japanese littleneck,
short-necked clam,
Japanese clam, Manila clam,
Manila hardshell clam
Rumex acetosa, Rumex rugosus
Sauerampfer,
Garten-Sauerampfer
garden sorrel,
common sorrel,
dock, sour dock
Rumex patientia
Gartenampfer,
Englischer Spinat, Ewiger Spinat,
Gemüseampfer
patience dock,
spinach dock

Rumex scutatus
Französischer Sauerampfer,
Schild-Sauerampfer
French sorrel, Buckler's sorrel
Rupicapra rupicapra
Gamswild
chamois
Russula cyanoxantha
Frauentäubling
charcoal burner russula
Russula vesca
Speisetäubling
flirt, bare-toothed russula
Ruta graveolens
Raute, Weinraute
common rue
Rutilus rutilus
Plötze, Rotauge
roach FAO, Balkan roach
Ruvettus pretiosus
Ölfisch, Buttermakrele
oilfish

Saccharomyces cerevisiae
  Bierhefe
  beer yeast
Saccharum officinarum
  Zuckerrohr
  sugarcane
Sagittaria cuneata
  Sumpf-Wapato
  swamp potato, wapato
Sagittaria latifolia
  Wapato
  duck potato, wapato
Sagittaria sagittifolia **u.a.**
  Pfeilkraut, Gewöhnliches Pfeilkraut
  arrowhead, duck potato,
  swamp potato, wapato
Salacca zalacca
  Salak, Schlangenfrucht
  salak, snake fruit
Salicornia europaea
  Queller, Salzkraut, Glaskraut,
  Glasschmalz, Passe Pierre ‚Alge‘
  chicken claws, sea beans, glasswort,
  marsh samphire, sea asparagus
Salmo **spp.**
  Atlantische Lachse, Forellen
  Atlantic trouts and Atlantic salmons
Salmo clarki
  Purpurforelle
  cutthroat trout
Salmo gairdneri, Oncorhynchus mykiss
  Regenbogenforelle
  rainbow trout
Salmo salar
  Atlantischer Lachs, Salm
  (Junglachse im Meer: Blanklachs)
  Atlantic salmon (*lake populations
  in US/Canada*: ouananiche,
  lake Atlantic salmon,
  landlocked salmon, Sebago salmon)
Salmo trutta
  Forelle
  trout
Salmo trutta fario
  Bachforelle, Steinforelle
  brown trout (river trout, brook trout)
Salmo trutta lacustris
  Seeforelle
  lake trout
Salmo trutta trutta
  Meerforelle, Lachsforelle
  sea trout

Salmothymus obtusirostris
  Adria-Lachs
  Adriatic salmon
Salvelinus alpinus
  Seesaibling, Wandersaibling,
  Schwarzreuther
  char, charr FAO,
  Arctic char, Arctic charr
Salvelinus fontinalis
  Bachsaibling
  brook trout FAO,
  brook char, brook charr
Salvelinus namaycush
  Seesaibling, Stutzersaibling,
  Amerikanischer Seesaibling
  American lake trout,
  Great Lake trout, lake trout FAO
Salvia elegans, Salvia rutilans
  Honigmelonensalbei,
  Honigmelonen-Salbei,
  Ananassalbei, Ananas-Salbei
  honey melon sage,
  pineapple sage,
  pineapple-scented sage
Salvia fruticosa
  Griechischer Salbei
  Greek sage
Salvia lavandulifolia
  Spanischer Salbei
  Spanish sage
Salvia microphylla
  Johannisbeersalbei,
  Schwarzer-Johannisbeer-Salbei
  baby sage
Salvia officinalis
  Salbei, Echter Salbei, Gartensalbei
  sage
Salvia sclarea
  Muskateller-Salbei
  clary sage
Samanea saman, Albizia saman
  Regenbaum, Saman
  raintree, monkey pod,
  saman, French tamarind
Sambucus canadensis
  Amerikanischer Holunder
  American elderberry
Sambucus nigra
  Holunder, Holunderbeere,
  Schwarzer Holunder
  elderberry
  (elderflower = Holunderblüte)

Sambucus racemosa
Traubenholunder
red elderberry

Sander lucioperca
Zander, Sandbarsch
pike-perch, zander

Sandoricum koetjape
Santol, Kechapifrucht
(Falsche Mangostane)
santol, lolly fruit, kechapi

Sanguisorba minor ssp. *minor*
Pimpernell, Kleiner Wiesenknopf
salad burnet

Santalum acuminatum
Quandong, Australischer Pfirsich
quandong, sweet quandong,
native peach,
Australian sandalwood

Santalum album
Sandelholz, Weißes Sandelholz
white sandalwood,
East Indian sandalwood

Sapium sebiferum
Chinesischer Talgbaum
(Stillingiaöl/Stillingiatalg)
Chinese tallow tree (stillingia oil)

Sarcodon imbricatum
Habichtspilz
tiled hydnum

Sarda chilensis
Chilenische Pelamide
Pacific bonito,
Eastern Pacific bonito FAO

Sarda sarda
Pelamide
Atlantic bonito

Sardina pilchardus
Sardine, Pilchard
European sardine, sardine
(if small), pilchard (if large),
European pilchard FAO

Sardina spp.
Sardinen
sardines

Sardinella aurita
Ohrensardine,
Große Sardine, Sardinelle
gilt sardine, Spanish sardine,
round sardinella FAO

Sardinella longiceps
Großkopfsardine
Indian oil sardine FAO, oil sardine

Sardinops sagax
Pazifische Sardine,
Südamerikanische Sardine
South American pilchard

Sarpa salpa, Boops salpa
Goldstriemen, Ulvenfresser
saupe, salema FAO, goldline

Sassafras albidum
Sassafrass, Fenchelholz,
Filépulver
sassafras, filé

Satureja hortensis
Sommer-Bohnenkraut
summer savory

Satureja montana
Winter-Bohnenkraut,
Karstbohnenkraut
winter savory

Satureja thymbra
Thymianblättriges Bohnenkraut,
Thryba
thyme-leaved savory,
Roman hyssop, Persian zatar

Saxidomus gigantea
Buttermuschel
Washington clam,
smooth Washington clam,
Alaskan butter clam, butterclam

Saxidomus nuttalli
Kalifornische Buttermuschel
butterclam, butternut clam

Scardinius erythrophthalmus
Rotfeder
rudd

Schinus molle
Peruanischer Pfeffer,
Molle-Pfeffer, Molle
Californian pepper,
Peruvian pepper,
Peruvian pink peppercorns

Schinus terebinthifolius
Rosa Pfeffer, Rosa Beere,
Brasilianischer Pfeffer
pink pepper, pink/red peppercorns,
South American pink pepper,
Brazilian pepper, Christmas berry

Schinziophyton rautanenii,
Ricinodendron viticoides
Manketti-Nuss, Mongongofrucht,
Mongongo-Nuss
(Afrikanisches Mahagoni)
manketti, mongongo

Schistocerca gregaria
Wüstenheuschrecke
desert locust
Sciaenops ocellatus
Augenfleck-Umberfisch
red drum
Scolopax rusticola
Schnepfe, Waldschnepfe
woodcock, European woodcock
Scolymus hispanicus
Goldwurzel, Spanische Golddistel
golden thistle, Spanish oyster,
cardillo
Scomber japonicus, Scomber colias
Kolios, Spanische Makrele,
Mittelmeermakrele, Thunmakrele
chub mackerel FAO,
Spanish mackerel, Pacific mackerel
Scomber scombrus
Makrele, Europäische Makrele,
Atlantische Makrele
Atlantic mackerel FAO,
common mackerel
Scomberesox saurus saurus
Seehecht, Makrelenhecht,
Echsenhecht
Atlantic saury
Scomberoides commersonianus
Talang
queenfish, talang queenfish,
leatherskin
Scomberomorus maculatus
Gefleckte Königsmakrele,
Spanische Makrele
Atlantic Spanish mackerel,
Spanish mackerel FAO
Scophthalmus maximus, Psetta maxima
Steinbutt
turbot
Scophthalmus rhombus
Glattbutt, Kleist, Tarbutt
brill
Scorpaena porcus
Brauner Drachenkopf
brown scorpionfish,
black scorpionfish FAO
Scorpaena scrofa
Großer Roter Drachenkopf,
Roter Drachenkopf, Große Meersau,
Europäische Meersau
bigscale scorpionfish,
red scorpionfish, rascasse rouge

Scorzonera hispanica
Schwarzwurzel, Winterspargel
black salsify
Scyliorhinus canicula, Scyllium canic
Kleingefleckter Katzenhai,
Kleiner Katzenhai
lesser spotted dogfish,
smallspotted dogfish, rough houn
smallspotted catshark FAO
Scyliorhinus stellaris
Großgefleckter Katzenhai,
Großer Katzenhai, Pantherhai;
saumonette, rousette F
large spotted dogfish,
nurse hound, nursehound FAO,
bull huss, rock salmon, rock eel
Scylla serrata
Mangrovenkrabbe ,
Gezähnte Mangroven-
Schwimmkrabbe
serrated mud swimming crab,
serrated mangrove swimming cr
mud crab
Scyllarides aequinoctialis
Karibischer Bärenkrebs,
‚Spanischer' Bärenkrebs
'Spanish' lobster,
'Spanish' slipper lobster
Scyllarides astori
Kalifornischer Bärenkrebs
Californian slipper lobster
Scyllarides brasiliensis
Brasilianischer Bärenkrebs
Brazilian slipper lobster
Scyllarides latus
Großer Mittelmeer-Bärenkrebs,
Großer Bärenkrebs
Mediterranean slipper lobster
Scyllarus arctus
Kleiner Bärenkrebs,
Grillenkrebs
small European locust lobster,
small European slipper lobster,
lesser slipper lobster
Sebastes alascanus
Kurzstachel-Dornenkopf
idiot, shortspine thornyhead
Sebastes alutus
Pazifischer Rotbarsch,
Pazifik-Goldbarsch,
Schnabelfelsenfisch
Pacific ocean perch

Sebastes ciliatus
  Dunkler Felsenfisch
  dusky rockfish
Sebastes entomelas
  Witwen-Drachenkopf, Witwenfisch
  widow rockfish
Sebastes flavidus
  Gelbschwanz-Drachenkopf,
  Gelbschwanz-Felsenfisch
  yellowtail rockfish
Sebastes marinus & Sebastes mentella
  Rotbarsch, Goldbarsch
  (Großer Rotbarsch)
  redfish, red-fish,
  Norway haddock, rosefish,
  ocean perch FAO
Sebastes miniatus
  Vermilion
  vermilion rockfish
Sebastes nebulosus
  Gelbband-Felsenfisch
  China rockfish
Sebastes pinniger
  Kanariengelber Felsenfisch
  Canary rockfish
Sebastes rastrelliger
  Gras-Felsenfisch
  grass rockfish
Sebastes reedi
  Gelbmaulfelsenfisch
  yellowmouth rockfish
Secale cereale
  Roggen
  rye
Sechium edule
  Chayote
  chayote, mirliton
Sedum reflexum
  Tripmadam, Salatfetthenne,
  Fettkraut
  jenny stonecrop
Sedum rosea, Rhodiola rosea
  Rosenwurz
  roseroot
Selaroides leptolepis
  Goldband-Selar
  yellowstripe scad
Selenicereus megalanthus
  Gelbe Pitahaya,
  Gelbe Drachenfrucht
  yellow pitahaya, yellow pitaya,
  yellow dragonfruit

Senna siamea
  Khi-lek, Kheelek, Kassodbaum
  Siamese cassia, Thai cassia, kheelek
Sepia officinalis
  Gemeiner Tintenfisch,
  Gemeine Tintenschnecke,
  Gemeine Sepie
  common cuttlefish
Sepiola atlantica
  Atlantische Sepiole
  Atlantic cuttlefish, little cuttlefish,
  Atlantic bobtail squid FAO
Sepiola rondeleti
  Mittelmeer-Sepiole, Zwerg-Sepia,
  Zwergtintenfisch, Kleine Sprutte
  Mediterranean dwarf cuttlefish,
  lesser cuttlefish,
  dwarf bobtail squid FAO
Seriola dumerili
  Bernsteinmakrele,
  Gabelschwanzmakrele
  amberjack, greater amberjack FAO,
  greater yellowtail
Seriola lalandi
  Australische Gelbschwanzmakrele,
  Riesen-Gelbschwanzmakrele
  giant yellowtail, yellowtail kingfish,
  yellowtail amberjack FAO
Seriola quinqueradiata
  Japanische Bernsteinmakrele,
  Japanische Seriola
  Japanese amberjack,
  yellowtail, buri
Serranus cabrilla
  Sägebarsch,
  Längsgestreifter Schriftbarsch,
  Ziegenbarsch
  comber
Sesamum indicum
  Sesam
  sesame, sesame seed,
  benne seed
Sesbania grandiflora
  Papageienschnabel,
  Agathi, Katurai (Blüten)
  gallito, katuray, agati, dok khae
Setaria italica
  Borstenhirse, Kolbenhirse
  foxtail millet
Shepherdia argentea
  Büffelbeere, Silber-Büffelbeere
  buffaloberry, silverberry

Sicana odorifera
Cassabanana
casabanana, cassabanana

Siganus spp.
Kaninchenfische
rabbitfishes, spinefoot fishes

Silurus glanis
Wels, Waller, Schaiden
European catfish, wels,
sheatfish, wels catfish FAO

Silybum marianum
Mariendistel
milk thistle (kenguel seed)

Sinapis alba
Weißer Senf
white mustard

Sium sisarum
Zuckerwurzel, Zuckerwurz
skirret, crummock

Smilax regelii u.a.
Sarsaparilla
sarsaparilla

Smyrnium olusatrum
Schwarzer Liebstöckel,
Gelbdolde, Pferde-Eppich
alexanders,
black lovage

Solanum aviculare
Känguruapfel,
Queensland-Känguruapfel
kangaroo apple

Solanum betaceum,
Cyphomandra betacea
Baumtomate, Tamarillo
tree tomato, tree-tomato,
tamarillo

Solanum x burbankii,
Solanum scabrum
Wunderbeere
sunberry, wonderberry

Solanum centrale
Buschtomate, Akudjura
bush tomato, desert raisin,
Australian desert raisin,
akudjura

Solanum lycopersicum
Tomate
tomato

Solanum lycopersicum
(Cerasiforme Group)
Kirschtomate, Cocktail-Tomate
cherry tomato

Solanum lycopersicum
(Pimpinellifolium Group)
Johannisbeer-Tomate
currant tomato

Solanum lycopersicum
(Pyriforme Group)
Birnenförmige Tomate
pear tomato

Solanum lycopersicum 'Roma'
Pflaumentomate
plum tomato

Solanum macrocarpon
Afrikanische Aubergine,
Afrikanische Eierfrucht
African eggplant, gboma eggplant

Solanum melanocerasum
Kulturnachtschatten, Schwarzbee
garden huckleberry

Solanum melongena var. esculentum
Aubergine, Eierfrucht;
Melanzani (Österr.)
eggplant, aubergine, brinjal

Solanum muricatum
Pepino, Birnenmelone, Kachuma
pepino, mellowfruit

Solanum nigrum
Schwarzer Nachtschatten
black nightshade, wonderberry

Solanum quitoense u.a.
Lulo, Quito-Orange
lulo, naranjilla

Solanum sessiliflorum
Orinoco-Apfel, Pfirsichtomate,
Cocona, Topira
cocona, tomato peach,
Orinoco apple, topiro

Solanum sisymbriifolium
Litchi-Tomate
litchi tomato, wild tomato,
sticky nightshade

Solanum torvum
Thai-Aubergine, Erbsenaubergine
pea eggplant, Thai pea eggplant,
pea aubergine, turkey berry,
susumber

Solanum tuberosum
Kartoffel, Speisekartoffel, Erdapfe
potato, white potato, Irish potato

Solea vulgaris, Solea solea
Seezunge, Gemeine Seezunge
common sole (Dover sole),
English sole

Somniosus microcephalus
Grönlandhai, Großer Grönlandhai,
Eishai, Grundhai
Greenland shark FAO,
ground shark

Sonchus oleraceus
Gänsedistel, Kohl-Gänsedistel
hare's lettuce, sowthistle

×*Sorbopyrus auricularis*
Hagebuttenbirne, Bollweiler Birne
shipova, Bollwiller pear

Sorbus aria
Mehlbeere
whitebeam berry

Sorbus aucuparia
Eberesche(nbeere), Vogelbeere
rowanberry, rowan,
mountain ash

Sorbus aucuparia var. *edulis*
Süße Eberesche,
Mährische Eberesche,
Edeleberesche, Essbare Eberesche
sweet rowanberry

Sorbus domestica
Speierling
sorb apple, sorb

Sorbus intermedia
Schwedische Mehlbeere,
Nordische Mehlbeere,
Oxelbeere
Swedish whitebeam berry

Sorbus mougeotii
Berg-Mehlbeere, Bergmehlbeere,
Vogesen-Mehlbeere
Vosges whitebeam,
Mougeot's whitebeam

Sorbus torminalis
Elsbeere
serviceberry

Sorghum bicolor
Mohrenhirse
sorghum

Sorghum bicolor (Caudatum Group)
Feterita-Hirse
feterita

Sorghum bicolor (Durra Group)
Durra
large-seeded sorghum,
brown durra, grain sorghum

Sorghum bicolor (Saccharatum Group)
Zuckerhirse, Zucker-Mohrenhirse
sweet sorghum, sugar sorghum

Sparassis crispa
Krause Glucke, Bärentatze
cauliflower mushroom,
white fungus

Sparisoma spp.
Papageifische
parrotfishes

Sparisoma chrysopterum
Rotschwanz-Papageifisch
redtail parrotfish

Sparisoma viride
Rautenpapageifisch,
Signal-Papageifisch
stoplight parrotfish

Sparus auratus
Goldbrasse, Dorade Royal
gilthead, gilthead seabream FAO

Sphyraena spp.
Barrakudas, Pfeilhechte
barracudas

Sphyraena argentea
Pazifischer Barrakuda
Pacific barracuda

Sphyraena barracuda
Atlantischer Barrakuda,
Großer Barrakuda
great barracuda

Spicara smaris
picarel, zerro
Pikarel

Spinacia oleracea
Spinat (handgepflückt: Blattspinat/
mit Wurzeln: Wurzelspinat)
spinach

Spisula spp.
Trogmuscheln
surfclams a.o. (trough shells)

Spisula solida
Ovale Trogmuschel,
Dickschalige Trogmuschel,
Dickwandige Trogmuschel
thick surfclam (thick trough shell)

Spondias dulcis, Spondias cytherea
Ambarella, Goldpflaume,
Goldene Balsampflaume,
Tahitiapfel
ambarella, golden apple,
Otaheite apple, hog plum,
greater hog plum

Spondias mombin, Spondias lutea
Gelbe Mombinpflaume, Ciruela
yellow mombin

Spondias pinnata, Spondias mangifera
Mangopflaume
Malaysian mombin,
Indian mombin,
wild mango mombin
Spondias purpurea
Rote Mombinpflaume,
Spanische Pflaume
red mombin, purple mombin,
Spanish plum, Jamaica plum
Spondyliosoma cantharus
Streifenbrasse
black bream, black seabream FAO,
old wife
Spondylus americanus
Atlantik-Stachelauster,
Atlantische Stachelauster,
Amerikanische Stachelauster
Atlantic thorny oyster,
American thorny oyster
Sprattus sprattus
Sprotte (Sprott, Brisling, Breitling)
sprat, European sprat FAO
(brisling)
Squalus acanthias, Acanthias vulgaris
Dornhai, Gemeiner Dornhai,
Gefleckter Dornhai
common spiny dogfish,
spotted spiny dogfish,
picked dogfish, spurdog,
piked dogfish FAO
Squatina squatina, Rhina squatina,
Squatina angelus
Gemeiner Meerengel, Engelhai
angelshark FAO, angel shark,
monkfish
Squilla mantis
Großer Heuschreckenkrebs,
Fangschreckenkrebs,
Gemeiner Heuschreckenkrebs
giant mantis shrimp,
spearing mantis shrimp
Stachys affinis
Knollenziest, Japanische Kartoffel
Japanese artichoke,
Chinese artichoke, crosnes
Steatocranus casuarius
Buckelkopf-Buntbarsch
buffalohead cichlid
Steindachneria argentea
Leuchtender Gabeldorsch
luminous hake

Sterculia urens
Karaya, Karayagummi
(Indischer Tragant)
gum karaya
Stevia rebaudiana
Stevia, Süßkraut,
Süßblatt, Honigkraut
sugar leaf, stevia
Stichopus japonicus
Japanische Seegurke
Japanese sea cucumber
Stichopus regalis
Königsseegurke, Königsholothurie
royal cucumber
Strombus gigas
Riesen-Fechterschnecke,
Riesen-Flügelschnecke
queen conch (*pronounced:* conk),
pink conch
Stropharia rugosoannulata
Braunkappe, Riesenträuschling,
Rotbrauner Riesenträuschling,
Kulturträuschling
wine cap, winecap stropharia,
king stropharia,
garden giant mushroom
Strutio camelus
Strauß
ostrich
Suillus bovinus
Kuh-Röhrling, Kuhpilz
shallow-pored bolete
Suillus granulatus
Körnchenröhrling,
Körnchen-Röhrling, Schmerling
weeping bolete, granulated bolete
dotted-stalk bolete
Suillus grevillei
Lärchenröhrling,
Goldgelber Lärchenröhrling,
Goldröhrling
larch bolete, larch boletus
Suillus luteus
Butterpilz, Ringpilz
butter mushroom,
brown-yellow boletus,
slippery jack
Suillus variegatus
Sandröhrling, Sand-Röhrling,
Sandpilz
sand boletus, variegated boletus,
velvet bolete

Sus scrofa
Wildschwein, Schwarzwild
boar, wild boar

Synsepalum dulcificum
Wunderbeere, Mirakelfrucht
miracle fruit, miraculous berry

Syzygium aqueum
Wasserapfel, Wasser-Jambuse
water rose-apple

Syzygium aromaticum
Gewürznelke
cloves, clove buds

Syzygium cumini
Jambolan, Wachs-Jambuse
jambolan, Java plum

Syzygium jambos
Rosenapfel, Rosen-Jambuse
rose apple, jambu

Syzygium malaccense
Malayapfel, Malay-Apfel,
Malayenapfel, Malayen-Jambuse
rose apple, Malay apple, pomerac

Syzygium polyanthum,
Eugenia polyantha
Daun Salam, Indischer Lorbeer,
Indonesischer Lorbeer, Salamblätter,
Indonesisches Lorbeerblatt
daun salam,
Indian bay leaf,
Indonesian bay leaf

Syzygium samarangense
Javaapfel, Java-Apfel,
Wachsapfel
Java apple, Java rose apple,
Java wax apple,
wax jambu

Tabebuia impetiginosa u.a.
  Lapacho-Tee
  lapacho, taheebo
Tacca leontopetaloides
  Tahiti-Arrowroot, Fidji-Arrowroot,
  Ostindische Pfeilwurz
  Tahiti arrowroot, Fiji arrowroot,
  East Indian arrowroot, tacca,
  Polynesian arrowroot
Tagetes lucida
  Winter-Estragon,
  Mexikanischer Tarragon
  Mexican tarragon, Spanish tarragon;
  Mexican mint marigold
Talinum fruticosum,
  Talinum triangulare
  Wasserblatt, Ceylon-Spinat,
  Surinam-Portulak
  waterleaf, Philippine spinach,
  Ceylon spinach, cariru,
  Suriname purslane
Tamarindus indica
  Tamarinde
  tamarind
Tara spinosa, Caesalpinia spinosa
  Taragummi, Tarakernmehl,
  Tara
  tara gum
Taractichthys steindachneri
  Sichel-Brachsenmakrele
  sickle pomfret
Taraxacum officinale
  Löwenzahn
  dandelion
Telfairia pedata
  Austernnuss, Talerkürbis
  oyster nut
Terfezia leonis
  Löwentrüffel
  lion's truffle
Terfezia pfeilli
  Kalaharitrüffel
  Kalahari desert truffle,
  Kalahari tuber
Terminalia catappa
  Indische Mandel, Seemandel
  (Katappaöl)
  Indian almond, sea almond,
  wild almond
Termitomyces titanicus
  Afrikanischer Riesen-Termitenpilz
  termite heap mushroom

Tetragonia tetragonioides
  Neuseeländer Spinat,
  Neuseelandspinat
  New Zealand spinach,
  warrigal spinach, warrigal cabbag
Tetrao tetrix
  Birkhahn
  black grouse, blackgame
Tetrao urogallus
  Auerhahn
  capercaillie, wood grouse
Thaumatococcus daniellii
  Katemfe („Mirakelbeere')
  katemfe, miracle fruit,
  miracle berry, sweet prayer
Thelenota ananas
  Ananas-Seewalze
  prickly redfish
Thenus orientalis
  Breitkopf-Bärenkrebs
  Moreton Bay flathead lobster,
  Moreton Bay 'bug'
Theobroma bicolor
  Macambo
  macambo, tiger cacao
Theobroma cacao
  Kakao, Kakaobohne
  cocoa, cocoa bean
Theobroma grandiflorum
  Capuaçú
  cupuassu
Theragra chalcogramma
  Alaska-Pollack, Alaska-Seelachs,
  Pazifischer Pollack, Mintai
  pollock, pollack, Alaska pollock,
  Alaska pollack
Thryonomys swinderianus
  Rohrratte, Große Rohrratte
  cane rat, greater cane rat,
  giant cane rat, grasscutter
Thunnus alalunga
  Weißer Thun, Germon, Albakore,
  Langflossen-Thun
  albacore FAO, 'white' tuna,
  long-fin tunny, long-finned tuna,
  Pacific albacore
Thunnus albacares
  Gelbflossen-Thunfisch,
  Gelbflossen-Thun
  yellowfin tuna FAO,
  yellow-finned tuna,
  yellow-fin tunny

Thunnus atlanticus
Schwarzflossen-Thunfisch,
Schwarzflossenthun,
Schwarzflossen-Thun
blackfin tuna

Thunnus maccoyii
Südlicher Blauflossenthun,
Blauflossen-Thun
southern bluefin tuna

Thunnus obesus
Großaugen-Thun(fisch)
big-eyed tuna, bigeye tuna FAO,
ahi

Thunnus thynnus
Thunfisch, Großer Thunfisch,
Roter Thunfisch, Roter Thun
tunny, blue-fin tuna,
blue-finned tuna,
northern bluefin tuna FAO

Thymallus thymallus
Äsche, Europäische Äsche
grayling

Thymbra capitata,
Coridothymus capitatus
(Thymus capitatus)
Kopfiger Thymian
conehead thyme,
hop-headed thyme, Persian hyssop,
Spanish oregano

Thymbra spicata
Za'atar, Schwarzer Thymian
black thyme, spiked thyme,
desert hyssop, donkey hyssop

Thymus x citriodorus
Zitronenthymian
lemon thyme

Thymus 'Fragrantissimus'
Orangenthymian, Orangen-Thymian
orange thyme,
orange-scented thyme

Thymus herba-barona
Kümmelthymian, Kümmel-Thymian
caraway thyme, carpet thyme

Thymus mastichina
Spanischer Thymian,
Mastix-Thymian
mastic thyme, Spanish thyme,
Spanish wood thyme,
Spanish wood marjoram

Thymus pseudolanuginosus
Wollthymian
woolly thyme

Thymus pulegioides
Arznei-Thymian, Quendel
Pennsylvanian Dutch thyme,
broad-leaf thyme

Thymus satureioides
Marokkanischer Thymian,
Saturei-Thymian
Moroccan thyme

Thymus serpyllum
Sand-Thymian, Feldthymian
wild thyme, creeping thyme,
mother of thyme

Thymus vulgaris
Gartenthymian, Echter Thymian
thyme, common thyme,
garden thyme

Thymus zygis
Spanischer Thymian
Spanish thyme

Tilapia nilotica, Oreochromis niloticus
Nil-Buntbarsch
Nile tilapia FAO, Nile mouthbreeder

Tilia cordata a.o.
Lindenblüten (Tee)
linden (tea)

Tinca tinca
Schlei, Schleie, Schleihe
tench

Todarodes sagittatus
Pfeilkalmar, Norwegischer Kalmar
arrow squid, Norwegian squid,
European flying squid

Trachinotus carolinus
Pompano (West-Atlantik)
pompano, Florida pompano

Trachinotus ovatus
Palomata, Bläuel
derbio FAO, round pompano

Trachinus draco
Petermännchen,
Großes Petermännchen
great weever FAO,
greater weever

Trachinus radiatus
Gestreiftes Petermännchen,
Strahlenpetermännchen
streaked weever

Trachurus trachurus
Stöcker, Schildmakrele,
Bastardmakrele
Atlantic horse mackerel FAO,
scad, maasbanker

Trachyspermum ammi,
Trachyspermum copticum
 Ajowan, Ajwain, Königskümmel,
 Indischer Kümmel
 ajowan, ajowan caraway, ajwain,
 carom seeds, royal cumin,
 bishop's weed ('lovage seeds')
Tragopogon porrifolius **ssp.** *porrifolius*
 Haferwurzel, Gemüsehaferwurzel,
 Austernpflanze
 oyster plant, salsify
Trapa bicornis **var.** *bispinosa*
 Wasserkastanie
 water chestnut, caltrop
Treculia africana
 Afrikanische Brotfrucht,
 Afon, Okwa
 (zur Zubereitung von: Pembe)
 African breadfruit
Tremella fuciformis
 Chinesische Morchel, Silberohr,
 Weißer Holzohrenpilz
 silver fungus, silver ear,
 white tree fungus, white fungus,
 white jelly fungus,
 silver ear fungus,
 silver ear mushroom,
 snow fungus
Tricholoma auratum
 Weißfleischiger Grünling
 golden tricholoma
Tricholoma equestre,
Tricholoma flavovirens
 Grünling, Echter Ritterling,
 Grünreizker, Edelritterling
 firwood agaric,
 yellow knight fungus, yellow trich,
 man on horseback, Canary trich
Tricholoma matsutake,
Tricholoma nauseosum
 Matsutake
 matsutake, pine mushroom
Tricholoma portentosum
 Grauer Ritterling
 dingy agaric
Tricholoma terreum
 Erdritterling
 grey agaric, grey knight-cap
Trichosanthes cucumerina **var.** *anguina*
 Schlangengurke,
 Schlangenhaargurke
 snakegourd

Trichosanthes dioica
 Patol
 pointed gourd
Trigonella caerulea **ssp.** *caerulea*
 Schabzigerklee
 sweet trefoil
Trigonella foenum-graecum
 Bockshornklee
 fenugreek
Triphasia trifolia
 Limoncito, Zitronenbeere,
 Limondichina
 limeberry, Chinese lime,
 myrtle lime, limoncito
Triticum aestivum **ssp.** *aestivum*
 Weizen, Brotweizen
 (Saatweizen, Weichweizen)
 wheat, bread wheat,
 common wheat, soft wheat
Triticum aestivum **ssp.** *compactum*
 Zwergweizen,
 Buckelweizen, Igelweizen
 club, cluster wheat, dwarf wheat
Triticum aestivum **ssp.** *spelta*
 Dinkel, Spelz,
 Spelzweizen, Schwabenkorn;
 (unreif/milchreif/grün: Grünkern)
 spelt, spelt wheat, dinkel wheat
Triticum aestivum **ssp.** *sphaerococcu*
 Indischer Kugelweizen, Kugelweiz
 Indischer Zwergweizen
 Indian dwarf wheat, shot wheat
Triticum monococcum **ssp.** *monococ*
 Einkorn, Einkornweizen
 einkorn wheat, small spelt
Triticum turgidum **ssp.** *carthlicum*
 Persischer Weizen
 Persian black wheat, Persian whe
Triticum turgidum **ssp.** *dicoccon*
 (dicoccum)
 Emmer, Emmerkorn,
 Emmerweizen, Zweikornweizen
 emmer wheat, two-grained spelt
Triticum turgidum **ssp.** *durum*
 Durum-Weizen,
 Hartweizen, Glasweizen
 durum wheat, flint wheat,
 hard wheat, macaroni wheat
Triticum turgidum **ssp.** *polonicum*
 Polnischer Weizen,
 Abessinischer Weizen
 Polish wheat, Ethiopian wheat

Triticum turgidum ssp. **turanicum**
Khorassan-Weizen
Khorassan wheat, Oriental wheat
Triticum turgidum ssp. **turgicum**
Englischer Weizen,
Rauweizen, Rau-Weizen,
Wilder Emmer
cone wheat, poulard wheat,
rivet wheat, turgid wheat
Tropaeolum majus
Kapuzinerkresse
Indian cress, 'nasturtium',
garden nasturtium
Tropaeolum tuberosum
Knollige Kapuzinerkresse,
Mashua
anyu, añu, taiacha, mashua
Tuber aestivum
Sommertrüffel
summer truffle, black truffle
Tuber brumale
Wintertrüffel
winter truffle

Tuber indicum
Schwarze Trüffel, China-Trüffel
Chinese truffle,
Chinese black truffle,
black winter truffle
Tuber magnatum
Piemonttrüffel,
Weiße Piemont-Trüffel
Piedmont truffle,
Italian white truffle
Tuber melanosporum
Schwarze Trüffel,
Perigord-Trüffel
black truffle,
Perigord black truffle
Tuber uncinatum
Burgundertrüffel
Burgundy truffle,
French truffle,
grey truffle
Tussilago farfara
Huflattich
coltsfoot

Uacapa kirkiana
Mahobohobo, Mkussa
wild loquat, West African loquat,
masuku, mahobohobo
Ugni molinae
Chilenische Guave, Murtilla
Chilean guava,
cranberry (New Zealand),
strawberry myrtle, murtilla
Ullucus tuberosus
Ulluco
ulluco, tuberous basella
Ulva intestinalis,
Enteromorpha intestinalis
Darmtang
gutweed
Ulva lactuca
Meersalat, Meeressalat
sea lettuce
Umbrina cirrosa, Sciaena cirrosa
Bartumber, Schattenfisch,
Umberfisch, Umber
shi drum FAO, corb US/UK,
sea crow US, gurbell US, croaker

Undaria pinnatifida
Wakame
wakame
Uranoscopus scaber
Himmelsgucker,
Sterngucker,
Meerpfaff,
Sternseher
star gazer,
stargazer FAO
Urochloa ramosa,
Panicum ramosum
Braune Hirse
browntop millet
Urophycis chuss
Roter Gabeldorsch
red hake,
squirrel hake
Urtica dioica
Brennnessel
stinging nettle
Urtica parviflora
Himalaya-Nessel
Himalayan nettle

Vaccinium angustifolium
Amerikanische Heidelbeere
lowbush blueberry
Vaccinium arctostaphylos
Kaukasische Blaubeere
Caucasian bilberry,
Caucasian whortleberry
Vaccinium corymbosum
Kulturheidelbeere
(Amerikanische Heidelbeere)
highbush blueberry
Vaccinium macrocarpon
Großfrüchtige Moosbeere,
Große Moosbeere,
Amerikanische Moosbeere,
Kranbeere, Kranichbeere
large cranberry
Vaccinium meridionale
Jamaika-Blaubeere, Agraz
Jamaica bilberry
Vaccinium myrtillus
Heidelbeere, Blaubeere
common blueberry, bilberry,
whortleberry
Vaccinium oxycoccus
gewöhnliche Moosbeere
small cranberry,
European cranberry,
mossberry
Vaccinium parvifolium
Red Huckleberry,
Rotfrüchtige Heidelbeere
red huckleberry, red bilberry
Vaccinium reticulatum
Ohelo-Beere,
Hawaiianische Kranichbeere
ohelo, Hawaiian cranberry
Vaccinium uliginosum
Moorbeere
bog blueberry
Vaccinium vitis-idaea
Preiselbeere, Kronsbeere
lingonberry, cowberry, foxberry
Valerianella locusta
Feldsalat, Rapunzel, Ackersalat
corn salad, cornsalad, lamb's lettuce
Vanilla planifolia
Vanille
vanilla
Vanilla tahitensis
Tahitivanille
Tahiti vanilla, Tahitian vanilla

Variola albimarginata
Mondsichelbarsch
white-margined lunartail rockcod,
crescent-tailed grouper,
white-edged lyretail FAO
Variola louti
Gelbsaum-Juwelenbarsch,
Mondsichel-Juwelenbarsch,
Weinroter Zackenbarsch
lunartail rockcod,
moontail rockcod,
lyretail grouper,
yellow-edged lyretail FAO
Venus verrucosa
Warzige Venusmuschel,
Raue Venusmuschel
warty venus, sea truffle
Verbena officinalis
Eisenkraut
vervain, verbena
Verpa conica
Fingerhut-Verpel, Glocken-Verpel
bell morel, thimble fungus
Viburnum edule
Elchbeere
squashberry, mooseberry
Viburnum lantanoides
Erlenblättriger Schneeball
hobblebush, moosewood,
mooseberry
Viburnum lentago
Kanadischer Schneeball, Schafbeere
sheepberry, nannyberry,
sweet viburnum
Viburnum opulus
Gemeiner Schneeball,
Gemeine Schneeballfrüchte
guelderberry, guelder rose,
water elder, European 'cranberrybush'
(not a cranberry!)
Vicia faba
Dicke Bohne, Saubohne
broad bean, fava bean
Vigna aconitifolia
Mottenbohne, Mattenbohne
moth bean, mat bean
Vigna angularis
Adzukibohne
adzuki, azuki
Vigna mungo
Urdbohne
urd, black gram

Vigna radiata
   Mungbohne, Mungobohne,
   Jerusalembohne, Lunjabohne
   mung bean, green gram, golden gram

Vigna subterranea,
   Voandzeia subterranea
   Bambara-Erdnuss
   bambara groundnut, earth pea

Vigna umbellata, Phaseolus calcaratus
   Reisbohne
   rice bean

Vigna unguiculata ssp. cylindrica
   Katjangbohne, Catjang-Bohne,
   Angolabohne
   catjang bean

Vigna unguiculata ssp. sesquipedalis
   Spargelbohne, Langbohne
   asparagus bean, snake bean,
   yard-long bean, Chinese long bean

Vigna unguiculata ssp. unguiculata
   Augenbohne, Chinabohne,
   Kuhbohne, Kuherbse
   cowpea, black-eyed bean,
   black-eyed pea, black-eye bean

Vigna vexillata
   Zombi-Bohne, Wilde Mungbohne
   zombi pea, wild mung, wild cowp

Vitellaria paradoxa
   Sheabutter (Butterbaum)
   shea butter, shea nut

Vitis vinifera
   Traube; Weintrauben
   (Rosinen: getrocknete Weinbeeren
   grape (raisins)

Vitis vinifera 'Sultana'
   Sultanine
   (helle, kernlose Traube/Rosine)
   sultana, Thompson seedless,
   kishmish (raisin)

Vitis vinifera apyrena
   Korinthen
   currants, Corinthian grape,
   Corinthian raisins

Volvariella volvacea
   Strohpilz, Paddystroh-Pilz,
   Reisstrohpilz, Scheidling,
   Reisstroh-Scheidling
   straw mushroom

Xanthosoma sagittifolium
  Tannia, Tania, Yautia, Malanga
  tannia, yautia, yantia, malanga,
  mafaffa, new cocoyam
Xanthosoma violaceum
  Blauer Taro, Schwarzer Malanga
  blue taro, black malanga
Xerocomus subtomentosus
  Ziegenlippe
  yellow cracking bolete, suede bolete

Ximenia americana
  Sauerpflaume
  sour plum, monkey plum
Xiphias gladius
  Schwertfisch
  swordfish
Xylopia aethiopica
  Äthiopischer Pfeffer
  African pepper,
  Guinea pepper

Zanthoxylum piperitum
Japanischer Pfeffer, Sancho
Asian pepper, Japanese pepper,
sansho

Zanthoxylum simulans a.o.
Chinesischer Pfeffer, Szechuan-Pfeffer
Sichuan pepper, Szechuan pepper,
Chinese pepper

Zea mays spp. mays (Amylacea Group)
Weichmais, Stärkemais
soft corn, flour corn US;
soft maize, flour maize UK

**Zea mays spp. mays (Everta Group)
convar. microsperma**
Puffmais, Knallmais, Flockenmais
popcorn US;
popping corn, popping maize UK

**Zea mays spp. mays (Indentata Group)
convar. dentiformis**
Zahnmais
dent corn US; dent maize UK

**Zea mays spp. mays (Indurata Group)
convar. vulgaris**
Hartmais, Hornmais
flint corn US; flint maize UK

**Zea mays spp. mays
(Saccharata Group) var. rugosa**
Zuckermais, Süßmais, Speisemais,
Gemüsemais
sweet corn, yellow corn US;
sweet maize UK

Zea mays var. ceratina
Wachsmais
waxy corn US; waxy maize,
glutinous maize UK

Zeus faber
Heringskönig, Petersfisch,
Sankt Petersfisch
Dory, John Dory

Zingiber mioga
Mioga, Mioga-Ingwer,
Japan-Ingwer
myoga, mioga, Japanese ginger

Zingiber montanum
Bengal-Ingwer
Bengal ginger, cassumar ginger,
Thai ginger

Zingiber officinale
Ingwer
ginger

Zingiber zerumbet
Wilder Ingwer, Martinique-Ingwer,
Zerumbet-Ingwer
wild ginger, pinecone ginger,
bitter ginger

Zizania aquatica
‚Wildreis', Kanadischer Wildreis,
Indianerreis, Wasserreis,
Tuscarorareis
American wild rice,
Canadian wild rice

Ziziphus jujuba
Jujube, Chinesische Dattel,
Brustbeere
jujube, Chinese date,
Chinese jujube, red date,
Chinese red date

Ziziphus mauritiana
Indische Brustbeere,
Filzblättrige Jujube
Indian jujube, masawo
(ziziphus fruit leather)

Zoarces viviparus
Aalmutter
eel pout, viviparous blenny FAO

Zostera marina
Seegras
eelgrass, marine eelgrass

Literatur/References

Anderson KN, Anderson LE (1993) The International Dictionary of Food & Nutrition. Wiley, New York

Arche Noah (2007) Sortenhandbuch (Samen + Pflanzen). Schiltern/Österreich

Bender DA (2005) A Dictionary of Food & Nutrition, 2nd edn. Oxford University Press, Oxford, New York

Berdanier CD, Dwyer J, Feldman EB (2007) Handbook of Food and Nutrition, 2nd edn. Francis & Taylor, Boca Raton

Cole TCH (2008) Wörterbuch Biologie/Dictionary of Biology, 3. Aufl. Spektrum Akad. Verlag, Heidelberg

Cole TCH (2008) Wörterbuch Biotechnologie/Dictionary of Biotechnology. Spektrum Akad. Verlag, Heidelberg

Cole TCH (2000) Wörterbuch der Tiernamen (Latein-Deutsch-Englisch). Spektrum Akad. Verlag, Heidelberg

Davidson A (2006) The Oxford Companion to Food, 2nd edn. Oxford University Press, Oxford, New York

Dr. Oetker (2004) Lebensmittel-Lexikon, 4. Aufl. Oetker Nahrungsmittel KG, Bielefeld

Elzebroek ATG, Wind K (2008) Guide to Cultivated Plants. CABI, Wallingford

Erhardt W, Götz E, Bödecker N, Seybold S (2008) Zander – Handwörterbuch der Pflanzennamen, 18. Aufl. Ulmer, Stuttgart

Facciola S (1999) Cornucopia II – A Sourcebook of Edible Plants. Kampong, Vista

Feiner G (2006) Meat Products Handbook. CRC, Boca Raton

Fuchs H, Fuchs M (2003) Fachlexikon für Fleischer, 3. Aufl. Deutscher Fachverlag, Frankfurt a. M.

Goodman RM (2004) Encyclopedia of Plant & Crop Science. CRC, Boca Raton

Green A (2005) Field Guide to Meat. Quirk Books, Philadelphia

Grothe B (2003) Wörterbuch Lebensmittel-Kennzeichnung/Dictionary of Food Labelling. Behr's Verlag, Hamburg

Hanelt P (2001) Mansfeld's Encyclopedia of Agricultural and Horticultural Crops, 6 Vols. Springer, Heidelberg Berlin New York

Hui YH (1991) Data Sourcebook for Food Scientists and Technologists. VCH, Weinheim, New York

Literatur/References

Hui YH (2007) Handbook of Food Products Manufacturing, 2 Vols. Wiley, Hoboken

ICC (2006) Multilingual Dictionary of Cereal Science and Technology, 3rd edn. Chiriotti Edit, Pinerolo/ICC, Vienna

Janick J, Paull RE (2008) Encyclopedia of Fruits & Nuts. CABI, Wallingford

Kratochvil H (1995) Lexikon Exotischer Früchte. Verl. Br. Hollinek, Wien

Laux HE (2001) Der große Kosmos-Pilzführer – Alle Speisepilze mit ihren giftigen Doppelgängern. Frankh-Kosmos, Stuttgart

Lawrence BM (2007) Mint – The Genus *Mentha*. CRC Press/Francis & Taylor, Boca Raton

Lieberei R, Reisdorff C (2007) Nutzpflanzenkunde, 7. Aufl. Thieme, Stuttgart

Mabberley DJ (2008) Plant-Book, 3rd edn. Cambridge University Press, Cambridge New York

Mattheus-Staack E (2006) Taschenatlas Gemüse. Ulmer, Stuttgart

McGee H (2004) On Food and Cooking – The Science and Lore of the Kitchen, completely rev. edn. Scribner, New York

Merryweather LM et al. (2005) IFIS Dictionary of Food Science and Technology. Blackwell, Oxford

Myers C (1998) Specialty and Minor Crops Handbook, 2nd edn. Univ. of California Agr. & Nat. Resources, Davis

Norman J (2002) Herbs & Spices. Dorling Kindersley, London; (2003) Kräuter & Gewürze. Dorling Kindersley, München

North American Meat Processors Association (2007) The Meat Buyer's Guide. Wiley Hoboken/NJ

Prance G, Nesbitt M(2005) The Cultural History of Plants. Routledge, NY/London

Prändl O, Fischer A, Schmidhofer T (1988) Fleisch. Technologie und Hygiene der Gewinnung und Verarbeitung. Ulmer, Stuttgart

Quattrocchi U (1999) CRC World Dictionary of Plant Names, 4 Vols. CRC Press/ Francis & Taylor, Boca Raton

Quattrocchi U (2006) CRC World Dictionary of Grasses, 3 Vols. CRC Press/Francis & Taylor, Boca Raton

Raghavan S (2006) Handbook of Spices, Seasonings, and Flavorings, 2nd. edn. CRC Press, Boca Raton

Ranken MD, Kill RC, Baker CGJ (1997) Food Industries Manual, 24th edn. Blackie Acad & Professional/Chapman & Hall, London

Rätsch C, Müller-Ebeling C (2003) Lexikon der Liebesmittel. AT Verlag, Aarau

Rombauer IS, Rombauer Becker M, Becker E (2006) Joy of Cooking. Scribner, New York

Scheper (1985) DLG-Schnittführung für die Zerlegung von Schlachtkörper von Rind, Kalb, Schwein und Schaf. DLG, Frankfurt

Seidemann J (2005) World Spice Plants – Economic Usage, Botany, Taxonomy. Springer, Heidelberg Berlin New York

Smith NJH, Williams JT, Plucknett DL, Talbot JP (1992) Tropical Forests and their Crops. Comstock Publ., Ithaca/London

Ternes W, Täufel A, Tunger L, Zobel M (2005) Lexikon der Lebensmittel und der Lebensmittelchemie. Wissenschaftl. Verlagsges., Stuttgart

Teubner C (2001) Food B Die ganze Welt der Lebensmittel. Gräfe und Unzer/ Teubner Edition, München

UNECE Standard for Bovine Meat – Carsases and Cuts (2004). United Nations Publications, Geneva

van Wyk BE (2005) Food Plants of the World. Timber Press, Portland, OR

Vreden N, Schenker D, Sturm W, Josst G, Blachnik C, Vollmer G (2008) Lebensmittelführer, 3. Aufl. Wiley-VCH, Weinheim

Wiersema JH, León B (1999) World Economic Plants – A Standard Reference. CRC Press, Boca Raton

Internet Quellen/Datenbanken (Auswahl) – Internet Sources/Databases (selection)

Agroforestree Database (Species reference for agroforestry trees)
www.worldforestry.org

FDA Seafood Complete List 2008 (FDA Market Names) -
www.accessdata.fda.gov/scripts/SEARCH_SEAFOOD/index.cfm

FishBase (A global information system on fishes) - www.fishbase.org

Handelsbezeichnungen für Fisch und Fischerzeugnisse -
www.seafoodverband.de/wbc/cms/files/cms2/HandelsbezStand90209_DW.pdf
und http://faolex.fao.org/docs/pdf/aut80958.pdf

International Coffee Organization - www.ico.org/vocab.asp

International Natural Sausage Casing Association (INSCA) - www.insca.org

Meat Cuts Manual - Canadian Food Inspection Agency - www.inspection.gc.ca

Meat Trade - Catalog of meat - www.meat-trade.com/prg/catalog.php

Multilingual Multiscript Plant Name Database - Sorting Plant Names
  (by Michel H. Porcher) - www.plantnames.unimelb.edu.au

SeaLifeBase (A global information system on aquatic [mainly marine] living
organisms) - www.sealifebase.org

World Cocoa Foundation -
www.worldcocoafoundation.org/learn-about-cocoa/cocoa-dictionary.html

UMRECHNUNGSTABELLEN / *CONVERSION TABLES*

VOLUMEN (RAUMINHALT) – *VOLUME (CAPACITY)*

liters	gallons	quarts	pints	cups	fl.oz.	tbl.spoons	teaspoons
1	0.2642	1.0567	2.1134	4.227	33.814	67.68	203.04
3.7854	1	4	8	16	128	256	768
0.9464	1/4	1	2	4	32	64	192
0.4732	1/8	1/2	1	2	16	32	96
0.236	1/16	1/4	1/2	1	8	16	48
0.0296	1/128	1/32	1/16	1/8	1	2	6
0.015	1/256	1/64	1/32	1/16	1/2	1	3
0.005	1/768	1/192	1/96	1/48	1/6	1/3	1

ENERGIE – *ENERGY*

kJ = kWs	kWh	kcal	Btu	ft · lb
1	2.78×10^{-4}	0.239	0.95	737.6
3600	1	860	3412	2.6×10^{6}
4.1868	1.163×10^{-3}	1	3.96	3100
1.054	2.929×10^{-4}	0.252	1	780
1.356×10^{-3}	0.377×10^{-6}	3.225×10^{-4}	1.282×10^{-3}	1

MASSE – *MASS*

kg/g	pounds	ounces
1kg (1000 g)	2.2046	35.274
453.6 g	1	16
28.35 g	0.0625	1

LÄNGE – *LENGTH*

km/m/cm	miles	yards	feet	inches
1 km	0.62137	1093.61	3280.84	–
1 m	–	1.0936	3.281	39.37
1.61 km (1609 m)	1	1760	5280	63,360
0.915 m	0.00057	1	3	36
30.5 cm	–	0.333	1	12
2.54 cm	–	0.0278	0.0833	1

Dezimalen: 0.1 (zero point one) im Englischen entspricht 0,1 (Null Komma eins) im Deutschen; Tausender: 1,000 (one thousand) im Englischen entspricht 1.000 (eintausend) im Deutschen – das heißt, Punkt und Komma werden genau umgekehrt verwendet! (Diese Tabellen enthalten die englische Schreibweise.)

Decimales: 0.1 (zero point one) in English corresponds to 0,1 (Null Komma eins) in German; thousands: 1,000 (one thousand) in English corresponds to 1.000 (eintausend) in German – i. e., point and comma exactly opposite! (These tables follow the English notation.)